21世纪高等院校信息与通信工程规划教材

21st Century University Planned Textbooks of Information and Communication Engineering

现代通信概论

何方白 蒋青 范馨月 曹建玲 庄陵 编著

Telecommunications Essentials

人民邮电出版社

北京

图书在版编目（CIP）数据

现代通信概论 / 何方白等编著. -- 北京 ：人民邮电出版社，2011.8（2021.7 重印）
21世纪高等院校信息与通信工程规划教材
ISBN 978-7-115-25039-1

Ⅰ. ①现… Ⅱ. ①何… Ⅲ. ①通信技术－高等学校－教材 Ⅳ. ①TN91

中国版本图书馆CIP数据核字(2011)第099528号

内容提要

本书从通信的基本概念出发，阐述了现代通信的基本原理、基本特征及发展趋势，较全面地介绍了现代通信各类系统及网络的组成、结构原理、关键技术、应用和发展，主要包括数字通信、现代信息交换、光纤传输、短波与超短波通信、数字微波与数字卫星通信、数字移动通信、数据通信及宽带接入等系统与技术，并力求反映现代通信的最新内容。本书内容丰富，条理清楚，叙述深入浅出，每章有基本内容的总结，并配有习题，便于学生学习和理解。

本书可作为高等学校电气信息、计算机、电子、自动化、管理等专业及其他基于通信特色的各类专业本科学生现代通信概论课程的教材。也可供相关专业的研究生、本专科生、科技和管理人员阅读和参考。

◆ 编　　著　何方白　蒋　青　范馨月　曹建玲　庄　陵
　责任编辑　刘　博
◆ 人民邮电出版社出版发行　　北京市丰台区成寿寺路 11 号
　邮编　100164　　电子邮件　315@ptpress.com.cn
　网址　http://www.ptpress.com.cn
　北京捷迅佳彩印刷有限公司印刷
◆ 开本：787×1092　1/16
　印张：22.5　　　　　　　2011 年 8 月第 1 版
　字数：561 千字　　　　　2021 年 7 月北京第 9 次印刷

ISBN 978-7-115-25039-1

定价：45.00 元

读者服务热线：(010)81055256　印装质量热线：(010)81055316
反盗版热线：(010)81055315

前 言

随着超大规模集成电路技术、计算机技术、信号与信息处理技术的飞速发展，现代通信技术发生了重大变革，通信新概念和新技术层出不穷，通信网正在朝着数字化、宽带化、智能化、综合化和个人化的方向发展。现代通信技术体现了多学科技术的交叉，通信技术知识已成为许多相关专业复合型人才培养不可缺少的内容，许多院校的相关专业都纷纷开设“现代通信概论”课程。

为了适应现代通信概论课程的需要，本教材既重视通信的基本理论，也重视基本技术和应用，深入浅出地介绍通信的基本概念、基本原理、基本特征、系统构成及现代通信技术的发展动态，并力求反映最新技术和最新发展，每章还有主要内容的总结，并配有习题，便于学生学习和理解。为了让学生更好地理解和掌握通信相关知识，编者根据多年从事通信概论的教学和研究心得，按通信系统和通信网的构成编写本书，以更好地拓宽学生的专业口径，使学生学以致用，在实际工作中更好地应用这些知识，提升他们的工作能力。

全书共 9 章，第 1 章主要介绍通信的基本理论，分析了现代通信的基本特征及发展趋势，阐述了信息高速公路的概念与模型。第 2 章介绍数字通信系统的基本概念、基本原理及基本技术，包括信源数字化技术，数字复接技术，数字信号的基带编码、频带调制及差错控制编码技术。第 3 章介绍现代信息交换技术，包括数字程控交换、分组交换、帧中继、ATM 交换、IP 交换、全光交换、软交换的基本概念、基本原理及系统构成，还介绍了 No.7 信令系统。第 4 章介绍光纤传输技术的基本理论、PDH 及 SDH 光纤传输系统、光波分复用技术，以及一些光通信新技术。第 5 章介绍短波与超短波通信的基本概念、电波传播特性、系统的组成、主要技术及发展。第 6 章介绍数字微波与数字卫星通信的基本概念、系统、应用与发展。第 7 章介绍数字移动通信技术的基本原理、GSM 及 CDMA 数字蜂窝移动通信系统、第三代移动通信系统、第四代移动通信。第 8 章介绍数据通信的基本理论、数据通信系统、数据通信网的组成及应用，并简要介绍了 IP 电话。第 9 章介绍宽带接入网的基本理论，以及各种宽带接入技术的基本原理与应用。

本书的编写力求达到知识的系统性、内容的完整性、编排的科学性和较高的可读性。本书内容丰富、宽泛，概念清晰，通俗易懂，既适合通信专业的学生，也适合没有任何通信专业背景知识的学生学习。本书可作为电气信息、计算机、电子、自动化、管理等专业及其他基于通信特色的各类专业本科学生相关课程的教材，可以作为通信行业技术人员和管理干部的培训教材，也可以作为相关专业的研究生、本专科生和相关学科领域的科技人员的参考书。

本书由何方白担任主编，负责全书的统稿、修改和审定。具体编写分工如下：蒋青编写第 2 章、第 6 章，范馨月编写第 1 章、第 3 章，曹建玲编写第 8 章，何方白编写第 4 章、第 9 章，周春渝、何方白编写第 7 章，肖欢畅、庄陵、何方白编写第 5 章。张颖、熊明、马宁和杜婷在文字和图形的处理方面做了许多工作，在此表示诚挚的感谢。

重庆大学周景云教授、重庆邮电大学张爱琳教授和夏光富教授对本书的编写提出了许多宝贵的意见和建议，本书的出版得到重庆邮电大学教材科和人民邮电出版社的大力支持和帮助，在此致以衷心的感谢。

此外，还要对本书所引用文献、专著和教材的作者表示深切的谢意。

由于编者水平有限，书中可能存在错误和不妥之处，恳请读者批评指正。

编　者

2011 年 2 月

目　录

第 1 章 概论

一般来说，通信是指由一地向另一地进行消息的有效传递。古代“消息树”、“烽火台”和现代仍在使用的“信号灯”等设备也是利用不同方式传递信息的，这些也归于通信之列。随着社会生产力的发展，人们对传递信息的要求也越来越高。在各种各样的通信方式中，利用“电”来传递消息的通信方法称之为电通信。这种通信具有迅速、准确、可靠等特点，而且几乎不受时间、地点、空间、距离的限制，因而得到了飞速发展和广泛应用。如今在自然科学中，“通信”与“电通信”几乎是同义词了。本书中涉及的通信范畴，均是指利用电子等技术手段，借助电信号（含光信号）实现从一地向另一地进行消息的有效传递和交换的过程。

本章主要介绍通信的基本概念、通信系统的模型及分类、通信系统的主要性能指标、信道及信道容量的基本概念、通信网的构成及分类，同时简要介绍现代通信的基本特征及信息高速公路的基本概念。

1.1 通信概述

通信按传统定义理解就是信息的传输与交换。远古时代，人们利用表情或手势的形式进行思想交流，后来人类发明了语言，可以用来表达更丰富的思想和信息，但语言的交流只能面对面地进行。文字的创造、印刷术的发明，使信息能够超越时间和空间的限制进行传递。在我国古代战争中常采用烽火台、旌旗、金鼓等形式传递信息。早在 2 700 多年前，我国就已出现了用烽火传递信息的通信方法。当时在边防线上，每隔一定距离就筑起一个高高的烽火台。一旦发现敌人入侵，士兵就立即点燃柴草，于是白天冒浓烟，黑夜闪火光，以浓烟和火光报警。

千百年来，突破信息传递的空间和时间障碍，快速而准确地传递信息，一直是人们梦寐以求的目标。我国著名的古典神话小说《封神演义》中就有“顺风耳”、“千里眼”奇特功能的描写，幻想着人类能穿越时空，听到对方的声音，看到对方的身影。今天，现代通信技术的发展使人类这一神奇的幻想变成了现实。19 世纪 30 年代，莫尔斯发明了有线电报；1866 年，利用大西洋海底电缆实现了越洋电报通信；70 年代，贝尔发明了电话；19 世纪末，出现了无线电报；20 世纪 60 年代以来，随着晶体管、大规模集成电路、电子计算机、光纤的出现和广泛应用，无线电话、广播、电视、传真通信、数字通信、微波通信、卫星通信、光纤通信、移动通信和计算机通信等迅速发展起来，不断满足人们对各种现代通信的需要。

1.1.1　通信基本概念

近代社会，人们常将异地间人与人、人与机器、机器与机器进行的信息的传递和交换称为通信。通信的目的是传递和交换信息。信息可以是语音、文字、符号、音乐、图像等。任何一个通信系统，都是从一个称为信息源的时空点向另一个称为信宿的目的点传送信息。以各种通信技术，如以长途和本地的有线电话网（包括光缆、同轴电缆网）、无线电话网（包括卫星通信、微波中继通信网）、有线电视网和计算机数据网为基础组成的现代通信网，通过多媒体技术，可为家庭、办公室、医院、学校等提供文化、娱乐、教育、卫生、金融等广泛的信息服务。

1．消息、信号和信息

（1）基本概念

① 信息

信息是指消息中包含的有意义的内容，是人类社会和自然界中需要传递、交换、存储和提取的抽象内容。

② 消息

由于信息是抽象的内容，为了传送和交换信息，必须通过语言、文字、图像和数据等将它表示出来，即消息是信息的表现形式。消息具有不同的形式，如语音、音乐、符号、文字、图片、数据、视频等。也就是说，一条信息可以用多种形式的消息来表示，不同形式的消息也可以包含相同的信息。

例如，想知道明天的天气预报，既可以从报纸、网站上查询文字信息，也可以通过手机接收天气预报短消息，还可以拨打 121 特服号接收语音发送的天气预报，不管采用什么方式，所含的信息内容是相同的。

③ 信号

信号是消息的载体，消息是靠信号来传递的。信号一般为某种形式的电磁能，我们将运载消息的光、声、电等物理量称为信号。利用“电信号”来承载消息的通信方式称为电通信，本书中的通信均指电通信。

（2）信号的分类

信号的分类方法有很多，可以从不同的角度对信号进行分类。例如，信号可以分为确知信号与随机信号、周期信号与非周期信号、模拟信号与数字信号等。下面简要介绍这些信号的概念。

① 确知信号与随机信号

确知信号是指能够以确定的时间函数表示的信号，它在定义域内任意时刻都有确定的函数值，例如电路中的正弦信号和各种形状的周期信号等。

在事件发生之前无法预知信号的取值，即写不出明确的数学表达式，通常只知道它取某一数值的概率，这种具有随机性的信号称为随机信号。例如，半导体载流子随机运动所产生的噪声和从目标反射回来的雷达信号（其出现的时间与强度是随机的）等都是随机信号。所有的实际信号在一定程度上都是随机信号。

② 周期信号与非周期信号

周期信号是每隔一个固定的时间间隔重复出现的信号。周期信号 $f(t)$ 满足下列条件

$$f(t)=f(t+nT), n=0,\pm1,\pm2,\pm3,\cdots \qquad -\infty<t<\infty \tag{1.1-1}$$

式中，T 为 $f(t)$ 的周期，是满足式（1.1-1）条件的最小时段。

非周期信号是不具有重复性的信号。

③ 模拟信号与数字信号

按照信号参量的取值方式及其与消息之间的关系，可将信号划分为两类：模拟信号与数字信号。

模拟信号是指代表消息的信号参量（幅度、频率或相位）随消息连续变化的信号。如代表消息的信号参量是幅度，则模拟信号的幅度应随消息连续变化，即幅度取值有无限多个，且在时间上是连续的，如图 1-1（a）所示。若对模拟信号进行抽样，则得到离散时间信号，其时间是离散的，幅值是连续的，如图 1-1（b）所示。

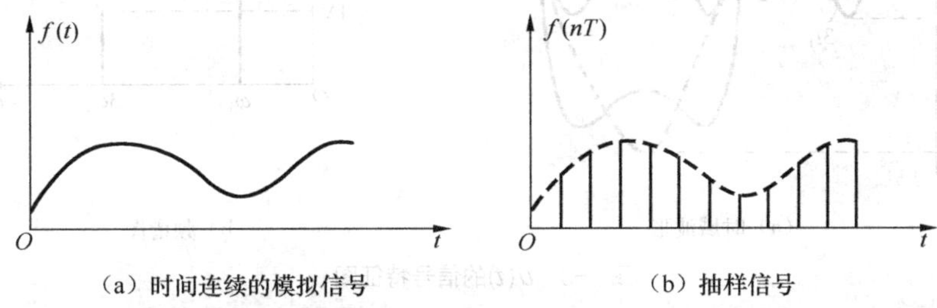

（a）时间连续的模拟信号　　（b）抽样信号

图 1-1　模拟信号及其对应的离散时间信号波形

数字信号是指不仅在时间上离散，而且在幅度取值上也是离散的信号。图 1-2 表示一个二进制数字信号，它以“1”和“0”两种状态的不同组合来表示不同的消息。

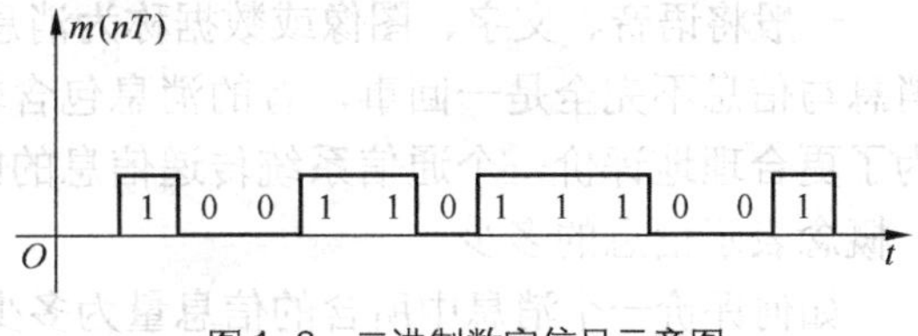

图 1-2　二进制数字信号示意图

模拟信号和数字信号可以通过一定的方法实现相互转换，如语音编码器可以实现模拟语音信号转化为数字语音，语音译码器可以实现数字语音转化为模拟语音。通常使用的 A/D 和 D/A 转换器可以实现模拟信号和数字信号之间的相互转换。

（3）信号的特性

信号的特性表现为它的时间特性和频率特性。确知信号和随机信号都可用它们的时域特性和频域特性来表示。

① 时域特性

时域特性表示函数值（如信号电压或电流）随时间的变化关系。

② 频域特性

频域特性指任意信号总可以表示为许多不同频率、不同振幅正弦信号的线性组合，这些正弦信号所包含的频率范围称为该信号的频谱，通常用函数 $F(\omega)$ 表示时域信号 $f(t)$ 的频谱。称信号 $f(t)$ 的绝对带宽为频谱 $F(\omega)$ 的带宽，单位为赫兹（Hz）。

设有一个信号为

$$u(t) = 3\sin\omega_1 t + \sin 3\omega_1 t \tag{1.1-2}$$

式中，$\omega_1 = \dfrac{2\pi}{T} = 2\pi f_1$，则信号 $u(t)$ 的信号特征如图 1-3 所示，图 1-3（a）所示为信号 $u(t)$ 的时域图，图 1-3（b）所示为 $u(t)$ 对应的频谱图，其频谱从 f_1 延续到 $3f_1$，其带宽为 $2f_1$。

图 1-3（b）中，每一条谱线代表一个正弦分量，谱线的高度代表这一正弦分量（电压）的振幅，谱线的位置代表这一正弦分量的角频率。

可见，信号的频率特性和时间特性都包含了信号所携带的信息量，都能表示出信号的特点，所以信号的频率特性和时间特性之间必然有着密切的联系。

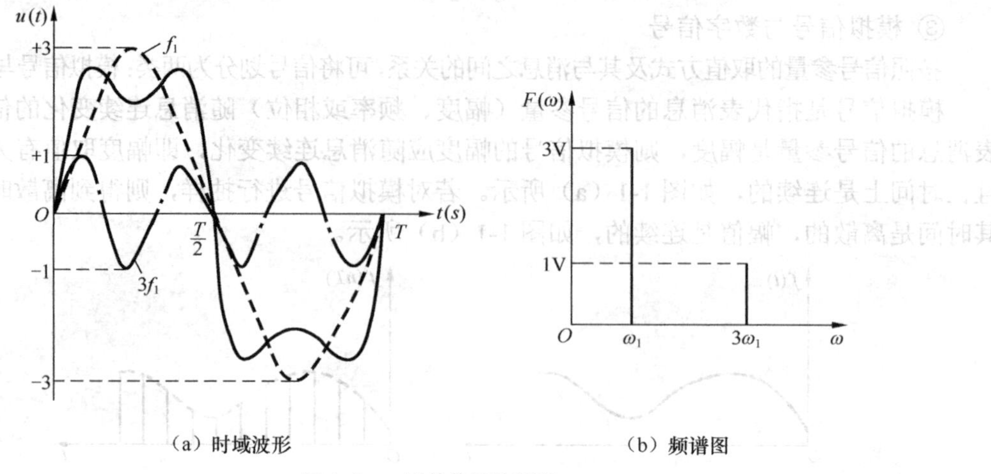

（a）时域波形 （b）频谱图

图 1-3 $u(t)$的信号特征图

2．信息的度量

（1）离散消息的自信息量

一般将语音、文字、图像或数据称为消息，将消息带给收信者的新知识称为信息。因此，消息与信息不完全是一回事，有的消息包含较多的信息，而有的消息根本不包含任何信息。为了更合理地评价一个通信系统传递信息的能力，需要对信息进行量化，即用“信息量”这一概念表示信息的多少。

如何评价一个消息中所含的信息量为多少呢？这既可以从发送者的角度来考虑，也可以从接收者的角度来考虑。一般从接收者的角度来考虑，当人们得到消息之前，对它的内容有一种“不确定性”或者说是“猜测”。而一个消息之所以会含有信息，也正是因为它具有不确定性，一个不具有不确定性的消息是不会含有任何信息的，而通信的目的就是为了消除或部分消除这种不确定性。比如，在足球比赛开始之前，我们对于哪队胜出的结果是不确定的，赛后通过通信，我们得知了比赛的结果，消除了不确定性，从而获得了信息。当收信者得到消息后，若事前猜测消息中所描述的事件发生了，就会感觉没多少信息量，即已经被猜中；若事前的猜测没发生，发生了其他的事，收信者会感到很有信息量，事件越是出乎意料，那么信息量就越大。

事件出现的不确定性，可以用其出现的概率来描述。因此，消息中信息量的大小与消息出现的概率密切相关。如果一个消息所表示的事件是必然事件，即该事件出现的概率为 1，则该消息所包含的信息量为 0；如果一个消息表示的是不可能事件，即该事件出现的概率为 0，则这一消息的信息量为无穷大。

为了对信息进行度量，科学家哈莱特提出采用消息出现概率倒数的对数作为信息量的度量单位。

若一个消息 x 出现的概率为 $P(x)$，则这一消息包含的信息量 $I(x)$ 为

$$I(x)=\log_a \frac{1}{P(x)}=-\log_a P(x) \tag{1.1-3}$$

信息量 $I(x)$ 代表两种含义：当事件 x 发生以前，表示事件 x 发生的不确定性；当事件 x 发生以后，表示事件 x 所包含的信息量，也就是能够提供给收信者的最大信息量。如果能够正确传送，收信者就能够获得该大小的信息量。

信息量的单位由对数底 a 的取值决定。若对数以 2 为底，则单位是“比特”（bit，binary

digit）；若以 e 为底，则单位是“奈特”（nat，nature unit）；若以 10 为底，则单位是“哈特”（Hart，Hartley）。通常采用“比特”作为信息量的实用单位。

[例 1.1] 设英文字母 f 出现的概率为 0.51，x 出现的概率为 0.034。试求 f 及 x 的信息量。

解：英文字母 f 出现的概率为 $P(f)=0.51$，其信息量为

$$I(f)=\log_2\frac{1}{P(f)}=-\log_2 0.51=0.97\text{bit}$$

字母 x 出现的概率为 $p(x)=0.034$，其信息量为

$$I(x)=\log_2\frac{1}{P(x)}=-\log_2 0.034=4.88\text{bit}$$

通过上面的例子可以看出，不可能事件 $p=0,I=\infty$；小概率事件 $p=0.034,I=4.88$；大概率事件 $p=0.51,I=0.97$；必然事件 $p=1,I=0$。可见，信息量 $I(x)$ 是事件发生概率 $P(x)$ 的单调递减函数。

对于一个二进制数字信号，只有 0 和 1 两个符号，如果 0 和 1 出现的概率相等，即 $p(0)=P(1)=1/2$，那么任何一个 0 或 1 的信息量为

$$I=\log_2\frac{1}{p(0)}=\log_2\frac{1}{p(1)}=\log_2 2=1\text{bit}$$

对于四进制数字信号，共有四种不同状态，假设分别为 0、1、2、3，如图 1-4 所示。如果每种状态出现的概率相等，即 $p(0)=P(1)=P(2)=P(3)=1/4$，那么任何一种符号的信息量为

$$I=\log_2\frac{1}{p(0)}=\log_2\frac{1}{p(1)}=\log_2\frac{1}{p(2)}=\log_2\frac{1}{p(3)}=\log_2 4=2\text{bit}$$

由以上分析可知，四进制数字信号的每种状态可以用两位二进制符号来表示，即 0、1、2、3 分别用 00、01、10、11 来表示。另外，多进制符号包含的信息量大，所以采用多进制信息编码时，信息传输效率高。

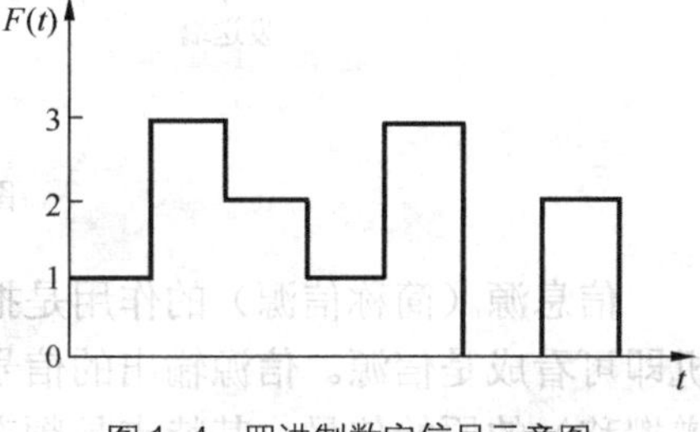

图 1-4 四进制数字信号示意图

（2）信息熵

上面我们讨论了信源发出单一离散消息所携带的信息量。实际上，离散信源（或消息源）发出的并不是单一消息，而是多个消息（或符号）的集合。例如，经过数字化的黑白图像信号，每个像素可能有 256 种灰度，这 256 种灰度可用 0～255 总共 256 个不同的符号来表示。在这种情况下，我们希望计算出每个消息或符号能够给出的平均信息量。

设离散信息源是一个由 n 个符号组成的集合，称为符号集。符号集中的每一个符号 x_i 在消息中是按一定概率 $P(x_i)$ 独立出现的。设符号集中各符号出现的概率对应表为

$$\begin{bmatrix} x_1, & x_2, & \cdots & ,x_n \\ P(x_1), & P(x_2), & \cdots, & P(x_n) \end{bmatrix}，且有\sum_{i=1}^{n}P(x_i)=1$$

则 $x_1,x_2,\cdots,x_n$ 所包含的信息量分别为 $-\log_2 P(x_1)$，$-\log_2 P(x_2)$，$\cdots$，$-\log_2 P(x_n)$。于是，该信源每个符号所含信息量的统计平均值，即平均信息量为

$$H(x)=-\sum_{i=1}^{n}P(x_i)\log_2\left[P(x_i)\right] \quad (\text{bit/信源符号}) \tag{1.1-4}$$

由于 H 同热力学中熵的定义式类似，故通常又称它为信息源的熵，其单位为bit/信源符号。

由式（1.1-4）可知，不同的离散信息源可能有不同的熵值。可以证明，当离散信源的每一符号等概率出现时，即 $P(x_i)=1/n(i=1,2,\cdots,n)$，此时的熵最大。最大熵值为 $\log_2 n$(bit/信源符号)。

[例 1.2] 设有四个消息 A、B、C 和 D，分别以概率 1/4、1/8、1/8 和 1/2 传送，每一消息的出现是相互独立的。试求该信息源符号的平均信息量。

解： 该信息源符号的平均信息量为

$$H(x)=-\sum_{i=1}^{n}P(x_i)\log_2\left[P(x_i)\right]$$

$$=-\frac{1}{4}\log_2\frac{1}{4}-\frac{1}{8}\log_2\frac{1}{8}-\frac{1}{8}\log_2\frac{1}{8}-\frac{1}{2}\log_2\frac{1}{2}=1.75\text{bit/信源符号}$$

1.1.2 通信系统模型与分类

信息的传递和交换需要通过一套设备来完成。通信系统即是指实现信息传输所需的一切硬件、软件及人的集合。按照不同的分类方法，通信系统可以分成许多类别。按照信道中所传信号的形式不同，通信系统可以分为两种最基本的类型：模拟通信系统和数字通信系统。

1．通信系统的组成

（1）通信系统的一般模型

一个最简单的通信系统由两个用户终端和连接这两个终端的传输媒质所构成，这种通信系统所实现的通信方式称为点到点通信。以点到点通信系统为例，要实现消息从一端向另一端的传递，必须有如图 1-5 所示的 6 个部分，分别是信源、发送设备、信道、噪声源、接收设备、信宿。

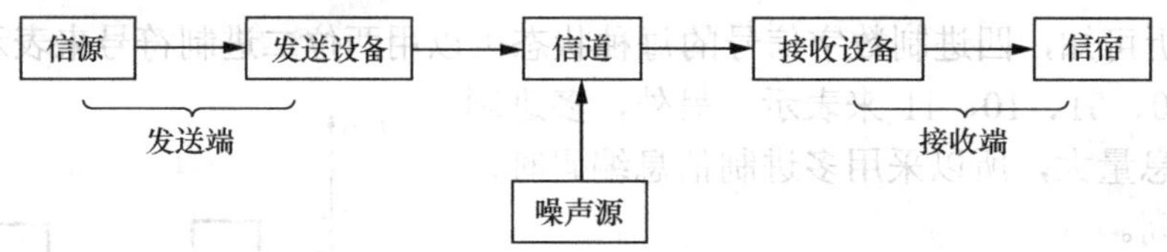

图 1-5 通信系统的一般模型

信息源（简称信源）的作用是把待传输的消息转换成原始电信号，如电话系统中的电话机即可看成是信源。信源输出的信号称为基带信号。所谓基带信号就是指没有经过调制（频谱搬移）的原始信号，其特点是频率低。基带信号可分为数字基带信号和模拟基带信号。

发送设备是个总体概念，它可以包括许多具体的电路与系统，其作用是对基带信号进行某种变换或处理，使原始信号（基带信号）变换成适应信道传输特性要求的信号。发送设备所要完成的功能很多，如调制、放大、滤波和发射等。在数字通信系统中，发送设备又常常包含信源编码和信道编码等。

信道是信号传输的通路，按传输媒质的不同，可分为有线信道和无线信道两大类。所谓有线信道，是指传输媒质为导线、电缆、光缆、波导等形式的信道，其特点是传输媒质看得见、摸得着。所谓无线信道，是指传输媒质为看不见、摸不着的不同频率电磁波的通信形式的信道。

信道中任何时候均存在噪声，图 1-5 中所示的噪声源是叠加在信道中的所有噪声以及分散在通信系统中各处噪声的集合，图中这种表示是为了在分析和讨论问题时便于理解而人为设置的。

在接收端，接收设备的功能正好与发送设备相反，它从信道接收到的信号中恢复出相应的原始信号。

信宿（也称为受信者或接收终端）的作用是将复原的原始信号转换成相应的消息，如电话机将对方传来的电信号还原成声音。

（2）模拟通信系统

① 模拟通信系统模型

模拟通信系统在信道中传输的是模拟信号。

模拟通信系统模型如图 1-6 所示，它主要包含两种重要变换。第一种是在发送端将连续消息变换成原始电信号，或在接收端进行相反的变换，它是由信息源或受信者完成。经第一种变换得到的原始电信号（基带信号）具有频率较低的频谱分量，一般不能直接作为传输信号而送到信道中去，因此模拟通信系统常常需要第二种变换，即将基带信号转换成适合信道传输的信号，这一变换由调制器完成。在收端同样需经相反的变换，将信道中传输的信号恢复成原始电信号，这一过程由解调器完成。经过调制后的信号称为已调信号。已调信号有三个基本特性：一是携带有消息，二是适合在信道中传输，三是频谱具有带通形式，且中心频率远离零频。因而已调信号又常称为频带信号。

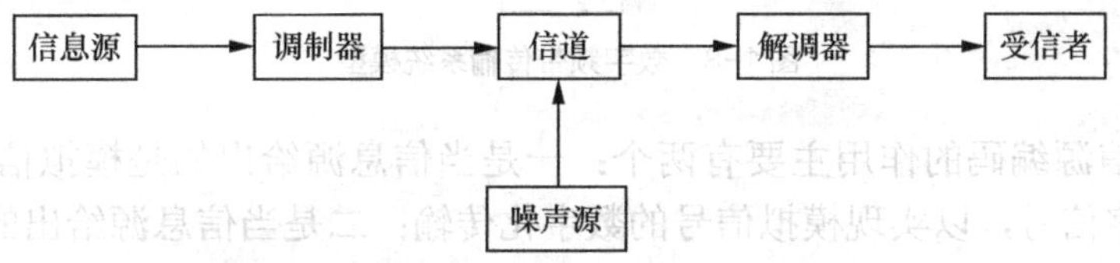

图 1-6　模拟通信系统模型

需要指出的是，在消息从发送端到接收端的传递过程中，不仅仅只有连续消息与基带信号、基带信号与频带信号之间的两种变换，实际通信系统中可能还有滤波、放大、天线辐射、控制等过程。调制与解调两种变换对信号的变化起决定性作用，它们是保证通信质量的关键。而滤波、放大、天线辐射等过程对信号不会发生质的变化，只是对信号进行了放大或改善了信号特性，因而被看作是理想线性的，可将其合并到信道中去。

② 模拟通信的特点

模拟通信系统在信道中传输的是模拟信号，其占有频带一般都比较窄，因此其频带利用率较高。缺点是抗干扰能力差，不易保密，设备元器件不易大规模集成，不能适应飞速发展的通信的要求。

（3）数字通信系统

数字通信系统在信道中传输的是数字信号。

数字通信系统可进一步细分为数字基带传输通信系统和数字频带传输通信系统。

① 数字基带传输通信系统模型

所谓基带传输，是指不经过调制而直接将原始基带信号送到线路上进行传输的一种方式。数字基带传输通信系统模型如图 1-7 所示。

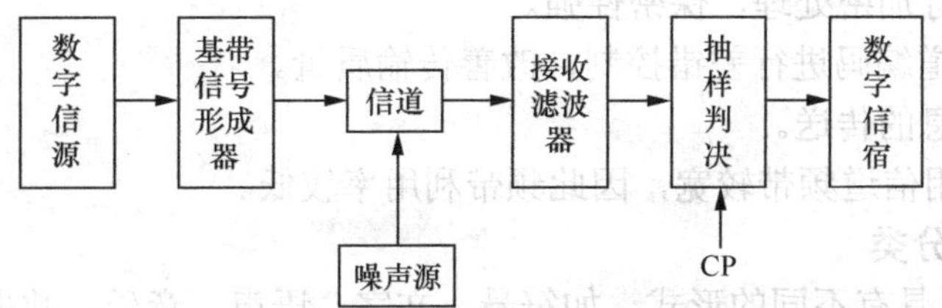

图 1-7　数字基带传输系统模型

图 1-7 中基带信号形成器可能包括编码器、加密器以及波形变换等，接收滤波器亦可能包括译码器、解密器等。

② 数字频带传输通信系统模型

与基带传输相对应的是频带传输。所谓频带传输，是指原始电信号在发送端先经过调制后再送到线路上传输，接收端则要进行相应的解调才能恢复出原来的基带信号。

数字频带传输通信系统模型如图 1-8 所示。

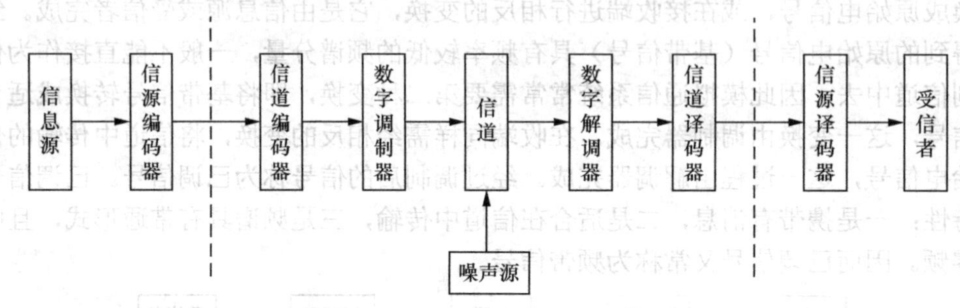

图 1-8 数字频带传输系统模型

图 1-8 中，信源编码的作用主要有两个：一是当信息源给出的是模拟信号时，信源编码器将其转换成数字信号，以实现模拟信号的数字化传输；二是当信息源给出的是数字信号时，信源编码器设法用适当的方法降低数字信号的码元速率以压缩频带。信源编码的目的是提高数字信号传输的有效性。接收端信源译码则是信源编码的逆过程。

信道编码的任务是提高数字信号传输的可靠性。其基本做法是在信息码组中按一定的规则附加一些监督码元，在接收端根据相应的规则进行检错和纠错，以提高信息传输的准确性。信道编码也称纠错编码、差错控制。接收端信道译码是其相反的过程。

数字调制是把所传输的数字序列的频谱搬移到适合在信道中传输的频带上。基本的数字调制方式有幅移键控（ASK）、频移键控（FSK）和相移键控（PSK）等。

数字通信系统还有一个非常重要的控制单元，即同步系统（图 1-8 中没有画出）。它可以使通信系统的收、发两端或整个通信系统以精度很高的时钟提供定时，使系统的数据流能与发送端同步，从而有序而准确地接收与恢复原信息。同步技术根据传输要求有不同的实现方案，而同步性能也直接影响到通信的质量。

③ 数字通信的特点

数字通信技术已成为当代通信技术的主流，更能适应现代社会对通信技术越来越高的要求。数字通信具有以下显著的特点。

a．数字电路易于集成化，因此数字通信设备功耗低、易于小型化。

b．再生中继无噪声累积，抗干扰能力强。

c．信号易于进行加密处理，保密性强。

d．可以通过信道编码进行差错控制，改善传输质量。

e．支持各种消息的传送。

f．数字信号占用信道频带较宽，因此频带利用率较低。

2．通信系统的分类

通信传输的消息具有不同的形式，如符号、文字、语声、音乐、数据、图像等。根据消息的不同形式、通信业务的不同种类、传输所用的不同信道等，可将通信系统分成很多类型。

（1）按消息的物理特征分类

根据消息的物理特征不同，通信系统可以分为电报通信系统、电话通信系统、数据通信系统、图像通信系统等。由于电话通信网最为发达和普及，因而其他消息常常通过公共的电话通信网传送。例如电报常通过电话信道传送。又如，随着电子计算机发展而迅速增长起来的数据通信，在远距离传输数据时也可以利用电话信道传送。

（2）按调制方式分类

根据是否采用调制，可将通信系统分为基带传输系统和频带（调制）传输系统。基带传输是将未经调制的信号直接传送，如音频市内电话；频带传输是对基带信号调制后再送到信道中传输。

（3）按信号特征分类

按照信道中传输的是模拟信号还是数字信号，可以相应地把通信系统分为模拟通信系统与数字通信系统。

（4）按传输媒质分类

按传输媒质分类，通信系统可分为有线通信系统和无线通信系统两大类。所谓有线通信是指用导线或导引体作为传输媒质完成的通信，如架空明线、同轴电缆、海底电缆、光导纤维、波导等，其特点是媒质能看得见、摸得着。所谓无线通信是指依靠电磁波在空间传播达到传递信息的目的，如短波电离层传播、微波视距传播、卫星中继等，其特点是传输媒质看不见、摸不着。

（5）按工作频段分类

按通信设备的工作频段不同，通信系统可分为长波通信、中波通信、短波通信、微波通信等。各种通信频段、常用传输媒质及主要用途如表1-1所示。

表1-1　通信频段、常用传输媒质及主要用途

频率范围	波长	符号	传输媒质	用途
3Hz～30kHz	10^4～10^8m	甚低频（VLF）	极长波无线电	音频、电话、数据终端长距离导航、时标
30～300kHz	10^3～10^4m	低频（LF）	超长波无线电	导航、信标、电力线通信
300kHz～3MHz	10^2～10^3m	中频（MF）	同轴电缆短波无线电	调幅广播、移动陆地通信、业余无线电
3～30MHz	10～10^2m	高频（HF）	同轴电缆短波无线电	移动无线电话、短波广播、定点军用通信、业余无线电
30～300MHz	1～10m	甚高频（VH）	同轴电缆米波无线电	电视、调频广播、空中管制、车辆、通信、导航
300MHz～3GHz	10～100cm	特高频（UHF）	波导分米波无线电	微波接力、卫星和空间通信、雷达
3～30GHz	1～10cm	超高频（SHF）	波导厘米无线电	微波接力、卫星和空间通信、雷达
30～300GHz	1～10mm	极高频（ESH）	波导毫米无线电	雷达、微波接力、射电天文学
300～3000GHz	1～0.1mm	至高频（THF）	亚毫米波无线电	短路径通信
10^7～10^8GHz	3×10^{-5}～3×10^{-4}cm	紫外可见光红外	光纤激光空间传播	光通信

（6）按信号复用方式分类

传送多路信号有三种复用方式，即频分复用、时分复用和码分复用。复用就是将两点间要传输的若干个彼此独立的信号合并为一个可在同一信道上传输的信号，以充分利用信道带宽。频分复用是用频谱搬移的方法使不同信号占据不同的频率范围；时分复用是用抽样或脉冲调制方法使不同信号占据不同的时间区间；码分复用则是用相互正交的码型来区分多路信号。传统的模拟通信中大都采用频分复用。随着数字通信的发展，时分复用通信系统的应用越来越广泛。码分复用多用于空间扩频通信系统中，目前也用于移动通信系统中。

（7）按终端用户移动性分类

通信还可以按终端用户是否移动分为移动通信和固定通信。移动通信是指通信双方至少有一方在运动中进行信息交换。固定通信中，各终端的地理位置始终是固定不变的。

1.1.3 通信系统的主要性能指标

衡量一个通信系统的优劣，往往要涉及通信系统的主要性能指标问题。性能指标也称质量指标，它们是对整个系统综合提出或规定的。

通信系统的性能指标涉及以下几个方面。

（1）有效性：指信道资源的利用效率，即通信系统传输消息的“速度”问题。

（2）可靠性：指通信系统传输消息的“质量”问题，即质量好坏问题。

（3）适应性：指通信系统使用时的环境条件。

（4）经济性：指分摊到每一个用户的成本。

（5）保密性：指系统对所传信号的加密措施。

（6）标准性：指系统的接口、各种结构及协议是否合乎国家、国际标准。

（7）维护性：指系统是否方便维修。

（8）工艺性：指通信系统各种工艺要求。

对于一个通信系统，从研究消息的传输来说，有效性和可靠性是一对主要矛盾，因为在一般情况下，增加系统有效性必然会降低可靠性，反之亦然。因此在设计通信系统时，对两者应统筹考虑，在实际中通常只能依据实际要求取得相对的统一。

1．模拟通信系统的主要性能指标

（1）有效性指标

模拟通信系统的有效性指标用所传输信号的有效传输带宽来表征。当信道容许传输带宽一定，而进行多路频分复用时，每路信号所需的有效带宽越窄，信道内复用的路数就越多。显然，信道复用的程度越高，信号传输的有效性就越好。信号的有效传输带宽与系统采用的调制方法有关，同样的信号用不同的方法调制得到的有效传输带宽是不一样的。

（2）可靠性指标

模拟通信系统的可靠性指标用整个通信系统的输出信噪比来衡量。信噪比是信号的平均功率 S 与噪声的平均功率 N 之比。信噪比越高，说明噪声对信号的影响越小。显然，信噪比越高，该系统抗信道噪声的能力越强，通信质量就越好。输出信噪比一方面与信道内噪声的大小和信号的功率有关，同时也和调制方式有很大关系。

2．数字通信系统的主要性能指标

（1）有效性指标

数字通信系统的有效性指标用传输速率和频带利用率来表征。

① 传输速率

传输速率有两种表示方法：码元传输速率 R_B 和信息传输速率 R_b

码元（符号）传输速率 R_B（又称为波特率），简称传码率，它是指系统每秒钟传送码元的个数，单位是波特（Baud）。

信息传输速率 R_b（又称为比特率），简称传信率，它是指系统每秒钟传送的信息量，单

位是比特/秒，常用符号“bit/s”表示。

波特率和比特率都是用来衡量数字通信系统有效性的指标，但是这二者既有联系又有区别。

在N进制下，设比特率为R_b(bit/s)，波特率为R_B(Baud)，由于每个码元或符号通常都含有一定比特的信息量，因此比特率和波特率的关系为

$$R_b = R_B H(x) \quad (1.1\text{-}5)$$

式中，$H(x)$为信源中每个符号所含的平均信息量（熵）。

当离散信源的每一符号等概率出现时，熵有最大值为$\log_2 N$(bit/信源符号)，比特率也达到最大，即

$$R_b = R_B \log_2 N \quad (1.1\text{-}6)$$

式中，N为符号的进制数。

在二进制下，波特率与比特率数值上相等，但单位不同，其意义不同。

对于不同进制的通信系统来说，码元传输速率高的通信系统其信息传输速率不一定高。因此，在对它们的传输速度进行比较时，一般不能直接比较码元传输速率，需将码元传输速率换算成信息传输速率后再进行比较。

[例 1.3] 设一数字通信系统传送二进制码元的速率为 1 000Baud，各符号等概率出现，试求该系统的信息传输速率；若该系统改成传送三十二进制信号码元，则此时该系统的信息传输速率为多少？

解：传送二进制码元时，该系统的信息传输速率为

$$R_b = R_B \times \log_2 N = 1\,000 \times \log_2 2 = 1\,000 \text{(bit/s)}$$

传送三十二进制码元时，该系统的信息传输速率为

$$R_b = R_B \times \log_2 N = 1\,000 \times \log_2 32 = 1\,000 \times 5 = 5\,000 \text{(bit/s)}$$

② 频带利用率

在比较不同通信系统的有效性时，单看它们的传输速率是不够的，还应看在这样的传输速率下所占信道的频带宽度B。频带利用率是指单位频带内的传输速率，有两种表示方式：码元频带利用率和信息频带利用率。

码元频带利用率是指单位频带内的码元传输速率，即

$$\eta = \frac{R_B}{B} \quad \text{(Baud/Hz)} \quad (1.1\text{-}7)$$

信息频带利用率是指每秒钟在单位频带上传输的信息量，即

$$\eta = \frac{R_b}{B} \quad \text{bit/(s} \cdot \text{Hz)} \quad (1.1\text{-}8)$$

（2）可靠性指标

数字通信系统的可靠性指标用差错率来衡量。差错率越小，可靠性越高。差错率也有两种表示方法：误码率和误信率。

① 误码率：指接收到的错误码元数和总的传输码元个数之比，即在传输中出现错误码元的概率，记为

$$P_e = \frac{\text{接收的错误码元数}}{\text{传输总码元数}} \quad (1.1\text{-}9)$$

② 误信率：又叫做误比特率，是指接收到的错误比特数和总的传输比特数之比，即在传输中出现错误信息量的概率，记为

$$P_{\mathrm{b}}=\frac{\text{接收的错误比特数}}{\text{传输总比特数}} \tag{1.1-10}$$

[例 1.4] 已知某八进制数字通信系统的信息速率为 3 000bit/s，在收端 10 分钟内共测得出现 18 个错误码元，试求该系统的误码率。

解：依题意 $R_{\mathrm{b}}=3\,000\mathrm{bit/s}$

则 $R_{\mathrm{B}}=R_{\mathrm{b}}/\log_2 8=1\,000\mathrm{Baud}$

由式（1.1-9）得系统的误码率 $P_{\mathrm{e}}=\dfrac{18}{1\,000\times10\times60}=3\times10^{-5}$

1.2 通信信道与噪声

信道是指以传输媒质为基础的信号通道，是通信系统必不可少的组成部分，是影响通信系统性能的重要因素。而信道中的噪声又是不可避免的，因此对信道和噪声的分析是研究通信问题的基础。下面将重点讨论信道特性及其对信号传输的影响，并介绍信道中加性噪声的来源及信道容量的基本概念。

1.2.1 通信信道分类与传输特性

信道的好坏直接影响通信的质量。因此，有必要研究信道，根据信道的特点正确地选用信道，并合理地设计收发设备，使通信系统达到最佳。

1．通信信道分类

按不同的分类方法，通信信道可分为以下几种，如图 1-9 所示。

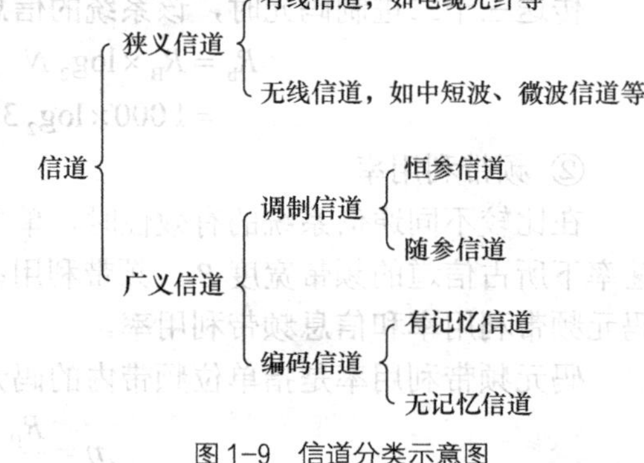

图 1-9 信道分类示意图

（1）按是否包含设备分类

根据信道是否包含设备，信道可以分为狭义信道和广义信道。

狭义信道是指信号的传输媒质，如双绞线、同轴电缆、波导、光缆、微波视距传播路径和电离层散射路径等。

将传输媒质和各种信号形式的转换、耦合等设备（如发送设备、接收设备、馈线与天线、调制器、解调器等）都归纳在一起，这种扩大范围的信道称为广义信道。

在讨论通信的一般原理时，我们采用广义信道。不过狭义信道（传输媒质）是广义信道十分重要的组成部分，通信效果的好坏在很大的程度上依赖于狭义信道的特性。因此，在研究信道的一般特性时，“传输媒质”仍是讨论的重点。今后，为了叙述方便，我们常把广义信道称为信道。

（2）按传输媒质分类

按传输媒质的不同，信道可以分为有线信道和无线信道。

有线信道是利用导体来传输信号的。常用的有线信道有架空明线、双绞线、同轴电缆、波导和光缆等。

无线信道是利用电磁波的传播来传输信号的。根据电磁波的传播特点，常用的无线信道

有长波信道、短波信道、地面微波信道、卫星信道、散射信道、红外信道等。

（3）按广义信道所包含的功能分类

按广义信道所包含的功能分类，信道可以划分为调制信道和编码信道。

所谓调制信道是指图 1-10 中调制器输出端到解调器输入端的部分。从调制和解调的角度来看，调制器输出端到解调器输入端的所有变换装置及传输媒质，不论其过程如何，只不过是对已调信号进行某种变换。因此，在模拟通信系统中，主要是研究调制和解调的基本原理，采用调制信道定义是非常方便的。

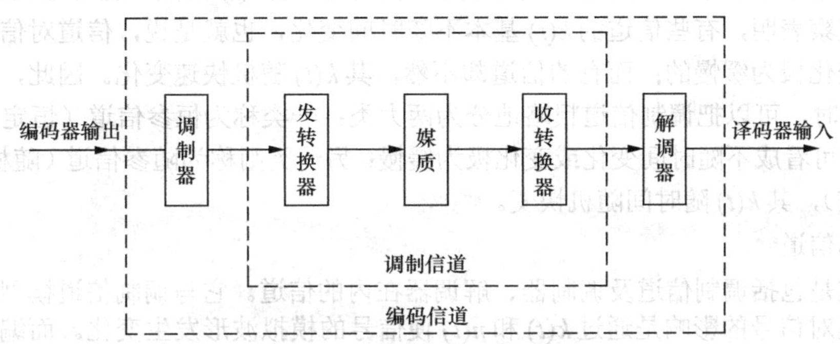

图 1–10　调制信道和编码信道

所谓编码信道是指图 1-10 中编码器输出端到译码器输入端的部分。这样定义是因为从编译码的角度看来，编码器的输出是某一数字序列，而译码器的输入同样是某一数字序列，它们可能是不同的数字序列。因此，在数字通信系统中，如果我们仅着眼于讨论编码和译码，采用编码信道的概念是十分有益的。

（4）按信道特性分类

根据传输媒质的传输特性统计规律的不同，信道可以分为恒参信道和随参信道。

恒参信道的传输特性与时间无关或随时间缓慢变化，其参量可以视为恒定。常见的恒参信道有各种有线信道、微波视距传输信道和卫星中继信道等。

随参信道的传输特性随时间随机变化，有时也称为时变信道。常见的随参信道有短波电离层反射信道、对流层散射信道等。

2．调制信道与编码信道

为了分析信道的一般特性及其对信号传输的影响，我们在信道定义的基础上，引入调制信道和编码信道的数学模型。

（1）调制信道

在调制信道中，我们关心的是信号经信道传输后波形和频谱的变化情况。

调制信道可以用一个线性时变网络来表示，如图 1-11 所示。

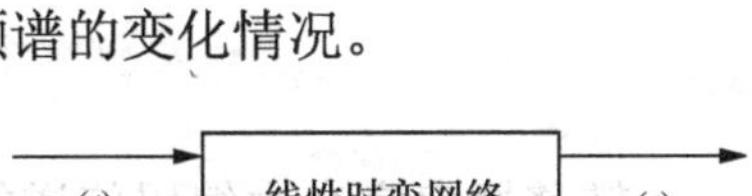

图 1-11 中输入输出之间的关系可以表示为

$$e_o(t) = f[e_i(t)] + n(t) \qquad (1.2\text{-}1)$$

$e_i(t)$　线性时变网络　$e_o(t)$

图 1–11　调制信道模型

式中，$e_i(t)$ 是信道的输入信号；$e_o(t)$ 是信道的输出；$n(t)$ 与信道输出信号之间为相加关系，称为加性噪声（或称加性干扰），它与 $e_i(t)$ 不发生依赖关系，或者说，$n(t)$ 独立于 $e_i(t)$。

$f[e_i(t)]$ 中“f”表示网络输入和输出信号之间的某种函数关系。为了便于数学分析，通常假设 $f[e_i(t)] = k(t)e_i(t)$，其中 $k(t)$ 依赖于网络特性，它对 $e_i(t)$ 来说是一种乘性干扰。因此，

式（1.2-1）就可以改写为

$$e_o(t)=k(t)e_i(t)+n(t) \tag{1.2-2}$$

由以上分析可见，信道对信号的影响可归纳为两点：一是乘性干扰 $k(t)$；二是加性干扰 $n(t)$。如果了解了 $k(t)$ 和 $n(t)$ 的特性，则信道对信号的具体影响就能确定。信道的不同特性反映在信道模型上有不同的 $k(t)$ 和 $n(t)$。

实际中，乘性干扰 $k(t)$ 是一个很复杂的函数，它可能包括各种线性畸变、非线性畸变。同时，由于信道的延迟特性和损耗特性随时间随机变化，故 $k(t)$ 往往只能用随机过程来描述。不过经大量观察表明，有些信道的 $k(t)$ 基本不随时间变化，也就是说，信道对信号的影响是固定的，或变化极为缓慢的；而有的信道却不然，其 $k(t)$ 随机快速变化。因此，在分析研究乘性干扰 $k(t)$ 时，可以把调制信道粗略地分为两大类：一类称为恒参信道（恒定参数信道），即它们的 $k(t)$ 可看成不随时间变化或变化极为缓慢；另一类则称为随参信道（随机参数信道，或称变参信道），其 $k(t)$ 随时间随机快变。

（2）编码信道

编码信道是包括调制信道及调制器、解调器在内的信道。它与调制信道模型有明显的不同：调制信道对信号的影响是通过 $k(t)$ 和 $n(t)$ 使信号的模拟波形发生变化。而编码信道对信号的影响则是一种数字序列的变换，即把一种数字序列变成另一种数字序列。故有时把调制信道看成是一种模拟信道，而把编码信道看成是一种数字信道。

由于编码信道包含调制信道，因而它同样要受到调制信道的影响。但是，从编/译码的角度看，这个影响已反映在解调器的输出数字序列中，即输出数字序列以某种概率发生差错，引起误码。因此，编码信道的模型可用数字信号的条件转移概率来描述。在常见的二进制数字传输系统中，编码信道的简单模型如图 1-12 所示。之所以称这个模型是“简单的”，是因为已经假定此编码信道是无记忆信道，即前后码元的差错发生是相互独立的。

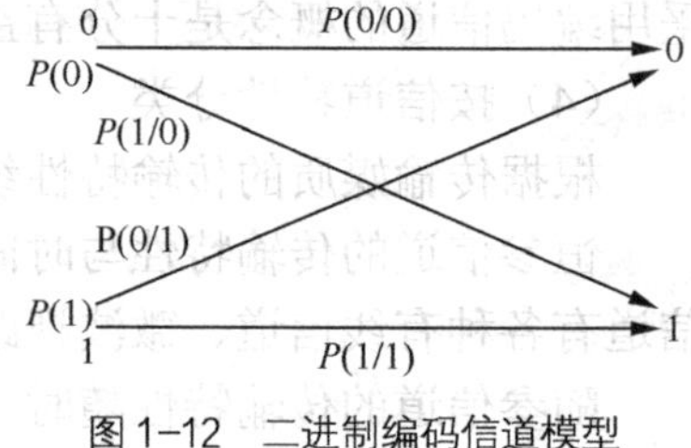

图 1-12　二进制编码信道模型

图 1-12 所示的模型中，$P(0)$ 和 $P(1)$ 分别表示发送“0”符号和“1”符号的先验概率，$P(0/0)$ 与 $P(1/1)$ 是正确转移的概率，而 $P(1/0)$ 与 $P(0/1)$ 是错误转移的概率。信道噪声越大将导致输出数字序列发生错误越多，错误转移条件概率 $P(1/0)$ 与 $P(0/1)$ 也就越大；反之，错误转移条件概率 $P(1/0)$ 与 $P(0/1)$ 就越小。信道输出总的错误概率为

$$P_e=P(0)P(1/0)+P(1)P(0/1) \tag{1.2-3}$$

由概率论的性质可知

$$P(0/0)+P(1/0)=1$$

$$P(1/1)+P(0/1)=1$$

转移概率完全由编码信道的特性决定，一个特定的编码信道就会有其相应确定的转移概率关系。而编码信道的转移概率一般需要对实际信道做大量的统计分析才能得到。

3．调制信道特性对信号传输的影响

由于编码信道包含调制信道，所以调制信道对编码信道的性能有影响。下面主要讨论调制信道特性对信号传输的影响。

（1）恒参信道传输特性

由于恒参信道对信号传输的影响是确定的或者是变化极其缓慢的，因此其传输特性可以

等效为一个线性时不变网络，该线性时不变网络的传输特性可以用幅度—频率特性和相位—频率特性来表征。即

$$H(\omega)=\left|H(\omega)\right|\mathrm{e}^{\mathrm{j}\varphi(\omega)} \tag{1.2-4}$$

① 信号无失真传输的条件

对于信号传输而言，通常追求的是信号通过信道时不产生失真或者失真小到不易察觉的程度。要使任意一个信号通过线性时不变网络不产生波形失真，网络的传输特性 $H(\omega)$ 应该具备以下两个理想条件：

- 网络的幅度—频率特性 $\left|H(\omega)\right|$ 是一个不随频率变化的常数，如图 1-13（a）所示，其中 A 为常数。
- 网络的相位—频率特性 $\varphi(\omega)$ 应与频率成直线关系，即线性关系，如图 1-13（b）所示，其中 K 为常数。

网络的相位—频率特性常用群时延—频率特性 $\tau(\omega)$ 来表示。所谓群时延—频率特性是指相位—频率特性的导数，即

$$\tau(\omega)=\frac{\mathrm{d}\varphi(\omega)}{\mathrm{d}\omega} \tag{1.2-5}$$

可见，对于理想的无失真信道，如果相位—频率特性是线性的，则群时延—频率特性是一条水平直线，如图 1-13（c）所示。

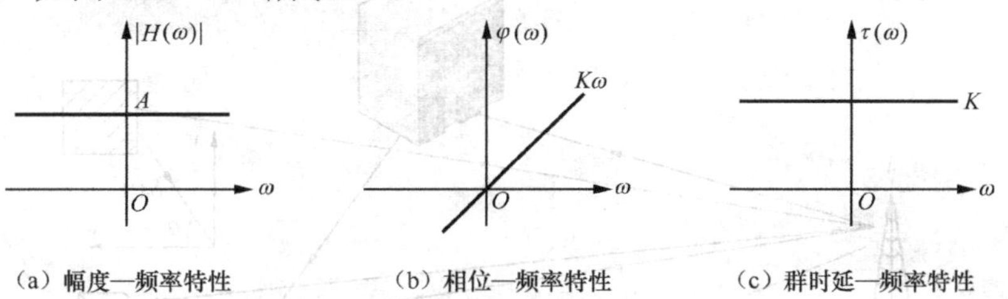

（a）幅度—频率特性　（b）相位—频率特性　（c）群时延—频率特性

图 1-13　理想的网络传输特性

② 信号两种主要失真及其影响

信号经过恒参信道时，若信道的幅频特性在信号频带内不是常数，则信号的各频率分量通过信道后将产生不同的幅度衰减，从而引起信号波形的失真，我们称这种失真为幅—频失真。幅—频失真对模拟通信影响较大，导致信噪比下降。

若信道的相频特性在信号频带内不是频率的线性函数，则信号的各频率分量通过信道后将产生不同的时延，从而引起波形的群时延失真，我们称这种失真为相—频失真。相—频失真对语音通信影响不大，但对数字通信影响较大，会引起严重的码间干扰，造成误码。

信道的幅—频失真是一种线性失真，可以用一个线性网络（即均衡器）进行补偿。若此线性网络的频率特性与信道的幅—频特性之和在信号频谱占用的频带内为一条水平直线，则此补偿网络就能够完全抵消信道产生的幅—频失真。信道的相—频失真也是一种线性失真，所以也可以用一个线性网络进行补偿。

除了幅度—频率特性和相位—频率特性外，恒参信道中还可能存在其他一些使信号产生失真的因素，如非线性失真、频率偏移和相位抖动等。这些因素产生的信号失真一旦出现就很难消除。

（2）随参信道传输特性

随参信道的参数随时间随机快速变化，所以它的特性比恒参信道要复杂，对传输信号的影响也较为严重。许多无线信道都是随参信道，例如依靠天波和地波传播的无线电信道、某

些视距传输信道和各种散射信道等。随参信道的传输媒质有以下三个特点。

① 传输的时延随时间而变化。

② 对信号的衰耗随时间而变化。在随参信道中，传输媒质参数随气象条件和时间的变化而随机变化。如电离层对电波的吸收特性随年份、季节、白天和黑夜在不断地变化，因而对传输信号的衰减也在不断地发生变化，这种变化通常称为衰落。但是，由于这种信道参数的变化相对而言是十分缓慢的，所以称这种衰落为“慢衰落”。慢衰落对传输信号的影响可以通过调节设备的增益来补偿。实际中，还存在一种“快衰落”，它是指由于发射机和接收机之间的空间区域内很小的变化，而导致信号的幅度和相位发生较大变化的现象，描述了短距离或短时间内信号强度的快速变化。然而这两种衰落并不是独立的，在同一无线信道中既存在慢衰落，也存在快衰落。一般而言，慢衰落表征了接收信号在一定时间内的均值随传播距离和环境的变化而呈现的缓慢变化，快衰落表征了接收信号短时间内的快速波动，主要特征是多径。

③ 多径传播。由于多径传播对信号传输质量的影响最大，下面对其进行专门讨论。多径传播是指无线电波在传播路径上受到周围环境地形地物的作用而产生反射、绕射和散射，使其到达接收机时是从多条路径传来的多个信号的叠加。多径传播示意图如图 1-14 所示。多径传播所引起信号在接收端幅度相位的随机变化将导致严重的衰落，影响信号传输质量，并且是不可避免的，只能通过抗衰落技术来减少其影响。

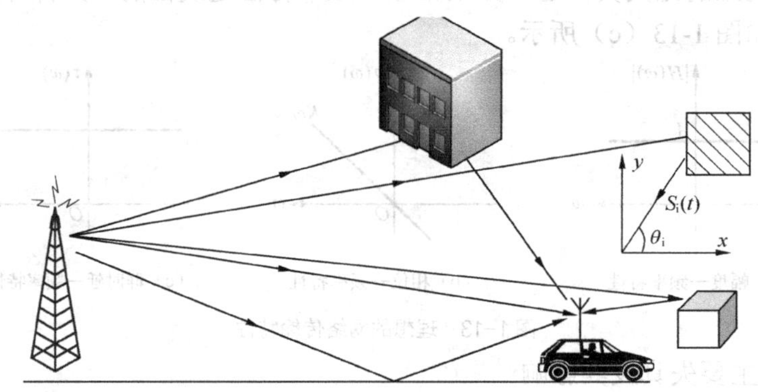

图 1-14　多径传播示意图

1.2.2　信道中的噪声

信道中不需要的电信号统称为噪声。通信系统中没有传输信号时也有噪声，噪声永远存在于通信系统中，影响通信的可靠性。由于这样的噪声是叠加在信号上的，所以有时将其称为加性噪声。我们的任务是设计和制造抗噪声性能好的通信系统，以尽可能高的可靠性传输信息，为此，必须了解信道加性噪声的来源及分类。

信道中的加性噪声（简称噪声）的来源一般可以分为三个方面：人为噪声、自然噪声和内部噪声。

（1）人为噪声来源于人类活动造成的其他信号源，包括工业噪声和无线电噪声，如外台信号、开关接触噪声、工业的点火辐射及荧光灯干扰等。

（2）自然噪声是指自然界存在的各种电磁波源，如闪电、大气中的电暴、银河系噪声以及其他宇宙噪声等。

（3）内部噪声是系统设备本身产生的各种噪声，例如在电阻一类的导体中自由电子的热运动（常称为热噪声）、真空管中电子的起伏发射和半导体中载流子的起伏变化（常称为散弹噪声）以及电源噪声等。

某些类型的噪声是确知的，如电源噪声、自激振荡、各种内部的谐波干扰等。虽然消除这些噪声不一定很容易，但至少在原理上可以消除或基本消除。另外一些噪声则往往不能准确预测其波形。这种不能预测的噪声统称为随机噪声。

常见的随机噪声可分为单频噪声、脉冲噪声和起伏噪声三类。

（1）单频噪声是一种连续波的干扰（如外台信号），它可视为一个已调正弦波，但其幅度、频率或相位是事先不能预知的。这种噪声的主要特点是占有极窄的频带，但在频率轴上的位置可以实测。因此，单频噪声并不是在所有通信系统中都存在，而且也比较容易防止，所以它的影响是有限的。

（2）脉冲噪声是在时间上无规则地突发的短促噪声，例如工业上的点火辐射、闪电以及偶然的碰撞和电气开关通断等产生的噪声。这种噪声的主要特点是其突发的脉冲幅度大，但持续时间短，且相邻突发脉冲之间往往有较长的安静时段。从频谱上看，脉冲噪声通常有较宽的频谱（从甚低频到高频），但频率越高，其频谱强度就越小。由于脉冲噪声具有较长的安静期，故对模拟语音信号的影响不大。但对数字通信可能有较大影响，一旦出现突发脉冲，由于它的幅度大，将会导致一连串的误码，对通信造成严重的危害。在数字通信系统中，通常使用纠错编码技术来减轻这种危害。

（3）起伏噪声是以热噪声、散弹噪声及宇宙噪声为代表的随机噪声。这些噪声的特点是无论在时域内还是在频域内它们总是普遍存在和不可避免的。因此，一般来说，起伏噪声（特别是热噪声）是影响通信质量的主要因素之一，是通信系统最基本的噪声源。在研究噪声对通信系统影响时，应以起伏噪声为重点。

根据大量的实践证明，起伏噪声是一种高斯噪声，且在相当宽的频率范围内其频谱是均匀分布的，就像白光的频谱在可见光的频谱范围内均匀分布那样，所以起伏噪声又常称为白噪声。因此，通信系统中的噪声常常被近似地表述成高斯白噪声。

1.2.3 信道容量基本概念

信道容量是指信道在单位时间内所能传送的最大信息量，即指信道的最大传信速率。这里讲的信道容量是在传输差错率足够小或趋于零的条件下才是有意义的。对于一个特定的信道，其信道容量 C 是确定的，是不随输入信源的概率分布变化而改变的。信道容量 C 取值的大小直接反映了信道质量的高低。所以，信道容量是完全描述信道特性的参量，是信道能够传输的最大信息量。

1．模拟信道的信道容量

模拟信道的信道容量可以根据香农定理来计算。香农定理指出，在信号平均功率受限的加性高斯白噪声信道中，信道容量为

$$C = B\log_2\left(1+\frac{S}{N}\right) \qquad \text{(bit/s)} \tag{1.2-6}$$

式中，B 为信道带宽，S/N 是信号功率与噪声功率之比。

式（1.2-6）表明了当信号与作用在信道上的起伏噪声的平均功率给定时，在具有一定频带宽度 B 的信道上，理论上单位时间内可能传输的信息量的极限数值。同时，该式还是扩展频谱技术的理论基础。

由于噪声功率 N 与信道带宽 B 有关，故若噪声单边功率谱密度为 n_0，则噪声功率 N 将等于 n_0B。因此，香农公式的另一形式为

$$C = B\log_2\left(1+\frac{S}{n_0 B}\right) \tag{1.2-7}$$

由式（1.2-7）可见，一个连续信道的信道容量受“三要素”——B、n_0 和 S 的限制。只要这三要素确定，则信道容量也就随之确定。

[例 1.5] 计算机终端通过电话信道传输数据，假设信道带宽为 3 400Hz，所要求的信道的信噪比 S/N =1 000。试求该信道的信道容量为多少。

解：该信道的信道容量 C 为

$$C = B\log_2\left(1+\frac{S}{N}\right)$$

$$= 3\,400\times\log_2(1+1\,000) = 3.39\times10^4\,(\text{bit/s})$$

2．数字信道的信道容量

典型的数字信道是平稳、对称、无记忆的离散信道，它可以用二进制或多进制传输。离散是指信道内传输的信号是离散的数字信号；对称是指任何码元正确传输和错误传输的概率与其他码元一样；平稳的含义是指对任何码元来说，错误概率 P_e 的取值都是相同的；所谓无记忆，是指接收到的第 i 个码元仅与发送的第 i 个码元有关，而与第 i 个码元以前的发送码元无关。

无噪声数字信道的信道容量为

$$C = 2B\log_2 M \quad (\text{bit/s}) \tag{1.2-8}$$

式中，M 为码元符号所能取的离散值的个数，即 M 为进制数。

[例 1.6] 假设数字信道的带宽为 2 000Hz，采用八进制传输，求无噪声时该数字信道的信道容量。

解：该信道的信道容量 C 为

$$C = 2B\log_2 M = 2\times2\,000\times\log_2 8 = 12\,000 \quad (\text{bit/s})$$

1.3 通信网基本概念

点到点的通信系统只是表述了两用户间的通信，而要实现多用户间的通信，则需要将多个这样的通信系统有机地组成一个整体，使它们能协同工作，即形成通信网。所谓通信网是指由一定数量的节点（包括终端设备和交换设备）和连接节点的传输链路相互有机地组合在一起，以实现两个或多个规定点间信息传输的通信体系。

1.3.1 通信网的构成

一个最简单的通信网至少由三部分组成：终端设备、传输系统和交换节点，如图 1-15 所示。

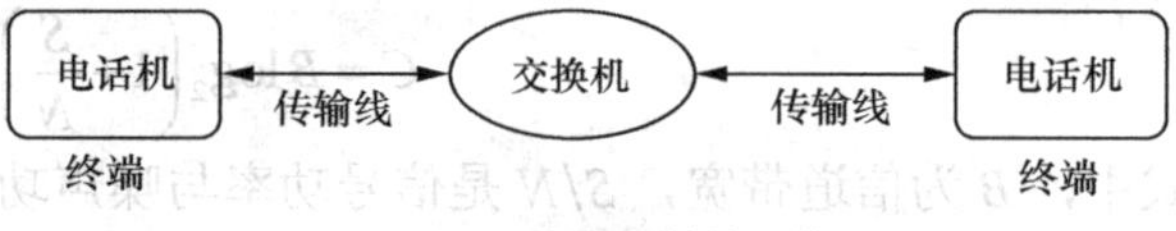

图 1-15 一个最简单的通信网

终端设备是通信网中的源点和终点。终端设备的主要功能是：发送端将发送的信息变换为易于在信道中传送的信号；接收端则从信道上接收信号，并将其恢复成能被利用的信息。不同的通信业务有不同的终端。一般有以下几类终端：电话终端、数字终端、数据通信终端、图像通信终端和多媒体终端。

传输系统是指完成信息传输的媒质和设备总称，是信号的传输通路。传输系统包括 PCM 传输系统、数字微波传输系统、光纤传输系统和卫星传输系统等。

交换系统是通信网的核心，其作用是根据寻址信息和网络控制指令进行接续或信号导向，在两个或多个指定的终端之间（也可以是交换机与交换机之间）建立信号通路。交换设备的主要功能有交换、控制、管理及执行等。

当然，只有以上这些设备还不能形成一个完善的通信网。如果把这些部件称为构成一个通信网的硬件，那么为使网络达到高度的自动化和智能化，还必须有一套软件，如信令、协议和各种标准，正是这些软件构成了通信网的核心，并决定了网的性能，从而使用户之间、用户和网络之间、各个转接点之间有共同的语言，达到任意两个用户之间都能快速接通和相互交换信息的目的，使网络能被正确地控制，可靠、合理地运行，同时保证质量的一致性和信息的透明性。

1.3.2 通信网的分类

现代通信网是一个复杂、庞大的体系，其分类方法很多，从不同的角度考虑，通常有以下几种分类方法。

1. 按网络结构分类

通信网的网络结构（即网络拓扑）是指网络在物理上的连通性问题。根据节点（如交换机）互连的不同方法，可构成多种类型的结构。常见的网络结构有六种，即树型结构、星型结构、环型结构、网状结构、总线结构和蜂窝结构，如图 1-16 所示。

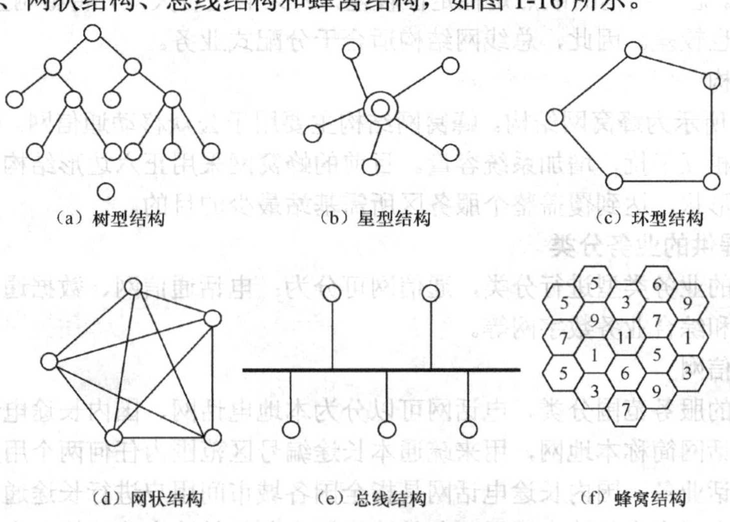

图 1-16 常见的网络结构

（1）树型结构

图 1-16（a）所示为树型网结构。树型网又称辐射网，这种结构像树一样逐层分支，是一种具有顶点的分层或分级结构。树型网适用于单向广播式业务。我国长途电话网的网络结构采用的就是树型拓扑，传统的CATV 网也采用树型拓扑。另外，主从同步方式的时钟分配网也采用树型结构。

（2）星型结构

图 1-16（b）所示为星型网结构。在这种结构中，有一个中心节点（即枢纽节点）与其他所有节点直接相连，而这些节点之间互相不直接相连，由枢纽节点执行全网的交换和控制。星型网的优点是结构简单，当节点数较多时，与网状结构相比，可节省大量传输线路；缺点是可靠性差，存在枢纽节点的“瓶颈”效应。

（3）环型结构

图 1-16（c）所示为环型网结构。环型拓扑主要用于计算机网络和 SDH 光纤传送网络，

它将许多节点一个接一个连接起来，环中的每一个节点将至少有两个连接：一个用于接收从相邻节点发来的数据，一个用于把数据发送到环中的下一个节点。在这种结构中，信息流沿环形信道流动，环上的每一个节点除了发送和接收数据外，还必须通过判别数据包头中的地址，为其他节点转接数据。它的特点是结构简单，实现容易，并且由于可以采用自愈环对网络进行自动保护，所以其稳定性比较高。

（4）网状结构

图 1-16（d）所示为网状网结构。在这种结构中，每个节点彼此互连，不需要经过第三个节点。此外，由于任意两节点间存在多条可以到达的路径以供选择路由，这就大大提高了该网的可靠性。网状网的缺点是投资成本高，且网络协议复杂。目前的分组交换网主要采用这种网络结构。

（5）总线结构

图 1-16（e）所示为总线网结构。总线结构是现在比较流行的一种网络拓扑结构，常用于计算机通信网中，总线网中的节点都被连接到一条公共的总线上。当数据在总线上传输时，每个节点都检查数据包头，以确定其中的地址是否为自身的。如果是，这个节点就将数据存入内存，而原有的传输信号仍停留在总线上，它必须在总线的终点被吸收。总线结构具有遍及全网的公共设施，因而易于控制信息的流动。另外，这种网络结构需要的传输链路少，增减节点比较方便。总线结构的缺点是稳定性较差，公共信道若失效，将影响全网工作；此外，其信息的保密性也较差。因此，总线网结构适合于分配式业务。

（6）蜂窝结构

图 1-16（f）所示为蜂窝网结构。蜂窝网结构主要用于公众移动通信网。该结构可提高频谱利用率，减少相互干扰，增加系统容量。目前的蜂窝网采用正六边形结构的小区制，用它最近似于圆形的形状，达到覆盖整个服务区所需基站最少的目的。

2．按网络提供的业务分类

按网络提供的业务类型进行分类，通信网可分为：电话通信网、数据通信网、移动通信网、卫星通信网和综合业务数字网等。

（1）电话通信网

按电话通信的服务范围分类，电话网可以分为本地电话网、国内长途电话网和国际长途电话网。本地电话网简称本地网，用来疏通本长途编号区范围内任何两个用户间的电话呼叫和长途发话、来话业务；国内长途电话网是指全国各城市间用户进行长途通话的电话网，网中各城市都设一个或多个长途电话局，各长途局间由各级长途电路连接起来；国际长途电话网是指将世界各国的电话网相互连接起来进行国际通话的电话网，为此，每个国家都需设一个或几个国际电话局进行国际去话和来话的连接。

（2）数据通信网

数据通信网是一个由分布在各地的数据终端设备、数据交换设备和数据传输链路所构成的网络，在网络协议的支持下实现数据终端间的数据传输和交换。数据通信网大致分为以下几个业务网：X.25 网、数字数据网、分组交换网、帧中继网、ATM 网、以太网、IP 网等。

（3）移动通信网

移动通信网是通信网的一个主要分支，其信息交流机动、灵活、迅速、可靠，具有广阔的发展前景。现代移动通信按照网络的覆盖范围和工作方式又可分为宽域网和局域网、双向对话式蜂窝公众移动通信网、单向或双向对话式专用移动通信网、单向接收式无线电寻呼网、家用无绳电话及无线电本地用户环路网、集群移动通信网。

（4）卫星通信网

卫星通信是指利用人造卫星作中继站转发无线电信号，在多个地球站之间进行的通信。卫星通信网传输的信号可以是声音、数据或图像。卫星通信以其传输容量大、覆盖面宽的特点广泛应用于国际/国内通信、广播电视、定位系统等领域。

（5）综合业务数字网

综合业务数字网实现了用一个单一的网络来提供各种不同类型的业务。其特点有：①提供端到端的数字连接；②支持一系列广泛的业务（包括语音、数据、文字、图像在内的各种综合业务）；③为用户提供一组有限标准的多用途入网接口。

3．按经营网络的主管部门分类

通信网按经营网络的主管部门不同可分为公用网和专用网。

（1）公用网

公用网又称公众网，是由国家通信主管部门经营管理的、向全社会开放的通信网。

（2）专用网

专用网是根据各专业部门内部通信需要而组成的内部通信网。该网只为本专业部门服务，有各行业自己的特点，如军用通信网、公安通信网、铁路通信网、电力通信网、银行通信网等。

1.3.3　通信网的三大支撑网络

一个完整的电信网络除了应有传递各种消息信号的业务网络之外，还需要有若干个支撑网络，以保证通信基础网和业务网正常运行，增强通信网功能，提高整个通信网的服务质量。

通信网的三大支撑网络分别为No.7公共信道信令网、数字同步网以及电信管理网。信令网是为满足通信技术发展、通信网的功能提升和通信业务扩展等需要，把相关控制功能进行综合而成的网。同步网是为电信网内所有电信设备的时钟（或载波）提供同步控制信号，使它们的频率工作在共同速率（或频率）上的支撑网。管理网是建立在基础电信网和业务网之上的管理网络。

1．No.7公共信道信令网

在电话自动交换网中完成通话用户的接续或转接需要有一套完整的控制信号和操作程序，这就是信令。信令是为了建立呼叫连接及各种控制而传送的专门信息，是控制交换机动作的操作命令。信令系统是电话网的神经系统，要接通电话必须通过它传递和交换必要的信号，才能有效地完成任何两个用户间的通话。按传输方式不同，信令可分为随路信令和共路信令。共路信令也称为公共信道信令，一般用于程控交换机组成的通信网。

公共信道信令是指信令信息通过与通话电路分开的专用信令链路集中传送。一条信令链路可以为许多条通话电路所公用。当电信网采用No.7公共信道信令系统后，将在原通信网上并存一个起支撑作用的专门传送No.7信令信息的信令网——No.7信令网。该信令网除了传送电话的呼叫控制等电话信令之外，还可以传送其他（如网络管理和维护）方面的信息。

No.7公共信道信令网由信令点SP、信令转接点STP（简单的信令网可以没有）和信令链路组成，是传送信令信息的专用数据网。

（1）信令点

信令点是信令消息的源点和目的点。它可以是各种交换局，如电话交换局、数据交换局、ISDN交换局等，也可以是各种通信业务服务中心，如运行、管理、维护中心和通信业务控制点等。

（2）信令转接点

信令转接点是将一条信令链路上的信令消息转发至另一条信令链路上去的信令点。如果信令转接点只完成信令转接功能，称为独立的信令转接点；如果既完成信令转接的功能，同时又是信令消息的起源点和目的点，称为综合的信令转接点。

（3）信令链路

信令链路是信令网中的最基本部件，是连接各个信令点并传送信令消息的物理链路。它可以是数字通路或高质量的模拟通路，可以是有线的或无线的传输媒质，由No.7信令系统中第一、二功能级组成。关于No.7信令系统的四级功能结构请参考本书3.2.4节相关内容。

信令网按等级划分为无级信令网和分级信令网，信令系统结构如图1-17所示。

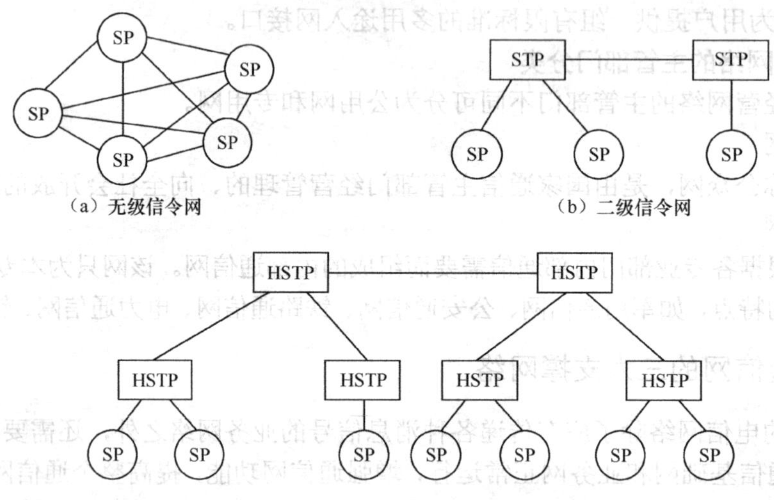

图1–17 信令系统结构示意图

① 无级信令网

无级信令网是指信令点间采用直联工作方式，在信令网中不引入信令转接点的信令网，如图1-17（a）所示。因为无级信令网中未引入信令转接点，所以也称为直联信令网。由于无级信令网从容量和经济上无法满足通信网需求，因而未被广泛采用。

② 分级信令网

分级信令网是指信令点之间的信令消息是需通过信令转接点转接的方式而构成的信令网，如图1-17（b）、（c）所示。因分级信令网含有信令转接点，所以也称为准直联信令网。分级信令网又可分为具有一级信令转接点的二级信令网和具有二级信令转接点的三级信令网。

二级信令网与三级信令网相比，具有经过信令转接点少和信令传递时延短的优点，通常在信令网容量满足要求的条件下，大多数国家都采用二级信令网。但是对信令网容量要求大的国家，信令点数较多，应采用三级信令网。我国采用三级信令网结构，其设置方案是考虑到信令网所要容纳的信令点数、信令转接点可以连接的最大信令链路量以及信令网的冗余度，并结合我国的具体通信业务需求情况而确定的。

2．数字同步网

为保证通信网中的所有工作设备协调一致的工作，必须由统一的工作时钟来控制。同步网根据通信网设备工作的需要，提供准确统一的时钟参考信号，保证通信网同步工作。

通信中的“同步”是指“电信号”的发送方与接收方在频率、时间、相位上保持某种严格、特定的关系，以保证正常的通信得以进行。在数字通信网中，传输链路和交换节点上流通和处理的都是数字信号的比特流，为实现网中各部分协调工作，就必须要求所处理的信号都应具有相同的时钟频率。然而要使庞大的数字网中每个设备的时钟都具有相同的频率实际上是不可能的，解决的办法是建立同步网。

同步网是保障数字通信网中各部分协调工作所必需的网络，它是为通信网中所有通信设备的时钟提供同步控制信号，以使他们同步工作在共同速率上的一个同步基准参考信号的分配网。数字同步网是数字通信网的一个重要组成部分，它是保证网络定时性能的关键，是实现综合业务数字网的必要条件。

同步网可以分为准同步网和同步网两类。

（1）准同步网

准同步网是通过具有相同标称频率的不同基准时钟互相比对，经自动调节，保持全网工作统一的网。

准同步方式比较简单，容易实现，对网络的增设与改动都较灵活，发生故障也不会影响全网，但对时钟源性能要求高，价格昂贵，且准同步工作方式工作时由于没有时钟的相互控制，节点间的时钟总会有差异，即准同步方式工作时总会发生滑动。

准同步方式工作时，各局都具有独立的时钟，且互不控制，为使节点之间的滑动率低到可以接受的程度，应要求各节点都采用高精度与高稳定度的原子钟。

（2）同步网

同步网的控制方式分为主从同步方式和互同步方式。

① 主从同步方式

主从同步方式是在网内某一主交换局设置高精度和高稳定度的时钟源，并以其作为主基准时钟的频率控制其他各局从时钟的频率，也就是数字网中的同步节点和数字传输设备的时钟都受控于主基准同步信息。主从同步方式中同步信息可以包含在传送信息业务的数字比特流中，采用时钟提取的办法提取；也可以用指定的链路专门传送主基准时钟源的时钟信号，在从时钟节点及数字传输设备内，通过锁相环电路使其时钟频率锁定在主时钟基准源的时钟频率上，从而使网内各节点时钟都与主节点时钟同步。

其中，各从时钟节点的基准时钟都由同一个主时钟源节点获取称为直接主从同步方式；而主从同步方式使用一系列分的时钟，每一级时钟都与其上一级时钟同步，在网中的最高一级时钟称为基准主时钟或基准时钟，基准时钟通过树形时钟分配网络逐级向下传输称为等级主从同步方式。

② 互同步方式

互同步方式是在网内不设主时钟，每个节点先求出从邻近节点收到的所有时钟信号的相位加权平均值，用来调节本节点的时钟频率，使之与加权平均值的相位差最小。所有节点都按这一方法调节各自的频率，使全网有一个统一的网频，从而达到同步的目的。这种同步方式由于网中的各节点时钟相互控制，所以叫做互同步。

互同步方式对时钟准确度要求低，所以在20世纪60年代受到各国通信专家的重视。

然而互同步方式受起始条件、时延、增益和加权系数等因素影响，容易受到干扰；时钟分配线路的控制比较复杂；由于互同步构成一个闭环反馈系统，系统参数的变化容易使系统的性能变坏，甚至引起性能不稳定。由于互同步方式有这些缺点，因此后来逐步被主从同步所代替，不在数字通信网中广泛使用。

我国和大多数国家采用分级主从同步法。国家与国家之间采用准同步法，以便各个国家的通信网既有相互独立工作的一面，又有相互统一的一面。我国数字网现阶段是由单个基准时钟控制的全同步网，今后再逐步过渡到分布式的多个基准时钟控制的全同步网。

3．电信管理网

电信管理网（TMN）的主要功能是协助电信主管部门有效地管理电信网络和电信业务，是对电信网实行统一综合维护管理的新手段，是电信支撑网的一个重要组成部分。

电信网管理的目标是要最大限度地利用通信网资源，提高通信网运行质量和效率，向用户提供良好的通信服务。而电信管理网则正是为通信网络管理目标的实现提供了一套整体解决方案，它能简化使用多厂商生产的设备所组成的混合网环境下的管理模式，降低电信运营的管理成本，从而使企业获得更好的效益。

TMN 规定了电信网络功能的设计与分析以及电信管理网所需的接口。其基本目标是提供规划网络管理的开发和网络管理的通信联络方式的框架。TMN 用来支持广泛的管理领域，包括对电信网和电话业务的设计、安装、保障、操作、维护、管理和用户业务。

与 TMN 相关的功能一般可以分为两部分，即 TMN 一般功能和 TMN 应用功能。

（1）一般功能

TMN 的一般功能是对 TMN 应用功能的支持，即对信息传送、存储、安全、恢复、处理和用户终端的支持。

（2）应用功能

TMN 的应用功能一般有性能管理、故障管理、配置管理、安全管理、计费管理、告警检测和业务量管理等。

1.4 现代通信技术与信息高速公路

随着微电子技术、微光学技术、计算机技术、信号与信息处理技术的发展，通信技术及通信网络在不断地发展和变革。如今知识经济时代的到来，信息高速公路概念应运而生，它就是一个宽带化、智能化、综合化和个人化的通信网络，是实现 NII 目标的关键。

1.4.1 现代通信的基本特征

现代通信已经由模拟方式转向数字化处理方式，电信业务由传统的电报、电话扩大到传真、数据、图像、电视广播、多媒体通信等新业务领域；通信网由各种单一的业务网向综合业务数字网发展；通信的地点由固定转向移动，并逐步实现个人化。现代通信具有以下特征。

1．综合化

无论是通信过程中的传输、交换还是通信处理功能都采用数字技术，实现数字传输与交换的综合，使电话网、数据网、电视网一体化，称为技术的综合化。把来自各种信息源的通信业务（如电话、电报、传真、数据、文字、图像电视等）综合在同一网内传输和处理，并可在不同的业务终端之间实现互通，称为业务的综合。多种业务的综合不仅可以向用户提供更有吸引力的应用，也能为运营商带来更多的收入。

2．宽带化

提高信息速率、获得更宽的带宽可以说是通信技术发展中的永恒主题。高速数据、高速文件、可视电话、会议电视、宽带可视图文、高清晰度电视以及多媒体、多功能终端这些人们日益增长的物质文化需求，促进了新宽带业务的发展，从而研究开发了宽带数字信号交换和传输。商用的光数字传输系统速率已达到 320Gbit/s。1Tbit/s (1T 为 10^{12})系统已实验成功，它可同步传输50万部电视信号。宽带多媒体交换（ATM）技术构成的宽带网（B-ISDN）已经商用化。随着分组交换和光交换技术的发展，将会出现下一代全宽带网。

3. 智能化

智能化主要指在现代通信中，大量采用了计算机及其软件技术，使网络与终端、业务与管理都充满智能。在信号处理、传输与交换、监控管理及维护中引进更多的智能（软件技术），形成了所谓的智能网（IN，Intelligent Network）。智能网的基本设计思想是：改变传统的网络结构，在网络的单元之间重新分配网功能，把交换机的交换逻辑功能与业务逻辑功能分开，分别由不同的网元来完成。智能网最终将实现的目标是：电信网经营者和业务提供者能自行编程，使电信经营公司、业务提供者和用户三者均可参与业务生成过程，从而更经济、更有效、更全面地为用户提供各种电信业务。

4. 个人化

人们在日常生活中总会到处奔波、移动，现代通信已经能使移动中的用户方便快捷地实现信息的交流。对于移动通信，大家已经不陌生了，如无线寻呼、无绳电话、集群通信、模拟移动通信、数字移动通信GSM以及第三代移动通信和卫星通信等。移动通信的发展使通信个人化成为现实，最终实现个人在任何地方和任何时间都可进行各种业务信息交流，如可视电话、数据、多媒体及高清晰度电视等，达到人们最为理想的信息交流和文化熏陶与享受的目的，以满足人们不断增长的对物质文化生活的需求。

5. 网络全球化

近年来，Internet在全球蔓延，覆盖面已遍及五大洲，它已成为全球范围的公共网。许多大公司都争先恐后地推出以互联网为中心的战略，如在Internet中开展IP电话、电子商务等新业务，给传统的电信业务带来很大的冲击。特别是美国推出的信息基础设施结构（NII，National Information Infrastructure）和世界信息基础设施结构（GII）战略更加引人注目，世界各国为21世纪信息基础设施纷纷投入巨资，建设本国的NII及GII。现在，科学家正在开发新一代网络（NGN）技术，如开发中的TINA/TIMNA（Telecommunication Information Network Architecture/Telecommunications Intelligent & Management Networking Architecture，远程通信信息网络体系结构/远程通信智能与管理联网体系结构）技术，它是随着计算机软件技术发展而开发的一种标准化的软件结构网络技术。由于采取了博采众长以及锐意创新的开发策略，TINA/TIMNA在结构上和功能上全面胜过现有的各种网络，它能真正实现窄带与宽带网、固定与移动网、网管与通信网、公众网与企业网等的融合，以实现开放、分布、实时、安全的通信。它既能实现适合各国国情的应用服务，又能实现突破地区、国界界限的世界服务，使世界越来越小，成为网络地球村，即所谓的“数字地球”。

6. 融合趋势

融合将成为下一代通信技术发展的“主旋律”。随着网络应用加速向IP汇聚，网络将逐渐向着对IP业务最佳的分组化网络的方向演进和融合。下一代网络将是电信网、广播电视网与因特网的融合和发展。所谓“三网融合”，就是指电信网、广播电视网和计算机通信网的相互渗透、互相兼容并逐步整合成为全世界统一的信息通信网络，能够提供包括语音、数据、图像等综合多媒体的通信业务。目前主要是指高层业务应用的融合，表现为技术上趋于一致，网络层上实现互联互通，业务层上互相渗透和交叉，应用层上使用统一的TCP/IP协议，行业管制和政策方面逐渐趋向统一。三网融合的最终结果是产生下一代网络。

2010年7月1日，国务院对外正式公布了第一批三网融合试点城市名单，包括北京、上海、杭州在内的12个城市入围。预计到2015年，将实现电信网、广播电视网、互联网融合发展，新型信息产品和服务不断涌现，网络利用率大幅提高，科技创新能力明显增强，国民经济和社会信息化水平迅速提升，网络信息安全和文化安全保障能力进一步增强，信息产业、文化产业和社会事业进一步发展。

7. 无线技术从3G到4G，从单一无线环境到通用无线环境

在宽带业务需求不断增长的情况下，无线传输作为个人通信的重要手段，其矛盾显得十分突出。尽管第三代移动通信系统（3G）能提供Mbit/s量级的传输速率，但与宽带业务的发展需求相比还相差甚远，远远不能满足未来个人通信的要求。具有高数据率、高频谱利用率、低发射功率、灵活业务支撑能力的未来无线移动通信系统（4G）可将无线通信的传输容量和速率提高十倍甚至数百倍。同时根据各种接入技术的特点，构建分层的无缝隙全覆盖整合系统，形成“通用无线电环境”，并实现各系统之间的互通，将是通往未来无线与移动通信系统的必然途径。

1.4.2 信息高速公路的概念与模型

自20世纪70年代起，世界经济迎来了以信息技术、新材料技术、新能源技术、空间技术、海洋开发和生物工程技术等为标志的第三次产业革命。进入信息社会，计算机和现代通信技术的结合使信息资源的开发利用取得了飞速的进展，国民经济从以物质、能源为基础向以知识和信息为基础转变，社会的经济形态就由物质型经济转变为信息型经济。

1993年9月，美国克林顿政府提出“国家信息基础结构：行动计划”的政府报告，宣布将耗资2 000亿～4 000亿美元，计划用20年时间，建设美国国家信息基础结构（NII），俗称“信息高速公路”。这一行动在全世界形成巨大的冲击，引起强烈反响，各国争先恐后纷纷投入这一跨世纪的工程，形成一股强大的全球信息化大潮。

信息高速公路理念的支持者认为，它将永远改变人们的生活、工作和相互沟通的方式，产生比工业革命更为深刻的影响。事实证明，得益于近年来信息高速公路的建设，人们的日常生活正在发生悄然改变，这种由通信网络、计算机、数据库以及日用电子产品组成的完备网络体系，不仅促进了信息科学技术的发展，而且改变了人们的生活、工作和交往方式。

1. 基本概念与模型

信息高速公路（Information Highway）是把信息的快速传输比喻为“高速公路”。所谓“信息高速公路”，就是一个高速度、大容量、多媒体的信息通信网络。其速度之快，比目前网络的传输速度快1万倍；其容量之大，一条信道就能传输大约500个电视频道或50万路电话。此外，信息来源、内容和形式也是多种多样的。网络用户可以在任何时间、任何地点以声音、数据、图像或影像等多媒体方式相互传递信息。

光纤的频带特别宽，通信容量特别大，抗干扰能力特别强，信号通过时的衰减特别小，是信息高速公路理想的传输媒质。构成信息高速公路的核心，是以光缆作为信息传输的主干线，采用FTTH、FTTO和宽带移动/固定无线接入方式，将多媒体终端接入网络，形成交互式传递数据、电视、语音、图像等多种信息的宽带化、智能化、综合化和个人化的千兆比特高速通信网。

信息高速公路由四个基本要素组成。

（1）信息高速通道。这是一个能覆盖全国的、以光纤通信网络为主的、辅以微波、卫星和移动通信的数字化大容量、高速率的通信网。

（2）信息资源。把众多的公用的、未用数据、图像库连接起来，通过通信网络为用户提供各类资料、影视、书籍、报刊等信息服务。

（3）信息处理与控制。主要是指通信网络中的高性能计算机和服务器、高性能个人计算机和工作站对信息在输入/输出、传输、存储、交换过程中的处理和控制。

（4）信息服务对象。使用多媒体经济、智能经济和各种应用系统的用户进行相互通信，可以通过通信终端享受丰富的信息资源，满足各自的需求。

2．建设中国的NII

我国从改革开放以来，经济增长举世瞩目，但与发达国家相比，信息基础仍较薄弱。

20世纪90年代末，我国仍有1.48亿农民听不到广播，看不到电视。为此，自1998年起，原广电部和国家计委在全国启动了“广播电视村村通工程”。到2007年，共投入40多亿元资金加强农村地区广播电视节目发射、转播、传输、监测基础设施建设，有效解决了近1亿农民群众收听收看广播电视难的问题，使我国广播、电视人口综合覆盖率分别从1997年的86.02%和87.68%提高到2007年的95.4%和96.6%。

从2004年起，原信息产业部组织中国电信、中国网通、中国移动、中国联通、中国卫通、中国铁通等6家运营商，在全国范围开展了以发展农村通信、推动农村通信普遍服务为目标的重大基础工程——“村村通电话工程”。2004年至2007年，6家电信运营企业累计投资超过200多亿元，在偏远农村地区铺设通信电缆约50万千米，建成移动通信基站2万多个，完成6.9万个无电话行政村通电话，使全国已通电话的行政村比重由2003年年底的89.94%上升到2007年的99.5%，其中农村移动通信网络乡镇覆盖率达到98.9%。至2008年底，全国95%的乡镇通宽带，部分行政村也具备了宽带或窄带上网能力。但我国的计算机家庭普及率仍较低，联网率更低。农村每百户家用电脑拥有量由2000年的0.47部上升到2007年的3.68部。2009年中国农村互联网发展状况调查报告显示互联网在城镇的普及率是44.6%，在农村仅为15%。

继美国实施信息高速公路计划之后，世界各地掀起信息高速公路建设的热潮，中国迅速做出反应。1993年底，中国陆续启动了国民经济信息化的起步工程——“金字工程”。

金桥工程属于信息化的基础设施建设，是中国信息高速公路的主体。金桥网是国家经济信息网，它以光纤、微波、程控、卫星、无线移动等多种方式形成空、地一体的网络结构，建立起国家公用信息平台。

金关工程即国家经济贸易信息网络工程，可延伸到用计算机对整个国家的物资市场流动实施高效管理。它对外贸企业的信息系统实行联网，推广电子数据交换（EDI）业务，通过网络交换信息取代磁介质信息，消除进出口统计不及时、不准确，以及在许可证、产地证、税额、收汇结汇、出口退税等方面存在的弊端，达到减少损失，实现通关自动化，并与国际EDI通关业务接轨。

金卡工程即实现支付手段的革命性变化，将信用卡发展成为个人与社会的全面信息凭证，如个人身份、经历、储蓄记录、刑事记录等。它以计算机、通信等现代科技为基础，以银行卡等为介质，通过计算机网络系统，以电子信息转帐形式实现货币流通。截至2009年6月底，全国发卡量已近20亿张，银行卡特约商户135万家，POS（Point of Sales）机211万台，ATM机19万台，银行卡渗透率首次突破30%。

金智工程是与教育科研有关的网络工程。金智工程的主体部分是“中国教育和科研计算机网示范工程”（即CERNET），由教育部主持，清华大学、北京大学、上海交通大学等10所高校承担建设任务，包括全国主干网、地区网和校园网三级网络层次结构，网络中心设在清华大学。金智工程的最终目的是实现世界范围内的资源共享、科学计算、学术交流和科技合作。

除上述工程外，其他信息化建设的“金字工程”还有金企工程、金税工程、金通工程、金农工程、金图工程、金卫工程等。

若以2020年为目标，要像美国那样投入2 000亿美元（约相当于8～10个三峡工程）以上的资金建设 NII，技术与经济、国力与市场、投入与产出等方面都需要认真调查研究。为此，我国在长三角地区率先启动了信息高速公路的示范建设。同时，积极组织相关研究机构攻克技术难关。2006 年，中国自主研发的“40Gbit/s SDH（STM-256）光纤通信设备与系统”通过验收，被公认为世界上最宽的信息高速公路，在我国核心技术自主之路上又浓重地写上了一笔。据悉，使用这套系统，一根细如发丝的光纤最多可以实现近 50 万人同时在线通话。

在我国，云计算发展也非常迅猛。云计算的基本原理是，通过使计算分布在大量的分布式计算机上，而非本地计算机或远程服务器中，企业数据中心的运行将与互联网更相似。这使得企业能够将资源切换到需要的应用上，根据需求访问计算机和存储系统。2008 年 6 月 24 日，IBM 在北京 IBM 中国创新中心成立了第二家中国的云计算中心——IBM 大中华区云计算中心；2008 年 12 月 30 日，阿里巴巴集团旗下子公司阿里软件与江苏省南京市政府正式签订了 2009 年战略合作框架协议，计划于 2009 年初在南京建立国内首个“电子商务云计算中心”，首期投资额将达上亿元人民币；中国移动研究院做云计算的探索起步较早，已经完成了云计算中心试验。

网络存储即将存储设备通过标准的网络拓扑结构（如以太网）连接到一群计算机上。网络存储是部件级的存储方法，它的重点在于帮助解决迅速增加存储容量的需求。网络存储应用的领域随着信息技术的发展而不断增加，但大的分类包括以下四类：一是 ISP（Internet Service Provider），即互联网服务提供商；二是 ICP（Internet Content Provider），意为 Internet 内容提供商，如网易、新浪、搜狐等；三是 ASP（Application Service Provider），即网络应用服务商，主要为企事业单位进行信息化建设，开展电子商务，提供各种基于 Internet 的应用服务；四是 NSP（Network Storage Provider），意为网络存储服务商，主要为企业和个人提供网络存储、传输、处理等服务的商家，如 DBank 数据银行等。

物联网的研究也是信息高速公路建设的一个重要方面。物联网（Internet of things）的定义是：通过射频识别（RFID，Radio Frequency Identification）、红外感应器、全球定位系统、激光扫描器等信息传感设备，按约定的协议，把任何物品与互联网连接起来，进行信息交换和通信，以实现智能化识别、定位、跟踪、监控和管理的一种网络。

小　结

本章主要介绍了通信的基本概念、通信系统的模型及分类、通信系统的主要性能指标：信道及信道容量的基本概念、通信网的构成及分类，同时简要介绍了现代通信的基本特征及信息高速公路的基本概念。

通信就是异地间人与人、人与机器、机器与机器进行的信息的传递和交换。通信的目的是为了获取信息。信息可以是语音、文字、符号、音乐、图像等。通信中信息的传送是通过信号来进行的。信号是消息的载荷者。

通信系统即是指实现信息传输所需的一切硬件、软件及人的集合。按照信道中所传信号的形式不同，通信系统可以分为两种最基本的类型：模拟通信系统和数字通信系统。

模拟通信系统在信道中传输的是模拟信号，其占有频带一般都比较窄，因此其频带利用率较高；缺点是抗干扰能力差，不易保密，设备元器件不易大规模集成。数字通信系统在信道中传输的是数字信号。数字通信系统的主要优点是易于集成化、小型化，设备功耗低，无噪声累积，抗干扰能力强，信号易于进行加密处理，可以进行差错控制。但其缺点是数字信号占用信道频带较宽，因此频带利用率较低。

衡量通信系统性能的指标是有效性和可靠性。模拟通信系统的有效性指标用所传信号的有效传输带宽来表征，可靠性指标用整个通信系统的输出信噪比来衡量。数字通信系统的有效性指标用传输速率和频带利用率来表征，可靠性指标用差错率（误码率和误信率）来衡量。

信道是传输信号的通道，它是通信系统必不可少的组成部分，是影响通信系统性能的重要因素。根据信道是否包含设备，信道可以分为狭义信道和广义信道。狭义信道是指信号的传输媒质。将传输媒质和各种信号形式的转换、耦合等设备都归纳在一起，这种扩大范围的信道称为广义信道。广义信道按照它包含的功能可以划分为调制信道和编码信道。根据信道参数特性把调制信道分为恒参信道和随参信道。恒参信道对信号传输的影响是确定的或者是变化极其缓慢的。随参信道的参数随时间随机快变，所以它的特性比恒参信道要复杂，对传输信号的影响也较为严重。

信道容量是指信道在单位时间内所能传送的最大信息量，即指信道的最大传信速率。如果模拟信道受加性高斯白噪声的干扰，传输信号的功率和带宽又都受到限制，这时信道的传输能力可用香农公式来计算，该公式给出了信道中信息无差错传输的最大信息速率。

通信网是指由一定数量的节点（包括终端设备和交换设备）和连接节点的传输链路相互有机地组合在一起，以实现两个或多个规定点间信息传输的通信体系。一个最简单的通信网至少由三部分组成：终端设备、传输系统和交换系统。一个完整的电信网络除了应有传递各种消息信号的业务网络之外，还需要有若干个起支撑作用的支撑网络，以支持业务网络更好地运行。通信网的三大支撑网络分别为No.7公共信道信令网、数字同步网以及电信管理网。

现代通信具有综合化、宽带化、智能化、个人化和网络全球化的特征。“信息高速公路”，就是一个高速度、大容量、多媒体的信息传输网络。网络用户可以在任何时间、任何地点以声音、数据、图像或影像等多媒体方式相互传递信息。

思考题与习题

1-1 信息、信号、通信的含义是什么？

1-2 什么是模拟信号？什么是数字信号？

1-3 试画出通信系统的一般模型，并简要说明各部分的作用。

1-4 通信系统如何分类？

1-5 衡量模拟通信系统的主要性能指标有哪些？

1-6 某十六进制数字通信系统的码元传输速率为1 000Baud，求信息传输速率。

1-7 设一数字传输系统传送三十二进制信号码元，码元宽度为1μs，数字信号在传输过程中2s错1bit。试求：（1）码元传输速率；（2）信息传输速率；（3）误信率。

1-8 通信信道如何分类？

1-9 什么是恒参信道？什么是随参信道？

1-10 信号在恒参信道中传输时主要有哪些失真？

1-11 信道中的噪声有哪几种？

1-12 设某高斯信道的带宽为2 000Hz，信号功率与噪声功率之比为63，试求该信道的信道容量为多少。

1-13 简述通信网的组成及功能。

1-14 通信网的基本网络结构有哪些？

1-15 通信网的三大支撑网分别是哪些？各有什么作用？

第2章 数字通信系统及技术

在信息源与信宿之间完成信息传递的整个技术系统，我们称为通信系统。它是由一整套技术设备和传输媒质所构成的总体。按照携带信息的信号是模拟信号还是数字信号，可以相应地把通信系统分为模拟通信系统和数字通信系统。现代通信已进入数字化时代，模拟通信越来越多地被先进的数字或数据通信所取代。

本章主要讨论数字通信系统中信源数字化技术、数字复接技术、数字信号的基带和频带传输以及差错控制（即信道编码）技术等数字通信系统相关技术。

2.1 概述

完成数字信号产生、变换和传递及接收的技术系统，我们称之为数字通信系统。数字通信的优点突出，我国数字通信正朝着高速化、智能化、宽带化和综合化方向发展。下面介绍数字通信系统的组成、功能以及数字终端的基本知识。

2.1.1 数字通信系统的组成及功能

数字通信系统主要由信息源和信宿、信源编译码器、信道编译码、数字调制解调器以及传输信道等组成，其模型如图 2-1 所示。

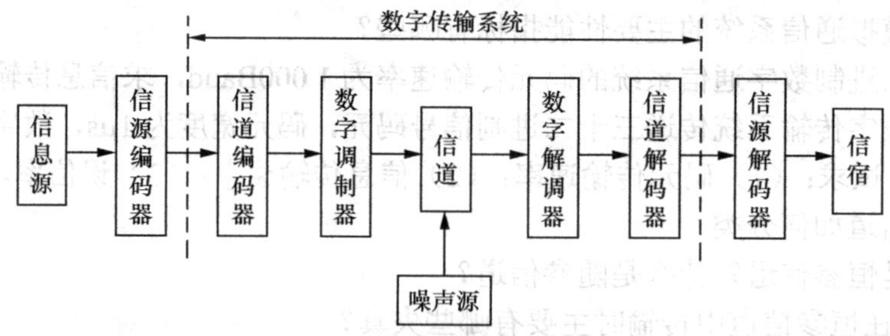

图 2-1 数字通信系统

图中信息源和信宿是信息或信息序列的产生源和接收者。它泛指一切发信者和受信者，可以是人也可以是机器。他（它）们可以产生或接收诸如声音、数据、文字、图像、代码等电信号。

信源编码器的作用主要有两个，其一是当信息源给出的是模拟信号时，信源编码器将其转换成数字信号，以实现模拟信号的数字化传输；其二就是设法用适当的方法降低数字信号的码元速率，以压缩频带。信源编码的目的是提高数字信号传输的有效性。接收端信源译码则是信源编码的逆过程。

信道编码的任务是提高数字信号传输的可靠性。其基本做法是在信息码组中按一定的规则附加一些监督码元，以使接收端根据相应的规则进行检错和纠错。信道编码也称纠错编码。接收端信道译码是其相反的过程。

数字调制是把所传输的数字序列的频谱搬移到适合信道传输的频带范围内，使之适应信道传输的要求。基本的数字调制方式有幅移键控（ASK）、频移键控（FSK）和相移键控（PSK）等。

数字通信系统还有一个非常重要的控制单元，即同步系统（图 2-1 中没有画出）。它可以使通信系统的收、发两端或整个通信系统以精度很高的时钟提供定时，使系统的数据流能与发送端同步，从而有序而准确地接收与恢复原信息。

2.1.2　数字终端

在数字通信系统中，发送和接收数字信号的硬件设备称为数字终端。根据通信网络的业务不同，数字用户终端可分为数字电话终端、非话终端以及多媒体终端。

1．电话终端

电话终端以电话机为主，常见的数字电话终端设备是数字电话机，包括自动电话机、无绳电话机、可视电话机、移动电话手机。

一般电话机由通话设备、信号设备和转换设备三个部分组成。通话设备包括送话器、受话器及相关电路，使电话机达到电话通信目的；信号设备包括发信设备和收信设备；转换设备是一个开关（叉簧），起摘、挂机状态转换作用。

2．非话终端

非话终端是指除电话终端以外的数据、图像终端设备。常见的数字非话终端有个人计算机、数字传真机、数字图像终端设备、打印机等。

数字传真机包括三类和四类传真机，均为黑白传真，它将扫描得到的模拟量进行编码，变成数字信号传输出去。图像终端用于彩色图像业务，分为图像摄取和图像显示终端，前者的功能是将图形、图像和动画等转换成数字信息，常用的有扫描仪、摄像机等；后者则完成相反的功能，有电视机、显示器等，其显示方式有 CRT、液晶、等离子体等。

3．现代多媒体终端

现代数字终端向着高速度、小型化、智能化和综合化的方向发展。各种新型数字终端——现代多媒体终端，如信息电话、多媒体手机、智能手机、个人数字助理（PDA）、多媒体计算机、iPad 轻薄本等相继出现。这些终端能够提供多媒体通信，如语音、文字和图像等，又称为多功能终端，其特点是媒体信息表示的数字化，处理的集成性、实时性与交互性。

（1）个人数字助理（PDA）。集中了计算、电话、传真和网络等多种功能，它不仅可用来管理个人信息（如通讯录、计划等），更重要的是可以上网浏览，收发 E-mail，可以发传真，甚至还可以当作手机来用。而且，这些功能都可以通过无线方式实现。PDA 发展的趋势和潮流是计算、通信、网络、存储、娱乐、电子商务等多功能的融合。

（2）多媒体手机与智能手机。多媒体手机具有 SMS 和多媒体信息服务（MMS，Multimedia Messaging Service）功能，可以上网浏览，在手机间、手机与电脑间传送视频短片、图片、声音和文字等多媒体信息。其内置的媒体编辑器使用户可以很方便地编写多媒体信息，其内置或外置的照相机使用户可以制作出 PowerPoint 格式的信息或电子明信片。智能手机如 iPhone 等更是具有照相摄像、语音控制、多任务处理、文件夹、电子书、短信和彩信、视频通话等功能，它们有先进的手机网络浏览器，上网快速方便，内置 WiFi 功能，通过 WiFi 热点，可以超越 3G 网络的速度连入互联网，能欣赏音乐和彩色视频，可储存大量应用程序，其多任务处理能力可以同时运行多个喜爱的第三方应用程序，并在它们之间迅速切换，而不会让前台应用程序变慢。这样就可以在写邮件时收听球赛广播，或边玩游戏边接听网络电话。

（3）信息电话。这是集电话、短消息、智能提醒、特色振铃、留言、电子记事本（PDA）等诸多功能于一体的数字终端。它基于 PSTN 电话网络，可以实现固定电话之间、固定电话和移动电话之间的信息收发，还可以通过 ICP 实时获取全方位的资讯。

（4）iPad。是集通信、游戏、影音娱乐为一体的平板电脑（轻薄本），可说是一种高级移动设备，通体只有四个按键，提供浏览互联网、收发电子邮件、观看电子书、播放音频或视频等功能，目前支持通过 SIM 卡访问 3G 网络（WCDMA 网络）和 GSM 网络。iPad 3G 版内置 A-GPS，可以作为导航仪来使用。

2.2 信源数字化技术

如果在数字通信系统中传输模拟消息，通常将这种传输方式称为模拟信号的数字化。这时在系统的发送端应包括一个模数（A/D）转换装置，而在接收端应包括一个数模（D/A）转换装置。语音信号的数字化叫做语音编码，图像信号的数字化叫做图像编码，两者虽然各有特点，但基本原理是一致的。本节分别介绍语音信号数字化及编码技术和图像信号数字化技术的相关知识点。

2.2.1 语音信号数字化及编码技术

在数字通信中，语音信号数字化及编码技术大致可分为波形编码、参量编码和混合编码三大类。波形编码是直接对语音信号离散样值进行编码处理和传输，比特率通常在 16kbit/s～64kbit/s 范围内，接收端重建信号的质量好；参量编码是利用信号处理技术，提取语音信号的特征参量，再变换成数字代码，其比特率在 16kbit/s 以下，但接收端重建（恢复）信号的质量不够好；混合编码是前两种方法的混合应用。

1．波形编码

波形编码主要包括脉冲编码调制（PCM）和增量调制（ΔM）。采用脉冲编码调制的模拟信号的数字传输系统如图 2-2 所示。

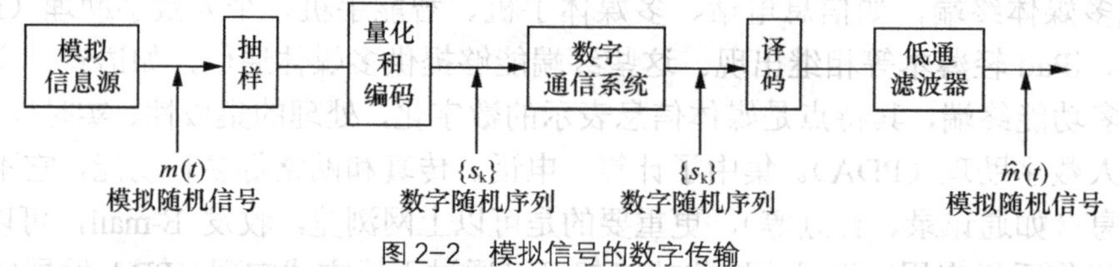

图 2-2 模拟信号的数字传输

由图 2-3 可见，PCM 主要包括抽样、量化和编码三个过程。抽样是把时间连续的模拟信号转换成时间离散但幅度仍然连续的抽样信号；量化是把时间离散、幅度连续的抽样信号转换成时间和幅度均离散的信号；编码是将量化后的信号编码形成一个二进制码组输出。在具体实现上，编码与量化

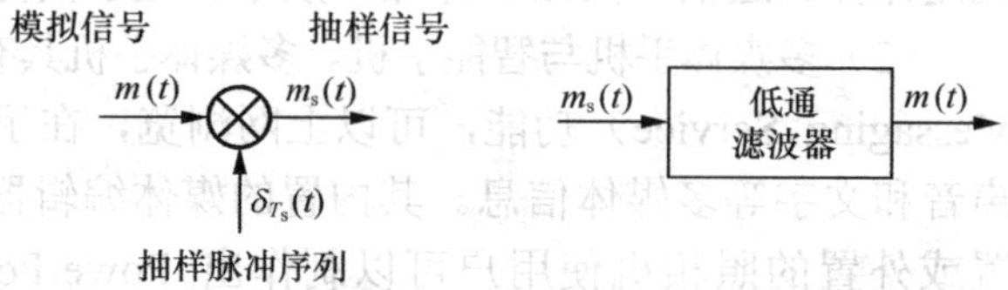

图 2-3 抽样与恢复

通常是同时完成的，换句话说，量化实际上是在编码过程中实现的。国际标准化的 PCM 码组（电话语音）是八位码组代表一个抽样值。

通过 PCM 编码后得到的数字基带信号可以直接在系统中传输（即基带传输）；也可以将基带信号的频带搬移到适合光纤、无线信道等传输频带上再进行传输（即频带传输）。

接收端的数/模变换包含了译码和低通滤波器两部分。译码是编码的反过程，它将接收到的 PCM 信号还原为抽样信号（实际为量化值，它与发送端的抽样值存在一定的误差，即量化误差）。低通滤波器的作用是恢复或重建原始的模拟信号。它可以看作是抽样的反变换。

（1）抽样定理

所谓抽样就是每隔一定的时间间隔 T_s（又称抽样间隔），抽取模拟信号的一个瞬时幅度值（样值）。即抽样是把时间上连续的模拟信号变成一系列时间上离散的抽样序列的过程。那么，抽样间隔 T_s 应该取多大，才能使上述时间上离散的样值序列包含原模拟信号的全部信息？并且，经过量化、编码、传输和译码后，接收端能否还原成原来时间上连续的模拟信号？这些就是抽样定理要解决的问题。

抽样定理指出：一个频带限制在（0，f_H）内的时间连续的模拟信号 $m(t)$，如果抽样频率 $f_s \geqslant 2f_H$（即抽样间隔 $T_s \leqslant \dfrac{1}{2f_H}$），则可以通过低通滤波器由样值序列 $m_s(t)$ 无失真地重建原始信号 $m(t)$。

抽样与恢复的过程如图 2-3 所示。抽样器可以看作是相乘器，抽样过程相当于模拟信号与抽样脉冲序列 $\delta_{T_s}(t)$（载波）相乘的过程，在收端，已抽样信号 $m_s(t)$ 通过低通滤波还原成原来的模拟信号。

对于频谱限制于 f_H 的模拟信号来说，$2f_H$ 就是无失真重建原始信号所需的最小抽样频率，即 $f_{s(\min)} = 2f_H$，此时的抽样频率通常称为奈奎斯特抽样速率。那么最大抽样间隔即为 $T_{s(\max)} = 1/(2f_H)$，此抽样间隔通常称为奈奎斯特抽样间隔。但是如果采用奈奎斯特速率 $f_{s(\min)}$ 抽样，则抽样信号频谱 $M_s(\omega)$ 中的各相邻边带之间没有防卫带。这时要将 $M(\omega)$ 从 $M_s(\omega)$ 中分离出来就需要一个滤波特性十分陡峭的理想低通滤波器，而理想低通滤波器是不能物理实现的，故一般都应该有一定的防卫带。例如语音信号频率一般为 300～3 400Hz，CCITT 规定单路语音信号的抽样速率 f_s 为 8 000Hz。此时的防卫带为 $f_s - 2f_H = (8\,000 - 6\,800)\text{Hz} = 1\,200\text{Hz}$。$f_s$ 越高，对防止频谱混叠越有利，但后面将会看到 f_s 的提高使码元速率提高，这是我们不希望的，因此抽样频率一般选择为 $(2.5 \sim 5)f_H$。

[例 2.2-1] 已知一基带信号 $m(t) = \cos 2\pi t + 2\cos 6\pi t$，对其进行理想抽样。为了在接收端能不失真地从已抽样信号 $m_s(t)$ 中恢复 $m(t)$，试问抽样间隔应如何选择。

解： 基带信号 $m(t)$ 的最低频率 $f_L = 1\text{Hz}$，最高频率 $f_H = 3\text{Hz}$，对其进行理想抽样，由抽样定理知，抽样频率 f_s 应满足

$$f_s \geqslant 2f_H = 6\text{Hz}，抽样间隔 T = \frac{1}{f_s} \leqslant \frac{1}{2f_H} = 0.17\text{s}$$

（2）量化

模拟信号经过抽样后，在时间上是离散了，但其幅度取值仍然是连续的，所以它还是模拟信号。要把它变成数字信号，必须对抽样信号进行幅度的离散化处理。所谓量化，就是将抽样后幅值为连续的信号变换为幅值为有限个离散值的过程。量化分为均匀量化和非均匀量化。

① 均匀量化

把输入信号的取值域按等距离分割的量化称为均匀量化。如将取值域均匀等分为 M 个量化区间，则 M 称为量化级数或量化电平数。在均匀量化中，每个量化区间的量化电平通常取在各区间的中点，量化间隔（或量化阶距）Δ 取决于输入信号的变化范围和量化电平数。当信号的变化范围和量化电平数确定后，量化间隔也被确定。

设输入信号的最小值和最大值分别用 a 和 b 表示，量化电平数为 M，则均匀量化时的量化间隔为

$$\Delta = \frac{b-a}{M} \tag{2.2-1}$$

均匀量化的物理过程如图 2-4 所示。

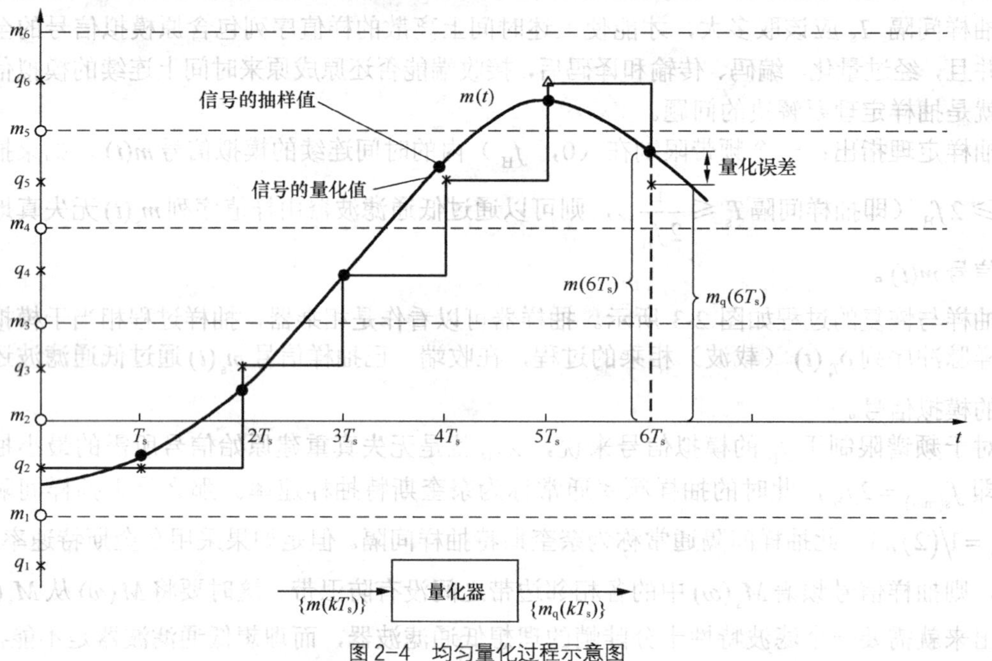

图 2-4 均匀量化过程示意图

图 2-4 中，模拟信号按抽样速率 f_s 进行均匀抽样，在各个抽样时刻上的抽样值用“ • ”表示，第 k 个抽样值用 $m(kT_s)$ 表示，抽样值在量化时转换为 M 个规定电平 $q_1,q_2,\cdots,q_M$ 之一。量化值用符号“ * ”表示，即

$$m_q(kT_s) = q_i \qquad 若 m_{i-1} \leqslant (kT_s) < m_i \tag{2.2-2}$$

量化器的输出是一个数字序列信号 $\{m_q(kT_s)\}$。

式中，m_i 表示第 i 个量化级的起始电平，$m_i = a + i\Delta$；q_i 表示第 i 量化区间的量化电平，可表示为

$$q_i = \frac{m_i + m_{i-1}}{2} \qquad i = 1,2,\cdots,M \tag{2.2-3}$$

从上面的结果可以看出，量化后的信号 $m_q(kT_s)$ 是对原来抽样值 $m(kT_s)$ 的近似。当抽样速率一定时，量化级数目（量化电平数）增加，并且量化电平选择适当时，可以使 $m_q(kT_s)$ 与 $m(kT_s)$ 的近似程度提高。

我们将量化值（离散值）与抽样值（连续值）之间的误差称为量化误差用 $e(kT_s)$ 表示。

$$\text{量化误差}\ e(kT_s) = |\text{量化值} - \text{抽样值}| = \left|m_q(kT_s) - m(kT_s)\right| \tag{2.2-4}$$

式中，T_s表示抽样间隔。

量化误差一旦形成，在接收端是无法去掉的，这个量化误差像噪声一样影响通信质量，因此量化误差也称为量化噪声。由量化误差产生的功率称为量化噪声功率，通常用N_q表示。均匀量化最大的量化误差是半个量化级$\Delta/2$。

在衡量量化器性能时，单看绝对误差的大小是不够的，因为信号有大有小，同样大的量化噪声对大信号的影响可能不算什么，但对小信号却可能造成严重的后果，因此在衡量量化器性能时应看信号功率S与量化噪声功率N_q的相对大小，用量化信噪比S/N_q表示。

均匀量化的特点是：在量化区内，无论信号大小如何，量化间隔都相等，最大量化误差也就相同。因此，均匀量化有一个明显的不足：小信号的量化信噪比太小，不能满足通信质量要求；而大信号的量化信噪比较大，远远地满足要求。在电话通信中，小信号所占比重较大，显然，均匀量化对提高信噪比不利。为了克服这一缺点，实际上大多采用非均匀量化。

② 非均匀量化

非均匀量化根据信号的不同区间来确定量化间隔，即量化间隔与信号的大小有关。当信号幅度小时，量化间隔小，其量化误差也小；当信号幅度大时，量化间隔大，其量化误差也大。因此，量化噪声对大、小信号的影响大致相同，即改善了小信号时的量化信噪比。

在实际应用中，非均匀量化的实现方法通常是采用压缩扩张技术，其特点是在发送端将抽样值进行压缩处理后再均匀量化，在接收端进行相应的扩张处理，采用压扩技术的 PCM 系统框图如图 2-5 所示。

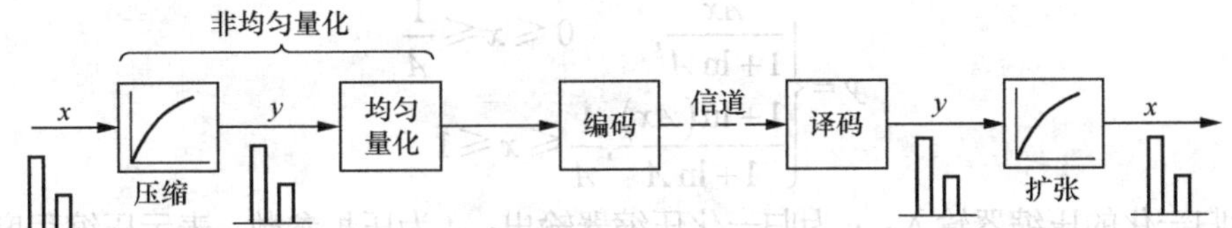

图 2-5 采用压扩技术的 PCM 系统框图

所谓压缩实际上是对大信号进行压缩，而对小信号进行放大的过程。信号经过这种非线性压缩电路处理后，改变了大信号和小信号之间的比例关系，使大信号的比例基本不变或变得较小，而小信号相应地按比例增大，即“压大补小”。在接收端将收到的相应信号进行扩张，以恢复原始信号对应关系。压缩特性和扩展特性示意图如图 2-6 所示。

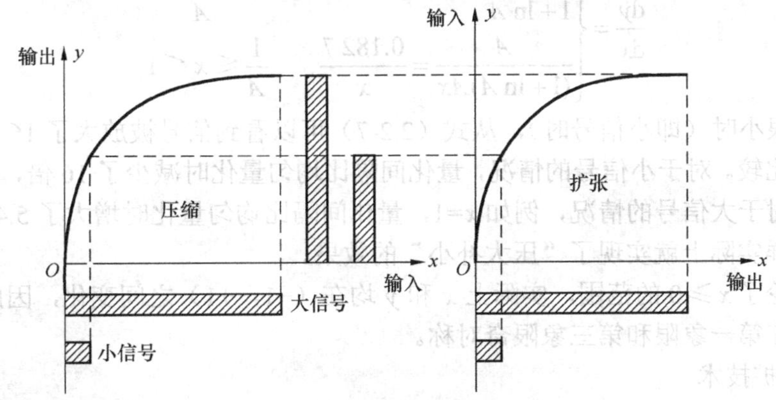

图 2-6 压缩特性和扩张特性示意图

下面的问题是寻找一种什么样的函数关系 $y=f(x)$ 来满足上述的压缩特性。一般来说，压缩特性的选取与信号的统计特性有关。理论上，具有不同概率分布的信号都有一个相对应的最佳压缩特性，使量化噪声达到最小。但在实际应用时还应考虑压缩特性易于电路实现以及压缩特性的稳定性等问题。目前在数字通信系统中被采用的有μ压缩律和 A 压缩律两种对数压缩特性，它们接近于最佳特性并且易于进行二进制编码。美国和日本采用μ压缩律，我国和欧洲各国采用 A 压缩律。下面分别介绍μ压缩律和 A 压缩律的原理。这里只讨论 $x\geqslant 0$ 的范围，$x\leqslant 0$ 的关系曲线和 $x\geqslant 0$ 的关系曲线是以原点奇对称的。

a．μ压缩律

所谓μ压缩律就是压缩器的压缩特性具有如下关系的压缩律

$$y=\frac{\ln(1+\mu x)}{1+\ln(1+\mu)},\quad 0\leqslant x\leqslant 1 \tag{2.2-5}$$

式中，x 和 y 分别表示归一化的压缩器输入和输出电压。即

$$x=\frac{\text{压缩器的输入电压}}{\text{压缩器可能的最大输入电压}},\quad y=\frac{\text{压缩器的输出电压}}{\text{压缩器可能的最大输出电压}}$$

μ 为压缩参数，表示压缩程度。μ越大，压缩效果越明显。$\mu=0$ 对应于均匀量化。一般取$\mu=100$ 左右，也有取$\mu=255$ 的。在小输入电平时，当$\mu x<<1$ 时，μ 的特性近似于线性；而在高输入电平，即$\mu x>>1$ 时，μ的特性近似为对数关系。

b．A 压缩律

所谓 A 压缩律就是压缩器的压缩特性具有如下关系

$$y=\begin{cases}\dfrac{Ax}{1+\ln A}, & 0\leqslant x\leqslant\dfrac{1}{A}\\[2ex] \dfrac{1+\ln(Ax)}{1+\ln A}, & \dfrac{1}{A}\leqslant x\leqslant 1\end{cases} \tag{2.2-6}$$

式中，x 为归一化的压缩器输入；y 为归一化压缩器输出；A 为压扩参数，表示压缩程度。当 A=1 时，压缩特性是一条通过原点的直线，没有压缩效果；A 值越大压缩效果越明显。在国际标准中取 A=87.6。

下面说明 A 压缩特性对小信号量化信噪比的改善程度。这里假设 A=87.6，此时可得到 x 的放大量

$$\frac{\mathrm{d}y}{\mathrm{d}x}=\begin{cases}\dfrac{A}{1+\ln A}=16, & 0\leqslant x\leqslant\dfrac{1}{A}\\[2ex] \dfrac{A}{(1+\ln A)Ax}=\dfrac{0.182\,7}{x}, & \dfrac{1}{A}\leqslant x\leqslant 1\end{cases} \tag{2.2-7}$$

当信号 x 很小时（即小信号时），从式（2.2-7）可以看到信号被放大了 16 倍，这相当于与无压缩特性比较。对于小信号的情况，量化间隔比均匀量化时减少了 16 倍，因此量化误差大大减低；而对于大信号的情况，例如 x=1，量化间隔比均匀量化时增大了 5.47 倍，量化误差增大了。这样实际上就实现了“压大补小”的效果。

前面只讨论了 $x\geqslant 0$ 的范围，实际上 x 和 y 均在（−1，+1）之间变化，因此 x 和 y 的对应关系曲线是在第一象限和第三象限奇对称。

c．数字压扩技术

由式（2.2-5）得到的μ律压扩特性和按式（2.2-6）得到的 A 律压扩特性都是连续曲线，μ和 A

的取值不同其压扩特性亦不同，而在电路上实现这样的函数规律是相当复杂的。为此，人们提出了数字压扩技术，所谓数字压扩是利用数字电路形成许多折线来近似非线性压缩曲线（A 律或μ律）从而达到压扩目的。目前，有两种常用的数字压扩技术，一种是 13 折线 A 律压扩，它的特性近似 A=87.6 的 A 律压扩特性；另一种是 15 折线μ律压扩，其特性近似$\mu=255$ 的μ律压扩特性。A 律 13 折线主要用于中国和欧洲各国，μ律 15 折线主要用于美国、加拿大和日本等国。ITU-T 建议 G.711 规定上述两种折线近似压缩律为国际标准，且在国际间数字系统相互连接时，要以 A 律为标准。下面主要介绍 13 折线 A 律压扩技术，简称 13 折线法。关于 15 折线μ律压扩请读者阅读有关文献。

国际通用的 13 折线压缩特性如图 2-7 所示。图中的 x 和 y 分别表示归一化输入和输出。构成折线的方法是如下。

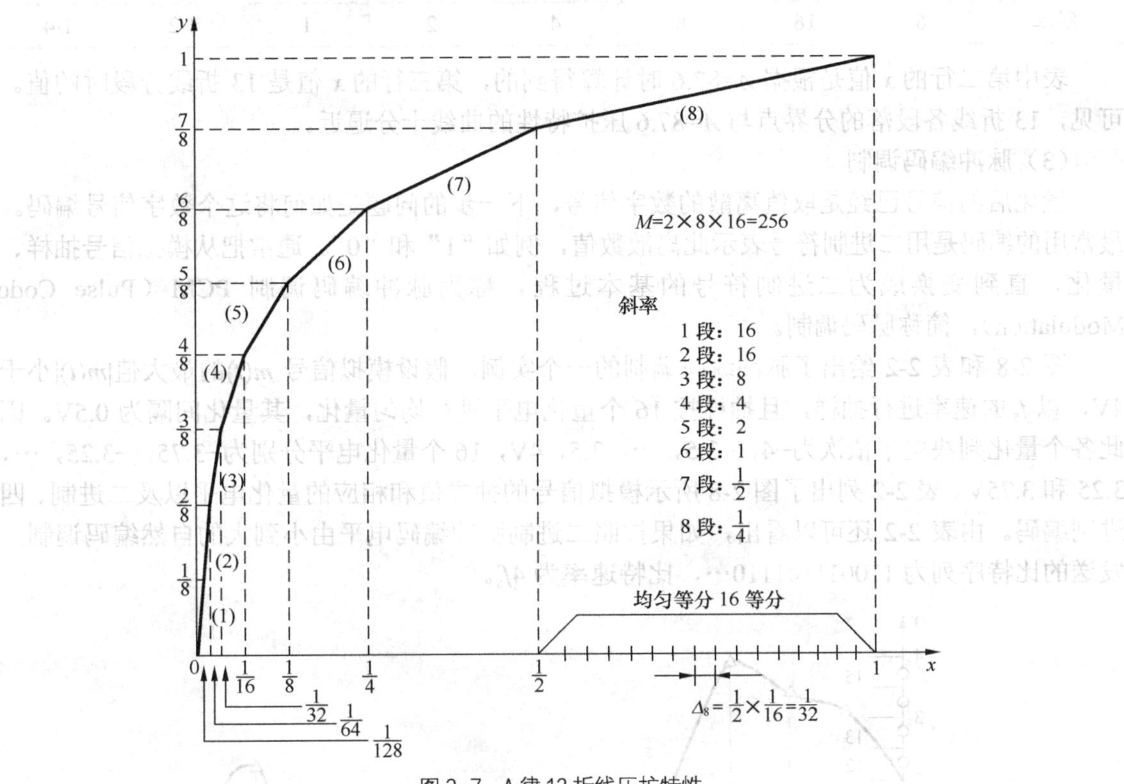

图 2-7 A 律 13 折线压扩特性

第一：对 x 轴在 0～1（归一化）范围内不均匀分成 8 段，分段的规律是每次以 1/2 对分，第一次在 0 到 1 之间的 1/2 处对分，第二次在 0 到 1/2 之间的 1/4 处对分，第三次在 0 到 1/4 之间的 1/8 处对分，其余类推。可以得到分段点为$\frac{1}{2},\frac{1}{4},\frac{1}{8},\frac{1}{16},\frac{1}{32},\frac{1}{64},\frac{1}{128}$。

第二：对 y 轴在 0～1（归一化）范围内采用均匀分段方式，均匀分成 8 段，每段间隔均为 1/8。

第三：将 x，y 各个对应段的交点连接起来，构成 8 个折线段。

以上得到的是第一象限的折线，由于语音信号是双极性信号，因此在负方向也有与正方向对称的一组折线。由于靠近零点的负方向与正方向的第 1、2 段斜率都等于 16，可以合并为一条折线，因此，正、负双向共有 13 折，故称其为 13 折线。在原点上，折线的斜率等于 16，而由式（2.2-7）知 A 律曲线在原点的斜率等于$\frac{A}{1+\ln A}$，令两者相等，可得 A=87.6。因此，可以用 13 折线来逼近

A=87.6 的压扩特性。表 2-1 为 13 折线分段时的 x 值和 A 律压扩特性（A=87.6）的 x 值的比较表。

表 2-1　　13 折线分段时的 x 值和 A 律压扩特性（A=87.6）的 x 值的比较表

y	0	$\frac{1}{8}$	$\frac{2}{8}$	$\frac{3}{8}$	$\frac{4}{8}$	$\frac{5}{8}$	$\frac{6}{8}$	$\frac{7}{8}$	1
A 律压扩曲线的 x	0	$\frac{1}{128}$	$\frac{1}{60.6}$	$\frac{1}{30.6}$	$\frac{1}{15.4}$	$\frac{1}{7.79}$	$\frac{1}{3.93}$	$\frac{1}{1.98}$	1
按折线分段时的 x	0	$\frac{1}{128}$	$\frac{1}{64}$	$\frac{1}{32}$	$\frac{1}{16}$	$\frac{1}{8}$	$\frac{1}{4}$	$\frac{1}{2}$	1

段落序号	1	2	3	4	5	6	7	8
斜率	16	16	8	4	2	1	1/2	1/4

表中第二行的 x 值是根据 A=87.6 时计算得到的，第三行的 x 值是 13 折线分段时的值。可见，13 折线各段落的分界点与 A=87.6 压扩特性的曲线十分逼近。

（3）脉冲编码调制

量化后的信号已经是取值离散的数字信号，下一步的问题是如何将这个数字信号编码。最常用的编码是用二进制符号表示此离散数值，例如“1”和“0”。通常把从模拟信号抽样、量化，直到变换成为二进制符号的基本过程，称为脉冲编码调制 PCM（Pulse Code Modulation），简称脉码调制。

图 2-8 和表 2-2 给出了脉冲编码调制的一个实例。假设模拟信号 $m(t)$的最大值$|m(t)|$小于 4V，以 f_s 的速率进行抽样，且抽样按 16 个量化电平进行均匀量化，其量化间隔为 0.5V。因此各个量化判决电平依次为−4，−3.5，…，3.5，4V，16 个量化电平分别为−3.75，−3.25，…，3.25 和 3.75V。表 2-2 列出了图 2-8 所示模拟信号的抽样值和相应的量化电平以及二进制、四进制编码。由表 2-2 还可以看出，如果按照二进制脉冲编码电平由小到大的自然编码调制，发送的比特序列为 110011101110…，比特速率为 $4f_s$。

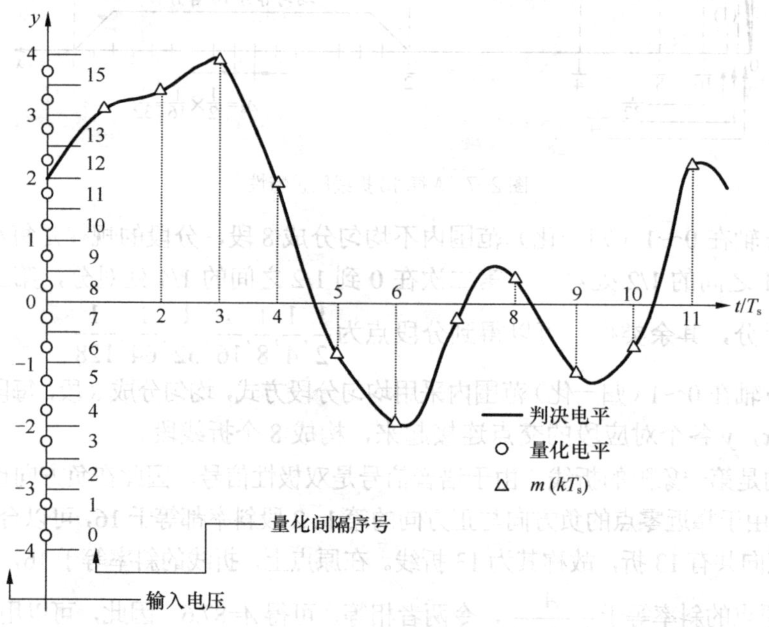

图 2-8　PCM 举例

表 2-2 模拟信号的量化和编码

模拟信号的抽样值	2.1	3.2	3.4	3.9	1.9	−0.75	−1.76	−0.2	0.4
量化电平	2.25	3.25	3.25	3.75	1.75	−0.75	−1.75	−0.25	0.25
量化间隔序号	12	14	14	15	11	6	4	7	8
二进制编码	1100	1110	1110	1111	1011	0110	0100	0111	1000
四进制编码	30	32	32	33	23	12	10	13	20

可以看出，脉冲编码调制能将模拟信号变换成数字信号，它是实现模拟信号数字传输的重要方法之一。在讨论编码原理以前，需要明确常用的编码码型及码位数的选择和安排。

① 常用的二进制码型

常用的二进制码型有自然二进制码和折叠二进制码两种。我们以 4 位二进制码为例，将这两种编码列于表 2-3 中，在表中 16 个量化值分成两部分。第 0～7 个量化值对应于负极性电平；第 8～15 个量化值对应于正极性电平。显然可见，对于自然二进制码，这两部分之间没有什么联系。但是，对于折叠二进制码则不然，除了其最高位符号相反外，其上下两部分还呈现映像关系，或称折叠关系。这种码在应用时可以用最高位表示电平的极性正负，而用其他位来表示电平的绝对值。也就是说，在用最高位表示极性后，双极性信号可以采用单极性编码的方法处理，从而使编码电路和编码过程大大简化。

表 2-3 常用的二进制码型

量化电平极性	量化级序号	自然二进码	折叠二进码
正极性部分	15	1111	1111
	14	1110	1110
	13	1101	1101
	12	1100	1100
	11	1011	1011
	10	1010	1010
	9	1001	1001
	8	1000	1000
负极性部分	7	0111	0000
	6	0110	0001
	5	0101	0010
	4	0100	0011
	3	0011	0100
	2	0010	0101
	1	0001	0110
	0	0000	0111

折叠二进码的另一个优点是误码对小信号影响较小。比如一个小信号码组 1000，在传输或处理过程中发生 1 个符号错误，变成 0000。从表 2-3 中可见，若它为自然二进码，则误差是 8 个量化级；若它为折叠二进码，则误差只有 1 个量化级。但是，若一个大信号码组 1111，在传输的过程中误为 0111，若其为自然码，其误差仍为 8 个量化级；但若为折叠码，则误差增大为 15 量化级。这表明，折叠码对于小信号有利。由于语音信号小幅度出现的概率大，所以折叠码有利于减小语音信号的平均量化噪声。

基于以上的原因，在 PCM 系统中广泛采用折叠二进码。

无论是自然码还是折叠码，码组中符号的位数都直接和量化值的数目有关。量化间隔越多，量化值也越多，则码组中符号的位数也随之增多，同时信号量噪比也越大。当然，位数增多后，会使信号的输出量和存储量增大，编码器也将较复杂。在语音通信中，通常采用 8 位的 PCM 编码就能够保证满意的通信质量。

下面结合我国采用的 A 律 13 折线编码，介绍一种码位排列方法。

② 13 折线的码位安排

在 A 律 13 折线编码中，普遍采用 8 位折叠二进码，对应有 $M=2^8=256$ 个量化级，即正、负输入幅度范围内各有 128 个量化级。考虑到正、负双向共有 16 个段落，这需要将每个段落再等分为 16 个量化级。按折叠二进码的码型，这 8 位码的安排如下。

极性码	段落码	段内码
C_1	$C_2\ C_3\ C_4$	$C_5\ C_6\ C_7\ C_8$

C_1 称为极性码，表示信号样值的正负极性。正极性时 C_1 为“1”，负极性时 C_1 为“0”。

C_2 C_3 C_4 称为段落码，由于 A 律 13 折线有 8 大段，各个折线段的长度均不相同。为了表示信号样值属于哪一段，要用三位码表示。且由于每一段的起点电平各不相同，如第 1 段为 0，第 2 段为 16 等，因此用这三位段落码既表示不同的段，也表示不同的起点电平。

$C_5\ C_6\ C_7\ C_8$ 称为段内码，用来代表段内等分的 16 个量化级。由于各段长度不同，把它等分为 16 小段后，每一小段的量化值也不同。第 1 段和第 2 段为 $\frac{1}{128}$；等分 16 单位后，每一量化单位为 $\frac{1}{128}\times\frac{1}{16}=\frac{1}{2\,048}$；而第 8 段为 $\frac{1}{2}$，每一量化单位为 $\frac{1}{2}\times\frac{1}{16}=\frac{1}{32}$，如果以第 1、2 段中的每一小段 $\frac{1}{2\,048}$ 作为一个最小的均匀量化级 Δ，则在第 1～8 段落内的每一小段段内均匀量化级依次应为 1Δ、1Δ、2Δ、4Δ、8Δ、16Δ、32Δ、64Δ。它们之间的关系如表 2-4 所示。

表 2-4　各折线段落长度与斜率

各折线段落	1	2	3	4	5	6	7	8
各段落长度（以Δ计）	16	16	32	64	128	256	512	1 024
各段内均匀量化级（以Δ计）	Δ	Δ	2Δ	4Δ	8Δ	16Δ	32Δ	64Δ
斜率	16	16	8	4	2	1	1/2	1/4

综合上述码位安排，得到段落码和段内码与所对应的段落及电平之间关系表如表 2-5 所示。

表 2-5　段落电平关系表

量化段序号	电平范围（Δ）	段落码 C_2	段落码 C_3	段落码 C_4	起始电平（Δ）	量化间隔 Δi（Δ）	段内码对应的电平（Δ） C_5	C_6	C_7	C_8
1	0～16	0	0	0	0	1	8	4	2	1
2	16～32			1	16	1	8	4	2	1
3	32～64		1	0	32	2	16	8	4	2
4	64～128			1	64	4	32	16	8	4
5	128～256	1	0	0	128	8	64	32	16	8
6	256～512			1	256	16	128	64	32	16
7	512～1 024		1	0	512	32	256	128	64	32
8	1 024～2 048			1	1 024	64	512	256	128	64

[例 2.2-2]　设输入信号抽样值$I_s = +1255\Delta$，写出按 A 律 13 折线编成的 8 位码$C_1C_2C_3C_4C_5C_6C_7C_8$，并计算量化电平和量化误差。

解：编码过程如下。

（1）确定极性码C_1：由于输入信号抽样值I_s为正，故极性码C_1=1。

（2）确定段落码$C_2C_3C_4$：因为 1 255>1 024，所以位于第 8 段落，段落码为 111。

（3）确定段内码$C_5C_6C_7C_8$：因为$1\,255 = 1\,024 + 3 \times 64 + 39$，所以段内码$C_5C_6C_7C_8$=0 011。

所以，编出的 PCM 码字为 11110011。它表示输入信号抽样值I_s处于第 8 段序号为 3 的量化级。量化电平取在量化级的中点，则为 1 248Δ，故量化误差等于 7Δ。

在上述编码方法中，虽然段内码是按量化间隔均匀编码的，但是因为各个段落的斜率不等，长度不等，故不同段落的量化间隔是不同的。其中第 1 段和第 2 段最短，斜率最大，其横坐标 x 的归一化动态范围只有 1/128；再将其等分为 16 小段后，每一小段的动态范围为 1/2 048，这是最小量化间隔。第 8 段最长，其横坐标 x 的归一化动态范围只有 1/2；将其等分为 16 小段后，每段长度为 1/32。若采用均匀量化而仍希望对小信号保持有同样的动态范围 1/2 048，则需要用 11 位码组才行。现在采用非均匀量化，只需要 7 位就够了。目前在电话网中广泛采用这类非均匀量化的 PCM 语音编码方案。随着数字信号处理技术和微电子技术的发展，PCM 技术已经历了多代发展，并由集成 PCM 编解码芯片实现。

2．参数编码

波形编码具有编码质量好，能保持原始语音波形的优点，但编码后的产生的数据量较大，传输时需要较高的传输带宽。在无线通信领域、保密和军事通信和多媒体通信等领域中需要对传输码率进行大的压缩，因此这些领域可以采用压缩比更高的数据压缩技术——参数编码。

通过对人的口腔发音的机理研究表明，语音信号可用一些描述语音特征的参数，如基音周期、共振峰频率、清/浊音判决和语音强度等来描述。发送端通过分析后提取语音的特征参数，对它们量化编码后进行传输，接收端解码后用这些参数去激励发声模型即可重构发端语音，这种通过对语音参数编码来传输语音的方式称为语音参数编码。由于发端只对语音的特征参数进行编码传输，因此可以获得很高的数据压缩比，其编码速率在 2.4kbit/s 左右。但这种编码方法并不是忠实反映输入语音信号的原始波形，虽然确保解码语音的可懂度和清晰度，但合成语音的音质较差。发送端需要提取语音信号的特征参数，算法复杂，计算量大。

3．混合编码技术

在语音编码技术中，波形编码语音质量高，但所需编码速率较高，参数编码可以实现较低编码速率的传输，但音质较差。能否在满足一定的语音质量的前提下，又能实现较低的传输码率？混合编码是波形编码和参数编码两种系统优点的结合，既利用了语音生成模型，通过对模型中参数进行编码，减小了波形编码中被编码对象的动态范围或数目。又使编码的过程产生接近原始语音波形的合成语音，以保留说话人的各种自然特性，提高了合成语音质量。

目前混合编码的主要方法有多脉冲线性预测（MP-LPC）、矢量和激励线性预测（VSELP）、码激励线性预测（CELP）、短延时码激励线性预测码（LD-CELP）、长延时码激励线性预测码（RPE-LTP）等。

2.2.2　图像信号数字化技术

人类传递信息的主要媒体是语音和图像，而且在人类接收的信息中，视觉信息占 70%以上，可见图像是一种非常重要的信息传递媒体。目前通信业务主要的还是语音业务，但是随着通信的发展，其业务将拓展为含语音、数据与图像的多媒体业务。

1．模拟图像

事物客观存在称为景象，景象中的物体对光线的反射在人眼中的呈像称为图像。运动图像的信息可由光强度描述，它是位置、波长和时间的函数。

$$I = f(x, y, \lambda, t) \tag{2.2-8}$$

强度函数 I 连续称为模拟图像，例如目前我国大部分电视仍是模拟图像。

众所周知，不同的波长反映不同色彩，黑白电视图像不考虑光的波长，强度函数为

$$I = f(x, y, t) \tag{2.2-9}$$

而彩色电视图像的色彩由红、绿、蓝三基色描述为

$$I = \{f_r(x, y, t), f_g(x, y, t), f_b(x, y, t)\} \tag{2.2-10}$$

目前，彩色电视共有三种制式：NTSC（National Television Systems Committee）制，又称为正交平衡调幅制，主要是美国、日本、加拿大和墨西哥等国家采用；PAL（Phase Alternation Line）制，又称为逐行倒相正交平衡调幅制，主要的采用国家有中国、英国、荷兰和瑞士等；SECAM（Systeme Electronique Color Avec Memoire）制，又称为调频顺序转换制，法国、前苏联和东欧地区采用此制式。三种制式的主要参数如表 2-6 所示。

表 2-6　　彩色电视三种制式参数

参　　数	PAL 制	NTSC 制	SECAM 制
每画面扫描行数	625	525	625
帧频/场频（Hz）	20/50	30/60	25/50
标称带宽（MHz）	6	4.2	6
伴音载频与图像载频间距（MHz）	6.5	4.5	6.5

2．模拟图像的数字化

和语音信号的数字化类似，模拟图像的数字化一般包括抽样、量化和编码三个步骤。

首先将模拟图像的空间位置通过抽样实现离散化，即将一幅图像空间划分成 M（行）×N（列）个小区域，一个小区域称为一个像素（取样点），一幅图像由 $M \times N$ 个像素描述，像素的位置用（x, y）坐标定位；然后将抽样值（灰度和色彩）离散化，即将原本是连续变化的样本值量化，通常用 l 位二进码描述灰度和色彩值。从而，一幅数字图像数据量为 $M \times N \times l$ bit。例如，1s 活动视频画面约占 22.12MB 空间，650MB 的 CD-ROM 只能播放近 30s 图像信息；一幅中等分辨率（640 × 480）彩色图像（每像素 24bit）的数据量约为 7.37Mbit/帧，如果帧速率为 25 帧/秒，则视频信号的传输速率约为 184Mbit/s。如此大的数据量和传输速率，即使在现在的技术水平，存储、处理和传输也是比较困难的。因此，对图像数据进行实时压缩和解压缩是非常必要的。

压缩后的数字图像信息传输主要采用数字传输方式，在未来的数字电视、高清晰度电视和多媒体图像传输中都将采用数字传输方式。

3．图像压缩编码技术

从图像信息本身来说，数据压缩是可能的。首先，原始信源数据存在大量冗余，如运动视频内像素间的空域相关和帧间相关都形成了很大的信源冗余；其次，对每秒显示 25 帧图像的视频信号而言，前后相邻的图像之间一般也具有很强的相似性，表现为时间上的冗余；另外，图像信号离散化后，只要这些离散值出现的概率不相等，就还存在统计冗余，将这些冗余去除或降低可以大大压缩数据量。另外，通过分析人类视觉的生理特性知，人类视觉器官

具有某种不敏感性，如人眼的掩盖效应（对边缘变化不敏感）以及对亮度信息敏感而对颜色分辨力弱等。基于这些不敏感性，可以对某些非冗余信息进行压缩，从而大幅度地提高压缩比。一般而言，通过选择适当的数据压缩技术，图像数据量可以压缩到原来的 1/10～1/100。

近 20 年来，由于超大规模集成电路（VLSI）和计算机技术的迅速发展，在市场和应用的推动下，视频压缩编码技术取得了巨大进展，下面就几种常用的图像压缩编码方法作简单介绍。

（1）预测编码

常用的预测编码是差分编码调制（DPCM），其目的是利用邻近像素之间的相关性来压缩数码率，以去除图像数据间的空域冗余度和时间冗余度。它既可在一帧图像内进行帧内预测编码，也可在多帧图像间进行帧间预测编码。由于图像信号是二维的，一个像素与上下左右的像素都有相关性，因此预测是二维的。而对于活动图像，相邻帧之间也有相关性，故可以进行三维预测。

（2）变换编码

变换编码也是一种降低信源空间冗余度的压缩方法。它利用变换域参数分布特征来实现压缩编码。常用的编码有卡南—洛伊夫变换（KLT）、离散傅里叶变换、离散余弦变换和 Walsh 变换等正交变换。由于变换所产生的变换域系数之间的相关性很小，可以分别独立地对其进行处理。而且经变换后，大都能将能量集中在少量变换域系数上，通过量化删去对图像信号贡献小的系数，只用保留的系数来恢复原始图像，并不会引起明显的失真。

在最小均方误差准则下，最佳的正交变换是卡南—洛伊夫变换，其变换后的系数之间是互不相关的。但是由于计算的复杂性和实现上的困难，K-L 变换的实际应用甚少。离散余弦变换（DCT）是一种性能接近 K-L 变换的正交变换，并具有多种快速算法，因而在数据压缩中被广泛地采用。

（3）熵编码

熵编码旨在去除信源的统计冗余，熵编码不会引起信息的损失，因而又称为无损编码。在视频编码中应用较多的有游程长度编码和霍夫曼编码。

2.3　数字复接技术

随着通信网的进一步发展，通信网的规模越来越大，路数越来越多，网际关系也越来越密切，出现了几个多路传输的网或链路间需要互连的情况，这称为复接（Multiple Connection）。复接技术是为了解决来自若干条链路的多路信号的合并和分离的专门技术。目前大容量链路的复接几乎都是 TDM 信号的复接。数字复接是一种时分复用技术，它把两个或两个以上中低速数字信号按时分复用方式合并成一个高速数字信号，再通过高速信道传输，传到收端再分离还原成各个中低速信号。本节介绍信道复用以及数字复接技术的相关知识。

2.3.1　信道复用概述

所谓信道复用是指在同一链路上传输多路信号而互不干扰的一种技术。最常用的信道复用方式有频分复用（FDM）、时分复用（TDM）和码分复用（CDM）。频分复用是指按照频率的不同来区分多路信号的方法。时分复用是指利用各路信号在信道上占有不同时间间隔的特征来区分各路信号的方法。码分复用是指按相互正交的不同码型区分信号的方法。

1．频分复用（FDM）

频分复用是利用各路信号在频率域不相互重叠来区分信号的。频分复用的多路信号在频率上不会重叠，合并在一起通过一条信道传输，到达接收端后，可以通过中心频率不同的带通滤波器将它们彼此分离开来，解调还原出基带信号。频分复用是利用各路信号在频率域不相互重叠来区分信号的。频分复用信号的频谱结构示意图如图 2-9 所示。

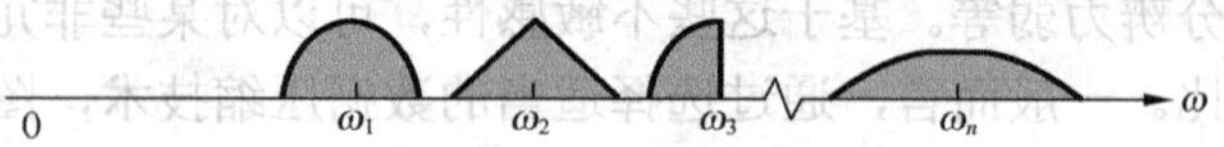

图 2-9 频分复用信号的频谱结构示意图

频分复用主要缺点是设备庞大复杂，成本较高，还会因为滤波器件特性不够理想和信道内存在非线性而出现链路间干扰，故近年来已经逐步被更为先进的时分复用技术所取代，在此不再对它作详细介绍。不过在电视广播中图像信号和声音信号的复用、立体声广播中左右声道信号的复用，仍然采用频分复用技术。

2. 时分复用

（1）时分复用的概念

时分复用（TDM）是建立在抽样定理基础上的。抽样定理指出，在一定条件下，时间连续的模拟信号可以用时间上离散的抽样值来表示。这样，我们就可以利用抽样信号的间隔时间传输其他信号的抽样值。时分复用就是利用各路信号的抽样值在时间上占据不同的时隙，以实现在同一信道中传输多路信号而互不干扰的一种方法。时分复用主要用于数字通信，如 PCM 通信。下面以 PCM 时分多路数字电话通信为例，说明其原理。

图 2-10 所示为时分多路复用示意图。各路语音信号先经低通滤波器（截止频率为 3.4kHz）将频带限制在 0.3kHz～3.4kHz 以内。然后各路语音信号经各自的抽样门进行抽样，其抽样频率为 8kHz，则抽样间隔均为 T=125μs，抽样脉冲出现时刻依次错后，因此各路样值序列在时间上是分开的，从而达到合路的目的。合路后的抽样信号送到 PCM 编码器进行量化和编码，然后将数字信码通过信道送到收端。

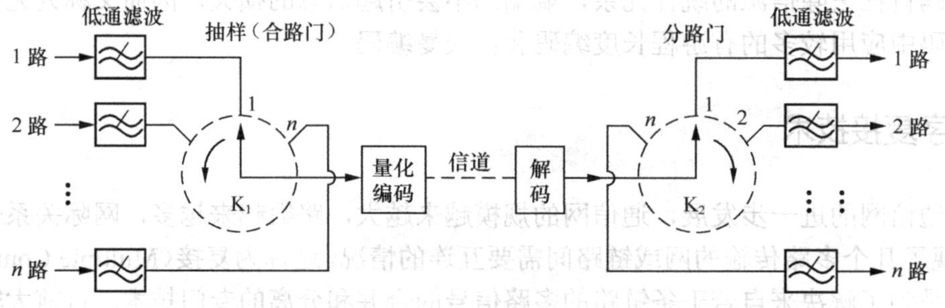

图 2-10 时分多路复用原理图

在接收端，解码后还原成合路抽样信号，再经过分路门把各路抽样信号区分开来，最后经过低通滤波器重建原始的语音信号。

要注意的是：为保证正常通信，收、发旋转开关 K_1、K_2 必须同频同相。同频是指 K_1、K_2 的旋转速率要完全相同，同相指的是发端旋转开关 K_1 连接第一路信号时，收端旋转开关 K_2 也必须连接第一路，否则收端将收不到本路信号，为此要求收发双方必须保持严格的同步。

图 2-10 中，抽样时各路每轮一次的时间称为一帧，长度记为 T，一帧中相邻两路样值脉冲之间的时间间隔称为路时隙 T_a，如复用路数为 n，则 $T_a=T/n$。反映帧长、时隙、码位的位置关系时间图就称为帧结构。

（2）PCM30/32 路系统的帧结构

时分多路 PCM 系统有各种各样的应用，最重要的一种是 PCM 电话系统。对于多路数字电话系统，有两种标准化制式，即 PCM 30/32 路（A 律压扩特性）制式和 PCM 24 路（μ律压扩特性）制式，并规定国际通信时，以 A 律压扩特性为准（即以 PCM 30/32 路制式为准）。凡是两种制式的转换，其设备接口均由采用μ律压扩特性的国家负责解决。通常称 PCM30/32 路和 PCM24 路时分多路系统为 PCM 基群（即一次群）。我国和欧洲采用 PCM 30/32 路制式，其帧和复帧结构如图 2-11 所示。

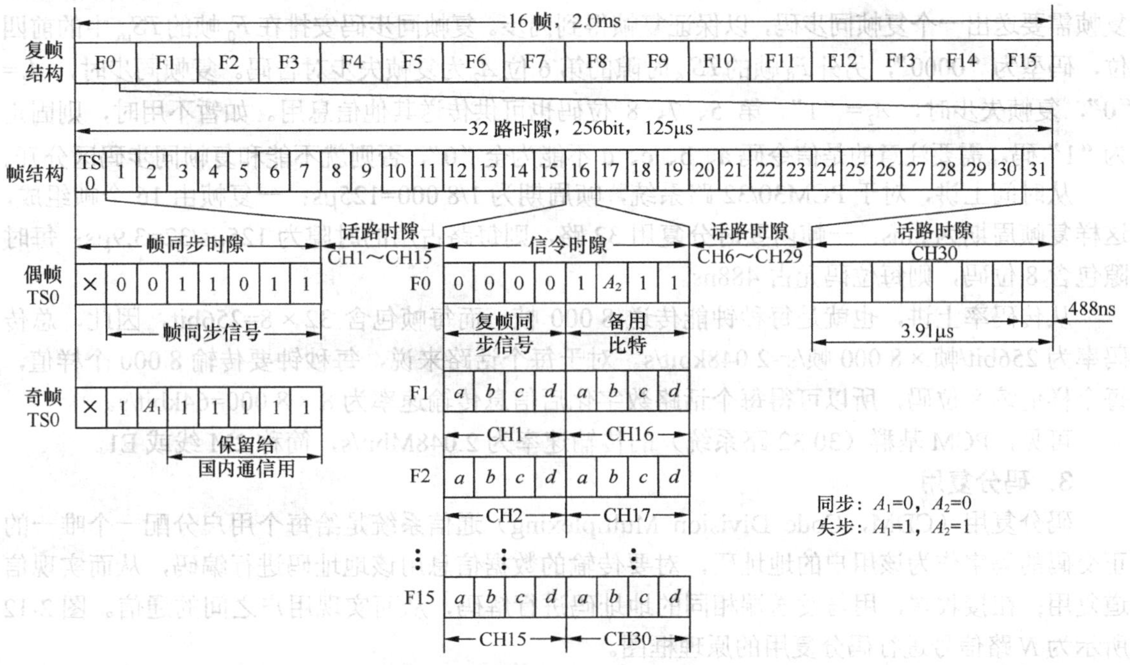

图 2-11　PCM 30/32 路帧和复帧结构

从图 2-11 中可以看到，在 PCM 30/32 路的制式中，由于抽样频率为 8 000Hz，因此抽样周期（即 PCM 30/32 路的帧周期）为 1/8 000=125μs；每一帧内包含 32 个路时隙（每个时隙对应 1 个样值，1 个样值编 8 位码），包括如下几个方面。

① 30 个话路时隙：TS_1～TS_{15}，TS_{17}～TS_{31}

TS_1～TS_{15} 分别传输第 1～15 路（CH_1～CH_{15}）语音信号，TS_{17}～TS_{31} 分别传输第 16～30 路（CH_{16}～CH_{30}）语音信号。在话路时隙中，第 1 比特为极性码，第 2～4 比特为段落码，第 5～8 比特为段内码。

② 帧同步时隙：TS_0

为了在接收端正确地识别每帧的开始，以实现帧同步，偶帧 TS_0 发送帧同步码“0011011”；偶帧 TS_0 的 8 位码中第 1 位码保留给国际用，暂定为“1”，后 7 位为帧同步码。

奇帧 TS_0 发送帧失步告警码。奇帧 TS_0 的 8 位码中第 1 位码保留给国际用，暂定为“1”，第 2 位固定为“1”，以便在接收端区分是偶帧还是奇帧。第 3 位码 A_1 为帧失步时向对端发送的告警码（简称对告码）。当帧同步时，A_1=0，帧失步时，A_1=1，以便告诉对端，收端已经出现帧失步，无法工作。其第 4～8 位码可供传送其他信息（如业务联络等）。这几位码未使用时，固定为“1”码。这样，奇帧 TS_0 时隙的码型为“11 $A_1$11111”。

③ 信令时隙：TS_{16}

为了起各种控制作用，每一路语音信号都有相应的信令信号。由于信令信号频率很低，其抽样频率取 500Hz，即其抽样周期为 $\frac{1}{500}=125\mu s\times 16=16T_s$，而且只编 4 位码（称为信令码或标志信号码），所以对于每个话路的信令码，只要每隔 16 帧轮流传送一次就够了。将每一帧的 TS_{16} 传送两个话路信令码（前四位码为一路，后四位码为另一路），这样 15 个帧（$F_1 \sim F_{15}$）的 TS_{16} 可以轮流传送 30 个话路的信令码。而 F_0 帧的 TS_{16} 传送复帧同步码和复帧失步告警码。

16 个帧称为一个复帧（$F_1 \sim F_{15}$）。为了保证收、发两端各路信令码在时间上对准，每个复帧需要送出一个复帧同步码，以保证复帧得到同步。复帧同步码安排在 F_0 帧的 TS_{16} 中的前四位，码型为“0000”，另外 F_0 帧的 TS_{16} 时隙的第 6 位 A_2 为复帧失步对告码。复帧同步时，A_2=“0”，复帧失步时，A_2=“1”。第 5、7、8 位码也可供传送其他信息用。如暂不用时，则固定为“1”码。需要注意的是信令码 a、b、c、d 不能为全“0”，否则就不能和复帧同步码区分开。

从时间上讲，对于 PCM30/32 路系统，帧周期为 1/8 000=125μs；一复帧由 16 个帧组成，这样复帧周期为 2ms；一帧内要时分复用 32 路，则每路占用的时隙为 125μs/32=3.9μs；每时隙包含 8 位码，则每位码元占 488ns。

从传码率上讲，也就是每秒钟能传送 8 000 帧，而每帧包含 32 × 8=256bit，因此，总传码率为 256bit/帧 × 8 000 帧/s=2 048kbit/s。对于每个话路来说，每秒钟要传输 8 000 个样值，每个样值编 8 位码，所以可得每个话路数字化后信息传输速率为 8 × 8 000=64kbit/s。

可见，PCM 基群（30/32 路系统）的传输速率为 2.048Mbit/s，简称 2M 线或 E1。

3．码分复用

码分复用（CDM，Code Division Multiplexing）通信系统是给每个用户分配一个唯一的正交码的码字作为该用户的地址码，对要传输的数据信息用该地址码进行编码，从而实现信道复用；在接收端，用与发送端相同的地址码进行解码，从而实现用户之间的通信。图 2-12 所示为 N 路信号进行码分复用的原理框图。

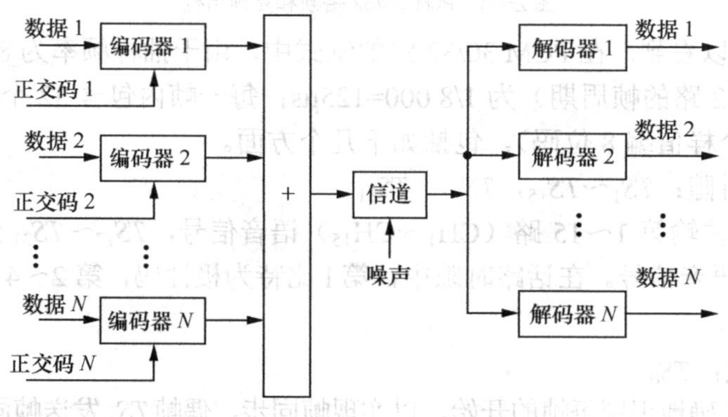

图 2-12　码分复用原理框图

2.3.2 PDH 复接体制

根据不同的需要和不同传输介质的传输能力，要有不同话路数和不同速率的复接，形成一个系列（或等级），由低向高逐级复接，这就是数字复接系列。

前面讨论的 PCM 30/32 路和 PCM 24 路时分多路系统称为数字基群（即一次群）。为了能使宽带信号（如电视信号）通过 PCM 系统传输，就要求有较高的传码率。因此提出了采用数字复接技术把较低群次的数字流汇合成更高速率的数字流，以形成 PCM 高次群系统。

PCM 高次群都是采用准同步方式进行复接的，称为准同步数字系列（PDH）。PDH 各支路采用各自的时钟，允许偏差 $\pm 50\times 10^{-6}$ s（即±100bit/s），虽然它们的标称速率相同，但其瞬时数码率各不相同。

CCITT 推荐了两大系列 PDH，即 PCM 基群 24 路系列和 30/32 路系列，如表 2-7 所示。

表 2-7 数字复接系列（准同步数字系列）

		一次群（基群）	二 次 群	三 次 群	四 次 群
中国欧洲	群路等级	E-1	E-2	E-3	E-4
	路数	30 路	120 路（30×4）	480 路（120×4）	1 920 路（480×4）
	比特率	2.048Mbit/s	8.448Mbit/s	34.368Mbit/s	139.264Mbit/s
北美	群路等级	T-1	T-2	T-3	T-4
	路数	24 路	96 路（24×4）	672 路（96×7）	4 032 路（672×6）
	比特率	1.544Mbit/s	6.312Mbit/s	44.736Mbit/s	274.176Mbit/s
日本	群路等级	T-1	T-2	T-3	T-4
	路数	24 路	96 路（24×4）	480 路（96×5）	1 440 路（480×3）
	比特率	1.544Mbit/s	6.312Mbit/s	32.064Mbit/s	97.728Mbit/s

表 2-7 所示的复接系列具有如下优点。

（1）易于构成通信网，便于分支与插入。

（2）复用倍数适中，具有较高效率。

（3）可视电话、电视信号以及频分制载波信号能与某一高次群相适应。

（4）与传输媒质，如电缆、同轴电缆、微波、波导、光纤等传输容量相匹配。

数字通信系统除了传输电话外，也可传输其他相同速率的数字信号，如可视电话、频分制载波信号以及电视信号。为了提高通信质量，这些信号可以单独变为数字信号传输，也可以和相应的 PCM 高次群一起复接成更高一级的高次群进行传输。基于 PCM30/32 路系列的数字复接体制的结构如图 2-13 所示。

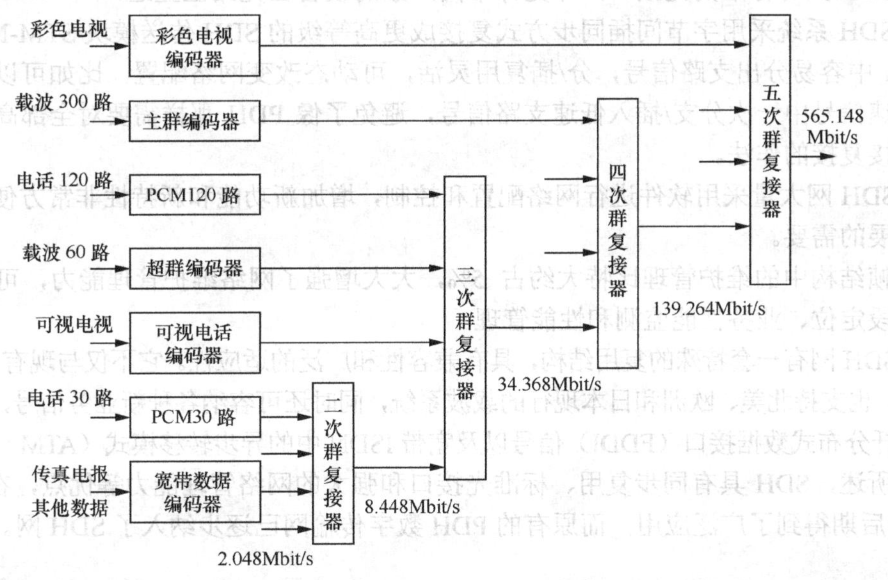

图 2-13 基于 PCM30/32 路系列的数字复接体制

和一次群需要额外的开销一样，高次群也需要额外的开销。由表 2-7 可以看出，高次群都比相应的低次群平均每路的比特率还高一些，虽然此额外开销只占总比特率很小的百分比，但是当总比特率增高时，此开销的绝对值还是不小的，这很不经济。

2.3.3 SDH 复接体制的提出

随着光纤通信的发展，准同步数字系列已经不能满足大容量高速传输的要求，不能适应现代通信网的发展要求，其缺点主要体现在以下几个方面。

（1）不存在世界性标准的数字信号速率和帧结构标准。

（2）不存在世界性的标准光接口规范，无法在光路上实现互通和调配电路。

（3）复接方式大多采用按位复接，不利于以字节为单位的现代信息交换。

（4）准同步系统的复用结构复杂，缺乏灵活性，硬件数量大，上、下业务费用高。

（5）复用结构中用于网络运行、管理和维护的比特很少。

基于传统的准同步数字系列的上述弱点，为了适应现代电信网和用户对传输的新要求，必须从技术体制上对传输系统进行根本的改革，为此，CCITT 制订了 TDM 制的 150Mbit/s 以上的同步数字系列（SDH）标准。它不仅适用于光纤传输，亦适用于微波及卫星等其他传输手段。它可以有效地按动态需求方式改变传输网拓扑，充分发挥网络构成的灵活性与安全性，而且在网路管理功能方面大大增强。数字复接系列（同步数字系列）如表 2-8 所示。

表 2-8　　数字复接系列（同步数字系列）

同步数字系列	STM-1	STM-4	STM-16	STM-64
速率	155.52Mbit/s	622.08Mbit/s	2 488.32Mbit/s	9 953.28Mbit/s

与 PDH 相比，SDH 具有以下一系列优越性。

（1）使北美、日本、欧洲三个地区性 PDH 数字传输系列在 STM-1 等级上获得了统一，真正实现了数字传输体制方面的全球统一标准。

（2）SDH 具有标准的光接口，即允许不同厂家的设备在光路上互通。

（3）SDH 系统采用字节间插同步方式复接成更高等级的 SDH 传送模块 STM-N，因此，从 STM-N 中容易分出支路信号，分/插复用灵活，可动态改变网络配置。比如可以借助软件控制从高速信号中一次分支/插入低速支路信号，避免了像 PDH 那样需要对全部高速信号进行逐级分接复接的作法。

（4）SDH 网大量采用软件进行网络配置和控制，增加新功能和新特性非常方便，适合将来不断发展的需要。

（5）帧结构中的维护管理比特大约占 5%，大大增强了网络维护管理能力，可实现故障检测、区段定位、业务性能监测和性能管理。

（6）SDH 网有一套特殊的复用结构，具有兼容性和广泛的适应性。它不仅与现有 PDH 网能完全兼容，也支持北美、欧洲和日本现行的载波系统，同时还可容纳各种新业务信号，例如局域网中的光纤分布式数据接口（FDDI）信号以及宽带 ISDN 中的异步转移模式（ATM）信元等。

综上所述，SDH 具有同步复用、标准光接口和强大的网络管理能力等优点，在 20 世纪 90 年代中后期得到了广泛应用，而原有的 PDH 数字传输网已逐步纳入了 SDH 网。

2.4 数字信号的基带编码

数字信号的传输需要解决的主要问题是：在规定的传输速率下，有效地控制符号间干扰，具有抗加性高斯白噪声的最佳性能，以及形成发、收两端的位定时同步。因而如何保证准确地传输数字信号是数字通信系统要解决的关键问题。数字信号的传输可分为基带传输和频带传输两种方式。本节介绍数字信号基带传输的概念以及基带传输的常用波形和编码。

2.4.1　数字信号基带传输的基本概念

将基带信号直接在信道中传输的方式称为基带传输。数字基带传输系统的基本结构如图 2-14 所示。它由脉冲形成器、发送滤波器、信道、接收滤波器、抽样判决器与码元再生器组成。为了保证系统可靠有序地工作，还应有同步系统。

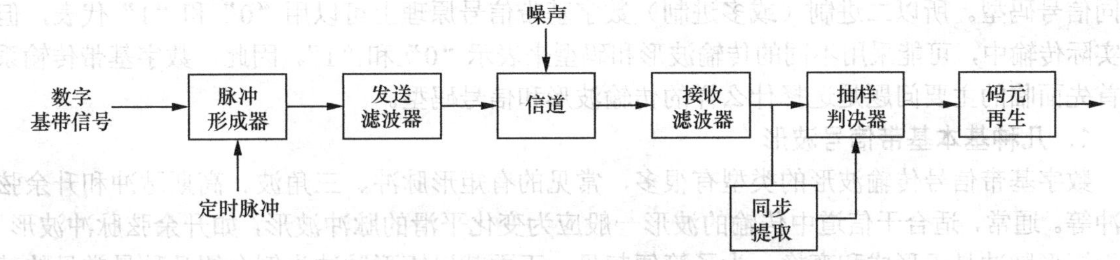

图 2–14　数字基带传输系统的基本结构

图 2-14 所示系统中各部分的作用如下。

一般终端设备（如电传机、计算机）送来的“0”、“1”代码序列为单极性码，如图 2-15（a）波形所示。这种单极性代码由于有直流分量等原因并不适合在基带系统信道中传输。脉冲形成器的作用是把单极性码变换为双极性码或其他形式适合于信道传输的、并可提供同步定时信息的码型。

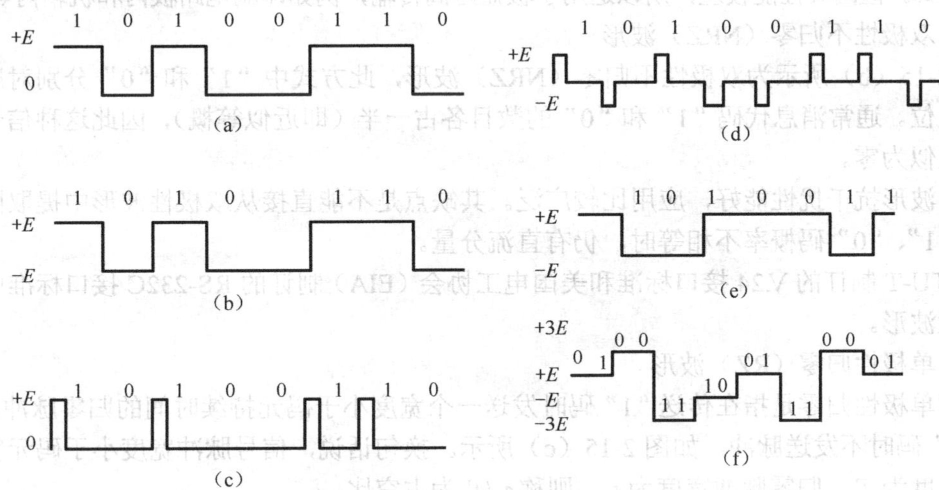

图 2–15　几种基本的数字基带信号波形

脉冲形成器输出的各种码型是以矩形脉冲为基础的，这种以矩形脉冲为基础的码型往往低频分量和高频分量都比较大，占用频带也比较宽，直接送入信道传输容易产生失真。发送滤波器的作用是把它变换为比较平滑的波形。

基带传输系统的信道通常采用电缆、架空明线等。

接收滤波器的作用是滤除带外噪声，并对已接收的波形均衡，以便抽样判决器正确判决。

抽样判决器首先对接收滤波器输出的信号在规定的时刻进行抽样，获得抽样值序列，然后对抽样值进行判决，以确定各码元是“1”码还是“0”码。

码元再生电路的作用是对判决器的输出“0”、“1”进行原始码元再生，以获得与输入波形相应的脉冲序列。

2.4.2 基带传输的常用波形和码型

由数字信源输出的数字信号，或者由模拟信源经过编码后形成的数字信号，一般来说都不一定适合于信道传输。例如，许多信道不能传输信号的直流和频率很低的分量，为了适应这种信道特性，需要对数字基带信号进行适当处理或变换。为此，可采用不同的信号波形和不同信号码型。所以二进制（或多进制）数字基带信号原理上可以用“0”和“1”代表，但在实际传输中，可能采用不同的传输波形和码型来表示“0”和“1”。因此，数字基带传输系统首先面临的主要问题是选择什么样的传输波形和信号码型。

1．几种基本基带信号波形

数字基带信号传输波形的类型有很多，常见的有矩形脉冲、三角波、高斯脉冲和升余弦脉冲等。通常，适合于信道中传输的波形一般应为变化平滑的脉冲波形，如升余弦脉冲波形。由于矩形脉冲易于形成和变换，为了简便起见，下面就以矩形脉冲为例介绍几种最常见的基带信号波形。

（1）单极性不归零（NRZ）波形

设消息代码由二进制符号“0”、“1”组成，则单极性不归零波形如图 2-15（a）所示。这里，基带信号的零电位及正电位分别与二进制符号的“0”和“1”一一对应。

实际中，电传机输出、计算机输出的二进制序列等通常是这种形式的信号。这是一种最简单的传输方式。但因其性能较差，所以适用于极短距离传输，例如印刷电路板内和机箱内等处。

（2）双极性不归零（NRZ）波形

图 2-15（b）所示为双极性不归零（NRZ）波形，此方式中“1”和“0”分别对应正电位和负电位。通常消息代码“1”和“0”的数目各占一半（即近似等概），因此这种信号的直流分量近似为零。

这种波形抗干扰性能好，应用比较广泛。其缺点是不能直接从双极性波形中提取同步分量；当“1”、“0”码概率不相等时，仍有直流分量。

在 ITU-T 制订的 V.24 接口标准和美国电工协会（EIA）制订的 RS-232C 接口标准中均采用双极性波形。

（3）单极性归零（RZ）波形

所谓单极性归零是指在传送“1”码时发送一个宽度小于码元持续时间的归零脉冲，而在传送“0”码时不发送脉冲，如图 2-15（c）所示。换句话说，信号脉冲宽度小于码元宽度。设码元宽度为 T_s，归零脉冲宽度为 τ，则称 τ/T_s 为占空比。

单极性归零波形与不归零（NRZ）波形比较，除了仍然具有单极性不归零波形的一些缺点外，主要优点是可以直接提取同步信号。

（4）双极性归零（RZ）波形

双极性归零波形的构成原理与单极性归零波形一样，如图 2-15（d）所示。“1”和“0”在传输线路上分别用正和负脉冲表示，且相邻脉冲间必有零电位区域存在。因此，在接收端根据接收波形归于零便知道“1”比特的信息已接收完毕，以便准备下一比特信息的接收。

（5）差分波形

这种波形的特点是把二进制脉冲序列中的“1”或“0”反映在相邻信号码元相对极性变

化上，比如以符号“1”表示相邻码元的电位改变，而以符号“0”表示电位不改变，如图 2-15（e）所示。当然，上述规定也可以反过来。这种方式的优点是，即使接收端收到的码元极性与发送端完全相反，也能正确地进行判决。

（6）多值波形（多电平波形）

前述各种信号都是一个二进制符号对应一个脉冲。实际上还存在多个二进制符号对应一个脉冲的情形，这种波形统称为多值波形或多电平波形。例如若令两个二进制符号 00 对应+3E，01 对应+E，10 对应−E，11 对应−3E，则所得波形为 4 值波形，如图 2-15（f）所示。由于这种波形的一个脉冲可以代表多个二进制符号，故在高速数据传输中常采用这种信号形式。

2．数字基带信号的传输码型

在实际的基带传输系统中，并不是所有代码的电波形都能在信道中传输。例如，前面介绍的含有直流分量和较丰富低频分量的单极性基带波形就不适宜在低频传输特性差的信道中传输，因为它有可能造成信号严重畸变。因此，实际中必须合理地设计选择数字基带信号码型，使数字信号能在给定的信道中传输。我们将适于在信道中传输的基带信号码型称为线路传输码型。

为适应信道的传输特性及接收端再生恢复数字信号的需要，基带传输信号码型设计应考虑如下一些原则：①对于频带低端受限的信道传输，线路码型中不含有直流分量，且低频分量较少；②便于从相应的基带信号中提取定时同步信息；③信号中高频分量尽量少，以节省传输频带并减少码间串扰；④所选码型应具有纠错、检错能力；⑤码型变换设备要简单，易于实现。

下面我们介绍几种常用的适合在信道中传输的传输码型。

（1）AMI 码

AMI 码的全称是传号交替反转码。它将消息中的代码“0”（空号）和“1”（传号）按如下规则进行编码：代码“0”仍为 0；代码“1”交替变换为+1、−1、+1、−1、……。例如：

消息代码	1	0	0	0	1	1	1	0	1
AMI 码	+1	0	0	0	−1	+1	−1	0	+1

AMI 码的优点是不含直流成分，低频分量小；编译码电路简单，便于利用传号极性交替规律观察误码情况。鉴于这些优点，AMI 码是 ITU 建议采用的传输码型之一。AMI 码的不足是当原信码出现连“0”串时，信号的电平长时间不跳变，造成提取定时信号的困难。解决连“0”码问题的有效方法之一是采用 HDB_3 码。

（2）HDB_3 码

HDB_3 码的全称是 3 阶高密度双极性码，它是 AMI 码的一种改进型，其目的是为了保持 AMI 码的优点而克服其缺点，使连“0”个数不超过 3 个。其编码规则如下。

① 当信码的连“0”个数不超过 3 时，仍按 AMI 码的规则编码，即传号极性交替。

② 当连“0”个数超过 3 时，出现 4 个或 4 个以上连“0”串时，则将每 4 个连“0”小段的第 4 个“0”变换为非“0”脉冲，用符号 V 表示，称之为破坏脉冲。而原来的二进制码元序列中所有的“1”码称为信码，用符号 B 表示。当信码序列中加入破坏脉冲以后，信码 B 与破坏脉冲 V 的正负极性必须满足如下两个条件：第一，B 码和 V 码各自都应始终保持极性交替变化的规律，以确保编好的码中没有直流成分；第二，V 码必须与前一个非零符号码（信码 B）同极性，以便和正常的 AMI 码区分开来。如果这个条件得不到满足，那么应该将四连“0”码的第一个“0”码变换成与 V 码同极性的补信码，用符号 B'表示，并做调整，使 B 码和 B'码合起来保持第一条件中信码（含 B 及 B'）极性交替变换的规律。

例如：

代码	0	1	0	0	0	0	1	1	0	0	0	0	0	1	0	1
AMI 码	0	+1	0	0	0	0	−1	+1	0	0	0	0	0	−1	0	+1
加 V	0	+1	0	0	0	V+	−1	+1	0	0	0	V−	0	−1	0	+1

加 B'并调整 B 及 B'极性

	0	+1	0	0	0	V+	−1	+1	B'_-	0	0	V−	0	+1	0	−1
HDB_3 码	0	+1	0	0	0	+1	−1	+1	−1	0	0	−1	0	+1	0	−1

虽然 HDB_3 码的编码规则比较复杂，但译码却比较简单。从上述原理可以看出，每一破坏符号总是与前一非 0 符号同极性。据此，从收到的符号序列中很容易找到破坏点 V，于是断定 V 符号及其前面的 3 个符号必定是连“0”符号，从而恢复 4 个连“0”码，再将所有的+1、−1 变成“1”后便得到原信息代码。

HDB_3 码保持了 AMI 码的优点外，同时还将连“0”码限制在 3 个以内，故有利于位定时信号的提取。HDB_3 码是应用最为广泛的码型，A 律 PCM 四次群以下的接口码型均为 HDB_3 码。

（3）CMI 码

CMI 码是传号反转码的简称，其编码规则为：“1”码交替用“00”和“11”表示；“0”码用“01”表示。CMI 码的优点是没有直流分量，且有频繁出现波形跳变，便于定时信息提取，具有误码监测能力。

由于 CMI 码具有上述优点，再加上编、译码电路简单，容易实现，因此在高次群脉冲编码调制终端设备中广泛用作接口码型，在速率低于 8 448kbit/s 的光纤数字传输系统中也被建议作为线路传输码型。

（4）双相码

双相码又称 Manchester 码，即曼彻斯特码。它的特点是每个码元用两个连续极性相反的脉冲来表示。编码规则之一如下。

0 → 01（零相位的一个周期的方波）

1 → 10（π相位的一个周期方波）

例如：

代码	1	1	0	0	1	0	1
双相码	10	10	01	01	10	01	10

该码的优点是无直流分量，最长连“0”、连“1”数为 2，定时信息丰富，编译码电路简单。但其码元速率比输入的信码速率提高了一倍。

双相码适用于数据终端设备在中速短距离上传输，如以太网采用双相码作为线路传输码。双相码当极性反转时会引起译码错误，为解决此问题，可以采用差分码的概念，将数字分相码中用绝对电平表示的波形改为用相对电平来表示，这种码型称为条件双相码或差分曼彻斯特码。数据通信的令牌网即采用这种码型。

（5）nBmB 码

这是一类分组码，它把原信息码流的 n 位二进制码作为一组，变换为 m 位二进制码作为新的码组。由于 $m > n$，新的码组可能有 2^m 种组合，故多出 $(2^m - 2^n)$ 种组合。从中选择一部分有利码组作为可用码组，其余为禁用码组，以获得好的特性。前面介绍的双相码、密勒码和 CMI 码都可看作是 1B2B 码。

2.5 数字信号的频带调制

为了使数字基带信号能够在信道中传输，要求信道具有低通形式的传输特性。然而，实际通信中大多数信道都具有带通传输特性，不能直接传送基带信号，必须借助载波调制进行频率搬移，将数字基带信号变成适于信道传输的数字频带信号。因此，数字通信系统总是倾向于采用高频频带传输。

本节主要介绍频带调制的基本概念、三种基本数字调制技术和几种具有代表性的现代数字调制技术的相关知识。

2.5.1 频带调制的基本概念

在远距离传输和用于无线传输时，需将信号进行调制处理后再传输，这种传输方式称为频带传输。

先来看看如图 2-16 所示无线电广播的情况。它所传输的信号是声音和音乐等频率很低的信号。由电磁理论我们知道，电磁波有一个特性，就是它的频率越高，辐射就越强，传播距离也就越远。声音和音乐频率很低，辐射能力很弱，所以传播不远。因此，要实现远距离的声波传播，必须借助高频电波。即让具有低频成分的声波信号和高频信号合作，将声音和音乐等希望传输的信号"骑"在高频信号上。这一处理过程称为调制。也就是说，调制是将希望传输的信号变换成适合信道传输的信号形式的处理过程。

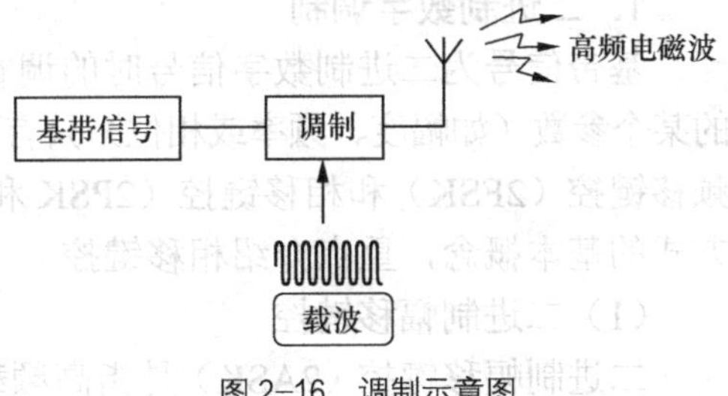

图 2–16 调制示意图

从调制后的已调信号中取出原来信号的处理过程称为解调。运载信息的高频信号叫做载波。

1. 调制在通信系统中的作用

（1）使天线容易辐射。为了充分发挥天线的辐射能力，一般要求天线的尺寸和发送信号的波长在同一个数量级。例如常用天线的长度为 1/4 波长，如果把基带信号直接通过天线发射，那么天线的长度将为几十到几百 km 的数量级，显然这样的天线是无法实现的。因此为了使天线容易辐射，一般都把基带信号调制到较高的频率（一般调制到几百 kHz 到几百 MHz 甚至更高的频率）。

（2）便于频率分配。为使各个无线电台发出的信号互不干扰，每个电台都被分配给不同的频率。这样利用调制技术把各种语音、音乐、图像等基带信号调制到不同的载频上，以便用户任意选择各个电台，收看收听所需节目。

（3）便于多路复用。如果信道的通带较宽，可以用一个信道传输多个基带信号。只要把基带信号分别调制到相邻的载波，然后将它们一起送入信道传输即可。

（4）可以提高信号通过信道传输时的抗干扰能力。同时，调制不仅影响抗干扰能力，还和传输效率有关。具体地说就是不同的调制方式在提高传输的有效性和可靠性方面各有优势。例如调频广播系统采用频率调制技术，付出多倍带宽的代价，但抗干扰能力强，其音质比只占 10kHz 带宽的调幅广播要好得多。作为提高可靠性的一个典型系统的扩频通信，它是以大大扩展信号传输带宽，达到有效抗拒外部干扰和信道多径衰落的特殊调制方式。

2. 调制器模型

调制必须具备基带信号（又称调制信号）和载波两个对象。调制的实质是进行频谱搬移，把携带消息的基带信号的频谱搬移到较高的频率范围。经过调制后的已调信号应该具有两个基本特征：一是仍然携带有消息；二是适合于信道传输。调制的模型如图 2-17 所示，其中 $m(t)$ 为基带信号（调制信号），$C(t)$ 为载波信号，$S_M(t)$ 为已调信号。

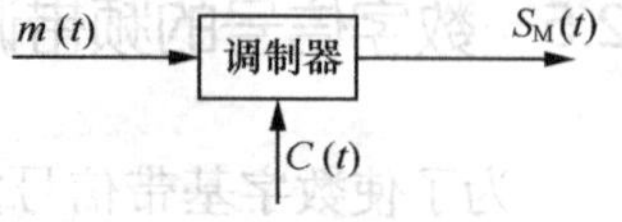

图 2-17 调制器模型

基带信号分模拟信号和数字信号，通常载波为正弦波。调制方式按照基带信号的不同可以分为模拟调制和数字调制。实际通信传输系统大多数为数字信号的载波传输。

2.5.2 基本数字调制技术

数字调制是指基带信号是数字信号、载波为正弦波的调制。与模拟调制相同，数字调制也同样是让载波的振幅、频率或相位发生变化，但基带信号是二进制数字信号“0”和“1”或多进制数字信号。在数字调制时，又将调制称为“移位键控”。

1．二进制数字调制

基带信号为二进制数字信号时的调制方式统称为二进制数字调制。在这类调制中，载波的某个参数（如幅度、频率或相位）只有两种变化状态。二进制调制常分为幅移键控（2ASK）、频移键控（2FSK）和相移键控（2PSK 和 2DPSK）三种。下面我们分别介绍这三种数字调制方式的基本概念，重点介绍相移键控。

（1）二进制幅移键控

二进制幅移键控（2ASK）是指高频载波的振幅受基带信号的控制，而频率和相位保持不变。也就是说，用二进制数字信号的“1”和“0”控制载波的通和断，所以又称通—断键控 OOK（On—Off Keying）。

2ASK 信号可以表示为数字基带信号与 $s(t)$一个正弦型载波相乘。一个典型的 2ASK 信号时间波形如图 2-18 所示（图中载波频率在数值上是码元速率的 3 倍）。

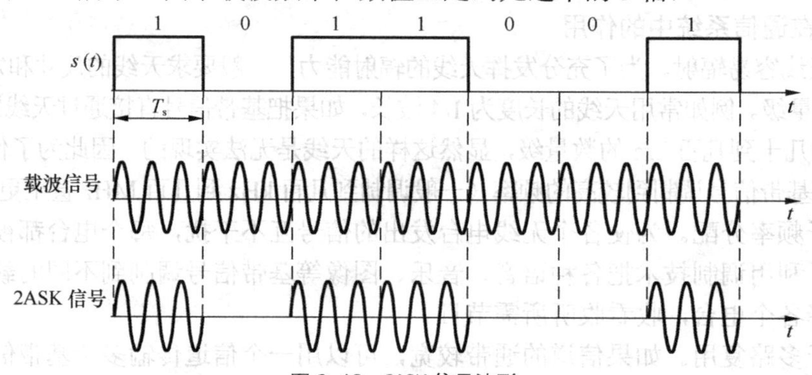

图 2-18 2ASK 信号波形

2ASK 信号的产生方法有两种，如图 2-19 所示。图 2-19（a）所示是通过二进制基带信号序列 $s(t)$与载波直接相乘而产生 2ASK 信号的模拟调制法；图 2-19（b）所示是一种键控法，这里的电子开关受调制信号 $s(t)$的控制。

在接收端，2ASK 信号的解调可以采用非相干解调（包络检波）和相干解调两种方式来实现，如图 2-20 和图 2-21 所示。

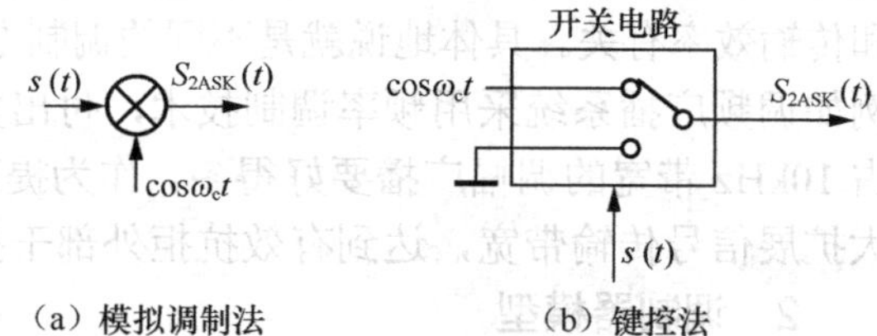

图 2-19 2ASK 信号的产生

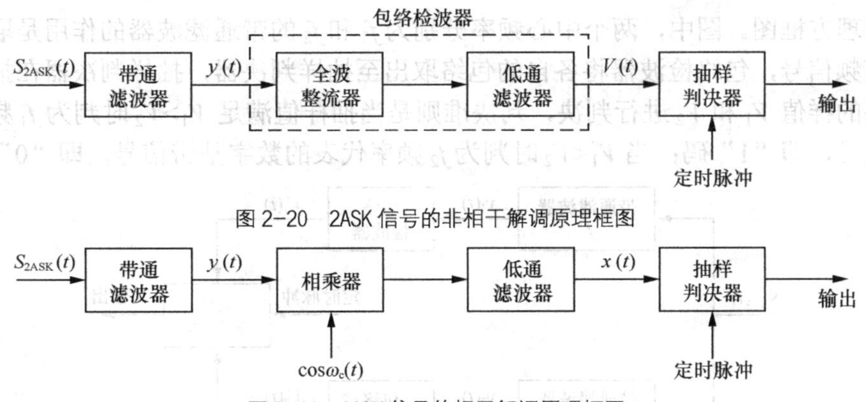

图 2-20　2ASK 信号的非相干解调原理框图

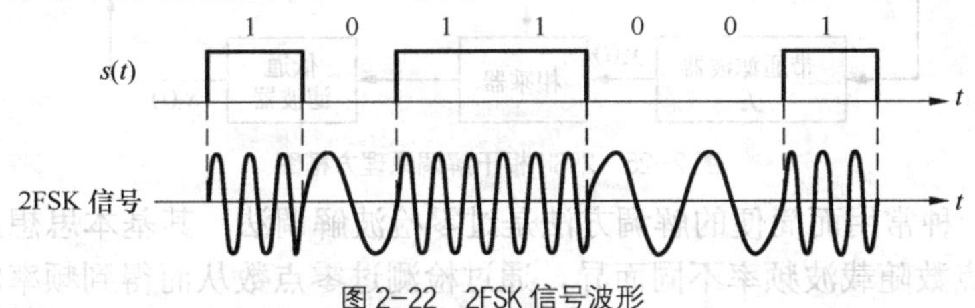

图 2-21　2ASK 信号的相干解调原理框图

所谓相干解调（同步解调）是为了保证从接收的已调信号中不失真地恢复原基带信号，要求本地载波（收端载波）和发端载波保证同频同相。

所谓非相干解调（包络检波法）就是在接收端解调信号时不需要本地载波，而是利用已调信号中的包络信息来恢复原基带信号。

（2）二进制频移键控

二进制频移键控（2FSK）是指载波的频率受调制信号的控制，而幅度和相位保持不变。设二进制数字信号的“1”对应载波频率 f_1，“0”对应载波频率 f_2，而且 f_1 和 f_2 之间的改变是瞬间完成的。

2FSK 信号的典型时间波形如图 2-22 所示。

图 2-22　2FSK 信号波形

2FSK 信号的产生方法主要有两种。第一种是用二进制基带信号去调制一个调频器，使其能够输出两个不同频率的信号，如图 2-23（a）所示。它是频移键控通信方式早期采用的实现方法。第二种方法是图 2-23（b）所示的用数字键控法产生二进制移频键控信号的原理图，图中两个振荡器的输出载波受输入的二进制基带信号控制，在一个码元 T_s 期间输出 f_1 或 f_2 两个载波之一。该方法由于使用两个独立的振荡器，使得信号波形的相位存在不连续现象，但它具有转换速度快、波形好、稳定度高且易于实现等优点，故应用广泛。

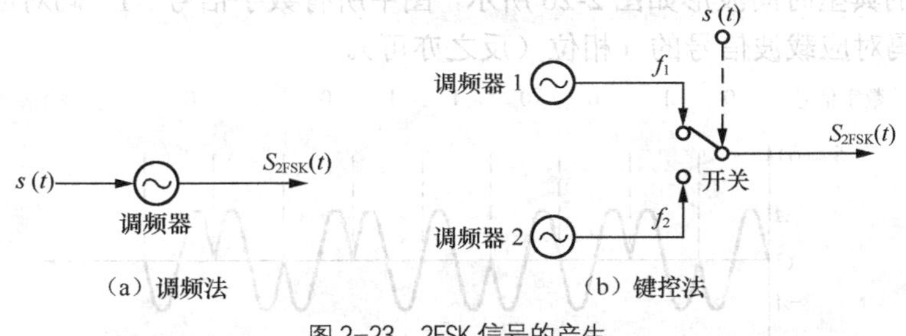

图 2-23　2FSK 信号的产生

2FSK 的解调也可以分为非相干（包络检波）解调和相干解调。图 2-24 所示是 2FSK 非相干解调原理方框图。图中，两个中心频率分别为f_1和f_2的带通滤波器的作用是取出频率为f_1和f_2的高频信号，包络检波器将各自的包络取出至抽样判决器，抽样判决器在抽样脉冲到达时对包络的样值V_1和V_2进行判决，判决准则是当抽样值满足$V_1>V_2$时判为f_1频率代表的数字基带信号，即“1”码；当$V_1<V_2$时判为f_2频率代表的数字基带信号，即“0”码。

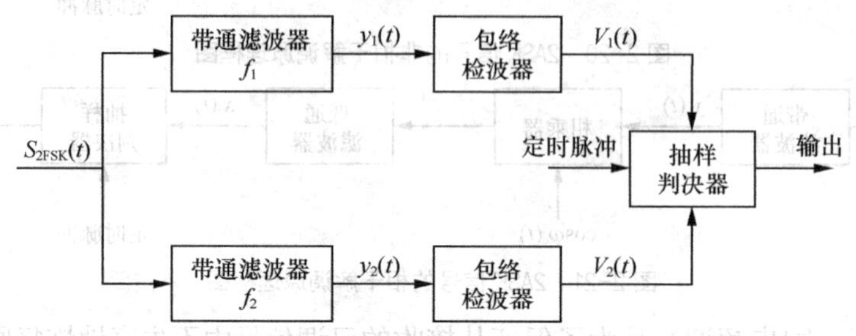

图 2-24　2FSK 非相干解调原理方框图

图 2-25 所示是 2FSK 相干解调原理方框图。接收信号经过上下两路带通滤波器滤波与本地相干载波相乘和低通滤波后，进行抽样判决。若抽样值$x_1>x_2$，则判为f_1代表的数字基带信号；若抽样值$x_1<x_2$，则判为f_2代表的数字基带信号。

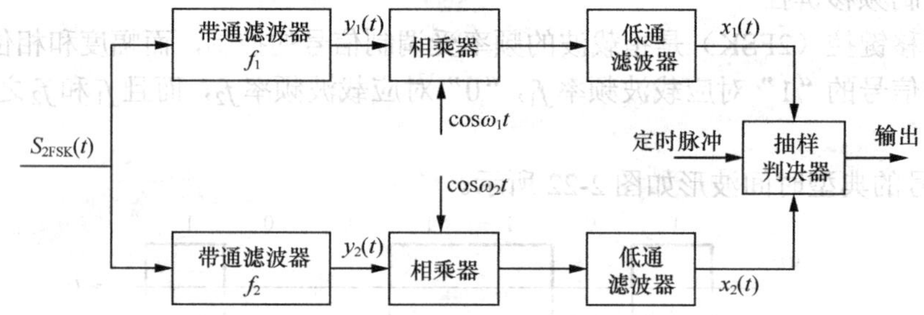

图 2-25　2FSK 相干解调原理方框图

2FSK 另外一种常用而简便的解调方法是过零检波解调法，其基本思想是：二进制移频键控信号的过零点数随载波频率不同而异，通过检测过零点数从而得到频率的变化。

（3）相移键控

相移键控是利用载波相位的变化来传递数字信息，通常可以分为绝对相移键控（2PSK）和相对（或差分）相移键控（2DPSK）两种方式。

一般地，如果二进制序列的数字信号“1”和“0”分别用载波的相位π和 0 这两个离散值来表示，而其幅度和频率保持不变，这种调制方式就称为二进制绝对相移键控。也就是说，绝对相移键控是指已调信号的相位直接由数字基带信号控制。

2PSK 信号的典型时间波形如图 2-26 所示，图中所有数字信号“1”码对应载波信号的π相位，而“0”码对应载波信号的 0 相位（反之亦可）。

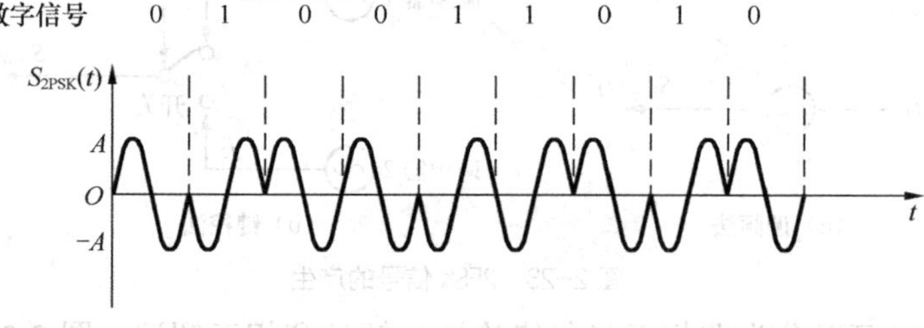

图 2-26　2PSK 波形

2PSK 信号可以采用如图 2-27 所示相移键控法实现。

2PSK 信号的解调一般采用相干解调。2PSK 相干解调原理框图和各点波形分别如图 2-28（a）、（b）所示。

需要指出的是，在 2PSK 绝对调相方式中，发送端是以未调载波相位作基准，然后用已调载波相位相对于基准相位的绝对值（0 或π）来表示数字信号，因而在接收端也必须有这样一个固定的基准相位作参考。如果这个参考相位发生变化（0 → π 或π → 0），则恢复的数字信号也就会发生错误（“1” → “0” 或 “0” → “1”）。这种现象通常称为 2PSK 方式的“倒π现象”或“反向工作现象”。为了克服这种现象，实际中一般不采用 2PSK 方式，而采用相对移相键控（2DPSK）方式。

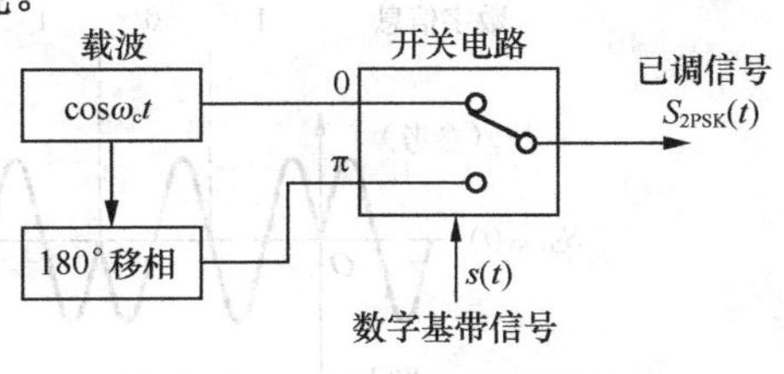

图 2-27 2PSK 的相移键控法实现

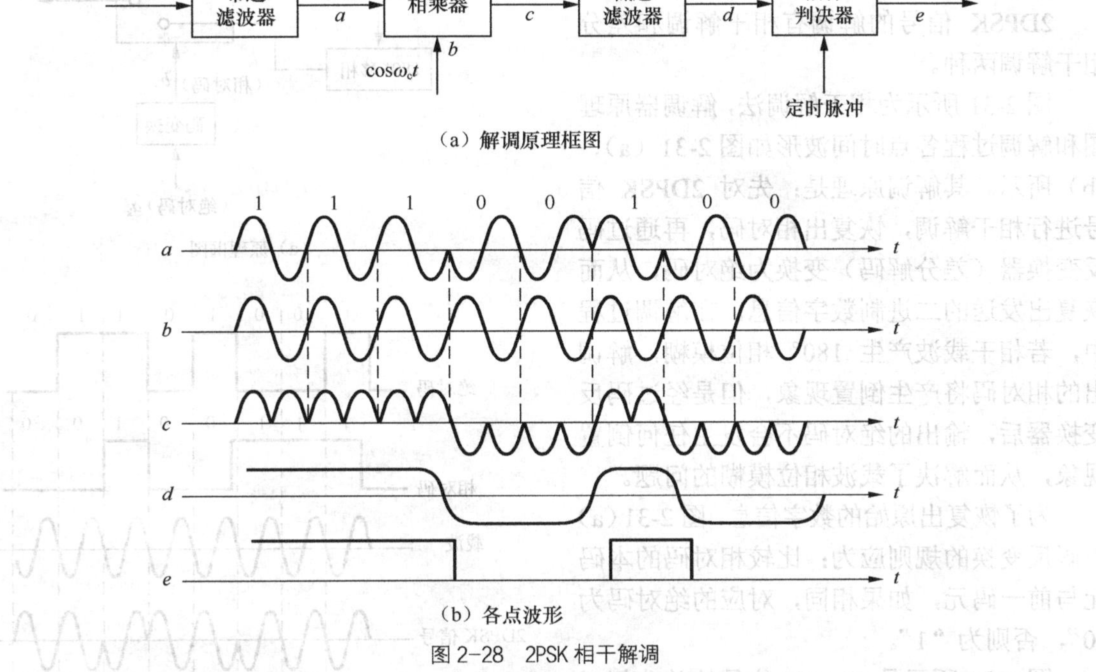

（a）解调原理框图

（b）各点波形

图 2-28 2PSK 相干解调

相对移相键控（2DPSK）是利用前后相邻码元载波相位的相对变化来表示数字信号。相对调相值$\Delta\varphi$是指本码元的初相与前一码元的初相之差（$\Delta\varphi$也可以指本码元已调载波的初相与前一码元已调载波的末相之差）。

并设

$$\begin{cases}\Delta\varphi=\pi\rightarrow \text{数字信息“1”}\\ \Delta\varphi=0\rightarrow \text{数字信息“0”}\end{cases} \tag{2.5-1}$$

2DPSK 的典型时间波形如图 2-29 所示。

2DPSK 的产生基本类似于 2PSK，只是调制信号需要经过码型变换，将绝对码变为相对码。

设绝对码为 a_k，相对码为 b_k，则两者之间的变换规则（称为差分编码）为

$$b_k = a_k \oplus b_{k-1} \tag{2.5-2}$$

通过式（2.5-2）可实现绝对码转换为相对码。同样

$$a_k = b_k \oplus b_{k-1} \tag{2.5-3}$$

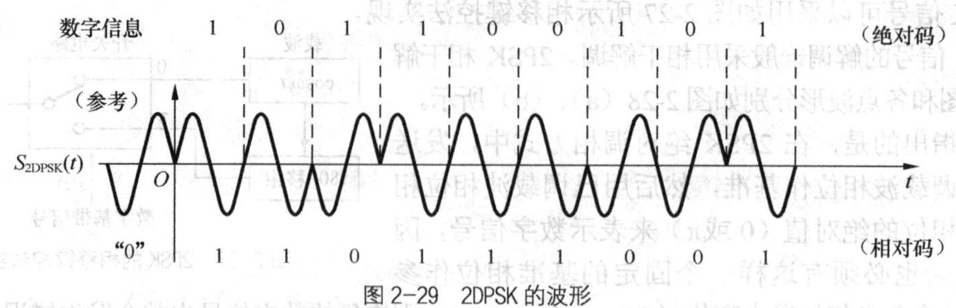

图 2-29　2DPSK 的波形

通过式（2.5-3）可实现相对码转换为绝对码。

2DPSK 的键控法产生原理框图如图 2-30（a）所示，图 2-30（b）所示为典型的原理波形。

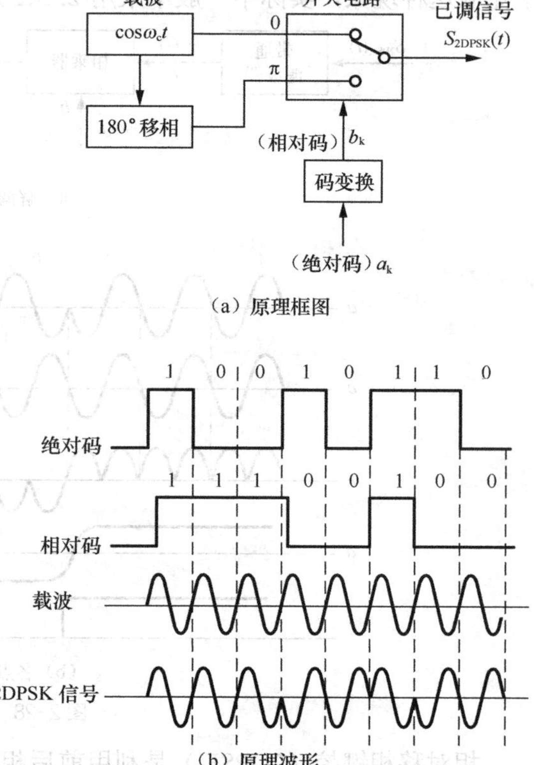

（a）原理框图

（b）原理波形

图 2-30　2DPSK 的实现方式

2DPSK 信号的解调有相干解调和差分相干解调两种。

图 2-31 所示为相干解调法，解调器原理图和解调过程各点时间波形如图 2-31（a）、（b）所示。其解调原理是：先对 2DPSK 信号进行相干解调，恢复出相对码，再通过码反变换器（差分解码）变换为绝对码，从而恢复出发送的二进制数字信息。在解调过程中，若相干载波产生 180° 相位模糊，解调出的相对码将产生倒置现象，但是经过码反变换器后，输出的绝对码不会发生任何倒置现象，从而解决了载波相位模糊的问题。

为了恢复出原始的数字信息，图 2-31（a）中码反变换的规则应为：比较相对码的本码元与前一码元，如果相同，对应的绝对码为"0"，否则为"1"。

图 2-32 所示是 2DPSK 信号的差分相干解调法，解调器原理图和解调过程各点时间波形如图 2-32（a）、（b）所示。其解调原理是：直接比较前后码元的相位差，从而恢复发送的二进制数字信息。由于解调的同时完成了码反变换作用，故解调器中不需要码反变换器。同时差分相干解调方式不需要专门的相干载波，因此是一种非相干解调方法。

[例 2.5-1]　设发送数字信息 011011100010，试分别画出 2ASK，2FSK，2PSK 及 2DPSK 信号的波形示意图。

解： 发送信息序列对应的 2ASK，2FSK，2PSK 及 2DPSK 信号的波形如图 2-33 所示。

（4）二进制数字调制系统的性能比较

对于数字传输系统而言，最重要的性能指标是误码率 P_e。在高斯白噪声信道中，误码率与调制方式和接收机解调器输入信噪比 r 有关。各种二进制数字调制系统的误码率曲线如图 2-34 所示。

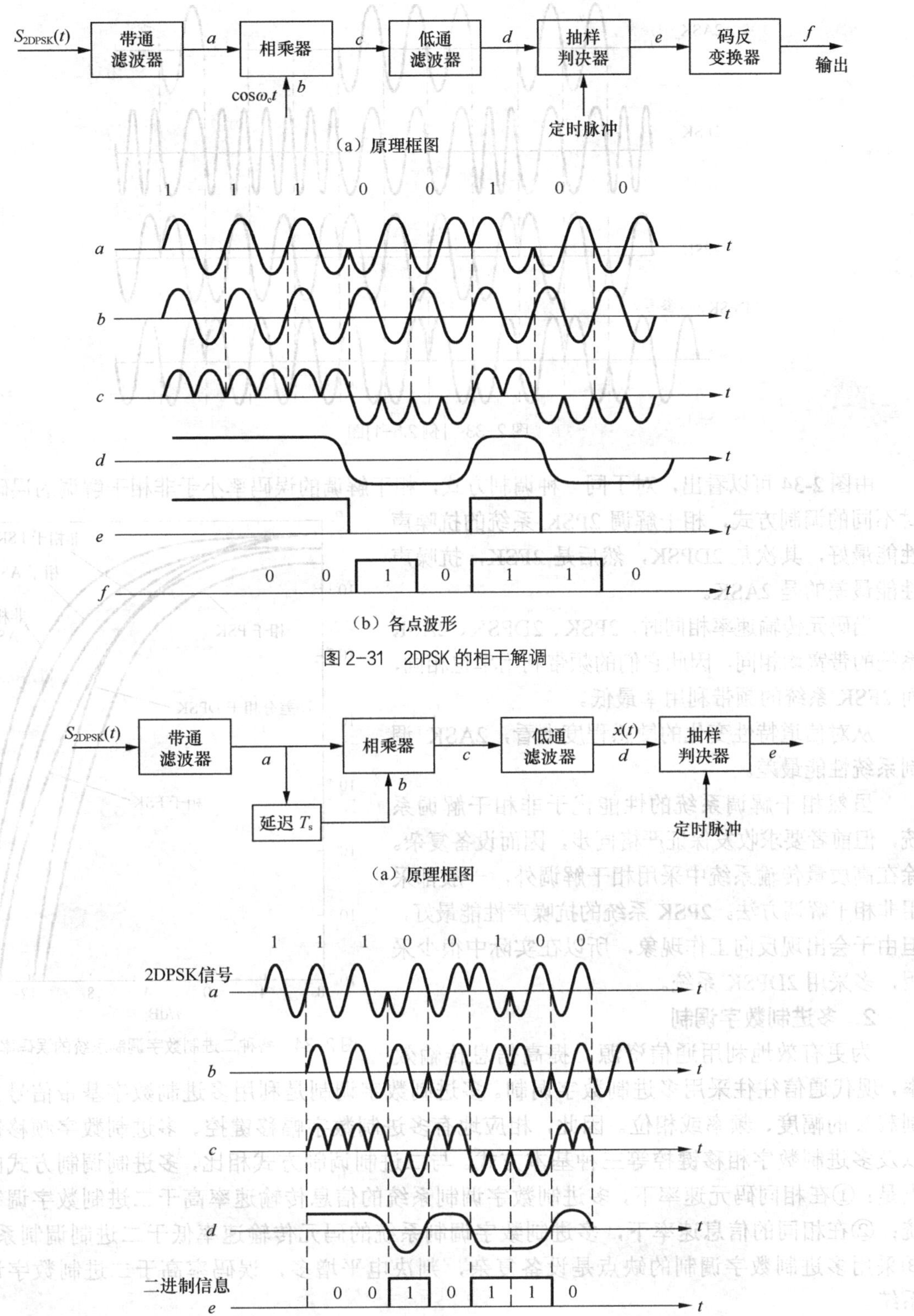

图 2-31 2DPSK 的相干解调

图 2-32 2DPSK 的差分相干解调

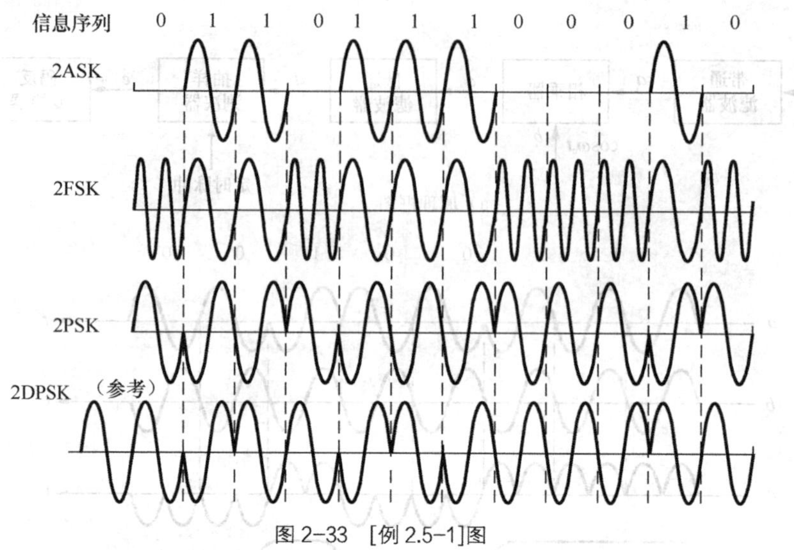

图 2-33 [例 2.5-1]图

由图 2-34 可以看出，对于同一种调制方式，相干解调的误码率小于非相干解调的误码率；对不同的调制方式，相干解调 2PSK 系统的抗噪声性能最好，其次是 2DPSK，然后是 2FSK，抗噪声性能最差的是 2ASK。

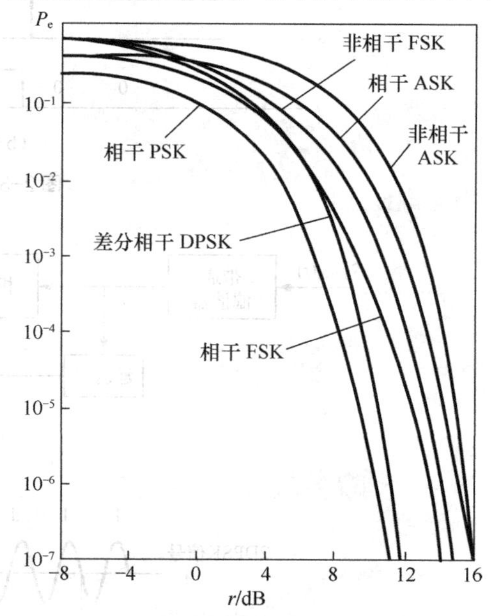

图 2-34 各种二进制数字调制系统的误码率曲线

当码元传输速率相同时，2PSK、2DPSK、2ASK 系统的带宽均相同，因此它们的频带利用率也相同，而 2FSK 系统的频带利用率最低。

从对信道特性变化的敏感程度上看，2ASK 调制系统性能最差。

虽然相干解调系统的性能优于非相干解调系统，但前者要求收发保证严格同步，因而设备复杂。除在高质量传输系统中采用相干解调外，一般都采用非相干解调方法。2PSK 系统的抗噪声性能最好，但由于会出现反向工作现象，所以在实际中很少采用，多采用 2DPSK 系统。

2．多进制数字调制

为更有效地利用通信资源，提高信息传输效率，现代通信往往采用多进制数字调制。多进制数字调制是利用多进制数字基带信号去控制载波的幅度、频率或相位。因此，相应地有多进制数字幅移键控、多进制数字频移键控以及多进制数字相移键控等三种基本方式。与二进制调制方式相比，多进制调制方式的特点是：①在相同码元速率下，多进制数字调制系统的信息传输速率高于二进制数字调制系统；②在相同的信息速率下，多进制数字调制系统的码元传输速率低于二进制调制系统。③采用多进制数字调制的缺点是设备复杂，判决电平增多，误码率高于二进制数字调制系统。

下面主要讨论广泛使用的多进制数字相移键控。

多进制数字相移键控又称多相制，是二进制相移键控方式的推广，也是利用载波的多个不同相位（或相位差）来代表数字信息的调制方式。它和二进制一样，也可分为绝对移相和相对移相。通常，相位数用 $M=2^k$ 计算，分别与 k 位二进制码元的不同组合相对应。

MPSK 信号可以用矢量图来描述，在矢量图中通常以未调载波相位作为参考矢量。图 2-35 分别画出 M=2，M=4，M=8 时 3 种情况下的矢量图。当采用相对移相时，矢量图所表示的相位为相对相位差。因此图中将基准相位用虚线表示，在相对移相中，这个基准相位也就是前一个调制码元的相位。

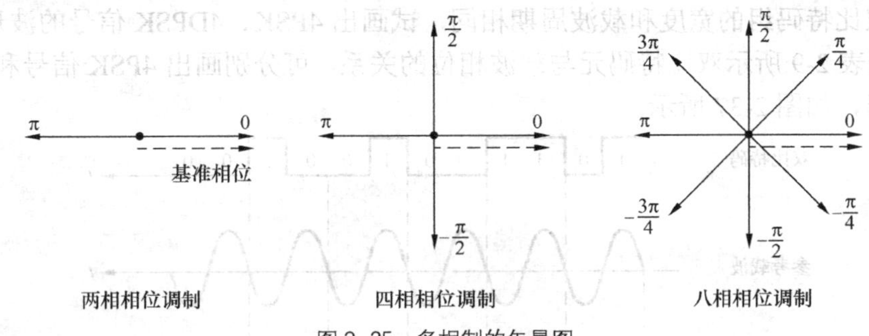

图 2-35 多相制的矢量图

多相制是一种信息频带利用率高的高效率传输方式。另外，多相制也有较好的抗噪声性能，因而得到广泛的应用。目前最常用的是四相制和八相制。

下面以四相相移键控 4PSK（QPSK）为例来说明多相制技术。

四相绝对移相调制（4PSK）是用载波的 4 种不同相位来表征数字信息。由于 4 种不同相位可代表 4 种不同的数字信息，因此，对输入的二进制数字序列先进行分组，将每两个比特编为一组，可以有四种组合（00，10，11，01），然后用载波的四种相位来分别表示它们。由于每一种载波相位代表两个比特信息，故每个四进制码元又被称为双比特码元。表 2-9 所示是双比特码元与载波相位的一种对应关系。

表 2-9 双比特码元与载波相位的关系

双比特码元	载波相位 φ_k
0 0	0
1 0	π/2
1 1	π
0 1	−π/2

4PSK 的产生方法可采用调相法和相位选择法。图 2-36 所示为相位选择法产生 4PSK 信号的组成方框图。图中，四相载波发生器分别输出调相所需的 4 种不同相位的载波。按照串/并变换器输出的双比特码元的不同，逻辑选相电路输出相应的载波。

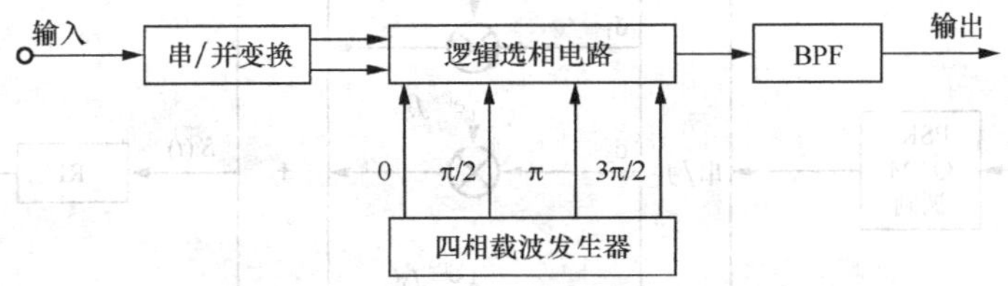

图 2-36 相位选择法产生 4PSK 信号

需要注意的是，在 2PSK 信号的相干解调过程中会产生“倒π现象”即“180°相位模糊现象”。同样对于 4PSK 相干解调也会产生相位模糊现象，并且是 0°、90°、180°和 270°四个相位模糊。因此，在实际中更常用的是四相相对移相调制，即4DPSK。

所谓四相相对移相调制（4DPSK）是利用前后码元之间的相对相位变化来表示数字信息。若以前一码元相位作为参考，并令$\Delta\varphi_k$作为本码元与前一码元的初相差，信息编码与载波相位变化关系仍可采用表2-9来表示，它们之间的矢量关系也可用图2-35表示。不过，这时表2-9中的φ_k应改为$\Delta\varphi_k$；图2-40中的参考相位应是前一码元的相位。

[例2.5-2] 设发送数字信息序列为101100100100，双比特码元与载波相位的关系如表2-9所示，已知双比特码组的宽度和载波周期相同，试画出4PSK、4DPSK信号的波形。

解：根据表2-9所示双比特码元与载波相位的关系，可分别画出4PSK信号和4DPSK信号的两种波形，如图2-37所示。

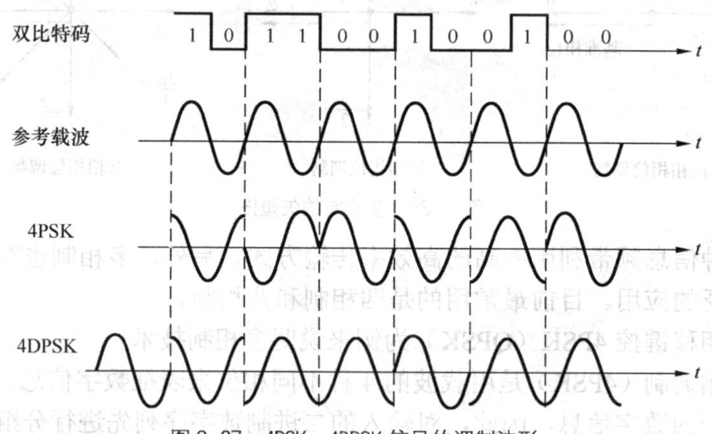

图2-37 4PSK、4DPSK信号的调制波形

2.5.3 现代数字调制技术

前面讨论了数字调制的三种基本方式：数字幅移键控、数字频移键控和数字相移键控，这三种方式是数字调制的基础。然而，这三种数字调制方式都存在某些不足，如频谱利用率低、抗多径衰落能力差、功率谱衰减慢、带外辐射严重等。为了改进这些不足，近几十年来人们陆续提出了一些新的数字调制技术，以适应各种新的通信系统的要求。这些调制技术的研究主要是围绕着寻找频带利用率高、抗干扰能力强的调制方式而展开的。下面介绍几种具有代表性的现代数字调制技术。

1．正交频分复用

正交频分复用（Orthogonal Frequency Division Multiplexing，OFDM）是一种多载波调制方式，它可以被看作是一种调制技术，也可以被当作是一种复用技术。OFDM的原理框图如图2-38

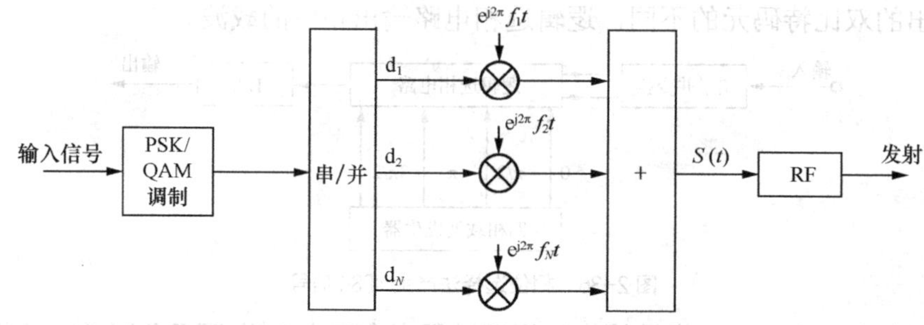

图中：f_1为最低子载波频率，$f_N = f_1 + N\Delta f$，Δf为载波间隔

图2-38 OFDM的原理框图

所示，其基本思想是把高速率的信源信息流通过串并变换，变换成低速率的 N 路并行数据流，然后用 N 个相互正交的载波进行调制，将 N 路调制后的信号相加即得 OFDM 发射信号。

所谓子载波之间的正交性是指一个 OFDM 符号周期内的每个子载波都相差整数倍个周期，而且各个相邻子载波之间相差一个周期。正是由于子载波的这一特点，所以他们之间是正交的。

OFDM 技术有如下优点：①把高速率数据流通过串并转换，使得每个子载波上的数据符号持续长度相对增加，从而有效地减少因无线信道的时间弥散所带来的符号间干扰，同时可以采用频域均衡技术减少接收机内均衡的复杂度；②传统的频分多路传输方法是将频带分为若干个不相交的子频带来并行传输数据流，各个子信道之间要保留足够的保护频带，而 OFDM 系统由于各个子载波之间存在正交性，允许子信道的频谱相互重叠，因此与常规的 FDM 频分复用系统相比，OFDM 系统可以最大限度地利用频谱资源，提高了频谱利用率，如图 2-39 所示；③各个子信道的正交调制和解调可以通过采用离散傅里叶反变换（Inverse Discrete Fourier Transform，IDFT）和离散傅里叶变换（Discrete Fourier Transform，DFT）的方法来实现。在子载波数很大的系统中，可以通过采用快速傅里叶变换（Fast Fourier Transform，FFT）来实现。而随着大规模集成电路技术与 DSP 技术的发展，快速傅里叶反变换 IFFT 与 FFT 都是非常容易实现的。

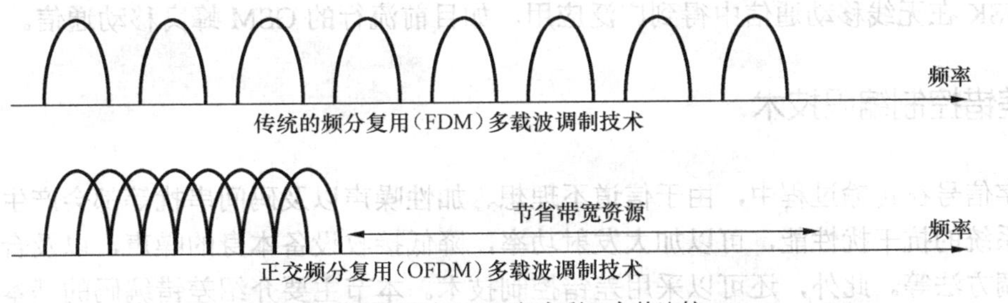

图 2-39 FDM 与 OFDM 频宽利用率的比较

正是由于 OFDM 具有极高的频谱利用率和优良的抗多径干扰能力，因此目前被广泛地应用于 HDSL，ADSL，DAB，HDTV 及 WLAN 中。

2. 正交幅度调制

正交幅度调制（QAM）是一种相位和幅度联合键控（APK）的调制方式。它是用两路独立的基带信号对两个相互正交的同频载波进行抑制载波的双边带调制，利用已调信号的频谱在同一带宽内的正交性，实现两路并行的数字信息的传输。

多进制正交幅度调制可记为 MQAM（M>2）。通常有二进制 QAM（4QAM）、四进制（16QAM）、八进制 QAM（64QAM）……，对应的空间矢量端点分布图称为星座图，如图 2-40 所示，分别有 4、16、64 个矢量端点。由图可见，电平数 m 和信号状态 M 之间的关系是 $M = m^2$。对于 4QAM，当两路信号幅度相等时，其性能以及相位矢量均与 4PSK 相同。

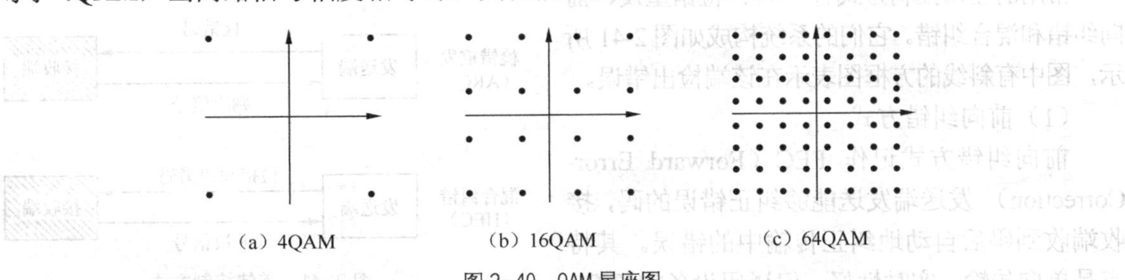

图 2-40 QAM 星座图

在相同进制、相同平均发射功率条件下，MQAM 比 MPSK 的误码率低，即可靠性比 MPSK 好。因此它是目前研究和应用较多的一种调制方式。

3．最小移频键控

MSK 称为最小移频键控，有时也称为快速移频键控（FFSK），所谓“最小”是指 MSK 信号的两个频率间隔是满足正交条件的最小间隔；而“快速”是指在给定同样的频带内，MSK 能比 2PSK 的数据传输速率更高，且在带外的频谱分量要比 2PSK 衰减的快。它是一种高效调制方式，特别适合于移动无线通信系统中使用，它有很多好的特性，例如恒定包络、相位连续变化、频谱利用率高、误比特率低和自同步性能等。

4．高斯最小移频键控

MSK 信号虽然具有频谱特性和误码性能较好的特点，然而在一些通信场合，例如在移动通信中，MSK 所占带宽仍较宽。此外其频谱的带外衰减仍不够快，以至于在 25kHz 信道间隔内传输 16kbit/s 的数字信号时将会产生邻道干扰。

为此，人们设法对 MSK 的调制方式进行改进：在进行 MSK 调制之前用一个高斯型的低通滤波器对基带信号进行预滤波，滤除高频分量，从而提高谱利用率。这种改进后的调制方式称为高斯最小移频键控 GMSK（Gaussian MSK）。

GMSK 在无线移动通信中得到广泛应用，如目前流行的 GSM 蜂窝移动通信。

2.6 差错控制编码技术

数字信号在传输过程中，由于信道不理想、加性噪声以及码间串扰等都会产生误码。为了提高系统的抗干扰性能，可以加大发射功率，降低接收设备本身的噪声，以及合理选择调制、解调方法等。此外，还可以采用差错控制技术。本节主要介绍差错编码的基本概念、基本原理以及简单的差错控制编码。

2.6.1 差错编码的概念

差错即是误码。差错控制的核心是抗干扰编码，简称差错编码。差错控制的目的是提高信号传输的可靠性。差错控制的实质是给信息码元增加冗余度，即增加一定数量的多余码元（称为监督码元或校验码元），由信息码元和监督码元共同组成一个码字，两者间满足一定的约束关系。如果在传输过程中受到干扰，某位码元发生了变化，就破坏了它们之间的约束关系。接收端通过检验约束关系是否成立，完成识别错误或者进一步判定错误位置并纠正错误，从而保证通信的可靠性。

1．差错控制方式

常用的差错控制方式有 3 种：检错重发、前向纠错和混合纠错。它们的系统构成如图 2-41 所示，图中有斜线的方框图表示在该端检出错误。

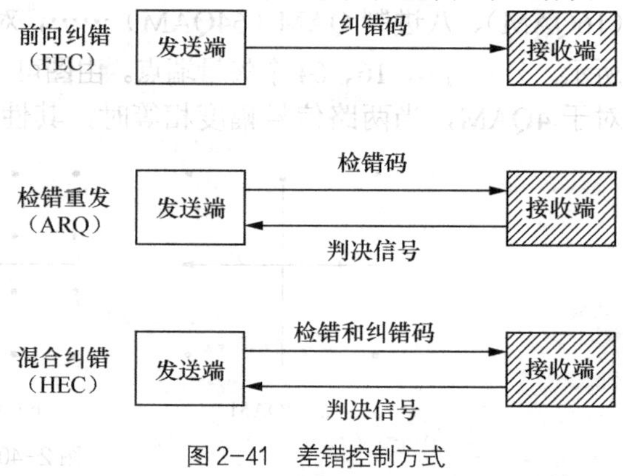

图 2-41 差错控制方式

（1）前向纠错方式

前向纠错方式记作 FEC（Forward Error-Correction）。发送端发送能够纠正错误的码，接收端收到码后自动地纠正传输中的错误。其特点是单向传输，实时性好，但译码设备较复杂。

（2）检错重发方式

检错重发又称自动请求重传方式，记作 ARQ（Automatic Repeat request）。由发送端发送出能够发现错误的码，由接收端判决传输中有无错误产生，如果发现错误，则通过反向信道把这一判决结果反馈给发送端，然后发送端将错误的信息再次重发，从而达到正确传输的目的。其特点是需要反馈信道，译码设备简单，对突发错误和信道干扰较严重时有效，但实时性差，主要应用在计算机数据通信中。

（3）混合纠错方式

混合纠错方式记作 HEC（Hybrid Error-Correction）是 FEC 和 ARQ 方式的结合。发送端发送具有自动纠错同时又具有检错能力的码。接收端收到码后，检查差错情况，如果错误在码的纠错能力范围以内，则自动纠错；如果超出了码的纠错能力，但能检测出来，则经过反馈信道请求发送端重发。这种方式具有自动纠错和检错重发的优点，误码率较低，因此近年来得到广泛应用。

另外，按照噪声或干扰的变化规律，可把信道分为 3 类：随机信道、突发信道和混合信道。恒参高斯白噪声信道是典型的随机信道，其中差错的出现是随机的，而且错误之间是统计独立的。具有脉冲干扰的信道是典型的突发信道，错误是成串成群出现的，即在短时间内出现大量错误。短波信道和对流层散射信道是混合信道的典型例子，随机错误和成串错误都占有相当比例。对于不同类型的信道，应采用不同的差错控制方式。

2．纠错码的分类

（1）根据纠错码各码组信息码元和监督码元之间的函数关系，纠错码可分为线性码和非线性码。如果函数关系是线性的，即满足一组线性方程式，则称为线性码；否则为非线性码。

（2）根据信息码元和监督码元之间的约束方式不同，可分为分组码和卷积码。分组码的各码元仅与本组的信息元有关；卷积码中的码元不仅与本组的信息元有关，而且还与前面若干组的信息元有关。

（3）根据码的用途，可分为检错码和纠错码。检错码以检错为目的，不一定能纠错；而纠错码以纠错为目的，一定能检错。

（4）根据纠错码组中信息码元是否隐蔽，可分为系统码和非系统码。若信息码元能从码组中截然分离出来（通常 k 个信息码元与原始数字信号一致，且位于码组的前 k 位），则称为系统码；否则称为非系统码。

2.6.2　差错控制原理

码的检错和纠错能力是用信息量的冗余度来换取的。一般信息源发出的任何消息都可以用二进制信号“0”和“1”来表示。例如，要传送 A 和 B 两个消息，可以用“0”码来代表 A，用“1”码来代表 B。在这种情况下，若传输中产生错码，即“0”错成“1”，或“1”误为“0”，接收端都无从发现，因此这种编码没有检错和纠错能力。

如果分别在“0”和“1”后面附加一个“0”和“1”，变为“00”和“11”（本例中分别表示 A 和 B），这时，在传输“00”和“11”时，如果发生一位错码，则变成“01”或“10”，译码器将可判决为有错，因为没有规定使用“01”或“10”码组。这表明附加一位码（称为监督码）以后码组具有了检出 1 位错码的能力。但因译码器不能判决哪位是错码，所以不能予以纠正，这表明没有纠正错码的能力。本例中“01”和“10”称为禁用码组，而“00”和“11”称为许用码组。进一步，若在信息码之后附加两位监督码，即用“000”表示 A，用“111”表示 B，这时，码组成为长度为 3 的二进制编码，而 3 位的二进制码有 $2^3=8$ 种组合，本例中选择“000”和“111”为许用码组。此时，如果传输中产生一位错误，收端将成为 001、010、100 或 011、101、110，这些均为禁用码组。因此，收端可以判决传输有错。不仅如此，收端还可以根据“大数”法则来纠正一个错误，即 3 位码组中如有 2 个和 3 个“0”码判为“000”码组（消息 A），如有 2 个和 3 个“1”码判为“111”码（消息 B），所以此时还可以纠正一位错码。如果在传输中产生两位错码，也将变为上述的禁用码组，译码器仍可以判为有错。这说明本例中的码具有可以检出两位和两位以下的错码以及纠正一位错码的能力。

由此可见，纠错编码之所以具有检错和纠错能力，是因为在信息码之外附加了监督码。监督码不载荷信息，它的作用是用来监督信息码在传输中有无差错，对用户来说是多余的，最终也不传送给用户，但它提高了传输的可靠性。但是，监督码的引入降低了信道的传输效率。一般说来，引入监督码越多，码的检错、纠错能力越强，但信道的传输效率下降也越多。

1. 码重、码距以及检错纠错能力

对于二进制码组，码组中非 0 码元的数目称为该码组的码重，用 W 表示。如码组 110101 的码重 W=4。

两个等长码组之间相应位取值不同的数目称为这两个码组之间的汉明（Hamming）距离，简称码距 d。如码组 011001 和码组 100001 之间的距离 d=3。码组集合中各码组之间距离的最小值称为码组的最小距离，用 $d_{\min}$ 表示。它体现了该码组的纠、检错能力。码组间最小距离越大，说明码字间最小差别越大，抗干扰能力越强，因此它是极重要的参数，是衡量码检错、纠错能力的依据。

若检错能力用 e、纠错能力用 t 表示，可以证明，检、纠能力与最小码距有如下关系。

（1）为了能检测 e 个错码，要求最小码距 $d_{\min} \geqslant e+1$。

（2）为了能纠正 t 个错码，要求最小码距 $d_{\min} \geqslant 2t+1$。

（3）为了能纠正 t 个错码，同时检测 e 个错码，要求最小码距 $d_{\min} \geqslant e+t+1$。

2. 编码效率

设编码后的码组长度、码组中所含信息码元以及监督码元的个数分别为 n，k 和 r，三者间满足 $n=k+r$，定义编码效率 R 为

$$R=k/n \tag{2.6-1}$$

可见码组长度一定时，所加入的监督码元个数越多，编码效率越低。

2.6.3 常用的纠错检错码型

常用检错码的构造一般都很简单，但因其具有较强的检错能力，且易于实现，所以实际中应用较多。

1. 奇偶监督码

奇偶监督码又称奇偶校验码，它只有一个监督元，是一种最简单的检错码，在计算机数据传输中得到广泛应用。编码时，首先将要传送的信息分组，按每组中“1”码个数计算监督码元的值。编码后，整个码组中“1”个数成为奇数的称奇校验，成为偶数的称偶校验。

设码长为 n，码组 $A=(a_{n-1},a_{n-2},\cdots,a_0)$，其中前 $n-1$ 位 $(a_{n-1},a_{n-2},\cdots,a_1)$ 是信息位，a_0 是监督位，二者之间的监督关系可表示为

奇校验满足

$$a_{n-1} \oplus a_{n-2} \oplus \cdots \oplus a_0 = 1 \tag{2.6-2}$$

偶校验满足

$$a_{n-1} \oplus a_{n-2} \oplus \cdots \oplus a_0 = 0 \tag{2.6-3}$$

接收端用一个模 2 加法器就可以完成检错工作。当错码为一个或奇数个时，因打乱了“1”数目的奇偶性，故能发现差错。然而，当错误个数为偶数时，由于未破坏“1”数目的奇偶性，所以不能发现偶数个错码。

2．行列监督码

行列监督码也叫做方阵校验码，编码原理与简单的奇偶监督码相似，不同点在于每个码元都要受到纵、横两个方向的监督。以图 2-42 为例，有 28 个待发送的数据码元，将它们排成 4 行 7 列的方阵。方阵中每行是一个码组，每行的最后加上一个监督码元进行行监督，同样在每列的最后也加上一个监督码元进行列监督，然后按行（或列）发送。

接收端按同样行列排成方阵，发现不符合行列监督规则的判决有错。它除了能检出所有行、列中的奇数个错误外，也能发现大部分偶数个错误。因为如果碰到差错个数恰为 4 的倍数，而且差错位置正好处于矩形四个角（例如图 2-42 方阵码中标有□的码元）的情况，方阵码无法发现错误。

行列监督码在某些条件还能纠错，观察第 3 行、第 4 行出错的情况（方阵中码元下面打“.”的位），假设在传输过程中第 3 行、第 4 列的“1”错成“0”，由于此错误同时破坏了第 3 行、第 4 列的偶监督关系，所以接收端很容易判断是 3 行 4 列交叉位置上的码元出错，从而给予纠正。

行列监督码也常用于检查或纠正突发错误。它可以检查出错误码元长度小于和等于码组长度的所有错码，并纠正某些情况下的突发差错。观察图 2-43（这是在图 2-42 基础上改第 2 行信息元为错码的情况），此时由于第 2 行的监督位以及 1～7 列监督位同时显示错误，可以推断是第 2 行的信息位出现了突发型的传输错误。

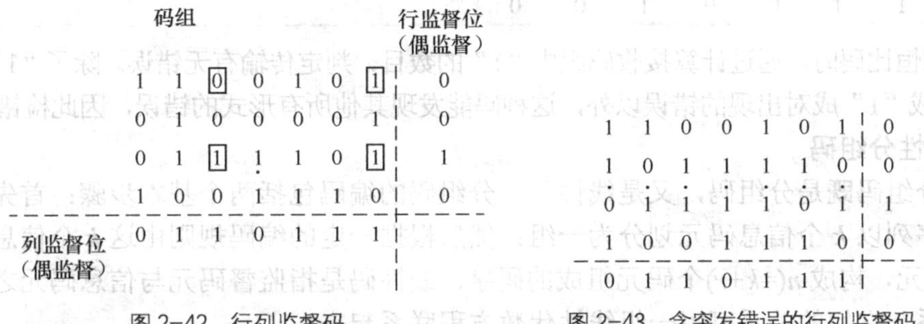

图 2-42 行列监督码　　图 2-43 含突发错误的行列监督码

行列监督码实质上是运用矩阵变换，把突发差错变成独立差错加以处理。因为这种方法比较简单，所以被认为是对抗突发差错很有效的手段。

3．恒比码

恒比码又称等比码或等重码。恒比码的每个码组中，“1”和“0”的个数比是恒定的。我国电传通信中采用的五单位数字保护电码是一种 3：2 等比码，也叫做五中取三的恒比码，即在 5 单位电传码的码组中（2^5=32），取其“1”的数目恒为 3 的码组（$C_5^3=10$），代表 10 个字符（0～9），如表 2-10 所示。因为每个汉字是以四位十进制数表示的，所以提高十进制数字传输的可靠性，相当于提高了汉字传输的可靠性。

表 2-10　　3:2 恒比码

十进制数	1	2	3	4	5	6	7	8	9	0
3:2 恒比码	01011	11001	10110	11010	00111	10101	11100	01110	10011	01101

国际电传电报上通用的 ARQ 通信系统中，选用三个“1”、四个“0”的 3:4 码，即七中取三码。它有 $C_7^3=35$ 个码组，分别表示 26 个字母及其他符号，见表 2-11。

表 2-11　　3:4 恒比码

字符		码							字符		码						
A	−	0	0	1	1	0	1	0	S	'	0	1	0	1	0	1	0
B	?	0	0	1	1	0	0	1	T	5	1	0	0	0	1	0	1
C	:	1	0	0	1	1	0	0	U	7	0	1	1	0	0	1	0
D	+	0	0	1	1	1	0	0	V	=	1	0	0	1	0	0	1
E	3	0	1	1	1	0	0	0	W	2	0	1	0	0	1	0	1
F	%	0	0	1	0	0	1	1	X	/	0	0	1	0	1	1	0
G		1	1	0	0	0	0	1	Y	6	0	0	1	0	1	0	1
H		1	0	1	0	0	1	0	Z	+	0	1	1	0	0	0	1
I	8	1	1	1	0	0	0	0	回行		1	0	0	0	0	1	1
J		0	1	0	0	0	1	1	换行		1	0	1	1	0	0	0
K	(	0	0	0	1	0	1	1	字母键		0	1	0	0	1	1	0
L	)	1	1	0	0	0	1	0	数字键		0	0	0	1	1	1	0
M	.	1	0	1	0	0	0	1	间隔		1	1	0	1	0	0	0
N	,	1	0	1	0	1	0	0	（不用）		0	0	0	0	1	1	1
O	9	1	0	0	0	1	1	0	RQ		0	1	1	0	1	0	0
P	0	1	0	0	1	0	1	0	α		0	1	0	1	0	0	1
Q	1	0	0	0	1	1	0	1	β		0	1	0	1	1	0	0
R	4	1	1	0	0	1	0	0									

在检测恒比码时，通过计算接收码组中“1”的数目，判定传输有无错误。除了“1”错成“0”和“0”错成“1”成对出现的错误以外，这种码能发现其他所有形式的错误，因此检错能力很强。

4．线性分组码

线性分组码既是分组码，又是线性码。分组码的编码包括两个基本步骤：首先将信源输出的信息序列以 k 个信息码元划分为一组；然后根据一定的编码规则由这 k 个信息码元产生 r 个监督码元，构成 $n(=k+r)$ 个码元组成的码字。线性码是指监督码元与信息码元之间的关系是线性关系，它们的关系可用一组线性代数方程联系起来。

线性分组码一般用符号 (n,k) 表示，其中 k 是每个码字中二进制信息码元的数目；n 是码字的长度，简称为码长；$r(=n-k)$ 为每个码字中的监督码元数目。每个二进制码元可能有 2 种取值，n 个码元可能有 2^n 种组合，(n,k) 线性分组码只准许使用 2^k 种码字来传送信息，还有 (2^n-2^k) 种码字作为禁用码字。如果在接收端收到禁用码字，则认为发现了错码。

一个 n 长的码字 C 可以用矢量 $C=(C_{n-1}, c_{n-2}, \cdots, c_1, c_0)$ 表示。线性分组码 (n,k) 为系统码的结构如图 2-44 所示，码字的前 k 位为信息码元，与编码前原样不变，后 r 位为监督码元。

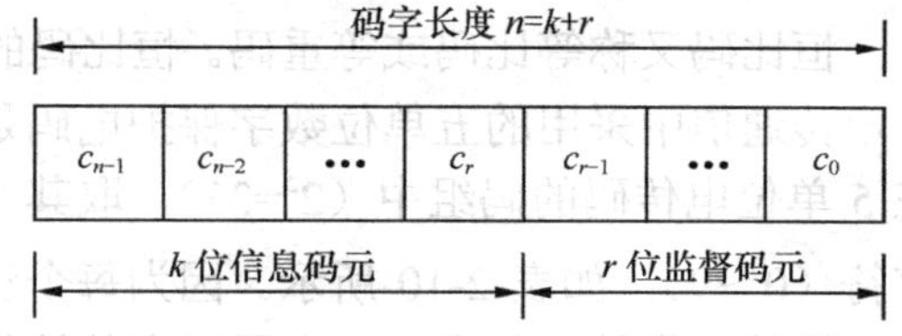

图 2−44　(n, k) 线性分组码为系统码的结构

小　　结

本章主要讨论数字通信系统中信源数字化技术、数字复接技术、数字信号的基带和频带传输以及差错控制（即信道编码）技术等数字通信系统相关技术。

模/数变换的方法采用得最早而且目前应用得比较广泛的是脉冲编码调制（PCM）。它对模拟信号的处理过程包括抽样、量化和编码 3 个步骤，它的功能是完成模/数变换，实现模拟信号的数字化。

为了提高通信系统信道的利用率，通常采用多路信号共享同一信道实现信号的传输。所谓多路复用是指在同一信道上传输多路信号而互不干扰的一种技术。最常用的多路复用方式有频分复用（FDM）、时分复用（TDM）和码分复用（CDM）。按频带区分信号的方法是频分复用；按时隙区分信号的方法是时分复用；按相互正交的码字区分信号的方法是码分复用。在模拟通信中一般采用频分复用技术；随着数字通信的发展，时分复用和码分复用技术在通信系统中的应用越来越广泛。

数字复接技术是解决 PCM 信号由低次群到高次群的合成技术，它把 PCM 数字信号由低次群逐级合成为高次群以适应在高速信道中传输。根据不同的需要和不同传输介质的传输能力，要有不同话路数和不同速率的复接，形成一个系列（或等级），由低向高逐级复接，这就是数字复接系列。目前使用较广的是准同步数字体系（PDH）和同步体系（SDH）。

将基带信号直接在信道中传输的方式称为基带传输方式。数字基带信号的码型类型有很多，但并不是所有的码型都适合在信道中传输，往往是根据实际需要进行选择。常见的传输码型有 AMI 码、HDB3 码、双相码、密勒码、CMI 码等。为了适应信道传输特性而将数字基带信号进行调制，即将数字基带信号的频谱搬移到某一载频处，变为频带信号传输的方式称为频带传输。根据已调信号参数改变类型的不同，数字调制可以分为幅移键控（ASK）、频移键控（FSK）和相移键控（PSK）。

为提高频带利用率和抗干扰能力，人们陆续提出了一些新的数字调制技术，如正交频分复用（OFDM）、正交幅度调制（QAM）、最小移频键控（MSK）和高斯最小移频键控（GMSK）等。由于实际信道存在噪声和干扰，使得经过信道传输后收到的码字与发送码字相比存在差错。一信道编码的目的在于改善通信系统的传输质量，发现或者纠正差错，以提高通信系统的可靠性。

思考题与习题

2-1 PCM 通信系统中的模/数变换和数/模变换分别包含了哪几个步骤？

2-2 低通信号的抽样频率如何确定？

2-3 什么是均匀量化？它的缺点是什么？如何解决？

2-4 什么是多路复用？多路复用技术主要有哪些方法？

2-5 简述 FDM、TDM 和 CDM 的概念。

2-6 说明 PCM30/32 路基群帧的概念，各帧时隙的作用是什么？

2-7 PCM30/32 路系统中一秒传多少帧？一帧有多少比特？信息速率为多少？第 20 话路在哪一个时隙中传输？第 20 话路信令码的传输位置如何？

2-8 数字复接的方法几类？PDH 采用哪一类？

2-9 高次群的形成采用什么方法？

2-10 数字复接的实现有几种？

2-11 比较按位复接和按字复接的优缺点？

2-12 什么是数字基带信号？数字基带信号有哪些常用码型？它们各有什么特点？

2-13 什么是调制？调制的目的是什么？

2-14 数字调制和模拟调制的区别是什么？

2-15 OFDM 和 FDM 的区别是什么？

2-16 GMSK 的含义是什么？

2-17 常用的差错控制方式有哪些？

2-18 最小码距和检、纠错能力的关系是怎样的？

2-19 采用 13 折线 A 律编码，设最小的量化级为 1 个单位，已知抽样脉冲值为+635 单位。试求此时编码器输出码组，并计算量化误差。

2-20 已知某 2ASK 系统的码元传输速率为 10^3Baud，所用的载波信号为 $A\cos(4\pi\times10^3 t)$，设所传送的数字信息为 011001，试画出相应的 2ASK 信号波形示意图。

2-21 设发送数字信息 10011010011，试分别画出 2ASK，2FSK，2PSK 及 2DPSK 信号的波形示意图。

2-22 已知发送数字信息序列为 01011000110100，双比特码元与载波相位的关系如表 2-9 所示，请画出 4PSK、4DPSK 信号的波形。

2-23 已知信息代码为 11000011000011，试求相应的 AMI 码和 HDB3 码。

2-24 已知信息代码为 10100000000011，试求相应的 AMI 码和 HDB3 码。

2-25 已知一线性码的全部码字为（000000）、（001110）、（010101）、（011011）、（100011）、（101101）、（110110）、（111000），若用于检错，能检出几位错码？若用于纠错，能纠正几位错码？

第3章 现代信息交换

通信的目的是在信源和信宿之间传送信息，为了实现相互之间的信息交互，在众多的信源和信宿之间引入公共的中转节点实现信息的转发，以节约信息传送通道的投资代价，这就产生了交换技术。中转节点就是通常所说的交换机，它完成交换的功能。

交换作为通信网络的核心，已融入了很多先进的技术，交换的概念不仅涉及语音，而且包含数据交换和视频交换，即信息交换。目前通信网中的交换方式主要有以下几种：电路交换、分组交换、帧中继、ATM 交换、IP 交换、光交换、软交换等。通常按照信息传送模式将其分为电路传送模式、分组传送模式和异步传送模式，电路交换属于电路传送模式，分组交换和帧中继属于分组传送模式，ATM 交换属于异步传送模式。ATM 交换之后又出现了一些新的交换技术，如 IP 交换和软交换。此外，也可按照交换信号的不同，将其分为电交换和光交换。另外，由于数据信息的传递采用分层概念，相应的信息交换也引入了分层交换的概念。最基本的交换是第一层，即物理层交换，如传统的电话交换系统；第二层交换起始于 1993 年，它运行在数据链路层，可以访问 MAC 地址，作出帧转发的决策，并构筑自己的转发表；1997 年，路由交换机引进了对第二层帧处理进行优化的 ASIC 专用集成电路，可以根据一台外部路由器所创建的路由表以线速传输 IP 信息流，不久以后，真正意义上的第三层交换机出现，使得数据传输速度明显提高，同时还支持多种路由协议；第四层交换机是为高速 Intranet 而设计的，它利用 TCP/UDP 端口号及 IP 源/目的地址等信息，可以做出向何处转发会话传输流的智能决定。

本章主要介绍交换的基本概念、交换技术的发展历程、数字程控交换的基本原理及组成、分组交换的基本原理及 X.25 协议、帧中继技术、ATM 交换的基本原理及协议模型，同时简要介绍 IP 交换、光交换和软交换技术。

3.1 交换概述

交换的思路是建立一个交换中心，设置一部或多部交换机，将信息在用户点间进行转移。本节主要介绍什么是交换，为什么在通信网中一定要引入交换的功能，交换设备应该完成哪些功能，在现有通信网中都有哪些交换方式，它们之间的区别是什么。

3.1.1 交换的基本概念

交换又称转接，即是在通信网大量的用户终端之间，根据用户通信的需要，在相应终端设备之间互相传递语音、图像和数据等信息，使得各终端之间可以实现点到点、点到多点、多点到点或多点到多点等不同形式的信息交互。

1. 交换的概念

一个最简单的通信系统由两个用户终端和连接这两个终端的传输线路所构成，这种通信系统所实现的通信方式称为点到点通信，如图 3-1 所示。终端将包含信息的消息（如语音、图像、数据等）转换为可以被传输媒质传输的电信号，传输媒质将其传送到另一个地点，终端将接收到的电信号还原成原始消息。比如两个人想通话，最简单的就是将这两个电话机用一条线路连接起来，但这种方式只能实现固定的两个人之间的通话，远远不能满足人们的通信要求，人们需要的是任何人之间都能进行通信。

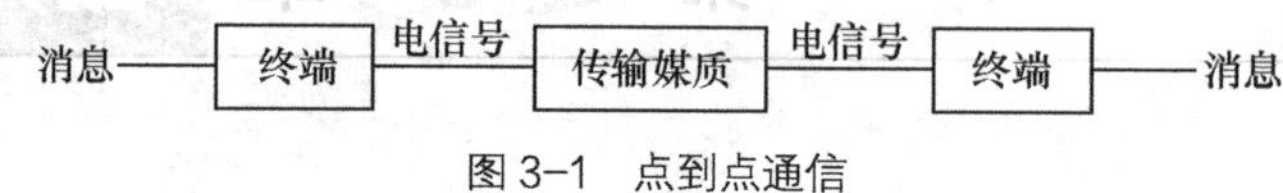

图 3-1　点到点通信

假如存在 6 个人都有电话机，这 6 部电话机应该如何连接起来才能实现他们之间任意通话呢？最直接的办法是把 6 部电话机全部两两相连，如图 3-2 所示。这种连接方式称为全互连式，它是一种最简单最直接的连接方式，但这种方法存在以下几个问题。

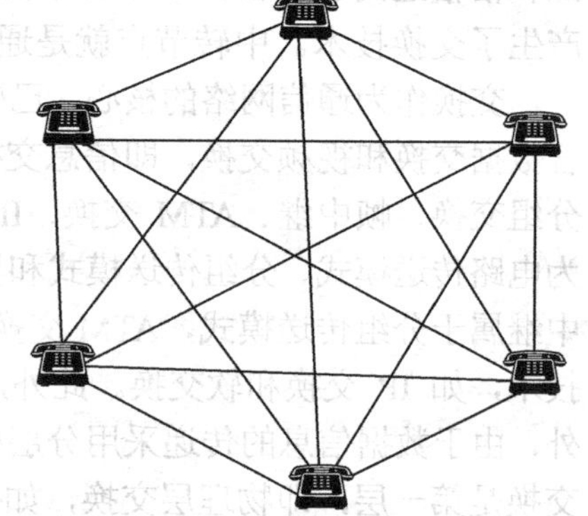

图 3-2　6 部电话全互连图

（1）随着用户数的增加，用户线路条数急剧增大，既不经济也难以施工。当 6 个用户要两两都能通话，需要 15 条线路，若 N 部电话机互连，需要 $N(N-1)/2$ 条线路，若有 10 000 部电话，则需要 $C_{10\,000}^{2} \approx 5 \times 10^{7}$ 条线路。目前我国有 4 亿个电话用户，大家可以计算这样需要多少线路。

（2）当新增一部电话机时，需要与前面已有的 N 部电话机进行连线，增设 N 条线路，这不仅很麻烦，更重要的是承担不起这种费用。我国已有 4 亿个用户了，若每新增加一部电话机，都需要与前面所有 4 亿个用户进行洽谈和连线，是根本无法实现的事情。

（3）每部电话机都有 N–1 个线路接口与其他电话机相连，打电话时又不可能同时都与其他电话机相连，否则就成广播了，因此每部电话机还需要配置多路选择开关，将相应的线路连通。

全互连连线方式没有任何实用价值，为了解决这些问题，应该怎么做呢？

解决的办法是采用中央交换的方法，在用户分布比较密集的区域中心安装一套公共设备，每部电话机都用各自专用的线路连接到这套设备上，其连接方式如图 3-3 所示。当任意两个用户需要通信时，这套设备立即将这两个用户之间的通信线路连通；当用户通信结束，此设备把相应的节点断开，两个用户之间的连线断开。由于该设备的作用类似于普通的开关，控制用户之间连接的通断，所以称之为交换设备或交换机，英文为 switch。

图 3-3 这种连接方式，每部电话机只与交换机连接，这种线路称为用户线。6 部电话机的通信仅需要 6 条线路就可以满足要求，大大降低了线路的投资成本。同时，新增用户也只需要增加自己所属的那一条用户线即可。

一个交换机能连接的用户数和覆盖的范围是有限的，当终端数目很多，且分散在距离很远的地区时，需要用多个交换机组成大型通信网络来覆盖更大的范围，如图 3-4 所示。用户终端与交换机之间的连接线路叫做用户线，它属于每个用户私有的，采用独占的方式；交换机与交换机之间的连接线路叫做中继线，它是大家共享的，属于公共资源，因此希望它的利用率高，能为更多的通话服务。通信网的传输设备主要由用户线、中继线以及其他相关传输系统设备构成。

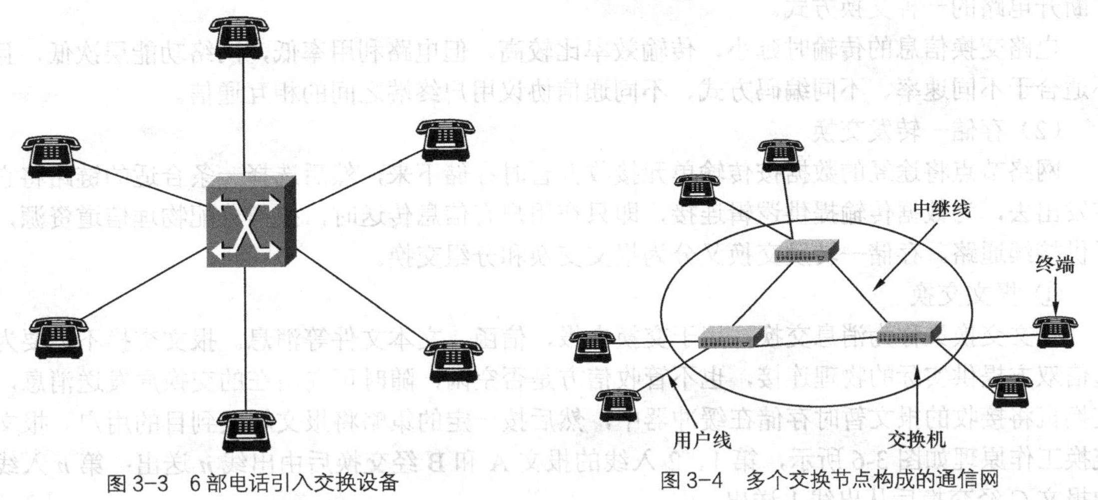

图 3-3 6 部电话引入交换设备

图 3-4 多个交换节点构成的通信网

通过交换机之间进行互相连接的扩展，最终形成一个完整的覆盖全球的通信网。通信网主要由交换设备、传输设备和用户终端设备三大部分组成。

2. 交换设备的基本功能

为了完成各种类型的接续，交换节点必须具备以下几种基本功能。

（1）为了能正确发现和判断用户的呼叫请求，交换节点必须能正确接收和分析来自用户线或中继线的呼叫信号。

（2）为了能正确发现和判断是哪一个用户发出的呼叫请求，交换节点必须能正确接收和分析来自用户线或中继线的地址信号。

（3）为了能正确与呼叫用户给定的目标用户进行接续，交换节点必须能按目的地址进行选路，以及在中继线上转发信号。

（4）能控制连接的建立与拆除。

（5）能控制资源的分配与释放。

3. 交换方式

按照被交换信息的特征以及为完成交换功能所采用的技术不同，出现了多种交换方式，这些交换方式主要分为两类：电路交换和存储—转发交换，如图 3-5 所示。

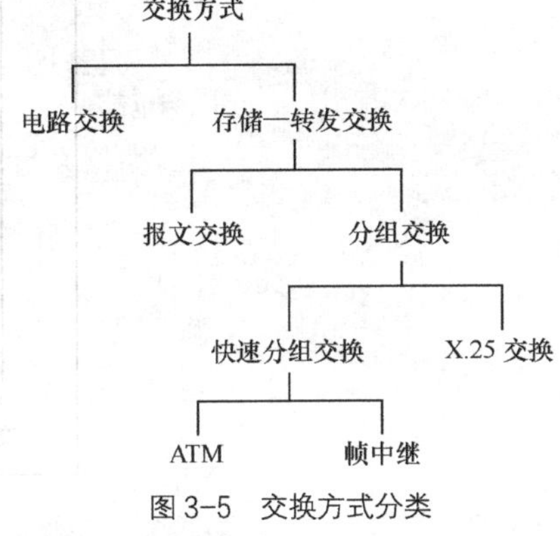

图 3-5 交换方式分类

（1）电路交换

电路交换是最早出现的一种交换方式，主要用于电话业务，基本过程包括呼叫建立、信息传送和释放线路三个阶段。电路交换采用的是固定分配物理信道，在通信前要先建立物理连接，即交换网络始终按照预先分配的物理信道资源保持其专用的接续通路，在通信过程中一直维持这一物理连接，只要用户不发出释放信号，即使通信暂停，物理连接仍然保持。

下面以打一次电话为例来体验这种交换方式。首先是主叫用户（发起通话的一方）摘起话筒，交换机送来拨号音，听到拨号音后开始拨号，拨号完毕，交换机知道了要和谁通话，为通话双方建立一个连接，双方进行通话，等一方挂机后，交换机把双方的线路断开，为开始一次新的通话做好准备。从这个例子可以看出，电路交换就是指通信双方在开始通话之前，必须先在两者之间建立一条专用电路，在通信过程中双方一直占用这条电路，直到通话结束才断开电路的一种交换方式。

电路交换信息的传输时延小，传输效率比较高，但电路利用率低，网络功能层次低，且不适合于不同速率、不同编码方式、不同通信协议用户终端之间的相互通信。

（2）存储—转发交换

网络节点将途经的数据按传输单元接收并暂时存储下来，然后选择一条合适的链路将它转发出去，为数据传输提供逻辑连接，即只在用户有信息传送时，按需分配物理信道资源，提供接续通路。存储—转发交换又分为报文交换和分组交换。

① 报文交换

报文交换又称为消息交换，用于交换电报、信函、文本文件等消息。报文交换不需要为通信双方提供实际的物理连接，也不管收信方是否空闲，随时可向所在的交换局发送消息，交换机将接收的报文暂时存储在缓冲器中，然后按一定的策略将报文转发到目的用户。报文交换工作原理如图 3-6 所示，第 1、2 入线的报文 A 和 B 经交换后由出线 n 送出；第 n 入线的报文 C 经交换后从出线 1 送出。

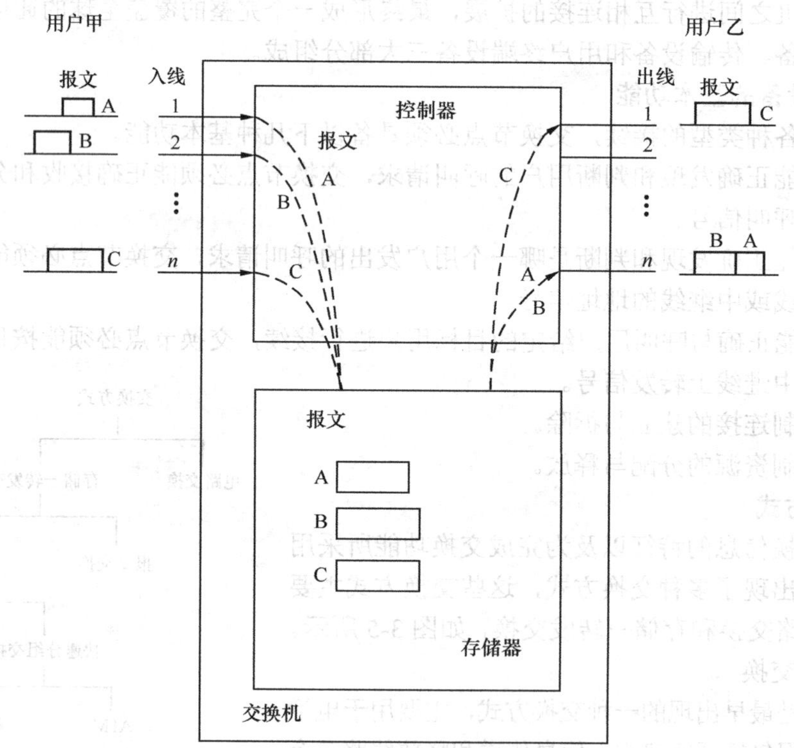

图 3-6　报文交换工作原理图

报文交换中信息的格式以报文为基本单位，一份报文包括三个部分：报头、正文和报尾。报头包括发信站地址、终点收信站地址及其他辅助信息；正文为用户要传送的信息；报尾是报文的结束标志，若报文长度有规定，则报尾可以省略。报文交换的特征是交换机要对用户的信息进行存储和处理，然后根据报头中的收信地址选择路由，并在该路由上排队，等待有空闲电路时才将存储的报文转发到下一个交换节点，各中间节点的交换设备均采用此方法进行报文的存储转发，直至报文送到目的地。

报文交换的优点是不需要先建立电路，不必等待接收方空闲，发送方可随时发出消息，因此电路利用率高，各中间节点交换机还可以进行速率和码型的变换，同一报文可转发至多个收信站点，并且具有差错控制功能。但是报文交换要求交换机具有高速处理能力和大的存储容量，并且在网络负荷重时，信息通过交换机产生的时延大，且时延不确定，实时性差。

② 分组交换

分组交换不以报文为单位进行交换，而是把输入端进来的数据按一定长度分割成若干个数据段，这些数据段称为分组或包，分组长度较短，且具有统一的格式，便于在交换机中存储和处理。分组进入交换机后只在主存储器中停留很短的时间，进行排队处理，一旦确定了新的路由，就很快输出到下一个交换机或用户终端。

通常的分组交换是基于 X.25 协议的，X.25 协议是针对 20 世纪 70 年代以模拟通信为主的通信网络环境而设计的，为了兼顾网络的高效性和传输的正确性，采用了差错控制、停发等候重发、流量控制等措施，协议比较复杂。20 世纪 80 年代以后，光纤通信逐渐发展成为通信网络传输媒质的主流。光纤通信具有容量大、质量高的特点，链路上出现差错的概率很小，在这样的通信环境下运行的分组协议，显然没有必要像原来的 X.25 协议那样再做许多精巧而烦琐的控制，快速分组交换（Fast Packet Switching，FPS）应运而生。快速分组交换的思想是尽量简化协议，使其只包含最基本的核心网络功能，此时网络不再提供差错控制功能，而将此功能交由终端去完成，以实现高速、高吞吐量、低时延的交换传输。

3.1.2 交换技术的发展

自从 1876 年贝尔发明电话以后，为适应多个用户之间电话交换的要求，1878 年出现了人工交换机。它借助话务员进行人工接线，接续速度慢，用户使用不方便，效率很低。

1892 年，第一部步进制自动交换机开通。用户通过话机的拨号盘向交换机发送拨号脉冲，控制交换机中电磁继电器与上升旋转型选择器的动作，完成电话的自动接续。这种交换机选择器均需要进行上升或旋转的动作，具有速度慢、效率低、噪声大、易磨损、通话质量欠佳、维护工作量大等缺点。

1926 年，第一台纵横制自动交换机在瑞典开通，它有两个技术进步：一方面采用了比较先进的纵横接线器，杂音少，通话质量好，不易磨损，寿命长，维护工作量较小；二是采用了公共控制方式，将控制功能与话路设备分开，使得公共控制部分可以独立设计，功能增强，灵活性提高，接续速度快，便于汇接和选择迂回路由，可以实现长途自动化。

1965 年，美国第一个在公用电信网中引入程控交换技术，标志着计算机技术与通信技术完美结合的开始。程控交换的全称是存储程序控制（Stored Program Control，SPC）交换，这种交换方式具有灵活性大，适应性强，便于实现公共信道信令，能提供多种新业务等优点。早期的程控交换属于模拟程控交换，它的控制部分采用 SPC 方式，而话路部分传送和交换的仍是模拟语音信号。

随着数字通信与脉冲编码调制技术的发展与广泛应用，1970 年，法国成功开通世界上第一个数字程控交换系统 E10。到 20 世纪 80 年代中期，交换技术进入了以数字程控交换为代表的蓬勃发展的新时代。我国起步较晚，但起点较高，技术切入点合适，发展迅速。在 20 世纪 80 年代中后期到 90 年代前期，相继推出了 HJD-04、C&C08、SP-30、ZXJ-10 等大型数字程控交换系统，国产设备在我国电信网中的比重逐步增加，并出口到国外，使我国的数字程控交换技术和产业迅速跻身于世界先进行列。

1964 年，美国兰德公司的保罗·布朗和他的同事将分组交换作为一种保证军用电话安全通信的可靠模式公开发表。1965 年，英国国家物理实验室的 D.Davies 构想了存储转发分组交换系统的原理，并于 1967 年公开发表了关于分组交换的建议，随后 D.Davies 实现了具有单一分组交换节点的局域网。美国国防部高级研究计划署首先使用分组交换技术实现计算机之间的通信，并于 1969 年组建了世界上第一个分组交换网——ARPANET。作为因特网的前身，ARPANET 的成功不仅证实了分组交换技术在组网上的可行性，同时也为利用分组交换技术实现公用网带来了光明的前景。1989 年，我国公用分组交换网（CHINAPAC）正式投入使用。

1983 年，贝尔实验室的 Turner J 等人提出了快速分组交换（FPS）的概念，并研制出了原型机。同年，法国的 Coudreuse J.P 提出了异步时分（Asynchronous Time Division，ATD）交换的概念，并在法国电信研究中心研制出了演示模型。FPS 源自分组交换技术，只是减小了链路层协议的复杂性，大大提高了分组处理的速度。而 ATD 则源自同步时分（Synchronous Time Division，STD）交换，采用标记复用。FPS 和 ATD 技术的结合，导致了 ATM 交换方式的产生。1987 年，在 CCITT 第 18 研究组会议上，决定采用信元（Cell）来表示分组，在 1988 年的会议上决定采用固定长度的信元，定名为 ATM。从 20 世纪 80 年代后期到 20 世纪 90 年代初期，是 ATM 技术发展的黄金时代。1994 年投入运营的美国北卡罗来纳信息高速公路（NCIH），是美国第一个在州的范围内采用 ATM 技术的公用 ATM 宽带网，被看做是未来国家基础信息设施（NII）的雏形。不久，泛欧宽带试验网在 1994 年 11 月开始运行，日本和德国也建设了 ATM 交换网，我国在北京、上海和广州等地也建设了 ATM 宽带试验网。ATM 技术的发展在 20 世纪 90 年代中期达到顶峰。在此期间，Internet 的发展使 ATM 的应用受到很大影响。ATM 因缺乏业务、价格昂贵、技术复杂等缺点，使得独立的 ATM 网络越来越少，而更多采用的是宽带 IP 交换技术。ATM 技术的应用逐渐局限于骨干网领域，已有的 ATM 网络也主要为承载 IP 发挥作用。

Internet 的迅猛发展迫切需要提高 IP 网络的服务质量，为了提高 IP 分组转发的速度，IP 交换技术应运而生。1996 年，美国 Ipsilon 公司提出 IP 交换的概念，它将 IP 路由处理器捆绑在 ATM 交换机上，去除了交换机中原有的 ATM 信令。IP 交换机使用 IP 路由协议进行路由选择。它的连接建立是由数据流驱动的，即“一次路由、多次交换”。对于单个的 IP 分组，采用传统 IP 逐跳转发方式进行转发；对于长持续时间的业务流，能自动建立一个虚通路，使用 ATM 交换方式进行转发。因特网工程任务组 IETF 在 1997 年初成立了多协议标记交换（Multiple-protocol Label Switch，MPLS）工作组，制定出了一个统一的、完善的第 3 层 IP 交换技术标准，即 MPLS。它明确规定了一整套协议和操作过程，最终通过 ATM、帧中继、点对点协议和以太网等实现 IP 网络快速交换。MPLS 所具有的面向连接、高速交换、扩展性好等特点，使它在国内外具体组网中获得了广泛的应用，已成为主流的宽带交换技术。

随着光密集波分复用（Dense Wavelength Division Multiplexing，DWDM）技术的成熟，通信网络的容量越来越大。传输系统容量的增长给交换系统带来了压力和动力。利用电子器件实现 ATM 交换或者 MPLS 交换，由于电子转移速度的限制使得这样的交换技术面临着信息瓶颈问题，为了解决电子瓶颈问题，降低交换成本，研究人员开始在交换系统中引入光子技术，实现全光交换。光交换技术是指不经过任何光/电转换，直接将输入的光信号交换到不同的输出端。光交换吞吐量潜力极大，大大节省了成本，随着光交换技术的不断发展和完善，该技术将会进一步成为通信网络极大信息量吞吐方案的主导交换技术。

下一代网络（NGN）则是在网络业务量和电信外部环境几乎同时发生巨大变化的前提下，电信业试图利用最新技术成果来适应发展、变革和竞争需要而提出的下一步网络发展的总体设想和思路。我国相当重视 NGN 的发展，自 2001 年起，国内各大运营商陆续开始了 NGN

的测试和试验网工程。从广义上看，NGN泛指一个以IP为中心的全业务网络，可以支持语音、数据、视频和多媒体业务的融合或部分融合，支持固定接入、移动接入。一方面，NGN不是现有电信网和IP网的简单延伸和叠加，也不是单项节点技术和网络技术，而是整个网络框架的变革，是一种整体解决方案。另一方面，NGN的出现与发展不是革命，而是演进，即在继承现有网络优势的基础上实现平滑过渡。软交换是NGN的核心技术，原信息产业部电信传输研究所对软交换的定义是："软交换是网络演进以及下一代分组网络的核心设备之一，它独立于传送网络，主要完成呼叫控制、资源分配、协议处理、路由、认证、计费等主要功能，同时可以向用户提供现有电路交换机所能提供的所有业务，并向第三方提供可编程能力。"

3.2 数字程控交换技术

电话通信是人们使用最普遍的一种通信方式，电话通信网是覆盖范围最广、用户数量最多、应用最广泛的一种通信网络，电话交换采用电路交换方式。电路交换经历了人工交换、机电式自动交换和数字程控交换三个阶段。数字程控交换综合采用了数字通信、微电子、计算机等技术，能提供多种电信业务，适应通信网向数字化、综合化、智能化和个人化方向发展的要求，是当前电话网中应用的交换系统的主体。

3.2.1 数字程控交换的基本原理

数字程控交换机直接交换数字化的语音信号，想要实现数字信号交换的目的，必须做到在不同话路时隙发送和接收信号。这个功能的实现要依靠数字交换设备，数字交换的实质就是把PCM系统有关的时隙内容在时间位置上进行搬移，因此数字交换也称为时隙交换。

1. 基本交换单元及网络

当只有一套PCM系统进入数字交换设备时，交换仅在这条总线的30个话路时隙之间进行，为了扩大数字信号的交换范围，要求数字交换设备还要具有在不同PCM总线之间进行交换的功能。概括起来说要实现时隙交换，数字交换设备应该具有以下三种交换功能。

① 在同一条PCM总线上不同时隙之间进行交换，采用时间（T）接线器完成。

② 在不同PCM总线上同一时隙之间进行交换，采用空间（S）接线器完成。

③ 在不同PCM总线的不同时隙之间进行交换，采用TST或STS型交换网络完成。

（1）数字接线器

数字交换需采用数字交换网络，数字接线器是构成数字交换网络的基本部件。在数字交换设备中，有两种数字接线器：T接线器和S接线器。

① T接线器

T接线器又称为时间接线器（Time Switch），也称时分接线器，它的功能是实现同一条PCM复用线上的不同时隙内容的交换。T接线器由语音存储器（Speech Memory，SM）和控制存储器（Control Memory，CM）组成。语音存储器用来暂时存储要交换的信息，故又称为"缓冲存储器"；控制存储器用来存放信息的时隙地址，又称为"地址存储器"。T接线器的工作原理如图3-7所示。

T接线器中语音存储器的存储单元数由输入PCM复用线每帧内的时隙数决定，而每个存储单元的位数则由每个时隙内所包含的码位数决定。图3-7中，PCM复用线每帧有32个时隙，则语音存储器应有32个存储单元，其中每一时隙有8位码，则语音存储器的每一个存储单元至少要存放8位码。

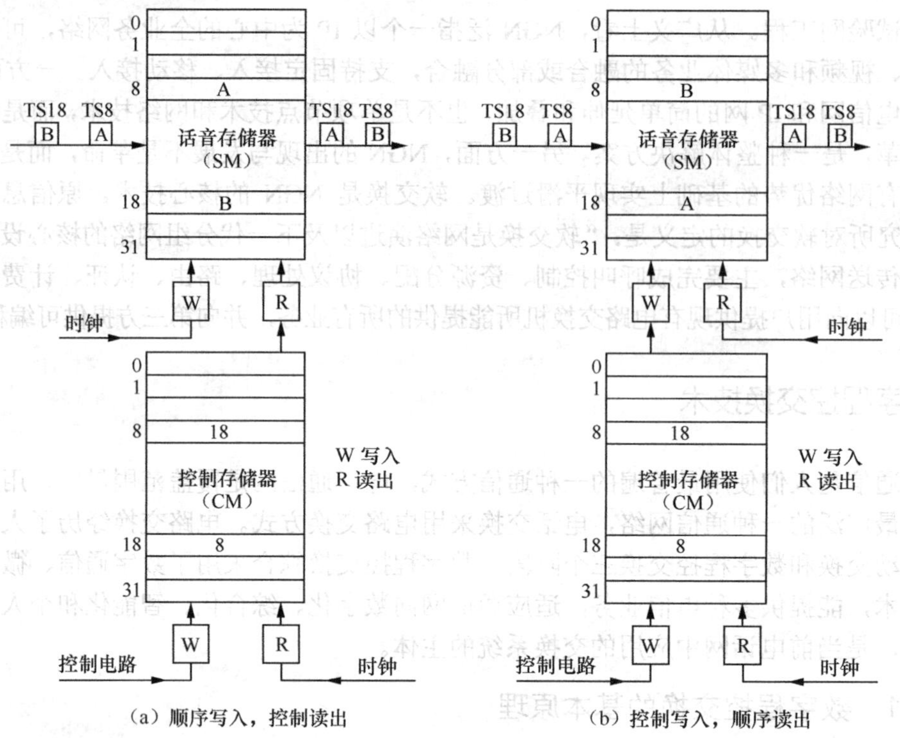

（a）顺序写入，控制读出 （b）控制写入，顺序读出

图 3-7 T 接线器的工作原理

T 接线器中控制存储器的存储单元数与语音存储器的存储单元数相等，但每个存储单元内只需要存放地址码。图 3-7 中，语音存储器有 32 个单元，需要 5 位的地址码来选择，则控制存储器每个单元应存放 5 位码。

T 接线器的工作方式有两种。第一种是顺序写入，控制读出；第二种是控制写入，顺序读出。“顺序”是指按照语音存储器地址的顺序，由时钟脉冲来控制；而“控制”是指按控制存储器中已规定的内容来控制语音存储器的读出或写入。至于控制存储器中的内容则是由处理机控制写入的。

a．顺序写入、控制读出方式：如图 3-7（a）所示，T 接线器的输入线和输出线各为一条有 32 个时隙的 PCM 复用线。如果占用 TS8（第 8 时隙）的用户 A 要和占用 TS18 的用户 B 通话，在 A 讲话时，就应把 TS8 的语音信息交换到 TS18 中去。在时钟脉冲控制下，当 TS8 时刻到来时，把 TS8 中的语音信息 A 写入 SM 地址为 8 的存储单元内。由于此 T 接线器的读出是受 CM 控制的，当 TS18 时刻到来时，从 CM 中读出地址为 18 的单元内容是 8，以这个 8 为地址去控制读出 SM 中地址是 8 的单元中的语音信息 A。这样就完成了把 TS8 中的语音信息 A 交换到 TS18 中去的任务。反过来，当 B 讲话、A 收听时，就要把 TS18 中的语音信息 B 交换到 TS8 中去，与上述过程相似，即在 TS18 时刻到来时，把 TS18 中的信息写入 SM 的地址为 18 的存储单元，并在 CM 控制下的下一帧的 TS8 时刻，读出这一语音信息 B。

b．控制写入、顺序读出方式：与上述过程相似，不同的是 CM 写入的是语音存储器的写入地址，用来控制 SM 的写入，而 SM 的读出则随时钟脉冲的顺序输出。如图 3-7（b）所示，T 接线器的输入线和输出线仍有 32 个时隙，仍是 TS8（第 8 时隙）的用户 A 要和占用 TS18 的用户 B 通话。当 TS8 时刻到来时，CM 地址为 8 的单元内容是 18，则把 TS8 当中的信息 A 写入 SM 地址为 18 的存储单元内。当 TS18 时刻到来时，顺序从 SM 中读出地址为 18 的存储单元中的内容 A。

无论是顺序写入还是控制写入，每个输入时隙都对应着语音存储器的一个存储单元，所以 T 接线器实际上具有空分的性质，其实质是由空间位置的划分来实现时隙交换。

② S 接线器

S 接线器又称为空间接线器（Space Switch），也称为空分接线器，它的功能是实现不同 PCM 复用线之间同一时隙内容的交换。S 接线器由电子交叉矩阵和控制存储器（CM）组成。$N \times N$ 的电子交叉矩阵有 N 条输入复用线和 N 条输出复用线，每条复用线上有若干个时隙，每条输入复用线可以选择到 N 条输出复用线中的任一条，但必须建立在一定的时隙上。控制存储器用来对电子交叉矩阵进行控制，控制各个交叉点在哪些时隙闭合，在哪些时隙断开。S 接线器的工作原理如图 3-8 所示。

图 3-8 表示出 16 × 16 的交叉矩阵，它有 16 条输入复用线和 16 条输出复用线。HW 表示 PCM 总线，它是相对低速支路信号而言的高速总线（High Way），因此也称为 HW 总线，与 PCM 总线等同使用，本书对两者不再区分。S 接线器的控制存储器控制交叉矩阵的工作方式有两种：输入控制方式与输出控制方式。

a. 输入控制方式如图 3-8（a）所示。CM 控制输入复用线上的全部交叉接点，每条输入复用线都配有一个 CM，有多少条输入线就有多少个 CM，这个 CM 决定该输入 PCM 总线上各时隙的信息交换到哪一条输出 PCM 复用线上去。如果每条输入复用线上一帧有 n 个时隙，那么每个 CM 就应该具有 n 个存储单元，各个存储单元中的内容为输出线的号码，每个存储单元的大小则由号码编出的二进制码位数决定。图 3-8（a）中，16 × 16 的 S 接线器有 16 条输入复用线，每条输入线有 32 个时隙，那么需要 16 个控制存储器，图中每一列代表一个控制存储器，用来控制编号相同的输入复用线上的所有开关。每个控制存储器有 32 个存储单元，每个单元的大小为 4bit，可以选择 16 条输出线。在 TS6 时刻到来时，对于输入线 3 来说，第

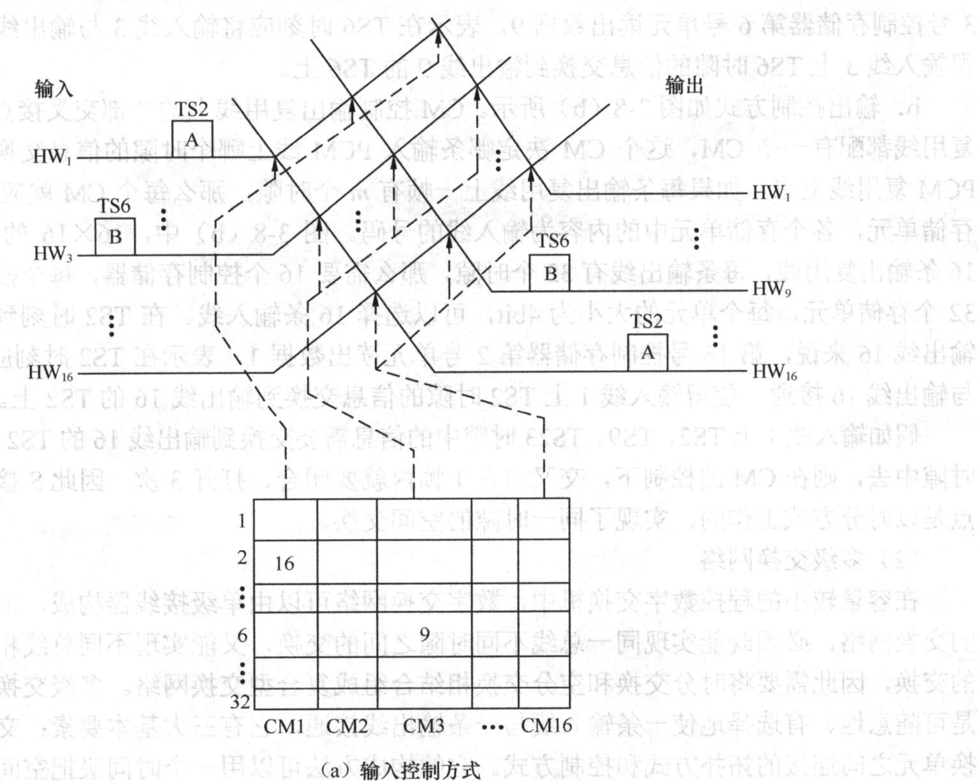

（a）输入控制方式

图 3-8 S 接线器的工作原理

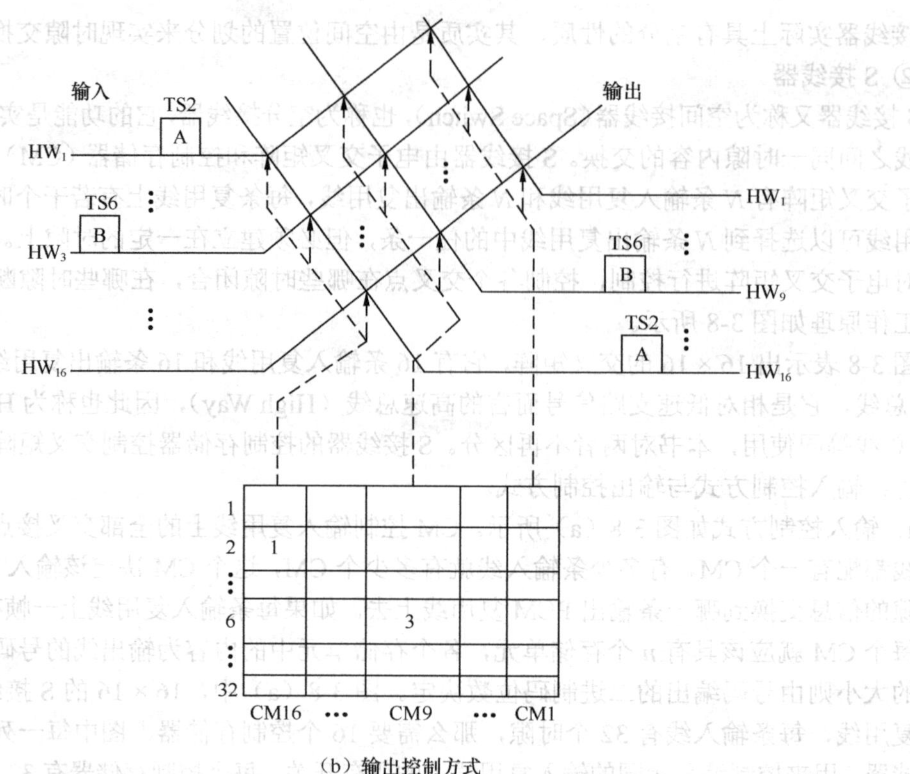

（b）输出控制方式

图 3-8　S 接线器的工作原理（续）

3 号控制存储器第 6 号单元读出数据 9，表示在 TS6 时刻应将输入线 3 与输出线 9 接通，使得输入线 3 上 TS6 时隙的信息交换到输出线 9 的 TS6 上。

b．输出控制方式如图 3-8（b）所示。CM 控制输出复用线上的全部交叉接点，每条输出复用线都配有一个 CM，这个 CM 决定哪条输入 PCM 线上哪个时隙的信息交换到这条输出 PCM 复用线上来。如果每条输出复用线上一帧有 m 个时隙，那么每个 CM 就应该具有 m 个存储单元，各个存储单元中的内容为输入线的号码。图 3-8（b）中，16×16 的 S 接线器有 16 条输出复用线，每条输出线有 32 个时隙，那么需要 16 个控制存储器，每个控制存储器有 32 个存储单元，每个单元的大小为 4bit，可以选择 16 条输入线。在 TS2 时刻到来时，对于输出线 16 来说，第 16 号控制存储器第 2 号单元读出数据 1，表示在 TS2 时刻应将输入线 1 与输出线 16 接通，使得输入线 1 上 TS2 时隙的信息交换到输出线 16 的 TS2 上。

假如输入线 1 上 TS2、TS9、TS23 时隙中的信息需要交换到输出线 16 的 TS2、TS9、TS23 时隙中去，则在 CM 的控制下，交叉点在 1 帧内就要闭合、打开 3 次。因此 S 接线器的交叉点是以时分方式工作的，实现了同一时隙的空间交换。

（2）多级交换网络

在容量较小的程控数字交换机中，数字交换网络可以由单级接线器构成，但对于大规模的交换网络，必须既能实现同一总线不同时隙之间的交换，又能实现不同总线相同时隙之间的交换，因此需要将时分交换和空分交换相结合组成复合型交换网络。多级交换网络的作用是可随意地、有选择地使一条输入线与一条输出线接通，它有三大基本要素：交换单元、交换单元之间连接的拓扑方式和控制方式。它的构成方法可以用一个时间级把空间级分开，形成空—时—空（STS）交换网络，也可以用一个空间级把时间级分开，形成时—空—时（TST）

交换网络。当要求交换网络的规模更大时，可以采用 TSST、SSTSS、TTT 等多级交换网络。目前应用较多的是 TST 网络，在大中容量的局间数字交换机中，一般都采用 TST 网络。

TST 网络的结构框图如图 3-9 所示。TST 是一个三级交换网络，两侧为 T 接线器，中间是 S 接线器，S 接线器的输入输出线个数取决于两侧的 T 接线器的数量。如图 3-9 所示，两侧各有 3 个 T 接线器，则 S 接线器的输入输出复用线各有 3 条，由 3 × 3 的交叉矩阵将它们连接起来。假设每一条输入复用线有 32 个时隙，那么每个 T 接线器可以完成 32 个时隙之间的交换，S 接线器可以完成 3 条输入输出线之间的交换，则 TST 网络可以完成 96 个时隙之间的交换。假设输入线 1 上的 TS6 时隙的 A 要与输出线 3 的 TS28 时隙的 B 进行通话，TA 接线器采用输入控制型，TB 接线器采用输出控制型，S 接线器采用输入控制型。

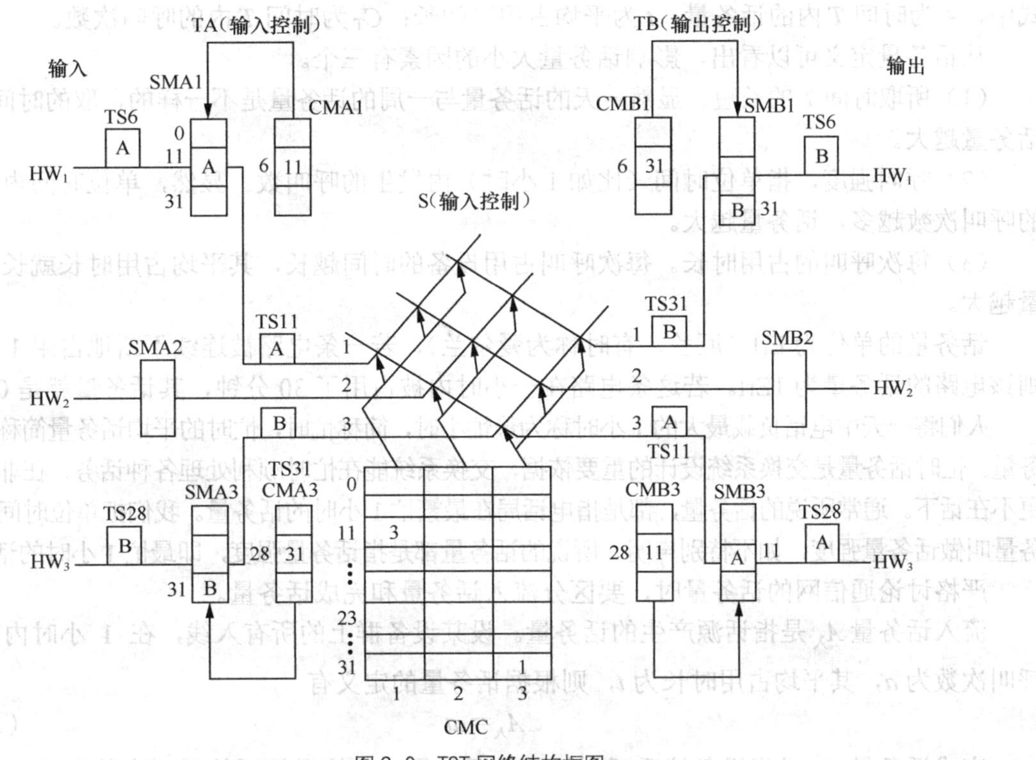

图 3-9　TST 网络结构框图

首先讨论 A 到 B 方向的接续，假设 CPU 在存储器中找到一个空闲时隙 TS11，它将输入线 1 的 CMA1 的 6 号单元内写入 11，在输出线 3 的 CMB3 的 28 号单元内写入 11，在 S 接线器 CMC 输入线 1 的 11 号单元内写入 3。当 TS6 时刻到来时，输入线 1 的 CMA1 地址为 6 的单元内容是 11，则把 TS6 当中的信息写入 SMA1 地址为 11 的存储单元内；当 TS11 时刻到来时，顺序从 SMA1 中读出地址为 11 的存储单元中的内容，实现了把输入线 1 上 TS6 中的信息交换到 TS11 时隙。此时，S 接线器 CMC 输入线 1 的 11 号单元内容为 3，控制输入 1 号线和输出 3 号线连通，将信号送到 TB 接线器。TB 接线器将信号顺序写入输出线 3 的 SMB3 中地址为 11 的单元中，当 TS28 时刻到来时，从 CMB3 中读出地址为 28 的单元内容是 11，控制读出 SMB3 中地址是 11 的单元中的语音信息，实现了把输出线 3 上 TS11 中的信息交换到 TS28 时隙。上述过程完成了 A 到 B 的通信，B 到 A 的交换过程类似，读者不难进行相似的分析。在通话结束时，CPU 只需要将控制存储器相应单元内容清除即可。

2．基本话务理论

在设计和应用交换系统时，应保证所有用户达到期望的服务质量。对电话交换系统而言，虽然可以为所有用户同时通话提供足够的交换设备，但这样做是不值得的，因为出现这种情况的机会极少。实际上，即使在每天通话最忙的时候，一般也只有少数用户在使用电话。交换系统中实际需要的公用设备数量一般都是根据所承担的话务量计算出来的。话务理论的奠基人是丹麦的爱尔兰（A.K.Erlang），他首先发表了全利用度线群的呼损计算公式，其后不少学者又不断加以充实。

话务量是表示电话网内机线设备负荷数量的一种量值，也称为电话负荷。它的定义是时间 T 内发生的呼叫次数和平均占用时间长的乘积，即

$$A = C_{\mathrm{T}}t \tag{3.2-1}$$

式中，A 为时间 T 内的话务量；t 为平均占用时间长；C_{T} 为时间 T 内的呼叫次数。

从话务量定义可以看出，影响话务量大小的因素有三个。

（1）所取时间 T 的长短。显然一天的话务量与一周的话务量是不一样的，取的时间越长，话务量越大。

（2）呼叫强度，指单位时间（比如 1 小时）内发生的呼叫数。显然，单位时间内所发生的呼叫次数越多，话务量越大。

（3）每次呼叫的占用时长。每次呼叫占用设备的时间越长，其平均占用时长就长，话务量越大。

话务量的单位为 Erl（厄兰，有时称为爱尔兰），若一条电路被连续不断地占用 1 小时，则该电路的话务量为 1Erl。若这条电路在一小时内被占用了 30 分钟，其话务量就是 0.5Erl。

人们将一天中电话负载最大的 1 小时称为最忙小时，简称忙时，忙时的平均话务量简称忙时话务量。忙时话务量是交换系统设计的重要依据，交换系统能在忙时顺利处理各种话务，在非忙时就更不在话下。通常所说的话务量，都是指电话局在最繁忙 1 小时的话务量。我们把单位时间内的话务量叫做话务量强度，如不特别声明，所说的话务量都是指话务量强度，即最忙 1 小时的话务量。

严格讨论通信网的话务量时，要区分流入话务量和完成话务量。

流入话务量 $A_{入}$ 是指话源产生的话务量。设某设备群上的所有入线，在 1 小时内发生的呼叫次数为 a，其平均占用时长为 t，则根据话务量的定义有

$$A_{入} = at \tag{3.2-2}$$

完成话务量 $A_{完}$ 是指设备接受呼叫处理的话务量。设接受处理的呼叫次数为 a'，其平均占用时长为 t，则根据话务量的定义有

$$A_{完} = a't \tag{3.2-3}$$

呼叫的产生是随机的，有时候发生的呼叫少，有时候发生的呼叫多。因此有些呼叫可能会遇到交换设备全忙的情况。对于这些呼叫，根据交换系统处理接续请求的方法，分为呼损工作制和待接工作制。

（1）呼损工作制

电路交换方式中，通常采用呼损工作制。呼损工作制是指当用户呼叫不能立即接通时，公用设备不再受理这次呼叫，系统给用户送忙音信号，用户听到忙音之后必须放弃本次呼叫。如果仍需要服务，就必须重新摘机呼叫。

（2）待接工作制

分组交换方式中，通常都采用待接工作制。待接工作制的系统也称等待系统或排队系统。它

的服务方式是在用户不能立即接通时可以等待，待公用设备空闲时，按某种规定的秩序将等待的呼叫接通。这种服务方式，不向用户送忙音信号，用户也不必重新呼叫，只要等待总可以接通。

呼损工作制服务方式中，若设备群被全部占用，这时如果再产生新的呼叫，就不予受理，即有一小部分流入话务量被损失掉。因此，在呼损系统中，完成话务量一般要小于流入话务量，其流入话务量与完成话务量的差值就是损失话务量。而在待接工作制服务方式中，其话源产生的呼叫都可得到处理，只不过某些呼叫需要等待一定时间而已，因此它的完成话务量等于流入话务量。

在呼损制工作方式中，表明线群服务质量的指标是呼损。从网络观点分析，呼损可分为 4 类，即交换机呼损、两局间的电路呼损、全程呼损和全网平均呼损。其中最值得注意的是全程呼损。所谓全程呼损，是指从发端局交换机到收端局交换机的呼损，故也称为端到端呼损。规定全程呼损指标不宜太大，否则会造成接续质量低劣。确定全程呼损的方法有理论方法和实用方法两种。理论方法既复杂又难以得到理想的效果，所以目前世界上大多数国家均采用实用方法。我国采用这种方法时主要参照 ITU-T 建议中的呼损指标、国内工程中的习惯采用值，并考虑用户可以接受的服务质量来规定。目前国内专家建议数字电话网的全程呼损指标如下：数字长途电话网≤0.098；数字本地电话网≤0.043；数字市内电话网≤0.027。

3.2.2 数字程控交换机的组成

程控交换机是由计算机控制的实时交换系统，它主要由硬件系统和软件系统两部分组成。程控交换系统的成本、质量（包括可靠性、话务处理能力、过负荷控制能力等）在很大程度上取决于软件系统。下面分别介绍数字程控交换机的硬件和软件系统。

1. 数字程控交换机硬件系统

数字程控交换机硬件系统可以分成话路部分和控制部分，其基本结构如图 3-10 所示。

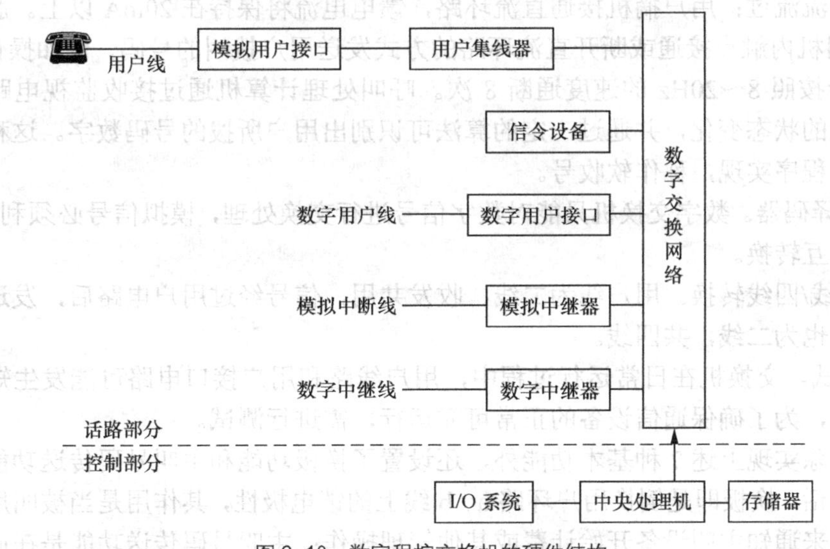

图 3-10 数字程控交换机的硬件结构

（1）话路部分

话路部分由各类接口电路、数字交换网络和信令设备组成。接口电路的作用是将来自不同终端（电话机、计算机等）或其他交换机的各种线路传输信号转换成统一的交换机内部工作信号，并按信号的性质分别将信令信号送给信令设备，将业务消息信号送给数字交换网络。交换网络的任务是实现各入线与出线上数字时分信号的接续。信令设备负责外部信令格式与适合呼叫处理机操作的内部消息格式间的转换，将接收到的外部信令转换成内部消息送给呼叫处理机，同时将呼叫处理机发布的对外部终端操作命令转换成外部格式，并通过相应的终端接口转送给指定的终端。

① 数字交换网络

数字交换网络是整个话路部分的核心，在处理机的控制下提供话路部分的接续功能。数字交换网络直接对数字信号进行交换，因此，所有发送到数字交换网络的信号都必须变换为二进制编码的数字信号。

② 模拟用户接口

模拟用户接口是数字程控交换设备通过模拟用户线连接普通电话的接口电路，常称为用户电路。数字程控交换机为每一个用户配备一个用户电路，其功能的英文第一个字母拼凑起来称为 BORSCHT 功能，各个字母所表示的功能如下。

B——向用户电话机馈电。馈电电压在中国规定为−60V，国外一般为−48V，通话时的馈电电流保持在 20～50mA。

O——过压保护。交换机用户接口连接电话机的用户线经常会暴露在外部空间，雷电或高压线路都可能侵袭用户线而影响交换机的运行安全，而交换机内部电路均为低压器件，因此必须设置过压保护电路。

R——振铃控制。振铃信号送往用户电话机，通知被叫用户有来话呼叫。向用户馈送的铃流电压一般较高，我国规定的标准是 75V±15V、25Hz 的交流电压，采用 1s 通、4s 断周期方式向用户话机馈送。

S——监视。通过监视用户线回路的通/断状态识别用户摘机挂机状态和检测拨号脉冲数字。监视功能通过检测用户线上直流环路有无直流流过来实现。用户挂机状态下直流环路被断开，没有直流流过；用户摘机接通直流环路，馈电电流将保持在 20mA 以上。脉冲拨号话机（DP）利用机内触点接通或断开直流环路的方式发送用户拨叫的号码，例如操作“8”时，直流环路便会按照 8～20Hz 的速度通断 8 次。呼叫处理计算机通过接收监视电路检测的用户直流环路上的状态变化，并通过一定的算法可识别出用户所拨的号码数字。这种收号方式主要通过软件程序实现，称作软收号。

C——编译码器。数字交换机只能对数字信号进行交换处理，模拟信号必须利用 PCM 编译码器实现相互转换。

H——二线/四线转换。用户线为二线，收发共用，信号经过用户电路后，发送方向为二线，接收方向也为二线，共四线。

T——测试。交换机在日常运行过程中，用户线路和用户接口电路可能发生短路、断路或接地等故障，为了确保通信设备的正常可靠运行，需进行测试。

用户电路除实现上述 7 种基本功能外，还设置了换极功能和主叫号码传送功能。换极功能用于公用电话，换极即是倒换用户环路 a、b 线上的馈电极性，其作用是当被叫用户摘机后通过换极信号来通知主叫设备开始计费或其他管理操作；主叫号码传送功能是在向被叫振铃间歇期间利用 FSK 调制技术将主叫号码传送给被叫话机，以便显示谁在呼叫。

③ 用户集线器

交换机的用户数量很大，但每个用户的话务量一般较低，多为 0.1Erl 左右，通过用户集线器对用户接口话务按 2:1～8:1 的比例进行集中，通过较少的高速 PCM 总线接入数字交换网络，提高内部通路的利用率。

④ 数字用户接口

数字用户接口是数字程控交换机在用户环线上采用数字传输方式连接数字用户终端的接口电路。它的过压保护、馈电和测试功能的作用及实现与模拟用户接口类似，当用户终端本身具有工作电源时，接口中可以免去馈电功能。

⑤ 数字中继器

数字中继器是数字交换系统与数字中继线之间的接口电路，常用于长途交换机之间、市话交换机之间和其他数字传输系统之间的数字信号传输连接，解决信号传输、同步和信令配合等问题。数字中继接口电路由码型变换、时钟提取、帧同步和复帧同步、帧定位、信令插入和提取、告警处理等功能模块组成。

⑥ 模拟中继器

模拟中继器是数字程控交换机为了适应与模拟交换机互连而设置的中继接口电路，它一端接到数字交换网络，另一端接到模拟中继线，因此模拟中继器的输入输出信号形式完全不同。目前，模拟中继已基本淘汰，广泛使用的是数字中继设备。

⑦ 信令设备

在呼叫建立和话终释放过程中，用户与交换机之间、交换机与交换机之间都要交互一些控制信息，以协调相互的动作，这些控制信息称为信令。信令设备完成交换机在话路接续过程中所必需的各种信令功能：一是产生各种信号音，如拨号音、忙音、回铃音等；二是接收电话机和其他交换机送来的各种信号。

（2）控制部分

控制部分完成对话路设备的控制功能，它把对交换机的控制和维护管理功能预先编成程序，存储在计算机的存储器中，当交换机工作时，呼叫处理程序自动检测状态变化和维护人员输入的命令，根据要求执行程序，控制交换机完成呼叫接续、维护和管理等功能。控制部分由中央处理器、输入/输出设备和存储器组成。中央处理器是整个计算机系统的核心，用来执行指令，其运算能力的强弱直接影响整个系统的处理能力。输入/输出设备包括外存、鼠标、键盘、打印机、显示器等，是交换机维护人员使用的设备。存储器用来存储交换设备的状态及运行数据和呼叫处理程序，常用程序和数据存储在内部存储器中，其他存在外部存储器中，需要时再调入内存。

2．数字程控交换机软件系统

数字程控交换机软件部分主要是指存放在其中的数据和程序，从总体上可分为运行软件和支持软件两大部分。程控交换机的软件系统结构如图 3-11 所示。

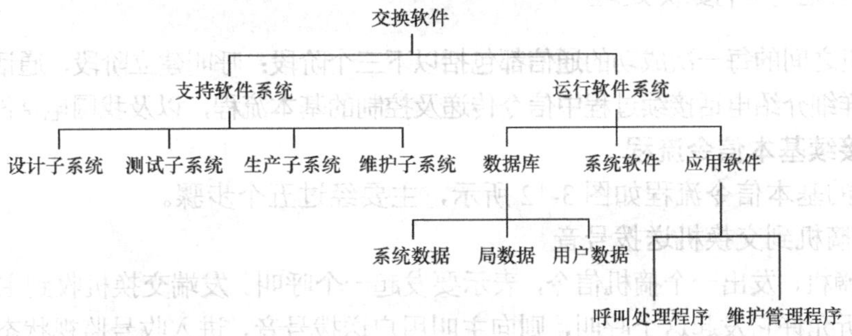

图 3-11　程控交换机的软件系统组成

（1）运行软件

程控交换机的运行软件指存放在交换机处理机系统中，对交换机的各种业务进行处理的程序和数据的集合。根据功能不同，运行软件又分为系统软件、应用软件和数据库三大部分。

① 系统软件

系统软件用来对所有软、硬件资源进行统一管理和调度，为其他的软件部分提供支持，其主要功能是任务调度、存储器管理、时间管理、通信支援、故障处理、外设处理、文件管理和装入引导等。

② 应用软件

应用软件是直接面向用户，为用户服务的程序，包括呼叫处理程序和维护管理程序两部分。呼叫处理程序负责整个交换机所有呼叫的建立与释放，以及交换机各种新服务功能的建立与释放；维护管理程序主要是协助实现交换机软硬件系统的更新、计费管理和监督交换机的工作情况，同时要实现交换机的故障检测、故障诊断与恢复等功能。

③ 数据库

数据库系统对软件系统中的大量数据进行集中管理，实现各部分软件对数据的共享访问功能，并提供数据保护等功能。

（2）支持软件

支持软件又称支援软件，是在编写和调试程序时为提高效率而使用的程序，是脱机运行的。支持软件按功能不同可分为设计子系统、测试子系统、生产子系统和维护子系统。

① 设计子系统

用在设计阶段，作为规范描述语言与高级语言间的连接器，与各种高级语言和汇编语言的编译器一起，完成链接定位程序及文档生成工作。

② 测试子系统

用于检测所设计软件是否符合规范，主要分为测试和仿真执行两种功能。测试功能根据设计规范生成各种测试数据，并在已设计的程序中运行这些测试数据，检验程序的工作结果是否符合原设计要求；仿真执行功能是将软件的设计规范转换为语义等价的可执行语言，在设计完成前根据仿真执行结果检验设计规范是否符合实际要求。

③ 生产子系统

用于生成交换局运行所需的软件。

④ 维护子系统

负责对交换局程序的现场修改。

3.2.3 电话呼叫接续处理

两个电话机之间的每一次成功的通信都包括以下三个阶段：呼叫建立阶段、通话阶段和话终释放阶段。下面详细介绍电话接续过程中信令传递及控制的基本流程，以及我国电话网的编号计划。

1．电话接续基本信令流程

电话呼叫的基本信令流程如图 3-12 所示，主要经过五个步骤。

（1）主叫摘机到交换机送拨号音

主叫用户摘机，发出一个摘机信令，表示要发起一个呼叫。发端交换机收到主叫用户的摘机信令后，经分析允许它发起这个呼叫，则向主叫用户送拨号音，进入收号监视状态。主叫用户听到拨号音后，开始拨号，将被叫号码送到发端交换机，即告知发端交换机此次接续的目的终端。

（2）收号

由收号器接收被叫号码，并发送给呼叫处理程序。在收到第一位号码后，停止送拨号音，断开拨号音传送电路，存储陆续收到的有效号码。

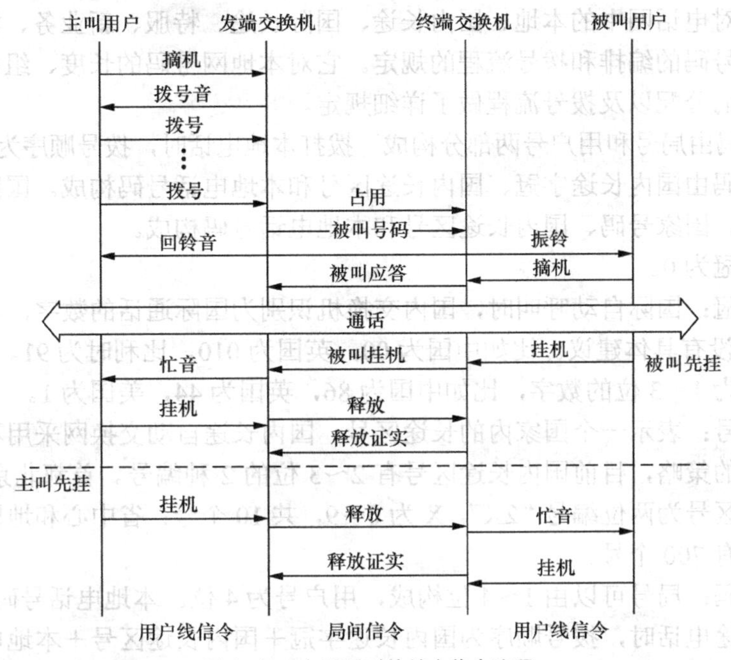

图 3-12 电话呼叫的基本信令流程

（3）号码分析及双方语音通路的建立

呼叫处理程序把前几位号码发给字冠分析程序进行呼叫方向的分析，以确定呼叫类别（本局呼叫、出局呼叫、长途呼叫、特服呼叫等），接着呼叫处理程序分析后续号码，查得被叫用户的设备号码，测试忙闲状态。如果被叫不在本交换局所辖范围，则应由主叫方交换机通过中继线向被叫方交换机或汇接交换机发送局间信令，通知相关交换机协助建立主叫用户到被叫用户之间的通信电路，并向终端交换机发送被叫号码信令。被叫方交换机根据被叫号码寻找被叫的用户电路，测试忙闲状态。被叫空闲则为通话双方预占通话路由，并向被叫送铃流，向主叫送回铃音，以告知主叫用户已找到被叫，正在叫出。否则向主叫送忙音。

（4）被叫应答、双方通话

被叫用户听到振铃后摘机应答，呼叫处理程序监视发现被叫应答后，对其停送铃流，并停止向主叫送回铃音，各交换机完全连通主被叫用户间的双向通话电路，主被叫双方进入通话阶段，此时线路上传送的是语音信号。

（5）通话结束挂机、复原

假如被叫用户先挂机，发出挂机信号，终端交换机收到该信号则向发端交换机发送被叫挂机信令，通知发端交换机被叫已经挂机。发端交换机收到该信令则向主叫用户送忙音，催促主叫挂机，并向终端交换机发送释放信令，告知通话结束，要求释放资源。主叫用户听到忙音则挂机，结束通话。终端交换机收到释放信令后，拆除话路，释放资源，回复释放证实信令，表示收到释放信令，释放了资源，通话结束。若是主叫用户先挂机，则发端交换机向终端交换机发送释放信令，告知通话结束，要求释放资源。终端交换机收到释放信令后，向被叫发送忙音，拆除话路，释放资源，回复释放证实信令，被叫用户听到忙音则挂机，通话结束。

2. 电话网的编号计划

电话网中每一个用户都分配一个编号，用来在电信网中选择和建立接续路由和作为呼叫的目的码。每一个用户号码必须是唯一的，不得重复，因此需要有一个统一的编号方式。

编号计划是对电话网中的本地、国内长途、国际长途、特服、新业务、测试和网间互通等各种呼叫拨号号码的编排和拨号流程的规定。它对本地网号码的长度、组成、长途区号、字冠和首位号码的分配以及拨号流程做了详细规定。

本地电话号码由局号和用户号两部分构成。拨打本地电话时，拨号顺序为局号＋用户号。国内长途电话号码由国内长途字冠、国内长途区号和本地电话号码构成。国际长途电话号码由国际长途字冠、国家号码、国内长途区号和本地电话号码构成。

国内长途字冠为 0。

国际长途字冠：国际自动呼叫时，国内交换机识别为国际通话的数字，其形式由各国自由选择，CCITT 没有具体建议。比如中国为 00，英国为 010，比利时为 91。

国家号码：为 1～3 位的数字，比如中国为 86，英国为 44，美国为 1。

国内长途区号：表示一个国家内的长途区号，国内长途自动交换网采用不等位编号逐步向等位编号过渡的策略，目前国内长途区号有 2～3 位的 2 种编号。首都北京编号为 10；省间中心和直辖市区号为两位编号“2X”，X 为 0～9，共 10 个号；省中心和地区中心区号为三位编号，总共可有 700 个号。

本地电话号码：局号可以由 1～4 位构成，用户号为 4 位。本地电话号码最长为 8 位。

拨打国内长途电话时，拨号顺序为国内长途字冠＋国内长途区号＋本地电话号码。

拨打国际长途电话时，拨号顺序为国际长途字冠＋国家号码＋国内长途区号＋本地电话号码。

例如，英国用户自动拨号重庆（023）62460114 用户时，拨号顺序为 010＋86＋23＋62460114；

重庆用户自动拨号英国用户时，他的电话号码是（0207）3476789，拨号顺序为 00＋44＋207＋3476789。

3.2.4 No.7 信令系统

信令是呼叫接续过程中所采用的一种通信语言，用于协调动作、控制呼叫。这种通信语言应该是可相互理解、相互约定，以达到协调动作的目的，因此信令是通信网中规范化的控制命令，是通信网的重要组成部分。它的作用是控制通信网中各种通信连接的建立和拆除，维护通信网的正常运行。信令通常包含通信源端和目的端地址、信令类别、设备状态和所要完成的连接控制任务等信息。

1．信令的分类

信令的分类方法有很多，下面介绍几种常用的分类方法。

（1）按照信令完成的功能划分，可分为监视信令、路由信令和管理信令。

① 监视信令

监视信令具有监视功能，用来监视通信线路的忙闲状态。如用户线上主被叫的摘挂机信令以及中继线上的占用信令都是监视信令，它们分别表示了当前用户线和中继线的占用情况。

② 路由信令

路由信令具有选择接续方向并确定通信路由的功能。如主叫用户拨的被叫号码就是路由信令，它是此次通信的目的地址，交换机根据它来选择接续方向，从而找到被叫。

③ 管理信令

管理信令具有操作维护功能，用于检测通信网的拥塞情况、资源调配、故障告警及提供计费信息等，保证通信网的正常运行。

（2）按照信令的工作区域划分，可分为用户线信令和局间信令。

① 用户线信令

用户线信令是指在用户终端和交换机之间的用户线上传送的信令。按照信令在用户终端与交换设备的传送方向的不同，用户线信令包括由用户向交换机发出的用户信令和由交换机向用户发出的用户信令。电话机发出的用户信令按功能分为监视信令和选择信令：监视信令包括主叫/被叫的摘机/挂机信号；选择信令是主叫送出的拨号信息，包括被叫号码。交换机向用户发出的用户信令主要有铃流和信号音，它们一般通过不同频率和不同的断续间隔来区分不同的信令。值得一提的是，随着近年来彩铃业务和炫铃业务的开展，用户可以自己定制电话回铃音或下载振铃音。

② 局间信令

局间信令是指交换机之间、交换机与业务控制点、网管中心、数据库等之间传送的信令。它主要完成网络节点设备之间连接链路的建立、监视和释放控制，网络服务性能的监控、测试等功能，比用户线信令复杂得多。

（3）按照信令信道与语音信道的关系划分，可分为随路信令和公共信道信令。

按信令传送信道与用户信息传送信道之间的关系划分，可分为随路信令和公共信道信令。随路信令主要用于步进制、纵横制及早期的程控交换机所组成的电话网络，随路信令系统的特征是信令全部或部分在语音电路中传送，信令的传送、处理与其服务的话路有严格的对应关系。公共信道信令即共路信令，它将信令与用户语音信息在不同的电路上分开传递，一个专用信令链路可以集中传送多个用户信令信息，即可以为多条话路所公用。

① 随路信令

随路信令方式是指使用语音信道传送各种信令，即传送信令的信道与对应的用户信息信道之间在时间上或物理上存在着一一对应的固定关系。两端交换节点的信令设备之间没有直接相连的信令信道，信令是通过对应的用户信息信道传送。以传统电话网为例，当有一个呼叫到来时，交换机先为该呼叫选择一条到下一交换机的空闲话路，然后在这条空闲的话路上传递信令，当端到端的连接建立成功后，再在该话路上传递用户的语音信号。

② 公共信道信令

公共信道信令方式是指将信令和语音分开，信令在一条专用的数据链路上传送。公共信道信令的信令通道与用户信息通道之间不具有时间位置的关联性，彼此相互独立，交换系统之间设有专用的信令通道传送两点之间的信令；而用户语音信息是在交换系统之间的话路上传送，信令通道与话路分离。在通信连接建立和拆除时，交换系统通过信令通道传送连接建立和拆除的控制信令，在信息传送阶段，交换系统则在预先选好的空闲话路上传送用户信息。No.7 信令是公共信道信令，公共信道信令的传送速度快，信令容量大，可传递大量与呼叫无关的信令，便于信令功能的扩展和开放新业务，更适应现代通信网的发展。下面就详细介绍 No.7 信令系统。

2．No.7 信令系统

No.7 信令方式是目前通信网上普遍采用的局间信令，在国际国内得到了广泛的应用。其应用不仅包括基本的 PSTN、电路交换的数据网（CSPDN）和 N-ISDN 的应用，还包括智能网、网络的操作维护与管理、N-ISDN 部分补充业务的主要应用以及面向 B-ISDN 的应用。

No.7 信令系统具有以下四个特点：

① No.7 信令是公共信道信令，局间的 No.7 信令链路是由两端的信令设备和它们之间的数据链路组成的，数据链路是速率为 64kbit/s 的双向数据通道。

② No.7 信令采用分组传送模式中的数据报方式，其信息传送的最小单位信令单元就是一个分组，并且基于统计时分复用方式。

③ 由于话路与信令通道是分开的，所以必须对话路进行单独的导通检验。

④ 必须设置备用设备，以保证信令系统的可靠性。

（1）No.7 信令功能结构

No.7 信令系统主要由消息传递部分（Message Transfer Part，MTP）和用户部分（User Part，UP）两部分组成，如图 3-13 所示。

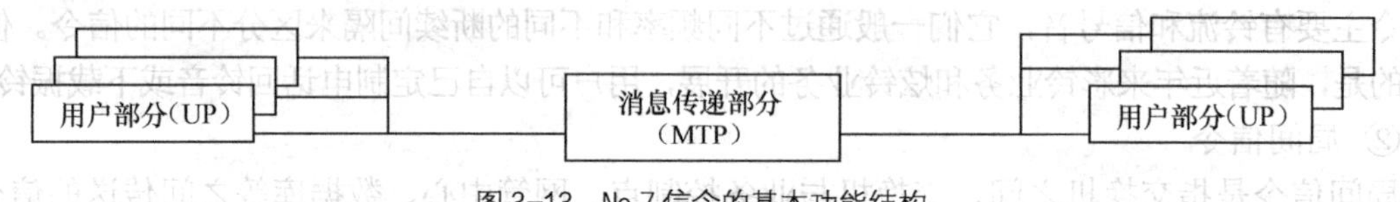

图 3-13　No.7 信令的基本功能结构

No.7 信令系统的基本结构共有四级：第一级为信令数据链路功能级，对应于 OSI 模型的物理层；第二级为信令链路功能级，对应于 OSI 模型的数据链路层；第三级为信令网功能级，对应于 OSI 模型的网络层的部分功能；第四级为用户部分，可以是电话用户部分（TUP）、数据用户部分（DUP）、ISDN 用户部分（ISUP）等。No.7 信令系统的四级功能结构如图 3-14 所示。

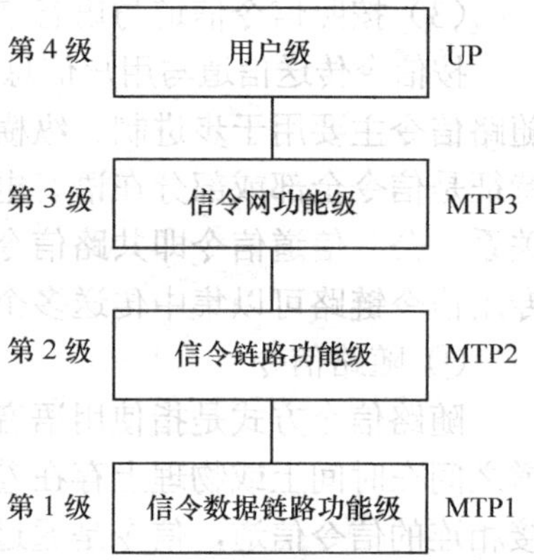

第 4 级　用户级　UP

第 3 级　信令网功能级　MTP3

第 2 级　信令链路功能级　MTP2

第 1 级　信令数据链路功能级　MTP1

图 3-14　No.7 信令系统的四级功能结构

① 信令数据链路功能级

本级是物理实体，它规定了信令数据链路的物理、电气和功能特性及其连接方法。信令数据链路提供了传送信令消息的物理通道，它由一对传送速率相同、工作方向相反的数据通路组成，完成了比特流的透明传输。

② 信令链路功能级

本级定义了信令消息的传递和与其传递有关的功能和过程。它负责确保在一条信令链路直连的两点之间可靠地交换信号单元，包含差错控制、流量控制、顺序控制、信元定界等功能。

③ 信令网功能级

本级主要功能是信号消息处理与信号网络管理，为信令网上任意两点之间提供可靠的信令传送能力，而不管它们是否直接相连，包含信令路由、转发、网络故障时的路由倒换、拥塞控制等功能。

④ 用户部分功能级

用户部分功能级也称为业务分系统功能级，由不同的用户部分组成，每个用户部分定义与某一类用户业务相关的信令功能和过程。电话用户部分（TUP）是最早研究提出的用户部分之一，它规定了电话通信呼叫接续处理中所需的各种信令消息格式、编码及功能程序；信令连接控制部分（SCCP）是为增强 MTP 的功能，提高 No.7 信令方式的应用性能而设置的功能块，它提供面向连接和无连接的业务；综合业务数字网用户部分（ISUP）是在 ISDN 环境中，提供语音或数据交换所需的功能和程序，以支持基本的承载业务和补充业务；事务处理能力应用部分（TCAP）提供节点之间传递信息的手段以及对相互独立的各种应用提供通用业务。

四级结构是 No.7 信令系统最基本的结构，它广泛应用于数字电话网、电路交换方式的数据网、N-ISDN 网（不包括部分补充业务）。但随着技术的进步和各种新业务的不断涌现，基本的四级结构越来越多地暴露出它的局限性。尤其是随着 No.7 信令在智能网、移动通信、电信网的维护和管理等应用领域的普及，人们对 No.7 信令系统的功能提出了更高的要求。为了使 No.7 信令系统的功能更完善、更强大和灵活，以适应通信网的要求，1990 年后，ITU-T 在四级结构的基础上，新增了两个功能模块，即信令连接控制部分（SCCP）和事务处理能力部分（TCAP），使得 No.7 信令系统的结构与 OSI 参考模型渐趋一致。

面向 OSI 七层协议的 No.7 信令系统结构如图 3-15 所示，SCCP 弥补了 MTP 在网络层功能的不足，它叠加在 MTP 之上，与 MTP 第 3 级共同完成 OSI 的网络层功能，提供了较强的路由和寻址能力。中间服务部分（ISP）用来完成面向连接应用时的 4～6 层功能。TCAP 建立在 SCCP 无连接服务基础上，传送的是与电路无关的消息，专门处理网络中任意两点之间的消息交互过程，实现两点之间的远程操作。目前 TCAP 主要用于与网络数据库紧密相关的业务，例如智能网中记账卡业务、800 号业务及运行维护管理应用、移动通信应用等。在 TCAP 之上又分别引入了三种 TC 用户：智能网应用部分（INAP）、移动应用部分（MAP）和运行维护管理部分（OMAP）。

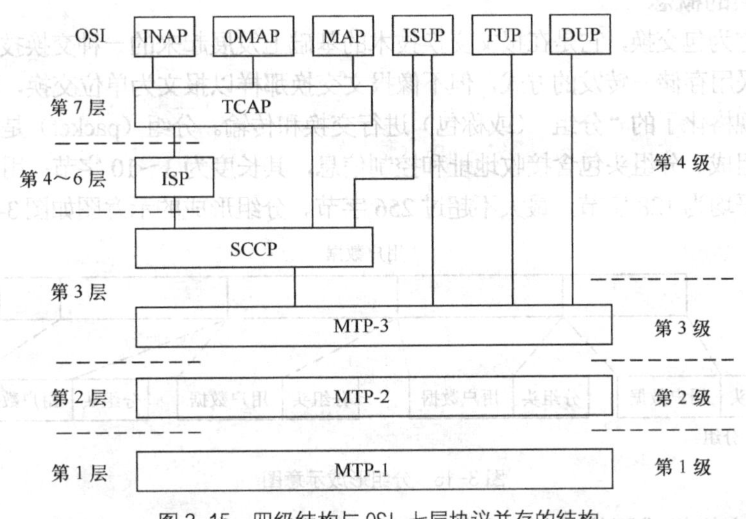

图 3-15　四级结构与 OSI 七层协议并存的结构

（2）信令单元格式

在 No.7 信令系统中，消息是以信令单元的方式传递的，它采用不等长度的信令单元格式传送信令消息。根据信令单元的来源不同，分为三种格式：消息信令单元（MSU）、链路状态信令单元（LSSU）和填充信令单元（FISU）。

① 消息信令单元

消息信令单元是由用户产生的，是真正用来传递用户部分信息的载体。由于消息信令单元搭载着用户信令信息，因此其单元长度可变动，并且出现差错时自动重发。

② 链路状态信令单元

链路状态信令单元用来提供各种链路状态信息，当信令链路启用或对信令消息进行流量控制或链路出现故障时，要发送链路状态信令单元通知对方。链路状态信令单元长度固定，且不重发。

③ 填充信令单元

当信令链路上没有消息信令单元及链路状态信令单元传送时，发送填充信令单元进行填充，表示链路空闲。填充信令单元长度固定，不能重发。

3.3 分组交换

随着计算机技术的发展，数据通信在整个通信业务中占有越来越重的比例，成为人类信息交流中十分重要的通信手段。数据交换既要求接续速度快、线路利用率高，又要求传输时延小，不同类型的终端能相互通信。电路交换传输时延小，但电路接续时间长，线路利用率低，且不利于不同类型的终端相互通信。而报文交换虽可解决上述问题，但信息传输时延又太长，不满足许多数据通信系统的实时性要求。人们从 20 世纪 60 年代开始研究一种新形式的、适合于数据通信的交换方式——分组交换。

3.3.1 分组交换的概念和特点

分组交换是数据通信交换技术的基础，它比用电路交换传输数据的效率高，可靠性更好。数据传输中所有其他信息交换技术，如 ATM、IP、MPLS 等，都是基于分组交换的。

1．分组交换的概念

分组交换又称为包交换，它是在报文交换技术的基础上发展起来的一种交换技术，吸取报文交换的优点，仍然采用存储—转发的方式，但不像报文交换那样以报文为单位交换，而是把报文截成若干比较短的、规格化了的“分组”（或称包）进行交换和传输。分组（packet）是由分组头和其后的用户数据部分组成。分组头包含接收地址和控制信息，其长度为 3～10 字节；用户数据部分的长度是有限制的，平均为 128 字节，最大不超过 256 字节。分组形成的示意图如图 3-16 所示。

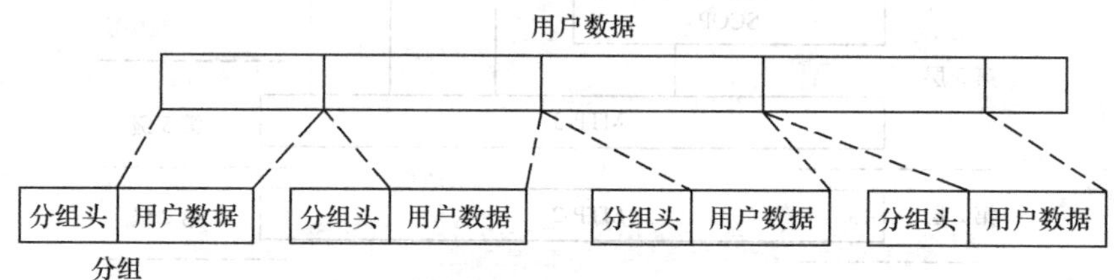

图 3-16　分组形成示意图

一般分组经交换机或网络的时间很短，通常一个交换机的平均时延为数毫秒或更短，所以，能满足绝大多数数据通信用户对信息传输的实时性要求。

2．分组交换的特点

（1）分组交换的优点

① 传输质量高

分组交换机具有差错控制、流量控制等功能，可实现逐段链路的差错控制（差错校验和重发），而且对于分组型终端，在接收端也可以同样进行差错控制。所以，分组在网络中传送的差错率大大降低，传输质量明显提高。

② 可靠性高

在电路交换方式中，一次呼叫的通信电路固定不变，而分组交换方式则不同，每个分组可以自由选择传输途径。由于分组交换机至少与另外两个交换机相连接，当网中发生故障时，分组仍能自动选择一条避开故障地点的迂回路由传输，不会造成通信中断。

③ 为不同种类的终端相互通信提供方便

分组交换网进行存储—转发交换，并以 X.25 建议的规程向用户提供统一的接口，从而能够实现不同速率、码型和传输控制规程终端间的互通，同时也为异种计算机互通提供方便。

④ 能满足通信实时性要求

信息的传输时延较小，而且变化范围不大，能够较好地适应会话型通信的实时性要求。

⑤ 可实现分组多路通信

由于每个分组都含有控制信息，所以，分组型终端尽管和分组交换机只有一条用户线相连，但可以同时和多个用户终端进行通信。

⑥ 经济性好

在网内传输和交换的是一个个被规范化了的分组，这样可简化交换处理，不要求交换机具有很大的存储容量，降低了网内设备的费用。此外，由于进行统计时分复用，可大大提高通信电路的利用率，并且在中继线上以高速传输信息，而且只有在有用户信息的情况下使用中继线，因而降低了通信电路的使用费用。

（2）分组交换的缺点

① 信息传输效率较低

由于传输分组时需要交换机有一定的开销，使网络附加的控制信息较多，对长报文通信的传输效率比较低。为了保证分组能按正确的路由安全准确地到达终点，要给每个数据分组加上控制信息（分组头），用来实现数据通路的建立、保持和拆除，并进行差错控制和数据流量控制等。可见，在交换网内除了传输用户数据外，还有许多辅助信息在网内流动，对于较长的报文来说，分组交换的传输效率不如电路交换和报文交换。

② 要求交换机有较高的处理能力

分组交换机要对各种类型的分组进行分析处理，为分组在网中的传输提供路由，并在必要时自动进行路由调整，为用户提供速率、代码和规程的变换，为网络的维护管理提供必要的信息等，因而要求具有较高处理能力的交换机。大型分组交换网的设备较复杂，投资较大。

3.3.2 分组交换原理

分组交换是把用户要发送的数据按一定长度分割成若干个数据段，为每个数据段增加分组头，表示信息的开始和结束、这段信息的类型、将送往何处以及错误校验码以检测传输中的错误，然后以分组为单位进行存储—转发。当用户的分组到达交换机时，先将分组存储在交换机的存储器中，当所需要的输出电路有空闲时，再将该分组发向接收交换机或用户终端，最后去掉控制信息，将分组还原成发送端文件，交给接收用户。

接入分组交换网的用户终端有两类：分组型终端和非分组型终端（一般终端）。分组型终端能按照分组格式收发信息，一般终端必须在分组网内配置具有分组装拆功能的分组装/拆设备（PAD），使不同类型的用户终端可以互通。

分组交换的工作原理如图 3-17 所示。假设分组交换网有 3 个交换节点，分别是分组交换机 1、2、3。图中画出 A、B、C、D 4 个数据用户终端，其中 B 和 C 为分组型终端，A 和 D 为一般终端。分组型终端 B 和 C 以分组的形式发送和接收信息，而一般终端 A 和 D（即非分组型终端）发送和接收的不是分组，而是报文（或字符流）。所以，一般终端 A 发送的报文要由分组装/拆设备 PAD 将其拆成 2 个分组 1C 和 2C，1 和 2 表示分组编号，C 表示目的终端，1C、2C 分组在网中传输和交换，分组型终端 C 直接接收分组；分组型终端 B 发送分组 1D、2D 和 3D，接收终端为一般终端 D，则需要 PAD 将 3 个分组重新组装成报文再送给一般终端 D。

分组交换有两种工作方式：数据报和虚电路。下面我们结合这两种工作方式分析图 3-17

中的两个通信过程（非分组型终端 A 和分组型终端 C 之间的通信以及分组型终端 B 和非分组型终端 D 之间的通信）。

1. 数据报方式

如图 3-17 所示，终端 A 和 C 之间的通信采用的是数据报方式。非分组型终端 A 发出带有接收终端 C 地址号的报文，在分组交换机 1 中经过 PAD（如果 A 是分组型终端，那么这里就不用经过 PAD），将此报文拆成两个分组，存入存储器并进行路由选择，决定将分组 1C 直接传送给分组交换机 2，将分组 2C 先传给分组交换机 3，再由交换机 3 传送给分组交换机 2，路由选择后，等到相应路由有空闲，分组交换机 1 便将两个分组从存储器中取出送往相应的路由。其他相应的交换机也进行同样的操作，最后由分组交换机 2 将这两个分组送给接收终端 C。从图 3-17 中可以看出，数据报将每个分组单独作为一份报文对待，分组交换机为每一个数据分组独立地寻找路径，虽然每个分组都有同样的终点地址，但并不遵循同一路径到达终点，因此它们的时延是不同的，也就是说数据报分组到达终点的顺序可能不同于发送端，需要重新排序。这里需要说明的是，分组型终端有排序功能，而一般终端没有排序功能。所以，当接收终端是分组型终端时，排序可以由终点交换机完成，也可以由分组型终端自己完成；但若接收端是一般终端时，排序功能必须由终点交换机完成。由于 C 是分组型终端，因此在交换机 2 中不必经过 PAD，直接将分组送给终端 C。

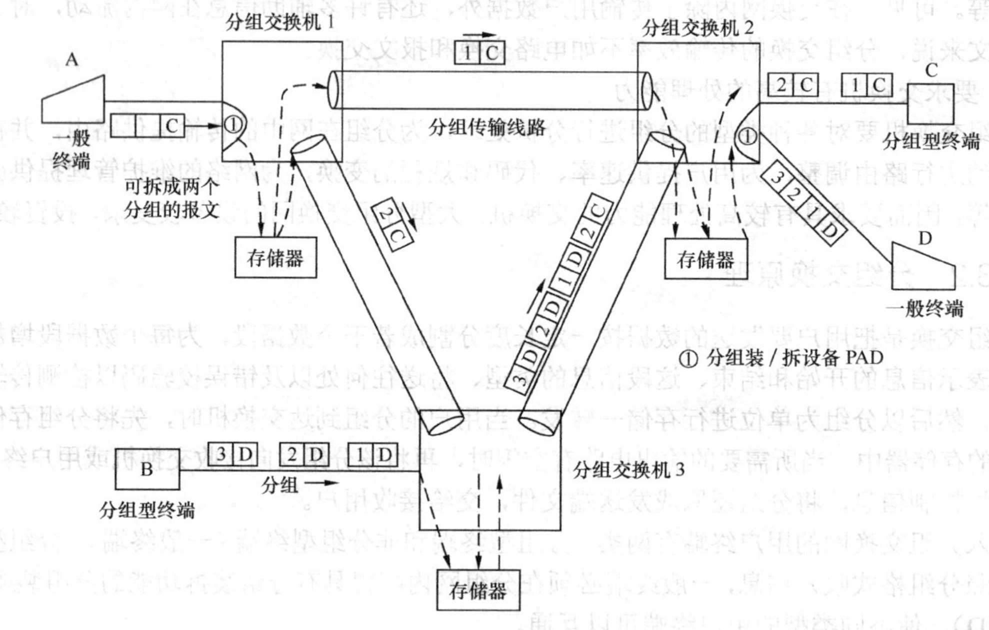

图 3-17　分组交换工作原理

数据报有以下特点。

（1）用户之间的通信不需要经历呼叫建立和呼叫清除阶段，对于数据量小的通信，传输效率比较高。

（2）数据分组的传输时延较大（与虚电路方式比），且离散度大（即同一终端的不同分组的传输时延差别较大）。因为不同的分组可以沿不同的路径传输，而不同传输路径的延迟时间差别较大。

（3）同一终端送出的若干分组到达终点的顺序可能不同于发送端，需重新排序。

（4）对网络拥塞或故障的适应能力较强，一旦某个经由的节点出现故障或网络的一部分形成拥塞，数据分组可以另外选择传输路径，只要到目的终端还存在一条路由，通信就不会中断。

2．虚电路方式

如图 3-17 所示，终端 B 和 D 之间的通信采用的是虚电路方式。两个用户终端设备在开始互相传输数据之前必须通过网络建立一条逻辑上的连接（称为虚电路），B 首先发送一个“呼叫请求”分组到交换机 3，要求到 D 的连接，交换机 3 决定将该分组发到交换机 2，交换机 2 最终将“呼叫请求”分组发送到 D。如果 D 准备接收这个连接，它发送一个“呼叫接收”分组，通过交换机 2、3 到达 B，一旦这种连接建立以后，B 和 D 之间可以发送的数据（以分组为单位）将通过该路径按顺序通过网络传送到达终点。当通信完成之后用户发出拆链请求，网络清除连接。分组型终端 B 发送的数据是分组，在交换机 3 中不必经过 PAD，1D、2D、3D 这 3 个分组经过相同的路由传输，由于接收终端为一般终端，所以在交换机 2 内由 PAD 将 3 个分组组装成报文送给一般终端 D。

虚电路方式的特点如下。

（1）一次通信具有呼叫建立、数据传输和呼叫清除 3 个阶段，对于数据量较大的通信传输效率高。

（2）终端之间的路由在数据传送前已被决定（建立虚电路时决定的），不必像数据报那样，节点要为每个分组作路由选择的决定，因而数据分组的分组头较简单（不需要包含目的终端地址），但分组还是要在每个节点上存储、排队等待输出。

（3）数据分组按已建立的路径顺序通过网络，在网络终点不需要对分组重新排序，分组传输时延较小，而且不容易产生数据分组的丢失。

（4）虚电路方式的缺点是当网络中由于线路或设备故障可能使虚电路中断时，需要重新呼叫建立新的连接，但现在许多采用虚电路方式的网络已能提供重连接的功能，当网络出现故障时将由网络自动选择并建立新的虚电路，不需要用户重新呼叫，并且不丢失用户数据。

3.3.3 分组交换协议

分组交换协议是在分组交换过程中数据终端设备（Data Terminal Equipment，DTE）与分组交换网以及分组交换网内各交换节点之间关于信息传输过程、信息格式和内容等的约定。DTE 通常是主计算机、个人计算机、智能终端等。分组交换协议可分为接口协议和网内协议，接口协议是指 DTE 和与它相连的网络设备之间的通信协议，即 UNI（User Network Interface）协议；网内协议是指网络内部各交换机之间的通信协议，即 NNI（Network node Interface）协议。国际标准化组织（ISO）和国际电信联盟（ITU）制定了一系列分组交换协议，如 X.25、X.75、X.3、X.28、X.29、X.121 等，其中最著名的就是 X.25 接口协议。

X.25 接口协议在 1976 年首次被提出，在之后的数十年间经过多次的修改，已是目前使用最广泛的分组交换协议。X.25 协议是数据终端设备和数据电路终接设备（Data Circuit terminating Equipment，DCE）之间的接口协议，该协议的制定实现了接口协议的标准化，使得各种 DTE 能够自由连接到各种分组交换网上。作为用户设备和网络之间的接口协议，X.25 协议主要定义了数据传输通路的建立、保持和释放过程所需遵循的标准，数据传输过程中进行差错控制和流量控制的机制以及提供的基本业务和可选业务等，主要用于广域互连。

X.25 协议采用分层的体系结构，如图 3-18 所示，自下而上分为三层：物理层、数据链路层和分组层。各层在功能上相互独立，每一层接受下一层提供的服务，同时也为上一层提供服务，相邻层之间通过原语进行通信。在接口的对等层之间通过对等层之间的通信协议进行信息交换的协商、控制和信息的传输。

1. X.25 的物理层

X.25 的物理层协议定义了 DTE 和公用分组交换网之间建立、维持、释放物理链路的过程，包括机械、电气、功能和规程等特性。X.25 物理层接口采用 X.21，X.21bis 和 V 系列协议。X.25 物理层的功能是提供传送信息的物理通道。物理层不执行重要的控制功能，控制功能主要由链路层和分组层来完成。

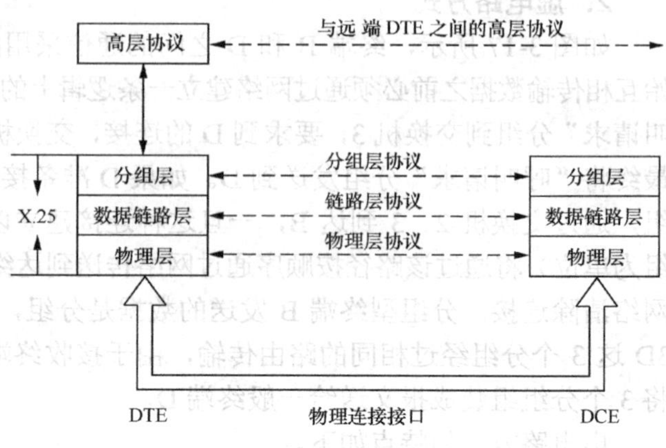

图 3-18 X.25 协议的分层结构

X.25 物理层完成的主要功能有：①DTE 和 DCE 之间的数据传输；②在设备之间提供控制信号；③为同步数据流和规定比特速率提供时钟信号；④提供电气地；⑤提供机械的连接器（如针、插头和插座）。

2. X.25 数据链路层

X.25 数据链路层协议是在物理层提供的双向的信息传输通道上，控制信息有效、可靠地传送的协议。高级数据链路控制规程（Hign Level Data Link Control，HDLC）提供两种链路配置：一种是平衡配置；另一种是非平衡配置。非平衡配置可提供点到点链路和点到多点链路。平衡配置只提供点到点链路。X.25 的数据链路层协议采用的是 HDLC 的一个子集：平衡型链路访问规程（Link Access Procedures Balanced，LAPB）协议。LAPB 采用异步平衡操作方式，它把链路两端都看作一个主/从组合站，任何一方只要发送一个命令就可以使链路复位或建立新的链路，只提供点到点的链路方式。

X.25 数据链路层完成的主要功能如下：①DTE 和 DCE 之间的数据传输；②发送和接收端信息的同步；③传输过程中的检错和纠错；④有效的流量控制；⑤协议性错误的识别和告警；⑥链路层状态的通知。

数据链路层传送信息的最小单位是帧，可按照帧完成的功能将其分成三类：信息帧（I 帧）、监控帧（S 帧）和无编号帧（U 帧）。LAPB 帧的基本结构与 HDLC 完全相同，如图 3-19 所示，它包含标志字段 F、地址字段 A、控制字段 C、帧检验序列 FCS，部分帧还包括信息字段 I。

各个字段的含义及功能描述如下。

（1）标志字段 F：帧的界定符，8bit，其值为 01111110，用于帧同步，表示一帧的开始和结束，标志序列也可以作为帧间填充字符。为了保证数据的透明传输，采用“0”比特填充法，使得所传送的用户信息内容不受任何限制。

标志字段F	地址字段A	控制字段C	信息字段I	检验序列FCS	标志字段F
8bit	8bit	8bit或16bit	变长	16bit	8bit

图 3-19 LAPB 帧的结构

（2）地址字段 A：8bit，表示数据链路上发送站和接收站的地址。在 X.25 中用于区分两个传输方向上的命令帧和响应帧，命令帧是用来发送信息或产生某种操作，响应帧是对命令帧的响应。在命令帧中，地址字段标识该命令的目的站，在响应帧中标识发出响应的站。X.25

只支持点到点的通信，仅有两个地址，故它的地址字段仅用于区分两个传输方向上的命令和响应。表3-1给出了地址字段在不同应用场合下的编码，其中A为DTE地址（用于DCE发出的命令和对此命令的响应），B为DCE地址（用于DTE发出的命令和对此命令的响应）。

表3-1　　X.25数据链路层地址字段

方向 帧类别	DTE（用户） → DCE（网络）	DCE（网络） → DTE（用户）
命令帧	B（10000000）	A（11000000）
响应帧	A（11000000）	B（10000000）

（3）控制字段C：8bit或16bit，用来区分帧的类型（I帧、S帧、U帧）并携带控制信息。

（4）信息字段I：是为传输用户信息而设置的，用来装载分组层的数据分组，其长度可变。

（5）帧检验序列FCS（Frame Check Sequence）：16bit，用来检查帧通过链路传输可能产生的错误，在发送端FCS按照特定的算法对发送信息进行计算而产生，并附于帧尾，在接收端通过检查FCS来判断在传输过程中是否发生了错误。FCS采用循环冗余校验，可以用移位寄存器实现。

3．X.25分组层

X.25建议的分组层利用链路层提供的服务在DCE-DTE接口交换分组，定义了DTE和DCE之间传输分组的过程。分组层所要完成的主要功能就是在DTE与DCE接口之间建立虚电路连接，传输分组信息以及在通信结束时清除虚电路连接。

（1）分组层概述

分组传送方式采用的是统计时分复用，它将一条逻辑链路按照动态时分复用的方法划分成多个逻辑信道，允许多个通信同时使用一条逻辑链路，实现了资源共享。用逻辑信道号（Logical Channel Number，LCN）标志每一个逻辑信道，LCN只在DTE与DCE接口或中继线上的点到点之间有效，即在DTC与DCE接口或中继线上的每段线路上，逻辑信道号是独立分配的。虚电路是端到端之间建立的一种逻辑连接，并不独占线路和交换机的资源，是由多个逻辑信道串接而成的。在一条物理线路上可以同时有多条虚电路，当某一条虚电路没有数据要传输时，线路的传输能力可以为其他虚电路服务。X.25支持两类虚电路连接：交换虚电路（Switching Virtual Circuit，SVC）和永久虚电路（Permanent Virtual Circuit，PVC）。SVC需要在每次通信前建立虚电路，而PVC由运营商的网管静态设置，不需要每次建立。对于SVC，分组层的操作包括三个阶段：呼叫建立，数据传输，呼叫清除。而对于PVC，只有数据传输阶段的操作。

X.25分组层的具体功能有：①提供交换虚电路和永久虚电路连接；②建立和清除交换虚电路连接；③为交换虚电路和永久虚电路连接提供有效可靠的分组传输；④X.25接口为每个用户呼叫提供一个逻辑信道（Logical Channel，LC）；⑤通过逻辑信道号（LCN）区分与每个用户呼叫有关的分组；⑥为每个用户的呼叫连接提供有效的分组传输，包括顺序编号、分组的确认和流量控制过程；⑦监测和恢复分组层的差错。

（2）分组类型及格式

分组层传送信息的最小单位为分组。分组的种类有多种，但主要分为两大类：一类是数据分组，即真正承载用户信息的分组；另一类是控制分组，用于虚呼叫连接的建立、清除和恢复。数据链路层通过I帧承载分组信息，不管何种类型的分组均放在I帧的信息字段中，每一个I帧包含一个分组。分组与I帧的关系如图3-20所示。

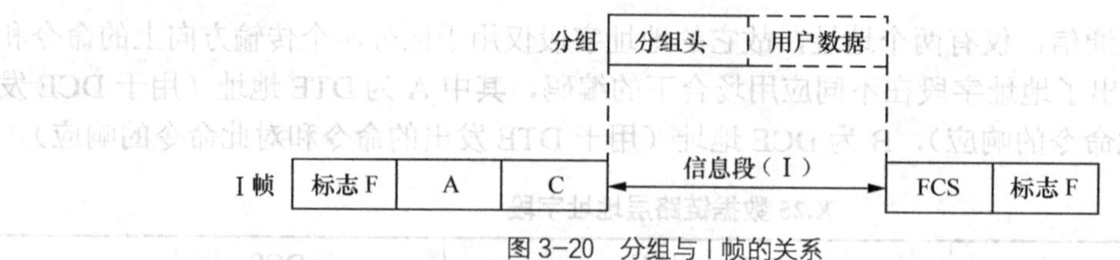

图 3-20　分组与 I 帧的关系

分组是由分组头和用户数据两部分组成，其长度随分组类型不同而有所不同。分组头的格式如图 3-21（a）所示，包含 3 个字段，共 3 个字节，分别是通用格式识别符（Generic Format Identifier，GFI）、逻辑信道组号和逻辑信道号（LCGN+LCN）、分组类型识别符（Packet Type Identifier，PTI）。

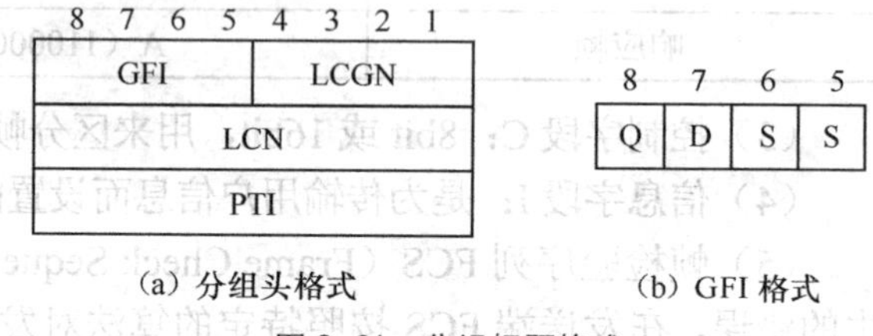

图 3-21　分组标题格式

① GFI：由分组头的第一个字节的 5～8 位构成，共 4bit。GFI 的格式如图 3-21（b）所示。GFI 定义了分组的一些通用功能：Q 比特用来区分分组是用户数据（Q=0）还是控制信息（Q=1）；D 比特用来标识数据分组是 DTE 到 DCE 的本地确认（D=0）还是 DTE 到 DTE 的端到端确认（D=1）；SS 比特表示分组的顺序编号是模 8 方式（SS=01）还是模 128 方式（SS=10）。

② LCGN+LCN：X.25 采用统计时分复用的方式，可以把接口划分成多个逻辑信道。LCGN+LCN 就是用来区分这些逻辑信道的，共 12bit，可以提供 4 095 个逻辑信道号（1～4 095，0 被保留作特殊用途）。

③ PTI：分组类型识别符，8bit，用来识别不同的数据分组和控制分组（流量控制分组、呼叫建立分组、传输控制分组、呼叫清除分组和恢复分组）。

3.3.4　帧中继

帧中继技术是在分组技术充分发展、数字与光纤传输技术、计算机技术日益成熟的条件下诞生并发展起来的。光纤通信技术的成功应用为分组交换技术的发展开辟了新的道路，光纤通信具有容量大、质量高、误码率低的特点，数字光纤网比早期的电话网具有低得多的误码率，在这样的信道条件下，原来很多分组传输控制规程就显得不必要了。用户需要更高的数据速率，更低的费用，能有效处理突发性数据传输和更低的额外开销。因此迫切需要研制一种支持高速交换的网络体系结构，出现了快速分组交换技术，帧中继（Frame Relay，FR）就是其中一种快速分组交换技术。

1. 帧中继概述

帧中继是一种用于连接计算机系统的面向分组的通信方法，是第二代分组交换网络。使用帧中继的前提是网络设施已经数字化，并且噪声引起的差错很少，它完成了 OSI 物理层和链路层的功能，流量控制与纠错等功能改由智能终端去完成，大大简化了节点间的协议，提高了线路带宽的利用率。帧中继是分组交换的升级技术，它很容易在原有的 X.25 接口上进行软件升级来实现，不需要对 X.25 设备进行硬件上的改造。帧中继主要应用于局域网互联、高清晰度图像业务、宽带可视电话业务和 Internet 连接业务等。

帧中继传送数据信息所使用的传输链路是逻辑连接，而不是物理连接，在一个物理连接上可以复用多个逻辑连接。与分组交换一样，帧中继采用面向连接的虚电路交换技术。从建立虚电路方式的不同，将帧中继虚电路分为两种类型：永久虚电路（PVC）和交换虚电路（SVC）。永久虚电路是指给用户提供固定的虚电路，这种虚电路是通过人工设定产生的，如果没有人取消它，它一直是存在的，而且这条通路一直保持开通状态，通信可以在任何时间进行。交换虚电路是指通过协议自动分配的虚电路，当本地设备需要与远端设备建立连接时，它首先向帧中继交换机发出请求，帧中继交换机如果接受该请求，就为它分配一虚电路，在通信结束后，该虚电路可以被本地设备或交换机取消。

帧中继还提供一套合理的带宽管理和防止阻塞的机制，用户可以有效地利用预先约定的带宽，并且还允许用户的突发数据占用未预定的带宽，以提高整个网络资源的利用率。

帧中继的特点包括以下几个方面。

（1）帧中继主要用于以帧的形式传递数据业务。它使用一组简化帧中继协议将数据信息以帧的形式有效地进行传送。帧的长度是可变的，帧的信息长度远比分组长度要长，预约的最大帧长度至少要达到 1 600 字节/帧，适合于封装局域网的数据单元，适合传送突发业务。

（2）帧中继是简化的 X.25 建议，帧中继协议取消了 X.25 的第三层功能，采用物理层和链路层的两级结构，在链路层仅保留核心子集部分。

（3）在数据链路层完成统计复用、帧透明传输和错误检测，但不提供纠错和要求重传的操作。省去了帧编号、流量控制、应答和监视等机制，大大节省了帧中继的开销，提高了网络吞吐量、降低了通信时延。

（4）帧中继提供一套合理的带宽管理和防止拥塞的机制。当用户终端发送的数据量超过了其预先约定的带宽时，网络会向该终端发送拥塞通知，提醒其减少发送数据量。帧中继采用统计时分复用，动态分配带宽，用户可以有效地利用预定带宽，并且还允许用户的突发数据占有超过预定值的带宽，适用于突发性信息的传送，并且提高了网络资源的利用率。

（5）与分组交换一样，帧中继采用面向连接的交换技术，可以提供交换虚电路业务和永久虚电路业务，但目前已应用的帧中继网络中只提供永久虚电路业务。

2．帧中继协议

（1）帧中继的协议结构

帧中继交换机（节点）取消了 X.25 的第三层功能，实际是取消了大部分网络层的功能，剩余的网络层功能压到了数据链路层，它只采用物理层和链路层的两级结构，在链路层也仅保留了核心子集部分。帧中继节点在链路层完成统计时分复用、帧透明传输和错误检测，但不提供发现错误后的重传操作（检测出错误帧，便将其丢弃），省去了帧编号、流量控制、应答和监视等机制，它将流量控制、纠错等留给智能终端去完成，帧中继的功能就好像是为数据帧的传送提供了一条透明的中继通路，由此得名为帧中继。帧中继技术大大简化了交换节点之间的协议处理，缩短了传输时延，提高了传输效率。图 3-22 表明了基于 X.25 三层协议的分组交换与只涉及两层协议的帧中继在协议构成和处理上的差异。

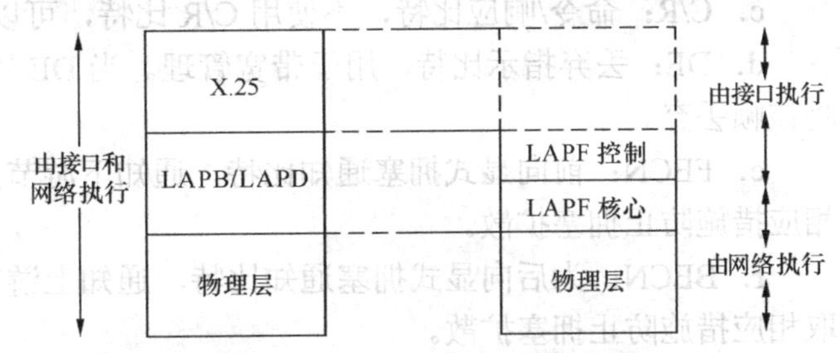

图 3-22 X.25 和帧中继协议栈的比较

（2）帧格式

帧中继技术主要用于传递数据业务，它使用一组规程将数据以帧的形式有效地进行传送。在数据链路层，帧中继使用了 HDLC 的一个简化版本，采用 Q.922 核心层协议作为数据链路层协议，Q.922 核心层功能有：①帧的定界、同步和透明性；②用地址字段进行帧的复用/分路；③帧传输差错检测（但不纠错）；④检测传输帧在“0”比特插入之前和删除之后，是否为 8bit 的整数倍；⑤拥塞控制功能；⑥检测帧长是否正确。

帧（交换单元）的信息长度远比分组长度要长，预约的最大帧长度至少要达到 1 600 字节/帧。图 3-23 所示是帧中继的帧结构。它由标志字段 F、地址字段 A、信息字段 I 和帧检验序列字段 FCS 组成。

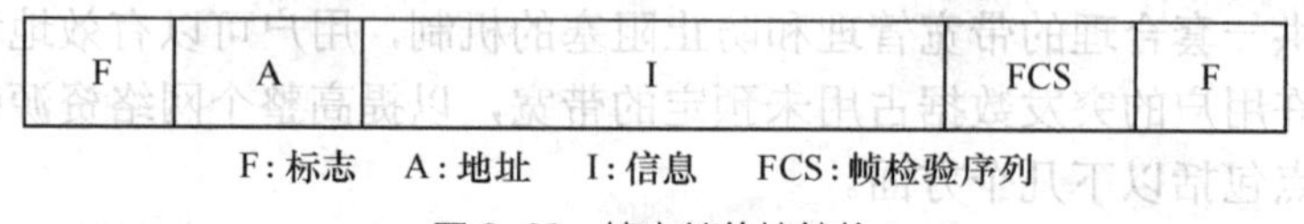

图 3-23　帧中继的帧结构

各个字段的含义及功能描述如下。

① 标志字段 F：作用和构成与 LAPB 的相应字段相同，为 01111110，用于帧定界，表示帧的开头和结束。为了保证数据的透明传输，也采用“0”比特填充的方法。

② 地址字段 A：帧中继的帧结构与 LAPB 相比，有所不同，它没有控制字段。这是因为帧中继的数据链路层采用简化的协议，省略了一些功能，将原有 HDLC 基本帧结构中的地址字段 A 与控制字段 C 合并为一个字段，仍称为地址字段 A。

地址字段 A 主要用来区分同一个通路上多个数据链路连接，以便实现帧的复用和分路。

地址字段的长度一般为 2 个字节，必要时最多可以扩展到 4 个字节。2 个字节的地址字段如图 3-24 所示。

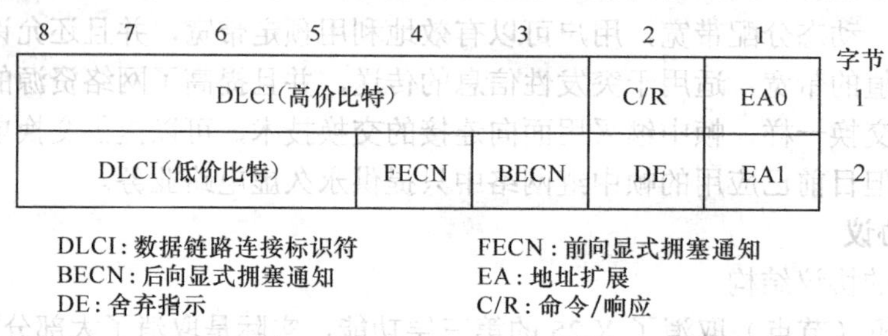

图 3-24　地址字段格式（2 字节）

a．DLCI：数据链路连接标识符，10bit，用于区分不同的逻辑连接，实现帧复用。

b．EA：地址扩展比特，EA=0 表示下一字节仍为地址字段，EA=1 表示这是地址字段的最终字节。

c．C/R：命令/响应比特，不使用 C/R 比特，可以是任意值。

d．DE：丢弃指示比特，用于带宽管理。当 DE 置“1”说明当网络发生拥塞时，可考虑将该帧丢弃。

e．FECN：前向显式拥塞通知比特，通知下游节点本节点发生了拥塞，下游节点应采取相应措施防止拥塞扩散。

f．BECN：为后向显式拥塞通知比特，通知上游节点本节点发生了拥塞，上游节点应采取相应措施防止拥塞扩散。

③ 信息字段 I：是用户信息，在帧中继中，网络应能支持协商的信息字段的最大字节数至少是 1 600，以支持局域网互连等问题。

④ FCS：帧校验序列，采用循环冗余差错检验法来校验帧的差错，长度为 2 个字节。

3．帧中继的应用

帧中继技术基于优质的传输线路和高智能、高处理速度的用户终端设备，采用动态分配传输带宽和可变长度帧的快速分组交换技术，具有高效性、经济性、可靠性和灵活性等特点，适合高速数据传输业务，是局域网互连的最佳选择。因为帧中继的主要应用是局域网互连，而局域网中业务流的大小是很难预测的，如果预定了固定的带宽，那么不管是否在传送数据都要付费，这是很不合算的。帧中继灵活地提供带宽，即按需分配带宽，提供了超过预定的带宽传送突发性数据的能力。

帧中继在多协议环境下也很有用。尽管 IP 协议似乎一统天下，但它不是唯一在使用的协议，这是一个多协议共存的世界。比如全世界有 60 000 多家企业使用帧中继，还有一些主要以多媒体业务为主的企业使用 ATM，极少有客户仅使用一种协议。帧中继可以处理所有这些协议，因为它只需要简单地将其他协议封装进帧中继的帧当中，然后在网络中传送，它并不关心所封装的内容。

帧中继技术首先在美国和欧洲得到应用。1991 年末，美国第一个帧中继网——Wilpac 网投入运行，它覆盖全美 91 个城市。在北欧，芬兰、丹麦、瑞典、挪威等国家在 20 世纪 90 年代初联合建立了北欧帧中继网，之后英国等许多欧洲国家也开始了帧中继网的建设和运行。在我国，国家帧中继骨干网于 1997 年初初步建成，覆盖了各省会城市，上海是提供国际帧中继业务的出口局。经过发展，中国电信已经在全国绝大部分重要城镇建立了帧中继网节点，并与 Internet 实现了互联。

3.4　ATM 交换

20 世纪 70 年代以来，人们就开始寻求一种通用的通信网络，以适应现在和将来各种不同类型信息业务的传递要求。为此引入了窄带综合业务数字网（N-ISDN），以实现语音和数据在同一网络上的传递。随着新业务，特别是多媒体业务（如高速数据通信、会议电视、HDTV 等）的出现和发展，N-ISDN 很快就显得无能为力了。1986 年，国际电联提出了宽带综合业务数字网络（B-ISDN）的概念，B-ISDN 的目标是以一个综合的、通用的网络来承载全部现有的和将来可能出现的业务。为此需要开发新的信息传递技术，以适应 B-ISDN 业务范围大、通信过程中比特率可变的要求。1988 年，国际电联决定对此种交换方式采用固定长度信元格式，定名为 ATM，并推荐其作为未来宽带网络的信息传送模式。

3.4.1　ATM 交换的概念

ATM 是异步转移模式（Asynchronous Transfer Mode）的英文缩写，是在分组交换技术上发展起来的快速分组交换技术，被认为是目前已知的一种最适合于 B-ISDN 的交换方式，是 B-ISDN 信息表达、交换和传送的基本方式。ATM 适用于局域网和广域网，具有高速数据传输速率，支持许多类型如声音、数据、视频和图像的通信。ITU-T 定义 ATM 为“ATM 是一种传递模式，在这一模式中，信息被组成信元（Cell），因包含一段信息的信元不需要周期性出现，这种传递模式是异步的”。在 ATM 中，数据分组长度固定为 53 字节，为了与 X.25 的分组有别，所以将 ATM 的信息单元命名为信元。相对于数字程控交换中以时隙为基本处理单位的时隙交换，ATM 交换以信元为基本处理单位，完成信元交换。在 ATM 网络中，信元的交换是根据存储的路由选择表，并利用信头中提供的路由信息，将信元从输入逻辑信道转发到输出逻辑信道上。ATM 交换的基本任务就是将占用任意一个输入线的任一逻辑信道的信元交换到所需要的任意一个输出线的任一逻辑信道上去。因此，信元交换包含两项工作，第一是将信元从一条入线传送到另一条出线的空间交换，第二是将信元从一个输入逻辑信道传送到另一个输出逻辑信道的时间位置交换。

ATM 技术具有以下特点。

（1）ATM 是一种统计时分复用技术，它将一条物理信道划分为多个具有不同传输特性的虚电路提供给用户，可实现网络资源的按需分配。

（2）ATM 利用硬件实现固定长度分组（信元）的快速交换，具有时延小、实时性好的特点，能够满足多媒体业务传输的要求。

（3）ATM 是支持多业务的传输平台，并具有保证服务质量（Quality of Service，QoS）能力，ATM 通过定义不同的 ATM 适配层来满足不同业务对传输性能的要求。

（4）ATM 技术是面向连接的传输方式，它将数据分割成固定长度的信元，所有数据包括用户数据、信令和网管数据都通过虚连接进行传输。

综上所述，ATM 是一种集交换、复用、传输于一体，在复用上采取异步时分复用，通过虚电路建立连接，利用信元首部的相关信息进行分组交换的传输技术。但是 ATM 技术过于复杂，协议的复杂性造成了 ATM 系统研制、配置、管理、故障定位的难度，使其推广受到极大的限制。随着以 IP 为代表的分组技术在世界范围内的广泛应用，ATM 开始逐步淡出骨干网络应用领域，但 ATM 的思想仍然具有生命力，对新技术的产生具有重要影响。

1．信元结构

信元长度为 53 字节，其中信头为 5 字节，其余 48 字节用来传送信息，称为信息段。ITU-T 建议的信元格式如图 3-25 所示。信头包括各种控制信息，主要是表示信元去向的地址信息，还有一些操作维护管理的信息等。信息段为来自各种不同业务的用户信息，包括语音、数据、图像和视频等信息，这些信息透明地穿过网络。

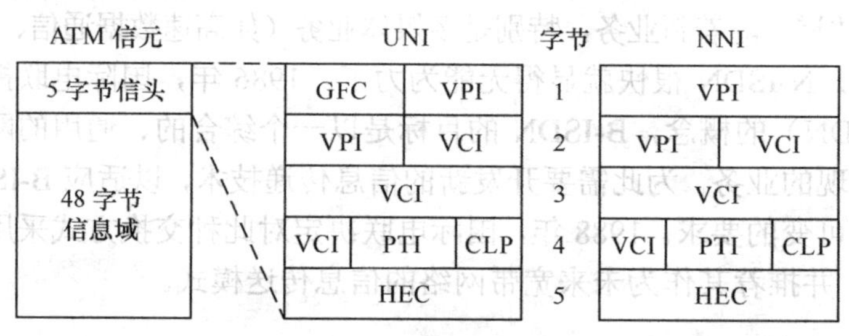

图 3-25 ATM 信元格式

ATM 采用固定长度的信元有以下优势：①固定长度的信元使交换和排队时延更容易预测；②便于用硬件处理，可高速交换。

ATM 定义了两种标准化接口：用户与网间接口 UNI 和网络节点与其他节点间接口 NNI。这两种接口对应的 ATM 信元信头结构有差别，具体结构如图 3-25 所示。

各个字段的含义及功能描述如下。

① GFC（General Fluid Control）：基本流量控制，占 4bit，主要用于控制进入 ATM 网络的业务流。

② VPI/VCI：连接标识符，网络设备根据 VPI/VCI 值进行寻路和复用。其中 VPI（Virtual Path Identifier）是虚通路标识符，在 UNI 中占 8bit，在 NNI 中占 12bit，可分别标识 256 条和 4 096 条虚通路；VCI（Virtual Channel Identifier）是虚信道标识符，在 UNI/NNI 中占 16bit，故虚信道最大可达 65 536 条，即一条 VP 中最多可容纳 65 536 条 VC。

③ PTI（Payload Type Identifier）：净荷类型标识符，3bit，说明信元净荷信息内容种类，有运行、管理、维护用的 OAM（Operation Administration and Maintenance），或者是用户信息。

④ CLP（Cell Loss Priority）：信元丢弃优先权，只有 1bit，CLP=0 表示该信元具有高优先级，不能丢弃；CLP=1 表示该信元具有低优先级，当网络发生拥塞时，首先丢弃 CLP=1 的信元。

⑤ HEC（Header Error Control）：信头差错控制，共 8bit，用于检验信头在传输中是否出错，确保信头正确传输及信元同步。

2．异步时分复用及异步传递方式

数字电话网络中的电路传送模式采用的是同步时分（STD）技术作为其传输、复用与交换的基础，ATM 则采用了异步时分（ATD）复用，即统计时分复用技术。时分意味着复用，即一条物理链路可以由多个逻辑子信道所共享，各个逻辑子信道占用不同的时间位置，那么一个很重要的问题是要判别每个时间位置中的信息是属于哪个逻辑子信道。STD 是按照时间位置本身来区分信息是属于哪个逻辑子信道的，也就是说每个逻辑子信道占用物理链路上固定的时间位置，每个逻辑子信道上的原始信号按照一定的时间间隔周期性出现。STD 原理如图 3-26（a）所示，某一用户建立连接之后，数据在每一帧占用的是固定的时隙，A、B、C 分别表示不同的逻辑信道，它们占用各自固定的时隙位置，如 B 始终占用时隙 9。

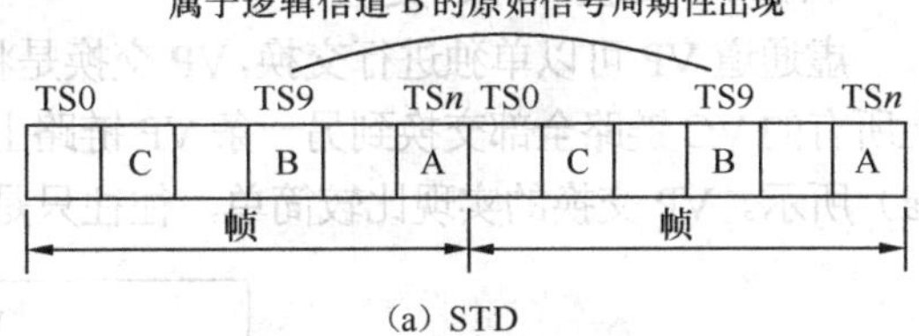

（a）STD

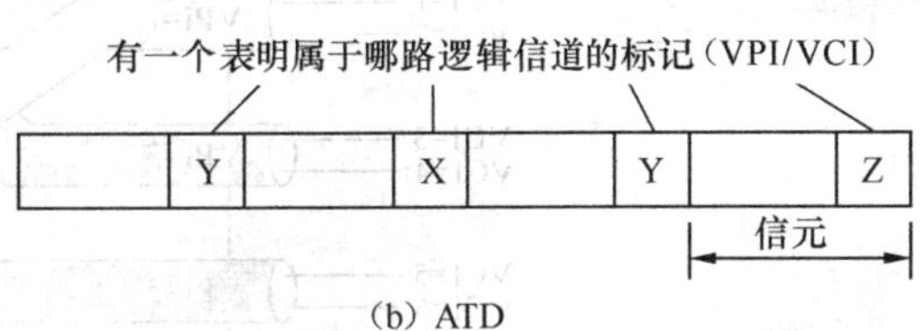

（b）ATD

图 3-26 同步时分与异步时分概念

ATD 复用的各个时间位置相当于各个信元所占的位置，即一个信元占有一个时间位置。但是属于同一个逻辑子信道的信元并不是出现在固定的时间位置上，它可以或疏或密地出现在物理链路上，判别一个时间位置上的 ATM 信元属于哪个逻辑子信道要依靠该信元头所携带的标记来区分。ATD 原理如图 3-26（b）所示，X、Y、Z 分别是信道标志，ATM 信元头中的 VPI 和 VCI 作为这个选路的标记，它们表明了该信元所属的逻辑信道，同属于 Y 信道的信元并不是在固定时隙出现。

3．虚信道与虚通路

信元形式的 ATM 网络和分组形式的传统数据网络的本质区别之一就是 ATM 网络采用面向连接的呼叫接续方式，所以在 ATM 信元头中需要一个标识来标明每一个信元是属于哪一个连接。在 ATM 中引入了虚连接的概念。所谓虚连接是指在一条物理信道上划分多个逻辑信道，当建立连接时，将相应的逻辑信道用于连接两个用户，在拆除该连接后，该逻辑信道又再分配给其他用户使用。虚连接建立在两个层次上，即虚信道和虚通路。

（1）虚信道

虚信道（Virtual Channel，VC）是指在两个或多个端点之间运送 ATM 信元的通信信道，与其相关的有虚信道链路（Virtual Channel Link，VCL）和虚信道连接（Virtual Channel Connection，VCC）。VCL 表示两个相邻节点间传递 ATM 信元的单向通信能力，用 VCI 标识。VCL 级联构成 VCC，VCC 是指虚信道的一个或多个连接，以在网络上提供点到点或一点到多点的信元转移。

（2）虚通路

虚通路（Virtual Path，VP）是一束具有相同端点的 VC 链路，虚信道在传输过程中将组合在一起构成虚通路，即多个 VC 组成 VP。与 VC 类似，定义了虚通路链路（Virtual Path Link，VPL）和虚通路连接（Virtual Path Connection，VPC）两个概念。VPL 是一束具有相同端点的 VC 链路，端到端的多段 VPL 级联构成 VPC，VPL 用虚通路标识符 VPI 标识。

（3）虚信道与虚通路的关系

物理通道、VP 和 VC 之间的关系如图 3-27 所示。在一个物理通道中可以包含一定数量的 VP，而在一条 VP 中又可以包含一定数量的 VC。VPI 标识 VP，VCI 标识 VC。一个呼叫链路可用 VPI/VCI 标识所分配的虚通路和虚信道。在两个不同的 VP 中可以有同样的 VCI 值。

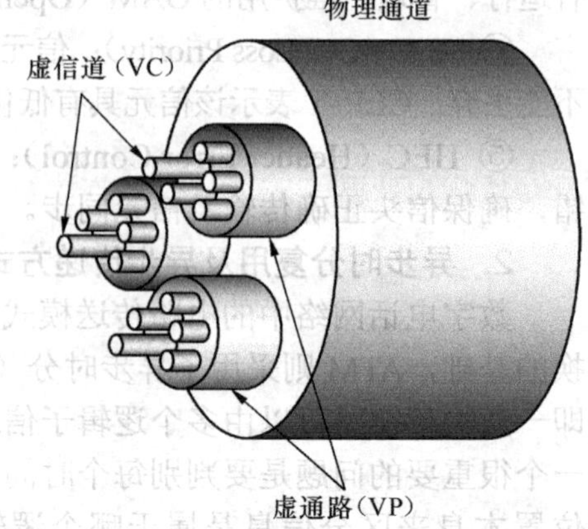

图 3-27 物理通道和 VC、VP 的关系

（4）VP 交换和 VC 交换

虚通道 VP 可以单独进行交换，VP 交换是将一条 VP 上所有的 VC 链路全部交换到另一条 VP 链路上去，而这些 VC 链路的 VCI 值都不改变，如图 3-28（a）所示。VP 交换的实现比较简单，往往只是传输通道中某个等级数字复用级的交叉连接。

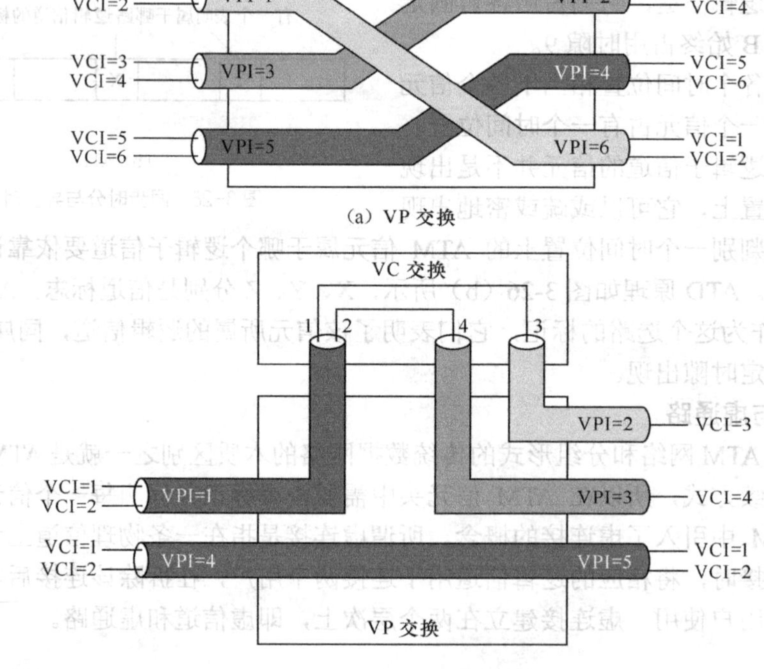

图 3-28 VP 和 VC 交换示意图

虚信道 VC 的交换由 VP/VC 交换机来完成，VC 交换要和 VP 交换同时进行。VC 交换是指将输入信元的 VPI 值与 VCI 值同时被改写为新值赋予信元并输出。当一条 VC 链路终止时，VPC 也就终止了。这个 VPC 上的 VC 链路可以各奔东西，加入到不同方向的新的 VPC 中去，如图 3-28（b）所示。VC 交换和 VP 交换合在一起才是真正的 ATM 交换。

4．ATM 交换基本原理

ATM 交换的基本任务就是将任意入线上的任意逻辑信道中的信元交换到所需的任意出线上的任意逻辑信道上去。ATM 交换的基本原理如图 3-29 所示。图中交换系统有 n 条入线（I_1~I_n），m 条出线（O_1~O_m），每条入线和出线都传送 ATM 信元流。每条入线和出线都在内部划分为若干逻辑信道，每条逻辑信道都具有唯一的逻辑信道值。而不同入线和出线的逻辑信道值可以相同。在同一入线或出线上，具有相同信头值的信元属于同一个逻辑信道，例如入线 I_1 上有两个信头值为 a 的信元，这两个信元属于同一个逻辑信道；在不同的入线或出线上可以出现相同的信头值，例如入线 I_1 和入线 I_n 上都有信元的信头值是 b，但它们不属于同一个逻辑信道。

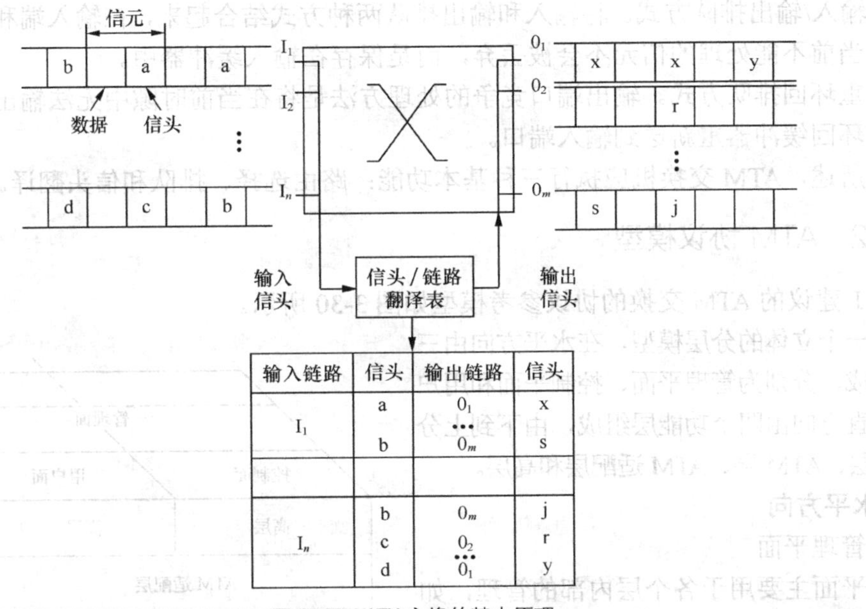

输入链路	信头	输出链路	信头
I_1	a	O_1	x
	b	O_m	s
I_n	b	O_m	j
	c	O_2	r
	d	O_1	y

图 3-29　ATM 交换的基本原理

ATM 交换的基本任务有两个：第一是空间交换，即将任意信元从一条传输线交换到另一条编号不同的传输线上去，这个功能称为路由选择；第二是时间交换，即将在某入线中的信元从一个时隙交换到另一个时隙。值得说明的是，当 ATM 交换执行上述交换功能的时候，仅对信元的信头（信元的前 5 个字节）进行处理，而不涉及信元中的数据内容。另外，逻辑信道和时隙之间并没有固定的关系，逻辑信道的身份是靠信头值来标识的，因此时间交换是靠信头翻译来完成的。例如：I_1 的信头值 a 被翻译成 O_1 上的 x 值，表示入线 I_1 的逻辑信道 a 被交换到出线 O_1 的逻辑信道 x 上。以上空间交换和时间交换的功能可以通过查信头/链路翻译表来完成。图 3-29 中列出了该交换节点当前的翻译表。

由于 ATM 是一种异步传送方式，在逻辑信道上信元的出现是随机的，而在时隙和逻辑信道之间没有固定的对应关系，因此很有可能会存在竞争，即在某一时刻，可能会发生多条入线的信元都要求转到同一条输出线上去，例如，入线 I_1 的逻辑信道 b 被交换到出线 O_m 的逻辑信道 s 上，同时入线 I_n 的逻辑信道 b（假设它们的时隙序号相同）也被交换到出线 O_m 的逻辑信道 j 上，虽然它们占用 O_m 不同的逻辑信道，但这两个信元可能会同时到达 O_m，此时只能满足一个的要求，就会发生碰撞。为了不使碰撞时引起信元丢失，可以采用多种办法解决，如利用入线选择策略将优先级高、实时性强、对传输质量要求高的信元做优先交换处理，而对优先级比较低，允许一定传输延迟和出错率的信元采取排队措施使之等待；还可利用拥塞信元缓冲策略将无法立即交付的信元暂时存储在一个设置的缓冲区内，等待下一次交付。

目前，根据缓冲器位置可将信元排队方式分成下面五类。

（1）输入排队方式。为每条输入线路设置专用缓冲器来解决可能出现的信元碰撞。

（2）输出排队方式。在每条出线处设置缓冲 FIFO，不同入线竞争同一出线的信元可在同一个信元时间内同时到达该出线，但它们必须在输出 FIFO 中排队，然后依次逐个送到出线上去。

（3）中央排队方式。在交换结构的中央设一个缓冲器，该缓冲器被所有的入线和出线公用。所有入线上的全部输入信元都直接存入中央缓冲器，然后根据路由表选定每个信元的出线，并按先进先出的原则读取信元。

（4）输入/输出排队方式。将输入和输出排队两种方式结合起来，在输入端和输出端都有缓冲器，当前不能处理的信元不会被丢弃，而是保存在输入缓冲器中。

（5）重环回排队方式。输出端口竞争的处理方法是将在当前时隙中无法输出的信元，通过一组重环回缓冲器重新送到输入端口。

综上所述，ATM 交换机应执行三种基本功能：路由选择、排队和信头翻译。

3.4.2 ATM 协议模型

ITU-T 建议的 ATM 交换的协议参考模型如图 3-30 所示。

它是一个立体的分层模型，在水平方向由三个平面组成，分别为管理平面、控制平面和用户平面。竖直方向由四个功能层组成，由下到上分别是物理层、ATM 层、ATM 适配层和高层。

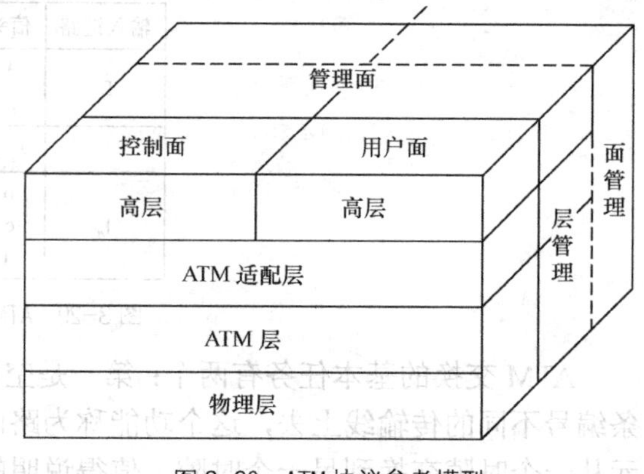

图 3-30 ATM 协议参考模型

1．水平方向

（1）管理平面

管理平面主要用于各个层内部的管理，如对信令信道和协议实体参数之类的网络资源的管理，同时还处理与各层相关的操作维护信息流，提供两种功能：一是面管理，不分层，实现与整个系统有关的管理功能，并完成所有平面之间的协调工作；二是层管理，采用分层结构，实现网络资源和协议参数的管理，处理 OAM 业务流。

（2）控制平面

控制平面采用分层结构，有物理层、ATM 层、ATM 适配层和高层，提供呼叫和连接的控制功能，用于信令消息的传送。

（3）用户平面

用户平面和控制平面同样的分层结构，提供用户信息的传送，并具有一定的控制功能，如流量控制、差错控制等。

2．竖直方向

（1）物理层

物理层负责传输比特信息，目的是为了实现信元在物理传输媒质上无差错的传输。在发送端，物理层将 ATM 层送来的信元转换成可以在物理媒质上传输的比特流；在接收端，物理层将物理媒质传送来的比特流转换为 ATM 信元再传送给 ATM 层。总的来说，物理层为

ATM 交换提供两种服务：一种是传送有效信元，另一种是传送定时信息，实现较高层的服务。

物理层分为物理媒质相关（Physical Media dependent，PMD）子层和传输会聚（Transmission Convergence，TC）子层。其中 PM 子层负责不同媒质中比特流的传输，它具有线路编码、光电转换和比特定时等功能。TC 子层实现信元流和比特流的转换，主要有传输帧的产生与恢复、传输帧的适配、信元定界、信头差错检验码的产生与校验以及信元速率的解耦等功能。

（2）ATM 层

在物理层之上，负责信元复用、信元交换和路由选择。ATM 层对 ATM 信元的信头部分进行产生和处理，并为 ATM 信元流建立起传送通路，完成 ATM 网上用户和设备之间的信息传输。它的主要任务是处理信元，包括连接建立、流量控制以及交换节点的选路和转发表的修改等。

（3）ATM 适配层

ATM 适配层将各种业务的信息适配成统一的 ATM 信元流。

ATM 层仅对信元、信头进行处理，而 ATM 适配层则能依据业务类型的不同将所处理的信息数据适配成不同的 ATM 信元。业务类型分为四类，如表 3-2 所示。

表 3-2　　ATM 适配层的业务类型划分

业 务 类 型	A	B	C	D
实时通信	实时	实时	非实时	非实时
传输比特率	恒定	比特率可变	比特率可变	比特率可变
连接类型	面向连接	面向连接	面向连接	非面向连接
举例	64kbit/s 语音通话	网络视频	面向连接数据	无连接数据

为了支持以上定义的各类业务，ITU-T 提出了四种 AAL 协议类型：AAL1、AAL2、AAL3/4 与 AAL5。AAL1 规程用于支持 A 类业务，用来支持语音或各种固定比特率业务；AAL2 规程用于支持 B 类业务，适用于对实时性比较敏感的低速业务；AAL3 与 AAL4 原来是分开的，后来合并为一类 AAL3/4，用来支持 C 类与 D 类业务，即包括面向连接与无连接数据业务；AAL5 可以看成是简化的 AAL3/4，用来支持面向连接的 C 类业务，ATM 网络信令也采用 AAL5。

（4）高层

高层根据不同的业务特点完成高层功能或信令的高层处理。

3.4.3 ATM 交换机组成

ATM 交换机负责将来自输入端口的信元快速、有效地路由到相应的输出端口。ATM 交换机的各个组成部分是为完成 ATM 信元的转送任务而设计的。

1. ATM 交换机的基本组成

ATM 交换机由硬件和软件两大部分组成。其中硬件部分组成如图 3-31 所示，它包括四个部分：输入处理、输出处理、ATM 交换结构和 ATM 管理控制单元。ATM 交换结构完成交换的实际操作；ATM 管理控制单元控制 ATM 交换的实际动作；输入处理对各个输入线上的 ATM 信元进行处理，使输入的信元符合 ATM 交换结构内部处理的

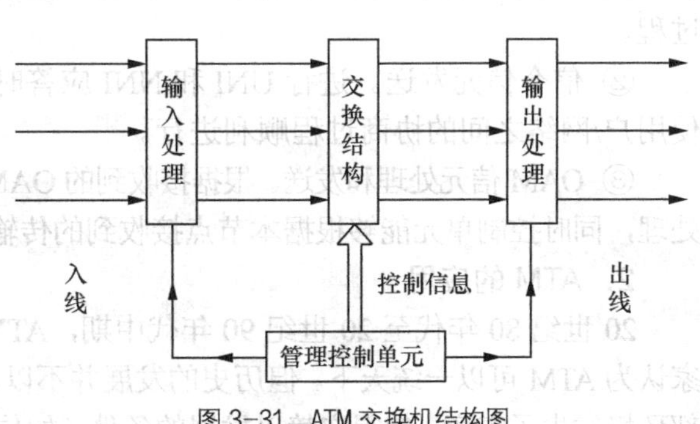

图 3-31　ATM 交换机结构图

形式；输出处理对ATM交换单元送出的ATM信元进行处理，使它们适合在线路上传输。

（1）输入接口单元

由于ATM交换是针对光纤通信系统设计的，如何将光信号转换为ATM系统能够处理的电信号，是输入处理要解决的问题之一。此外，由于入线速率远低于交换机的处理速率，如何在规定时间内将入线信息送入交换单元的特定位置，都是输入处理要完成的任务。

输入处理具有以下三方面的功能。

① 信元定界：把不同形式传输系统的比特流分解成53字节为单位的信元格式。

② 信头有效性检验：把信元中的空闲信元、未分配信元以及传输中信头出错的信元丢弃，然后将有效信息送入系统的交换/控制单元。

③ 信元类型分离：根据信头中对不同种类信元的标志来区分信元种类，分别送入不同的处理单元。比如用户信息信元送入交换单元进行交换，而信令信元则送入管理控制单元进行处理。

（2）输出接口单元

输出处理与输入处理的功能相对应，是执行已被处理的信元如何进入传输系统传输的功能单元。

具体功能如下。

① 复用：将交换单元输出的信元流、控制单元输出的OAM信元流以及相应的信令信元流复合，形成送往出线的信元流。

② 速率适配：将来自ATM交换机的信元适配成适合线路传输的速率。

③ 成帧：将信元比特流适配成特定的传输媒质要求的格式，如SDH帧结构的格式。

（3）交换结构

交换结构是实际执行交换动作的模块，主要完成信元的交换功能，实现的好坏直接关系到交换机的效率和性能。ATM交换结构提供了对N个输入端口与N个输出端口之间的连接，在输入端口与输出端口之间实现信元的交换。除了选路，ATM交换结构还应该完成信元缓冲、信元广播等功能。

（4）管理控制单元

管理控制单元负责建立和拆除VCC和VPC，并对ATM交换结构进行控制，同时处理和生成OAM消息。

主要功能如下。

① 连接控制。VCC和VPC建立和拆除操作。比如在接收到一个建立VCC的信令后，若经过控制单元分析处理允许建立，控制单元就向交换单元发出指令。拆除操作执行相反的过程。

② 信令信元发送。进行UNI和NNI应答时，控制信元必须可以发送相应的信令信元，使用户/网络之间的协商过程顺利进行。

③ OAM信元处理和发送。根据接收到的OAM信元，进行操作维护处理，如性能统计和故障处理，同时控制单元能够根据本节点接收到的传输性能参数或故障情况发送相应的OAM信元。

2．ATM的应用

20世纪80年代至20世纪90年代中期，ATM技术曾经有过辉煌的历史，绝大部分电信专家认为ATM可以一统天下。但历史的发展并不以人们的意志为转移，ATM在其发展过程中，外部环境发生了突变，使得它赖以发展的条件（如传输资源紧缺：传输资源价格昂贵等）已不复存在。为了节省这些传输资源而使 ATM 交换机极大地复杂化，显然是得不偿失的。这使得 ATM 未能获得预想中的大规模应用，也是导致 ATM 不能成为下一代网核心技术的主要原因之一。

从实际应用状况来看，由于 ATM 的终端和信令复杂，实现端到端的 ATM 连接的想法已基本落空。然而，在用于核心网和边缘接入网时，ATM 技术仍然有其特定的优势，它作为多业务平台的优势可以得到充分发挥。此外，ATM 与 IP 的结合将增加 ATM 的竞争能力。因此，ATM 的应用领域目前主要有以下几个方面。

① 支持现有电信网逐步从传统的电路交换技术向分组交换技术演变。

② 用于 Internet 骨干网，构建核心路由器，支持 IP 网的持续发展。

③ 与 IP 技术结合，利用 ATM 网络为 IP 用户提供高速直达数据链路，使 ATM 网络运营部门充分利用 ATM 网络资源，发展 ATM 网络上的 IP 用户业务，又可以解决 Internet 网络发展中遇到的瓶颈问题，推动 IP 业务的进一步发展。

3.5 IP 交换

ATM 具有高带宽、快速交换和提供可靠服务质量保证的特点，Internet 的迅速发展和普及使得 IP 成为计算机网络应用环境的既成标准和开放系统平台。宽带网络的发展方向是把最先进的 ATM 交换技术和最普及的 IP 技术融合起来，因此产生了一系列新的交换技术，如 IP 交换、标记交换、IPOA 及 MPLS 等，这里将 ATM 交换技术与 IP 技术融合产生的这一类交换技术统称为 IP 交换技术。

3.5.1 IP 交换概念

随着 Internet 网络规模的快速增长以及人们对多媒体业务的需求，要求 Internet 网络具有实时性、可扩展性和 QoS 的能力。但基于 IP 的网络已经不堪重负，路由器日趋复杂，仍无法满足通信优先级的要求。在这种情况下，将 IP 的路由能力与 ATM 的交换能力结合到一起，使 IP 网络获得 ATM 性能上的优势。为了克服传统的 IP 网络关键部件路由器包转发速度太慢造成的网络瓶颈问题，以及在各节点独立路由使得业务管理和 QoS 很难进行的问题，需要将 IP 与 ATM 相融合，即在 ATM 网络上运行 IP 协议。

1．概述

20 世纪 60 年代末，美国国防部高级研究计划局进行了 ARPANET 的试验，当时国际上冷战形势严峻，它的指导思想是要研制一个经得起故障考验并能维持正常工作的计算机网络。经过 4 年的研究，1972 年 ARPANET 正式亮相，该网络建立在 TCP/IP 协议之上，它能够将不同的异构网络互连。1983 年以后，人们把 ARPANET 称为 Internet。20 世纪 90 年代以后，Internet 被国际普遍接受，成为一个全球性计算机网络的互连网络。IP 就是 Internet 协议集（Internet Protocol suite，IP），Internet 可以从全世界不同地方获取数据。Internet 的迅速发展使 IP 成为当前计算机网络应用环境中的既成事实标准，基于 IP 的网络应用日益广泛，帧中继和 ATM 必须支持作为业务主流的 IP 协议。IP 是一种无连接数据包传送协议，用户数据在发送前不需要建立连接，IP 数据包由报头（即分组头部）和数据两部分组成，报头中有一个全球唯一的目的地址（IP 地址），它所经过的每个路由器都要取出这个地址，在路由表中进行匹配找到下一站的出口地址再转发出去，数据包被一站一站地转发，最后到达目的地。这种连接模型不要求特定的链路层，没有接入控制，不能给业务预留资源，所以无法提供任何服务质量保证，IP 数据包有可能丢失、失序、延迟等。

近年来，Internet 的主要业务由传统的文件传送、电子邮件和远程登录等转向应用丰富的多媒体通信，如网络电话、电子商务、电视会议等，要求网络能够提供具有不同服务质量等级的综合业务，如时延、带宽及分组丢失率的保证等。由于基于 IP 协议的网络提供的是一种尽力而为的服务，这种服务能够满足大部分数据业务，但不能满足某些需要提供具有 QoS 保证的业务的要求。此外，当网络信息流量持续增加时，由多层路由器构成的传统网络正趋向饱和，当现有的 Internet 规模扩充到一定限度后，将在许多方面面临挑战。

ATM 是 IP 之后发展起来的一种快速分组交换技术，它克服了 IP 原来设计的不足，其性能大大优于 IP，但由于它考虑的过于复杂，大大增加了系统的复杂度，增加了设备价格，同时相应业务开发没有跟上网络的发展，从而导致它举步维艰。

1996 年美国 Ipsilon 公司提出了一种专门用于在 ATM 网上传送 IP 分组的技术，称之为 IP 交换（IP Switch）。IP 交换基于 IP 交换机，可被看作是 IP 路由器和 ATM 交换机组合而成，其中的 ATM 交换机去除了所有的 ATM 信令和路由协议，并受 IP 路由器的控制。IP 交换可提供两种信息传送方式，一种是 ATM 交换式传输，另一种是基于逐跳（hop-by-hop）方式的传统 IP 传输。采用何种方式取决于数据流的类型，对于连续的、业务量大的数据流采用 ATM 交换式传输，对于持续时间短的、业务量小的数据流采用传统 IP 传输技术。IP 交换作为一种利用 ATM 支持 IP 的技术，把交换和路由结合在一起，基于数据流驱动，具有很高的运行效率。它不仅解决了路由器的瓶颈问题，而且简化了 ATM 的有关信令，同时能支持业务的 QoS，是 IP 与 ATM 结合集成模型的典型代表。

2．IP 交换机组成

IP 交换的核心是 IP 交换机，如图 3-32 所示，IP 交换机由 ATM 交换器和 IP 交换控制器组成。

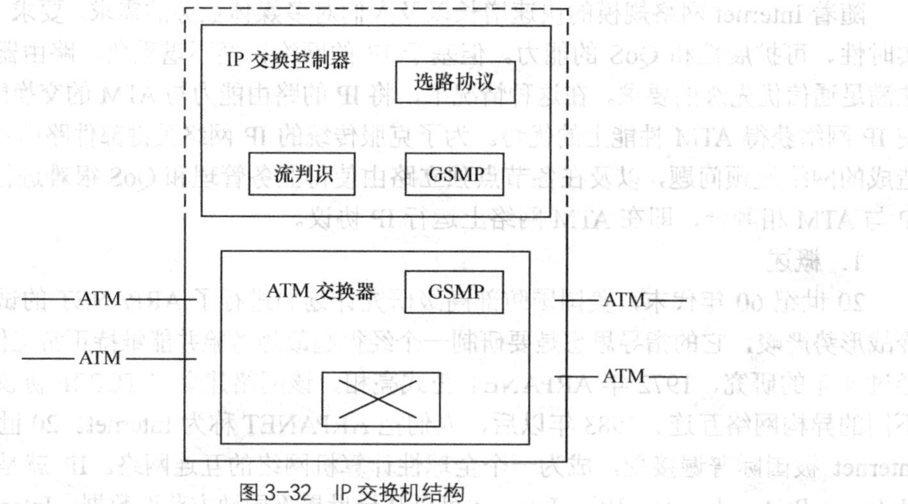

图 3-32 IP 交换机结构

IP 交换控制器主要由路由软件和控制软件组成，其中控制软件主要包括流的判识软件、Ipsilon 流管理协议 IFMP 和通用交换机管理协议 GSMP。流的判识软件用于判定数据流，以确定是采用 ATM 交换式传输还是采用传统 IP 传输方式；IP 交换机之间运行的协议是 RFC1953 Ipsilon 流管理协议 IFMP，该协议用于在两个 IP 交换机之间传送数据；在 ATM 交换机与 IP 交换机控制器之间所使用的控制协议为 RFC1987 通用交换机管理协议 GSMP，该协议允许 IP 交换机控制器完全控制 ATM 交换机，以实现连接管理、端口管理、统计管理、配置管理和事件管理等。

ATM 交换器的一个 ATM 接口与 IP 交换机控制器的 ATM 接口相连接，用于控制信号和用户数据的传送。ATM 交换器实际上就是去掉了 ATM 高层信令、寻址、选路等软件，并具有 GSMP 处理功能的 ATM 交换机。它们的硬件结构相同，只存在软件上的差异。

3．IP 交换流

IP 交换机最大的特点是引入了流的概念。所谓流，就是一连串可以通过复杂选路功能而相同处理的分组包。IP 交换是基于数据流驱动的。IP 流分为两类：第一类是端口到端口的流，具体格式如图 3-33 所示，它具有相同源 IP 地址、目的 IP 地址、源端口号和目的端口号；第二类是主机到主机的流，如图 3-34 所示，它具有相同的源 IP 地址和目的 IP 地址。

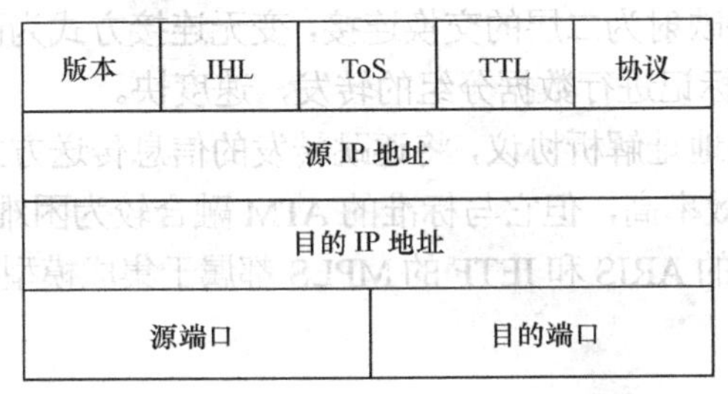

图 3-33　端口与端口之间的流格式

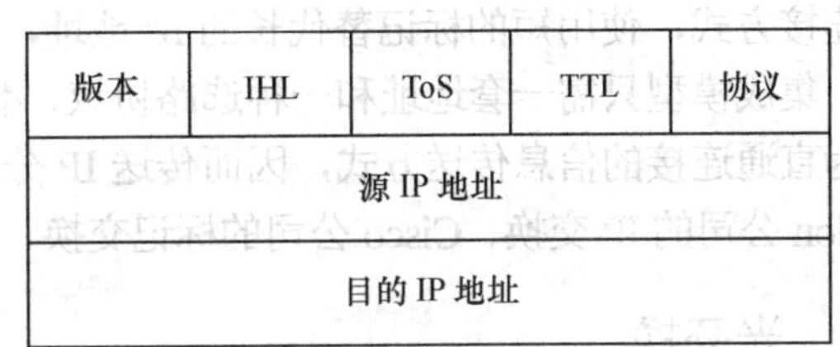

图 3-34　主机与主机之间的流格式

3.5.2　IP 与 ATM 技术融合

IP 技术应用广泛，技术简单，可扩展性好，路由灵活，但是传输效率低，无法保证服务质量；ATM 技术先进，可满足多业务的需求，交换快速，传输效率高，但是可扩展性不好，技术复杂。IP 技术和 ATM 技术各有优缺点，如果将 IP 路由的灵活性和 ATM 交换的高速性结合起来，技术互补，将有效解决网络发展过程中困扰人们的诸多问题。为此，业界内的一些大的公司、研究机构纷纷提出了许多 IP 与 ATM 融合的新技术，如 Cisco 公司提出的标记交换，IBM 提出的基于 IP 交换的路由聚合技术（Aggregate Routed Based IP Switching，ARIS），IETF 推荐的 ATM 上的传统 IP 技术（Classic IP Over ATM，CIPOA），ATM Forum 推荐的局域网仿真（LAN Emulation，LANE），ATM 上的多协议（Multi-Protocol Over ATM，MPOA）和多协议标记交换（Multi-Protocol Label Switch，MPLS）等。

根据 IP 与 ATM 融合方式的不同，其实现模型可以分为两大类：重叠模型和集成模型。

1．重叠模型

重叠技术的思想是：IP 的路由功能仍由 IP 路由器来实现，但需要地址解析协议（ARP）实现 MAC 地址与 ATM 地址或 IP 地址与 ATM 地址的映射。任何具有 MPOA 功能的主机或边缘设备都可以和另一设备通过 ATM 交换直接相连，并由边缘设备完成数据包的交换即第三层交换。在重叠模型中，IP（三层）运行在 ATM（二层）之上，IP 选路和 ATM 选路相互独立，系统需要两种选路协议：IP 选路协议和 ATM 选路协议。系统中的 ATM 端点具有两个地址：ATM 地址和 IP 地址，并且具有地址解析功能，支持地址解析协议，以实现 MAC 地址与 ATM 地址或 IP 地址与 ATM 地址的映射。

重叠模型使用标准的 ATM 论坛/ITU-T 的信令标准，与标准的 ATM 网络及业务兼容。利用这种模型构建网络不会对 IP 和 ATM 双方的技术和设备进行任何改动，只需要在网络的边缘进行协议和地址的转换。但是这种网络需要维护两个独立的网络拓扑结构、地址重复、路由功能重复，因而网络扩展性不强、不便于管理、IP 分组的传输效率较低。

IETF 推荐的 CIPOA，ATM Forum 推荐的 LANE 和 MPOA 等都属于重叠模型。

2. 集成模型

在集成模型中，ATM 层被看作是 IP 层的对等层，集成模型将 IP 层的路由功能与 ATM 层的交换功能结合起来，使 IP 网络获得 ATM 的选路功能，因此该模型也被称作对等模型。集成模型只使用 IP 地址和 IP 选路协议，不使用 ATM 地址与选路协议，即具有一套地址和一种选路协议，因此也不需要地址解析功能，这种技术传输 IP 数据包的效率较高。集成模型通常也采用 ATM 交换结构，但它不使用 ATM 信令，而是采用比 ATM 信令简单的信令协议来完成连接的建立。传统的 IP 分组转发采用无连接方式逐跳转发，选路基于软件查表，采用地址前缀最长匹配算法，速度慢。集成模型需要另外的控制协议将三层的选路映射为二层的交换连接，变无连接方式为面向连接方式，使用短的标记替代长的 IP 地址，基于标记进行数据分组的转发，速度快。

集成模型只需一套地址和一种选路协议，不需要地址解析协议，将逐跳转发的信息传送方式变为直通连接的信息传送方式，因而传送 IP 分组的效率高，但它与标准的 ATM 融合较为困难。Ipsilon 公司的 IP 交换、Cisco 公司的标记交换、IBM 的 ARIS 和 IETF 的 MPLS 都属于集成模型。

3.6 光交换

由于宽带视频、多媒体等各种高带宽资源业务需求的增加，对通信网的带宽和容量提出了更高的要求，全光网络可以满足人们的这种需求，是发展高速宽带业务的一种有效手段。光交换是指不经过任何光/电转换，在光域内为输入光信号选择不同输出信道的交换方式。

3.6.1 光交换的概念

当前通信业务数据量爆炸式的增长要求通信网络具有更大的传输容量及更高的传输速率。传统的光电网络通信系统中，数据经过网络各个节点时须经过多次的光/电和电/光转换，电交换的过程如图 3-35 所示。传统的基于电子技术的网络由于受到电子器件的工作速率限制，难以完成高速、高带宽的传输和交换，并且网络中还会产生“电子瓶颈”现象，这意味着以光方式传输的数据按照电交换的方式运作将严重的不匹配。为了满足未来发展的需求，高速率和大容量的全光网络应运而生。

光交换技术是实现全光网络的关键技术之一，光交换是指不经过任何光电转换，在光域直接将输入光信号交换到不同的输出端，在光交换的过程中信号始终以光的形式存在，光交换的过程如图 3-36 所示。光交换主要完成光节点处任意光纤端口之间的光信号交换及选路。全光网络的几大优点比如带宽优势、透明传送、降低接口成本等都是通过光交换技术体现的。人们对光交换的

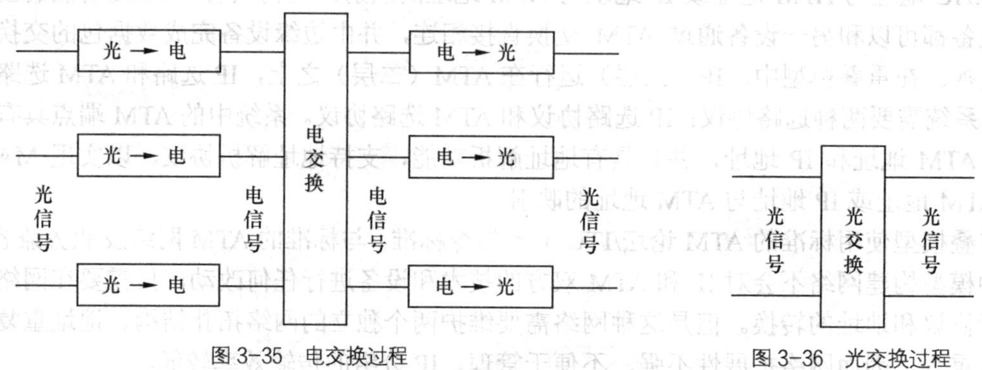

图 3-35 电交换过程　　图 3-36 光交换过程

探索始于 20 世纪 70 年代，光交换的发展过程可分为两个阶段：第一阶段进行电控光交换，即信号交换是全光的，而器件的控制仍由电子电路完成，目前世界上的光交换系统大都处于这一水平；第二阶段为全光交换即系统的逻辑、控制及交换都是由光子完成，这是光交换未来发展的方向。

我国在“七五”期间就开展了光交换技术的研究，并将光交换技术列为“八五”、“九五”期间的高科技基础研究课题。1990 年，清华大学实现了我国第一个时分光交换演示系统，1993 年，北京邮电大学光通信技术研究所研制出时分光交换网络实验模型。目前光电路交换技术已发展得较成熟，进入实用化阶段，而光分组交换将是更加高速、高效、高度灵活的交换技术，能够支持各种业务数据格式，成为被广泛关注和研究的热点。超高带宽的光分组交换技术能够实现 10 Gbit/s 速率以上的交换操作，且对数据格式与速率完全透明，更能适应当今快速变化的网络环境。在更加实用化的光缓存器件和光逻辑器件产生以前，对二者要求不是很高的光突发交换技术以及光标记分组交换技术作为光分组交换的过渡性解决方案，将会成为市场的主流。

1．光交换的特点

光交换主要有以下优点。

（1）光交换无需光/电/光转换，因此不会受到电子器件处理速度的制约，能与高速的光纤传输速率匹配，从而可以实现网络的高速传输，完全可以克服电子交换的容量瓶颈问题。

（2）光交换根据波长对信号进行路由选择，与通信采用的协议、数据格式和传输速率无关，可以实现透明数据传输。

（3）光交换易于保证网络的稳定性，可以大大提高网络的重构灵活性和生存性，以及加快网络恢复的时间。

（4）光交换可以大量节省建网和网络升级成本。

2．光交换的分类

按交换方式分类，光交换可以分为光电路交换（Optical Circuit Switch，OCS）和光分组交换（Optical Packet Switching，OPS）两种主要类型，如图 3-37 所示。

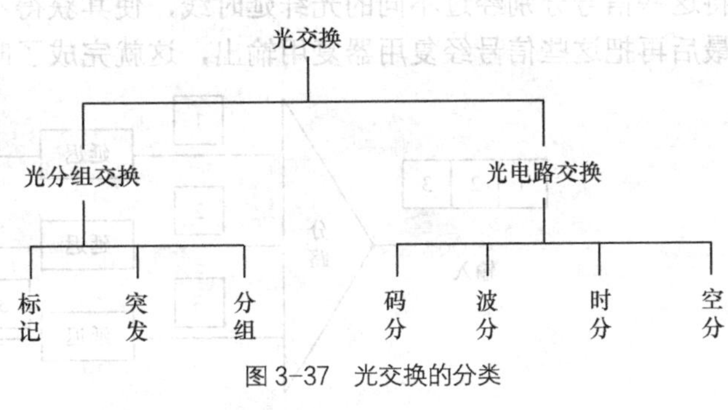

图 3-37 光交换的分类

（1）光电路交换

光电路交换类似于现存的电路交换技术，采用光器件设置光通路，中间节点不需要使用光缓存，目前对 OCS 的研究已经较为成熟。根据交换对象的不同，OCS 又可分为空分、时分、波分和码分光交换方式。

（2）光分组交换

根据对控制包头处理及交换粒度的不同，光分组交换可分为光分组交换、光突发交换和光标记分组交换技术。

3.6.2 光电路交换

不同光信号的复用方式有空分、时分、波分和码分四种，因而光交换相应地也存在空分、时分、波分和码分四种光交换，它们分别完成空分信道、时分信道、波分信道和码分信道的交换。

1．光空分交换

光空分交换就是根据需要在两个或多个点之间建立物理通道，信息交换通过改变传输路径来完成。它的基本原理是将光交换元件组成门阵列开关，并适当控制门阵列开关，在任一路输入光纤和任一路输出光纤之间构成通路。

空分光交换网络的最基本单元是2×2的光交换模块，如图3-38所示。其输入端有两根光纤，输出端也有两根光纤。它有两种工作状态：平行状态和交叉状态。当光开关处于平行状态时，从1输入的光信号从3输出；当光开关处于交叉状态时，从1输入的光信号会被交换到4输出，这样就完成了最基本的空间交换。

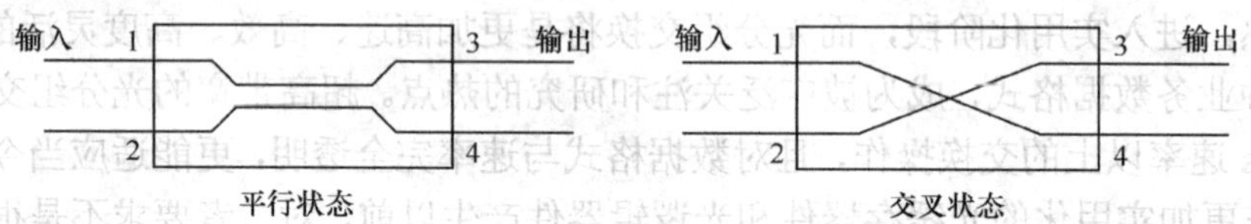

图3-38 光空分交换示意图

光空分交换的优点是各信道中传输的信号相互独立，串扰小，且与交换网络的开关速率无严格的对应关系，并且可在空间进行高密度的并行处理。

2. 光时分交换

光时分交换是指按时间顺序安排的时分复用各路光信息进入时分交换网络后，按照交换要求，在交换信号控制下对光信号进行存储或延迟，将时序有选择地进行重新安排后输出，从而达到交换目的。光信号在时间轴上的重新排列是利用时隙交换器来完成的，时隙交换器由空间光开关（光分路器、光复用器）和一组光纤延时线构成。光纤延时线是一种光缓存器，一个时隙时间内的光信号在光纤延时线中传输的长度定义为一个基本单位，光信号需要延迟传输几个时隙，就让它经过几个单位长度的光纤延时线。光时分交换过程如图3-39所示。时分复用光信号经过分路器分离出每个时隙信号，其每条出线上同时都只有某一时隙的信号，将这些信号分别经过不同的光纤延时线，使其获得不同的时间延迟，变换到相应的时隙中，最后再把这些信号经复用器复用输出，这就完成了时隙互换。

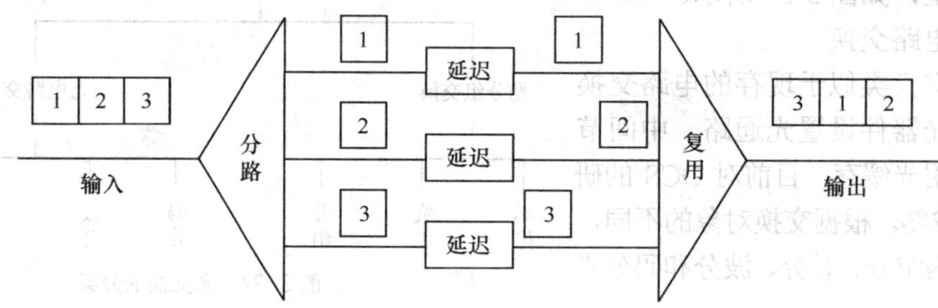

图3-39 光时分交换过程示意图

光时分交换系统能与光传输系统很好配合构成全光网，所以光时分交换技术的研究开发进展很快，其交换速率几乎每年提高一倍，目前已研制出了几种光时分交换系统。

3. 光波分交换

光波分交换是指信号通过不同的波长（或频率）选择不同的通路来实现光交换。光波分交换中的每个波长代表不同的信道，改变输入光信号的波长，把某个波长的光信号变换成另一个波长的光信号输出，即信息在不同的波长间进行交换，从而实现波长信道的交换功能。

光波分交换模块由波长复用/解复用器、波长选择空间开关和波长转换器组成，如图3-40所示，先用波长解复用器件将波分信道空间分割开，然后把某个波长的光信号变换成另一个波长的光信号，比如，波长1变为波长r，波长2变为波长i，波长3变为波长k等，再把它们复用起来输出。

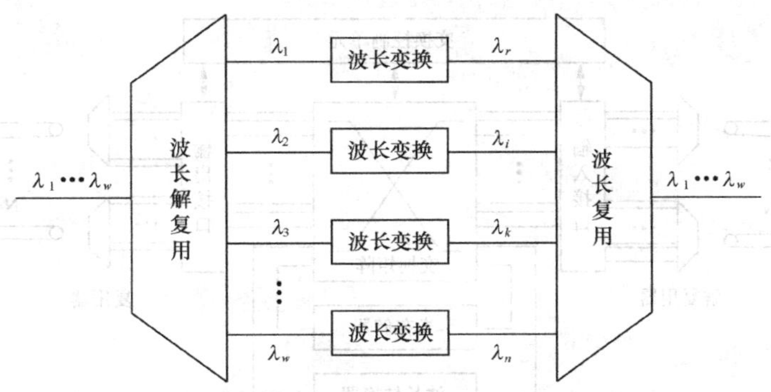

图3-40　光波分交换过程示意图

光波分交换的优点是能充分利用光路的宽带特性，各个波长信道的比特率相互独立，各种速率的信号都能透明地进行交换，不需要特别高速的交换控制电路，可采用一般的低速电子电路作为控制器。

4. 光码分交换

光码分多址（OCDMA）是一种扩频通信技术，不同用户的信号用相互正交的不同码序列填充，接收时只要用与发送方相同的码序列进行相关接收，即可恢复原用户信息。光码分交换的原理就是将某个正交码上的光信号交换到另一个正交码上，实现不同码字之间的交换。

3.6.3　光分组交换

光分组交换的研究最早出现于20世纪90年代初，之后引起世界上许多研究机构和高等院校的关注。其中1993年，Alcatel联合欧洲诸多高校实施的KEOPS项目提出了实用化的OPS节点结构和功能单元，并首次建立了OPS的试验系统。目前国内也有不少机构对OPS开展了研究，主要有北京邮电大学、清华大学、北京大学、上海交通大学等的相关研究机构，研究内容主要集中于交换机制和结构、媒质接入控制（MAC）建议、光缓存方案仿真等。

光分组交换是直接在光层上实现细小粒度的分组交换，它可以看作是电分组交换在光域的延伸，交换单位是高速传输的光分组。光分组交换的帧格式如图3-41所示，包括固定长度的光分组头、载荷和保护时隙三部分。分组头包括分组头同步比特和路由标记，分组头具有固定比特率；载荷包括载荷同步比特和净荷，净荷占有固定持续时间但速率可变；在分组头和载荷的中间存在一定的保护时隙，保护时隙主要根据具体器件的交换时间、节点内的净荷抖动等情况来定义。

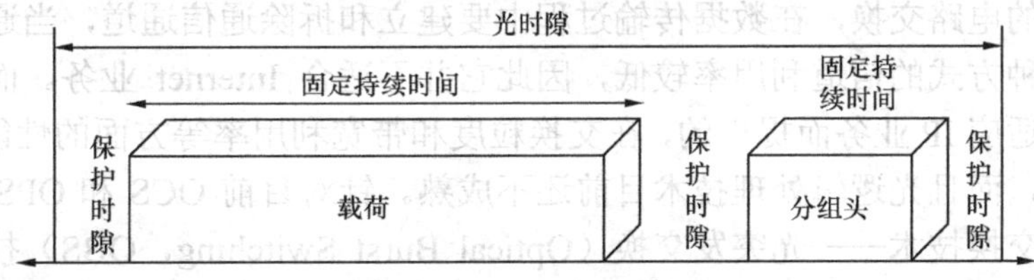

图3-41　光分组交换的帧格式

一个光分组交换节点网络结构主要由五部分组成：解复用/复用器、输入接口、交换控制单元、交换矩阵部分和输出接口，如图3-42所示。

（1）解复用器/复用器

解复用器将输入光纤上的分组按照不同的波长分开，送往输入接口进行下一步处理。复用器的功能相反，将输出接口的分组根据波长进行复用。

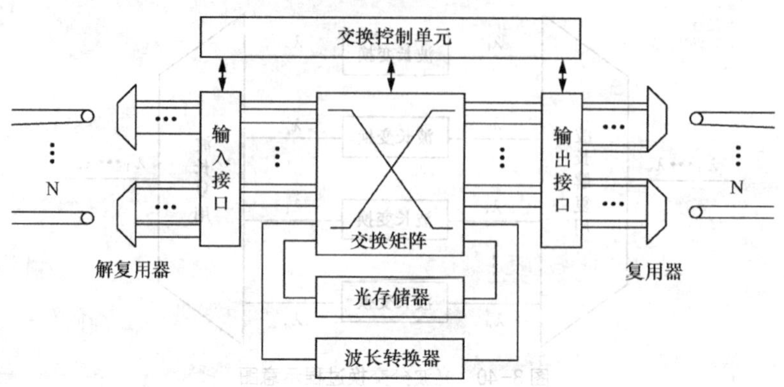

图 3-42　通用的光分组交换节点结构模型

（2）输入接口

输入接口完成光分组读取和同步功能，对来自不同输入端口的光分组进行时间和相位对准并保持数据净荷的透明传输。输入接口的功能主要包括对输入信号进行整形、定时和再生，检测输入信号的漂移和抖动，识别出分组头和净荷信息，对输入分组进行同步，将分组头提取出来交给交换控制单元处理等。

（3）交换控制单元

交换控制单元利用光分组头信息控制核心交换，完成对分组在交换矩阵中选路的控制功能。目前的交换控制单元还是由电子电路来实现的，通过电存储器中的路由交换表来管理路由交换过程。

（4）交换矩阵部分

交换矩阵部分包括交换矩阵、光存储器和波长转换器。交换矩阵完成光信号在空间上的选路工作。光存储器的功能是存储光域的信息，用来解决交换过程中的冲突问题。波长转换器可以对输入光信号的波长进行变换，是解决交换过程中的冲突问题的另一种手段。

（5）输出接口

输出接口通过输出同步和再生模块，降低内部不同路径的光分组的相位抖动并进行功率均衡，同时完成光分组头的重写和光分组再生。

3.6.4　光突发交换

光电路交换技术是目前比较成熟的光交换技术，这种交换技术实现简单，但由于这种方式类似于电交换的电路交换，在数据传输过程中要建立和拆除通信通道，当通信连接保持时间比较短时，这种方式的信道利用率较低，因此它并不适合 Internet 业务。而已有的光分组交换技术是为了适应 IP 业务而提出的，在交换粒度和带宽利用率等方面的性能都比较好，但是实现比较复杂，而且光逻辑处理技术目前还不成熟。针对目前 OCS 和 OPS 存在的一些问题，一种新的光交换技术——光突发交换（Optical Burst Switching，OBS）技术出现了，并成为光分组交换系统未来发展的方向之一。

OBS 是一种新型的交换技术，不要求有光缓存器，在光交换机网络中，每个站以突发（burst）方式发送数据，突发是由具有相同出口边缘路由器地址和相同服务质量要求的分组会聚而成，它是 OBS 的基本交换单位。对于每个突发，每个站送一个控制分组（setup）消息到网络，通知网络它有数据要发送，并经过一个 offset 的时间偏移开始突发的传输。与此同时，网络节点为此单个的突发分配相应的资源。OBS 兼有 OCS 和 OPS 的优点，又避免了它们的不足。OBS 的数据分为控制分组和数据分组，控制分组包含路由信息，数据分组包含承载业务。控制分组中的控制信息要通过网络节点的电子处理，而数据分组不需光电或电光转换和电子路由器转发，直接在端到端的全光透明传输信道中传输和交换。控制分组在传输链路中的某一特定信道中传送，每一个突发的数据分组对应于一个控制分组，并且控制分组先于数据分组传送，节点通过数据报或虚电路路由模式来为突发数据流指配空闲光信道，实现数据信道的带宽资源动态分配。由于在数据传输前已经根据控制分组分配好了带宽资源，数据分组在网络中间节点上可以直接通过，不需要光存储器缓存。另外，在网络的边缘节点上，对同一个波长的突发数据流进行统计复用，以节约有限的波长资源。

光突发交换的原理如图 3-43 所示。一根光纤上的 DWDM 信道被分成两组，其中一组用于传输突发的控制分组，称为控制信道；另一组则用于传输突发的数据分组，称为数据信道。边缘节点在组装好一个突发的同时生成相应的控制分组，如果此时有空闲信道则立即将该控制分组发送出去，数据分组则需经过一段偏置时间后再发送。这种数据与控制分组分离传输的特点有利于核心节点在突发到达之前就根据控制分组中的信息预留带宽。OBS 网络中核心节点对控制分组的处理还是在电域内进行的，节点根据控制信息配置好资源后，当突发数据分组到来时，经过解复用器后直接进入交换矩阵进行处理，而无需经过光/电/光的转换。

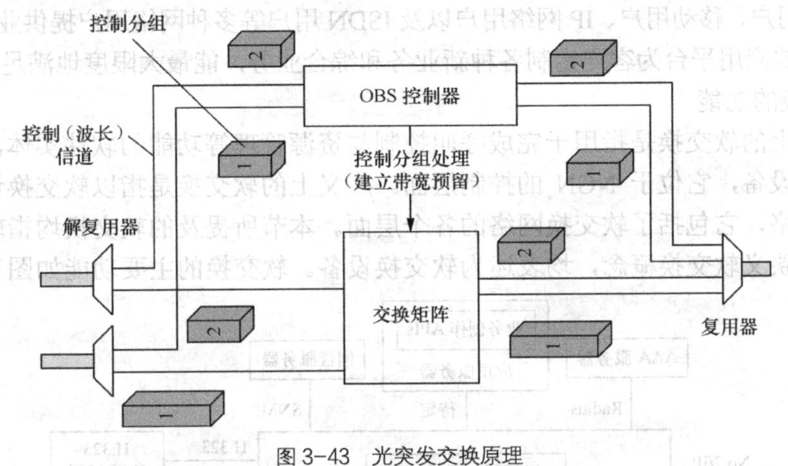

图 3-43 光突发交换原理

OBS 的一个主要特点是其数据分组和控制分组在分离的信道上传输，数据信道与控制信道的隔离简化了突发数据交换的处理，且控制分组长度非常短，因此可以实现高速处理。同时由于控制分组和数据分组是通过控制分组中含有的可“重置”的时延信息相联系的，传输过程中可以根据链路的实际状况用电子处理对控制信息作调整，因此控制分组和信号分组都不需要光同步和光存储。OBS 的另一个特点就是其链路建立是单向的，不需要等待连接建立的确认消息就会发送突发的数据分组，因而数据传输所需的时间更短。

3.7 软交换

传统交换网络是一个业务层与呼叫控制层紧密结合、不可分割的网络，它的业务种类单一，而且当一项新的业务需要提供时，需要对全网的交换机进行升级或改造，实现难度大、周期长、成本高，新业务提供所需时间太长。随着用户对新业务的需求不断增加，传统的电信基础网络在业务量设计、容量、组网方式以及交换方式等方面都无法适应用户需求以及市场需求的巨大转变。在这个大背景下，以软交换技术为核心的下一代网络模型逐渐形成。

下一代网络（Next Generation Network，NGN）是集语音、数据、视频和多媒体业务于一体的全新网络，以软交换为核心，采用开放的分层体系结构，能够提供更丰富的业务。软交换的基本含义就是将呼叫控制功能从媒体网关中分离出来，通过软件实现基本呼叫控制功能，从而实现呼叫传输与呼叫控制的分离，为控制、交换和软件可编程功能建立分离的平面。它吸取了 IP、ATM 和 TDM 等技术的优点，不但实现了网络的融合，更重要的是实现了业务的融合，具有充分的优越性。

3.7.1 软交换概念

软交换是 NGN 的控制功能实体，是 NGN 呼叫控制和连接控制的核心。它独立于底层承载协议，通过服务器或网元上的软件实现基本呼叫控制功能，包括呼叫选路、连接控制、信令互通、媒体网关接入控制、资源分配、协议处理、路由、认证、计费等功能，可以向用户提供现有电路交换机所能提供的所有业务，并向第三方提供可编程能力。软交换最大的优势是将应用层和控制层与核心网络完全分开，有利于快速方便地引进新业务；软交换将传统交换机的功能模块分离成为独立的网络部件，各个部件各自独立发展；软交换的协议接口基于相应的标准，运营商可以根据业务需要自由组合，接口协议的标准化使得异构网络互通更方便；软交换系统可以为模拟用户、数字用户、移动用户、IP 网络用户以及 ISDN 用户等多种网络用户提供业务；软交换利用标准的全开放应用平台为客户定制各种新业务和综合业务，能最大限度地满足用户需求。

1. 软交换的功能

一般狭义上的软交换是指用于完成呼叫控制与资源管理等功能的软件实体，也称为软交换机或软交换设备，它位于 NGN 的控制层面。广义上的软交换是指以软交换设备为控制核心的软交换网络，它包括了软交换网络的各个层面。本节所提及的软交换均指软交换网络整个体系，对于狭义软交换概念，均表述为软交换设备。软交换的主要功能如图 3-44 所示。

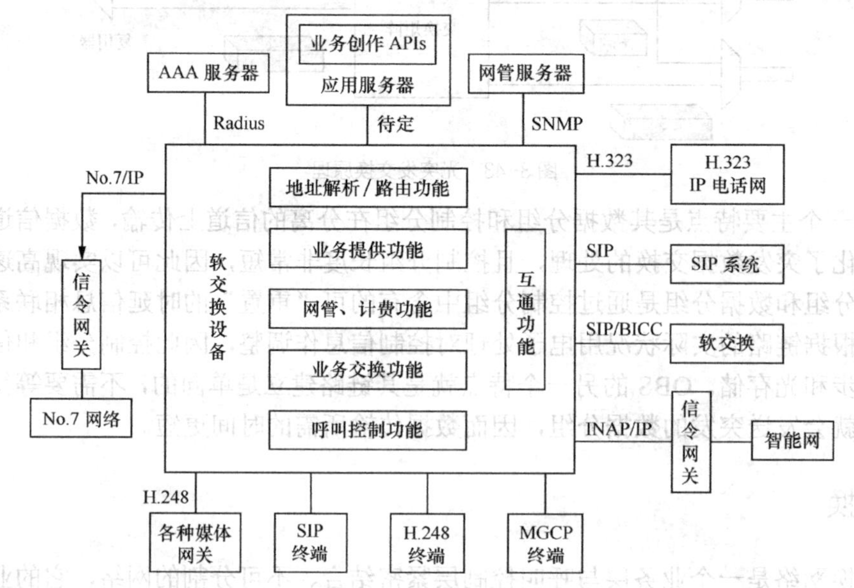

图 3-44　软交换功能结构示意图

（1）媒体网关接入功能

该功能可以认为是一种适配功能，它可以连接各种媒体网关，如 PSTN/ISDN 的 IP 中继媒体网关、ATM 媒体网关、用户媒体网关、无线媒体网关、数据媒体网关等，并提供支持多种信令协议的接口，实现 PSTN 网和 IP 网/ATM 网间的信令互通和不同网关的互操作。

（2）呼叫控制功能

呼叫控制功能是软交换的重要功能之一，它完成基本呼叫的建立、维持和释放，所提供的控制功能包括呼叫处理、连接控制、智能呼叫触发检测和资源控制等，是整个网络的中枢。

（3）业务提供功能

软交换应能支持 PSTN/ISDN 交换机提供的全部业务，包括基本业务和补充业务，同时还应该可以与现有智能网配合，提供现有智能网提供的业务；也可以支持第三方业务平台，提供多种增值业务和智能业务。

（4）互通功能

软交换互通功能可以通过信令网关实现分组网与现有 No.7 信令网的互通，可以通过信令网关与智能网互通，可以通过软交换的互通模块，采用 H.323 协议与 IP 电话网互通，采用 SIP 协议与 SIP 网络互通。

（5）网管功能

即接入认证与授权、地址解析、带宽管理及各种资源管理功能。

（6）操作维护功能

包括业务统计和告警等。

（7）计费功能

具有采集详细话费清单的能力。

2．软交换的优点

软交换技术的重要思想是采用了控制、承载、业务三者分离的层次结构，为数据和语音的融合做好了充足的准备。软交换技术主要具有以下优点。

（1）可继承传统的遗留设备和遗留业务，并实现两者无缝结合。

（2）低成本。相比于电路交换，软交换采用的是开放式平台，在提供新业务时可免去硬件的大规模更换，迅速加入网络新业务，且不用考虑所用设备是否产自同一厂家。

（3）软交换采用开放式标准接口，易于与不同网关、交换机、网络节点通信，兼容性、互操作性、互通性好。软交换体系架构中的网络部件之间采用标准协议，各部件之间既可独立发展，又能有机组合成整体，实现互通。

（4）功能模块既可分布式分布，也可集中起来，以适合不同的网络需求。

（5）高效灵活，有利于快速、有效地引入各类新业务，缩短了新业务的开发周期。

软交换采用了开放式的网络架构，业务独立于承载网络，新业务提供速度快、成本低，且能够与现有的网络如 PSTN、GSM 等互通，故拥有广阔的发展前景。

3．软交换的应用发展情况

迄今为止，全球范围内已有多家电信运营商积极开展了在软交换方面的实验和商用部署。在北美，本地运营企业中有 67%的运营商已经有软交换部署，有 43%的长途运营企业也部署了软交换系统；在欧洲，运营商对软交换的发展和应用采用了比较谨慎的态度，但随着软交换技术的逐渐成熟，欧洲运营商也加快了软交换实施步伐；在亚太地区，中国香港、澳大利亚、日本和韩国等国家和地区运营商在软交换应用领域走在前列。

目前，我国政府正在组织相关单位，制定下一代网络的总体发展策略，加快对下一代网络演进策略、关键技术和管制政策的研究以及建立下一代网的试验环境。中国移动、中国电信和中国联通都进行了软交换应用实验，在全国一级汇接层面构建了软交换汇接局，疏通了大量的省际长途话务量。

软交换具有更快速、灵活地提供移动语音、数据、固定电话业务等多种业务的优势和特点，但仍然存在其特有的缺陷，需进一步去弥补和完善。

（1）需加强软交换质量和安全问题研究。软交换目前基于IP承载网，而困扰IP组网技术的QoS问题也随之带给了软交换网络。目前，IP网中解决QoS问题的主要有Interserve（RSVP）和MPLS等技术。但随着更大传统语音业务量压到软交换和IP网以及更多业务的开发，软交换和IP承载网将可能暴露出更多问题，严重情况下，IP承载网的QoS问题会制约软交换的规模商用程度。并且由于IP化，更容易被恶意攻击，需加强对IP网和软交换组网技术、质量安全保护技术的研究，通过双归属或多归属组网等技术和方案降低其风险性。

（2）由于各厂家采用的协议不同，对同一协议细节的理解不同，因此协议标准的完善和设备之间的互联互通问题将是一个关键问题。

（3）需加强解决软交换的业务开发和计费、网管控制问题。软交换是基于IP的，而传统IP、路由器厂家等更倡导在网络侧运用IP和软交换技术提供透明传输业务，而业务处理尽量交给终端、用户来决定和处理。这样会导致通信运营商退变为纯粹的传输带宽提供者，从而降低通信运营商的运营利润。为避免以上困境，通信运营商应主动面向用户推出各类适用的业务，并做好计费和网管配套控制，以便通信运营商能寻找新的利润增长点。

3.7.2 软交换构成

软交换泛指软交换网络，即一种分层的、全开放的体系结构，包括四个功能层面：媒体/接入层、传输层、控制层和业务/应用层，如图3-45所示。它主要由软交换设备、信令网关、媒体网关、应用服务器等组成。

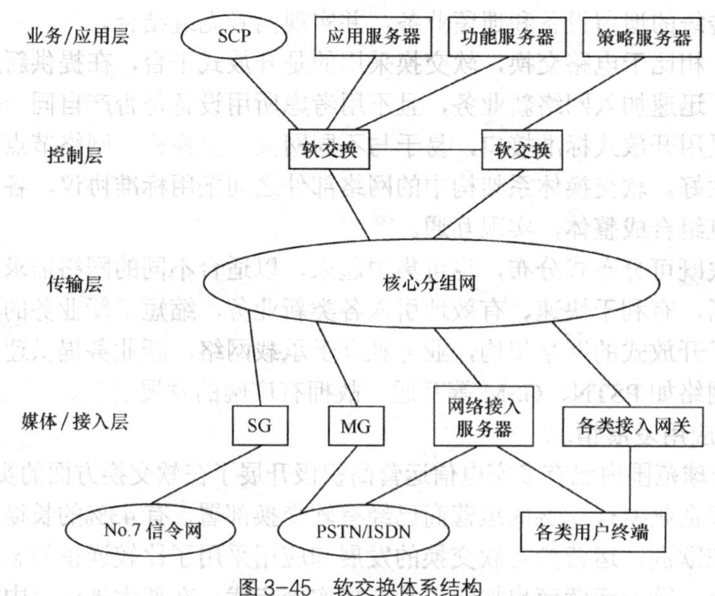

图3-45 软交换体系结构

1. 接入层

接入层由各种网关设备组成。该层的主要功能是提供丰富的接入手段，将各种不同的网络和终端接入软交换网中，并实现不同信息格式间的转换。软交换体系的主要网关和接入设备有信令网关（SG）、媒体网关（MG）、综合接入设备（IAD）等。其中，媒体网关负责将各种终端和接入网络接入核心分组网络，主要用于将一种网络中的媒体格式转换成另一种网络所要求的媒体格式；信令网关提供 No.7 信令网和分组网之间信令的转换；综合接入设备可提供语音、数据、多媒体业务的综合接入，与接入网关相比，IAD 是一个小型的接入层设备，它向用户同时提供模拟端口和数据端口，实现用户的综合接入。

2. 传输层

传输层也称为核心传输层或传输服务层，实际上就是软交换网的承载网络，它负责将软交换网络内各类信息由信息源传送到目的地，将接入层中的各种网关设备、控制层的软交换设备以及业务层中的各种服务器设备连接起来。

3. 控制层

控制层主要提供呼叫控制功能和承载控制功能，完成接入控制、业务控制、呼叫路由选择、路由信息交换、媒体网关控制、计费等功能，主要包括软交换机和路由服务器。

4. 业务层

业务层的主要功能是在呼叫控制的基础上为用户提供附加增值业务，同时提供业务和网络的管理功能。该层的主要设备包括应用服务器、特征服务器、策略服务器、认证、授权和计费服务器、目录服务器、数据库服务器、业务控制点（Service Control Point，SCP）、网管服务器等。

小　　结

本章主要介绍了交换的概念及交换技术的发展进程，以及目前通信网中所采用的各种交换方式的基本工作原理和特点。目前通信网中的交换方式主要有电路交换、分组交换、帧中继、ATM 交换、IP 交换、光交换和软交换等。

电路交换采用的是固定分配物理信道，在通信前要先建立物理连接，在通信过程中一直维持这一物理连接，只要用户不发出释放信号，即使通信暂停，物理连接仍然保持。电路交换信息的传输时延小，传输效率比较高，但电路利用率低，网络功能层次低。

存储—转发交换是指网络节点将途经的数据按传输单元接收并存储下来，然后选择一条合适的链路将它转发出去，为数据传输提供逻辑连接，即只在用户有信息传送时，按需分配物理信道资源，提供接续通路。存储—转发交换又分为报文交换和分组交换。分组交换不以报文为单位进行交换，而是把输入端进来的数据按一定长度分割成若干个数据段，这些数据段称为分组或包，分组长度较短，且具有统一的格式，便于在交换机中存储和处理。

20 世纪 80 年代以后，光纤通信逐渐发展成为通信网络传输媒质的主流。光纤通信具有容量大、质量高的特点，链路上出现差错的概率很小，在这样的通信环境下运行的分组协议，显然没有必要像原来的 X.25 协议那样再做许多精巧而烦琐的控制，为实现高速数据传输，快速分组交换应运而生。快速分组交换的思想是尽量简化协议，网络不再提供差错控制功能，而将此功能交由终端去完成。帧中继是分组交换的升级技术，它很容易在原有的 X.25 接口上进行软件升级来实现，不需要对 X.25 设备进行硬件上的改造。ATM 是在分组交换技术上发展起来的快速分组交换技术，被认为是目前已知的一种最适合于 B-ISDN 的交换方式。ATM 适用于局域网和广域网，具有高速数据传输速率。

ATM 具有高带宽、快速交换和提供可靠服务质量保证的特点，Internet 的迅速发展和普及使得 IP 成为计算机网络应用环境的既成标准和开放系统平台。宽带网络的发展方向是把最先进的 ATM 交换技术和最普及的 IP 技术融合起来，因此产生了新的交换技术——IP 交换。IP 交换作为一种利用 ATM 支持 IP 的技术，把交换和路由结合在一起，基于数据流驱动，具有很高的运行效率。它不仅解决了路由器的瓶颈问题，而且简化了 ATM 的有关信令，同时能支持业务的 QoS，是 IP 与 ATM 结合集成模式的典型代表。

传统的光电网络通信系统中，数据经过网络各个节点时须经过多次的光/电和电/光转换，以光方式传输的数据按照电交换的方式运作将严重的不匹配。为了满足未来发展的需求，高速率和大容量的全光网络应运而生。光交换技术是实现全光网络的关键技术之一，光交换是指不经过任何光电转换，在光域直接将输入光信号交换到不同的输出端，在光交换的过程中信号始终以光的形式存在。光交换不会受到电子器件处理速度的制约，能与高速的光纤传输速率匹配，能根据波长对信号进行路由选择，可以实现透明数据传输，易于保证网络的稳定性，大量节省了建网和网络升级的成本。

随着用户对新业务的需求不断增加，传统的电信基础网络在业务量设计、容量、组网方式以及交换方式等方面都无法适应用户需求以及市场需求的巨大转变。在这个大背景下，以软交换技术为核心的下一代网络模型逐渐形成。下一代网络（NGN）是集语音、数据、视频和多媒体业务于一体的全新网络，以软交换为核心，采用开放的分层体系结构，能够提供更丰富的业务。它吸取了 IP、ATM 和 TDM 等技术的优点，不但实现了网络的融合，更重要的是实现了业务的融合，具有充分的优越性。

思考题与习题

3-1 交换机应具有哪些功能？

3-2 主要的交换方式有哪些？

3-3 解释 T 接线器和 S 接线器的基本工作原理。

3-4 程控交换机由哪些部分组成？各部分的主要功能是什么？

3-5 试简述程控交换机本局通话时的呼叫处理过程。

3-6 信令的作用是什么？它有哪些分类？

3-7 分组交换有哪些特点？

3-8 分组交换有哪两种方式？试比较这两种方式的优缺点。

3-9 简述 X.25 协议栈的构成，各层完成的主要功能是什么？

3-10 请描述 X.25 网络的呼叫建立与释放过程。

3-11 在帧中继网络中，什么是 PVC？什么是 SVC？

3-12 说明同步时分和异步时分交换的不同点是什么。

3-13 简述 ATM 交换的特点。

3-14 试画出 ATM 的信元格式，并说明各个字段的含义及功能。

3-15 ATM 交换机由哪些部分组成？各部分主要完成什么功能？

3-16 IP 与 ATM 的融合有哪两种模型？

3-17 光交换具有哪些优点？它有哪几种类型？

3-18 光电路交换可分为哪些光交换方式？试简单描述各种方式的基本原理。

3-19 软交换的主要功能有哪些？

3-20 软交换体系包含几个功能层面？各层主要完成什么功能？

第 4 章 光纤传输技术

信息的传输分为有线传输方式和无线传输方式。随着通信需求的不断增加，有线传输手段从明线（铁线或铜线）到电缆（双绞线电缆、同轴电缆），发展到了光纤（缆）；无线传输手段也从短波、超短波发展到微波。激光器的发明和低损耗光纤技术的突破使光纤传输技术得到迅速发展，光纤传输以其带宽充足、不受电磁干扰、原材料丰富等优点获得了广泛应用，光缆已很快地取代了电缆，成为长距离、大容量传输的重要手段，在通信骨干网、城域网中占据了主导地位。本章主要介绍光纤通信的基本原理和关键技术。

4.1 光纤及光传输概述

光纤即光导纤维。从电磁波传播的角度来看，光纤实际上是一种工作在光频下的圆柱形波导，具有传播高频电磁波的能力，它能引导光信号沿着与轴线平行的方向传输。利用光纤进行光的传输，可以应用先进的通信技术，建成一个大容量、高生存能力、高灵活性、高传输质量、有智能功能、可集中管理的通信传输网络。

4.1.1 光纤通信的基本概念

光纤通信是指以光波作为信息载体，以光纤作为传输媒质的一种通信方式。由于光纤的传光性能优异、传输带宽极宽，光纤通信从光通信中脱颖而出，目前已在许多国家被广泛用于组建各种业务如语音、数据、图像等的传输网络。光纤通信作为一门新兴技术，其发展速度之快、应用面之广是通信史上罕见的，也是世界新技术革命的重要标志和未来信息社会中各种信息的主要传送工具。

1. 光通信的发展概况

光波是人们很熟悉的一种电磁波，通常将红外线、可见光、紫外线都归入光波范围。光波的波长在微米级，频率在 10^{14}～10^{15}Hz 数量级。早在用电信号进行通信之前，可见光就已用作通信手段了，如我国周朝就用烽火台的火光来传递信息。光通信就是利用光波来携带信息进行传输的通信方式，光通信可分为有线光通信和无线光通信。有线光通信就是利用光导纤维等将光波汇聚其中并进行信息传输的，这种方式的光波传播特性稳定，因而通信质量稳定，得到了广泛应用。无线光通信是利用光波在大气中直线传播的特点来传输信息的，但由于受大气气温不均匀等因素的影响会使光线发生偏移，大雾时光线可能全被吸收，因此这种方式通信质量不稳定，只适于小容量、短距离的室内通信、户外应急通信以及卫星之间的通信。近年来，随着“最后一公里”对高带宽、低成本接入技术的迫切需求，无线光通信在视距传输、宽带接入中有了新的发展机遇。

同时由于光通信器件制造技术的飞速发展，无线光通信技术不断进步，得到了越来越多的应用。

从利用光波作为载波来传递信息的角度来看，光通信的历史只能追溯到1880年贝尔发明的光电话。该电话设备由镜子和光电池组成，通过光束传递声音。声音产生的声波使镜子发生振动，从而使经过的光束强度发生变化（即调制），调制后的光束传到对方，经光电池检测，变成电信号送到听筒。这种设备没有可靠的强光源，也没有低损耗的传输媒质，因此传送的距离短，没有能在实际中得到应用。但是这却启发人们从光源和光传输媒质两方面去研究和发展光通信。

1960年，美国人Maiman发明了第一台激光器——红宝石激光器，到1961年又有了氦—氢气体激光器。1970年，美国贝尔实验室研制成功了可以在室温下连续振荡的半导体激光器，激光器技术得到了很大的发展。相对于其他普通光源，激光器亮度高、谱线窄、方向性强的特点，可以产生理想的光载波。现在通信领域中采用以镓、铝、砷和铟、镓、砷、磷等材料为主的激光器，其寿命已达数十万小时甚至百万小时。但是激光若在大气中传播，将会受到雨、雪、雾等天气的影响，能量衰耗大，不能可靠传输，于是人们就设法让光通过一系列的透镜在管道中传播。这虽然克服了气候的影响，但又涉及到其他的一些难以解决的问题，例如地震会引起透镜位置变动，使光束方向发生变化等等。因此人们设想利用可以导光的玻璃纤维——光纤进行长距离的光波传输。20世纪60年代以前，制成的光纤损耗很大，每公里衰减达1 000dB以上，通信距离受到限制。1966年，华裔科学家高锟博士等人经严格论证提出：从玻璃材料中去除杂质，可以制成衰减为20dB/km的光导纤维。1970年，美国康宁玻璃公司根据高氏理论首先制造出衰减为20dB/km的玻璃纤维——石英光纤，并达到了实用水平；1973年，美国贝尔研究所使用化学泛相沉淀法，稳定生产出衰减为1dB/km的低损耗光纤；1976年，日本电报电话公司（NTT）制造出0.5dB/km的低损耗光纤；目前人们利用高纯度的石英材料先后开发出了衰减更低，直径很小，既柔软又具有相当强度的一些光纤。激光器的发明和低损耗光纤技术的突破，使光纤通信进入实用化高速发展阶段，光纤已成为一种理想的传输媒质。目前的光通信主要是指光纤通信，光纤通信优良的传输性能使其成为了长距离大容量信息传输的首选方案。

2．光纤通信的特点

光纤通信与电缆或微波等通信方式相比主要区别就在于两点：一是以很高频率的光波作载波；二是用光纤作为传输介质。光纤通信的主要优点如下。

（1）传输频带极宽，通信容量大

一般地说，通信媒质的通信容量与它传输电磁波的频率高低密切相关，频率越高，通信的容量就越大。目前光纤通信使用的红外光波频率在10^{14}～10^{15}Hz数量级，而常用微波频率在10^{9}～10^{11}Hz，因此光纤通信的容量原则上比微波通信高10^{4}～10^{5}倍。

（2）传输衰耗小，传输距离长

金属线的电阻及导体间电容的漏电会使信号的强度随距离的增大而减弱，也就是会引起信号的衰减，若要降低损耗就必须增大传输线的尺寸。而光纤的传输损耗很小，几乎与光纤的尺寸无关，其传输损耗的机理不同于普通金属线，在使用的光波段内，光纤对每一频率的损耗几乎是相同的，提高石英材料的纯度就可以降低光损耗。目前，光纤的传输损耗可低于0.2dB/km。

（3）信号串扰小，保密性好，传输质量高

由于金属线存在电磁感应现象，若屏蔽不好，导线本身就可以看作是一段天线，线路间互相干扰大，而只在光纤内传播的光波，即使在光纤拐弯处弯曲半径很小时，也只有很微弱的泄漏，如果再在光纤表面涂上一层吸光剂，其中的光就基本上不会泄漏，因此在光纤传输中就几乎不存在电缆传输中常见的串话现象。同时，它也不会干扰其他通信设备或测试设备，而且无论用什么方法也不能在光纤外面窃听光纤中传输的信息。

（4）抗电磁干扰

由于制造光纤的材料——石英是绝缘的，不存在普通金属线的电磁感应、耦合等现象。同时在光纤中传输的信号频率非常高，而一般干扰源的频率相对较低，因此光纤抗电磁干扰的能力非常强，不会受到输电线、电气化铁路的馈电线及高压设备等电器的干扰。

（5）光纤尺寸小，重量轻，便于运输和敷设

光纤的芯径很细，只有单管同轴电缆的百分之一，光缆直径也很小，8 芯光缆横截面直径约为 1mm，而标准同轴电缆为 47mm。光缆的重量比电缆要轻得多，例如，18 管同轴电缆 1m 的重量为 11kg，而同样容量的光缆 1m 的重量只有 90g。光纤的使用在市话中继线路中成功地解决了地下管道拥挤的问题，节约了地下管道的建设投资，而且便于敷设和运输。

（6）耐化学腐蚀，适用于特殊环境

石英玻璃的主要成分是二氧化硅，其不导电，防雷击，耐腐蚀性强，不怕高温和湿气。用石英玻璃为材料制造的光纤用于通信传输，不像传统的金属线因短路或接触不良而产生火花。光纤通信适用于许多特殊环境，如沿海区域、海底、矿井、军火仓库等。

（7）原料资源丰富

制造光纤的石英材料在地球上是取之不尽用之不完的。

（8）节约有色金属

用很少的原材料就可以拉制出很长的光纤，例如 40g 高纯度的石英玻璃就可拉制 1km 的光纤，而制造 1km 的 8 管中同轴电缆需要耗铜 120kg、铅 500kg。广泛应用光纤来替代电缆，将会节约大量的金属材料。

光纤通信也有一些缺点：①光纤的机械强度低；②光纤弯曲半径不宜过小，否则可能引起较大的衰耗；③光纤的切断和连接需要一定的工具设备，操作技术要求高；④分路和耦合不灵活方便，操作困难、繁琐；⑤目前的光纤通信网络中，需要经过额外的光电转换过程，增加了复杂程度。

3．光纤通信系统的组成

从原理上看，构成光纤通信系统的基本物质要素是光纤、光源和光检测器。因此，一个光纤通信系统由发送设备、光缆传输线、光中继器以及接收设备四部分组成，如图 4-1 所示。

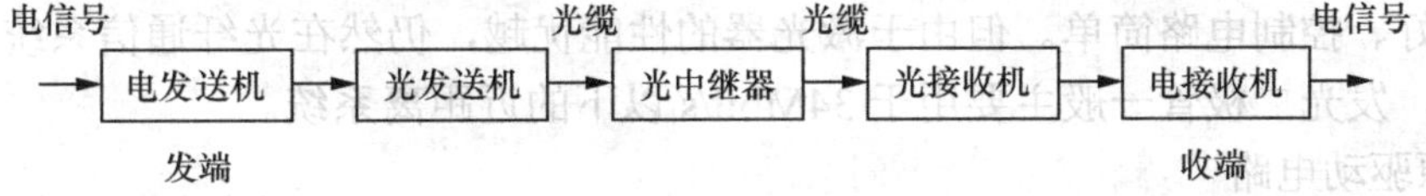

图 4-1 光纤通信系统组成示意图

由图可见，从信息源来的电信号进入电发送机完成模/数转换，并做多路复用处理后，在光发送机实现电/光转换，即经调制电路驱动光源，使电信号调制到光波上，从而把信号电流变为光信号功率。已调制的光信号经过光连接器进入光纤传输，中间经光中继器，对已被衰减或产生畸变的信号脉冲进行补偿或再生，再传输至光接收机。光接收机主要包括光检测器、放大器及均衡器等部分，其作用是完成光/电转换，把光纤传来的光信号还原为电信号。光电检测器采用雪崩光电二极管或光电二极管，对光信号检波后得到电信号，经过适当处理（放大、整形、再生）再送到电接收机，完成数字信号的分接及数/模转换。

（1）光发送机

光发送机将电发送机产生的电脉冲信号变换成适于光纤传输的光脉冲信号，其组成原理框图如图 4-2 所示。其中，整形或码型变换、光源驱动和发送光源是光发送机的基本部分，光源驱动电路

是光发送机的主干电路，而自动光功率控制、自动温度控制和各种保护电路是光发送机的辅助部分。

① 整形或码型变换

为了方便光发送机对输入脉冲信号码型的选择，统一接口电路，简化设备的电路结构，在数字光纤系统设备的设计中，一般输入到光发送机的脉冲信号都采用NRZ（不归零）码，而光发送机中可以采用 NRZ，也可以采用 RZ（归零）码。通常在高速率或超高速率的数字光纤传输系统中多采用 NRZ 码型，此时光发送机必须使输入的 NRZ 码型的脉冲信号经过整形电路进行码型整形，以便用十分标准或经过某些预处理的电脉冲信号去调制光源，从而发出符合系统性能要求的光脉冲信号。若在中等速率的数字光纤传输系统中则采用 RZ 码型，此时光发送机必须使输入的 NRZ 码型经过码型变换电路转变成 RZ 码型。

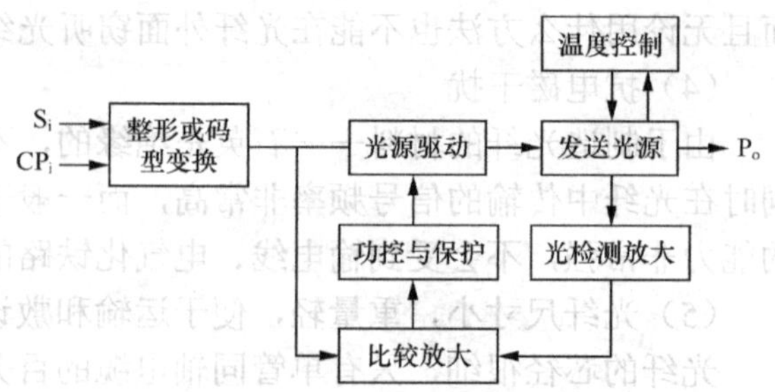

注：S_i—输入电信号；CP_i—时钟信号；P_o—输出光信号

图 4-2 光发送机组成原理框图

在这部分还包括线路编码，先对输入信号流扰码，使序列中的“0”和“1”统计分布均匀，便于时钟信号的提取，有利于抑制抖动；然后再对该信码流进行编码，以便于不间断业务的误监测区间通信联络，监测及克服直流分量的波动。

② 光源

光源是光发送机完成信号电/光（E/O）转换的核心部件。光发送机的 E/O 转换部分包括激光器、驱动电路及自动功率控制、温度控制与保护电路。

光纤通信系统常用的光源主要有两种：发光二极管（LED）和激光二极管（LD）。光源的选择取决于系统成本和性能要求。激光器（LD）是指激光的自激振荡器，当激光二极管外加正向电流达到某一值时，输出光功率将急剧增加，这时将产生激光振荡，这个电流值称为阈值电流。当外加正向电流大于激光器的阈值电流时，激光器发出激光，其谱线很窄，即单色性好，可以有效地降低色散效应的影响、响应速度很快、转换效率高。而发光二极管主要靠半导体自身的辐射发光，谱线较宽、响应速度慢。激光器的价格高，发光二极管价格低，且温度特性好、控制电路简单。但由于激光器的性能优越，仍然在光纤通信系统中得到了大规模的应用，发光二极管一般主要用于 34Mbit/s 以下的近距离系统。

③ 光源驱动电路

光源驱动电路是给光源提供恒定偏置电流和调制信号的电路，因此也可叫做光源的调制电路。一般来说，光源驱动电路是一种电流开关电路，在对 LD 进行高速脉冲调制时，驱动电路既要有快的开关速度，又要保持有良好的电流脉冲波形，以使光源的开启和关闭状态对应 PCM 信号的“1”和“0”，从而产生具有一定规则的光脉冲序列，实现信息的传输。这里是用 PCM 信号对光源的强度进行调制，从而控制其输出功率，称为 PCM-IM（PCM-Intensity Modulation）。

（2）光接收机

光接收机的作用是把经过光纤传输后，幅度衰减、宽度展宽的微弱光脉冲信号转变为电信号，并放大、再生，恢复出原来的信号。直接检波式光接收机一般由光电检测器、放大电路、均衡器、判决器、译码器、自动增益控制电路、时钟恢复电路等组成，如图 4-3 所示。

① 光电检测器。将光纤传送过来的微弱光信号转换为电信号，再送入前置放大器进行预放大。目前广泛使用 PIN（Positive-Intrinsic-Negative）光电二极管和 APD（Avalanche

Photodiode）雪崩光电二极管两种器件进行直接检测，即直接对已调光信号在光频率上进行检测，根据光功率的强弱来判定光信号的有无，进而转化为电信号。

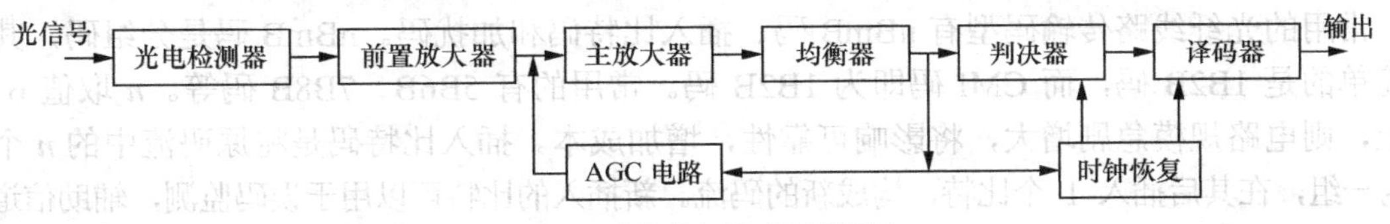

图 4-3 光接收机组成原理框图

② 放大器。一台性能优良的光接收机应具有无失真地检测和恢复微弱信号的能力，因此要求前置放大器应具有低噪声、高增益和足够的带宽特性，以获得较大的信噪比。主放大器提供足够的增益并受自动增益控制（AGC）电路控制，对前置放大器输出的信号做进一步的放大，使其放大到判决电路所需的信号电平。

③ 自动增益控制电路。利用反馈环路来对主放大器的增益进行控制。经传输和放大后失真的信号由均衡器补偿，减少波形失真，以满足判决器再生信号的要求。

④ 判决器。对均衡器输出的信号进行判决，以获得标准的“0”、“1”码流。

⑤ 译码器。对线路编码进行译码。

⑥ 时钟恢复电路。提取时钟，以获得判决时刻。

（3）光中继器

光脉冲信号经光纤传输一定距离以后，由于光纤损耗和色散的影响，光脉冲的幅度受到衰减，波形发生畸变，这样就限制了光脉冲信号在光纤中的长距离传输。光中继器用于对衰减和变形的光脉冲信号进行放大和再生，通常在长距离的光纤传输系统中，每隔一定的距离就需要加设一个中继器，以保证通信质量。而对于短距离的光纤传输系统，则由于光纤的损耗较小，可以不用光中继器。

一般中继器可分为光/光中继器和光/电/光中继器两种。光/光中继器结构简单，直接对光信号进行放大处理而不需将其转换为电信号，随着光放大器技术的进步，光/光中继器的应用会越来越广泛。光/电/光中继器实际上是由能够完成光/电转换的光接收机和能够进行电/光转换的光发送机组成，它首先检测到达的微弱变形光信号，然后将其转变成电信号，经放大整形后变成波形规则的电脉冲信号，再调制光发送机的光源，以恢复原光脉冲信号，再继续沿光纤传输。实用的光/电/光中继器应该包括两套收发设备，构成双向中继器。

（4）光放大器

光放大器能够直接放大光信号，不需转换成电信号，对信号的格式和速率具有高度的透明性，使得整个光纤通信传输系统更加简单和灵活。目前研制成功的光放大器有半导体光放大器和光纤放大器两大类，主要应用于光中继器中光信号的放大，光发送机中放大进入光线路的信号，以及接收机中对微弱光信号的放大。目前已研制出半导体激光放大器、掺铒光纤放大器、拉曼光纤放大器和布里渊光纤放大器等。其中，最成熟的光纤放大器是掺铒光纤放大器（EDFA），用在光纤传输线路上直接对传输损耗进行补偿，EDFA 的工作波长为 1 550nm，与光纤的低损耗窗口一致。拉曼放大器也是一种很有前途的光纤放大器。

（5）光纤通信中的线路码型

光纤传输系统中并不是直接传输由电发送机传送过来的数字信号，而是要经过编码处理变换成码速率略高的适合在光纤数字传输系统中传输的线路码。由于光源不可能发射负的光脉冲，所以线路码型一般只考虑与光脉冲的有无对应的二进制码，即只能是单极性码。但简单的二电平码的直流基准电平会随着信息流中的"0"、"1"的不同组合而随机起伏，在接收端，这种直流电平的起伏会引起误判，从而产生误码，所以要进行线路编码，以适应光纤线路的传输要求。

常用的光纤线路传输码型有 nBmB 码、插入比特码和加扰码。nBmB 码是分组码，其中最简单的是 1B2B 码，而 CMI 码即为 1B2B 码。常用的有 5B6B、7B8B 码等。n 取值 6、7 以上，则电路规模急剧增大，将影响可靠性，增加成本。插入比特码是将原码流中的 n 个比特为一组，在其后插入 1 个比特，构成新的码流。新插入的比特可以用于误码监测，辅助信道，改善"0"、"1"分布等方面。根据插入码的功能不同，常用的有 nB1P、nB1c、nB1H 码等。

实际的光纤系统中常把扰码与 nBmB 码或插入比特码结合使用，组成线路编码。扰码是将原有的二进制序列以一定规律重新排列，从而改善码流的一些特性，例如改变原有码流的"0"、"1"分布等。常用的加扰码有扰码+5B6B、扰码+4B1H 两种线路码型。

（6）光纤通信系统中其他设备

① 光开关。光开关用于传输线路的转换，利用光开关可以直接进行光路交换。常见的有机械式和电子式开关，机械式开关结构简单，但转换速度慢，电子式开关是光开关研究和应用的主要方向。

② 监控系统。监控系统是光纤通信系统的重要组成部分。其基本功能包括监视运行状态及检测故障、提供远程的配置功能、提供日常维护所需的带外通信。监控设备一般构成单独的传输支撑网，物理上常用单独的 E1 电路或光纤信道中单独的一个波长来作为监控信息的承载。

③ 保护倒换系统。由于通信骨干网对传输可靠性的要求非常高，因此光纤通信系统一般采用主备倒换方式。常见的有一主一备倒换和多主一备倒换，目前更广泛应用的是多主一备方式。

4.1.2 光纤的结构与导光原理

光纤是由两种不同折射率的材料（如高纯度玻璃）拉制而成的，其质地脆弱，需经涂覆处理来提高强度。其中具有高折射率的材料充当传播介质，类似于矩形金属波导中的空气介质，能够传导电磁波，而具有低折射率的材料充当波导的管壁将电磁波的能量限定在波导内。

1. 光纤的结构

一根光纤包括具有高折射率的纤芯、具有低折射率的包层以及涂覆层，其基本结构如图 4-4 所示。其中，内层为纤芯，是一个透明的圆柱形介质，其作用是以极小的能量损耗传输载有信息的光信号。紧靠纤芯外面的一层称为包层，从结构上看，它是一个空心的，并与纤芯共轴的圆柱形介质，其作用是使光信号封闭在纤芯中传输，并起到保护纤芯的作用。最外面还有一层是涂覆层，其作用是为了进一步确保光纤不受外界的机械作用和吸收诱发微变的剪切应力影响。

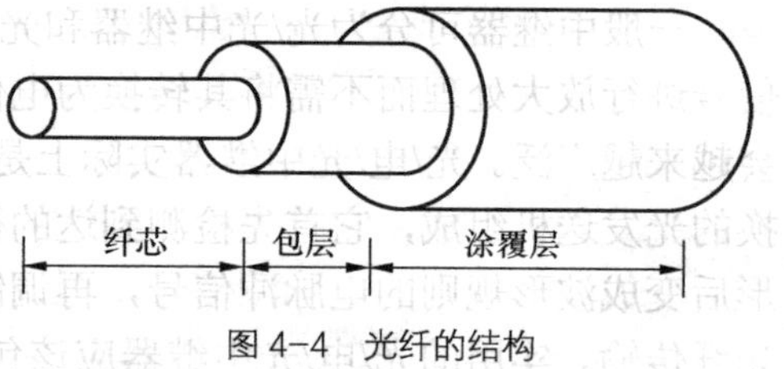

纤芯 包层 涂覆层

图 4-4 光纤的结构

2. 光纤的导光原理

光在同一介质中是沿直线传播的，在不同介质中的传播速度不同，所以光从一种介质射向另一种介质时，在两种介质的交界面处会产生折射和反射，如图 4-5 所示。不同的物质对相同波长光的折射角度是不同的，即有不同的光折射率，相同的物质对不同波长光的折射角度也是不同的，而且折射光的角度会随入射光的角度变化而变化。当光从折射率大的介质进入折射率小的介质时，入射光的角度达到或超过某一角度时，折射光会消失，入射光全部被反射回来，这就是光的全反射。光纤就是利用光的全反射特性来导光的。

在图 4-5 中，介质 1（纤芯）和介质 2（包层）的折射率分别是 n_1 和 n_2，且 $n_1>n_2$。当光射线从介质1（纤芯）入射到界面上时，一部分能量被反射，另一部分能量进入介质2（包层）发生折射。θ_1和θ_1'分别是射线的入射角和反射角；θ_2是折射角。

光波本质上是电磁波，由光波的反射定律和折射定律

反射定律：$\theta_1 = \theta_1'$ （4.1-1）

折射定律：$n_1 \sin\theta_1 = n_2 \sin\theta_2$ （4.1-2）

可知，当$n_1>n_2$时，则$\sin\theta_2>\sin\theta_1$，必有$\theta_2>\theta_1$。若逐渐增大入射角$\theta_1$，当增大到一定程度时，$\theta_2$就变成90°，光不能进入介质2（包层），此时的入射角称为临界角$\theta_c(\theta_1=\theta_c)$，这时有$\sin\theta_c = n_2/n_1$。

在$n_1>n_2$的条件下，当$90°>\theta_1 \geqslant \theta_c$时，能量全部被反射，不发生折射，即是发生全反射。可见，当光波从光密（折射率大的）介质入射到光疏（折射率小的）介质时，如果光波的入射角$\theta_1 \geqslant \theta_c$，就会形成全反射。因此，为使光波限制在光纤纤芯中传播，必须使纤芯的材料具有高折射率，而包层材料具有低折射率。

如图4-6所示，光线以φ_1角从空气（$n_0=1$）入射到光纤端面进入光纤，由于纤芯折射率$n_1>n_0$，则$\theta_3<\varphi_1$，光线以大于或等于θ_c的入射角θ_1射到纤芯包层界面，得到全反射。此时光射线与光纤轴线所形成的角度$\theta_3=(90°-\theta_1)\leqslant(90°-\theta_c)$。若$\theta_3>(90°-\theta_c)$，则不能得到全反射，一部分光线被折射进包层而损耗掉，一部分反射进入纤芯，这样经几次反射、折射后很快就被损耗掉了。

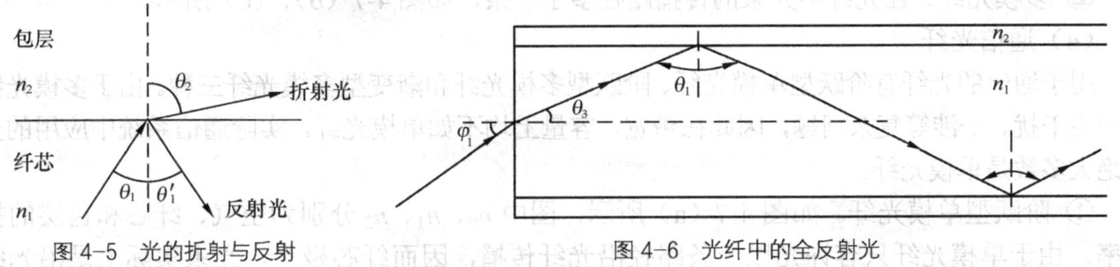

图4-5 光的折射与反射　　图4-6 光纤中的全反射光

3．光纤的分类

光纤的分类方法有很多，可以按制作光纤的材料、方法，光纤的结构，传播光的波长，传播模式的多少以及用途等来分。这里主要介绍三种分类方法。

（1）按材料成分分类

从本质上说，目前可以使用的光纤都是由玻璃、塑料或二者结合制成，可以分为石英系光纤、多组分玻璃光纤、塑料包层石英芯光纤、全塑料光纤。

① 塑料纤芯和塑料包层光纤。也称为全塑料光纤，成本低廉，芯径相对较大，因此与光源耦合输出的光功率大，使用方便，但只适用于很短和很低速率（数Mbit/s）的场合。主要应用于短距离的光电隔离、工业控制中数据量较小的数据信号的传输和简单的光纤工艺品，如光纤装饰画等。

② 玻璃纤芯和塑料包层光纤。这种塑料包层的石英光纤也称为玻璃光纤。

③ 石英系光纤。这就是通信中常用的玻璃纤芯和玻璃包层光纤，也称为通信光纤，主要是由高纯度的二氧化硅（SiO_2）并掺有适当的杂质制成，损耗低，强度和可靠性高，性能最好，价格也最贵。

④ 多组分玻璃光纤。例如用钢玻璃掺有适当杂质制成的光纤，损耗低，可靠性不高。

（2）按折射率分布分类

光纤的光学特性决定于它的折射率分布，因此光纤纤芯和包层折射率在制造阶段是沿径向加以控制的，用控制预制棒中掺杂剂的种类和数量的方法来使之产生一定形状的折射率分

布。光纤横截面上折射率分布的形状有阶跃（突变）型和渐变（高斯）型。因此按折射率分布，光纤可分为阶跃型光纤和渐变型光纤。

① 阶跃型光纤。在纤芯和包层中折射率分布各自都是均匀的，在纤芯和包层的界面上折射率呈阶梯型突变，见图 4-7（a）、（b）。其光波行进轨迹是直线。

② 渐变型光纤。在纤芯中折射率的分布是近似抛物线规律变化的，在中心处最大，随半径的增加逐渐减小。在纤芯和包层的界面处二者折射率相同，而在包层中的折射率通常是常数，见图 4-7（c）。

（3）按传输模式数量分类

光纤中的模式，简单地可理解为光在光纤中传播时特定的路径。

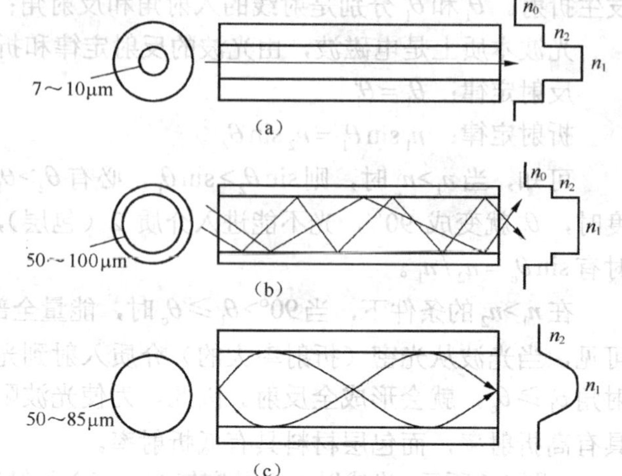

图 4-7　三种光纤的纤芯和包层折射率分布

① 单模光纤。在光纤中只容许一种路径的光束沿光纤传播，如图 4-7（a）所示。单模光纤的纤芯直径比多模光纤小。

② 多模光纤。在光纤中光束的传播路径多于一条，如图 4-7（b）、（c）所示。

（4）通信光纤

用于通信的光纤有阶跃型单模光纤、阶跃型多模光纤和渐变型多模光纤三种。由于多模光纤会产生干扰、干涉等复杂问题，因此在带宽、容量上均不如单模光纤。实际通信系统中应用的光纤绝大多数是单模光纤。

① 阶跃型单模光纤。如图 4-7（a）所示，图中 n_0、n_1、n_2 分别为空气、纤芯和包层的折射率。由于单模光纤只容许光以一条路径沿光纤传播，因而纤芯极小，光束实际上是沿光纤轴线方向向前传播，进入光纤的光几乎是以相同的时间通过相同的距离。

② 阶跃型多模光纤。如图 4-7（b）所示，除了纤芯比较粗外，其结构与单模光纤相同。这种光纤的数值孔径（衡量光纤接收入射光线能力大小的物理量）较大，因此允许更多的光线进入光纤。入射角大于临界角的光线沿纤芯呈"之"字型传播，在纤芯与包层的界面上不断地发生全反射；入射角小于临界角的光线（图中未画出）则折射进入包层，即被衰减。可以看出，此时光纤中的光是沿着不同路径进行传播的，因而通过相同长度的光纤就需要不同的传输时间。

③ 渐变型多模光纤。如图 4-7（c）所示，图中 n_1、n_2 分别为纤芯和包层的折射率。纤芯的折射率呈现非均匀分布，光在其中通过折射传播。由于光线是以斜交叉穿入纤芯，光线在纤芯中不断地从光密介质到光疏介质或从光疏介质到光密介质中传播，因此总是在不停地发生折射，形成一条连续的曲线。进入光纤的光线有不同的初始入射角，在传输一段距离后，入射角度变大并且远离中心轴线的光线要比靠近中心轴线的光线所走的路程长。由于折射率随轴向距离的增大而减小，而速度与折射率成反比，故远离轴线处的光传播速度大于靠近轴线处的光传播速度，因此，全部光线会以几乎相同的轴向速度在光纤中传播。

4．光纤的数值孔径

光源发出的光不能全部被光纤捕获即不能全部入射进入光纤。通常用数值孔径来描述光纤接收或收集入射光的能力以及计算光源至光纤的光功率耦合效率。数值孔径是光纤的一个重要的参数，与最大入射角有关，其大小与纤芯折射率及纤芯—包层相对折射率差有关。对

于阶跃型光纤，数值孔径 NA 定义为

$$NA = \sqrt{n_1^2 - n_2^2} \quad (4.1\text{-}3)$$

式中，n_1 为纤芯的折射率；n_2 为包层的折射率。在渐变型光纤中，纤芯折射率是随着离光纤中心的径向距离 r 的增加而连续减少的，包层折射率通常是常数，其局部数值孔径定义为

$$NA = \sqrt{n_1^2(r) - n_2^2} \quad (4.1\text{-}4)$$

光纤的数值孔径大，对于光纤的对接有利，一般地说，NA 越大越好。但是 NA 太大时，光纤的模畸变加大，会影响光纤的带宽。

4.1.3　光纤的传输特性

光纤通过内部的全反射来传输一束经过编码的光信号，内部的全反射可以在任何折射指数高于包层媒质折射指数的透明媒质中进行。光纤的传输特性主要包括损耗特性和色散特性。光纤传输特性的好坏直接影响光纤通信的中继距离和传输速率，传输特性优良的光纤的数据传输率可达 Gbit/s 数量级，信号损耗和衰减非常小，传输距离可达数十千米，是长距离传输的理想传输介质。

从通信的角度来看，人们最关心的是一个数字光脉冲信号在入射到光纤之后，经过长距离传输所受到的信号损伤，如脉冲的幅度、宽度等的变化。实验表明：一个很好的方波信号经过传输后其幅度会下降，宽度会展宽，变成了一个类似高斯分布的光脉冲信号。其原因就是由于光纤中存在损耗，使光信号的能量随着传输距离的增加而减小，导致了光脉冲的幅度减小；同时由于光脉冲信号中的不同频率成分的电磁信号一起传输，之间存在时延差，使得原来能量集中的光脉冲信号经传输后能量发生了弥散，从而使光脉冲的宽度变宽了。光信号在光纤中传输一段距离后发生的脉冲展宽和幅度降低，会导致误码，传输距离越长脉冲展宽就越严重，因此限制了通信容量及信号在光纤中的一次传输距离。

1．损耗特性

光波在光纤中传输时，随着传输距离的增长，其强度逐渐减弱，光纤对光波产生的衰减作用称为光纤的损耗，又称为衰减。损耗用损耗系数即单位长度（km）的光功率损耗 dB 值表示，单位为 dB/km。

如果注入光纤的功率为 p_1，经长度为 L 的光纤传输后输出光功率为 p_2，由于光功率随长度是按指数规律衰减的，因此光纤的损耗系数 $\alpha(\lambda)$ 为

$$\alpha(\lambda) = \frac{10}{L}\lg\frac{p_1}{p_2} \quad (4.1\text{-}5)$$

光纤的损耗限制了光纤的最大无中继传输距离。光纤损耗的产生原因有两点：一是由于光纤本身的损耗；二是成缆、敷设以及作为系统传输线所引起的附加损耗。主要包括吸收损耗、瑞利散射损耗、弯曲损耗、微弯曲损耗、接续损耗。

（1）吸收损耗

吸收损耗是指光波在光纤传输过程中有一部分光能量转变为热能，从而造成光功率的损失，它包括光纤玻璃材料本身固有的吸收损耗和因杂质引起的吸收损耗。

（2）瑞利散射损耗

当光波照射到比光波长还要小的随机不均匀微粒时，光波将向四面八方散射，这一现象称为瑞利散射。在光纤中，因瑞利散射引起的光波衰减称为瑞利散射损耗。在光纤制造过程中，因冷凝条件的不均匀造成材料密度不均匀，以及掺杂时因材料组分中浓度的涨落造成浓

度不均匀都会使光纤中引起瑞利散射。瑞利散射是固有的，不能消除，但随着光波长的增加，瑞利散射损耗迅速降低，因此光工作波长宜选择在长波长段，即在 1.0～1.8μm 段。

（3）附加损耗

附加损耗包括微弯损耗、弯曲损耗和接续损耗。附加损耗主要是在施工安装和使用运行中造成的使用损耗，此外，光纤拉制及成缆导致的光纤微弯也会引起附加损耗。在实际应用中，光纤连接会产生损耗；光纤微小弯曲、挤压、拉伸受力也会引起损耗。这些都是由于光纤使用条件引起的损耗，究其主要原因是光纤在这些情况下，光纤纤芯中的传输模式发生了变化。使用损耗可以通过提高施工工艺尽量地减少。

（4）光纤的工作窗口

损耗是传输介质的重要特性。光纤作为光信号的传输介质具有低损耗的特点，它对光波的传输具有选择特性。我们知道，不同的光波会有不同的波长与频率。石英光纤对特定波长的光波的传输损耗要明显小于对其他波长的光波，这些特定的波长就是光纤的工作窗口。光纤有三个低损耗工作窗口，其工作波长分别位于 0.85μm、1.31μm 和 1.55μm 附近，并分别称它们为第一、第二、第三工作窗口（波长带）。通常把第一窗口称为短波长带，第二、第三窗口称为长波长带。第一窗口的最低损耗为 2.5dB/km，采用石英多模光纤，主要应用于近距离通信；第二窗口的最低损耗为 0.27dB/km，采用石英单模光纤，目前已获得大规模应用；第三窗口的最低损耗为 0.16dB/km，采用石英单模适当色散光纤，目前主要用于长距离传输系统，如跨海光缆等。一般的 LD 光源可传输 15～20km。

工作窗口是随着原材料工艺的不断发展和对光纤传输特性研究的不断深入而一个接一个地被打开的。

2．色散特性

光脉冲信号经光纤传输，到达输出端时会发生时间上的展宽，这种现象称为色散。产生色散的原因是因为光纤所传输的光信号中的不同频率成分或不同传播模式的传输速度的不同，使信号到达终点所用时间不同，即由于群时延而引入了色散。色散会导致传输信号波形发生畸变，引起误码，从而使传输距离和传输速率受到限制。

光纤的色散分为模式色散、材料色散和波导色散三类。多模光纤中，不同的传输模式其传输路径不同，信号到达终点的时间也不同，引起光脉冲被展宽，由此产生的色散称为模式色散；石英玻璃对不同波长的光波折射率不同，而光源发出的光不是理想的单一波长，因此它们的传输速度不同，由此引起的色散称为材料色散；在纤芯与包层界面处发生全反射时，部分光波可能会进入包层传输，其中又有光波会传回纤芯，这部分光波与原有光信号的传输路径不同而引起的色散称为波导色散。

一般来说，模式色散>材料色散>波导色散，因此应用单模光纤和窄谱线的激光器就可以有效地减小色散。实用的 1.31μm 单模光纤的总色散接近于零。而如果将总色散为零的点移至 1.55μm 处，将同时具有最小色散和最低损耗，这种光纤叫做零色散频移光纤，是光通信系统中最理想的传输介质。但是这种方法由于只有一个波长色散系数为零，而偏离该波长色散系数不为零，因而不能完全消除色散的影响。于是，人们又研制了色散平坦光纤，即在一个较大的通带内色散皆接近零，但由于光纤非线性的影响，这种光纤仍不适用于波分复用系统。

3．传输带宽与色散的关系

光纤的色散和带宽是从不同的角度来描述光纤的同一特性。色散描述的是光脉冲经传输后在时间坐标轴上展宽的程度，是光纤特性在时域的描述。而带宽是这一特性在频域的描述。色散现象限制了光纤对高速数字信号的传输，从而也就限制了光纤的带宽；从另一方面来说，线路的带宽越宽，脉冲波形的展宽就越小，可传送的信号频率就越高。对于调制信号而言，光纤可以看作是一个低通滤波器，当调制信号的高频成分通过它时，就会受到衰减。

通常单模光纤的传输带宽在 10GHz 以上。一根光纤的潜在带宽可达太比特级（10^{12}）。一般图像的带宽为 6MHz 左右，所以用一根光纤传输一个通道的图像绰绰有余。光纤高频宽的好处不仅仅可以同时传输多通道图像，还可以传输语音、数据及控制信号，有的甚至可以用一根光纤通过特殊的光纤波动元件达到双向传输功能。

4.1.4 光缆结构与分类

实用的光纤是比人的头发丝稍粗的玻璃丝，通信用光纤的外径一般为 125±3μm。为提高光纤的强度，光纤在使用前必须由几层保护结构包覆形成缆线，即光缆。

1．光缆的一般结构

无论光缆的具体结构形式如何，都是由缆芯、加强件、护层和填充物等构成。

（1）缆芯。一般将带有涂覆层的单根或多根光纤合在一起再套上一层塑料管，套塑后的光纤称为光纤芯线，将套塑后并满足机械强度要求的单根或多根光纤芯线与不同形式的加强件和填充物组合在一起称为缆芯。

（2）加强件。一般在光缆内中心或四周要加一根或多根加强件，以提高光缆施工的抗拉能力。加强件的材料可采用钢丝或非金属的纤维增强塑料等。

（3）护层。光缆的护层是用来保护缆芯，使其免受外部机械力和环境（如水、火、电击等）的损坏。因此，要求护层具有耐压力、防潮防水特性好、重量轻、耐化学侵蚀、阻燃等特点。护层可分为内护层和外护层。内护层紧靠缆芯，也叫护套，用来防止金属加强件与缆芯直接接触而造成损伤，一般采用聚乙烯或聚氯乙烯等材料。外护层可根据敷设条件，采用铝箔和聚乙烯粘接而成的外护套（PAP）加钢丝铠装等。一般在要求光缆增加额外的抗拉强度和耐侧压力强度时，就要在光缆原有护层上加铠。

（4）填充物。在光缆缆芯的空隙中，注满如石油膏那样的填充物，使光纤免受潮气，并减少光纤的相互摩擦。

2．光缆的种类

光缆的种类一般可根据光缆结构、敷设方式和适用范围等方法进行划分，具体归纳于表 4-1 中。通常按光缆内光纤的排列可以分为层绞式、骨架式、中心（束）管式和带状式四种基本结构形式，如图 4-8 所示。

表 4-1　光缆的种类

分 类 方 法	光 缆 种 类
光纤的传输模式	单模光缆、多模光缆（阶跃型、渐变型）
缆芯结构	层绞式、骨架式、中心（束）管式、带状式
外护层结构	无铠装、钢带铠装、钢丝铠装
光缆材料有无金属	有金属光缆、无金属光缆
维护方式	充油光缆、充气光缆
敷设方式	直埋光缆、管道光缆、架空光缆、水底光缆、海底光缆
适用范围	中继光缆、用户光缆、局内光缆、高压输电线光缆

（1）层绞式是将若干根光纤芯线以加强件为中心绞合在一起的一种结构，如图 4-8（a）所示。一般光纤芯线不超过 10 根，制造方法与电缆较相似，可用电缆的成缆设备，成本较低。

（2）骨架式是将单根或多根光纤放入骨架的螺旋槽内的一种结构，骨架的中心是加强件，骨架上的沟槽可以是V形、U形或凹形，如图4-8（b）所示。光纤在骨架沟槽内具有较大空间，当光纤受到张力时，可在槽内作一定的位移，从而可减少光纤芯线的压力应变。这种光缆具有耐侧压、抗弯曲及抗拉的特点。

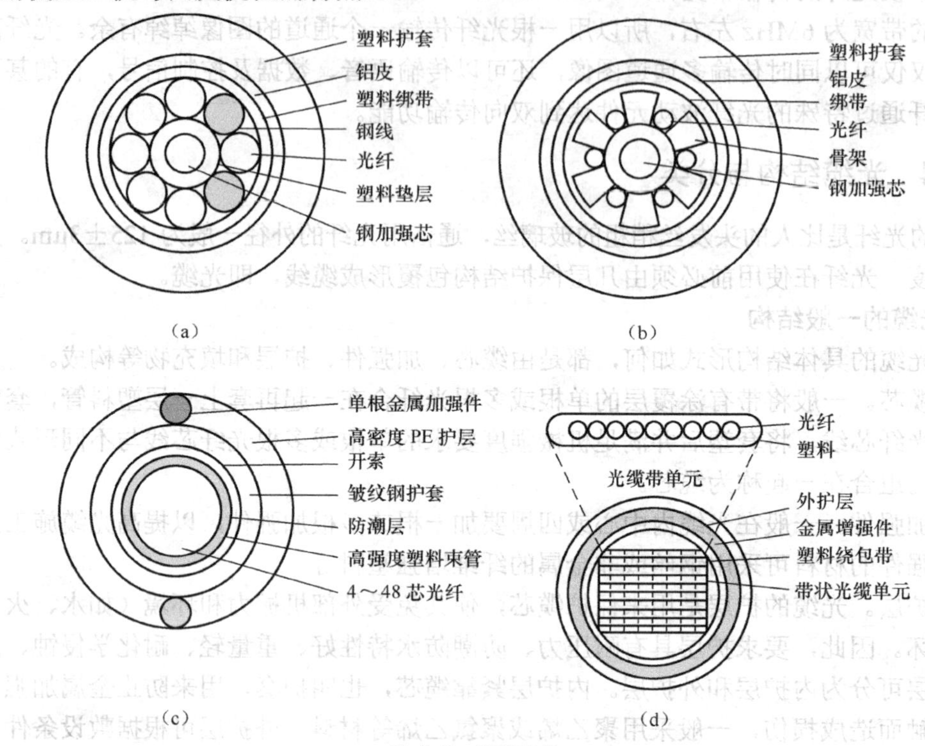

图4-8 光缆结构
（a）层绞式（b）骨架式（c）中心（束）管式（d）带状式

（3）中心（束）管式，又称单元式，是将几根至十几根光纤芯线集合成一个单元，再由数个单元以加强件为中心绞合成缆，如图4-8（c）所示，一般适用于几十芯的光缆。

（4）带状式是将4～12根光纤芯线排列成行，构成带状光纤单元，再将多个带状单元按一定方式排列成缆，如图4-8（d）所示。这种光缆的结构紧凑，可做成上千芯的高密度光缆。

4.2 PDH光纤传输系统

传统的PDH由于没有世界性的统一标准，上下业务困难，缺少用于网络运行、管理、维护的开销比特等，已逐渐不能适应日益发展的通信网的要求，最终必将被新的同步数字系列（SDH）传输体制所取代。本节只对PDH系统作简要介绍。

4.2.1 PDH光纤传输系统的组成

PDH数字光纤传输系统由电端机、光端机、光中继机及传输光缆组成，其结构如图4-9所示。

图4-9中，发送端的PCM电端机把用户的各种数字信号复接为高次群速率等级的数字信号流送至光端机，在光端机完成电/光转换后送入光纤传输，长途传输中要经过光中继机处理，最后送至接收端，接收端完成相反的处理过程。光端机主要包括光发送、光接收、信号处理和辅助电路。在光发送部分完成电/光转换，在光接收部分完成光/电转换以及各种码型变换。辅助电路主要包括告警、公务、监控及区间通信等。随着大规模集成电路技术的进步，已把

电端机和光端机的各个功能实体集成在一个 PDH 光终端设备中了，体积非常小。近年来，随着光纤通信技术的发展和 SDH 系统的广泛应用，PDH 系统光终端设备已只用于市话网的中继传输系统及其他专用信息传输系统中。

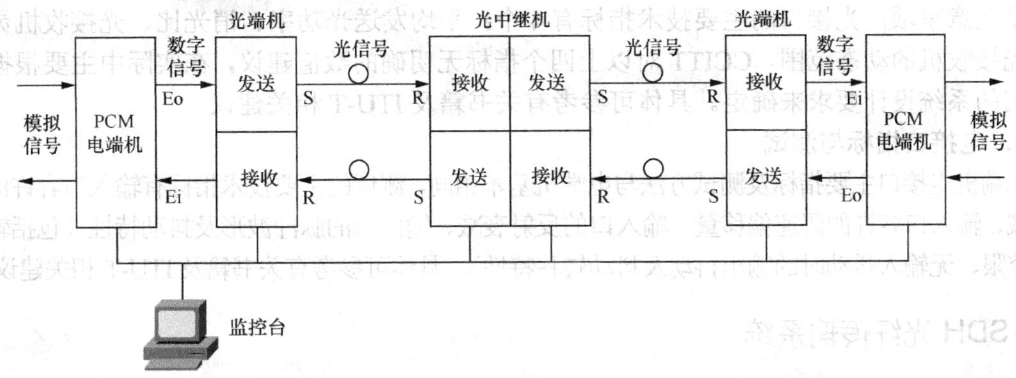

图 4-9 PDH 数字光纤传输系统结构方框图

4.2.2 PDH 光纤传输系统的主要性能指标

衡量数字光纤传输系统总体性能的主要指标是系统的质量指标，它也是衡量 PDH 光纤传输系统的主要性能指标。主要质量指标有误码特性、抖动特性和可靠性。为了保证这些质量指标，系统对光端机的光接口指标和电接口指标均提出了一定的要求。

1．系统的质量指标

（1）误码特性。由于噪声和脉冲抖动的影响，可能造成在 PDH 光纤传输系统的误码，误码必然造成系统传输质量下降。根据 CCITT 的建议 G.821，衡量误码性能的指标分为劣化分、误码秒和严重误码秒。劣化分是指 1min 内误码率劣于 1×10^{-6} 的时间，扣除"不可用"时间和严重误码秒后总劣化与总评价时间之比，应小于 10%；误码秒是指有误码的秒与总评价时间之比，应小于 8%；严重误码秒是指 1s 内误码率劣于 1×10^{-3} 总严重误码秒与总评价时间之比。它们是在 27 500km 的假设参考数字连接情况下的定义，且总评价时间无明确规定，一般要经过较长的连续测量时间，如一个月以上等。因此在工程中常采用平均误码率来衡量系统的总体性能。

（2）抖动特性。数字信号单元脉冲的有效瞬时相对其理想时间位置的短时非积累性偏离叫做抖动，偏离的时间范围叫做抖动幅度，偏离时间间隔对时间的变化率叫做抖动频率。抖动对通信系统的质量有非常大的影响。为了保证数字网的抖动要求，根据抖动的累积规律，ITU-T 对容许的抖动范围提出了建议，对数字段，包括数字复用设备、光端机和光纤线路，以及数字复接设备提出的共同测试技术指标有输入抖动容限、无输入抖动时的输出抖动和抖动转移特性等。具体可参考有关书籍及 ITU-T 建议 G.823。

（3）可靠性。为了提高系统的经济性和可维护性，在系统设计时，首先应明确系统总的可靠性指标，从而对系统中各部分的可靠性提出要求。系统的可靠性可表示为

$$R=\exp\left(-\frac{t}{\text{MTBF}}\right) \tag{4.2-1}$$

式中，R 表示系统无故障工作 t 小时的概率，MTBF 是平均无故障时间，即两次故障之间的平均时间。

常用的表示系统可靠性的方法还有可用率及失效率。可用率 A 定义为系统无故障工作时

间与系统总的工作时间的百分比，而失效率 $q=(1-A)\times100\%$。

2．光接口指标与测试

ITU-T 对 PDH 系统的接口特性、速率、码型都作了规定。提出了光接口和电接口的指标和测试注意事项，光接口的主要技术指标有 4 个：平均发送光功率、消光比、光接收机灵敏度及光接收机的动态范围。CCITT 对以上四个指标无明确的数值建议，在实际中主要根据各种不同的系统设计要求来确定。具体可参考有关书籍及 ITU-T 相关建议。

3．电接口指标与测试

光端机电接口主要指标及测试方法与电端机基本相同。测试的主要技术指标有输入口容许的连线衰减、输入口容许的码速偏移量、输入口的反射衰减、输出口的脉冲波形及抖动特性（包括输入抖动容限、无输入抖动时的输出抖动及抖动转移特性）。具体可参考有关书籍及 ITU-T 相关建议。

4.3　SDH 光纤传输系统

同步数字系列（SDH）是新一代的传输网体制。SDH 光纤传输系统是由 SDH 网络单元组成，在信道上进行同步信息传输、复用和交叉连接的系统。SDH 克服了 PDH 的缺点，并结合了高速、大容量光纤传输技术和智能网技术，比传统的 PDH 体制有明显的优越性，必将最终取代 PDH 传输体制。

4.3.1　SDH 的基本概念

SDH 是世界统一的数字传输体制，它在原有的 PDH 体系的链路层（PCM 技术）和物理层（光纤）之间又插入一层协议，把原有的 PCM 技术中的三个地区性标准的 1.544Mbit/s 和 2.048Mbit/s 两种速率以 STM-1 帧的帧净荷的形式在 STM-1 等级上获得统一，这样，在跨国界通信时，就不再需要对数字信号进行额外的转换。

SDH 是一套可进行同步信息传输、复用和交叉连接的标准化的数字信号的结构等级，由一些基本的网络单元组成的 SDH 网络则是在传输介质上进行同步信息传输、复用、分插和交叉连接的传输网络。它具有全世界统一的网络节点接口（NNI），接口规范包括接口速率、帧结构、复用方法、监控管理等等。规范的 NNI 可以使传输设备与网络节点之间相互独立，既有利于设备制造商的研发，也有利于运营商的灵活组网。

SDH 块状帧结构中安排了丰富的开销比特，用于网络的运行、管理、维护及配置，包括段开销和通道开销。SDH 采用一套标准化的信息结构等级，将基本的 STM-1 模块进行字节间插同步复用得到高速率的 STM-4、STM-16、STM-64 等模块。以字节为单位复用与信息单元相一致，大大简化了骨干网和城域网级别的复用和解复用处理过程。

SDH 采用同步复用方式、特殊灵活的复用映射结构和指针调整技术，各种不同的低速支路信号通过标准容器进行打包，再置入 STM-1 帧结构的净负荷中。这些码流在帧结构中的排列是规则的，利用设置指针的办法，可以在任意时刻，在总的复用码流中确定任意支路信号的位置，从而可以从高速信号中一次直接分插出（取出或插入）低速支路信号，实现了一步复用的特性，克服了 PDH 准同步复用方式对全部高速信号进行逐级分解然后再复用的过程，使上下业务十分容易。

SDH 定义了统一的网络单元，即终端复用器（TM）、分插复用器（ADM）、SDH 数字交叉连接设备（SDXC）以及再生中继器（REG）。这些网元都有世界统一的标准，有标准的光接口，使组网能力和自愈能力大大增强，各个设备厂商的设备可以直接在光路上互通。

SDH 对网管设备的接口进行了规范，不同厂家的网管设备可以互连。这样，使网管不仅简单而且几乎是实时的，降低了网管费用，提高了网络的效率和可靠性，并且使运营商能够更加灵活地组网。SDH在组网时，大量采用软件进行网络配置和控制，尤其是在环形网和网状网中应用时，可进行灵活的组网及业务调度，实现网络自愈。

SDH网不仅能兼容登记的PCM信号，实现与PDH网的完全兼容，即可兼容PDH的各种速率而且还兼容各种数字业务信号，如FDDI信号、ATM信元等。目前，以POS（Packet over SDH）形式提供对IP包的传送已逐渐成为构造数据通信网的主流技术。

从20世纪90年代以来，SDH得到了大规模的应用，目前在长途通信中已经基本取代了PDH设备。当然，SDH也存在一些不足之处，如频带利用率不如传统的PDH系统，因为开销比特大约占5%；采用指针调整机理增加了设备的复杂性；大量的使用软件控制和将业务量集中在少数几个高速链路和交叉节点上，若这些关键部位出现问题就有可能导致网络的重大事故，甚至造成全网瘫痪。

4.3.2 SDH的帧结构与段开销

SDH帧结构是实现数字同步时分复用、保证网络可靠有效运行的关键。SDH中的帧结构以同步传输模块（STM）的形式被定义和传输。在各种STM-N帧结构中，STM-1是SDH中最基本、最重要的帧结构信号。STM-1信号经扰码和电/光转换后直接在光接口上传输，速率不变。更高等级的STM-*N*信号则是将低等级的STM信号进行字节间插同步复用得到的。目前，SDH仅支持*N*=1，4，16，64。它们所对应的传输速率分别为155.520Mbit/s，622.080Mbit/s，2 488.320Mbit/s，9 953.280Mbit/s，后者正好是前者的4倍。其他等级的信号因其应用有限，将逐渐趋于消亡。

1．帧结构

SDH采用以字节结构为基础的矩形块状帧结构，STM-*N*是由9行、270×*N*列字节组成的码块，如图4-10所示。每帧共有9×270×*N*字节，每字节为8bit。对于STM-1而言，帧的容量＝270×9＝2 430（字节）；1帧的比特数＝270×9×8=19 440（bit）；1帧的时间长度（帧周期）为125μs，即每秒传输8 000帧，信息传输速率为9×270×8×8 000=155.520（Mbit/s）。更高等级的STM-*N*信号由基本模块STM-1信号的*N*倍组成。

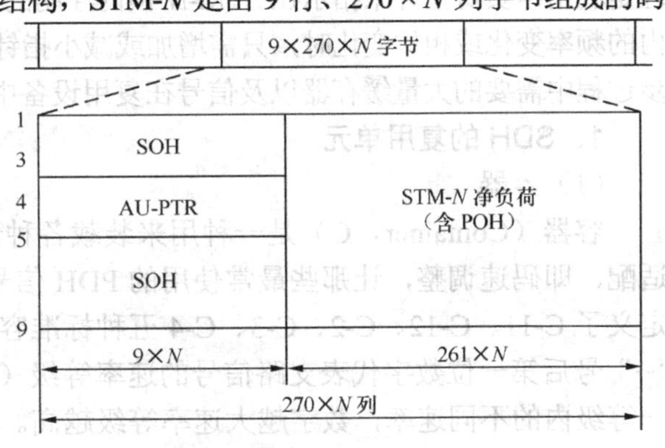

图4-10　STM-*N*帧结构

这种页面式帧结构像书页一样，STM-1只有一页，STM-4有4页……。传输时由左到右，由上到下顺序排成串形码流依次传输。STM-1由于只有一页，所以它的传输顺序就像读书一样从左向右至上而下传输，每秒传8 000帧（8 000页）。若为STM-4，则传输方式与STM-1有区别。因为每帧由4个页面组成，其传输方式依次从第一页的第一个字，第二页的第一个字，第三页的第一个字，第四页的第一个字，再是第一页的第二个字，第二页的第二个字……从左到右由上而下，传完一遍就传输完一帧，每秒传8 000帧（32 000页），速率比STM-1高4倍，这种传输方式称字节间插同步复接。

2．帧结构的基本描述

帧结构可分为段开销（Segmentation Overhead，SOH）、信息净负荷（Payload）、和管理单元指针（Administrator Unit Pointer，AU-PTR）三个基本区域。

（1）段开销（SOH）是指STM帧结构中为保证信息净负荷正常且灵活传输所必须附加

的字节，这些字节主要是用于网络运行、管理、维护。段开销可以分为再生段开销（RSOH）和复用段开销（MSOH）。RSOH位于帧结构中的1～3行和1～9×*N*列，而MSOH位于帧结构中的5～9行和1～9×*N*列。一个STM-*N*帧共有8×9×*N*字节分配给段开销，对于STM-1帧，有8×9＝72个字节，即72×8＝576bit，由于每秒传送8 000帧，因此共有4.608Mbit/s的容量用于段开销，提供了强大的OAM能力。

（2）信息净负荷区域（Payload）是指帧结构中存放由各种低速支路而来的信息码元的地方，这些信息码元经过了不同容器的封装，达到了STM-1的速率。此区域包含少量用于通道性能监视、管理和控制的通道开销字节（Path Overhead，POH），其余荷载业务信息。POH也作为SDH帧的净负荷在网络中传输。图4-10中的第1行到第9行，（270–9）×*N*列的2 349×*N*字节都属此区域。对于STM-1而言，它的容量为150.336Mbit/s。

（3）管理单元指针。用于指示信息净负荷的第一个字节在信息净负荷区域中的位置，以便在接收端正确地分离净负荷。STM-*N*帧的第4行左边的9×*N*列被分配给管理单元指针用。对于STM-1，它有9个字节（72比特）。采用指针方式完成准同步信号的同步和在STM-*N*帧中的定位是SDH的重要创新，这一方法消除了常规PDH系统中滑动缓存器引起的延时和性能损伤。如果STM-1帧中含有多块净负荷，则此单元含有多个指针。

4.3.3 同步复用与映射原理

SDH复用技术的目的是将异步、不同速率、不同格式的低速支路信号复用在SDH帧内，形成高速信号，从而提高传输效率。在SDH复用中，采用的关键技术是指针调整技术，其基本原理是利用净负荷指针来指示在STM-*N*帧内浮动的净负荷的准确位置。当出现净负荷在一定范围内的频率变化或相位变化时，只需增加或减小指针数值即可。这样既可以避免PDH中异步转同步过程中需要的大量缓存器以及信号在复用设备中的滑动，又可以简单地接入同步净负荷。

1．SDH的复用单元

（1）容器

容器（Container，C）是一种用来装载各种速率业务信号的信息结构，基本功能是完成适配，即码速调整，让那些最常使用的PDH信号也能够进入有限数目的标准容器C。ITU-T定义了C-11、C-12、C-2、C-3、C-4五种标准容器。每一种容器对应一种标称的输入速率，“–”号后第一位数字代表支路信号的速率等级（即PDH传输系列等级），第二位数字代表同一等级内的不同速率，数字越大速率等级越高。我国目前仅涉及C-12、C-3及C-4等容器，对应的标称速率分别为2.048Mbit/s、34.368Mbit/s和139.264Mbit/s。

参与SDH复用的各种速率信号都应首先通过码速调整等适配技术装入一个标准容器。已装载的标准容器是虚容器的净负荷。

（2）虚容器

虚容器（Virtual Container，VC）是用来支持SDH通道层连接的信息结构，并且这是SDH中最重要的一种信息结构。它由标准容器输出的数字流（信息净负荷）和通道开销POH组成。它的包封速率与SDH网络同步，因此不同的VC是互相同步的，但在VC内部却允许装载来自不同容器的异步净负荷。除了在VC的组合点和分解点（即PDH/SDH网边界处）外，VC在SDH网中传输时总是保持不变的，因此可以作为一个独立的实体在通道中任一点取出或插入，进行同步复用和交叉连接，十分方便灵活。

VC可分为低阶VC和高阶VC两类。按ITU-T的定义，VC-11、VC-12、VC-2为低阶VC，而 VC-3、VC-4 为高阶 VC。

（3）支路单元

支路单元（Tributary Unit，TU）是一种提供低阶通道层和高阶通道层之间速率适配的信息结构，即在高阶 VC 和低阶 VC 之间，完成速率调整功能。支路单元由低阶 VC 和相应的支路单元指针（TU-PTR）组成。

（4）支路单元组

一个或多个在高阶 VC-*n* 净负荷中占有固定位置的 TU 组成支路单元组（Tributary Unit Group，TUG），共有 TUG-2 和 TUG-3 两种。它们使得由不同容量的 TU-*n* 构成的混合净负荷容量可以在传输网中更灵活地传输。支路单元组构成了高阶 VC 的净负荷。

（5）管理单元

管理单元（Administration Unit，AU）是在高阶通道层和复用段层之间提供适配功能的信息结构。AU 由高阶 VC 和相应的管理单元指针（AU-PTR）组成。管理单元指针在 STM-*N* 帧内的位置是固定的，用来指明高阶 VC 的帧起点与复用段帧的起点之间的时间差。

（6）管理单元组

一个或多个在 STM-*N* 帧中占有固定位置的 AU 组成管理单元组（Administration Unit Group，AUG）。

2．SDH 的复用映射结构

与 PDH 类似，SDH 的信号也是分级复用的。SDH 复用映射过程是由一些基本复用映射单元组成若干中间复用映射步骤进行的。图 4-11 所示的 SDH 复用映射结构反映了将不同速率的低速支路信号复用到 STM 帧的过程。

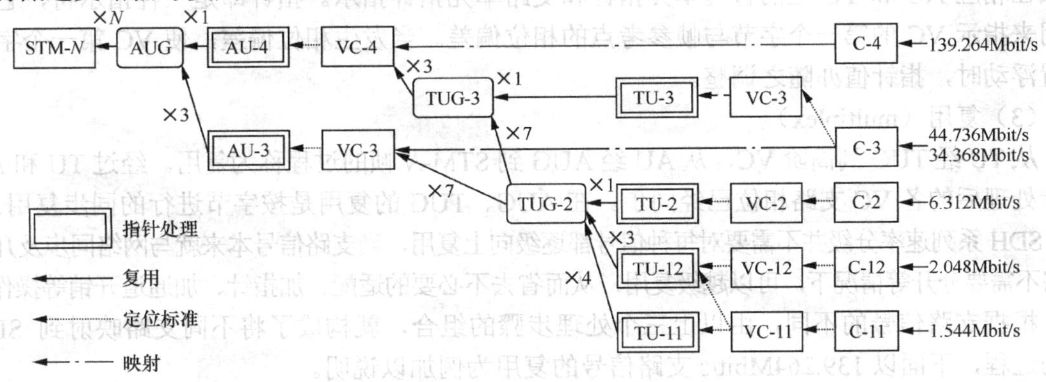

图 4-11 SDH 复用映射结构

由图 4-11 可见，各种速率等级的数字信号（流）先分别进入相应的容器（C），在这里进行速率调整；由 C 出来的数字流加上通道开销（POH）便构成了虚容器（VC）。VC 在 SDH 网中传输时可以作为一个独立的实体，在通道的任意位置取出或插入，以便进行同步复用和交叉连接处理；由 VC 出来的数字流再按图中规定的路线进入支路单元（TU）或管理单元（AU）。在 TU 和 AU 中要进行相应的速率调整，因而低一级数字流在高一级数字流中的起始点是浮动的，为准确确定起始点的位置，TU 和 AU 设置了指针，从而可以在相应的帧内灵活而动态地进行定位。最后在 *N* 个管理单元组（AUG）的基础上，再附加段开销（SOH），便形成了 STM-*N* 的帧结构。SDH 的定位校准即是利用指针调整技术取代传统的 125μs 缓存器，实现支路频差的校正和相位的对准。这种结构可以把目前 PDH 系列的各种信号装入 SDH 帧。我国采用的基本复用映射结构如图 4-12 所示，它保证每一种速率的信号只有唯一的一条复用路线可以到达 STM-*N* 帧。

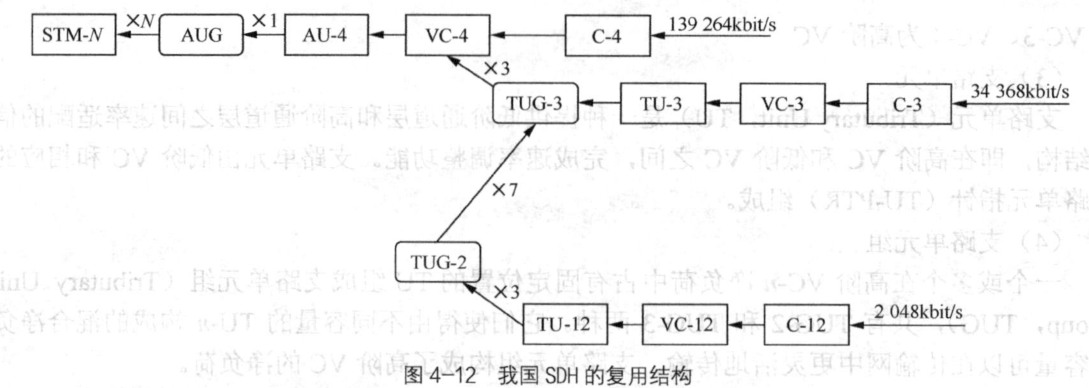

图 4–12 我国 SDH 的复用结构

3. SDH 的基本复用映射步骤

各种速率信号复用映射进 SDH-*N* 帧的过程都要经过映射、定位、复用三个步骤。

（1）映射（mapping）

由标准容器 C 加上通道开销 POH 形成虚容器 VC 的过程称为映射。例如将各种速率的信号和 ATM 信号先分别装入相应的标准容器 C 后经过码速调整，再加进低阶或高阶通道开销，以形成标准的虚容器。映射的作用是使支路信号能与相应的 VC 包封同步，以使 VC 成为能独立进行传输、复用和交叉连接的实体。

（2）定位（alignment）

高阶 VC 进入 AU 和低阶 VC 进入 TU 的过程称为定位。它是依靠管理单元指针和支路单元指针功能对虚容器位置的安排。高阶 VC 在 AU 中的位置及低阶 VC 在 TU 中的位置由附加在相应 AU 和 TU 上的管理单元指针和支路单元指针指示。指针即是一种指示符，它的值用来指示 VC 的第一个字节与帧参考点的相位偏差。当发生相位偏差，使 VC 第一个字节位置浮动时，指针值亦随之调整。

（3）复用（multiplex）

从 TU 经 TUG 到高阶 VC，从 AU 经 AUG 到 STM-*N* 帧的过程称为复用。经过 TU 和 AU 指针处理后的各 VC 支路相位已经同步。在 AUG、TUG 的复用是按字节进行的同步复用。

SDH 系列速率分级并不需要对每种信号都逐级向上复用，当支路信号本来就与网络同步及几个支路不需要分开等情况下，可以越级复用，从而省去不必要的适配、加指针、加通道开销等操作。

根据支路信号的不同，由以上三个处理步骤的组合，就构成了将不同支路映射到 SDH 帧的过程，下面以 139.264Mbit/s 支路信号的复用为例加以说明。

第一，标称速率为 139.264Mbit/s 的准同步信号进入容器 C-4，经适配处理后的 C-4 输出速率为 149.760Mbit/s。

第二，加上每帧 9 字节的 POH（相当于 576kbit/s），便构成了 VC-4，其速率为 150.336Mbit/s，以上过程为映射。它与 AU-4 净负荷的容量一样但相位可能不一致，需要进行调整。

第三，由管理单元指针指示 VC-4 相对于 AU-4 的相位，它占有 9 字节，相当于 576kbit/s，所以 AU-4 的速率为 150.912Mbit/s，以上过程为定位。

第四，将得到的 AU-4 直接置入 AUG，一个 AUG 加上 STM-1 的段开销 4.608Mbit/s 后，STM-1 速率即为 155.520Mbit/s。

4.3.4 SDH 网络中的基本网元

SDH 已广泛地用于通信传输网络的建设中，我国的一级干线网（省际干线）、二级干线网（省内干线）、中继网（即长途端局与市话局间、市话局间的部分）和用户接入网的建设均已采用 SDH 技术。根据业务需求和可靠性要求的不同，SDH 网络可以有不同的拓扑结构，并使用不同的 SDH 网络单元来进行组网。

1．SDH 网络的层次模型

SDH 网络按从上到下划分可分为三层，其层次模型如图 4-13 所示。再生段与物理层相接，通道层与上层电路业务相接。

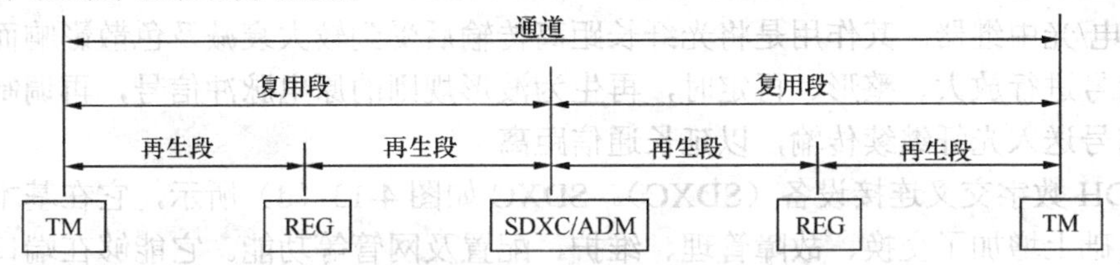

图 4-13　SDH 网络的层次模型

（1）通道层。为所支持的不同电路层业务提供所需的速率传递能力，SDH 中的虚容器即是通道层的概念。根据速率等级的不同，通道层可分为高阶通道层和低阶通道层。

（2）传输媒质层。传输媒质层网络与具体的传输媒质有关，提供路径和链路连接支持，为通道层提供通道容量。传输媒质层主要面向不同网元（如图 4-13 中的 TM、REG、SDXC/ADM）之间的点到点传输，STM-1 是其标准传输容量，该层可划分为复用段层和再生段层网络。

① 复用段。涉及复用段终端之间端到端的信息传递，包括为通道层提供同步和复用，并完成有关复用段开销的处理。

② 再生段。涉及再生中继器（REG）之间的信息传递，包括定帧、扰码、误码监视等处理。

（3）物理层。完成光电脉冲的处理和在具体的物理媒质（如光纤）上的传输。

2．SDH 网络中的基本网元

SDH 传送网的基本网络单元有终端复用器（TM）、分插复用器（ADM）、再生中继器（REG）和 SDH 数字交叉连接设备（SDXC）四种，如图 4-14 所示。虽然这些网络单元功能各异，但都有统一的标准光接口，能够在基本光缆端上实现横向兼容，即允许不同厂家设备在光路上互通。

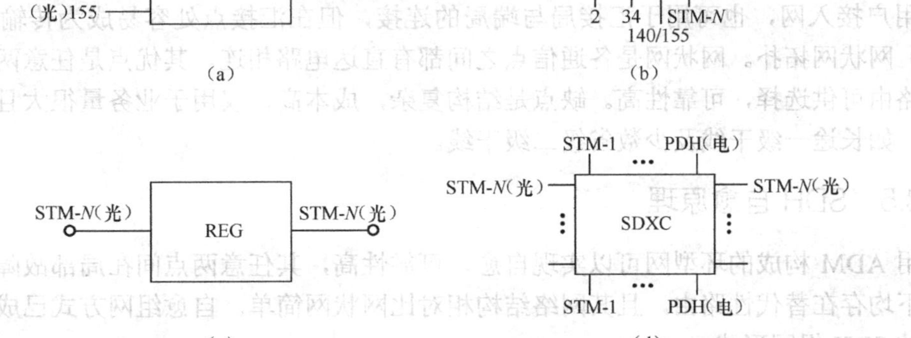

图 4-14　SDH 网络单元示意图

（1）终端复用器（TM）。如图 4-14（a）所示，其功能是把低速支路信号和 155Mbit/s 电信号纳入高速的 STM-*N* 帧，并转换为 STM-*N* 光信号，或完成相反的变换。

（2）分插复用器（ADM）。如图 4-14（b）所示，其功能是可以方便地将支路信号从高速码流中提取出来（下电路），或将其他支路信号插入高速码流中（上电路），从而方便地实现网络中信码流的分配、交换和组合。利用 ADM 还可以构成自愈环，提供有效的线路和通道保护。同时，ADM 可以利用内部交换单元的时隙交换功能使两个 STM-*N* 信号之间的不同 VC 实现互连，采用 ADM 可以在各网络层之间提供网间连接，灵活分配不同带宽和各种业务支路接口。另外，ADM 也具有电/光转换、光/电转换功能。

（3）再生中继器（REG）。再生中继器即是光中继器，如图 4-13（c）所示。目前常用的 REG 是光/电/光中继器。其作用是将光纤长距离传输后受到较大衰减及色散影响而发生畸变的光脉冲信号进行放大、整形、再定时，再生为波形规则的原电脉冲信号，再调制光源变换为光脉冲信号送入光纤继续传输，以延长通信距离。

（4）SDH 数字交叉连接设备（SDXC）。SDXC 如图 4-13（d）所示，它在基本的分插复用功能的基础上增加了交换、故障管理、维护、配置及网管等功能。它能够在端口间提供可控的 VC 的透明连接和再连接，端口速率可以是 SDH 速率，也可以是 PDH 速率。交叉连接实质上也是一种交换功能，与数字交换机不同的是：SDXC 交换的对象是电路群（2～155Mbit/s），而数字交换机交换的是单个电路（64kbit/s）；SDXC 的交叉连接矩阵由外部操作系统控制，而数字交换机是由用户的信令信号控制的。

3．SDH 网络的拓扑结构

利用 SDH 网络单元可以组成各种网络结构。按一般传输网络拓扑类型划分，SDH 网络有以下五种基本的拓扑类型。

（1）点到点拓扑。点到点拓扑主要完成将信息从一点传输到另一点，中间不上下电路，长距离传输可能使用 REG。这种方式主要适用于两点间有稳定、大业务量的情况。

（2）线型拓扑。将点到点拓扑的 REG 换为分插复用器（ADM），就构成线型拓扑，这种拓扑适用于两点间有稳定大业务量且沿途上下业务频繁的场合。但可靠性不理想，若光缆被切断，则会造成业务中断。

（3）环型拓扑。将多个 ADM 首尾相连就构成环型拓扑，环型拓扑中也可以加入 SDXC、REG、TM 等网元。由 ADM 组成的自愈环可靠性高，已成为 SDH 传输网组网的主要形式。

（4）枢纽型拓扑。以一点的网元为中心即构成枢纽型拓扑，在这种结构中，除中心点以外的任意两点间通信都要通过中心点完成。其特点是可以汇聚多个用户的业务进行传输，适用于用户接入网，也可用于汇接局与端局的连接，但在汇接点处容易成为传输的瓶颈。

（5）网状网拓扑。网状网是各通信点之间都有直达电路相连。其优点是任意两点之间具有多条路由可供选择，可靠性高。缺点是结构复杂，成本高，仅用于业务量很大且分布均匀的地区，如长途一级干线及少数省级二级干线。

4.3.5 SDH 自愈原理

利用 ADM 构成的环型网可以实现自愈，可靠性高，其任意两点间在局部故障链路中断的情况下均存在替代性路由，且其网络结构相对比网状网简单。自愈组网方式已成为应用最为广泛的 SDH 组网形式。

1．SDH 自愈的概念

自愈是指当网络局部发生故障时，无需人为干预，就可在极短的时间内（ITU-T 规定为 50ms 以内）从失效故障中自动恢复所携带的业务，使用户感觉不到网络已出了故障。其基本原理就是使网络能够自动发现故障，并找到替代传送路由，在较短时间内重新建立通信。

目前研究和开发的自愈技术有线路保护倒换、ADM 自愈环和 SDXC 网状（选路）自愈网三种，其中线路保护倒换和 ADM 自愈环是采用的保护型策略，技术比较成熟，并已得到了广泛的应用。SDXC 网状自愈网是采用的恢复型策略，它利用网络内的空闲信道恢复受故障影响的通道，其实质是利用 SDXC 的快速交叉连接特性，在网络中迅速找到失效路由的替代路由并恢复业务。这种方式拓扑结构复杂，管理也较复杂，且计算时间相对较长，一般较少使用。

线路保护倒换是最简单的自愈网形式，其基本原理是在出现故障时，由工作通道倒换到保护通道，从而使业务继续传输。自愈环一般是指采用 ADM 组成环形网实现自愈的一种保护方式。环形网的任意两点间在局部链路发生故障时均存在替代性路由，其生存性强，且网络结构相对简单，易于控制，成本较低，但可靠性稍逊于网状自愈网，因为网状自愈网的两点之间一般存在多条路由。

2. SDH 的自愈组网

现在 SDH 传输网广泛采用自愈环的组网方式。按自愈环结构分类，有通道保护（倒换）环和复用段保护（倒换）环；按光纤数量分类，有二纤环和四纤环；按接收和发送信号的传输方向分类，有单向环和双向环。目前较常用的是二纤单向通道倒换环和二纤双向复用段倒换环。下面以二纤单向通道倒换环为例，说明自愈的工作原理。

二纤单向通道倒换环使用两根光纤实现，其中一根用于传送业务信号，称为 S1 光纤，另一根用于保护，称为 P1 光纤。其结构是“首端桥接，末端倒换”的形式，如图 4-15 所示。二纤单向通道倒换环的基本原理是采用 1+1 的保护方法，即 S1 光纤和 P1 光纤同时携带业务信号并分别沿两个方向传输，但接收端只择优选取其中的一路信号。在图 4-15（a）中，节点 A 和节点 C 通信（A-C），从节点 A 入环，并以节点 C 为目的地。首先将要传送的支路信号同时馈入 S1 和 P1 光纤，其中 S1 光纤沿顺时针方向将业务信号传送到节点 C，而 P1 光纤沿逆时针方向将同样信号作为保护信号也传送到节点 C，节点 C 根据两个方向来的信号的优劣选取一路信号作为接收信号。正常情况下，S1 中为主信号，因此节点 C 先接收来自 S1 的信号。当光纤在 BC 节点间被切断时，如图 4-15（b）所示，来自 S1 的 AC 信号丢失，按接收时择优选取的原则，在节点 C 将通过倒换开关转向接收来自 P1 的信号，从而使 AC 间业务信号得以维持。故障排除后，开关返回原来的位置。从节点 C 到节点 A 的通信（C-A）保护原理相同。

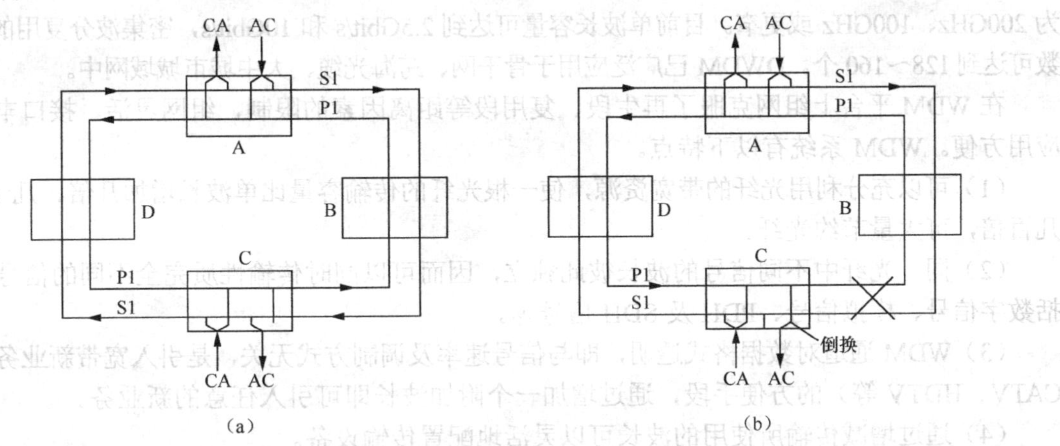

图 4-15　二纤单向通道倒换环

3. 我国 SDH 的应用状况

我国在 20 世纪 90 年代前期即提出了建设采用 SDH 技术的骨干传输网，共分为一级干线网（省际干线）、二级干线网（省内网）、中继网（长途端局与市话局之间以及市话局之间的部分）和用户接入网（市话端局与用户终端设备之间的部分）4 个层面，最终 SDH 网络将逐步由 4 个层面简化为 2 个层面，即一级二级干线融合为一体，中继网和用户接入网融合为一体。目前骨干传输网中 SDH 设备的物理传输层均采用密集波分复用设备，SDH 在城域网的构造和大企业专网的建设中也有广泛的应用。基于 SDH 的多业务传输平台（MSTP）已成为目前讨论和应用的重点，它能够在 SDH 设备上支持多种宽带数据业务（主要是以太网业务和 ATM 业务）的传送，终结多种数据协议，并带有 2 层交换和汇聚功能，目前在传输网的接入层已经得到了广泛的应用。MSTP 又称多业务传输节点，MSTP 设备的主要优点是该技术将业务节点与传输节点设备合二为一，既降低了设备成本，又降低了维护成本，同时加快了用户侧业务的提供。MSTP 也可根据网络需求应用于城域网的汇聚层和骨干层。

4.4 光波分复用技术

光纤具有巨大的潜在带宽，为了充分利用这些带宽，可以在不同频段上安排不同的光信道，这就构成了光波分复用（WDM）。实际上，光波分复用指的就是在一根光纤中同时传输多个不同波长的光信号，其中每个波长的光波承载不同信息源来的信码流。采用光波分复用技术可以克服光纤和光电器件对传输速率的限制，还可以构成简单而灵活的光纤分配和交换网络。

4.4.1 WDM 技术概述

光波分复用的基本原理就是将来自多个信息源的信号调制不同波长的激光器（产生光载波），不同波长的已调光信号经过波分复用器组合在一起并耦合进入同一根光纤传输，输出端再将不同波长的光信号分开（解复用），恢复出每个波长上的信息信号。

WDM 系统按照其工作波长的波段不同可以分为两类：一类是在整个长波长波段内信道间隔较大的波分复用，称为粗波分复用（CWDM）；另一类是在 1 550nm 波段的密集波分复用（DWDM），它是在同一窗口中信道间隔较小的波分复用，可以在一对光纤上（也可采用单纤）同时采用 8、16 或更多个波长构成光纤通信系统，其中每个波长之间的间隔为 1.6nm、0.8nm 或更低，对应的带宽为 200GHz、100GHz 或更窄。目前单波长容量可达到 2.5Gbit/s 和 10Gbit/s，密集波分复用的波长数可达到 128～160 个。DWDM 已广泛应用于骨干网、跨海光缆、大中城市城域网中。

在 WDM 平台上组网克服了再生段、复用段等距离因素的限制，组网灵活，接口丰富，应用方便。WDM 系统有以下特点。

（1）可以充分利用光纤的带宽资源，使一根光纤的传输容量比单波长增加几倍、几十倍、几百倍，可大量节约光纤。

（2）同一光纤中不同信号的波长彼此独立，因而可以同时传输性质完全不同的信号，包括数字信号、模拟信号、PDH 及 SDH 信号等。

（3）WDM 通道对数据格式透明，即与信号速率及调制方式无关，是引入宽带新业务（如 CATV、HDTV 等）的方便手段，通过增加一个附加波长即可引入任意的新业务。

（4）通过增减传输所使用的波长可以灵活地配置传输设备。

4.4.2 WDM 系统构成

光波分复用系统主要由光发送机、光（波分）复用器、光纤放大器、光（波分）解复用器、光接收机等组成。光波分复用器和解复用器是波分复用系统的核心部件，通常将它们分别与光发送机及接收机做在一起。光发送机侧有多个不同工作波长的光源，而接收机侧存在有多个相应波长的光电检测器，使得同一根光纤上同时有多个波长的光信号传输。一条波分复用的光纤通信链路如图 4-16 所示。

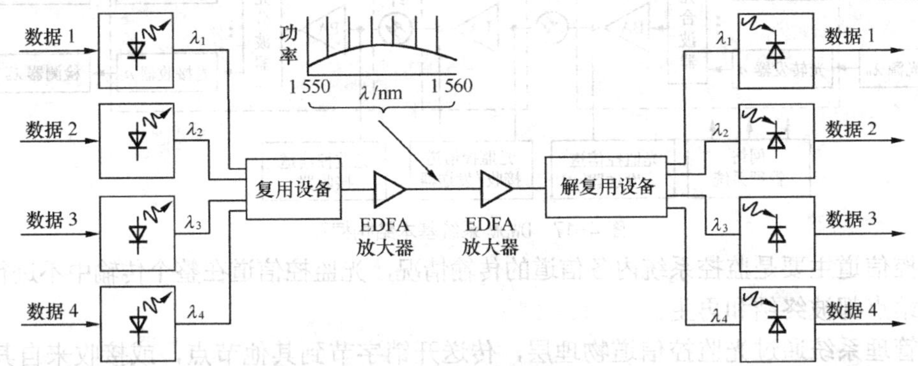

图 4-16 波分复用光纤通信链路

WDM 系统的基本构成主要有两种形式：双纤单向传输和单纤双向传输。

双纤单向传输是采用两根光纤实现两个方向信号的同时传输，完成全双工通信。在发送端将载有各种信息的、具有不同波长的、已调制的光信号通过光复用器组合在一起，并在一根光纤中单向传输；在接收端通过光解复用器将不同光波长的信号分开，分别送入不同的光接收机，从而完成多路光信号的传输。系统反方向的传输是通过另一根光纤完成的，其原理相同。

单纤双向传输是采用一根光纤实现两个方向信号的同时传输，两个方向所用波长相互分开，以实现双向全双工通信。单纤双向传输 WDM 系统两端同时收发信号，其开发和应用相对说来要求较高。

4.4.3 DWDM 技术概述

密集波分复用（DWDM）与波分复用（WDM）一样，实质就是一种在光波段的波分（或频分）复用技术，而其与一般的波分复用不同之处在于它是在光纤的同一个低损耗窗口的多个光波的复用，因此复用时波长间隔小。目前 DWDM 采用的信道波长是等间隔的，即 $k\times0.8$nm（k 为正整数）；而一般的 WDM 是在光纤的不同低损耗窗口的光波的复用，复用时波长间隔大。

当前，为了充分利用单模光纤 1.55μm 低损耗区带来的巨大带宽资源，根据波长或频率的不同将光纤的该低损耗区划分为若干个光波道，每个波道设置一个光波作为载波。实用的 DWDM 系统主要由光发送机、光接收机、光中继放大器、光监控信道与网络管理系统五部分组成，如图 4-17 所示。

在发送端，来自各终端设备输出的光信号 λ_1，λ_2，…，λ_n，分别经由光转发器（即光波长转换器）把符合 G.957 的非特定波长的光信号转换成符合 G.692 的具有稳定特定波长的光信号。光转发器对输入端的信号波长没有特殊要求，可以兼容任意厂家的 SDH 光信号，其输出端有满足 G.692 的光接口，即标准的光波长和满足长距离传输要求的光源，利用光合波器（光波分复用器），将多路不同波长的光信号组合在一起，送入光纤传输。

在接收端，光前置放大器（Power Amplifier，PA）只放大经传输衰减的主信道光信号（1 530～1 556nm），通过提升输入合波信号的光功率，从而提升各波长的接收灵敏度，由光分波器（光波分解复用器）从主信道中分出各种波长 λ_1，λ_2，…，λ_n 的光信号。

接收机不仅要满足灵敏度、过载功率等要求，还要能承受有一定光噪声的信号，要有足够的电带宽。

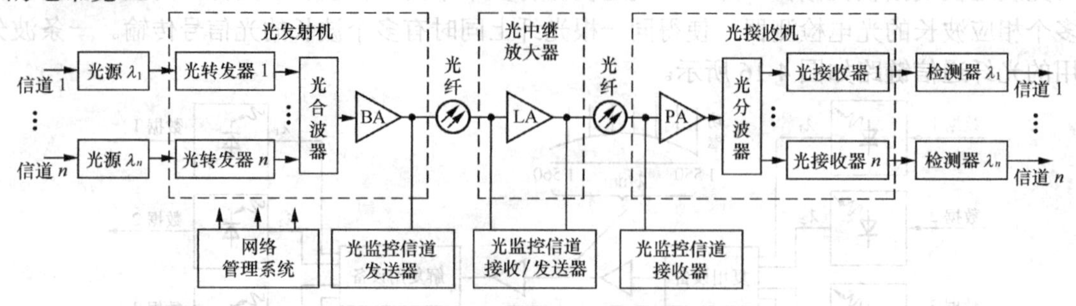

图 4-17　DWDM 系统基本结构框图

光监控信道主要是监控系统内各信道的传输情况，光监控信道在整个传输中不进行放大，但在每个站点都被终结和再生。

网络管理系统通过光监控信道物理层，传送开销字节到其他节点，或接收来自其他节点的开销字节，对 DWDM 系统进行管理，实现配置、故障、性能和安全管理等功能，并与上层管理系统（如 TMN）相连。

光合波器和光分波器完成 G.692 特定波长光信号的合波和分波。

光放大器 BA（Booster power Amplifier）是光功率放大器，通过提升合波后的光信号功率，从而提升各波长的输出光功率；光中继放大器即是光线路放大器 LA，完成对合波信号的纯光中继放大处理。比较成熟的光纤放大器是掺铒光纤放大器（Erbium-Doped Fiber Amplifier，EDFA），其工作波长为 1 550nm，与光纤的低损耗窗口一致，能直接放大光信号，对信号的格式和速率具有高度透明性，现在已成功地应用于 DWDM 系统，因而极大地增加了光纤中可传输的信息容量和传输距离。

4.5　其他光通信新技术概述

光纤通信技术经历了由短波长（0.85μm）向长波长（1.3μm、1.5μm）以及由多模光纤向单模光纤的发展阶段。光纤的传输损耗不断降低，传输容量不断增加，光纤通信得到了极其广泛的应用，已经在很大程度上满足了现代通信的需要。但是，光纤通信的潜力很大，还远远没有发挥出来。同时，信息社会的不断发展对光通信的容量、传输距离等提出了更高的要求。当前光通信主要朝着大容量、长距离、超小型和全光化的方向发展，为了进一步发挥光纤潜力，满足社会不断发展的需要，一些先进的光通信技术应运而生，主要有相干光通信、自由空间光通信及光孤子通信。

4.5.1　相干光通信技术

现在实用的光纤通信系统都采用强度调制/直接检测（IM/DD）方式，这种系统调制、解调容易，成本低，但没有充分利用光的相干性。从本质上来说，其原理就类似于无线电通信中的噪声载波系统，从而使系统的传输容量和中继距离受到很大限制。与 IM/DD 系统不同，相干光通信（Coherent Optical Communication）系统利用了半导体激光器的相干性，将无线电通信中普遍采用的外差或零差接收方式和幅移键控（ASK）、相移键控（PSK）、频移键控（FSK）等先进的调制技术用于光纤通信，实现相干光通信。

1．相干光通信的基本原理

相干光通信系统采用外差检测和零差检测两类相干检测方式，在其光接收机中增加了外差或零差接收所需要的本地振荡光源。当本振光波的频率与信号光波的频率之差为一定值时，该过程称为外差接收（检测）；当本振光波的频率和相位与信号光波的频率和相位相同时，称为零差接收（检测）。外差（或零差）相干光纤通信系统原理框图如图 4-18 所示。

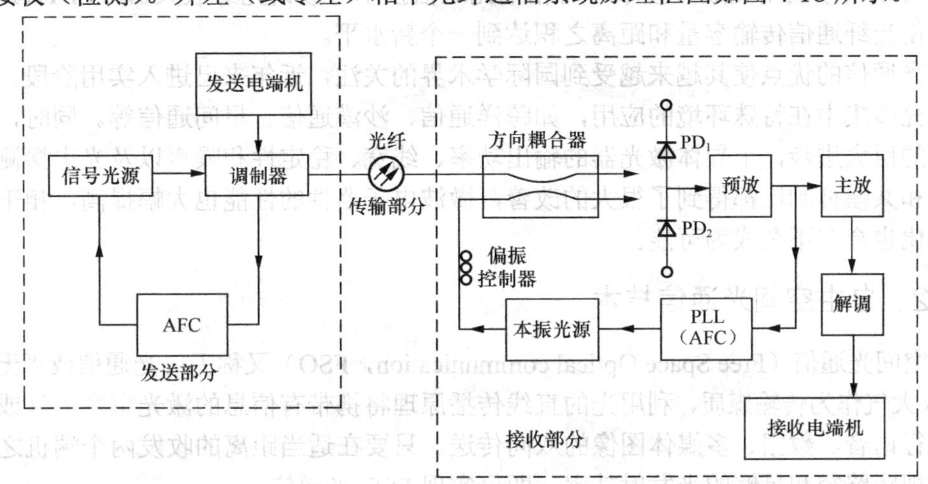

图 4-18 外差（或零差）相干光纤通信系统原理示意图

图中，相干光通信系统用频谱宽度很窄，频率稳定度很高的激光器作发送光源，由发送电端机送出的 PCM 信号对其发出的光进行调制，经过调制的光波由光纤传到接收端。在接收端，由发送端传送来的光波和本振光源 LD（其要求与发送端光源相同）发出的光波，经光纤方向耦合器混合，一起加到光电检测器 PD_1 上，在满足波前匹配和偏振匹配的条件下进行外差（或零差）检测，得到中频信号，该信号经中频放大器放大后进行解调，再送入接收电端机。光纤方向耦合器混合信号光波和本振光波，使它们的波前保持匹配；偏振控制器用来使本振光波与信号光波保持一致。发送机中的反馈环路（AFC）用于对发送光源进行稳频；接收机中的反馈环路（PLL/AFC）用来对本振光源进行相位跟踪或自动频率控制。当接入光电检测器 PD_2 就构成平衡探测器型接收机，用这种方式可以消除本振光源的过剩强度噪声，并提高本振光源和信号光功率的利用率。

2. 相干光通信的优点

与 IM/DD 系统比较，相干光通信主要有下列优点。

（1）灵敏度高，中继距离长。在误码率相同的条件下，相干光纤通信的接收灵敏度比直接检测方式可改善 10～20dB。因此，若用 1.55μm 光纤（损耗系数 $\alpha = 0.2$dB/km），则中继距离可提高 50～100km。可见，利用相干光通信能够增加光信号的无中继传输距离。

（2）频率选择性好，通信容量大。由于采用了光外差（零差）检测，光频降至中频，中频放大器的频率选择性比光滤波器陡峭得多，因此相干光通信可使光频率间隔从波分复用的 100GHz 缩小到 100MHz（压缩 100 倍），因此可以将波长（频率）分得更细，可实现光频分复用（OFDM），通信容量可比 WDM 大一个数量级。在理论上，利用光纤的低损耗窗口，用光频分（密集波分）复用的方式，有 1 220 个 2.4Gbit/s 的信道在一根光纤上同时传输，相当于一根光纤的总容量为 2.9Tbit/s。可见，只有利用相干光通信才能充分发挥光纤传输的高速率、宽带宽、大容量、长中继间距的潜力。

（3）具有多种调制方式。在相干光通信系统中，常用的调制方法除 ASK、PSK 及 FSK 外，还有 DPSK（差分相移键控）和 CPFSK（连续相位频移键控）等。解调的方法有包络检波的方式和差分解调的方式等，利于灵活的工程应用。外差检测得到的差频信号的变化规律与信号光波的变化规律相同，因此，相干检测可检测出光的振幅、频率、相位、偏振态携带的所有信息，而不像IM/DD通信方式那样，检测电流只反映光波的强度。

（4）可以直接利用光放大技术。将相干光通信技术与掺铒光纤放大器（EDFA）技术相结合，将使光纤通信传输容量和距离之积达到一个新水平。

相干光通信的优点使其越来越受到国际学术界的关注，近年来已进入实用阶段。目前其实用化研究多集中在特殊环境的应用，如跨洋通信、沙漠通信、星间通信等。同时，随着光器件方面的巨大进步，半导体激光器的输出功率、线宽、稳定性和噪声以及光电探测器的带宽、功率和共模抑制比都得到了很大的改善，微波电子器件的性能也大幅提高，相干光通信系统商用化也会在不久成为可能。

4.5.2 自由空间光通信技术

自由空间光通信（Free Space Optical communication，FSO）又称无线光通信或“无纤光通信”，它以大气作为传输媒质，利用光的直线传播原理将携带有信息的激光束在大气或外太空中直接进行语音、数据、多媒体图像的双向传送。只要在适当距离的收发两个端机之间存在无遮挡的视距路径和足够的光发射功率，即可实现FSO光通信。

1．自由空间光通信系统的组成原理

自由空间光通信系统本质上是一种点到点的全双工传输系统，其工作波长常用近红外光谱中的850nm及1 550nm，此二窗口对光信号的透过率较好。FSO系统一般由激光源（包括驱动电路和控制电路）、光纤放大器、标准光收发送机、发射/接收光学系统等组成。FSO系统光发送机的光源受到电信号的调制，完成电/光转换，经过作为天线的发射光学系统，将该已调光信号通过大气信道传送到接收机望远镜；接收机望远镜收集接收此光信号并将它聚焦在光电检测器中，光电检测器将此光信号转换成电信号。

为保证通信的实现，光学系统的专用望远物镜与光收发送机组合在一起，采用高精度的捕获、跟踪和瞄准（Acquisition-Tracking-Pointing，ATP）、高灵敏度的探测和信号处理、光学收发天线和精密、可靠的光束控制等多项先进技术来解决自由空间光通信中存在的收发端对准难、天气及传输距离的影响等问题；采用多径发射（多束法）及高功率光源及高码率调制技术来消除闪光及雾气的影响；使用高功率光源及高码率调制技术（如ASK/OOK或者 DPPM等）以应对背景光的强干扰；采用包层泵浦共掺（Erbium/Ytterbium，Er/Yb）光纤放大器补偿光通道损耗。

2．自由空间光通信的优点

FSO利用的红外波段比微波波段的波长更小，增益就更高，传输距离更远，其传输设备更小，更加灵活与方便。自由空间光通信主要有以下优点。

（1）频带宽，速率高。理论上，自由空间光通信的传输带宽与光纤通信的传输带宽相同，能提供类似光纤传输的速率。FSO技术能提供类似光纤传输的速率，使用1 550nm波长，采用WDM技术，传输速率可达10Gbit/s（4 × 2.5Gbit/s），传输距离可达5km。使用850nm波长，速率为10～155Mbit/s，传输距离可达4km。

（2）频谱资源丰富。FSO设备多采用红外光传输方式，频率都处于300GHz以上的不受管制的范围内，有非常丰富的频谱资源，所以无需申请频率执照和交纳频率占用费，也不会和微波等无线通信系统产生相互干扰。

（3）适用多种通信协议。FSO设备可以用在SDH、ATM、以太网、快速以太网等通信网络中，并可支持2.5Gbit/s的传输速率，适用于传输数据、声音和影像等信息。

（4）部署链路快捷。FSO设备可以直接架设在楼顶，甚至可在水域上部署，能完成地对空、空对空等多种光纤通信无法完成的通信任务。FSO系统不仅建设周期较短，成本也低很多，大约是光纤到大楼成本的1/10～1/3，可以作为应急抢险时的备用链路或灾难恢复通信。

（5）传输保密性好。激光的相干性很好，激光传输具有很好的方向性和非常窄的波束，很高的接收灵敏度，可以实现频率调谐接收，抗干扰、抗恶劣气候的能力很强，对其窃听和进行人为干扰几乎是不可能的。

4.5.3 光孤子通信技术

光纤通信中，限制传输距离和传输容量的主要原因是“损耗”和“色散”。“损耗”使光信号在传输时能量不断减弱；而“色散”则使光信号的带宽随传输距离的增大而变窄，导致光脉冲展宽和码间干扰。光纤通信中由于采用光纤放大器补偿传输损耗，可实现长距离、无再生中继传输。但随着传输速率的提高，光纤的色散对光纤通信系统的影响成为限制光纤通信系统长距离和高速率传输的主要因素。解决光纤色散对光纤通信系统影响的一个最有效的办法就是采用光孤子（optical soliton）通信。

1．光孤子通信的概念

理论分析表明，在单模光纤中，当光强度增加到一定程度时，将出现非线性效应。在一定条件下，非线性效应可与光纤中的色散相互补偿，得到无畸变的光脉冲传输。这时光脉冲的形状、宽度和速度都维持不变，犹如孤立的粒子，即为光孤立子。光孤子是一种特殊的ps（10^{-12}s）数量级上的超短光脉冲，其光强达到和超过非线性阈值。在光纤的反常色散区（负色散区），光孤子的非线性光强导致光纤的折射率产生非线性的克尔（Kerr）效应，当孤子脉冲的波长大于光纤的零色散波长时，脉冲前沿速度减慢，后沿则加快，使脉冲自行缩窄。在一定的光强下，这种缩窄与群色散引起的展宽相平衡时，就形成光孤子脉冲。使用光孤子脉冲传送信息可因它能自行保持脉冲的形状，而自动保证信息的真实性。光孤子通信就是利用光孤子作为载体实现长距离无畸变光传输的通信。

2．光孤子通信系统的组成

光孤子通信系统主要由光孤子激光器、编码/调制器、传输光纤、光纤放大器和光接收/检测器组成，如图4-19所示。在发送端，光孤子激光器产生超短光脉冲（光孤子序列），经调制和光放大器放大后在光纤传输系统中传输，沿途每隔一段距离L由光纤放大器对光孤子序列进行放大，使光孤子保持脉宽并恢复振幅。L即为光孤子通信系统的无中继距离，系统中的光纤放大器可采用拉曼放大器和掺铒光纤放大器，实现光孤子序列的长距离“透明”传输。光孤子激光器有多种，如半导体增益开关激光器、色心激光器和锁模激光器等。系统传输使用的光纤主要是常规的G.652光纤、色散位移光纤等。在接收端，通过光接收/检测器来解调出相应的发送信息序列。在零误码的情况下，光孤子通信系统的信息传递可达万里之遥。

3．光孤子通信的优点

与目前的线性光纤通信系统相比，全光式光孤子通信主要具有以下优点。

（1）大大提高了光纤通信系统的传输速率

光孤子的脉宽很窄，可以窄到几个ps甚至更窄，即使脉冲间隔是脉宽的10倍（10～100ps），传输速率也可达到1～10Gbit/s，比常规单信道通信高1～2个数量级。

（2）有利于频分多路及双向工作

采用光孤子激光器发射光脉冲，波长和脉冲都很稳定，且系统检测分辨率高，波分复用最小的信道间隔 0.8nm 也易于掌握，远比常规系统更能有效地利用光纤的极低色散、极低损耗工作窗口，如 1.5～1.6μm。因此有利于光频分复用和双向工作。

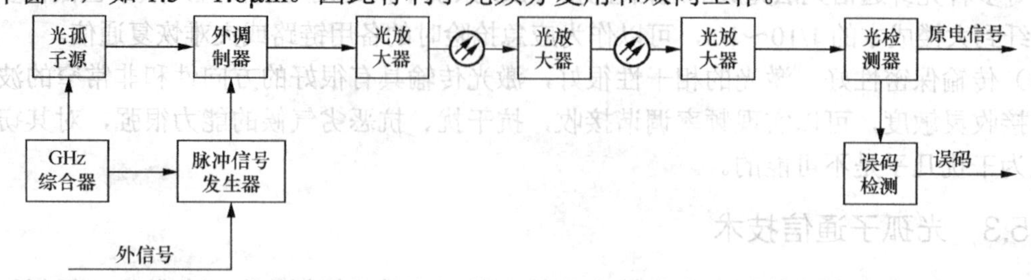

图 4-19 光孤子通信系统组成框图

（3）可保证高速传输检测

光孤子脉冲能量高（每个脉冲含 10^6 个光子），容许降低检测灵敏度来提高响应度，而且在系统分支处只需放出百分之几的脉冲能量，就可提供易于检测的低误码率信号，保证高速传输检测的实现。

（4）系统成本大大降低

系统采用光直接中继，比电中继所需设备简单而便宜，且在几千千米上只要一次发射、一次接收，省去了几十甚至上百套中继机的光电设备，使成本大大降低。

4．光孤子通信的研究状况

由于光孤子通信具有高容量、长距离、误码率低、抗噪声能力强等优点，因此国内外均对其给予高度关注，并大力开展研究工作。在光弧子通信的研究方面，美国和日本处于世界领先水平，美国贝尔实验室已经成功实现了将激光脉冲信号传输 5 920km，还利用光纤环实现了 5Gbit/s、传输 15 000km 的单信道孤子通信系统和 10Gbit/s、传输 11 000km 的双信道波分复用孤子通信系统；日本利用普通光缆线路成功地进行了超高速（20Tbit/s）、远距离（1 000km）的孤立波通信，日本电报电话公司推出了速率为 10Gbit/s、传输 12 000km 的直通光弧子通信实验系统。在我国，光孤子通信技术的研究也有一定的成果，国家“863”研究项目成功地进行了 OTDM（Optical Time Division Multiplexing）光孤子通信关键技术的研究，实现了 20Gbit/s、105km 的传输。近年来，时域上的亮孤子、正色散区的暗孤子、空域上展开的三维光弧子等，由于完全由非线性效应决定，不需要任何静态介质波导，因而备受国内外研究人员的重视。

光孤子技术未来的前景是：在传输速度方面采用超长距离的高速通信，时域和频域的超短脉冲控制技术以及超短脉冲的产生和应用技术使现行速率 10～20Gbit/s 提高到 100Gbit/s 以上；在增大传输距离方面采用重定时、整形、再生技术和减少 ASE（Amplified Spontaneous Emission），光学滤波使传输距离提高到 100 000 公里以上；在高性能 EDFA 方面获得低噪声高输出 EDFA。当然，实际的光孤子通信仍然存在许多技术难题，但目前已取得的突破性进展使我们相信，光孤子通信在超长距离、高速、大容量的全光通信中，尤其在海底光通信系统中，有着光明的发展前景。

小 结

光纤通信是指以光波作为信息载体（载波），以光纤作为传输媒质的一种通信方式。光纤的传光性能优异，传输带宽极宽，目前已在许多国家被广泛用于组建各种业务（如语音、数据、图像等）的传输网络。光纤通信系统由发送设备、光缆传输线、光中继器以及接收设备四部分组成。

一根光纤包括具有高折射率的纤芯、具有低折射率的包层以及涂覆层三个部分，通信中常用的光纤是阶跃型单模光纤、阶跃型多模光纤和渐变型多模光纤三种，其外径一般为125±3μm，其中用得最多的是阶跃型单模光纤。将若干条光纤芯线用几层保护结构包覆形成光缆使用。光纤通过内部的全反射来传输一束经过编码的光信号，光纤的传输特性主要包括损耗特性和色散特性。光纤中存在损耗，使光信号的能量随着传输距离的增加而减小，导致了光脉冲的幅度减小；另一方面，光脉冲信号中的不同频率成分的电磁信号一起传输时，由于之间存在时延差，使得原来能量集中的光脉冲信号经传输后能量发生了弥散，从而使光脉冲的宽度变宽。光纤传输特性的好坏直接影响光纤通信的中继距离和传输速率。光纤有三个低损耗工作窗口，其工作波长分别位于0.85μm、1.31μm和1.55μm附近。

光纤的色散和带宽是从不同的角度来描述光纤的同一特性。色散描述的是光脉冲经传输后在时间坐标轴上展宽的程度，是光纤特性在时域的描述。而带宽是这一特性在频域的描述。色散现象限制了光纤对高速数字信号的传输，从而也就限制了光纤的带宽。

光纤传输技术在世界上许多国家得到广泛应。针对PDH的缺点，产生了结合大容量光纤传输技术和智能网络技术的新技术体制——同步数字系列（SDH）。它具有世界统一的网络节点接口；定义统一的网络单元，且有标准光接口；采用标准化的信息结构等级；帧结构中安排了丰富的开销比特，大大增加了网络的OAM能力；采用同步复用方式和灵活的复用映射结构，先进的指针调整技术；规范了网管接口，并与现有信号完整兼容。其最核心的3个特点是同步复用、标准的光接口和强大的网络管理能力。同时，SDH传输网广泛采用自愈环组网方式。

光波分复用技术是在一根光纤中同时传输多个波长光信号的一项技术。按工作波长的波段不同，其可以分为WDM和DWDM两类。WDM和DWDM系统的核心部件是光波分复用器和光波分解复用器。

当前光纤通信主要朝着大容量、长距离、超小型和全光化的方向发展，一此先进的光通信技术，如相干光通信、自由空间通信和光孤子通信技术受到国内外的关注、许多研究工作正围绕这些通信技术展开。

思考题与习题

4-1 什么是光纤通信？说明光纤通信的特点。

4-2 光纤通信系统由哪几部分组成？各部分有何作用？

4-3 说明光纤的结构和分类。通信中常用的光纤有哪几种？

4-4 为什么光纤能够传递光信号？简述光纤的传输特性。

4-5 已知某阶跃型单模光纤的纤芯与包层的折射率分别为1.5和1.45，试求该光纤的NA。

4-6 同步数字系列（SDH）的概念是什么？它有什么特点？

4-7 什么是网络节点接口？它有什么重要性？

4-8 SDH的帧结构是怎样的？试计算STM-4的信息速率。

4-9 在SDH中什么是同步复用？什么是映射？

4-10 SDH网络是怎样分层的？SDH网络有哪几种拓扑结构？

4-11 什么是终端复用器？什么是分插复用器？

4-12 说明二纤单向通道倒换环的工作原理。

4-13 什么是波分复用和密集波分复用？两者有何不同？

4-14 目前国内外十分关注的光通信新技术有哪些？

第5章 短波与超短波通信技术

无线通信在20世纪初的兴起，谱写了人类漫长的通信发展史上最光辉的一页。从无线电报的发明、无线电话的问世，到多媒体通信的出现，无线通信从中、长波向短波、超短波、微波段发展，无线通信领域已发生了翻天覆地的变化。如今，短波通信、超短波通信、微波通信、卫星通信和移动通信技术先进应用广泛。短波通信具有不易“摧毁”的“中继系统”——电离层，不仅能实现远距离通信，而且能建立一条坚固的通信链路，在军事上有着不可估量的应用价值。超短波通信是一种近距离通信技术，采用超短波接力中继传输方式，可实现远距离无线通信。近几十年来，短波与超短波通信技术不断进步，出现了各种新型的短波、超短波通信系统。现代短波、超短波通信能为用户提供高质量、高可通率和经济性好的通信线路。本章从无线通信出发，主要介绍短波与超短波通信的基本概念、电波传播特性、系统的组成、主要技术及发展。

5.1 概述

无线通信（Wireless communication）是利用电磁信号在空间的传播进行信息传递和交换的一种通信方式。1864年，英国科学家麦克斯韦从理论上预测了电磁波的存在，成为无线电通信的报春人。1887年，德国科学家赫兹采用波长为60cm～6m（频率为500～50MHz）的电磁波进行了电磁波的产生和接收实验，为19世纪末无线通信的出现奠定了基础。1895年，意大利人马可尼和俄国人波波夫采用电磁波作为传播媒质，分别发明了能够快速、远距离传送信息的无线电报，开创了现代无线通信事业的新纪元。1899年3月，马可尼进行了横跨45km的英吉利海峡的无线电通信实验，把英、法两国联系起来，并于1901年12月12日在加拿大纽芬兰海岸的圣约翰城，用风筝将接收天线送到了130m高度，利用800kHz中波信号进行了从英国的彼得大（康沃尔）到北美纽芬兰的世界上第一次横跨超过3 000km的大西洋的无线电报通信试验，从此无线通信开始蓬勃发展起来。100多年来，无线通信从越洋电报发展到今天的移动通信、微波通信和卫星通信，经历了一个从简单到复杂，从模拟到数字，从窄带到宽带，从点到点通信到无线网络通信，从低速数据报到高速多媒体通信的历程。现在，通信正在朝着实现个人通信的方向发展，无线通信在整个通信领域发展过程中具有举足轻重的作用。

5.1.1 无线通信基本概念

无线通信系统通常由收发信设备、天馈系统和无线信道三部分组成。人们广泛应用的各种无线通信系统的无线信道都是利用无线电波的传播来进行信息的传递。通常，从发射天线所发射的无线电波，通过自然条件下的媒质到达接收天线。

1. 无线电波谱与无线通信分类

无线电波是在空间传播的交变电磁场，有极高的传播速度、不同的频率和波长，无线电波谱通常是指电磁波谱中频率低于 3 000GHz 部分的电磁波。无线通信种类繁多，有不同的分类方法。按不同的波段或频段，无线通信可以分为极长波（极低频 ELF）、超长波（超低频 SLF）、特长波（特低频 ULF）、甚长波（甚低频 VLF）、长波（低频 LF）、中波（中频 MF）、短波（高频 HF）、超短波（米波——甚高频 VHF）、微波（包括分米波——特高频 UHF、厘米波——超高频 SHF、毫米波——极高频 EHF 和亚毫米波（至高频 THF）通信。短波和超短波通信是出现较早的重要无线通信类型之一。无线通信的种类还可以按通信方向、工作方式、业务类型、信号类型、服务对象、终端移动性、覆盖范围等来划分。

2. 无线通信的特点

（1）无线通信机动灵活，传递速度快，传输信息量大，传播距离远。

（2）无线电波有多种传播方式，不同频段的无线电波传播方式不同。例如，长波、中波、短波能沿地球表面传播，也能经电离层反射传播；超长波适于地下与海水传播，可用于海岸与潜艇间的通信；超短波以直射波、散射波等形式传播。各种传播方式有不同的特点。

（3）无线电频谱资源有限。现在可供通信用的无线电频谱有数十 GHz，但在各国都是一种被严格管制使用的资源。对于某个特定通信系统来说，频谱资源非常有限，因此无线通信系统采用各种复用方法来提高频谱的利用率，如 FDM、TDM、CDM 等。

（4）干扰与噪声比较严重。无线电信号在空中传播过程中会受到各种干扰源的干扰。为了保证无线通信的质量和可靠性，必须采用抗干扰的措施，如采用单边带通信、调频通信、编码通信、数字调制等，同时在设备上增加抗干扰的电路。

（5）无线通信系统性能的优劣很大程度上与无线信道的特性有关。受到媒质和传播环境中地形地物的影响，无线电波会产生反射、折射、绕射和散射，电波传播路径会发生改变，形成多径传播，存在传播损耗、衰落和传播失真。无线通信系统常采用分集接收、编码调制、差错控制等技术来提高通信质量。

（6）无线通信发展迅速，新技术、新系统不断涌现，如第三代移动通信系统的研发就采用了多种新技术。

3. 无线电波的极化

无线电波的极化是指在空间固定点上电场矢量的取向随时间变化的方式。电场矢量的两个正交分量具有不同振幅和相位关系时，若用起点固定的带箭头的有向线段表示电场矢量，则其矢端必随时间不断移动，形成一定的矢端轨迹。根据矢端轨迹的形状可将电磁波的极化分成线极化、圆极化和椭圆极化三类，如图 5-1 所示。

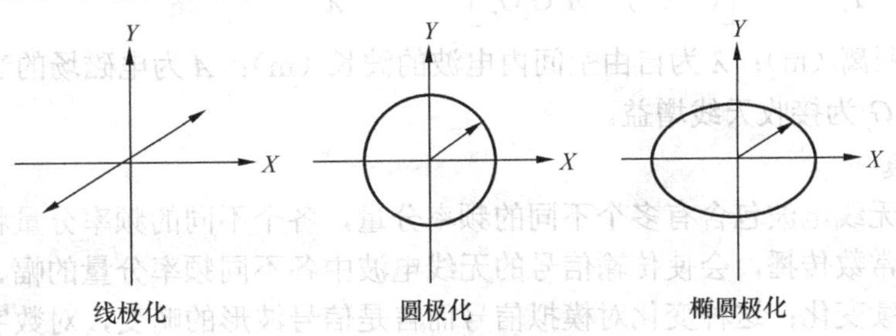

图 5-1 电磁波的极化分类

发射天线垂直于地面时，天线辐射电磁波的电场也垂直于地面，我们称它为“垂直极化波”；当天线平行于地面时，天线辐射电磁波的电场也平行于地面，我们称它为“水平极化波”。160m 波段和 80m 波段，规定发射垂直极化波，因而要求发射天线必须垂直架设；2m 波段规定发射水平极化波，因而要求发射天线必须水平架设。

4．多普勒效应

从电磁学的基本理论可知，当发射机和接收机的一方或多方处于运动中时，将使接收信号的频率发生偏移，这就是多普勒效应。假设移动台在移动时，移动速度为v (m/s)，工作波长为λ (m)，移动台运动方向与入射波的夹角为θ，如图 5-2 所示，则移动产生的多普勒频移值为

$$f_{\mathrm{d}}=\frac{v}{\lambda}\cos\theta \tag{5.1-1}$$

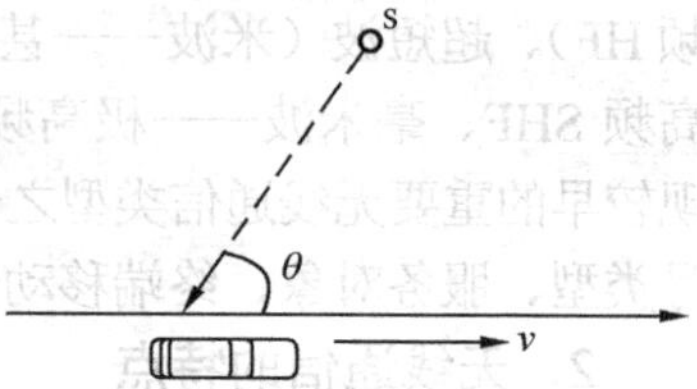

图 5-2　多普勒效应示意图

移动速度越快，入射角越小，多普勒效应越严重。在航空移动通信和卫星通信中，速度较大，必须考虑其影响。

5．无线电波的慢衰落与快衰落

慢衰落是指接收信号的场强局部中值在长时间内缓慢变化；快衰落是指接收信号电平快速随机变化，其变化范围可达到数十分贝。实际上，信号的快衰落与慢衰落兼而有之，快衰落往往叠加在慢衰落之上，只是在短时间内观测时，后者不易被察觉，而前者则表现明显。

6．无线电波的平衰落与选择性衰落

平衰落是指发射信号的频谱特性在接收机内仍能保持不变的衰落，选择性衰落是指发射信号的频谱特性在接收机内发生了畸变的衰落，如图 5-3 所示。其中f_0为中心频率，$f_1=f_0-f_2$，$f_2=f_0+f_2$。

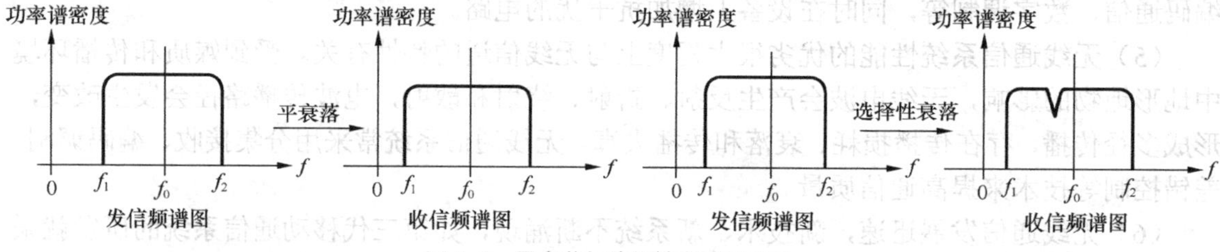

图 5-3　平衰落与选择性衰落示意图

7．无线电波的传播损耗

无线信道发射天线输入功率P_{t}与接收天线输出功率P_{r}（满足匹配条件）之比即为该电路的传播损耗L，反映了在公里量级的空间距离内，信号电平的衰减。若用分贝表示，则为

$$L=10\lg\frac{P_{\mathrm{t}}}{P_{\mathrm{r}}}=10\lg\left[\left(\frac{4\pi d}{\lambda}\right)^2\cdot\frac{1}{A^2G_{\mathrm{t}}G_{\mathrm{r}}}\right]=20\lg\frac{4\pi d}{\lambda}-A(\mathrm{dB})-G_{\mathrm{t}}(\mathrm{dB})-G_{\mathrm{r}}(\mathrm{dB}) \tag{5.1-2}$$

式中，d为传播距离（m）；λ为自由空间内电波的波长（m）；A为电磁场的衰减因子；G_{t}为发射天线增益；G_{r}为接收天线增益。

8．传播失真

传输信号的无线电波包含有多个不同的频率分量，各个不同的频率分量将以不同的相速度和不同的衰减常数传播，会使传输信号的无线电波中各不同频率分量的幅、相关系随传播距离的增加而连续变化；这种变化对模拟信号而言是信号波形的畸变，对数字信号而言是误码率的上升。失真的程度结合具体信道传播情况而定。

5.1.2　电波传播的基本特性

无线电波的传播特性同时取决于传播媒质的结构特性和电波的特征参数。一定频率和极化的电波将与特定媒质条件相匹配，而且有某种占优势的传播信道和传播模式。电波的传播特性时空变化的原因是传播媒质的时空特性的影响。在各种信道中，媒质结构的电参数（包括介电常数、磁导率与电导率）的空间分布和时间变化及边界状态是传播特性的决定因素。

1．各波段的主要信道模式

极长波、超长波、特长波和甚长波均可以地下与海水传播、沿地磁力线的哨声传播等；长波以表面波、天波、地—电离层波导传播；中波以地表面波、天波传播；短波以地表面波、天波、电离层波导、散射波传播；超短波、分米波、厘米波以直射波、地面和对流层的反射波、对流层折射及超折射波导、散射波传播；毫米波、亚毫米波以直射波传播。

2．电波传播的基本机制及媒质对电波传播的影响

无线电信号的基本传播机制是直射、反射、折射、绕射和散射。受媒质的影响，电波传播存在传播损耗、衰落和传播失真，信号的幅度、相位均会发生变化。

（1）直射

在自由空间和均匀、线性媒质中电波沿直线传播，即直射。

（2）反射与折射

由于实际的电波传播所经历的空间非常复杂，电波传播的方向可能会发生改变。当电波由一种媒质辐射至另一种媒质时，在两种媒质的分界面上要发生反射和折射。射线返回第一种媒质，即产生了反射；射线进入第二种媒质，但方向发生了偏折，即产生了折射。一般反射和折射是同时发生的。入射角等于反射角，但不一定等于折射角。反射和折射给测向准确性带来很大的不良影响；反射严重时，测向设备误指反射体，给干扰查找造成极大困难。

（3）绕射

电波在传播途中有力图绕过难以穿透的障碍物的能力。绕射能力的强弱与电波的频率有关，又和障碍物大小、高度有关。频率越低的电波，绕射能力越强；障碍物越大越高，绕射越困难。工作于80m（3.75MHz）波段的电波绕射能力较强，除陡峭高山（相对高度在200m以上）外，一般丘陵均可逾越。2m波段的电波绕射能力就很差了，一座楼房或一个小山丘都可能使信号难以绕过去。

（4）散射

无论是在电离层中或是在对流层中，离子的浓度和空气的成分与密度都是不均匀的，当超短波或微波射入不均匀的电离层和对流层时，就有一部分散向各方，犹如水流碰到目标四向溅开一样。因而，在看不见的接收点往往可以接收到被散射的剩余电波。超短波和微波的超视距传播现象就是由于电离层和离地面十余千米的大气层（对流层）的散射引起的。这种传播称为散射波传播。

（5）干涉

直射波与地面反射波或其他物体的反射波在某处相遇时，通过天线测向收到的信号为两个电波合成的信号，其信号强度可能增强（两个信号叠加）也可能减弱（两个信号相互抵消），这种现象称为波的干涉。产生干涉的结果是使得测向机在某些接收点收到的信号强，而某些接收点收到的信号弱，甚至收不到信号，给判断干扰信号距离造成错觉。天线发射到空间的电波的能量是一定的，随着传播距离的增大，不仅在传播途中能量要损耗，而且能量的分布也越来越广，单位面积上获得的能量越来越小。反之，越近，单位面积上获得的能量越大。

3. 电波的传播方式

在地球上两点或多点之间的通信称为地面无线电通信。在地面无线电通信中，电波的传播有若干种传播形式，究竟以哪种形式传播取决于系统的类型和外界条件。在地球大气层内电波有三种主要传播方式：地波传播、天波传播和空间波传播，如图 5-4 所示。

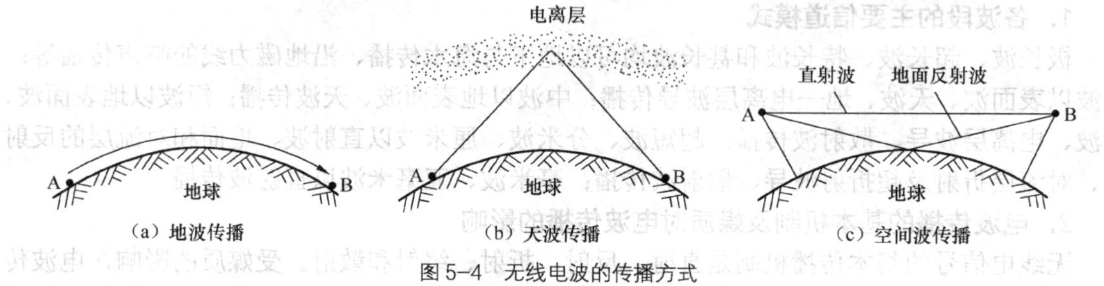

图 5-4 无线电波的传播方式

（1）地波传播

地波传播是无线电波沿地球表面传播的形式，如图 5-4（a）所示。由于地球表面存在着电阻损耗和介质损耗，因此地波在传播过程中必然产生衰减。地波有时也称为地表面波，最适合在良导体的表面上进行传播，比如海面，而在干燥的沙漠地区则很难传播。地波传播基本上没有多径效应，也基本上不受气候条件的影响，所以信号较稳定。地波的衰减随着频率的升高而增大，利用地波传播的短波（1.5～5MHz）只能实现近距离通信。

（2）天波传播

天波传播是无线电波经高空电离层反射回到地面接收点的传播形式，如图 5-4（b）所示。地球表面的大气层可分为对流层、平流层、电离层。电离层处于平流层之上大气层的最上面，在离地 60～450km 空间区域内。电离层的气体分子受太阳辐射的紫外线、X 射线的照射、太阳喷射的高速微粒子流的撞击等而发生电离。无线电波到达电离层后，可能被电离层完全吸收、反射回地球和穿过电离层进入外层空间，其情况如图 5-5 所示，这与电波的频率和入射角相关。频率越大易穿透电离层，频率越小易被吸收，电离层对长波和中波吸收较多而对短波吸收较少，因而短波通信更适合以天波方式传播。无线电波进入电离层的入射角越大，传输距离越远，反之越小。但入射角过大会使无线电波抵达电离密度大的较高电离层时被吸收，入射角过小会使无线电波穿过电离层而无法回到地面，因此应选择恰当的频率和入射角才能反射回地球。

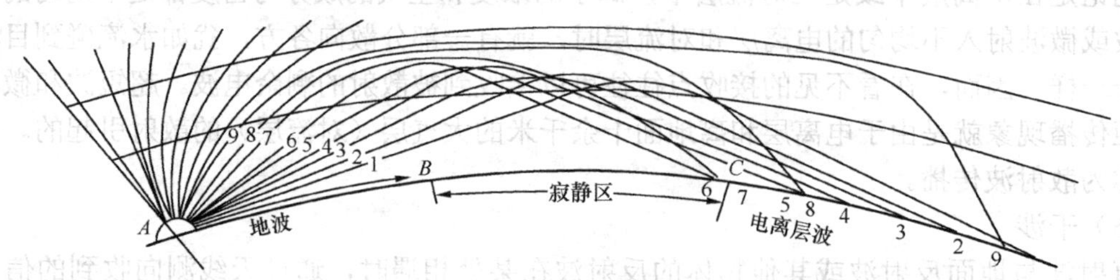

图 5-5 天波以不同入射角发射的传播路径示意图

通常在夏天白天，电离层可从下往上分为 D、E、F_1 和 F_2 层，如图 5-6 所示。

D 层是电离层的最低层，离地高度为 60～90km，日出后出现，中午电离最强，日落后随着强烈的中和作用而消失，电子密度最大值常出现在高度约 70km 处。相对于其他电离层，D 层电子密度最低，不足以反射短波（一般地，在 10MHz 以下的电波被吸收，但白天反射 2～5MHz 的短波也是可能的），短波以天波传播时将穿越 D 层，但将会受到严重的衰减，频率越低，衰减越大，D 层的衰减量远远大于其他电离层，因此也称为吸收层。在白天，D 层决定了短波的传播距离以及良好传输性能所必需的发射功率和天线增益。

E 层离地高度为 90～150km，也几乎只在白天存在，中午电离最强，日落后基本不起作用，电子密度最大值常出现在约 110km 处，E 层能反射短波。在高度为 120km 处偶尔会出现偶发 E 层，记为 E_s，虽其是偶尔存在，但由于其电子密度比周围其他 E 层高出几十甚至几百倍，甚至能将高于短波频率的波（如超短波）反射回来，实现远距离通信，因此短波与超短波通信中都希望将该层作为反射层。但是使用 E_s 层应谨慎，否则会出现通信中断等现象。

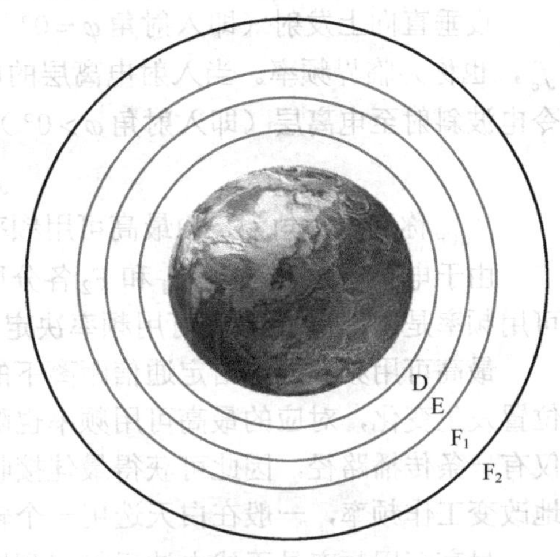

图 5-6 电离层分层

F 层在 E 层之上，电子密度最大、高度最高，是电离层反射短波最主要的部分，也可称为反射层。F 层分为 F_1 和 F_2 两层，其中 F_1 层离地高度在 150～220km 之间，只在白天存在；F_2 层离地高度在 225～450km 之间，日落后由于 F_2 层的低电子密度（比白天低了一个数量级），复合的速度减慢，且粒子辐射仍存在，因此 F_2 层在夜间不会完全消失，仍保持有剩余的电离，足以反射短波某一波段的电波，且夜间反射的频率远低于白天。若要保持昼夜短波通信，其工作频率需昼夜更换，一般情况下夜间工作频率远低于白天工作频率，这是因为若不采用较低频率会使电波穿越电离层，造成通信中断。

（3）空间波传播

空间波在大气层中的对流层和平流层以直射波和地面反射波的形式传播。空间波传播时，接收天线处的电场强度取决于两个天线之间的距离以及直射波与地面反射波在接收天线处的相位是否同相（干涉）。直射波传播的距离一般限于视距范围，因此以直射波传播的空间波传播也称为视距传播，如图 5-4（c）所示。超短波和微波的频率高于 30MHz，可穿越电离层而无法被反射回地面，因此不能利用天波传播方式，而沿地面传播时衰减很大，遇到障碍物时绕射能力又很弱，因而又不能利用地波传播方式，因此超短波和微波通信通常利用视距传播方式。对流层中的湍流团、雨滴等水凝物使电波特别是超短波、微波中的分米波、厘米波产生散射，它们也可以用散射波传播。

由于对流层密度、温度、湿度随高度而异，导致其折射率也随高度变化，使得电波射线产生连续的小角度折射，结果使射线轨迹弯曲，影响电波传播的距离，同时视距传播易受高山和高大建筑物的阻挡，一般传播距离为 20～80km。因此可加高铁塔的高度提升发射或接收天线（或两者）高度，或将天线架设在高大建筑物或山顶上以有效地增大传播距离。同时，采用超短波接力中继传输方式可实现远距离通信。

4．短波天波传播

通常短波是经电离层反射而到达地面的。短波天波传播的主要优点是电离层抗毁性好，传播损耗小，因而能以较小的功率进行远距离通信。这种传播方式广泛用于各种距离的定点通信、广播、岸船间的航海移动通信等。

（1）最高可用频率

最高可用频率（Maximum Usable Frequency，MUF）是指在通信中能被电离层反射回地面的电波的最高频率。若所选工作频率超过MUF，电波将穿出电离层，无法返回地面。

设垂直向上发射（即入射角$\varphi=0°$）的无线电波能从电离层反射回来的最高反射频率为f_c，也称为临界频率。当入射电离层的电波频率低于f_c时，将被反射；反之，则穿出该层。令电波斜射至电离层（即入射角$\varphi>0°$）时最大的反射频率为f_{MUF}，则

$$f_{MUF}=f_c\sec\varphi \tag{5.1-3}$$

f_{MUF}称为入射角为φ的最高可用频率。

由于电离层中D、E、F_1和F_2各分层的电子密度由小到大排列，因此整个电离层的最高可用频率是由F_2层的最高可用频率决定的。

最高可用频率是在给定通信距离下的频率可用的最大值，若通信距离变化，则临界点的位置发生变化，对应的最高可用频率也随之改变；选用最高可用频率作为工作频率时，由于仅有一条传播路径，因此可获得最佳接收；虽然最高可用频率随时间变化，但无需全天频繁地改变工作频率，一般在白天选用一个较高频率，夜间选用一两个较低频率即可。

最高可用频率是无线电波反射回到地面或是穿透电离层的临界值。考虑到电离层的结构随时间的变化及保证长期稳定的接收，通常取最佳工作频率$f_{FOT}=0.85f_{MUF}$。这样能保证通信线路的可通率为90%，但此时接收点的场强比最高可用频率时损失10～20dB。

（2）传播模式

为了获得较小的衰减及符合天线设计的要求，需要对远距离短波通信的传播模式进行选择。常见的传播模式有单跳模式、两跳模式、三跳模式和多跳模式等。图5-7（a）所示的传播模式是1F模式（单跳模式）和2E模式（两跳模式），图5-7（b）所示的是2FE模式（三跳模式），这种线路的两端采用F_2层反射，中间采用E层反射。2EF模式的中间反射点发生在中午时段，而两端反射点处于太阳下山或夜间时，并且中间反射点处的电离密度高（如E_s层），有能力反射所选工作频率。要设计这类通信线路需要研究整个线路上各地段对应于工作频率的传播特性和所需要的辐射仰角。

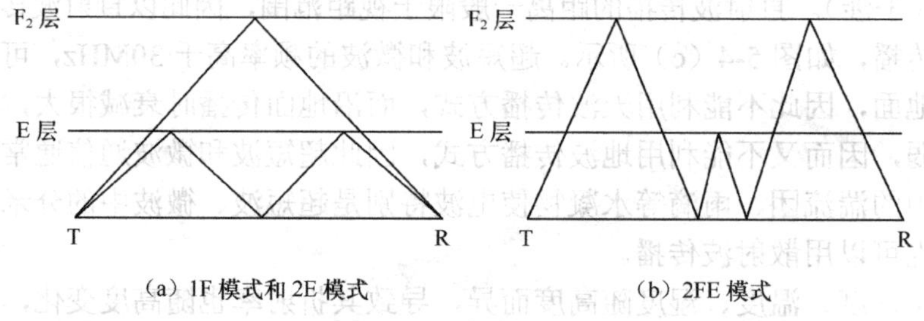

（a）1F模式和2E模式　　（b）2FE模式

图5-7　天波传输模式

（3）短波天波传播特性

由于电离层传输媒质的随机变化，使得信号传播损耗、多径时延、噪声和干扰等都随频率、时间、地点等而随机变化。并且短波信号、噪声和干扰往往还有一种短期的突发变化，电离层暴或电离层骚扰还有可能造成短波通信突然中断。

① 多径传播与多径时延

高频无线电波可以通过若干条路径或者不同的传播模式到达接收端，由于这些路径具有不同的长度，所以各条路径的电波到达的时间不同，不同的路径到达的信号相对于路径最短的那路信号有不同的时间差，这就是“多径时延”。最大时延差（简称多径时延差）是

指多径传播中最大传播时延与最小传播时延之差。多径时延将引起时间扩散、波形失真及频率选择性衰落，使信道传输带宽受限。多径时延的大小与工作频率、天线类型、通信距离及时间等因素相关。

短波信道上的多径时延具有以下特征。

a. 多径时延随着工作频率偏离最高可用频率（MUF）越远就越大。

b. 多径时延和通信距离有关。在 200～300km 的短波线路上，最大时延差值可达 8ms；在 2 000～8 000km 的线路上，可能存在的传播模式少，故多径时延差只有 2～3ms；当通信距离进一步增大时，由于不再存在单跳模式，多径时延又随之增大，当距离为 20 000km 时，多径时延差可达 6ms。

c. 由于电离层的电子密度随时间变化，多径时延也随时间变化。电子密度变化越剧烈，多径时延的变化就越严重。

② 衰落

在短波通信的接收端，信号振幅总是呈现出忽大忽小的随机变化，也就是信号的“衰落”现象，衰落有快衰落和慢衰落两种。根据衰落产生的原因，衰落可分为干涉衰落、吸收衰落和极化衰落。

a. 干涉衰落

从发送端发射恒定幅度的高频信号，由于多径传播，到达接收端时有多条射线。这些射线不仅到达接收端的时间延迟不同，而且信号之间不能保持固定的相位差，使合成的信号振幅和相位随机变化。只要各路径的相对时延稍有变化，合成信号电平就会有明显的快速起伏，表现出快衰落的特征。这种由到达接收端的若干个信号的干涉造成的衰落称为“干涉衰落”。干涉型衰落是由随机的多径传播引起的，故又称为多径衰落。干涉衰落具有频率选择性，即只对某一单个频率或一个几百赫兹的窄频带产生影响，因此也称为“选择性衰落”。干涉衰落的信号振幅服从瑞利分布。大量测量可知，干涉衰落的速率为 10～20 次/min，衰落深度可达 40dB，偶尔可达 80dB，衰落持续时间通常在 4～20ms 范围内。

增加发射功率可补偿快衰落，但是这样是不经济的。主要采用分集接收、时频调制和差错控制等抗衰落技术来补偿。

b. 吸收衰落

吸收衰落是指传输媒质电参数随时间的变化使得信号发生随时间的起伏变化，如电离层的电子浓度有明显的日、月、年的变化等使得电离层的等效电参数也发生变化，经电离层反射的信号电平亦相应起伏变化。由于媒质的变化是随机的、缓慢的，因此由这种机理形成信号电平的变化也是缓慢的，故吸收型衰落是慢衰落。吸收衰落对于整个短波段的影响是相同的。若不考虑磁暴和电离层骚扰，衰落深度有可能跌落到低于中值 10dB。

电离层骚扰也可视为吸收衰落。太阳黑子常常出现耀斑，此时有极强的 X 射线和紫外线辐射，以光速向外传播，使白昼时的电离层的电离密度增强，特别是 D 层的电子密度可增大 10 倍以上，不仅把中波吸收，而且把短波大部分甚至全部吸收，以致通信中断。通常这种骚扰会持续几分钟到 1 小时。

克服吸收衰落，除了正确选择频率以外，在短波线路设计中，只能通过留功率余量来补偿电离层吸收的增大。

c. 极化衰落

无线电波经电离层反射后，其极化已不再和发射天线辐射时的相同。发射到电离层的平面极化射线经电离层反射后，由于地球磁场的作用分为两条椭圆极化射线，经合成形成接收点的椭圆极化波。椭圆长轴的大小和相位随着传播路径上的电子密度随机变化而不断变化。若用垂直天线接收信号，当长轴方向接近垂线时，信号的强度变得最大；反之，当接近水平时，信号的强度变得很小，产生极化衰落。极化衰落出现的概率远小于干涉衰落，占全部衰落的10%～15%。极化衰落发生时，接收端的电压电平值较未衰落时下降3dB。为了减小极化衰落带来的影响，可采用几副具有不同极化的接收天线，并且通过选择电路接到接收机输入端，选择电路将接收最强信号的那副天线接到接收机输入端，这种方法称为极化分集。

③ 环球回波

即使在长距离短波传播中，有时也只有较小的衰减，在一定条件下，电波会连续地在地面与电离层之间来回反射，有可能环绕地球后再度到达接收端，这种电波称为环球回波，如图 5-8 所示。环球回波可以环绕地球多次，而每次环绕地球的滞后时间约为 0.13s。若滞后时间较大，则回波信号可由人耳接听电话或接收电报察觉出来；若环球回波信号的强度与原信号强度相差不大时，就会在电报接收中出现误点，或在电话通信中出现经久不息地回响，这些都是不允许的。

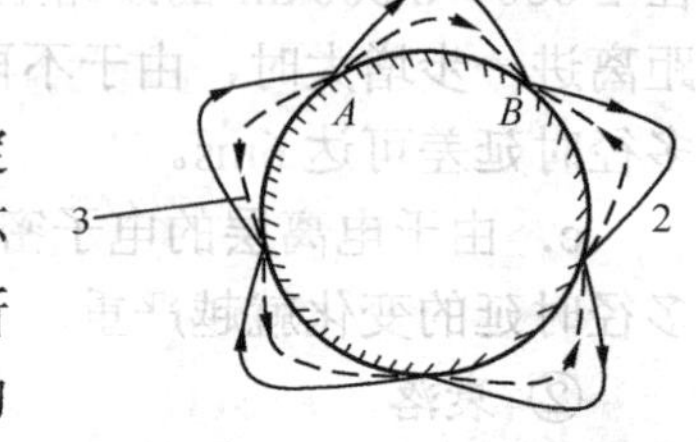

图 5-8　环球回波

④ 多普勒频移

短波传播中存在的多径效应，不仅使接收点信号振幅随机变化，而且也使信号的相位起伏不定，这种相位起伏也可看成电离层不规则运动引起的高频载波的多普勒频移。此时，发射信号的频率结构发生变化。从时间域的角度观察，意味着短波传播中存在时间选择性衰落。

对单跳模式传播，日出和日落时多普勒频移很大，可能影响采用小频移的窄带电报的传输。在夜间不存在多普勒效应，而其他时间的多普勒频移在 1～2Hz 的范围内。若发生磁暴，将产生更大的多普勒频移，最高可达 6Hz。对于多跳模式传播，总频移 $\Delta f_{\text{tot}} = n\Delta f$ ，其中，n 为跳数，Δf 为单跳多普勒频移。

⑤ 静区

由天波反射原理可知，入射角越小，反射射线回到地面的位置距发射点越近，一旦入射角小到一定值时，电波就穿透电离层，无反射信号回到地面。由于同一频率的电波是一簇波束，反射波回到地面的远近各异，有的电波甚至会穿透电离层而无法反射回地面，这意味着天波传播有一个所能达到的最短距离，即当天波从不能被电离层反射到能被其第一次反射落地（第一跳）的最短距离，大约为 100km。同时短波以地波传播的距离最远可达 30km，因此在距离发射点 30～100km 的范围内，地波、天波都无法抵达。在这个地区收不到短波信号，称为短波通信的“寂静区”，简称“静区”，也称盲区，见图 5-5。可通过加大发射功率、采用较低的工作频率及高仰角天线（也称高射天线或喷泉天线），缩短天波第一跳落地的距离来减小静区。仰角是指天线辐射波瓣与地面之间的夹角，仰角越高，电波第一跳回到地面的位置距发射点的距离越短，盲区越少，当仰角接近 90°时，盲区基本上就不存在了。

⑥ 昼夜间信号差别大

由于电离层的层数、高度和电子密度在白天和夜间不同，白天电离层的电子密度较大，D 层对电波吸收很大，再加上 E 层与 F 层的吸收，反射回到地面的电波很弱，只有少数在有效通信距离内大功率发射机送来的电波较强，故接收机在白天收到的信号少而弱。而在夜间，D 层消失，而且 E 层和 F 层的电子密度减小，对电波的吸收大大减小，反射回到地面的电波较强，故接收机在夜间接收到的信号多一些，且强得多，但是夜间干扰多，信噪比下降，夜间的可靠通信距离比白天要近。减小夜间干扰最方便的方法是增大发射机功率和采用方向性强的天线。

另外，由于夜间的电离层电子密度减小，本来白天由E层反射的电波，夜间可能会穿过E层而由F层反射，由于F层比E层高，因此F层反射电波所形成的静区比E层反射所形成的静区要大些。这样，有些在白天可收到的信号到夜间反而收不到了。即使白天和夜间都采用F层反射，也会由于F层昼夜高度不同而不同。可采用实时选频技术来有效解决昼夜间信号差别大的问题。

⑦ 传播损耗

电离层是随时间变化的有耗媒质，很多因素影响着传播损耗和接收点的场强。短波通信的传播损耗主要包括4部分，即电离层吸收损耗 L_a、自由空间传播损耗 L_b、地面反射损耗 L_g 和系统附加损耗 L_p。其中 L_a 包括远离电波反射区（如D层和E层）的损耗和电波反射区附近（如 F_2 层）的损耗；L_b 是无线电波发射后，随着传播距离变大，能量密度下降，即由扩散引起的能量损耗；L_g 与电波的发射仰角、工作频率、极化方式以及反射点地址参数和天波的传输模式等因素有关；L_p 是一些其他应考虑的损耗因素，包括电离层、地磁和气候变化等所引起的附加损耗，与地球纬度、季节时间、路径等因素有关。一般由统计资料给出。

5．短波与超短波通信中的抗干扰措施

在短波与超短波通信线路设计时除考虑电波的传播特性外，还应采取一定的抗干扰措施来消除或减少信道中的各种干扰对通信质量的影响，以提高接收点的信噪比。

（1）短波与超短波通信中的无线电干扰

无线电信号在空中传播过程中会受到各种干扰源的干扰，短波与超短波通信中的无线电干扰主要分为外部干扰和内部干扰。外部干扰是指接收天线从外部接收的各种噪声，如大气噪声、人为干扰、宇宙噪声等。大气噪声主要指的是天电干扰，由大气放电产生，天电干扰的程度与该地区是否接近雷电中心有关，与接收点的电场强度和电波的传播条件有关，干扰电平随频率增高而增大，而且具有方向性，干扰的方向随昼夜和季节的变化而变化；人为干扰包括工业干扰及电台干扰，工业干扰是由电气设备和电力网产生的干扰，其幅度除了与本地噪声源有关之外，还与供电系统有关；电台干扰是指和工作频率相近的其他无线电台的干扰。内部干扰是指接收设备本身产生的噪声。

（2）短波与超短波通信中的抗干扰措施

在设计短波和超短波通信线路时主要考虑外部干扰。对于大气噪声，在设计中需要根据要求的信噪比确定接收点最小信号功率。工业干扰的计算非常复杂，因而在系统设计中，通常采用加大最小信号功率的办法。比如设在工业城市内的接收点，需要将考虑大气噪声的最小信号功率提高10dB，将接收点设置在远离城市的郊区是减少工业干扰最有效的办法。

在短波与超短波通信中，抗电台干扰的措施如下。

① 在短波通信中采用实时选频系统，提供避开了干扰的优质频率，使系统工作在传播条件良好的弱干扰或无干扰的频道上。近年来出现的高频自适应通信系统还具有“自动信道切换”的功能，遇到严重干扰时将自动切换信道。

② 尽可能提高系统的频率稳定度，以压缩接收机的通频带。

③ 采用定向天线或自适应调零天线，减弱其他方向来的干扰，或使零点能自动地对准干扰方向以避免干扰。

④ 采用抗电台干扰能力强的调制和键控方式，如后面将要介绍的时频调制。

⑤ 采用“跳频”技术避开干扰。其发展经历了常规跳频、自适应跳频和高速跳频三个阶段。

⑥ 采用“猝发通信”技术快速传递数据信号。猝发通信也称突发通信，用户终端发出的

数据进入短波通信设备后被储存起来，当信道出现良好传播条件且无干扰时，以极高的速度在某一瞬间完成发送。这种猝发方式具有很大的短暂性和随机性，不易被敌截获或干扰。猝发通信技术已广泛应用于军事作战中，如海军潜艇对岸通信等。

上述措施中的后 5 种措施也可用于超短波通信中的抗电台干扰。

6. 短波与超短波通信的特点

（1）短波通信的特点

① 短波信道的时变和色散特性

短波主要依靠电离层反射传播，电离层的各层电离程度不同、电子密度不同、分布不均匀且随时发生变化，因此电离层是一种随机、色散和各向异性的媒质，短波信道是一种随参信道，短波在其中传播时会形成多径传播，产生衰落、极化面旋转、传播失真等，有时还会因电离层暴等异常现象的出现而使短波通信中断。短波信道呈现的时变和色散特性使通信可用的瞬间频带较窄，限制了传输的速率。这种信道的不稳定性使短波具有频带窄、容量小、速率低、相互干扰严重等特点。

② 通信距离远

利用天波传播的距离比地波传播的距离远得多，经电离层单次反射最大地面传输距离可达 4 000km，多次反射可达上万千米。特别在低纬度地区，短波通信的可用频段变宽，最高可用频率较高，受粒子沉降事件和地磁暴的影响较小，短波传播距离远，效果好。

③ 技术成熟，新技术层出不穷、应用广泛

短波通信是较早应用的通信技术之一，其工作频率低，元器件要求低，设备体积小、重量轻、机动灵活，技术成熟可靠，抗干扰性和保密性好，制造简单，价格便宜，受到人们的青睐。特别是自适应、抗干扰等新技术的应用，使得短波通信的稳定性、可靠性、通信质量、传输质量等方面得到较大的提升，完全能达到高质量、低成本的远距离通信要求。因此，短波通信在交通、工商业、邮电等国民经济各部门中得到了广泛的应用，特别是美欧等国在伊拉克和阿富汗战争中广泛使用短波通信，获得了突出的战绩。

④ 顽存性强

短波通信设备轻便，安装易，造价较低，可大量装备，不易被摧毁，即使遭到破坏也易更换和修复，而且电离层这种传输媒质抗毁性好，只有在高空原子弹爆炸时才会在一定时间内遭到一定程度的破坏，所以系统顽存性强。短波通信是唯一不受网络枢纽和有源中继体制制约的远程通信手段，一旦发生战争或灾害，各种通信网络都可能受到破坏，卫星也可能受到攻击，而短波通信却能适应这些环境。

⑤ 信道拥挤

短波频带只有 28.5MHz 宽，短波通信的应用领域越来越广泛，用户越来越多，势必造成短波波段信道拥挤，因此要求采用单边带调制方式。

⑥ 天线匹配困难

短波的有效利用波段为 1.5～30MHz，其对应的波长为 200～10m，要研制高效宽带的天线以满足高速全频段跳频、保证良好的阻抗匹配是较困难的。新型短波天线的研制，主要是向宽带、全向、无“盲区”、高增益方向发展。

（2）超短波通信的特点

超短波通信与短波通信比较，其主要优点包括：频段较宽，通信容量较大；视距以外的不同网络电台可用相同的工作频率，电台干扰小；可用方向型天线，有利于抗干扰；受昼夜和季节的变化影响小，通信较为稳定。其主要缺点包括：通信距离较近；受地形的影响较大，超短波通过山区、丘陵、丛林和建筑物时，易被吸收或遮挡，出现通信困难或中断。因此，在组网和建台时，应充分考虑地形因素，恰当选择天线和电台的架设位置。

5.2 现代短波与超短波通信技术

短波通信具有通信距离远、建立链路迅速、机动性好、顽存性强、组网灵活等特点，因此应用广泛。超短波通信是一种近距离通信技术，采用超短波接力中继传输方式可实现远距离通信。超短波通信可用于机动战术通信任务等军事领域，也可以为民用领域服务。超短波电台有车载、机载、背负、手持等多种形式，其特点是体积小、重量轻、功能多、抗干扰能力强，随着新技术、新器件大量使用，其性能得到了大大提高，特别是扩频通信技术的应用，使得电台的抗干扰能力、组网能力都有了质的变化。

5.2.1 现代短波通信系统

短波通信是利用波长在100～10m之间、频率为3～30MHz的电磁波进行的无线电通信。实际上，也可把中波的高频段（1.5～3MHz）归到短波波段中，所以现有的许多短波通信设备的波段往往扩展到1.5～30MHz。短波通信也称为高频无线电通信，短波主要靠电离层反射（天波）来传播，也可以和长、中波一样靠地波进行短距离传播。短波通信主要应用于远距离通信广播、超视距天波及地波雷达、超视距地—空通信。

1. 现代短波通信系统的基本结构

现代短波通信系统一般由带自适应链路建立功能的收发信主机、自动天线耦合器、电源以及一些扩展设备（如高速数据调制解调器、500W以上的大功率功放等）组成，如图5-9所示。

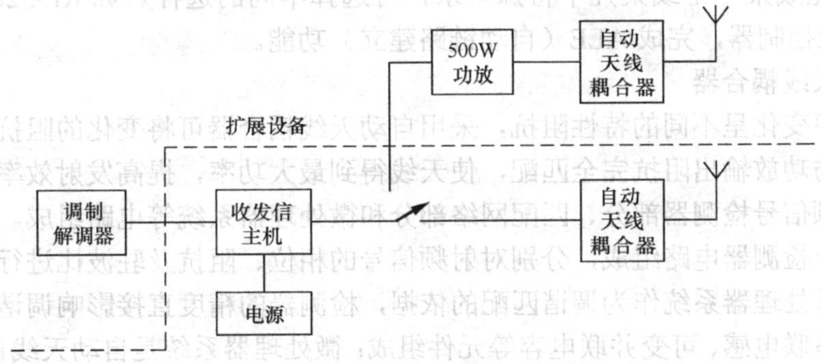

图5-9 现代短波通信系统组成框图

（1）收发信主机

收发信主机的功能与短波电台的收、发信机的信道部分基本相同，只是比电台多了一个自适应选件，能完成自动链路的建立。收发信主机一般由收发信道部分、频率合成器部分、逻辑控制部分、电源和一些选件组成。其中收发信道部分由选频滤波、频率变换、调制解调、音频功率放大、射频功率放大、AGC（自动增益控制）电路、ALC（自动电平控制）电路、收/发转换电路等组成。当处于发射状态时，将音频信号经音频放大送至调制器进行调制，形成单边带信号，然后再经两次频率变换，将信号搬移到工作频率1.5～30MHz上，然后对射频信号进行线性放大、功率放大、滤波，保证有足够的纯信号功率输出，经发射天线向空间传播，整个过程如图5-10所示。当处于接收状态时，接收天线感应的射频信号加到选频网络，利用该网络选择出有用信号，经射频放大或直接输入到混频器对射频信号进行频率变换（一般为两次混频），将信号搬移到低中频，然后对低中频信号进行解调，还原成音频信号，再经音频功放送入扬声器发声，整个过程如图 5-11 所示。

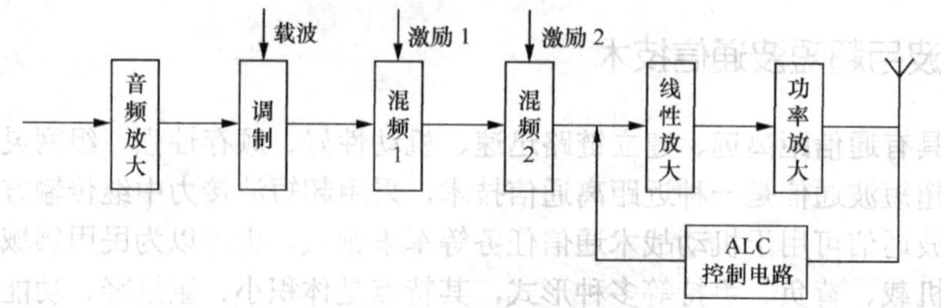

图 5-10　系统处于发射状态的信道部分

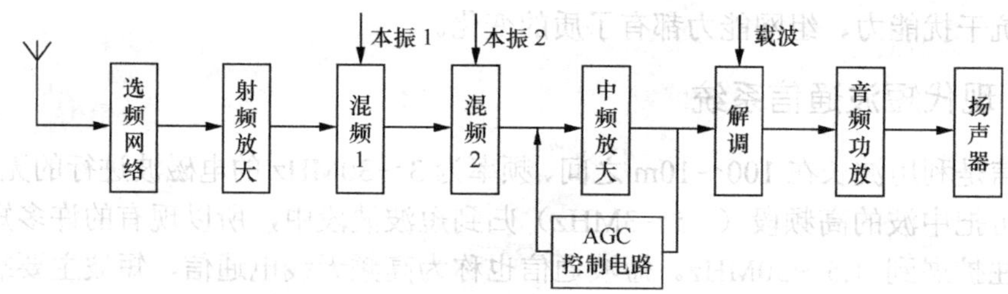

图 5-11　系统处于接收状态的信道部分

频率合成器由几个锁相环路组成，为信道部分提供实现频率变换、调制解调所需的激励、本振和载波信号；逻辑控制电路一般采用单片机控制技术或嵌入式系统技术，控制整个设备的工作状态，协调与扩展电路的联系；电源提供主机内各部分的直流供电。另外，根据用户的不同要求，完成某一个或某几个特殊要求，可选择不同的选件。如 RF-3200 电台可选用 RF-3272 自适应控制器，完成 ALE（自动链路建立）功能。

（2）自动天线耦合器

天线随频率变化呈不同的特性阻抗，采用自动天线耦合器可将变化的阻抗通过天线耦合器的匹配网络与功放输出阻抗完全匹配，使天线得到最大功率，提高发射效率。自动天线耦合器主要由射频信号检测器部分、匹配网络部分和微处理器系统等电路组成。其中射频信号检测部分由 3 个检测器电路组成，分别对射频信号的相位、阻抗及驻波比进行检测，并将检测的数据送给微处理器系统作为调谐匹配的依据，检测器的精度直接影响调谐的准确性；匹配网络由可变串联电感、可变并联电容等元件组成；微处理器系统是自动天线耦合器的核心，其作用是根据检测器所提供的信息进行判断、处理，输出一组控制匹配网络的数据，使其相应的电感、电容接入匹配电路达到天线与功放输出阻抗匹配的目的。

（3）交直流变换电源

交直流变换电源一般是中功率稳压电源，提供系统各部分的电源。较常见的有开关电源和线性稳压电源。

2．短波单边带通信系统

短波通信主要采用调幅、调频等调制方式，单边带（SSB）调制是主要的调制方式。

（1）单边带调制原理

假设调制信号的频谱如图 5-12（a）所示，对频率为 ω_c 的载波进行幅度调制后所得调幅波的频谱如图 5-12（b）所示，它包括载频、上边带（USB）和下边带（LSB）三部分。调幅双边带（DSB）调制信号经滤波后可得到单边带信号，上边带信号频谱如图5-12（c）所示。在接收端，接收机必须采用相干解调方法才能把消息从单边带信号中解调出来。这种调制方式称为“单边带调制”。利用单边带信号传递消息的通信方式称为“单边带通信”，它可用上边带也可用下边带来实现。

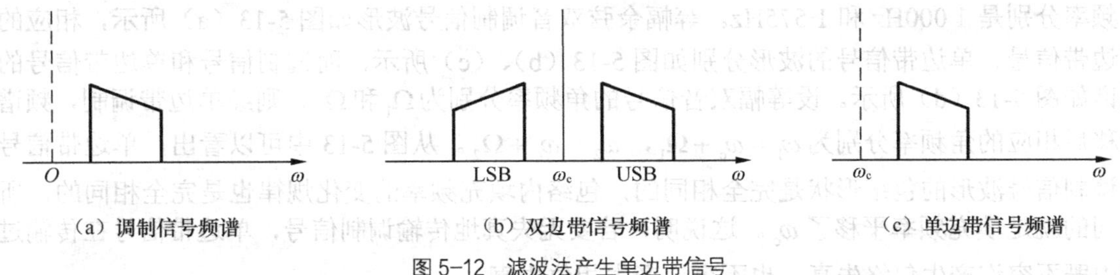

图5-12 滤波法产生单边带信号

在短波单边带通信中，目前最常用的是“独立边带调制”。独立边带（ISB）是指发射机仍然发射两个边带，但和调幅双边带不同，两个边带中含有两种不同的消息，采用独立边带调制的单边带通信，每个边带可含有不止一路消息。

① SSB信号的频域分析

通常调制信号$u_{\Omega}(t)$具有很多频率分量，其可表示为

$$u_{\Omega}(t)=\sum_{n=1}^{N}U_{\Omega_n}\cos\left(\Omega_n t+\varphi_n\right) \tag{5.2-1}$$

式中，U_{Ω_n}、Ω_n和φ_n分别表示调制信号的第n个频率分量的振幅、角频率和相位。

频率为ω_c的载波$u_c(t)$为

$$u_c(t)=U_c\cos\left(\omega_c t+\varphi_c\right) \tag{5.2-2}$$

式中，U_c、ω_c和φ_c分别表示载波信号的振幅、角频率和相位。

将调制信号$u_{\Omega}(t)$对载波$u_c(t)$进行调制后，则已调信号$u_{AM}(t)$可写为

$$u_{AM}(t)=\left[U_c+Ku_{\Omega}(t)\right]\cos\left(\omega_c t+\varphi_c\right) \tag{5.2-3}$$

将$u_{\Omega}(t)$的表示式（5.2-1）代入上式中，可得

$$\begin{aligned}u_{AM}(t)=&U_c\cos\left(\omega_c t+\varphi_c\right)+\frac{U_c}{2}\sum_{n=1}^{N}m_n\cos\left[\left(\omega_c+\Omega_n\right)t+\varphi_c+\varphi_n\right]+\\&\frac{U_c}{2}\sum_{n=1}^{N}m_n\cos\left[\left(\omega_c-\Omega_n\right)t+\varphi_c-\varphi_n\right]\end{aligned} \tag{5.2-4}$$

式中，$m_n=\dfrac{KU_{\Omega_n}}{U_c}$为第$n$个频率的调幅系数；$K$为比例系数。

根据式（5.2-4）可知，在上、下边带内都包含有相同的消息成分，只要在电路中设法将已调信号$u_{AM}(t)$频谱中的载波抑制掉，并用滤波器滤除任何一个边带，就可以得到单边带信号。若采用上边带传递消息，则单边带信号为

$$u_{SSB}(t)=\sum_{n=1}^{N}\frac{KU_{\Omega_n}}{2}\cos\left[\left(\omega_c+\Omega_n\right)t+\varphi_c+\varphi_n\right] \tag{5.2-5}$$

比较$u_{\Omega}(t)$的（5.2-1）式和$u_{SSB}(t)$的（5.2-5）式，可知：

a．单边带信号的频谱是将调制信号的频谱在频率轴上平移了ω_c，并抑制了载波项；

b．从幅度上看，单边带信号各频率分量的振幅为调制信号相应分量振幅的 $K/2$ 倍；

c．从相位上看，单边带信号频谱中各频率分量较调制信号增加了一个固定的相移 φ_c。

② SSB 信号的波形

假设用两个振幅相同的音频电压组成的“等幅双音”作调制（测试）信号，最常用的双音频率分别是 1 000Hz 和 1 575Hz。等幅余弦双音调制信号波形如图 5-13（a）所示，相应的双边带信号、单边带信号的波形分别如图 5-13（b）、（c）所示，而调制信号和单边带信号的频谱如图 5-13（d）所示。设等幅双音信号的角频率分别为 Ω_1 和 Ω_2，则经单边带调制，频谱搬移后相应的角频率分别为 $\omega_1=\omega_c+\Omega_1$，$\omega_2=\omega_c+\Omega_2$。从图 5-13 中可以看出，单边带信号和调制信号波形的包络形状是完全相同的，包络内填充频率的变化规律也是完全相同的，所不同的就是填充频率平移了 ω_c。这说明，若要无失真地传输调制信号，单边带信号在传输过程中既不容许产生包络失真，也不容许产生相位失真。

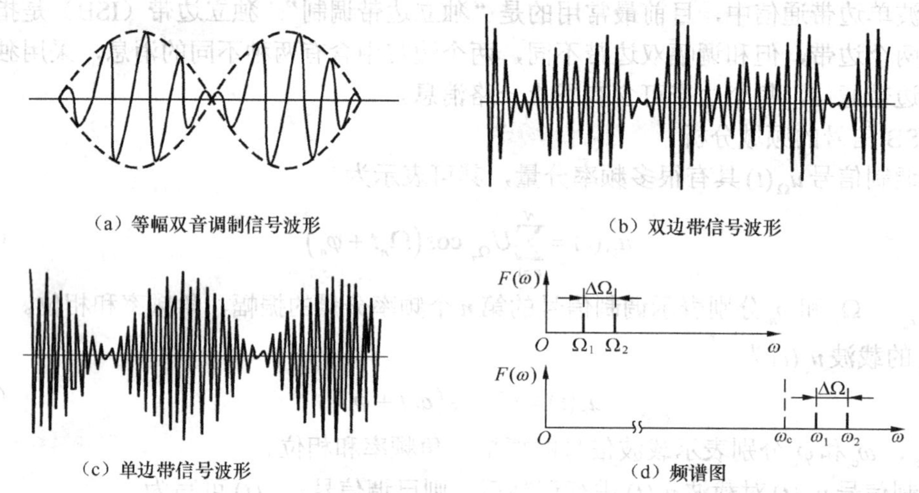

（a）等幅双音调制信号波形　（b）双边带信号波形

（c）单边带信号波形　（d）频谱图

图 5-13　等幅双音调制时，单边带信号的特点

③ 单边带调制的特点

a．SSB 调制信号只用一个边带传输信息，节约频谱，提高信道利用率。

b．SSB 信号占用频带窄，等效噪声带宽也窄，系统不发射载波，节约功率，有利于通信设备的小型化。

c．SSB 无载波部分，各频率分量之间又无直接的幅度和相位的依从关系，因而抗选择性衰落的能力强。

d．SSB 调制就是频谱的搬移，属于线性调制，不存在门限效应，且抗干扰能力强，甚至在输入 S/N 低到 5dB 的条件下也能维持通信，它更适于远距离通信和移动通信。

e．在相同的通信效果条件下，SSB 信号比 AM 信号平均功率小得多，而且在语音间歇时发射机又停止工作，因而减小了信道间的干扰，易于进行网络通信。

（2）短波单边带通信系统

实际应用中的单边带通信系统一般分导频制和非导频制两种，由于非导频制的频率合成技术解决了频率的高准确性和高稳定性问题，因此应用普遍，它也可称为载频抑制方式。一般的系统除了采取非导频制，还进行了“独立边带调制”。

短波单边带通信系统由发射、接收天线以及收发信机和信道组成。其收发信机组成框图如图 5.14 所示，其中 5.14（a）图所示的独立边带 ISB 发信机由 SSB 信号产生器或 SSB 信号调制器、混频器及线性放大器等部分组成。频率为 F_1 的第 I 路基带信号经放大送入调制器后，由来自频率合成器的频率为 f_c 的副载波对其进行调制，产生双边带信号，该信号通过下边带滤波器，抑制掉上边带。第 II 路与第 I 路类似，只是用上边带滤波器，抑制掉下边带。两路边带信号混合后加至混频器上，经两次混频后得到独立边带信号，其频率为 $f_2+f_1+f_c\pm F_{1,2}$（一般 f_1 是中载频，f_2 是高载频），经过线性放大器放大到一定电平，送到强放中放大到所需的功率，最后由发射天线发射出去。

图 5-14（b）所示的独立边带 ISB 收信机由线性放大选择系统和 SSB 信号解调器两部分组成。线性放大选择系统的主要作用是进行频谱搬移，接收天线接收到的微弱信号，经过预选器滤除信号频带以外的各种干扰，然后经高放进行放大，再经两次混频得到频率为 $f_c\pm F_{1,2}$ 的独立边带信号，并在 SSB 信号解调器进行第三次频谱搬移，恢复出两路基带信号，最后经音频放大发送至用户。

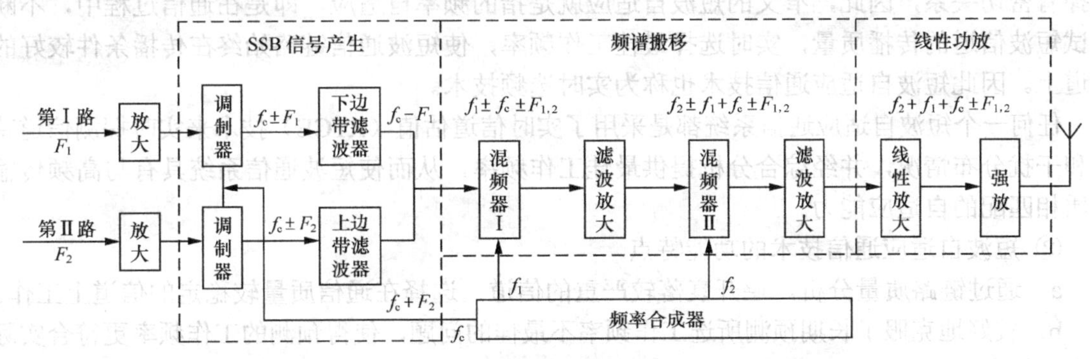

（a）单边带发信机

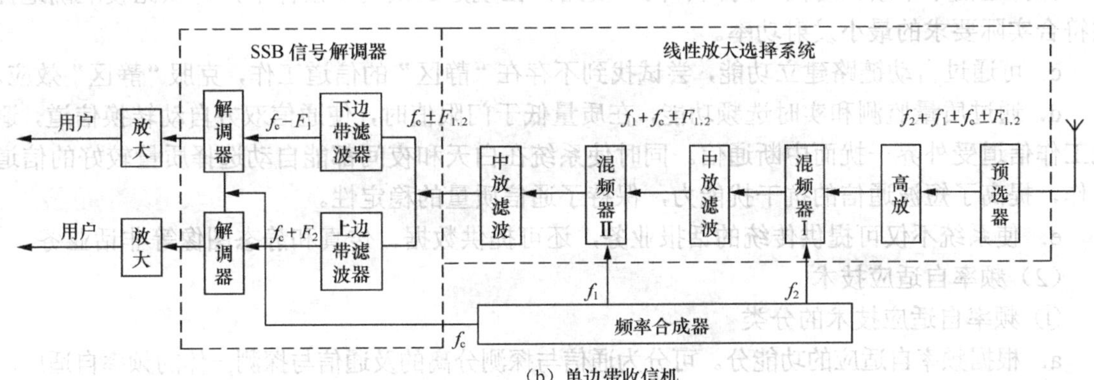

（b）单边带收信机

图 5-14 单边带收发信机组成框图

混频器的输出信号频率是两输入信号频率之和（称为和频）或差（称为差频），不会改变 SSB 信号中各频率间的相对关系，只需采用选频电路即可取出所需的信号。为满足宽频段发信机发送频率高的要求，需要采用二次或多次混频方案。与 SSB 发信机多采用混频逐步将其基带信号频谱由低频搬移到高频的短波频段相反，SSB 收信机是其逆过程。因而 SSB 收发信机的混频、解调都是完成的频谱搬移或频率变换任务，可统称为变频电路。

为减小信号失真，调制器和混频器都工作在低电平（约几十毫瓦）环境下，然后经多级放大和功率放大后达到发射电平。这种高频大功率放大器应是失真小或线性好的线性放大器。在 SSB

收信机中，为了提高其单频和多频选择性，减小失真，也力求改善前端放大器的线性和动态范围。

3．短波自适应通信系统

短波通信利用天波传播，会受到电离层的影响，存在衰落、多径时延、多普勒频移及高强度噪声干扰等。在短波通信中提高通信质量的根本途径是“实时地避开干扰，找出良好条件的信道”，其关键就是采用自适应通信技术，通过实时地跟踪和补偿信道的时变特性，保持通信的最佳化。

（1）短波自适应通信技术的概念

① 短波自适应通信技术的基本概念

广义上的短波自适应通信技术是指能够连续地测量信号和系统的变化，自动地改变系统结构和参数，使系统能自行适应通信条件的变化和抵御人为干扰的技术。对于军事通信来说，敌方的窃听等因素也应考虑。短波自适应通信技术包括频率自适应、功率自适应、速率自适应、自适应天线调零、分集自适应、自适应均衡等技术。由于短波信道的主要参数与频率的选择有密切关系，因此，窄义的短波自适应就是指的频率自适应，即是在通信过程中，不断测试短波信道的传播质量，实时选择最佳工作频率，使短波通信链路始终在传播条件较好的信道上。因此短波自适应通信技术也称为实时选频技术。

任何一个短波自适应通信系统都是采用了实时信道估值（RTCE）技术来实时探测信道特性和干扰分布情况，并经综合分析提供最佳工作频率，从而使短波通信系统具有与高频传输媒质相匹配的自适应能力。

② 短波自适应通信技术的功能特点

a．通过链路质量分析，避开衰落较严重的信道，选择在通信质量较稳定的信道上工作。

b．较好地克服了长期预测所选工作频率不最佳的问题，使得预测的工作频率更符合实际需求，提高了短波通信线路质量和频率质量。在任何电离层以及干扰下都可得到最佳工作频率，保持通信不中断。对同一时间、同一线路，在规定的误码率条件下，可以比较准确地提供符合实际要求的最小发射功率。

c．可通过自动链路建立功能，尝试找到不存在“静区”的信道工作，克服“静区”效应。

d．通过质量监测和实时选频功能，在质量低于门限值时，使通信双方自动转换信道，避免工作信道受外界干扰而中断通信。同时使系统在白天和夜间都能自动选择质量较好的信道工作，提高了短波通信的抗干扰能力，保持了通信质量的稳定性。

e．使系统不仅可提供传统的话报业务，还可提供数据、传真和静态图像等非话业务。

（2）频率自适应技术

① 频率自适应技术的分类

a．根据频率自适应的功能分。可分为通信与探测分离的及通信与探测一体的频率自适应。

b．根据所采用 RTCE 技术形式分。可分为脉冲探测 RTCE、CHIRP 探测 RTCE、CHEC 探测 RTCE、导频探测 RTCE、错误计数 RTCE 和 8 移频键控（8FSK）RTCE 等高频自适应。实现的方法都是利用不同的 RTCE 技术测量和分析各种环境参数，根据综合分析和计算的结果建立一条工作在最佳频率上的通信线路。

c．根据是否发射探测信号分。可分为主动式选频系统和被动式选频系统。前者要发射探测信号；后者无需发射探测信号，而是通过某种方法计算，来完成自适应选频。

② 频率自适应系统的组成

一个典型的频率自适应系统的组成如图 5-15 所示，其核心是自适应控制器。自适应控制器以微处理器为基础，通过编制相应的软件来完成自动选择呼叫、线路质量分析，给信道打分和排队、扫描接收及无线电台控制，从而自动为用户提供高效的短波通信电路。自适应控制器由协议处理、信号处理和接口单元三部分组成。其中协议处理部分主要完成呼叫、建立通信线路，进行线路质量分析的过程管理，以及对主机进行相应的控制（如信道、工作方式、收发状态等的切换）。信号处理部分主要进行调制解调和信道参数的测量与估算。接口部分是自适应控制器与收发信机及调制解调器的接口，有数字接口及模拟接口两种。

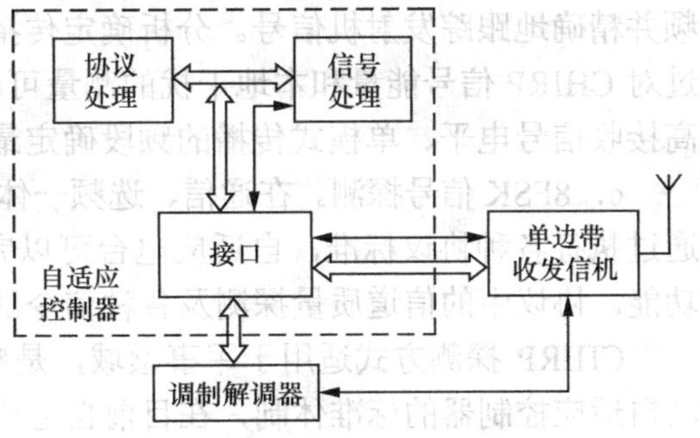

图 5-15 频率自适应选频系统框图

③ 实时信道估值（RTCE）的概念

RTCE 的定义首先由 Darnell 在 1978 年提出。RTCE 是描述"实时测量一组信道的参数并利用得到的参数值来定量描述这组信道的状态和传输某种通信业务的能力"的过程。

不同通信业务采用不同的信道参数。对于数据传输，能直接反映其传输质量的参数有信号能量、噪声能量、多径展宽或多径时延、多普勒展宽及在给定时间内接收错误码元的数据等；对于语音传输，测量的参数主要有语音清晰度、基带频谱及失真系数等。"实时"即为"实时预测"。RTCE 探测系统从特定通信线路出发，发送某种形式的探测信号，接收端在规定的一组信道上测量被选定的参数，通过实时处理所得数据，确定在这一组信道上传输某种通信业务时可能达到的通信质量指标，如传输数据时取误码率、传输语音时取清晰度，从而为通信线路提供实时的频率资源信息。研究表明，只需对通信影响大的信噪比、多径时延和误码率三个参数进行测量就可以较全面地反映信道的质量。

④ 频率自适应技术的功能实现

频率自适应选频系统通过以下五个环节来实现无线电台在最佳信道上自动建立通信。

a．RTCE 功能（也可称为线路质量分析 LQA）。通过在所有已编程信道上发送探测信息，接收方根据接收信息质量，以打分的形式对信道进行综合质量评估，并将评估结果排序存于存储器中，以便通信时选用。LQA 分析测量的信道参量通常是被测信道上接收信号的信噪比和伪误码率。

b．自动扫描接收功能。为了接收选择呼叫和进行 LQA 试验，在预先规定的一组信道上循环扫描，并在每一信道停顿期间等候呼叫信号或者 LQA 探测信号的出现。

c．自动链路建立（Automatic Link Establishment，ALE）功能。是指系统能根据 LQA 矩阵全自动地建立通信线路，主叫台自动选择最佳可用信道沟通被叫台，以实现其间的通信。

d．信道自动切换功能。电台之间在进行通信的同时，仍在对信道的通信质量实施监测。当碰到电波传播条件变坏，或该通信信道遭受强烈的干扰以至于信道的通信质量下降到低于门限值时，自适应通信系统应能做出信道切换的响应，使通信频率自动跳到 LQA 矩阵中次佳的频率上。

e．选址呼叫功能。主要是进行呼叫方式选择和呼叫对象选择，分为单台呼叫、网络呼叫、全呼及插入链路呼叫等。

⑤ RTCE 探测方法

RTCE 有电离层脉冲探测、电离层 CHIRP 探测、CHEC 探测、导频探测和 8FSK 信号探测等几种方法。下面介绍 3 种常用的方法。

a．电离层脉冲探测。发射点在一组离散频率上发射高能量的窄脉冲信号，接收点同步地接收该信号，通过数据处理系统计算出每个频率的信道质量，从而选出最佳通信频率。系统测量的信道参数为信噪比和最大时延差。典型代表是卡斯（CURTS）系统。

b. 电离层 CHIRP（啁啾）探测。发射机发射线性扫频连续波信号，接收机同时开始扫频并精确地跟踪发射机信号。分析确定传播模式的数量、传播时延，得到所需的电离图，通过对 CHIRP 信号能量和本地干扰的测量可以得到信噪比，从而在接近最高观测频率、具有较高接收信号电平、单模式传播的频段确定最佳工作频率。

c. 8FSK 信号探测。在通信、选频一体的自适应电台中 8FSK 是一种规范化的信号格式。通过执行各种协议标准，自适应电台可以完成 LQA、自动选择呼叫、预置信道扫描及 ALE 功能。协议中的信道质量探测及各种信令的传输均利用 8FSK 信号。

CHIRP 探测方式适用于军事领域，是频率管理系统的最佳体制；8FSK 简单易行，是短波自适应控制器的标准体制，在目前自适应电台中使用最为广泛。

（3）短波自适应电台组网技术

① 短波自适应电台

短波自适应电台是一种能实时选频、智能化的先进通信设备，其主要特点是具有 LQA、ALE 以及自动接收扫描、选择性呼叫等功能，不需要人工干预就能建立一条优质的通信线路，大大提高了短波通信的可通率和通信质量。

② 自适应电台的组网要求

自适应电台有自身地址，以此区分网络成员，在通信双方建立通信链路时和对双方线路质量进行探测时都以自身地址给对方识别。自适应电台组网的要求如下。

a. 电台要有地址编程能力。地址一般包括单台地址和网络地址，单台地址包括各台自身地址和它站地址，单台地址可编程数量的多少将决定同频网中不重名电台的数量，一般设计为 100～200 个。网络地址是指将某几个单台地址的电台组成一个小网，这几个电台将拥有这一个网络地址，在进行网络呼叫时，网络内的成员都将有应答。网络地址可编程数量的多少将决定采用同类协议的电台组网的数量，一般为 10～20 个。

b. 单台地址及网络地址都必须有信道（工作频率、工作种类）支持，电台可编程信道的数量标志着在同一通信系统中同一时刻能够工作的频率点个数，一般设计为 100～200 个。

c. 要有统一的协议。只有自适应探测或呼叫格式一致，被叫台才有相应的应答，才能成功地建立通信链路，而未被呼叫的电台仍然处于静默扫描状态，也不会觉得别人在通话。

除此之外，自适应电台还必须具备自动信道扫描功能、自动快速天线调谐功能等。目前，全球较通用的 ALE 的标准为美国 FCC 标准 FED-STD-1045 协议。

③ 自适应电台的组网

采用频率自适应的自动链路建立（ALE）功能中的选呼组网方式进行组网。国外已推出了 CCIR493 数字选呼系统，该系统使每一部电台分得一个不重复的 ID 码（4～6 位），通过它可组成万台级的大网，可实现单呼、组呼、群呼，收发短信息，传送 GPS 定位信号，传送警报信号等功能。具有 493 选呼功能的电台都配有拨号装置，并能接受市话拨号（有来电显示），短波网与市话通过有/无线电话转接器互连，可以实现短波电台与市话的双向自动拨号。

4．短波跳频通信系统

跳频扩频（Frequency Hopping Spread Spectrum，FHSS）通信是指在收发双方约定的条件下，不断改变收发信机载波频率进行的通信，特别适合短波、超短波跳频电台的工作环境。由于工作频率的改变是受伪随机码的控制，因此跳频通信具有很强的抗截获、抗窃听及抗干扰能力。载波频率的快速跳变具有频率分集的作用，只要跳变的频率间隔大于衰落信道的相关带宽，且驻留时间短，跳频通信系统就能改善多径衰落等影响。

（1）短波跳频通信系统的组成

一个短波跳频通信系统的组成框图如图 5-16 所示。可以看出，短波跳频通信系统与定频系统的主要区别在于有了一个地址码产生器。每个电台的地址码产生器输出一个与其他电台均不相同的伪随机序列地址码，去控制频率合成器的本振频率，使发射频率按伪随机序列跳变。接收端同样的地址码序列的频率码同步，将跳频信号又恢复到定频信号，经解调后得到原信息码。跳频通信的关键问题是实现收发之间的码同步，同步过程一般要经过伪码搜索、跟踪及相干载波的相位精确同步等步骤。

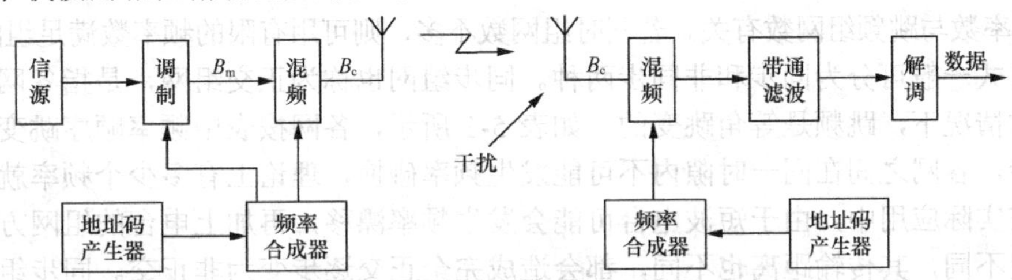

图 5-16 短波跳频通信系统的组成框图

（2）短波跳频通信组网技术

① 跳频序列：是用来控制短波跳频通信中载频跳变的地址码序列。发送端和接收端以同样的规律控制频率的变化，在实现同步后保证完善的接收；特定的用户采用特定的序列，发送端向该用户发送信息时，就采用该用户的地址码控制跳频规律，保证特定用户正确接收。跳频序列是区分每个用户的唯一标志。

② 跳频图案：在跳频序列的控制下，载频跳变的规律称为跳频图案。利用跳频图案的良好正交性和随机性，可以在一个宽的频带内容纳多个跳频通信系统同时工作，达到频谱资源共享的目的，从而提高频谱的有效利用率。

跳频图案的表示方法如图 5-17 所示，对应的跳频序列为{0 2 5 7 6 3 4 1}，其中横坐标表示时隙，纵坐标表示频隙，时隙与频隙的平面称为时频域。按跳频的速率不同，有慢跳频和快跳频之分。快跳频是在一个时隙内传送一个码位（比特）的信息。其中，时隙就是跳频的驻留时间，频隙就是信道带宽。慢跳频是在一个跳频驻留时间内传送多个码位的信息。跳频速率越高，抗干扰能力越强，但系统复杂程度也随之增加。

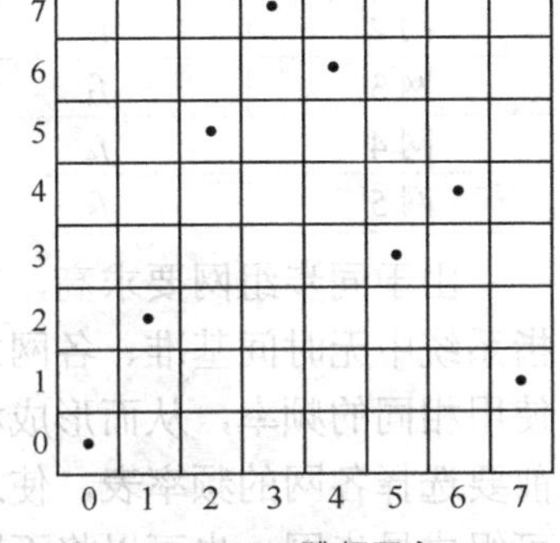

图 5-17 跳频图案

通常，同一网内的电台都使用同一个跳频图案，不同网的跳频图案不同，但若在不同的跳频图案中都选用相同的 f_1、f_2、f_3 等频率，则在同一地域内工作的各网，在某一瞬间可能发生同时工作在相同频率上的情况，引起瞬间的网与网之间的“频率碰撞”造成相互干扰。

③ 跳频系统的同步

收发信机如果采用同一个跳频序列或跳频图案时，应保证系统工作于时间同步的环境下。同步是指跳频图案相同，跳变的频率序列（也称频率表）相同，跳变的起止时刻（也称相位）相同。因此，为了实现收、发双方的跳频同步，接收端首先必须获得有关发送端的跳频同步信息，包括采用什么样的跳频图案、使用何种频率序列、在什么时刻从哪一个频率上开始起跳，并且还需要不断地校正接收端本地时钟，使其与发送端的时钟一致。

根据接收端获得的发送端同步信息和校对时钟的方法，数字（数据）跳频同步方式可分别为同步字头法、自同步法和参考时钟法等。同步字头法是在发射信号的格式中使用一组特殊的码字携带同步信息，接收机从跳频信号中提取同步信息。自同步法是利用发送端发送的数字信息序列中隐含的同步信息，在接收端将其提取出来从而获得同步信息。参考时钟法是在短波通信网内，设定一个中心站，由它播发高精度的时钟信息，所有网内用户依照此标准时钟来控制收发信机的同步定时问题，以使系统工作同步。

④ 组网方式

跳频电台组网最关键的两个要素是跳频频率数及组网方式。跳频频率数是指实现跳频通信使用的信道频率数。信道频率数越多，则组网时选用方便，灵活性大，使用不同频率不会相互碰撞，但是频率数与跳频组网数有关。若同时组网数不多，则可用有限的频率数满足组网需求。

组网方式一般可分为同步和非同步两种。同步组网也称为正交组网，是指各网在同一时钟全同步的情况下，跳频是等角跳变的。如表 5-1 所示，各网按表中频率顺序跳变。由于系统完全同步，各网之间在同一时隙内不可能发生频率碰撞，理论上有多少个频率就可组多少个网。但在实际应用中，由于短波电台可能会发生频率漂移，再加上电台的组网方式及安装的地理位置不同，其传输距离也不同，都会造成完全正交逐步变为非正交。同步组网的特点是所有网都要有相同的同步状态和相同的原始密钥，因此其优点是频率利用率高，网间干扰少，但也存在建网时间长、安全性差等缺点。

表 5-1　　正交跳频同步组网

网 1	f_1	f_2	f_3	f_4	f_5
网 2	f_2	f_3	f_4	f_5	f_1
网 3	f_3	f_4	f_5	f_1	f_2
网 4	f_4	f_5	f_1	f_2	f_3
网 5	f_5	f_1	f_2	f_3	f_4

由于同步组网要求高，难以实现，在实际应用中常采用异步组网，即非正交组网。这是指系统中无时间基准、各网之间互不同步的组网方式。这种方式会产生网内用户在同一时隙使用相同的频率，从而形成相互干扰的问题。为了解决互相碰撞引起的通信质量下降，组网前要选择各网的频率表，使之互不相同，例如按表 5-1 中的最后一列去掉后得到的频率表就可组成异步网；也可以将不同的分频段分配给各网使用，如第一分频段为 1 号网，第二分频段为 2 号网等。异步组网方式的特点是每个网的密钥相互独立，每个网都有各自不同的跳频图案。因此，异步组网抗干扰能力强，保密性好，不易破译，组网速度快，入网方便灵活。其缺点是存在频率碰撞问题，但可以通过选择互相关性好的跳频码的方法解决。

⑤ 短波跳频电台的组网过程

在实施跳频电台组网之前，首先应该将组网所涉及的组网参数进行编程，编成多组不同的跳频参数，如跳频电台的密钥号、频率表号、呼叫地址、跳频速率、网号和台号等。其中，密钥号、频率表号、呼叫地址和跳频速率这四个参数称为信道参数，不同的信道参数以信道参数号加以区别。使用同一信道参数号的电台的集合称为一个群网，信道参数号即为群网号。在同一群网内，相同网号电台的集合称为子网，不同网号的电台属于不同的子网，同一群网内可设置多个子网。每个子网又可设置多个单台，以台号加以区别。

a．网络拓扑

跳频电台的组网一般采用树形结构。假定有 360 部电台，如表 5-2 的组网关系，360 部电台可组成 8 个群网，每个群网又分为 3 个子网，每个子网下可容纳 15 个单台。编程中的网号和台号决定了本电台的自身网号和台号。同号群网且同号子网中的不同电台之间可直接进行选呼互通；同号群网中的不同子网可进行网呼连通；不同群网内的电台，如果设置的信道参数不同，不能进行呼叫。

表 5-2　　　　跳频电台组网关系

	信道参数号		网　号	台　号
群网 1	1	子网 0	0	01～15
		子网 1	1	01～15
		子网 2	2	01～15
群网 2	2	子网 0	0	01～15
		子网 1	1	01～15
		子网 2	2	01～15
…	…	…	…	…
群网 8	8	子网 0	0	01～15
		子网 1	1	01～15
		子网 2	2	01～15

b．工作状态及状态转移关系

跳频通信有扫描状态、呼叫设置状态、发送呼叫状态、定呼状态、请求迟入网状态、收到迟入网状态、发送迟入网引导状态、跳频互通状态 8 种工作状态。通过面板操作，可以完成上述跳频通信 8 种工作状态之间的相互转换。

c．呼叫

呼叫分为网呼和选呼。网呼是指选择与本电台具有相同跳频频率表、密钥号、网号的电台进行的呼叫。一般都是呼叫同一子网中的电台，网呼也大都在本子网内进行。网呼时同一子网内的所有电台都会响应网呼信号，如在表 5-2 的群网 1 中，子网 1 内的 01 号台要呼叫该子网内的所有电台（02～15 号），可以在呼叫设置状态下直接选择其网号 1，按“PTT”键进行网呼即可。同一群网内所有电台可以通过选择不同的网号进行网呼，如在表 5-2 的群网 1 中，子网 0 号中的 1 号台可直接选择网号 2，即可使子网 2 内的所有 15 个电台响应。

选呼是指网内的某一电台选择呼叫本网内另一电台，并与之建立跳频同步，实现两台之间的跳频通信。需要强调的是选呼只能在同一子网内进行。处在同一子网内的电台选呼另一个电台时，只需直接选择被呼台号并发起呼叫即可。一个电台不能同时选呼两个不同台号的电台。

d．迟入网

迟入网是指网内的其他电台处于跳频建立状态，而至少一部网内电台由于某种原因未能入网，需要采取一定措施进入跳频通信网工作的一种入网方式。迟入网有主动申请迟入网和被动牵引迟入网两种入网方式。主动申请迟入网是指未进入跳频通信网内工作的电台向网内已同步电台主动发出入网申请信号，已同步电台收到该信号后再发送迟入网引导信号，使未同步电台进入跳频通信网与网内电台通信。这种迟入网方式用得较多。被动牵引迟入网是网内电台在组网后通过点名方式发现有未入网电台，若未入网电台处于跳频扫描状态，则网内电台在跳频建立状态下可直接发送迟入网引导信号，使未入网电台进入跳频通信网。

5．短波通信的数据传输技术

为了更好地减少电波多径传播引起的多径衰落、多径时延、多普勒频移对数据和图像信号传输的影响，进一步提高通信质量，在现代短波通信系统中除采用高频自适应技术外，还广泛地采用了时频组合调制、高速数据传输调制、分集接收、差错控制等技术。

（1）时频组合调制技术

时频组合调制（FTSK）是由时移键控（TSK）和频移键控（FSK）组合而成的时频调制技术。如图 5-18 所示，已知二进制数据流为 1001110100…，与一个具有合适相位的方波“模二加”后，可得时移键控（TSK）波形。实际上 TSK 信号是将一个二进制码元宽度分成前后两个时隙，对于数字信号“1”只发出前一个时隙的载波；对于数字信号“0”，只发出后一个时隙的载波。用图 5-18 所示的 TSK 波形控制两个晶体振荡器，其输出波形（频率不同，分别为 f_1 和 f_2）叠加后即可获得需要的 FTSK 波形。从 FTSK 波形可以看出，在一个二进制码元两个不同的时隙内，实际上发送了两个不同频率的载波。本例中，对于“1”，前一个时隙发送 f_1，后一个时隙发送 f_2；而对于“0”，前一个时隙发送 f_2，后一个时隙则发送 f_1，这种 FTSK 波形称为“二时二频制”，是时频调制中最简单的一种波形。

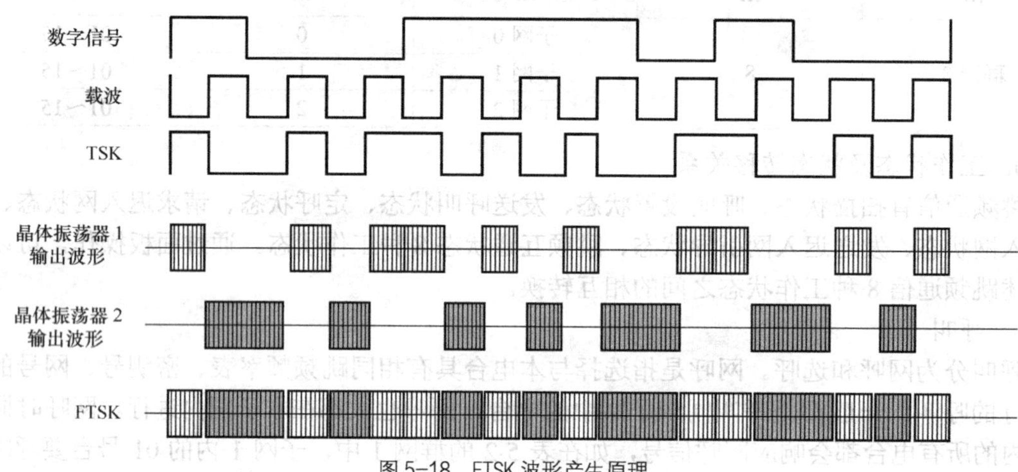

图 5-18　FTSK 波形产生原理

除了“二时二频制”FTSK 外，若在一个二进制码元持续时间 T 内选用 2 个时隙，4 个频率，则称为“二时四频制”FTSK，其频率组合如表 5-3 所示。由于在一个二进制码元内发送两个频率的射频信号，故只要选用两个不相关或相关性不大的频率，在接收端就有频率分集的作用。但“二时二频制”信号并不能抗码间干扰，因为在其信号序列中，两个相同的频率会相继出现，从而在接收机中会进入同一个分路滤波器以致互相重叠。但“二时四频制”就具有抗码间干扰的能力，因为在这种时频调制信号中无相同的频率相继出现，即使前后出现两个相同的二进制码元，其相同的频率之间至少会有 $T/2$ 的时间间隔。由于每一射频脉冲很窄，而且可能选用若干个频率，所以信号的总频带必然加宽，这是不利的，需要进一步改进。

表 5-3　“二时二频制”和“二时四频制”FTSK

二时	1		0	
二频	f_1	f_2	f_2	f_1
四频	f_1	f_3	f_2	f_4

如果将 2 个二进制码元编为一组，可得到 00、01、10 和 11 这 4 种组合，若考虑每一组合用 4 个时隙、4 个频率，则可按如表 5-4 的规则编排，组成“四进制四时四频”FTSK 信号。由于用 4 个不同频率代表同一信息（四进制的某一状态）以及频率编码是正交的（即在任一时隙内使用的频率不重叠），故具有较强的频率分集作用和抗码间干扰的能力，并有较好的检

测性能。当然，在这种时频信号中存在相同频率相继出现的可能，但这种情况概率很小。

表 5-4 “四进制四时四频”FTSK

00				01				10				11			
f_1	f_2	f_3	f_4	f_2	f_3	f_4	f_1	f_3	f_4	f_1	f_2	f_4	f_1	f_2	f_3

如果将 3 个二进制码元编为一组，同样采用四个频率，则可按如表 5-5 的规则进行编排，组成“八进制四时四频”FTSK 信号。这种时频调制不完全是正交的，即在一个时隙内有相继出现相同频率的可能（最多一次），故这种编码方法的检测性能比“四进制四时四频”FTSK 差。

表 5-5 “八进制四时四频”FTSK

000	001	010	011	100	101	110	111
$f_4f_3f_2f_1$	$f_1f_3f_4f_2$	$f_2f_1f_4f_3$	$f_2f_4f_3f_1$	$f_3f_1f_2f_4$	$f_3f_4f_1f_2$	$f_4f_2f_1f_3$	$f_1f_2f_3f_4$

经过大量的信道试验表明，采用时频调制的数传机，在规定的各种电报速率下，误码率小于 3×10^{-4}，可通率达 90%以上，与采用 FSK 技术相比，误码率下降了将近两个数量级。

（2）高速数据传输的调制技术

在短波信道上传输高速数据的主要障碍是多径效应引起的时延扩散，若不采取专门措施，传输的最高码元速率仅为 200Baud（码元宽度 5ms）。为提高传输速率，目前所采用的传输高速数据信号的技术体制有多音并行和单音串行两种体制。

① 多音并行体制

多音并行体制是把高速串行信道分成数十个低速的并行信道，利用足够数量的频率相近的并行低速子信道来实现总体高速信息的传输。虽然每个子信道传输的是低速率数据，但数十个子信道合并后就可传输高速数据。例如，系统把语音通道划分成 16 个并行的子信道，子信道的间隔按正交来选择，因此，每个子信道的中心与相邻子信道频谱两旁瓣的最小部分相重叠。高速数据经串/并变换后分裂成 16 路低速数据，对这 16 个低载频实现 4DPSK 调制，所以调制器的输出是 16 个单音的 4DPSK 信号，最后其合成信号经单边带发送机完成频谱搬移和功率放大后由天线发射出去。由此可见，在短波电离层信道上 16 路同时并发的低速传输，每路传输的码元速率为 75Baud，总的信息传输速率为 2×16×75=2 400bit/s。在接收端，单边带接收机输出的多路数据信号，经分路滤波器分路后，分别对 4DPSK 信号解调，获得 16 路低速数据信号，再经并/串变换后，恢复成高速的数据流。通常，将上述采用多个单音并行方式设计的短波高速数字传输体制称为“多音并行体制”，也称为频分多路并发体制。

虽然多音并行体制能提供 2 400bit/s 的速率，但要进一步提高传输速率是很困难的，再加上频带利用率低、发射机功率利用率低、抗频率选择性衰落能力差、对幅度非线性失真及互调干扰较敏感，因此通常采用单音串行体制。

② 单音串行体制

使短波线路上以单载波传送高速数据信号的调制和键控体制就是单音串行体制。高频调解器采用了高效的自适应均衡、序列检测和信道估值等综合技术，从而基本上克服了由于多径传播和信道畸变所引起的码间串扰，实现了高速数据的串行传输，提高了高频发射机的功率利用率，克服了并行制功率分散的缺点。

目前，单音串行体制被认为是抗多径干扰和强加性干扰最好的一种制式。它频谱利用率高，具有提高传输速率的潜力，串行体制调解器通常可达到 4 800bit/s，甚至 9 600bit/s；可充分利用发射功率，串行调解器信号峰值功率与平均功率比值小于 2dB；串行体制对发射机非线性交调失真不敏感，降低了对发射机非线性失真指标的要求；不易受频率选择性衰落的影响，抗衰落、抗干扰能力强；能利用信道多径传播效应引起的时差来取得隐分集效果，使系统获得隐分集增益；采用非线性信道均衡技术，能有效地克服码间干扰；由于波形具有伪噪声特性，使得采用软判决译码方式更为有效；传输可靠性高，误码率比并行体制低1～3个数量级。

当然，串行体制也存在计算复杂、运算量大、对器件处理能力要求高、体制不成熟等问题，另外在强干扰信道或快速变化信道上，由于算法跟踪能力有限，信道估算相关性差，造成数据判决不可靠，可能出现误码率比并行调解器更高、传输更不可靠的现象，因此，目前串行调解器还不能完全取代并行调解器。

（3）分集接收技术

分集接收技术是指接收端消息的恢复是在多重接收的基础上，利用接收到的多个信号的适当组合或选择，使接收的有用信号能量最大，从而降低接收信号电平起伏、提高通信质量和可通率的技术。分集接收技术是短波通信中抗多径衰落的主要技术之一，采用分集接收后，在其他条件不变的情况下，由于改变了接收端输出信噪比的概率密度函数，使系统平均误码率下降1～2个数量级，通信的中断率也明显下降。

分集包含了两重含义：一是分散传输，使接收端能获得多个统计独立的、携带同一信息的衰落信号；二是集中处理，即按照一定的规则把接收到的多个统计独立的衰落信号进行合并以降低衰落的影响，使接收的有用信号能量最大，提高信噪比。

① 分集方式

分集方式是指信号分散传输的方式，主要有空间分集、频率分集、时间分集、极化分集和角度分集等，目前在短波通信中最常见的是前3种分集及它们的组合。其中频率和时间分集适合多路传输的无线电线路，此时消息将被重复传输。

信号分散传输的路数称为“分集重数”。除极化分集只取垂直和水平极化两重分集外，其他的方式原则上分集重数不受限制。一般采用四重分集基本上就可以克服快衰落的影响。

a．空间分集。利用快衰落的空间独立性，在接收端垂直于线路方向的平面内沿竖直方向或水平方向一定的距离上，分别配置几副接收天线并通过馈线与合并器相连，然后送入接收机，称为空间分集接收技术。空间分集方式简单、可靠，具有功率增益，分集重数增加1倍，增益可达到3dB。但所需设备将成倍增加，且四重以上效果就不显著了，而且空间分集至少需要架设两副天线，因此其应用受架设天线条件的限制。

b．频率分集。利用衰落的频率独立性，即对于同一接收点同一信道传输来的不同频率的信号衰落几乎无关的性质，在发送端将同一信号分别调制在两个不同的频率上发至信道，接收端也分别在两个对应频率上进行接收，称为频率分集接收技术。

频率分集可分为带外和带内频率分集两种。二重带外频率分集需要用两部工作在不同频率上的发射机同时发送同一消息，并用两部独立的接收机来接收，代价大，频带利用率不高，一般很少采用。短波通信一般采用的是带内频率分集技术，如在利用短波信道传输的声频电报系统中广泛采用该技术。频率分集的优点在于接收端可以只要一副天线和一台接收机，这对于移动通信系统十分有利，但系统存在着占用频带宽、功率分散、设备费用大等问题。

c．时间分集。利用快衰落的时间独立性，将同一信号分别在不同时间上（间隔足够长）多次重发，而接收端将先收到的信号存储起来，与后收到的信号在时间上取齐后组合起来，这种技术称为时间分集接收技术。时间分集除了可以有效地抗深度衰落外，重发时间间隔只要达到秒的数量级，则时间分集接收对于抗宽带噪声所造成的突发性干扰具有突出的效果。

一般地，时间分集和频率分集组合在一起，组成“时间—频率分集系统”，采用该方式后的误码率比单独采用频率分集可改善 2～3 个数量级。

d．极化分集。在短波通信中，单一极化波由于传播媒质的作用而形成两个彼此正交的极化波，这两个不同极化的电波具有独立的衰落特性，接收端用不同极化平面内的天线所接收的同一信号的衰落特性几乎无关。根据这一特性，可以利用位置很近，但处于不同极化平面内的天线分别接收信号然后组合，这种技术称为极化分集接收技术。

e．角度分集。利用角度独立性，即对于采用不同角度的同类天线接收同一信号的衰落几乎无关，采用具有多个波束的收发天线进行通信，这种技术称为角度分集技术。

② 合并方式

分集接收效果的好坏除与分集方式、分集重数有关外，还与接收端采用的合并方式有关。若收到的各路信号分别为 $f_1(t)$、$f_2(t)$、…、$f_n(t)$，则合并后的信号为

$$f(t)=\sum_{i=1}^{n}a_i f_i(t) \tag{5.2-6}$$

式中，a_i 为加权系数，$i=1$，2，…，n。

根据加权系数的不同，合并方式有选择式合并、等增益合并和最大比值合并等。其中，选择式合并是选择信噪比最强的一路输出，只有信噪比值最大的那一项的加权系数不为零；等增益合并方式各路信号的加权系数都相等；最大比值合并方式的加权系数按各路的信噪比而自适应地调整，合并后可获得最大的信噪比输出。由于选择式合并和等增益合并的电路简单而被广泛应用于短波通信系统，尤其是选择式和等增益合并的混合合并方式最常见。当各路信噪比都比较接近时，采用等增益合并；当某一路信噪比较高时，采用选择式合并方式。

（4）差错控制技术

差错控制主要有反馈纠错（ARQ）及前向纠错（FEC）两种形式，在这两种形式的基础上可派生出混合纠错（HEC）。目前，在高质量的短波通信线路上通常采用 ARQ 方式。但是，ARQ 采用的反馈纠错方式必须具备反馈信道，因此只适于专向通信，不能有效地用于通播网。对于通播网，一般要选用 FEC 差错控制方式。

为了提高短波信道上 FEC 方式的纠错效果，可采用时间扩散技术，即把长而错误密度高的突发错误通过时间扩散，离散成随机错误后再进行纠错。目前，在短波通信系统中广泛采用的时间扩散技术有交织码和扩散卷积码两种，这两种码都会使系统的准确度大大提高，甚至接近于 ARQ 方式，因此选择 FEC 方式也可得到几乎相同的效果。

6．短波软件无线电技术

（1）软件无线电（Software Radio）技术的基本概念

软件无线电的基本概念是构成一个无线通信硬件的通用基本平台，尽可能多地将各种无线及个人通信功能用软件来实现，包括工作频段、调制解调类型、数据格式、加密模式、通信协议等。这样将无线通信中的新系统、新产品的开发逐步由硬件转到软件上来。

（2）短波软件无线电系统的结构

采用高速 A/D 和 D/A 及高速 DSP，可实现具有开放结构的短波软件无线电收发系统，如图 5-19 所示。这种系统强调以开放性的最简硬件为通用平台，尽可能地用可升级、可重配置的应用软件来实现短波通信系统各种功能的设计新思路。该系统主要由实时信道处理、环境分析管理和软件开发工具三个处理模块组成。其中，实时信道处理的功能是对各种业务进行综合，实现信源编码/解码、数据链路控制、基带自适应调制解调、SSB 调制解调、上/下

变频、分集技术及跳频等电子对抗技术。环境分析管理的功能是分析时间、空间、频率选择性衰落等特性，对信道质量进行评估，选择最佳工作频率及建立通信链路，并进行相应的控制以获得最佳通信状态。软件开发工具的作用是通过分析无线通信环境定义更先进的通信技术，并可通过修改各工作模块来实现业务和性能的升级。

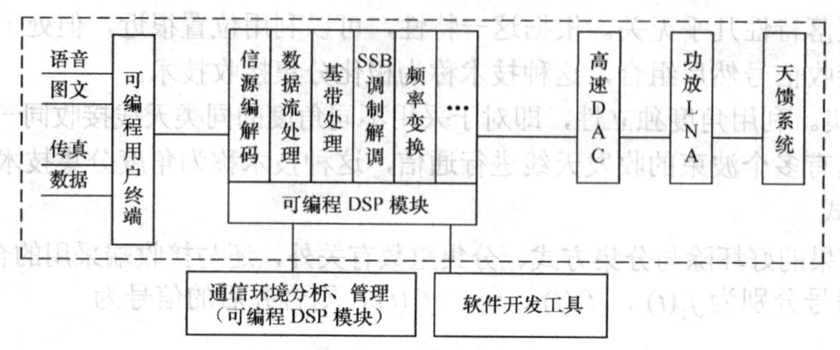

（a）开放结构的软件无线电发送原理框图

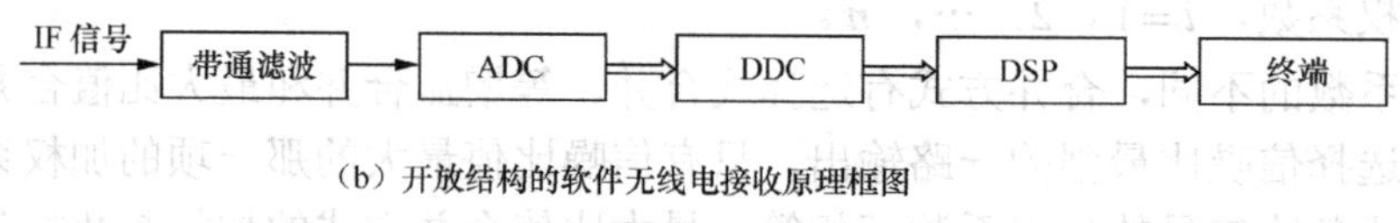

（b）开放结构的软件无线电接收原理框图

图 5-19　具有开放结构的软件无线电系统框图

5.2.2　现代超短波通信系统

超短波通信是利用波长为 10～1m、频率为 30～300MHz 的电磁波进行的无线电通信，超短波通信也称米波通信。整个超短波的频带宽度有 270MHz，是短波频带宽度的 10 倍。由于频带较宽，可提供比短波更大的通信容量；超短波通信利用视距传播方式，比短波天波传播方式稳定性高，受季节和昼夜变化的影响小；调制方式通常用调频制，可以得到较高的信噪比，通信质量比短波好；天线可用尺寸小、结构简单、增益较高的定向天线，这样可用功率较小的发射机。超短波通信被广泛应用于语音广播、电视、接力通信、航空导航、移动通信等领域。

1．超短波通信系统的组成结构

（1）超短波通信系统的基本组成结构

典型的超短波通信系统由终端站和中继站组成。终端站装有发射机、接收机、载波终端机和天线，中继站则仅有通达两个方向的发射机和接收机以及天线，如图 5-20 所示。

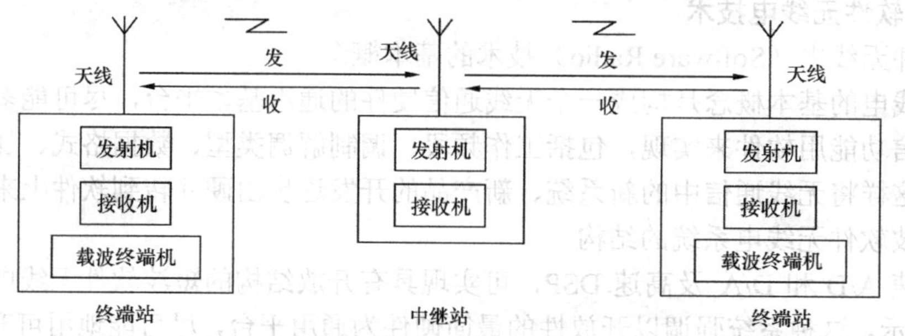

图 5-20　超短波通信系统的组成框图

① 发射机。一般采用调相的间接调频法，这样可用频率稳定度较高的晶体振荡器作为主振器，而不必用复杂的频率控制系统。但是为了减弱寄生调幅和非线性失真，调制系数不能

太大（一般小于 0.5rad），因此在这种发射机中要用多级倍频器，以获取所需的频偏，从而提高发射频率的边带功率。发射机的末级使用高效率高频率功率放大器。

② 接收机。一般采用的是调频式超外差接收机，主要由高频放大、本地振荡、变频（一次或二次）、中频放大、限幅、鉴频及基带放大等部件组成。超短波段外来干扰较多，需在接收机输入端加螺旋式滤波器，在中放级加输入带通滤波器以抑制干扰。中放后的调频信号，通过限幅器可消除混杂进来的脉冲干扰或寄生调幅波，以改善信噪比，然后用鉴频器把原来的基带信号恢复出来，加以放大，再由载波终端机分路输出给用户。

③ 载波终端机。将超短波发射机和超短波接收机的四线基带信号分路还原合并为多路二线语音信号，接通用户或接至市话交换机的设备。载波终端机只装在超短波终端站。

④ 天线。由于超短波波长较短，一般采用结构简单、增益较高、方向性较好的三单元或五单元八木天线。在接近微波段的高频端也可采用角形反射面天线等。

（2）现代超短波电台的组成

现代超短波电台的组成框图，如图 5-21 所示，有发信通道、接收通道、频率合成器、逻辑控制器、跳频保密单元、电源及其他辅助电路等部分。

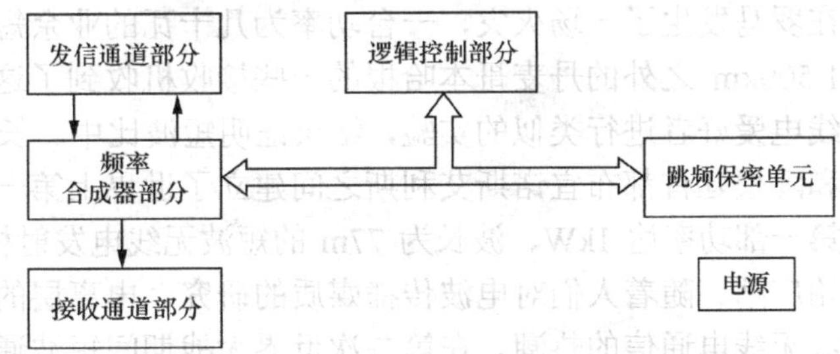

图 5-21 现代超短波电台的组成框图

① 发信通道。主要由音频信号处理部分、锁相环调频单元、功放、滤波输出单元电路组成，其作用是将音频信号放大后送至锁相环调频单元进行调制，形成调频波，再经功率放大、滤波后输出到天线。

② 接收通道。主要由高放、变频（一般为二次变频）组成。鉴频解调出音频信号，经音频放大使耳机或扬声器发声。

③ 频率合成器。一般使用数字频率合成器，在发射时完成调频功能，在接收时产生两个本振信号，在逻辑控制单元或跳频保密单元的控制下改变其中心频率的高低或跳变。

④ 逻辑控制部分。是由微处理器及一些外设电路组成的控制电路，根据操作人员指令对整机实施控制和管理。在跳频状态可以与跳频单元交换信息，实现跳频通信的工作方式。

⑤ 跳频保密单元。跳频通信是战术无线电通信抗干扰措施的具体体现，在现代超短波电台中较普遍地采用跳频保密单元，有些还实现自适应跳频通信，跳频速率是跳频通信的重要指标，跳速越高，其抗干扰、抗截获、抗窃听的性能越好。

⑥ 电源。提供整机工作电源，而背负式、手持式电台一般由电池供电。

2．超短波跳频电台组网

超短波跳频电台组网的原理、组网技术、组网方式与短波的基本上相同。超短波跳频电台的跳速快，同步保持时间短，同步概率高，所以一般采用每次通信时先发同步信号的方式来组网，即电台平时处于搜索状态，每次按下 PTT，电台首先发出同步信号给同步网内的所有电台，当网内电台均处于同步状态后再通信。通信完毕回到搜索状态，等待下一次同步。

如采用异步非正交组网方式，一般能组 128 个网，各网按各自的时间和跳频序列工作。由于各跳频网之间没有统一的时间标准，因而异步网工作时，如果多网采用同一个频率集，会产生频率碰撞。当然，少量电台采用同一频率集工作时频率碰撞的机会很少。采用同一频率集的电台数量越大，发生频率碰撞的机会越多。

现代军事通信是为了解决多兵种配合的作战指挥和协同通信的能力，通常采用组网方式，以实现多网电台互不干扰的通信。多网工作时，频率选择要注意以下几点：①不选用与当地广播电台、电视台一致的频率；②相邻电台的工作频率不能恰好相差中频；③相邻电台不能用彼此的镜像频率发信；④同一台车内的几部电台同时工作时，其工作频率的选择应避免互为谐波关系，彼此的频率间隔应大于最高工作频率的10%，当最高工作频率低于50MHz时，频率间隔应不小于 5MHz；⑤邻近固定频率的常规电台可能受到干扰，可以在制定频率表时删除可能产生干扰的频点或频段。

5.2.3 短波、超短波通信技术的发展

在短波和超短波通信广泛应用的今天，短波、超短波通信技术也在不断地发展，许多现代无线通信的新技术在短波、超短波通信中得到了应用。作为无线通信重要手段的短波、超短波通信，将在信息社会中特别是军事信息战场上发挥更重要的作用。

1．短波、超短波通信技术的发展简况

短波可以用于远距离通信这一发现最早始于 1921 年意大利罗马的一次意外事故，这一年在罗马发生了一场火灾，一台功率为几十瓦的业余短波无线电台发出呼救信号，凑巧的是在 1 500km 之外的丹麦哥本哈根的一些接收机收到了这个求救信号。新发现促使更多的业余无线电爱好者进行类似的实验，结果证明短波比中、长波的传播距离更远。1924 年，德国瑙恩和阿根廷首都布宜诺斯艾利斯之间建立了世界上第一条短波通信线路。1925 年 8 月，世界上第一部功率达 1kW、波长为 77m 的短波无线电发射机在苏联索科利尼基的波波夫广播电台开始广播。随着人们对电波传播媒质的研究、电离层的发现和理论的形成，在世界上出现了短波无线电通信的热潮。在第二次世界大战期间短波通信被广泛用于军事战争。

20 世纪 20 年代末，由于电视发展的需要，促使人们对超短波的传播规律和特性进行深入的研究。1931 年，英国多佛尔与法国加来之间建立了世界上第一条超短波通信线路。同年，世界上第一个超短波广播电台——苏联的 PB-61 广播台开始广播，随后德国也用超短波试播节目，1934 年在英国和意大利开始利用超短波频段进行多路（6～7 路）通信。第二次世界大战爆发后，为适应战争的需要，特别是雷达技术的需要，许多国家，尤其是英美集中很大力量开展微波的研究工作。随着研究的深入，无线电通信波段延伸至超短波和微波段，为多路通信的兴起准备了条件。1940 年，德国首先应用超短波中继通信，随后超短波通信逐渐普及起来。由于整个超短波通信的频带宽度比短波通信宽得多，超短波中继通信稳定可靠、质量比短波通信好，而且比较灵活，中继站既可以是地面上的固定设施，也可以是可移动的车载式中继站，因此其广泛应用于军事、广播电视、雷达探测、导航、移动通信等领域。

20 世纪 60 年代，短波通信的发展遇到了前所未有的障碍。一方面由于一直没有很好地解决短波通信无法提供稳定服务的缺陷；另一方面，卫星通信的兴起使得短波通信的研究和应用一度受到冷落。直到 20 世纪 70 年代末、80 年代初，人们对短波天波传播规律有了比较完整的认识，短波通信的研究和应用又受到人们的重视，一些新技术不断涌现，克服了短波通信的某些缺点，通信链路质量大幅提高，语音和数据传输质量甚至可以和卫星通信相媲美。现代短波通信广泛应用于军事作战、政府机构、气象、民用交通运输等部门的多媒体信息传输。

2．短波通信的发展趋势

近年来短波通信的发展势头非常迅猛，短波通信在技术上已相继取得了一系列的突破和进展。可以说，迄今为止影响短波通信的主要难题大部分已得到解决，短波通信已赶上有线、微波、卫星通信的性能指标。其发展趋势表现为以下几个方面。

（1）由单一自适应技术向全自适应技术方向发展

随着信息社会的发展，网络数据通信将成为主要的通信方式，单一的自适应无法满足网络数据通信的要求，频率自适应技术可与其他自适应功能综合构成全自适应短波通信系统。未来通信的需求促进了短波自适应通信系统正在向全自适应技术的方向发展。

（2）短波抗干扰技术正逐步由窄带低速数据通信技术向宽带高速数据通信技术发展

为了提高短波通信抗干扰等能力，短波通信电子防御技术得以较快的发展。这类技术以短波扩频通信技术为主体，包括短波跳频和自适应跳频技术、短波直接序列扩频技术等。一方面必须提高跳频速率；另一方面可以增加信号带宽，使信号淹没于噪声之中。高速、宽带已成为短波通信增强抗干扰能力的焦点。

（3）短波终端技术向自适应调制解调技术发展

现代短波通信终端技术主要是针对短波通信存在着严重电磁干扰的特点，为了满足人们对数据业务，特别是高速数据业务的需求，围绕着提高数据传输的可靠性和数据传输速率而发展起来的，主要包括语音编码、数字调制、短波调制解调，差错控制等技术。为了保证网络传输信息的可靠性，调制解调方式必须具有抗干扰、抗多径和抗衰落的能力，保证快速准确地传递信息。因此，短波自适应抗多径调制解调技术成为现代短波通信研究的重要方面。

（4）短波通信系统由数字化向软件化、智能化发展

在短波信道条件下，高速率的可靠数字信号传输、低误码率的语音编码以及数字信号处理等技术是实现短波数字化的关键技术。目前短波通信主要在自适应技术、电子对抗技术、计算机组网技术等三个主流方向发展。软件无线电技术的兴起不仅为新一代短波通信设备提供了最佳的解决方案，并且为短波通信体制的突破发展提供了有利的研究基础，同时也为软件无线电的研究提供了一个良好的研究平台。

（5）短波通信系统网络向第三代全自适应网络方向发展

通信数字化、通信系统网络化、通信业务综合化是短波通信发展的必然趋势，系统兼容、网络互通以及高可靠性、有效性、强抗毁性成了通信系统建设的基本要求。为增强短波通信系统与设备的自动化、智能化以及综合业务能力，短波通信正经历由第二代通信设备向第三代通信设备的过渡。第三代短波通信的主要技术特征是数字化、网络化，其主体或关键技术包括第三代自动链路建立技术、新型高速短波跳频技术以及短波组网通信技术等。随着对短波通信网的网络容量、传输速度、抗干扰能力要求的不断提高，世界各国进入了第三代数字化短波通信系统网的研究阶段。短波通信网络正在由单一的、树状网络向扁平化、抗毁性、综合化网络方向发展。这种短波通信网是一种远程综合业务数据网，它能作为各级指挥系统的重要手段，可将 TCP/IP 网络和程控电话网拓展到边远地区的纵深，使各移动平台上的综合业务通过短波信道安全无缝的接入各种业务数据网、电话网和 TCP/IP 网络。

（6）新型短波天线向自适应、智能化方向发展

自适应天线技术是高频自适应技术的一种。自适应天线阵能够自动适应环境变化，增强系统对有用信号的检测能力，优化天线的方向图，并能有效跟踪有用信号，抑制和消除干扰及噪声，从而保持系统对某种准则而言是最佳的。它通常由天线阵列组成，故又称为自适应阵列天线。由于自适应天线能自适应地调整阵列单元的幅度和相位，使该阵列特性（如方向图、极化特性和阻抗特性等）处于某种最佳状态，因而它是一种目前十分引人注目的天线形式。特别是它能自适应地调整波瓣图的零点位置，使之对准干扰源方向，改变方向特性，而且能提高信号增益，降低电波相互交叉引起的干扰，从而大大提高抗干扰能力。

3．超短波通信技术的发展趋势

与短波通信一样，超短波通信也是向着数字化、宽带化、智能化、综合化、网络化的方向发展，采用各种现代无线通信新技术，不断提高系统性能，主要体现在：超短波通信系统由数字化向软件化、智能化发展，采用软件无线电、各种自适应技术、数字信号处理技术、抗干扰技术、先进的调制解调技术、编码技术；新型超短波天线向自适应、智能化方向发展，采用自适应阵列天线。同时超短波通信技术的研究还考虑以下方面：①设备采用超大规模集成电路，实现全固态化、小型化，提高通用化程度；②采用太阳能电池等新能源；③提高抗干扰性能，压缩频带；④研制无人中继设备。

超短波无线电台使用较多，有很大的用户群，其频率范围较广，涉及 150MHz、200MHz、350MHz、400MHz、800MHz、900MHz 等多个频段。为满足设台用户需求，在今后的管理中，一是重新起用无线寻呼业务退市停用的 150MHz 双工频点；二是将 400MHz 单工频点按 10MHz 间隔组合成双工频点使用，以缓解超短波双工频点在大、中城市紧张的情况。另外，以后将对现有的 450MHz 和 150MHz 超短波无线电通信网进行改造，推动 800MHz 公共数字集群应急通信系统建设，推介超短波高端用户采用 800MHz 公共数字集群网。

小　结

无线通信（Wireless communication）是利用无线电波在空间传播进行信息传递和交换的一种通信方式。无线通信从越洋电报发展到今天的移动通信、微波通信和卫星通信，经历了一个从简单到复杂，从点到点通信到无线网络通信，从低速数据报到高速多媒体通信的过程。现在，通信正在朝着实现个人通信的方向发展，无线通信在整个通信领域发展过程中具有举足轻重的作用。

按无线电波的不同波段，可以将无线通信分为极长波、超长波、特长波、甚长波、长波、中波、短波、超短波（米波）、微波（包括分米波、厘米波、毫米波和亚毫米波）通信。短波和超短波通信是出现较早的重要无线通信类型之一，短波通信主要应用于远距离通信广播、超视距天波及地波雷达、超视距地—空通信，超短波通信被广泛应用于语音广播、电视、接力通信、航空导航、移动通信等方面。

在地球大气层内电波的传播方式主要有地波、天波、空间波。短波主要以天波和地波传播；超短波以空间波传播，也以散射波传播。超短波的频率很高，可穿越电离层而无法被反射回地面，沿地面传播时衰减很大，遇到障碍物时绕射能力又很弱，因此超短波通常利用视距传播方式，并可通过接力中继通信实现远距离传输。

无线电波在均匀媒质中沿直线传播，但受媒质和传播环境中地形地物的影响，电波会发生反射、折射、绕射和散射，形成多径传播，存在传播损耗、衰落（慢衰落和快衰落）和传播失真。根据衰落产生的原因，衰落可分为干涉衰落、吸收衰落和极化衰落。干涉型衰落是由随机的多径传播引起的，故又称为多径衰落，属于快衰落。吸收型衰落是慢衰落。当发射机和接收机一方或多方处于相对运动中时，接收信号的频率会发生偏移，称为多普勒频移。

现代短波通信系统一般由带自适应链路建立功能的收发信主机、自动天线耦合器、电源以及一些扩展设备（如高速数据调制解调器、500W 以上的大功率功放等）组成。主要采用独立边带调制来提高频谱的利用率。

短波通信具有通信距离远、建立链路迅速、机动性好、顽存性强、组网灵活等特点，因此应用广泛。短波自适应通信技术是指能够连续地测量信号和系统的变化，自动地改变系统结构和参数，使系统能自行适应环境的变化和抵御人为干扰的技术。一般短波自适应通信技术就是指的频率自适应。也就是说在通信过程中，不断测试短波信道的传播质量，实时选择最佳工作频率，使短波通信链路始终在传播条件较好的信道上。短波自适应通信技术也称为实时选频技术。短波自适应通信系统采用了实时信道估值（RTCE）技术来实时探测信道特性和干扰分布情况，并经综合分析，给出系统应使用的最佳工作频率。

为了更好地减少电波多径传播引起的多径衰落、多径时延、多普勒频移对数据和图像信号传输的影响，进一步提高通信质量，在短波通信系统中还广泛地采用了一些重要技术，其中时频组合调制（FTSK）是由时移键控（TSK）和频移键控（FSK）组合而成的时频调制技术，四进制四时四频制具有较强的频率分集作用和抗码间干扰的能力，并有较好的检测性能；高速数据传输的调制技术体制有多音并行和单音串行两种。分集接收技术是指接收端消息的恢复是在多重接收的基础上，利用接收到的多个信号的适当组合或选择，使接收的有用信号能量最大，从而降低接收信号电平起伏、提高通信质量和可通率的技术。分集方式有多种，在短波通信中最常用的是空间分集、频率分集和时间分集以及它们的组合。

短波和超短波通信常采用网络式通信，主要是跳频电台组网通信，应用广泛，它们的技术也在不断的发展，许多现代无线通信的新技术在短波、超短波通信中得到了应用。其总的发展趋势是集成化、数字化、一体化与网络化，数据和图像将发展成为未来通信的主要业务。

思考题与习题

5-1 什么是短波通信和超短波通信？

5-2 短波和超短波的传播方式分别是什么？各种传播方式各有什么特点？

5-3 电离层可分为几个层？各层有什么特点？短波在电离层的传播特性是怎样的？

5-4 什么是最高可用频率？它有一些怎样的特点？如何选取最高可用频率？

5-5 衰落分为哪三种类型？分别说明其产生原因、特点及减小其影响的方法。

5-6 什么是环球回波？什么是多普勒频移？为什么会产生多普勒频移？

5-7 从电离层的变化规律说明短波通信选择工作频率的重要性。

5-8 短波通信中产生多径传播的原因是什么？

5-9 短波与超短波通信中的有哪些无线电干扰？有哪些抗干扰措施？

5-10 现代短波通信系统由哪些部分组成？简述各部分的功能。

5-11 简述单边带调制原理。解释一下独立边带 SSB 发信机或收信机的工作原理。

5-12 什么是短波自适应技术？短波自适应系统采用什么技术来实现实时选频？

5-13 简述短波自适应电台的组网要求和组网方法。

5-14 简述超短波通信系统的组成。

5-15 短波跳频通信系统的工作原理是什么？简述短波跳频通信组网技术。

5-16 什么是跳频图案？请画出跳频序列为$\{7\quad 1\quad 3\quad 0\quad 6\quad 4\quad 2\quad 5\}$的跳频图案。

5-17 简述短波、超短波跳频电台组网方式和组网过程。

5-18 时频组合调制（FTSK）如何实现的？画出数字信号“010111001000”的 TSK 和二时二频制 FTSK 信号图。

5-19 高速数据传输的调制技术主要有哪两种体制？各自有一些什么特点？

5-20 主要的分集方式有哪些？各自有一些什么特点？

第6章 数字微波与数字卫星通信技术

在利用无线电波承载信息的通信系统中，微波通信系统可支持长距离通信。微波的频带较宽，传输特性也比较稳定。数字微波通信既具有数字通信的特点，又具有微波通信的特点。卫星通信是地面微波中继通信的发展，是随航天技术的发展而发展起来的现代通信方式。

本章主要介绍数字微波通信、卫星通信的基本概念以及相关知识。

6.1 数字微波通信

微波是指频率为300MHz～300GHz的电磁波，其对应的波长为1m～1mm。微波波段又可细分为分米波、厘米波和毫米波，见表6-1。

表6-1　微波频谱

微波波段	频率范围	波长范围
分米波	300MHz～3GHz	100～10cm
厘米波	3～30GHz	10～1cm
毫米波	30～300GHz	1cm～1mm

微波通信是指利用微波段电磁波进行的通信；而数字微波通信是用微波作为载体传送数字信息的一种通信方式。

6.1.1 数字微波通信概述

利用微波作载波的微波通信系统具有容量较大、质量较高的特点，曾是20世纪60、70年代世界各国干线通信采用的主要传输手段之一，同时微波在灵活性、抗灾性和移动性方面的优势是光纤传输不可缺少的补充和保护手段。下面介绍数字微波通信的发展、地面微波中继通信以及微波中继通信系统在整个通信网中的位置。

1．数字微波通信的发展

作为无线中继通信系统，微波通信的发展可以追溯到19世纪30年代中期的模拟微波中继通信，当时第一个商用的模拟无线通信系统工作在VHF频段，采用AM调制技术；传输12路频分复用的模拟语音信号。20世纪40年代二战期间，由于军事用途，出现了UHF频段的军用无线中继通信系统。为了降低对功放的线性性能要求，系统采用FM方式和PPM（脉位调制）技术。此时，由于采用的频段低、带宽窄，无线中继通信系统的容量、规模还很小。

1951年，美国纽约——旧金山成功开通了商用的微波通信线路，该微波通信线路途经100

多个站的接力，工作在4GHz频段，带宽为20MHz，能承载480路的模拟语音，第一次实现了长距离、中容量的通信。在随后的二三十年间，半导体器件取代电子管，工作在2～12GHz频段、基于FM技术的中、大容量模拟微波通信系统迅速发展，形成覆盖全球地面长途通信容量约1/2的规模。我国从“七五”期间引入微波通信系统建设长途通信线路。当时光纤技术、卫星技术尚未成熟，因此长途的通信传输一般靠微波接力通信来完成。

随着长途微波通信干线的建设，频带资源越来越紧张，因此促进对高频带利用率的微波通信系统的研究，如采用单边带技术。20世纪60年代，PCM技术和时分复用（TDM）技术的出现推动了数字交换技术的发展，刺激了数字微波通信的研究。20世纪70年代末出现了采用简单QPSK，8PSK等商用数字微波系统，这个时期的数字微波系统比模拟微波系统的频带利用率低，但是由于数字再生技术能消除接力通信中的噪声积累，数字微波通信系统还是得到了很好的发展。20世纪80年代，随着数字信号处理技术和大规模集成电路的发展，更高频带利用率的调制技术如16QAM，64QAM，256QAM技术的发展，使数字微波通信系统的传输效率大大提高，系统容量为90～400Mbit/s，这个时期是微波通信系统的迅速发展时期。

进入20世纪90年代后，出现了容量更大的数字微波通信系统（512QAM，1 024QAM等），并且出现了基于SDH的数字微波通信系统。由于光纤技术的发展，长途传输干线的容量大大提高，光纤已取代微波中继作为长途传输干线的主要角色。但是世界上已经存在着大量的微波通信系统，因此在未来的很长时间内，数字微波将与光纤共存、与卫星通信系统作为光纤通信系统的辅助手段，并且数字微波具有建站快、成本低、不须铺设线路的特点。随着技术的不断发展，除了在传统的传输领域外，数字微波技术在固定宽带接入领域也越来越引起人们的重视。工作在28GHz频段的LMDS（本地多点分配业务）已开始大量应用，预示着数字微波技术仍然将拥有良好的市场前景。现在，数字微波通信、光纤通信和卫星通信一起被称为现代通信传输的三大支柱。

2．数字微波通信的特点

数字微波通信既具有数字通信的特点，又具有微波通信的特点。

（1）微波通信的特点

① 具有类似光波的特性。

在电磁频谱中，红外光波的频率大于300GHz，波长小于1mm。从表6-1可知，微波频段高端与光波频段毗邻，微波与光波是“邻居”，因而微波的一些特性与其“邻居”光波就很类似。例如光波在空间是直线传播的，微波在空间也是直线传播。遇到障碍物时，微波传播便要受阻，不像中、长波那样会“拐弯抹角”。

② 微波波段的频带宽、通信容量大。

在无线电波的通信波段中，全部长波、中波和短波波段的总带宽还不到30MHz，而厘米波（1～10cm）波段的带宽为27GHz，它几乎是前者的1 000倍。显然，占有频带越宽，可容纳同时工作的无线电设备就越多，通信容量就越大，而且可以减少设备相互之间的干扰。

③ 适于传送宽频带信号。

由于通信设备的通频带和载频的高低有关，载频越高，通频带就越宽。一套微波通信设备可容纳几千个话路同时工作，因此它可进行多路传输。

④ 采用中继传输方式。

微波通信属于无线通信的范畴，微波波段的电磁波是在视距范围内沿直线传播的，考虑到地球表面的弯曲，通信距离一般只有40～50km。因此，在长途通信中，必须采用“接力”的中继方式，经过若干次中继转发才能将信号送到收端。这种通信方式又可称为“微波中继通信”或视距通信。

（2）数字信号微波传输的特点

与模拟微波传输相比，数字微波传输具有以下主要特点。

① 抗干扰能力强，线路噪声不积累。由于在微波线路中采用了可对数字信号进行处理的再生中继器，因此线路噪声不会随传输距离的增加而积累，提高了抗干扰能力。而模拟微波通信的线路噪声则是累积的。

② 便于组成数字通信网。综合业务数字网（ISDN）要求端到端的数字连接，包括终端设备、交换节点及传输链路，显然，在微波通信中只有数字微波通信才可成为ISDN中的一种通信手段。

③ 保密性强。

④ 由于数字微波的终端设备便于采用大规模集成电路，因此设备的体积小、重量轻、功耗低。

6.1.2 数字微波中继通信系统

数字微波通信系统由两个终端站、天线馈线系统和中继站（中间站）三部分构成，如图6-1所示。

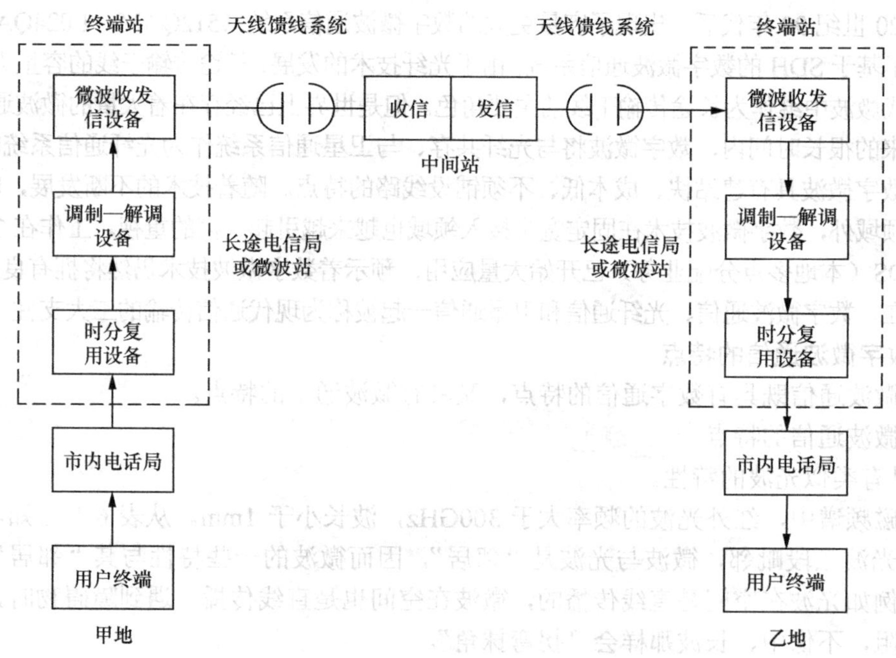

图6-1 数字微波通信系统方框图

图6-1中，从甲地终端站送来的数字信号经过数字基带信号处理（数字多路复用或数字压缩处理）后，经数字调制，形成数字中频调制信号（70MHz或140MHz），再送入发送设备，进行射频调制变成为微波信号，送入发射天线向微波中间站（微波中继站）发送。微波中间站收到信号后经处理，使数字信号再生后又恢复为微波信号向下一站再发送，这样一直传送到收端站，收端站把微波信号经过混频、中频解调恢复出数字基带信号，再分路还原为原始的数字信号。

下面介绍数字微波通信系统中各部分的工作原理。

1．数字微波终端站

由图6-1中可见，终端站中可包括微波收发信设备、调制解调设备以及时分复用设备。终端站常采用4PSK，QAM等数字调制技术，并采用具有较好抗误码性能的相干解调方式，一般都配备SDA复用设备，可以上下全部低次群信号（支路信号）。由于调制解调以及时分复用的原理前面章节已介绍，下面主要介绍微波收发信设备的组成原理。

每个数字微波终端站既可作为发送站又可作为接收站，因此，每个终端站中都应具有发送设备和接收设备。

（1）发信设备的基本组成

数字微波发信机多采用变频式发信机，它的原理方框图如图 6-2 所示。由调制器送来的中频已调信号，经过时延均衡和中频放大后送到发信混频器，将中频已调信号和发信本振的微波信号进行混频，即可得到微波已调信号。再经单向器、射频功率放大器和分路滤波器，就能给出符合发信机输出功率和频率要求的微波已调信号。这个射频输出信号经馈线系统和天线发往对方。

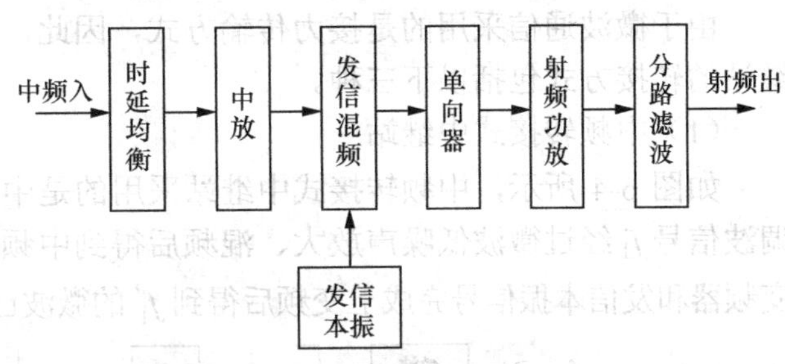

图 6-2　发信机的原理方框图

图 6-2 中的单向器又叫隔离器，是铁氧体波导元件，它能使电波单向传输，并隔离后级对前级可能反射的电波，可避免对发信混频的影响。射频功放也是一种场效应晶体管放大器，数字微波发信机的输出功率为 1W 左右。

（2）收信设备的基本组成

数字微波收信设备一般都采用超外差接收方式，其组成方框图如图 6-3 所示。

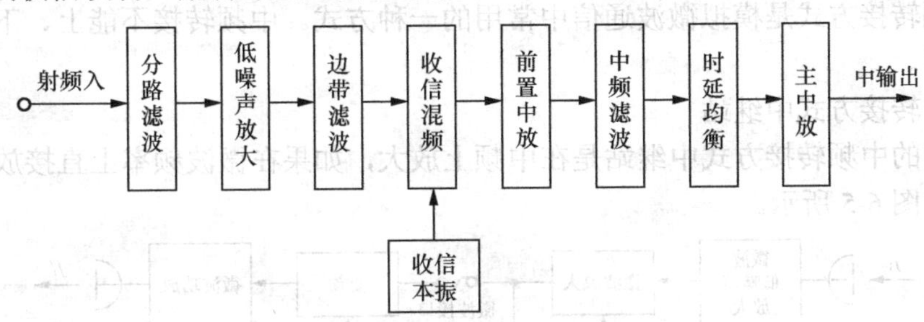

图 6-3　收信机的原理方框图

来自接收天线的微弱的微波信号经过馈线、微波滤波器、微波低噪声放大器与本振信号进行混频，得到已调波信号，再经过中频系统的放大、滤波后得到符合电平和阻抗要求的频已调波信号送至解调单元。

微波滤波器是用来选择本收信机的工作频率，并且抑制邻近信道的干扰；低噪声放大器具有较高的接收灵敏度；收信混频器将接收到的微波已调波信号与收信本振源产生的微波信号进行混频，可得到中频已调波信号；从前置放大器到主中放的整个中频系统承担了接收机的放大作用，并具有自动增益控制的功能，以保证达到解调器的要求。

2．天线、馈线系统

微波通信系统中，对天线馈线系统总的基本要求是足够的天线增益，良好的天线方向性；低传输损耗的馈线系统，极小的电压驻波比；整个天、馈线系统应用较高的极化去耦度和足够的机械强度。

微波通信中常用天线的基本形式有喇叭天线、抛物面天线、喇叭抛物面天线和潜望镜天线等。

目前，微波通信中常用一种具有双反射器的抛物面天线，叫做卡塞格林天线。其主反射面呈抛物面状，似一口大锅。抛物面中心（锅底）置初级辐射器，抛物面正方的焦点处有一双曲面状的金属副反射器。当电波由初级圆锥形喇叭辐射器射出后，其射线经副反射器反射到主反射面（抛物面），再经它的聚焦作用，便成为平面波发射出去。

微波通信系统中的馈线有同轴电缆和波导管型两种形式。一般在分米波段（2GHz）采用同轴电缆馈线，在厘米波波段（4GHz 以上频段）因同轴电缆损耗较大，故采用波导馈线。波导馈线又分为圆波导馈线系统和矩形波导馈线系统。

3．微波中继站

由于微波通信采用的是接力传输方式，因此，长途微波干线上必须要有微波中继站。中继站的转接方式包括以下三种。

（1）中频转接式中继站

如图 6-4 所示，中频转接式中继站采用的是中频接口。中继站由天线接收下来的微波已调波信号 f_1 经过微波低噪声放大、混频后得到中频已调波信号，经中放、功率中放后送到上变频器和发信本振信号完成上变频后得到 f_1' 的微波已调波信号，经过微波功放后送至天线发射。

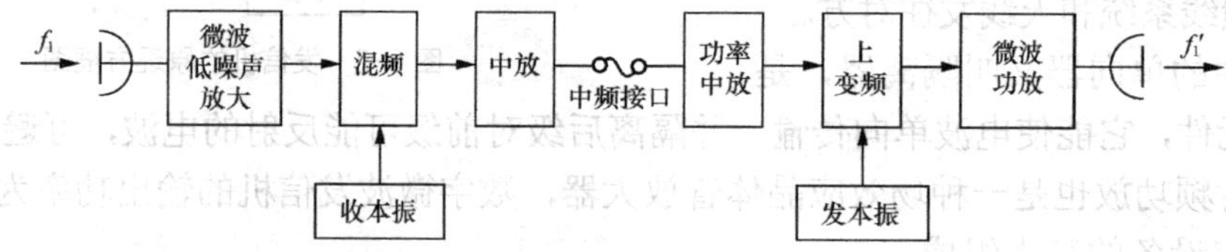

图 6-4　中频转接方式中继站方框图

这种中频转接方式是模拟微波通信中常用的一种方式。中频转接不能上、下话路，不能消除噪声积累。

（2）微波转接方式中继站

上面介绍的中频转接方式中继站是在中频上放大，如果在微波频率上直接放大即为微波转接方式，如图 6-5 所示。

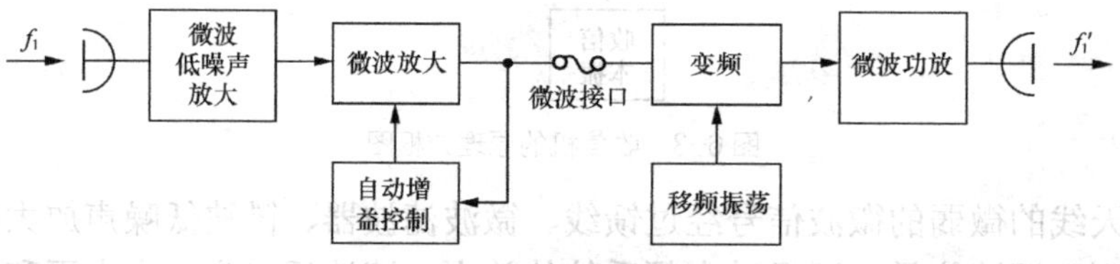

图 6-5　微波转接方式中继站方框图

这种转接方式的中继站，由于是在微波频段上直接转接，为了使本站发射信号不干扰本站的接收信号，需要一移频振荡器，将接收到的 f_1 微波频率变换为 f_1' 微波频率发射出去。移频振荡器的频率应等于 f_1 与 f_1' 之差。

（3）再生转接式中继站

目前数字微波通信中常用的转接方式是再生转接式中继站，其示意图如图 6-6 所示。

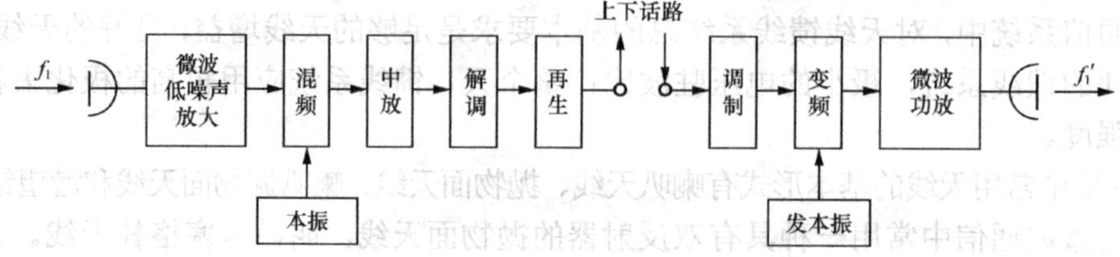

图 6-6　再生转接式中继站方框图

从图 6-6 中可以看出，经天线接收下来的 f_1 载频信号与接收机本振信号混频后，输出中频已调波信号，经过解调后得到基带信号，这个基带信号经过再生后送到调制器，调制器输出的 70MHz 中频已调波信号和发信本振源输出的微波信号经过上变频器后，得到载频为 f_1' 的微波已调波信号，再经微波功放后送至天线发射。显然，这种转接方式是数字接口，可以消除噪声积累，还可以在此站上、下话路。

为了在一条微波线路上同时传输多路信号，需采用合适的复用技术。数字微波通信系统常采用时分复用（TDM）技术，早期系统中的复接按准同步数字系列（PDH）定义的等级进行逐级复/分接；正交幅度调制技术（如 16QAM，64QAM，256QAM 等）的应用使数字微波通信系统的传输效率大大提高。进入 20 世纪 90 年代后，出现了容量更大的数字微波通信系统（采用 512QAM、1 024QAM 等调制技术），并出现了基于同步数字系列（SDH）的数字微波通信系统。

6.1.3 微波传输信道

前面已经提到，微波是频率为 300MHz～300GHz 的电磁波，根据其传播的特点可将其视为平面波，又称为横电磁波，即 TEM 波，人们经常简称为电波。

在两个微波站间的电波传播称为微波信道。它们之间存在衰减，这种衰减可以按自由空间天线辐射能量的衰落进行计算，但其实际传播情况与两站内所处的环境、自然现象等有关。如地面或山地的反射波，雨、雾、雪等对电波的吸收和散射、折射，这些情况会引起电波的快衰落与慢衰落，对方实际收到的电平要低十几至几十分贝。这些衰落还与频率高低有关，一般在无线电窗口（1～10GHz）范围电波特性较好。

下面主要介绍微波信道的两个重要特性：传播特性和衰落特性。

1．传播特性

（1）自由空间的传播损耗

平面波在自由空间传播时，能量由于扩散，随传输距离的增加而减小，这种衰减称为自由空间的传播损耗，用 L_s 表示。

在微波通信中，如果设收、发天线之间的距离为 d (m)，工作波长为 λ (m)，则自由空间的传播损耗为

$$L_s = \left(\frac{4\pi d}{\lambda}\right)^2 \tag{6.1-1}$$

在工程上，为了计算方便，常用分贝表示为

$$L_s = 92.4 + 20\lg f + 20\lg d \tag{6.1-2}$$

式中，f 为发信频率，单位是 GHz；d 为收、发天线之间的距离，或称站距，单位是 km。

【例 6-1】在微波通信中，设工作频率 $f = 8\text{GHz}$，收、发天线之间距离 $d = 45\text{km}$，求其自由空间的传播损耗。

解：由式（6.1-2）得

$$L_s = 92.4 + 20\lg 8 + 20\lg 45 \approx 143.5\text{dB}$$

（2）自由空间收信电平的计算

收信电平是指接收机输入电平，在工程上常用 dBm 表示。计算式为

$$P_r = P_t + (G_t + G_r) - (L_{ft} + L_{fr}) - (L_{bt} - L_{br}) - L_s \tag{6.1-3}$$

式中，P_r 为自由空间传播条件下的收信电平（dBm）；P_t 为发信机的输出电平（dBm）；G_t 为发射天线增益（dB）；G_r 为接收天线增益（dB）；L_{ft} 为发端馈线系统损耗（dB）；L_{fr} 为收端馈

线系统损耗（dB）；L_{bt}为发端分路系统损耗（dB）；L_{br}为收端分路系统损耗（dB）；L_s为自由空间的传播损耗（dB）。

2．衰落特性

（1）衰落现象

信道的传输衰减常被笼统地称为衰落现象。所谓衰落就是指信号电平随时间的随机起伏。根据引起衰落的原因，一般分为吸收型衰落和干涉型衰落两种。

吸收型衰落主要是指由于传输媒质电参数的变化，使得信号在媒质中的衰减特性发生相应的变化而引起的，如大气中的氧、水汽以及由水汽凝聚而成的云、雾、雨、雪等都对微波有吸收作用。由于气象的随机性，这种吸收的强弱也有起伏，形成信号的衰落。由这种原因引起的信号电平的变化较慢，所以称为慢衰落，如图 6-7（a）所示。慢衰落通常是指信号电平的中值（五分钟中值、小时中值、月中值等）在较长时间间隔内的起伏变化。

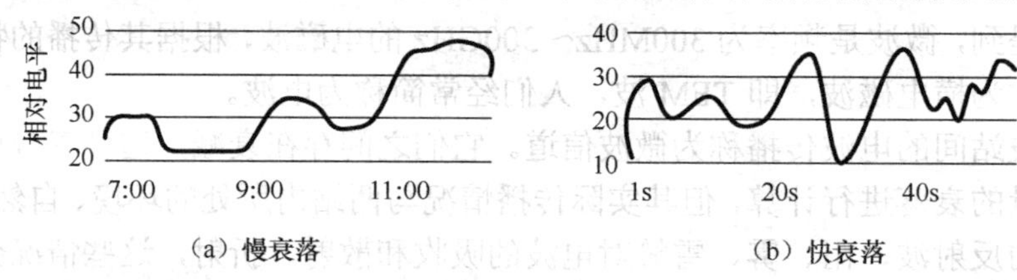

（a）慢衰落　　（b）快衰落

图 6-7　衰落现象

干涉型衰落主要是由随机多径干涉现象引起的。在某些传输方式中，由于收、发两点间存在若干条传播路径，典型的如天波传播、不均匀媒质传播等，在这些传播方式中，传播媒质具有随机性，因此使到达接收点的各路径的时延随机变化，致使合成信号幅度和相位都发生随机起伏。由这种原因引起的信号电平的变化很快，所以称为快衰落，如图 6-7（b）所示。这种快衰落在移动通信系统中影响非常明显。

通常，快衰落和慢衰落是叠加在一起共同影响传输信号的。在较短的时间内观察时，快衰落表现明显，而慢衰落一般不易被察觉。

无线电波通过媒质除产生传输损耗外，还会产生失真——振幅失真和相位失真。产生失真的原因有两个：一是媒质的色散效应，二是随机多径传输效应。

色散效应是由于不同频率的无线电波在媒质中的传播速度有差别而引起的信号失真。载有信号的无线电波都占据一定的频带，当电波通过媒质传播到达接收点时，由于各频率成分传播速度不同，因而不能保持原来信号中的相位关系，引起波形失真。至于色散效应引起信号畸变的程度，则要结合具体信道的传输情况而定。

（2）多径衰落

多径传输也会引起信号畸变。这是因为无线电波在传播时通过两个以上不同长度的路径到达接收端，接收天线获得的信号是几个不同路径传来信号的总和，我们把接收信号电平随时间而变化的现象称为多径衰落。多径传输现象如图 6-8 所示。

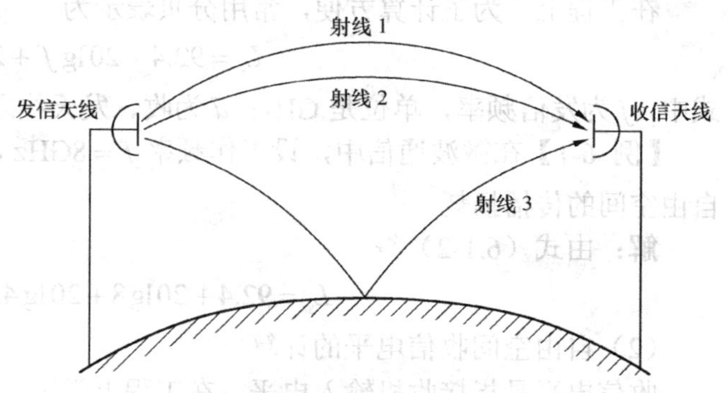

图 6-8　微波中继段上电磁波多径传输图

由图中可以看出，发信天线送出的微波信号不是直线传输到收端，而是经过地面反射和大气折射后多途径到达接收天线。因此，接收的信号应是各射线的矢量和，而且接收信号的大小和周边条件及气象条件有关。

（3）抗衰落技术

微波传输过程中的衰落现象给高质量的信息传输带来不利影响，因此人们提出了各种抗衰落技术，目前常用的是分集接收技术、自适应均衡技术及备用波道倒换技术。

① 分集接收技术

衰落信道中接收的信号是到达接收机的各路径分量的合成，如果在接收端同时获得几个不同路径的信号，把这些信号适当合并构成总的接收信号，这样就能大大减小衰落的影响，这就是分集接收的基本思想。“分集”两字就是把代表同一信息的信号分散传输，以求在接收端获得若干衰落样式不相关的复制品，然后用适当的方法加以集中合并，从而达到以强补弱的效果。获取不相关衰落信号的方法是将分散得到的几个合成信号集中（合并）。只要被分集的几个信号之间是统计独立的，经适当的合并后就能大大改善系统的性能。

分集接收技术有频率分集和空间分集。

频率分集是把同一数字信息送至两部发射机，两部发射机的射频频率具有较大间隔，在接收端接收这两个频率的信号合并成输出信号。空间分集是在收信端设置几付高度不同的天线同时接收一个发射天线送出的信号，然后经过合成或选择，克服衰落的影响。这种空间分集接收技术，由于可以充分使用射频频道，因此在数字微波通信中应用较广。

② 自适应均衡技术

能够适应时间变化的均衡器为自适应均衡器。采用这种均衡器可以使得当系统发生多径传播衰落时，保证通带内的振幅特性在随时间变化时得到补偿。

③ 备用波道倒换技术

目前在数字微波通信中的波道方式主要采用的是波道备用方式，即当主用设备发生故障时能够无损伤地切换到备用设备，以保证系统的正常工作。

6.1.4 数字微波通信技术的应用

在现代通信技术中，微波通信因仍具有其独特而重要的地位，从而得到如下几个方面的广泛应用。

1．干线光纤传输的备份及补充

如点到点的 SDH 微波、PDH 微波等，主要用于干线光纤传输系统在遇到自然灾害时的紧急修复，以及由于种种原因不适合使用光纤的地段和场合。

2．边远地区和专用通信网中为用户提供基本业务

在农村、海岛等边远地区和专用通信网的场合，可以使用微波点到点、点到多点系统为用户提供基本业务，微波频段的无线用户环路也属于这一类。

3．城市内的短距离支线连接

在移动通信基站之间、基站控制器与基站间的互连、局域网之间的无线联网等环境下，也广泛应用微波通信，既可使用中小容量点对点微波，也可使用无需申请频率的微波数字扩频系统。例如，基于 IEEE 802.11 系统标准的无线局域网工作在微波频段，其中 802.11b 工作于 2.4GHz，802.11a/g 工作于 5.8GHz。

4．无线宽带业务接入

无线宽带业务接入以无线传播手段来替代接入网的局部甚至全部，从而达到降低成本、改善系统灵活性和扩展传输距离的目的。

多点分配业务（MDS）是一种固定无线接入技术，包括运营商设置的主站和位于用户处的子站，可以提供数十 MHz 甚至数 GHz 的带宽，该带宽由所有用户共享。MDS 主要为个人用户、宽带小区和办公楼等设施提供无线宽带接入，其特点是建网迅速但资源分配不够灵活。MDS 包括两类业务：①多信道多点分配业务（MMDS），其特点是覆盖范围较大。②本地多点分配业务（LMDS），其特点是覆盖范围较小，但提供带宽更为充足。

MMDS 和 LDMS 的实现技术类似，都是通过无线调制与复用技术实现宽带业务的点到多点接入。两者的区别在于工作的频段不同，以及由此带来的可承载带宽和无线传输特性的不同。

6.2 数字卫星通信

卫星通信是在微波接力通信和航天技术基础上发展起来的一门新兴的通信技术。它是微波接力通信向太空的延伸，采用的是微波频段。卫星通信具有覆盖面积大、受地理条件限制少、通信频带宽的特点，因而成为现代通信不可缺少的通信手段。

本节主要介绍数字卫星通信的基本概念和数字卫星通信系统的组成等基本知识。

6.2.1 数字卫星通信概述

卫星通信是指利用人造卫星作为中继站转发无线电信号，在多个地球站之间进行的通信。由于作为中继站的卫星离地面很高，所以经过一次中继转接之后即可进行长距离的通信。

用于实现通信目的的人造地球卫星被称为通信卫星。通信卫星按结构划分可分为无源卫星和有源卫星。无源卫星只能反射无线电信号，现在已被淘汰。有源卫星是指卫星上装有电子设备，可将接收到的地球站信号进行放大、频率变换等项处理，再将其发送回地面，它是一种有增益的、可部分补偿传播损耗的中继站。

1．数字通信卫星的分类

按卫星的运转轨道划分，通信卫星又分为静止卫星（同步卫星）和运动卫星（非同步卫星）。所谓静止卫星就是指发射到赤道上空 35 860km 附近圆形轨道上的卫星，其运动方向与地球自转方向一致，并且绕地球一周的时间恰好 24 小时，与地球自转周期相同，因而从地球看过去如同静止一般，固而称为静止卫星。运动卫星相对于地球做高速运动，适用于极高纬度地区的通信。

静止卫星与地球的相对位置关系如图 6-9 所示。从图中可以看出，在一个卫星电波波束覆盖区内的地球站都能通过此卫星来进行通信。这样，利用在静止卫星轨道上的以 120° 等间隔的三个静止卫星，就可实现对除南北两极外的所有地球表面的覆盖，而且其中部分区域为两静止卫星波束的重叠覆盖区域，在此可借助重叠区内的地球站的中继作用，实现不同卫星覆盖区中的地球站间的通信。

2．数字卫星通信的发展

卫星通信概念的提出可以追溯到 1945 年，英国空军雷达军官阿瑟·克拉克在《无线电世界》上发表了“地球外的中继站”，最先提出了利用静止卫星进行通信的设想，约 20 年之后，人类就实现了这个设想。卫星通信的发展大致经过如下几个时期。

（1）在 1954～1964 年间，美国曾先后利用月球表面发射无源气球卫星等进行一系列的无源卫星通信实验。由于无源卫星是利用电波的发射技术，因此接收信号不强，使用价值不大。

（2）1958 年 12 月到 1962 年，美国先后发射多颗椭圆轨道运行的有源卫星，在美国、欧

洲、南美洲之间进行了多次通信实验。

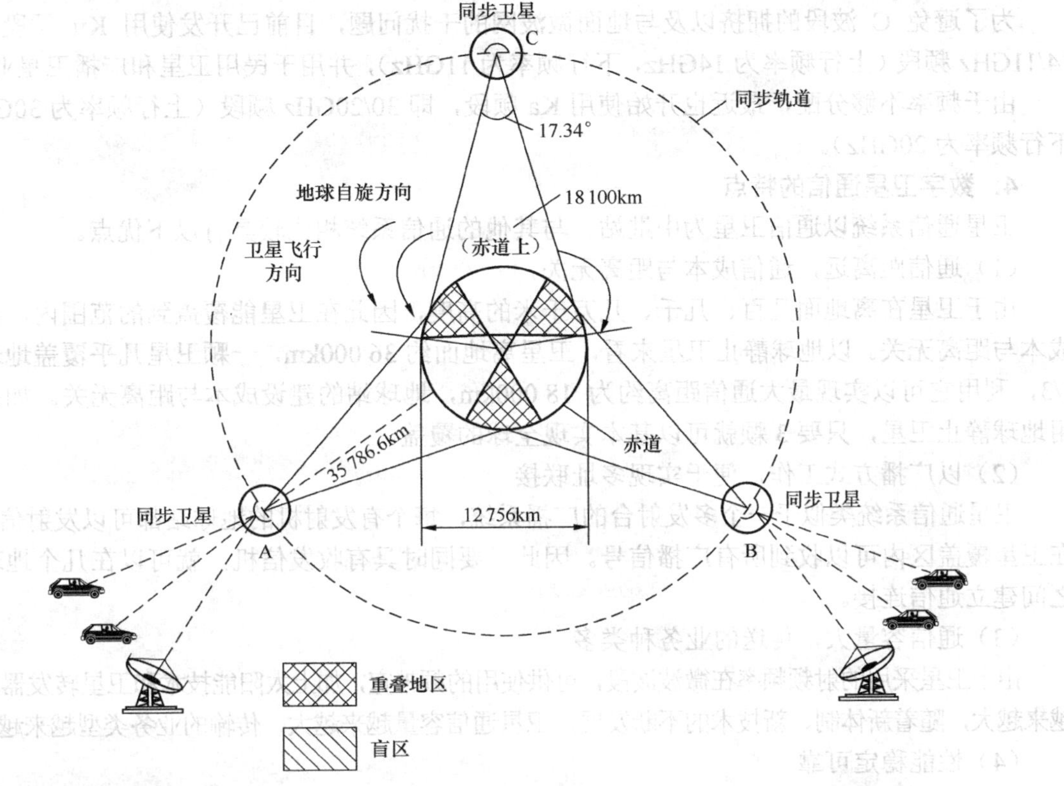

图6-9 同步通信卫星

（3）1963年7月到1964年8月，美国宇航局（NASA）先后发射3颗“SYNCOM”卫星，第1颗未能进入预定轨道；第2颗进入周期为24小时的倾斜轨道；第3颗进入静止同步轨道，成为世界上第1颗实验性静止卫星，并利用它在1964年向美国成功转播了在日本举行的奥林匹克运动会实况。

（4）1965年4月，“国际卫星通信组织”把第一代“国际通信卫星”（INTERLSAT-Ⅰ，简记为IS-Ⅰ，原名“晨鸟”）射入地球同步轨道开始，卫星通信正式进入商用阶段，提供国际通信业务。到目前为止，国际通信卫星已经发展到第三代，卫星通信的容量也越来越大。

（5）卫星通信用于移动通信始于1976年，国际海事卫星组织利用“国际海事卫星”为海上船只提供语音业务，到目前为止，已经有多个全球性的卫星移动通信系统提供商业应用，人类已经能实现全球个人移动通信的目标。

3．数字卫星通信使用的频率

目前，大多数卫星通信系统选择在表6-2所示的频段工作。

表6-2　　卫星通信的主要工作频段

波段	L波段	C波段	X波段	Ku波段	Ka波段
频率	1.6/1.5GHz	6.0/4.0GHz	8.0/7.0GHz	14.0/12.0GHz 14.0/11.0GHz	30/20GHz

目前大部分国际通信卫星，尤其是商业卫星使用C频段，即6/4GHz频段（上行频率为6GHz，下行频率为4GHz），转发器带宽为500MHz，国内区域性通信卫星多数也应用该频段。

许多国家的政府和军事卫星使用X频段，即8/7GHz（上行频率为8GHz，下行频率为

7GHz），这样与民用卫星通信系统在频率上分开，避免相互干扰。

为了避免 C 波段的拥挤以及与地面微波网的干扰问题，目前已开发使用 Ku 频段，即 14/11GHz 频段（上行频率为 14GHz，下行频率为 11GHz），并用于民用卫星和广播卫星业务。

由于频率不够分配，最近也开始使用 Ka 频段，即 30/20GHz 频段（上行频率为 30GHz，下行频率为 20GHz）。

4．数字卫星通信的特点

卫星通信系统以通信卫星为中继站，与其他的通信系统相比较具有以下优点。

（1）通信距离远，通信成本与距离无关

由于卫星在离地面几百、几千、几万千米的高度，因此在卫星能覆盖到的范围内，通信成本与距离无关。以地球静止卫星来看，卫星离地面约 36 000km，一颗卫星几乎覆盖地球的 1/3，利用它可以实现最大通信距离约为 18 000km，地球站的建设成本与距离无关。如果采用地球静止卫星，只要 3 颗就可以基本实现全球的覆盖。

（2）以广播方式工作，便于实现多址联接

卫星通信系统类似于一个多发射台的广播系统，每个有发射机的地球站都可以发射信号，在卫星覆盖区内可以收到所有广播信号。因此只要同时具有收发信机，就可以在几个地球站之间建立通信连接。

（3）通信容量大，传送的业务种类多

由于卫星采用的射频频率在微波波段，可供使用的频带宽，加上太阳能技术和卫星转发器功率越来越大，随着新体制、新技术的不断发展，卫星通信容量越来越大，传输的业务类型越来越多。

（4）性能稳定可靠

由于卫星通信的电波主要是在大气层以外的宇宙空间内传播，而宇宙空间几乎是一种真空状态，因此可以看作均匀媒质的自由空间。电波在自由空间传播十分稳定，几乎不受气候和气象变化的影响。就是发生磁暴甚至核爆炸的情况下，线路仍能正常工作。

正是由于卫星通信与其他通信手段相比有上述一些突出的优点，仅仅经过 30 年的时间，便得到了迅速的发展。目前，它已成为现代化通信的一种重要手段。

当然，由于卫星通信的特殊性，也带来了技术上的特殊性。

（1）需要采用先进的空间电子技术

由于卫星与地面站的距离远，电磁波在空间中的损耗很大，因此需要采用高增益天线、大功率发射机、低噪声接收设备和高灵敏度调制解调器等，并且空间的电子环境复杂多变，系统必须要承受高低温差大、宇宙辐射强等不利条件，因此卫星设备必须采用特制的、能适应空间环境的材料。由于卫星造价高，必须采用高可靠性设计。

（2）需要解决信号传播时延带来的影响

由于卫星与地面站距离远，信号传输的时延很明显。对一些业务（如语音）来说，必须采取措施解决时延带来的影响。

（3）需要解决卫星的姿态控制问题

由于空间的环境复杂多变，卫星轨道可能有漂移，姿态可能有偏转，由于卫星离地远，因此轻微漂移和姿态偏转可能造成地面接收的信号变化很大，因此卫星的精确姿态控制也是必须解决的问题。

此外，还必须解决星蚀、地面微波系统与卫星系统的干扰等问题，这些都是保证卫星通信系统正常运转的必要条件。

6.2.2　数字卫星通信系统

图 6-10 所示是一个最简单的数字卫星通信系统。地面站 A 通过定向天线向通信卫星发射的无线电信号首先被通信卫星内的转发器所接收，由转发器进行处理（如放大、变频）后，再通过卫星天线发回地面，被地面站 B 接收，完成从 A 站到 B 站之间的信号传递。从地面站到通信卫星信号所经过的路线称为上行线路，由卫星到地面站信号所经过的路线称为下行线路。同样，地面站 B 也可以通过卫星转发器向地面站 A 发送信号。

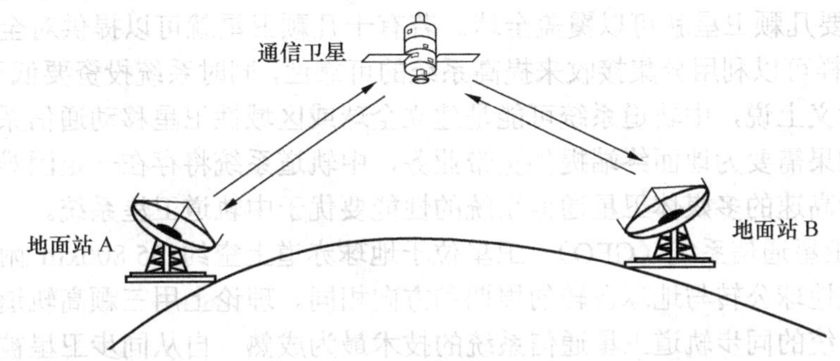

图 6-10　数字卫星通信系统示意图

1．数字卫星通信系统的基本组成

图 6-10 所示的数字卫星通信系统包括如下几个基本部分。

（1）控制与管理系统

它是保证卫星通信系统正常运行的重要组成部分。它的任务是对卫星进行跟踪测量，控制其准确进入轨道上的指定位置，卫星正常运行后，需定期对卫星进行轨道修正和位置保持。在卫星业务开通前、后进行通信性能的监测和控制，例如对卫星转发器功率、卫星天线增益以及地球站发射功率、射频频率和带宽等基本通信参数进行监控，以保证正常通信。

（2）星上系统

通信卫星内的主体是通信装置，其保障部分有星体上的遥测指令、控制系统和能源装置等。通信卫星的主要作用是无线电中继，星上通信装置包括转发器和天线。一个通信卫星可以包括一个或多个转发器，每个转发器能同时接收和转发多个地球站的信号。

（3）地球站

地球站是卫星通信的地面部分，用户通过它们接入卫星线路，进行通信。地球站一般包括天线、馈线设备、发射设备、接收设备、信道终端设备、天线跟踪伺服设备、电源设备。

如果卫星相对于地面站来说是运动的，这样的卫星称为移动卫星或非同步卫星。用移动卫星作中继站的卫星通信系统称为移动卫星通信系统；用静止卫星作为中继站所组成的通信系统为静止卫星通信系统或同步卫星通信系统。目前国际卫星通信和绝大多数国家国内的实用卫星通信大多采用同步卫星通信系统。下面介绍同步卫星通信系统的组成。

2．数字卫星通信系统的分类

（1）按照工作轨道区分，数字卫星通信系统一般分为以下 3 类。

① 低轨道数字卫星通信系统（LEO）。卫星距离地面高度为 700～5 000km，传输时延和功耗都比较小，但每颗星的覆盖范围也比较小，典型系统有 Motorola 的铱星系统。低轨道卫星通信系统由于卫星轨道低，信号传播时延短，所以可支持多跳通信；其链路损耗小，可以降低对卫星和用户终端的要求，可以采用微型/小型卫星和手持用户终端。

② 中轨道卫星通信系统（MEO）。卫星距离地面高度为 5 000～10 000km，传输时延要大于低轨道卫星，但覆盖范围也更大，典型系统是国际海事卫星系统。中轨道卫星通信系统兼有 GEO、LEO 两种系统的优点，同时又在一定程度上克服了这两种方案的不足之处。中轨道卫星的链路损耗和传播时延都比较小，仍然可采用简单的小型卫星。如果中轨道和低轨道卫星系统均采用星际链路，当用户进行远距离通信时，中轨道系统信息通过卫星星际链路子网的时延将比低轨道系统低。而且由于其轨道比低轨道卫星系统高许多，每颗卫星所能覆盖的范围比低轨道系统大得多，当轨道高度为 10 000km 时，每颗卫星可以覆盖地球表面的 23.5%，因而只要几颗卫星就可以覆盖全球。若有十几颗卫星就可以提供对全球大部分地区的双重覆盖，这样可以利用分集接收来提高系统的可靠性，同时系统投资要低于低轨道系统。因此，从一定意义上说，中轨道系统可能是建立全球或区域性卫星移动通信系统较为优越的方案。当然，如果需要为地面终端提供宽带业务，中轨道系统将存在一定困难，而利用低轨道卫星系统作为高速的多媒体卫星通信系统的性能要优于中轨道卫星系统。

③ 高轨道卫星通信系统（GEO）。卫星位于地球赤道上空约 35 800km 附近的地球同步轨道上，卫星绕地球公转与地球自转的周期和方向相同。理论上用三颗高轨道卫星即可以实现全球覆盖。传统的同步轨道卫星通信系统的技术最为成熟，自从同步卫星被用于通信业务以来，用同步卫星来建立全球卫星通信系统已经成为了建立卫星通信系统的传统模式。但是，同步卫星有一个不可克服的障碍，就是较长的传播时延和较大的链路损耗，严重影响到它在某些通信领域的应用，特别是在卫星移动通信方面的应用。首先，同步卫星轨道高，链路损耗大，对用户终端接收机性能要求较高。这种系统难于支持手持机直接通过卫星进行通信，或者需要采用 12m 以上的星载天线（L 波段），这就对卫星星载通信有效载荷提出了较高的要求，不利于小卫星技术在移动通信中的使用。其次，由于链路距离长，传播延时大，单跳的传播时延就会达到数百毫秒，加上语音编码器等的处理时间则单跳时延将进一步增加，当移动用户通过卫星进行双跳通信时，时延甚至将达到秒级，这是用户、特别是语音通信用户所难以忍受的。为了避免这种双跳通信，就必须采用星上处理使得卫星具有交换功能。但这必将增加卫星的复杂度，不但增加系统成本，也有一定的技术风险。目前，同步轨道卫星通信系统主要用于 VSAT 系统、电视信号转发等，较少用于个人通信。

（2）按照通信范围区分

按照通信范围区分，卫星通信系统可以分为国际通信卫星、区域性通信卫星、国内通信卫星系统。

（3）按照用途区分

按照用途区分，卫星通信系统可以分为综合业务通信卫星、军事通信卫星、海事通信卫星、电视直播卫星系统等。

（4）按照转发能力区分

按照转发能力区分，卫星通信系统可以分为无星上处理能力卫星、有星上处理能力卫星系统。

3．数字同步卫星通信系统

数字同步卫星通信系统由同步通信卫星、地球站和控制中心三部分组成。

（1）同步通信卫星

用静止卫星作为中继站所组成的通信系统为静止卫星通信系统或同步卫星通信系统，目前国际卫星通信和绝大多数国家国内的实用卫星通信大多采用同步卫星通信系统。同步通信卫星由卫星天线分系统、卫星通信分系统、卫星电源分系统、跟踪遥测指令分系统和控制分系统五部分组成，如图 6-11 所示。

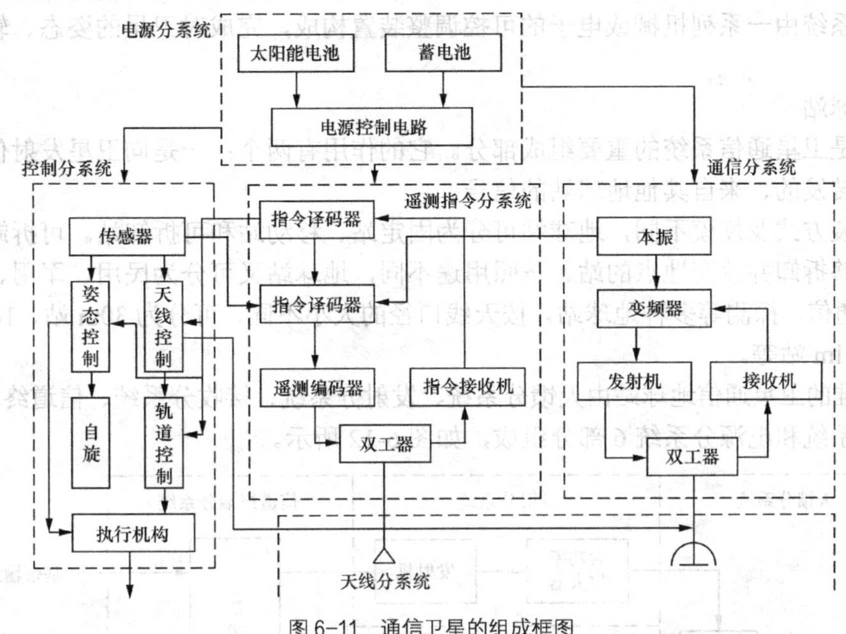

图 6-11 通信卫星的组成框图

① 卫星天线分系统

卫星天线有两类：遥测指令天线和通信天线。遥测指令天线通常采用全向天线，通信天线按其波束覆盖区大小可分为全球波束天线、点波束天线、区域（赋形）波束天线。

② 卫星通信分系统

卫星通信分系统是通信卫星的核心部分。卫星上的通信分系统又称转发器，起通信中继器的作用，即是将接收到的地球站的信号放大，然后通过下变频发射出去。

对转发器的基本要求是以最小的附加噪声和失真，并以足够的功率，安全可靠地为地球站转发无线电信号。

转发器分透明转发器和处理转发器。透明转发器不对信号进行任何加工处理，只是单纯地完成转发任务。处理转发器又分为两类：一类是信息处理转发器，它将收到的信号解调成基带信号后，进行再生、编码识别、帧结构重新排列等处理，以消除噪声的积累；另一类是空间交换转发器，起空间交换机的作用。

③ 卫星电源分系统

为了保证卫星的工作时间必须有充足的能源，卫星上的能源主要来源有两部分：太阳能和蓄电池。当有光照时使用太阳能，并对蓄电池进行充电；当光照不到时采用蓄电池。卫星电源分系统必须提供给其他分系统稳定可靠的电源使用，并且保持不间断供电。

④ 踪遥测指令分系统

该系统包括遥测和指令两大部分，此外还有应用于卫星跟踪的信标发射设备。

遥测设备用各种传感器不断测得有关卫星的姿态及星内各部分工作状态的数据，并将这些信息发给地面的控制中心。

控制中心根据接收到的卫星的遥测信息进行分析和处理，然后发给卫星相应的控制指令。卫星接收到指令后，先存储，然后通过遥测设备发回控制中心校对，当收到指令无误后，才将存储的指令送到控制分系统执行。

⑤ 控制分系统

控制分系统由一系列机械或电子的可控调整装置构成，完成对卫星的姿态、轨道、工作状态的调整。

（2）地球站

地球站是卫星通信系统的重要组成部分。它的作用有两个：一是向卫星发射信号；二是接收经卫星转发的、来自其他地球站的信号。

按照安装方式及规模不同，地球站可分为固定站、移动站和可拆卸站。可拆卸站是指在短时间内能够拆卸并改变地点的站。按照用途不同，地球站又可分为民用、军用、广播、航海、气象、通信、探测等多种地球站。按天线口径的大小不同，可分为 30m 站、10m 站、5m 站、3m 站、1m 站等。

一个标准的卫星通信地球站由天馈分系统、发射分系统、接收分系统、信道终端分系统、跟踪伺服分系统和电源分系统 6 部分组成，如图 6-12 所示。

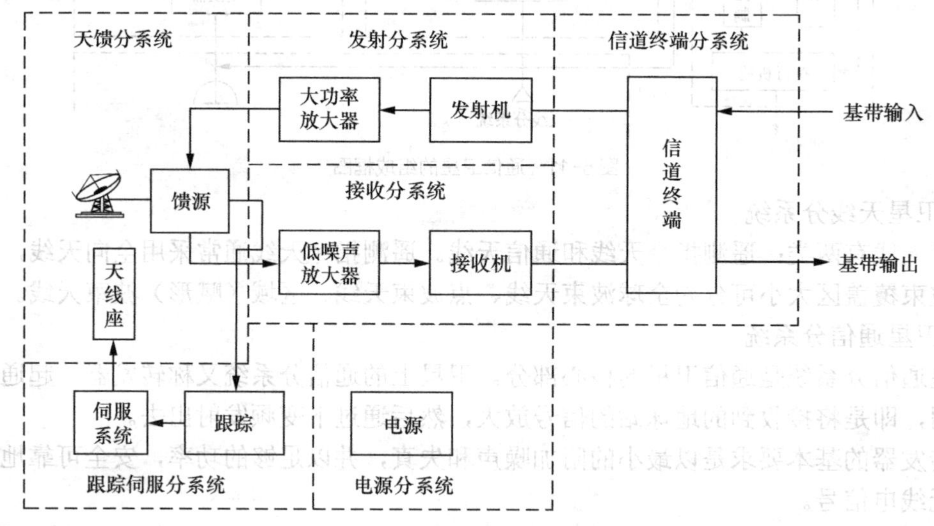

图 6-12 地面站系统的总体组成方框图

用户把要传输的信息送至地球站，地球站把送来的基带信号进行调制、频率变换，使频率变换为向卫星发射所需的频率，并经过高频功率放大器放大后送至天线发向卫星。由卫星发来的信号被地球站天线接收后经低噪声放大、变频，然后解调为基带信号，再经地面网传送给用户。

下面分别介绍地球站各个组成部分的作用。

① 天馈分系统

天线、馈线设备的基本作用是将发射机送来的射频信号变成定向（对准卫星）辐射的电磁波，同时收集卫星发来的电磁波，送到接收设备。通常，地球站的天线是收发共用的，因此要有双工器。双工器到收发信机之间有一定长度的馈线连接。

卫星通信大都工作于微波波段，为此，地球站天线常常采用面式天线，主要用卡塞格伦天线。由于地球站与通信卫星之间的距离很远，所以要求地球站所使用的天线具有高的效率和优异的低噪声性能。

② 发射分系统

发射分系统的任务是将已调制的中频（通常为 70MHz）信号变换成射频信号，并将功率放大到一定的电平，经馈线送到天线向卫星发射。为了减少馈线损耗，高功率放大器安装在天线附近，并采用双套备份，以提高系统可靠性。

发射分系统的总布局一般有两种方式：微波传输方式和中继传输方式。前一种方式是把调制、变频、中功率放大器都安装在主机房，把中功率放大器的输出经微波传输线馈给大功率放大器。后一种是把上变频器与大功率放大器安装于天线附近，由主机房送给上变频器信号。这种方式不利于扩大地球站的载波数，当载波增加时，安装于天线附近的设备量增加，而且每条中频传输电缆都要均衡。

③ 接收分系统

接收分系统的主要任务是把由天线收集的来自卫星转发器的有用信号经加工变换后送给解调器。该分系统的重要指标是低噪声性能。低噪声放大器是提高接收机灵敏度的关键部分，大型地球站一般采用致冷参量放大器，中、小型站采用常温低噪声参量放大器或低噪声晶放等。为了减少馈线引起的噪声，低噪声放大器的安装位置尽量靠近双工器。接收分系统与发射分系统相似，一般以微波传输为好。由低噪声放大器输出的射频信号，要经过下变频器变为中频（70MHz 居多），以便信道终端分系统的解调器进行解调。

④ 信道终端分系统

在发射端，信道终端的基本任务是将用户送来的信息加以处理，变成适合在卫星信道上传输的信号；在接收端则是将到达接收站的信号恢复为原来的信息。例如在模拟调频信道终端，其发射是将模拟基带信号（电话、电视、传真等）作必要的处理（如加重、能量扩散等），对中频（70MHz）进行调制，然后送到发射设备再变成微波信号发往卫星。在收端则作相反的处理，经过解调、基带处理，恢复成发端输入的基带信号。在数字信道终端，其任务是在发端将数字信号变成一定的波形（又称调制），在收端则进行波形的识别（解调），取出信息。

⑤ 跟踪伺服分系统

由于种种原因，静止卫星并非绝对“静止”，因此，地球站的天线必须经常校正自己的方位和仰角，其跟踪方式有自动跟踪、手动跟踪、程序跟踪和步进跟踪。随着卫星轨道稳定性的提高，除大型站采用自动跟踪和程序跟踪外，一般中等以下的站多采用步进跟踪和手动跟踪。

⑥ 电源分系统

我们要求现代卫星通信系统在一年中 99.9%的时间可以不间断地稳定可靠地工作，因此电源系统也必须满足这一要求，特别是大型地球站，一般要同时拥有几种供电电源，即市电、柴油发电机和蓄电池。在发电机开机到正常运行前，由蓄电池短期供电作为过渡。平时，蓄电池是由市电通过整流设备对其进行浮充，以备急用。为了保证高度可靠，发电机也有备份。

此外，整机的控制、监视设备等均用来保证正常通信需要。

6.2.3 卫星通信的应用

卫星通信是现代通信技术、航空航天技术和计算机技术结合的重要成果。近几十年来，卫星通信在国内卫星通信、国际通信、卫星广播电视以及卫星移动通信等领域得到广泛的应用。

1. 国内卫星通信

卫星通信最初是作为国际通信手段而发展起来的。由于它具有许多优点，所以后来很快被用于国内通信或地区性通信。目前，已有几十个国家建立了自己的国内卫星通信系统。有些技术落后的国家也通过由其他国家代为发射卫星或租用卫星转发器的方式建立了自己的国内卫星通信系统。实践证明，通过卫星组建国内通信网要比用同轴电缆或微波中继线路组成通信网费用低得多。我国国土辽阔，地形复杂，特别适合发展国内卫星通信系统。1984 年 1

月 29 日，我国发射了第一颗试验通信卫星，从此拉开了中国通信卫星业务的序幕。1986 年 2 月 1 日，我国又成功地发射了第一颗实用静止通信卫星，它定位于东经 103° 赤道上空。目前，我国有注册卫星通信公司 5 家，共拥有 9 颗在轨卫星，342 个转发器单元，开通了 1.3 万多条国际双向电路，用于开展电视、广播、电话、数据等多项国际、国内通信业务。

2. 卫星广播电视

卫星通信发展的初期是通过卫星把许多地球站连接起来进行点到点的通信。当时的卫星电视传输也属于点到点的传输方式。现在这种卫星通信业务称为固定卫星业务。这种业务所传输的信息一般不需要第三者获知。随着卫星通信技术的发展，20 世纪 60 年代后期，人们开始了以大众为对象的电视广播卫星的研究。所谓广播是指点到面的信息传输方式，它不要求信息保密，而是要使发出的信息为尽可能多的人所接收。

如今，卫星广播电视已经逐步得到普及。目前我国广播电视共使用 11 颗通信卫星的 32 个转发器，已建成广播电视卫星地球站 31 座，地面卫星转发站 52 万多座，中央电视台的 12 套节目、中央人民广播电台和国际台的 32 路声音广播节目以及 31 个省、自治区、直辖市的广播电视节目均通过通信卫星向全国传送。电视台的卫星远程教育也广泛地开展起来。

3. VSAT 卫星通信系统

由于大中型地球站造价高昂，20 世纪 70 年代末出现了甚小口径终端，即 VSAT（Very Small Aperture Terminal），又称小型地面站，或简称“小站”。VSAT 是一种使用小型抛物面天线和低功率发射机的低成本卫星通信系统，主要用于数据传输，在特定情况下也可以用于语音业务。

VSAT 组网灵活，多址联接方便，造价低廉，因而一出现就受到人们的普遍重视，发展极为迅速，目前我国已广泛应用于银行、证券、期货、经贸、海关、交通、航空、铁路、气象等上百个行业，建成双向 VAST 卫星通信站 7 000 多个，单向 VAST 站 1.7 万多个，VAST 的经营者已有 50 多家，已有一些省、自治区和直辖市建成了区内卫星通信公众网，还有数千个用于边远地区的农村通信 VAST 地球站正在建设，有的已投入使用。

VSAT 系统由中心站和一些外围小站组成，如图 6-13 所示。小站通过通信卫星与中心站联系，各小站之间不能直接互通，即通信链路为远端小站至中心站和中心站至远端小站，中心站可以通过电路开关连接到地面电话或数据网络。若干个数据终端或个人计算机可以连接到一个远端小站，通过小站，这些分布很广的数据终端或计算机可以与接至中心站的主计算机通信。

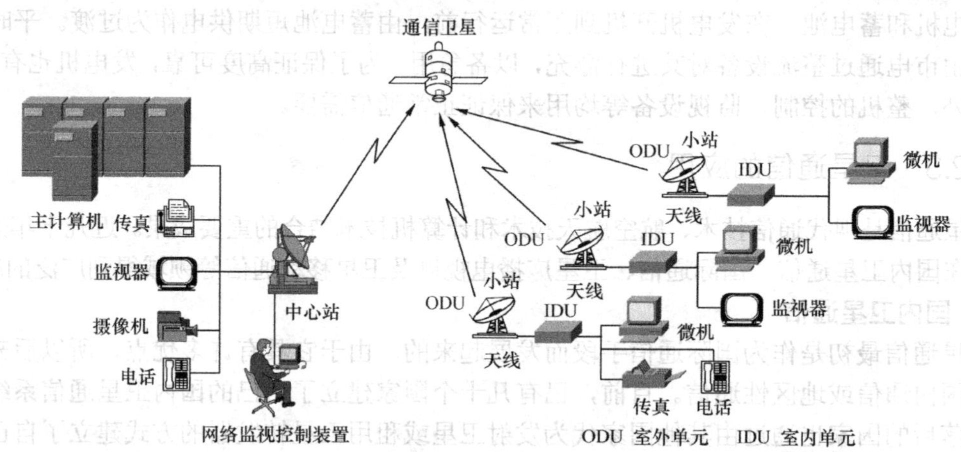

图 6-13 VSAT 系统

从 VSAT 系统的应用场合以及它所提供的信息服务的业务性质来看，VSAT 系统应具备以下特点。

（1）中心地球站具有较完备的智能管理功能

VSAT 系统中的信号处理、各种业务自适应情况、变更网络的结构和容量、对关键电路进行检测和控制等均由中心地球站受理，为此它必须具有不同程度的智能化管理功能。在中心地球站设有主计算机，VSAT 设有小型计算机或强功能的微型处理器。VSAT 网运行时得到大量管理软件的支持，由此可以实现 VSAT 的小型化、集成化和低廉的价格。

（2）VSAT 具有小型化的天线

VSAT 小型化主要体现在使用的天线小型化，它主要选用微波波段的 Ku 波段（波长 $\lambda=1.74\sim1.95$cm）进行通信。因工作在 Ku 波段，则可以采用 1.2～1.8m 小口径天线，发射机输出功率在几瓦左右，终端设备体积和重量都很小，因此可以放在用户的庭院、屋顶、阳台上，甚至可以置于室内办公桌上，只要天线能通过窗口对准卫星即可。

（3）具有处理综合业务的能力

VSAT 的业务不是以语音业务为主，而是以各种非语音的综合业务为主，如数据、图像、视频等。

4．全球卫星定位系统

全球定位系统（Global Position System，GPS）是利用通信卫星进行的一种空间无线电导航系统。它能使位于地球表面及空间上任何位置的用户接收到精确的定位、速度和时间信号，再通过用户装备的接收终端显示出自己的三维空间坐标位置，即经度、纬度和海拔高度。因此，它是一种全新卫星导航定位系统。GPS 被称为是继阿波罗登月飞船和航天飞机后的第三大航天技术工程。

（1）GPS 系统的组成

全球定位系统由空间部分（GPS 卫星星座）、地面监控系统和用户 GPS 信号接收机三大部分组成，如图 6-14 所示。

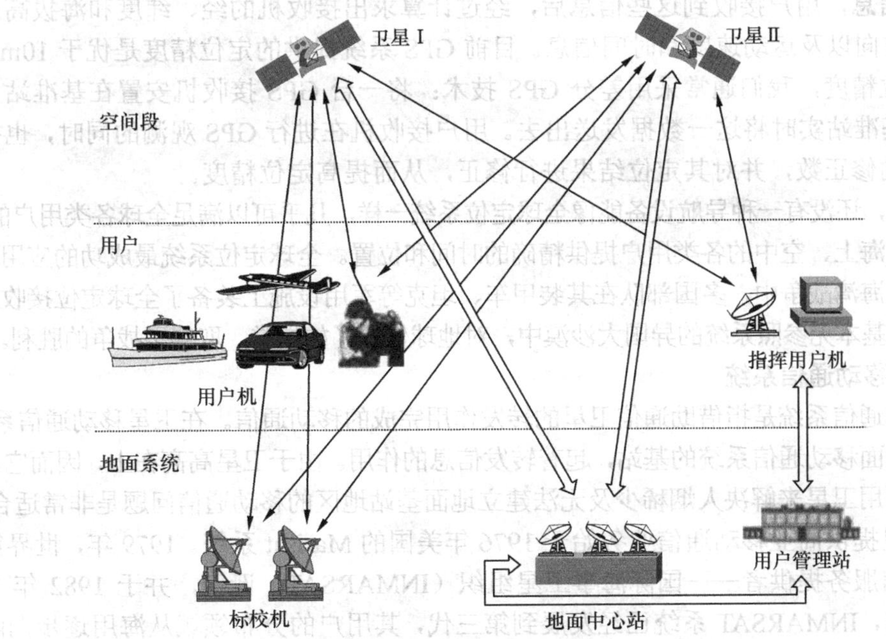

图 6-14 GPS 系统

GPS 空间部分由 21 颗工作卫星和 3 颗在轨备用卫星组成 GPS 卫星星座记作（21+3）GPS

星座。卫星高度约 20 200km，分布在六条升交点互隔 60° 的轨道面上，卫星轨道倾角为 55°，每条轨道上均匀分布四颗卫星，相邻两轨道上的卫星相隔 40°，使得地球任何地方至少同时可看到四颗卫星。每颗卫星上都装有一部原子钟，其稳定度约10^{-13}量级，它为导航信号提供时间标准。每颗卫星都连续不断地向地面用户发射导航信号。图 6-15 所示为 GPS 卫星星座示意图。

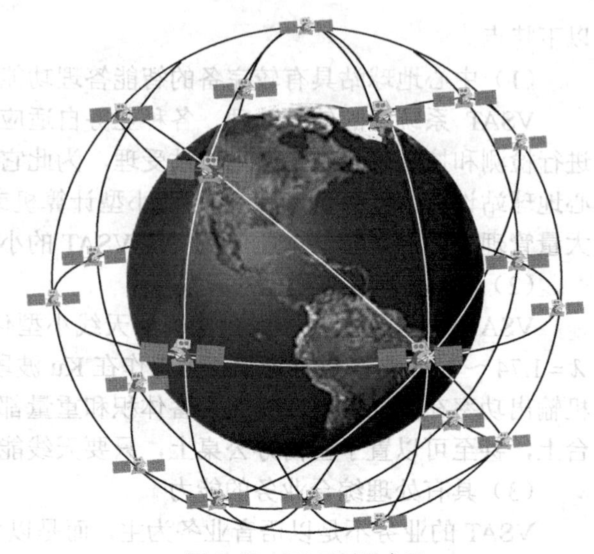
图 6-15 GPS 卫星星座图

地面监控系统由一个主控站和数个监控站组成。监控站随时监测卫星发出的导航信号并将数据送给主控站；主控站处理这些数据，不断预测和修正卫星不同时刻的位置数据，然后将它送往卫星；卫星将这些数据存储起来，向用户播送。

用户 GPS 信号接收机是适合各种用途的接收装置，其主要任务是：能够捕获到按一定卫星高度截止角所选择的待测卫星的信号，并跟踪这些卫星的运行，对所接收到的 GPS 信号进行变换、放大和处理，以便测量出 GPS 信号从卫星到接收机天线的传播时间，解译出 GPS 卫星所发送的导航电文，实时地计算出待测站（卫星）的三维位置甚至三维速度和时间。GPS 接收机硬件一般由主机、天线和电源组成。

（2）GPS 系统的工作原理

GPS 的基本定位原理是：卫星不断地发送自身的星历参数（描述卫星运动及其轨道的参数）和时间信息，用户接收到这些信息后，经过计算求出接收机的经、纬度和海拔高度三维位置、三维方向以及运动速度和时间信息。目前 GPS 系统提供的定位精度是优于 10m，为得到更高的定位精度，我们通常采用差分 GPS 技术：将一台 GPS 接收机安置在基准站上进行观测。根据基准站实时将这一数据发送出去。用户接收机在进行 GPS 观测的同时，也接收到基准站发出的修正数，并对其定位结果进行修正，从而提高定位精度。

迄今为止，还没有一种导航设备能像全球定位系统一样，几乎可以满足全球各类用户的需要。它可为陆地、海上、空中的各类用户提供精确的时间和位置。全球定位系统最成功的应用范例是海湾战争。在海湾战争中，多国部队在其装甲车、坦克等军用设施上装备了全球定位接收装置，使多国部队在基本无参照系统的异国大沙漠中，对地球位置了如指掌，取得了战争的胜利。

5．卫星移动通信系统

卫星移动通信系统是指借助通信卫星的转发作用完成的移动通信。在卫星移动通信系统中，卫星相当于地面移动通信系统的基站，起着转发信息的作用。由于卫星高高在上，因而它的覆盖范围很大。利用卫星来解决人烟稀少及无法建立地面基站地区的移动通信问题是非常适合的。

利用卫星提供商业移动通信业务始于 1976 年美国的 Marisat 系统。1979 年，世界第一个卫星移动通信服务提供者——国际海事卫星组织（INMARSAT）诞生，并于 1982 年 1 月正式运营。目前，INMARSAT 系统已经发展到第三代，其用户的分布领域从海用逐步向陆地和航空扩展。到目前为止，世界上其他大公司和国家也提出并建立了许多卫星移动通信系统，以提供个人全球通信系统，比较典型的有 Motorola 公司的“铱”系统、Qualcomm 和 Loral

公司提出的 GlobalStar 系统和 TRW 等公司的 Odyssey 系统。

（1）卫星移动通信系统的分类

① 按所用轨道划分，卫星移动通信系统也分为高轨道（GEO）、中轨道（MEO）和低轨道（LEO）卫星移动通信系统。

高轨道即静止轨道卫星移动通信系统技术成熟、成本相对较低，目前可提供业务的 GEO 系统有 INMARSAT 系统、北美卫星移动系统 MSAT、澳大利亚卫星移动通信系统 Mobilesat 系统。典型的中轨道（MEO）卫星移动通信系统有 Odyssey、AMSC、INMARSMT-P 系统等。另外还有区域性的卫星移动系统，如亚洲的 AMPT、日本的 N-STAR、巴西的 ECO-8 系统等。低轨道（LEO）卫星移动通信系统易实现全球覆盖，避开了静止轨道的拥挤，目前典型的系统有 Iridium、Globalstar、Teldest 等系统。中轨道（MEO）卫星和低轨道（LEO）卫星统称非静止轨道卫星，是指卫星的运转周期和地球的自转周期不同，它的位置从地面上看不是固定不动的，而是缓缓飞过的。如要求任一时刻都有一颗卫星在自己所处位置的上空，则卫星的数量将不止一个，因而这种系统的地面控制设备复杂，系统成本较高。

② 按业务划分，卫星移动通信系统可分为海事卫星移动通信系统（MMSS）、航空卫星移动通信系统（AMSS）、陆地卫星移动通信系统（LMSS）。

③ 按覆盖区域划分，卫星移动通信系统可分为全球卫星移动通信系统和区域卫星移动通信系统。

全球卫星移动通信系统可在全球范围内提供卫星移动通信业务，这种系统大多由非静止轨道卫星组成。区域卫星移动通信系统由一颗静止轨道卫星组成，提供区域卫星移动通信服务。它可以覆盖地球表面的 1/3 以上，也可以由它向本国国土及邻海范围内提供陆、海、空卫星移动通信业务。这种系统投资少，卫星寿命长（10 年以上），无需复杂的地面跟踪设施。

（2）INMARSAT 简介

INMARSAT 系统自 1979 年投入商用后，现在工作的卫星全部为第三代卫星，目前支持的用户服务如下：在海事应用方面包括直拨电话、电传、传真、电子邮件和数据连接；在航空应用方面包括驾驶舱语音、数据、自动位置与状态报告和旅客直拨电话；在陆地应用方面包括微型卫星电话、传真、数据和运输方向上的双向数据通信、位置报告、电子邮件和车队管理等。

INMARSAT 系统由空间段、岸站（CES）和移动终端（MES）三大部分组成，如图 6-16 所示。

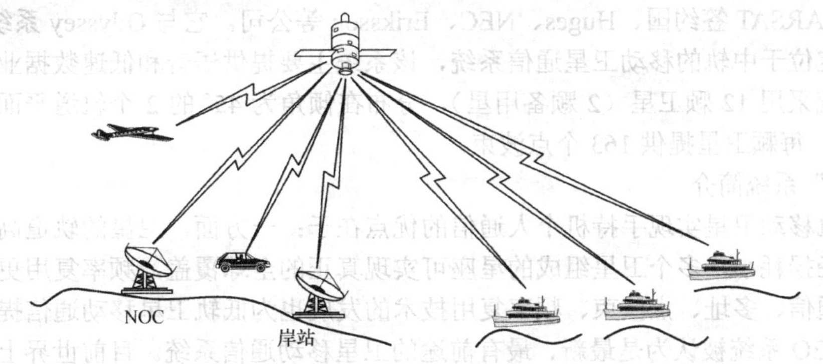

图 6-16　INMARSAT 系统示意图

① 空间段

空间段由通信卫星、网络控制中心（NOC）和网络协调站（NCS）组成。

INMARSAT 通信卫星的基本功能是接收发自岸站和船站的信号，将其放大并再次传送给它们，卫星转发器执行频率转换，即在岸到船方向从 6GHz 波段变频到 1.5GHz 波段，在船到岸方向从 1.6GHz 波段变频到 4GHz 波段。INMARSAT 通信卫星分布在地球同步静止轨道上，距离地球 35 800km。INMARSAT 现有 4 颗星重叠覆盖地球，并有备用星，其所处位置如下：

大西洋区，东区为西经 16°；

大西洋区，西区为西经 54°；

印度洋区，东经 65°；

太平洋区，东经 178°。

网络控制中心（NOC）设在伦敦国际卫星组织总部，负责监测、协调和控制网络内卫星的操作运行。依靠计算机检查卫星工作状态，同时还对各地面站的运行情况进行监督，协助网络协调站对有关事务进行协调。

网络协调站（NCS）是整个系统的一个重要组成部分。在每个洋区至少有一个地面站兼作网络协调站，并由它来完成该洋区内卫星通信网络必要的控制和分配工作。

② 岸站

岸站（CES）是指设在海岸附近的地球站，由各国 INMARSAT 签字者建设运营，它既是卫星系统与地面陆地电信网络的接口，也是一个控制和接入中心。

③ 移动终端

INMARSAT 开发了许多不同的终端，支持不同的业务，用户可通过终端使信号上达卫星，再经过地面站，通过国际或国内的公众通信网与其他固定或移动用户通信。反过来，公众网等固定或移动用户也可以通过卫星与卫星终端通信。

INMARSAT 的终端包括 INMARSAT-A，INMARSAT-B，INMARSAT-M，INMARSAT-C 等。

由于卫星移动通信系统的最终目标是提供个人通信业务，所以手持机是最基本的移动终端，要求它体积小、重量轻、便于携带。根据对人体细胞组织辐射安全的许可标准，手持机的平均辐射功率将被限制在 0.25～0.4W。

为了保障通话质量，必须增加卫星的发射功率，这对静止轨道卫星来说难以实现。因此，目前大部分卫星移动通信系统都采用中、低轨道卫星来实现。

（3）ICO 简介

中轨卫星移动通信系统（ICO）的前身是 INMARSAT-P 系统，目前合作伙伴包括 ICO-Global、INMARSAT 签约国、Huges、NEC、Eriksson 等公司。它与 Odyssey 系统（已夭折）一样是一种定位于中轨的移动卫星通信系统，该系统主要提供语音和低速数据业务。

ICO 系统采用 12 颗卫星（2 颗备用星），分布在倾角为 45° 的 2 个轨道平面上，轨道高度 10 355km，每颗卫星提供 163 个点波束。

（4）“铱”系统简介

利用低轨移动卫星实现手持机个人通信的优点在于：一方面，卫星的轨道高度低，传输时延短、路径损耗小，多个卫星组成的星座可实现真正的全球覆盖，频率复用更有效；另一方面，蜂窝通信、多址、点波束、频率复用技术的发展也为低轨卫星移动通信提供了技术保障。因此，LEO 系统被认为是最新、最有前途的卫星移动通信系统。目前世界上已有许多组织和大公司提出了各自的卫星移动通信系统计划，迄今真正付诸实施的主要有“铱”系统、“全球星”系统、“奥德赛”系统。其中“铱”系统由于最接近全球个人通信系统，因而受到了人们的广泛关注。下面主要介绍“铱”系统。

“铱”系统（Iridium）是美国摩托罗拉公司（Motorola）于 1987 年提出的低轨全球个人

卫星移动通信系统，它与现有通信网结合，可实现全球数字化个人通信。该系统原设计为 77 颗小型卫星，分别围绕 7 个极地圆轨道运行，因卫星数与铱原子的电子数相同而得名。后来改为 66 颗卫星围绕 6 个极地圆轨道运行，但仍用原名称。极地圆轨道高度约 780km，每个轨道平面分布 11 颗在轨运行卫星及 1 颗备用卫星，每颗卫星直径 1.2m，高 2.3m，重 341kg。

"铱"系统卫星有星上处理和星上交换功能，并且采用星际链路（星际链路是铱系统有别于其他卫星移动通信系统的一大特点），因而系统的性能极为先进，但同时也增加了系统的复杂性，提高了系统的投资费用。

"铱"系统中，由于地球自转，所以在地球的任何地方都会至少看到有一颗卫星在空中，卫星与同一轨道平面内的相邻卫星之间用双向链路相连，可以互通。相邻轨道的卫星之间也有交叉链路相连，链路均工作于 Ka 波段。因此卫星在天上构成了一个互连的网络。卫星使用点波束（每颗卫星有 48 个点波束）照射地面构成小区，以便频率复用。系统通过分布在不同地域的若干个关口站与地面网络互连，关口站和卫星之间的链路也采用 Ka 波段。

地面的移动终端以 L 波段与卫星相连，功率只需 0.4W。当移动终端需要呼叫地面系统用户时，先将信号发给卫星，经卫星系统确认为本系统用户后，即将信号通过链路转发给地面关口站，由关口站转给地面系统用户。如果呼叫的是另一个"铱"系统用户，则信号将经过卫星之间的链路转发给被叫用户上空的卫星上，由该卫星转发下去，让该用户接收。假若在通话过程中，该卫星已飞越覆盖范围，则系统会将通话切换到另一个进入该范围的卫星信道上去，这和地面蜂窝网中的越区切换类似。此外，如果用户脱离他原来所在的地区移动到另一地区时，也要进行位置登记，以便漫游时能呼叫到他。"铱"系统的示意图如图 6-17 所示。

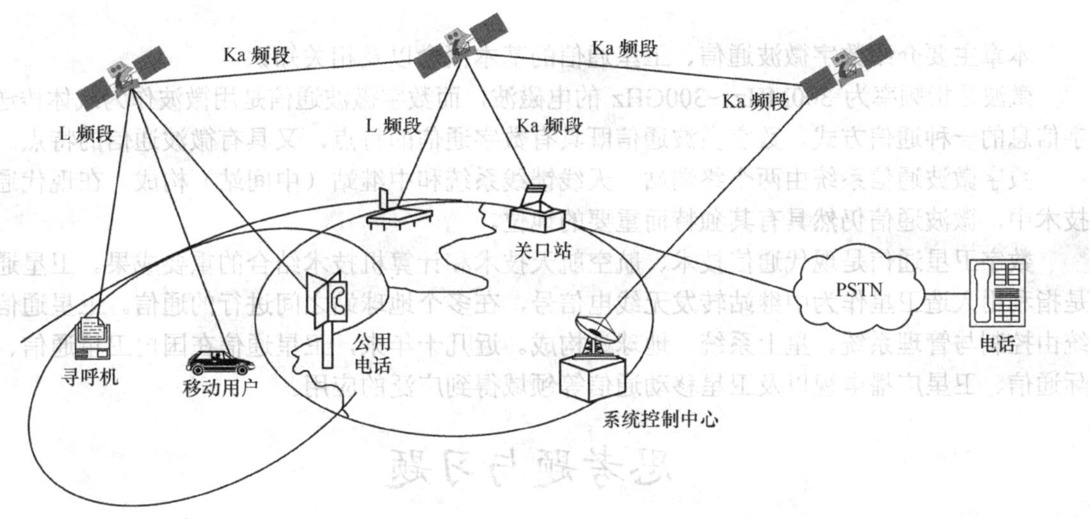

图 6-17　"铱"系统的示意图

铱系统最显著的特点就是星际链路和极地轨道。星际链路从理论上保证了可以由一个关口站实现卫星通信接续的全部过程。极地轨道使得铱系统可以在南北两极提供畅通的通信服务。铱系统是唯一可以实现在两极通话的卫星通信系统。铱系统最大的优势是其良好的覆盖性能，可达到全球覆盖，基本上能做到用手机实现任何人（Whoever）在任何时间（Whenever）、任何地方（Wherever）可以以何方式（Whatever）与任何人（Whomever）进行通信，可为地球上任何位置的用户提供带有密码安全特性的移动电话业务。低轨卫星系统的低时延给铱系统提供良好的通信质量。

铱系统可提供电话、传真、数据和寻呼等业务。它的用户终端有双模手机、单模手机、固定站、车载设备和寻呼机。

1998年11月，“铱”星公司的全球卫星通信系统全面建成并正式投入商业运营，我国用长征二丙火箭也先后6次参与了“铱星”的发射任务，北京市已建成铱星系统的关口站。此后，“铱”星公司在世界各地广设分公司，并拨出庞大的财务预算在全球范围内进行大规模的广告宣传活动，以纪念这一重大的技术创举，可谓声势浩大。不过，随着时间的推移，“铱”星公司在项目论证上存在的严重问题就逐渐暴露出来了。“铱”星公司所吸收的卫星电话用户的数量远远低于原来的预期，甚至达不到当初预计数字的一个零头。

同时，由于“铱”星公司的有息负债额高达44亿美元，占投资总额的80%，严重的入不敷出导致资金迅速枯竭，财务上陷入困境，该公司不得不在1999年8月向法院申请破产保护。2000年3月17日，“铱”星公司被宣布破产，耗资57亿美元的“铱”系统最终走向失败。目前几十颗“铱”星委托波音公司管理和维护。

虽然走向大众的“铱”星系统失败了，但卫星移动通信系统仍存在广阔市场。因为目前，陆地蜂窝移动通信系统只能覆盖地球 2%的面积，而且受用户和通信量制约，在一些地广人稀的区域长期运营蜂窝网得不偿失，加之海事卫星系统几十年来的成功运营，均表明卫星移动通信市场前景广阔。目前卫星通信系统仍在发展，除已投入使用的全球星系统外，还有ICO系统、奥德赛系统、日本的NTT系统、欧洲的RACE系统，都有着广阔的发展前景。

小　结

本章主要介绍数字微波通信、卫星通信的基本概念以及相关知识。

微波是指频率为300MHz～300GHz 的电磁波，而数字微波通信是用微波作为载体传送数字信息的一种通信方式。数字微波通信既具有数字通信的特点，又具有微波通信的特点。

数字微波通信系统由两个终端站、天线馈线系统和中继站（中间站）构成。在现代通信技术中，微波通信仍然具有其独特而重要的地位。

数字卫星通信是现代通信技术、航空航天技术和计算机技术结合的重要成果。卫星通信是指利用人造卫星作为中继站转发无线电信号，在多个地球站之间进行的通信。卫星通信系统由控制与管理系统、星上系统、地球站构成。近几十年来，卫星通信在国内卫星通信、国际通信、卫星广播电视以及卫星移动通信等领域得到广泛的应用。

思考题与习题

6-1　什么是微波和微波通信？它有何特点？使用什么频段？

6-2　简述数字微波中继通信系统的组成与各部分的主要功能。

6-3　卫星通信的特点有哪些？简述卫星通信系统的组成与功能（工作过程）。

6-4　卫星通信正在使用的工作频段有哪几个？

6-5　静止通信卫星主要由哪几部分组成？各分系统的功能是什么？

6-6　数字卫星地球站主要由哪几部分构成？各部分设备的功能分别是什么？

第7章 数字移动通信技术

移动通信技术融合了当代电子技术、计算机技术、通信技术、网络技术和数字信号处理技术，发展日新月异。从1978年第一代模拟蜂窝移动通信系统AMPS开发成功，不过10多年，第二代全数字蜂窝移动通信系统GSM就于1991年投入使用，CDMA系统也于1996年投入运营。现在第三代蜂窝移动通信系统已在全球范围内部署，第四代系统也已悄然问世。

移动通信不受时间和空间的限制，信息交流机动、灵活、迅速可靠，它的出现和发展给人们实现任何时间、任何地点都可以与任何人进行通信的追求目标带来了希望。移动通信技术的发展趋势是宽带化、分组化、智能化、综合化、个人化。

本章主要介绍移动通信的基本概念、特点及系统的基本组成以及目前广泛应用的GSM和CDMA两种数字蜂窝移动通信系统的结构、特点及相关技术，并简要介绍第三代和第四代移动通信系统。

7.1 移动通信概述

移动通信是指通信双方或一方处于移动状态中或暂时停留在某一非预定的位置上进行信息传输和交换的通信方式。它包括移动体与移动体之间的通信、移动体与固定体之间的通信。移动体可以是处于移动状态的人，也可以是行进的汽车、轮船、火车、飞机等。因此，陆地移动通信、卫星移动通信、舰船通信、航空通信等都属于移动通信的范畴。

7.1.1 移动通信系统的基本组成与分类

随着超大规模集成电路、低速语音编码技术、计算机技术和数字信号处理技术的飞速发展，移动通信技术得到了蓬勃的发展和广泛的应用。我们常见的移动通信系统有蜂窝移动通信系统、无线寻呼系统、无绳电话系统、集群移动通信系统、卫星移动通信系统、海事卫星移动通信系统等。各种不同的移动通信系统的基本结构都是相同的。

1．移动通信系统的基本组成

各种移动通信系统都主要是由移动业务交换中心（MSC）、基地站（BS）和移动台（MS）3个部分组成。一个陆地移动通信系统的基本组成如图7-1所示。

MSC是所有基站及所有移动用户的交换控制与管理中心，还负责与固定电话网或其他通信网的连接、交换接续以及对移动台的计费。

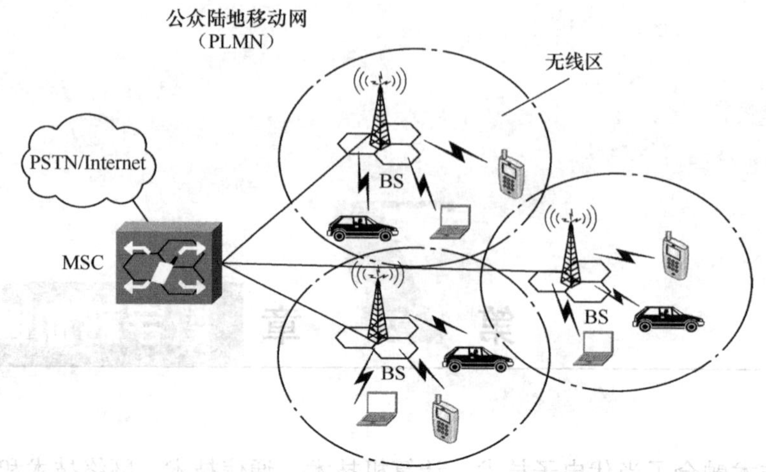

图 7-1　陆地移动通信系统的基本组成

每个 BS 都有一个可靠的通信服务范围，称为无线区。无线区的大小主要由发射机功率和 BS 天线的有效高度决定。BS 负责本无线区内 MS 与 MSC 之间的连接，它包含控制单元、收发信机组、天馈系统、电源、数据终端等。

MS 可以是车载台、便携台和手持台，其中以手持台最为普遍，MS 包括控制单元、收发信机和天线。

系统的管理功能一般由 MSC 和 BS 分担实现。BS 与 MSC 之间通过微波、同轴电缆或光缆相连，MSC 通过同轴电缆或光缆与固定电话网或其他通信网相连。随着光纤通信技术的发展，这些连接现在一般都用光缆实现。

2．移动通信系统的分类

目前，移动通信系统种类繁多，有多种不同的分类方法。通常按以下方法分类。

（1）按通信方向分，可分为单向通信系统和双向通信系统两大类。例如，无线寻呼系统就是一种只能由寻呼中心向寻呼接收机（BP 机）单向传递信息的单向通信系统；而移动电话系统则是一种双向通信系统。

（2）按工作方式分，可分为单工、双工、半双工系统。目前，绝大部分移动通信系统都是双工系统。一般双工系统又分为时分双工（TDD）和频分双工（FDD）两种。其中，频分双工的收发频率分开，接收和发送通过滤波器来完成，能够合理地安排频率资源；时分双工的收发共用同一频率，接收和发送通过时隙划分来完成，收/发之间存在时间间隔。

（3）按多址方式分，可分为 FDMA、TDMA、CDMA 移动通信系统，实际中使用的移动通信系统常采用以上几种方式的组合。

（4）按信号类型分，可分为模拟移动通信系统和数字移动通信系统，除第一代是模拟移动通信系统外，目前大多数移动通信系统都是数字的。

（5）按覆盖范围分，可分为城域、局域、全国、全球移动通信系统。例如，卫星移动通信系统是全球范围的，而小灵通则是城域的移动通信系统。

（6）按业务类型分，可分为电话、数据、综合业务等移动通信系统。早期的移动通信系统都是电话移动通信系统，而无线局域网（WLAN）属于数据移动通信系统，未来的移动通信系统将支持多种业务。

（7）按服务对象分，可分为专用移动通信系统和公众移动通信系统。

7.1.2 移动通信的电波传输特性

对于陆地移动通信，移动台天线通常离地为1～4m，电波传播受地形地物的影响很大，而且由于MS在不断运动，电波传播的路径也随之不断地变化，影响电波传播特性的地形地物也不断在变化，使移动通信的电波传播特性要比固定通信复杂得多。移动信道为典型的随参信道，其传输特性随时间的变化较快，移动通信系统的性能主要受到此信道的制约。

1. 移动通信电波传播方式

现代移动通信广泛使用VHF（150MHz）和UHF（450MHz、800MHz、900MHz、1 800MHz、2 000MHz）频段，其无线电波主要是以空间波的形式进行传播，通信距离一般均小于视线距离。

移动通信环境建筑物很多，地形地物复杂，发射/接收天线相对较低，实际的电波传播所经历的空间非常复杂，电波传播方向可能会发生改变。在发射天线周边无阻挡的空间范围内发射电波以直射方式到达接收天线，直射波比其他传播方式传播距离短、幅度强；发射电波辐射至地形地物的表面，部分能量被其表面反射，经反射后的电波最终到达接收点，通常电波的反射路径可能不止一条；当接收机和发射机之间的无线路径被地形地物阻挡时，有部分电波绕至阻挡物的背面。此外，移动电波传播路径上各种大大小小的障碍物还会形成散射波。

因此，实际情况下的移动通信电波传播是直射波、反射波、绕射波、散射波等多种传播方式的合成，如图7-2所示。

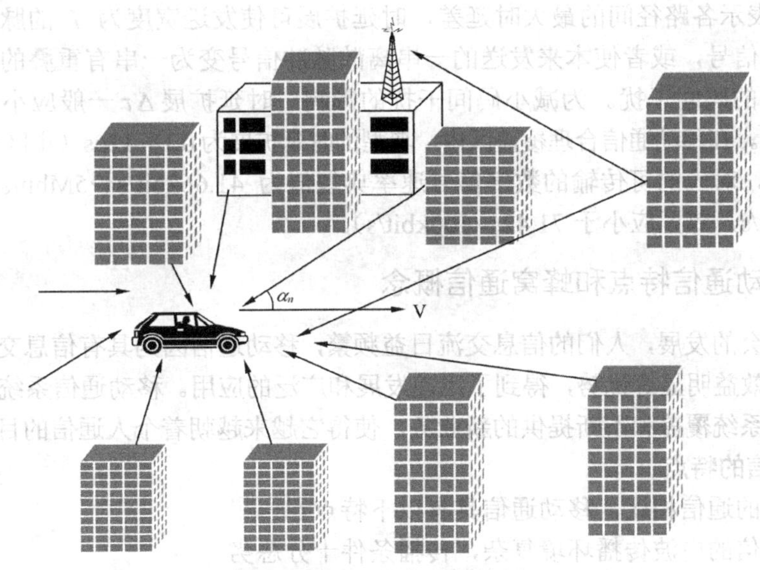

图7-2 移动通信电波的传播方式

2. 移动通信电波传播的特性

移动通信电波经多条传播路径到达接收端，具有如下传播特性。

（1）存在严重的衰落现象

如图7-2所示，在陆上移动通信系统中，MS接收信号是经多径传播来的信号的矢量合成。多径传播的各条路径信号到达接收点的时间先后不同，其相位也各不相同，同时其幅度也各不相同。随着MS的移动，多径传播的传播环境也在不断变化，从而使多径传播的路径、多径条数、多径时延、各条路径信号强度等均不断变化，造成多径信号合成的接收信号电平在大范围内快速随机地变化（起伏），呈快衰落特征，这也是由多径传播造成的多径衰落。信号衰落深度可达 30～40dB，衰落速率与 MS 的运动速度、工作频率等因素有关，可以达到每秒数十次。在陆地移动环境下，随着地形地物的不同，多径时延可以达到数微秒。

同时，随着 MS 位置不断改变，电波在传播路径上遇到的建筑物、森林、山丘等障碍物阻挡情况也在变化，相应的障碍物产生的电磁场的阴影也在变化，MS 通过不同的阴影区时，就会引起接收信号的场强中值变化，这就是阴影衰落。它是随位置的较大变化而造成的慢衰落，衰落速率远小于上述多径效应引起的"快衰落"，衰落大小取决于障碍物的尺度和工作频率，衰落速率不仅和障碍物状况有关，而且与 MS 的速度有关。

衰落对移动通信的影响是很大的，深度的衰落必然会引起通信质量的恶化，甚至使通信中断，因此要为接收电平留有足够的余量，并采用分集接收等技术来减轻衰落的影响。

（2）存在多普勒效应

MS 与 BS 天线间的相对运动引起接收电波的频率发生偏移，这就是多普勒频移。它使各条路径信号的相位产生附加的变化，引起传输信号的波形产生"晃动"和相位失真，从而影响通信质量。频移的大小按式（5.1-2）计算，其值可达数十赫兹。由多普勒效应引起的信号衰落是在特定时间段发生的，因而被称为时间选择性衰落，是对信道时变特性的描述。

（3）存在时延扩展

在移动通信中，由于电波多径传播而导致的多径时延将引起接收信号波形展宽。从时间域来看，接收信号出现了所谓的时延扩展。时延扩展是对信道色散效应的描述。

通常用 $\Delta\tau$ 表示各路径间的最大时延差，时延扩展可使发送宽度为 T 的脉冲信号展宽成宽度为 $T+\Delta\tau$ 的信号，或者使本来发送的一串离散脉冲信号变为一串有重叠的信号，这便形成了数字通信中的码间干扰。为减小码间干扰的影响，时延扩展 $\Delta\tau$ 一般应小于所传输信号码元宽度的一半。在移动通信合理覆盖区内，典型的时延扩展为 0.1～12μs（市区可达 6～12μs，郊区为 1～7μs)，对应的可传输的数字信号速率典型值为 41.66kbit/s～5Mbit/s（市区应小于 41.66～83.33kbit/s，郊区应小于 71.42～500kbit/s)。

7.1.3 移动通信特点和蜂窝通信概念

随着人类社会的发展，人们的信息交流日益频繁，移动通信因为具有信息交流灵活、使用十分便捷、经济效益明显等优势，得到了迅速发展和广泛的应用。移动通信系统庞大的系统容量、日益完善的系统覆盖和不断提供的新业务，使得它越来越朝着个人通信的目标靠近。

1. 移动通信的特点

与固定点间的通信相比，移动通信具有以下特点。

（1）移动通信的电波传播环境复杂，传播条件十分恶劣

移动通信利用无线电波进行信息传输，受周围的地形地物影响较大，电波在传播过程中可能产生反射、绕射和散射，形成多径传播，使接收信号发生"衰落"，存在多径衰落、阴影衰落、多普勒效应及时延扩展等现象，从而使移动通信中的信号特征非常不稳定。移动通信系统的通信距离除与电台功率、天线高度、工作频率有关外，还与电波传播环境密切相关。

（2）干扰比较严重

在移动通信系统中，BS 内常设有多部收/发信机，服务区内有许多 MS，其分布、距 BS 的距离随时在变化，它们同时工作会产生严重的干扰；服务区内还有不少其他移动通信系统，

也会引起系统间电台的干扰。互调干扰、邻道干扰、同频干扰、多址干扰等突出。服务区内的汽车点火噪声、工业噪声以及大气噪声、太阳系噪声等，使移动通信中的干扰问题变得十分严重。因此在系统设计时，应根据不同形式的干扰采取不同形式的抗干扰措施。

互调干扰是由于部件的非线性引起的干扰，在非线性部件的输出信号中，包含输入信号所没有的新的频率成分，如果这些新的频率成分落入其他信道的频率范围之内，就会对该信道造成干扰；邻道干扰是相邻或相近信道之间，由于信道隔离度不够造成的干扰；同频干扰是指相同频率的无用信号造成的干扰。

（3）远近效应

在同一BS覆盖范围内，MS在BS附近时场强最大，到服务区边缘时最小，其间的差异可达几十分贝，因此接收机必须要有较大的动态范围。

（4）可利用的频谱资源有限

随着社会经济的发展，用户量的剧增与频率资源有限的矛盾日趋尖锐，必须研究和采用节省频率资源、提高频率利用率的新技术、新体制，如高效窄带调制、波道窄带化、多波道共用、频率复用、数字化、智能天线、开发新频段和宽带多址等技术。

（5）移动性带来的交换控制、网络管理复杂

由于MS在无线区内处于不确定的运动中，这种运动可能要跨越不同的无线区，有时甚至要跨地区、跨国界，而单一移动通信设备由于发射功率一定，其作用距离也是有限的，因此网络层就必须跟踪用户的移动，以类似“接力”的方法来保持通信的连续。同时，移动通信网络与其他网络的多网并行，需同时实现互连互通等。因此，移动通信网络必须具备很强的管理和控制能力，如用户的登记和定位，通信（呼叫）链路的建立和拆除，信道资源的分配和管理，通信的计费、鉴权、安全、保密管理、越区切换、漫游的控制等。

（6）网络结构多种多样

目前，蜂窝移动通信技术已经成为主流移动通信技术，但运营商的组网方式却因环境条件、业务分布的不同而千差万别，这就带来了网络管理、优化、仿真研究的复杂性。

（7）MS可靠性及工作条件要求较高

移动通信设备（主要是MS）大多装载于汽车、轮船、飞机等移动体上或人体随身携带，因此除要求MS应体积小、重量轻、成本低、耗能少，操作维护方便、安全稳定外，还应保证能在高低温、震动、冲击、尘土等恶劣的室外条件下稳定可靠地工作。

2．蜂窝移动通信的概念

（1）移动通信的工作方式

根据通信时频道的使用方式不同，移动通信的工作方式可分为单工、半双工和双工等三种制式。各种蜂窝移动通信系统的工作方式都是双工制。

① 单工制

单工制是任一时刻用户只能处于发信或收信状态的一种通信方式，如图7-3所示。通信双方可利用按键控制收信/发信，当电台甲发话时，先按下“收/发控制按钮”（Push to Talk，PTT），这时电台甲发送机处于发射状态，电台乙则松开PTT处于接收状态。电台乙回答时，则按下PTT，电台甲松开PTT，此时电台乙发话，电台甲收听。

单工制又分同频单工和异频单工两种。通信双方收发使用同一频率的称为同频单工；收/发使用不同频率的称为异频单工。在图7-3中，括号内的f_1或f_2为异频单工时的频率。

单工制常用于简单专用调度系统，如公安、部队的对讲指挥通信或车辆无线调度系统等。

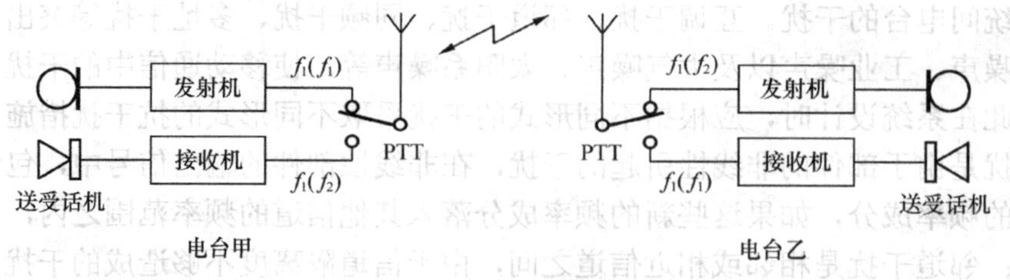

图 7-3 单工制通信方式

② 双工制

双工制是通信双方均可同时收发的工作方式，即任一方在发话的同时仍能收听对方讲话，像普通电话一样使用方便。将图 7-3 中的 PTT 按钮换为双工器，则构成双工制系统，若其收/发使用相隔足够距离的不同频率工作，就为频分双工（FDD）。模拟蜂窝移动通信系统、GSM 及 CDMA 数字蜂窝移动通信系统都是采用频分双工制。

③ 半双工制

半双工制是指 BS 采用双工方式，即收/发信机同时工作，而 MS 采用异频单工制工作。

单工、半双工、双工制各有其特点，应根据不同移动通信系统的实际需要来选定。

（2）蜂窝移动通信无线覆盖区结构

一般来说，移动通信网络的服务区域覆盖方式可分为两类，一类是小容量的大区制结构，另一类是大容量的小区制结构。

大区制一般用一个基站，或者用尽量少的 BS 来覆盖整个服务区。其特点是 BS 的发射功率大，BS 天线一般架设在无线区的中心，高度很高，以有效接收 MS 的微弱信号，尽可能扩大服务区域，其覆盖半径最大可达 30～50km。这种网络结构简单，建网成本低，控制简单，适用于用户密度不大、通信容量较小的系统。因此这种体制主要用于车辆调度、警察、消防、救护等通信系统。但这种系统频率利用率低，扩容困难，不能漫游。

为解决大区制移动通信网系统容量有限、覆盖有限、频率利用率低的问题，美国贝尔实验室的科学家提出了小区制（蜂窝）的概念。小区制是将整个服务区划分为若干个小无线区（小区），每个小无线区分别设置一个 BS，负责与本区内所有 MS 的无线电通信；同时设置一个或几个 MSC，实现对这些 BS 的统一控制与交换接续，实现服务区内 MS 与 MS、MS 与固定电话用户之间的通信，如图 7-4 所示。由图 7-4 可以看出，小区制相邻小区的各个 BS 应使用不同的频率组，否则会引起干扰。相对于大区制，小区制有如下特点。

① 频率可重复使用，频谱利用率高，系统容量大

小区制中同一小区使用相同的频率组，相邻小区使用不同的频率组，空间相隔几个小区后使用过的频率组可重复使用而互不干扰，这就是频率复用。小区制通过频率重复使用技术，可以有效地解决波道数有限和用户数量大的矛盾。

无线区越小，同频复用时的距离也就越小，这样，一个较大的服务区内，同一个或一组频率可以被重复使用的次数也就越多，这就等效于增加了单位面积上使用的频道数，提高了通信区域的容量密度，从而有效地提高了频谱利用率。同时，随着用户数的不断增加，无线区还可以进一步划小（称为小区分裂），以进一步提高频谱利用率和系统容量，在一定程度上不断适应用户数增长的需要。从理论上来说，无线区越小，频率利用率越高，用户容量也越大。随着移动通信的发展和移动用户数的急剧增加，无线区的半径也越来越小，从半径 1km 至数 km 的宏小区（宏蜂窝），到半径 200～300m 的微小区（微蜂窝），半径 100m 以下的微

微小区（微微蜂窝）也已出现。

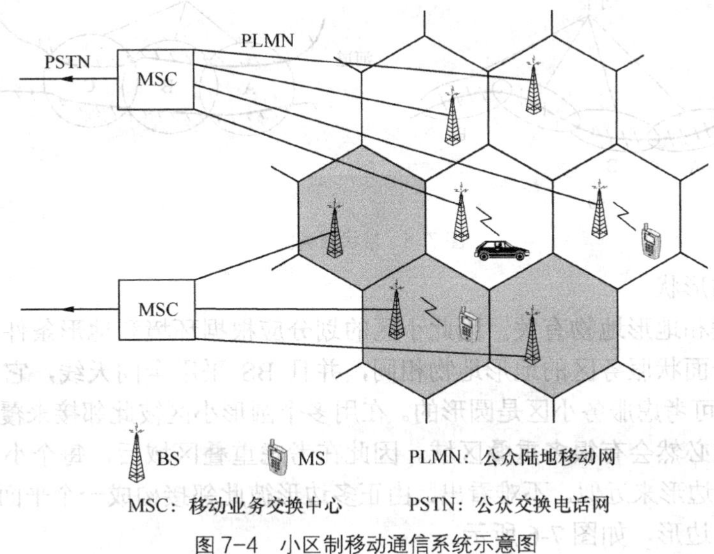

图7-4 小区制移动通信系统示意图

然而，无线区的微小化也会带来一些不利因素，如MS在一次通话过程中越区的概率将增加，通话中信道切换的频度增加。所以，对可能在高速运载体上使用的移动电话系统，其BS的覆盖半径不宜过小。

城区中小区的半径主要取决于此区域内的用户密度，当用户密度很高，无法再通过小区裂变来满足容量需求时，可通过增加新的频段获得更多的无线频道来增加系统容量，如目前广泛使用的GSM网络就是使用了900M及1 800M两个频段的双频网络。目前，公众蜂窝移动电话系统中BS的覆盖半径市区大约为0.6～3km，郊区为3～6km左右。半径在200～300m的微小区甚至更小的微微小区则适用于运动速度较低的系统，如公众无绳电话系统。

② 可实现大区域覆盖

通过无线区的彼此邻接，小区制能根据需要扩大移动通信网的覆盖区域，实现大区域（地区、省、全国，甚至全球）覆盖。小区制移动通信系统中，虽然相邻小区使用不同信道，但小区制蜂窝移动通信网可以采用位置登记和越区信道切换、漫游通信等技术，使移动用户能在很大范围内得到连续的服务，并且可通过连网实现国内或国际漫游。

③ 发射功率小，系统的控制管理复杂

采用小区制后，单个BS的服务半径不大，这样BS和MS都可以用较小的功率发信，有利于减小电台之间的相互干扰，延长MS电池的持续工作时间，如现在MS的功率可降到几百毫瓦。但是，在这种结构中，移动用户在通话过程中，从一个小区转入另一个小区的概率增加，MS需要经常更换工作信道而不引起通话中断（这个过程称为越区切换），由于BS、MS数目众多，所以造成系统控制交换非常复杂，建网的成本很高。

（3）区域覆盖

考虑服务区域范围、用户数、容量密度及频率组不相互干扰等因素，小区制的服务区域一般分为带状服务区和面状服务区。带状服务区是指无线电场强覆盖区域呈带状，其业务范围要在一个狭长的带状区域内进行，也称链状服务区，主要用于铁路、高速公路和沿江通信，如图7-5所示。当业务覆盖区域为面状时，构成面状服务区，蜂窝移动电话网和公众无绳电话网业务覆盖区域一般都是面状。

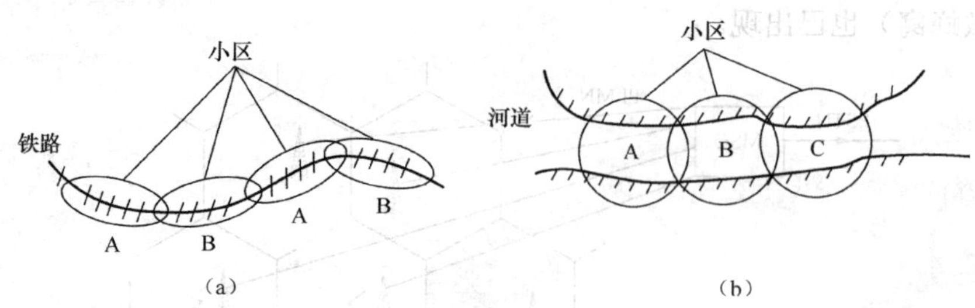

图 7-5 带状服务区

① 无线区的形状

由于电波传播和地形地物有关，因此小区的划分应根据环境和地形条件来决定。为了研究方便，假定整个面状服务区的地形地物相同，并且 BS 采用全向天线，它的覆盖区域大体上是一个圆，因此可考虑服务小区是圆形的。在用多个圆形小区彼此邻接来覆盖整个服务区域时，圆形小区之间必然会有很多重叠区域。因此在考虑重叠区域后，每个小区的覆盖区域可以用圆的内接正多边形来近似。不难看出，由正多边形彼此邻接构成一个平面时，只能是正三角、正方形和正六边形，如图 7-6 所示。

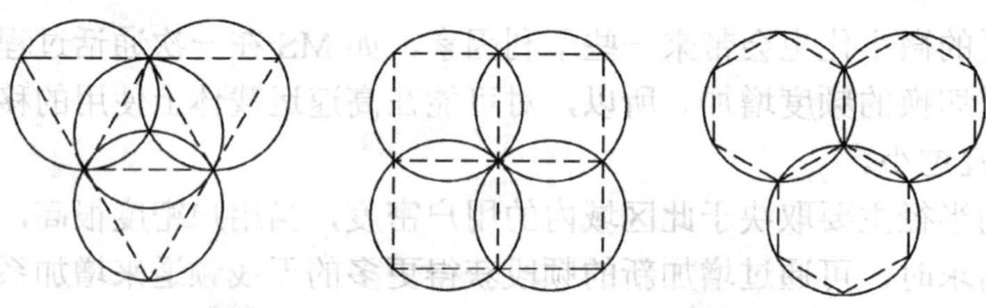
图 7-6 组成面状服务区的小区形状

以上 3 种图形中，正六边形和圆的近似程度最好，而且用正六边形彼此邻接填满整个服务区所需的正六边形个数最少。也就是说，在其他条件都相同时，面状网无线小区以正六边形为最佳。因此，在系统设计中无线小区都采用正六边形。又由于正六边形相邻排列的布局结构与蜂窝很相似，所以采用小区制的移动通信系统又被称作蜂窝（房）移动通信系统。

② 单位无线区群

蜂窝移动通信系统设计时采用正六边形作为覆盖服务区的最小单元，由若干个正六边形无线区彼此邻接排布，构成单位无线区群，再由若干单位无线区群彼此邻接排布构成整个无线区。

为防止同频干扰，一个单位无线区群的各个无线区不能使用相同的无线信道，不同的无线区群中相同的无线信道则可被重复使用，如图 7-7 所示，图中数字为使用的频率组编号。

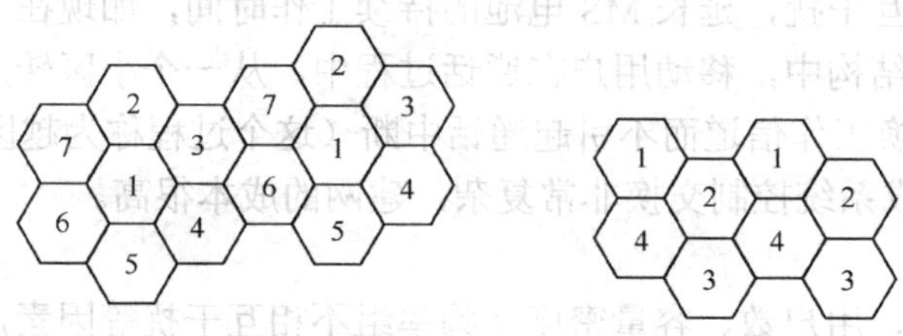

(a) TACS 系统 7 小区无线区群　(b) GSM 系统 4 小区无线区群

图 7-7 单位无线区群

下面讨论一下单位无线区群中小区数的确定。假设一个蜂窝系统有 S 条可用的双向信道。该系统每个单位无线区群有 N 个小区，每个小区分配 K 条信道（$K<S$），也就是说该系统有

N 个信道组，每个信道组有 K 条信道。由此可知

$$S = KN \tag{7.1-1}$$

如果单位无线区群在系统中复制了 M 次，则双向信道的总数 C 可以作为容量的一个度量，故有

$$C = MKN = MS \tag{7.1-2}$$

由上式可以看出，通过采用小区制频率复用，系统的容量大大提高了。N 减小，同频小区间的间隔可以更近，覆盖同样大小的地理区域，区群数 M 增加，从而使容量 C 增大。应该说，N 越小越好。但间隔近了，同频道干扰也就增强了，所以单位无线区群中小区数目 N 必须在频率利用率与系统性能间进行折中。

③ 中心激励与顶点激励

如果 BS 位于小区的中心，采用全向天线，在理想情况下小区的覆盖区域是一个圆形，这称为“中心激励”方式，如图 7-8（a）所示。若在每个蜂窝的相间的三个角顶点上设置 BS，并采用 3 个互成 120° 的扇形定向天线，同样能够实现小区覆盖，这称为“顶点激励”方式，如图 7-8（b）所示。

由于“顶点激励”方式采用定向天线，对来自 120° 主瓣以外的同信道干扰信号来说，天线的方向性能够提供一定的隔离度，降低了同信道的干扰。同频干扰的降低可以降低同频复用的距离，增加频率复用的次数，所以顶点激励能进一步提高频谱的利用率。

④ 小区的分裂

以上是假设整个服务区的用户密度是均匀分布的，因此无线覆盖区的半径是相同的，每个无线区分配的信道数也是相同的。但是在实际中各地区的用户密度通常是不均匀的。例如，市区的用户密度比郊区高，而商业区的比其他地区高。所以，小区的服务半径的大小应该由该小区的用户密度来确定，用户密度较低的郊区小区半径较大，用户密度高的市区和市中心小区半径则小一些。

另一方面，移动通信网在建网初期无线小区的半径可以大一些，随着用户数的不断增加，原有无线小区的用户密度上升，话务阻塞率增高，服务等级下降，此时就可以采用小区分裂的方法进行扩容，即将原有无线区一分为三或一分为四。由于新的小区半径缩小，整个系统服务区的小区数增多，频率复用次数增加，系统的容量就可以大大提高了，如图 7-9 所示。

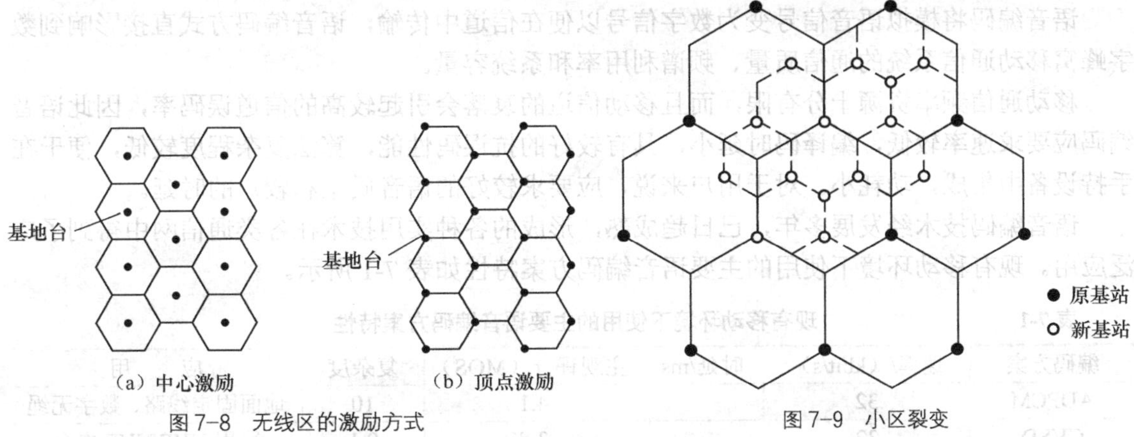

图 7-8 无线区的激励方式

图 7-9 小区裂变

从理论上来说，通过小区的多次分裂，系统的容量是无限制的，但小区的最小半径受到移动交换机处理越区信道切换能力的限制。同时，BS 越多，系统的投资也越高，所以移动通

信小区的半径通常在 1～1.5km 左右。

（4）多信道共用

移动通信系统中，为保证一定的用户容量，BS 具有多个无线信道，如何在众多用户间有效分配这多个无线信道是一个重要的问题。通常有以下两种分配方式。

① 固定信道分配。其是将系统内的 n 个用户分成 m 个组，每组的 n/m 个用户固定分配使用某一个或几个信道。这种分配方式系统简单。但由于各组业务量不可能完全一样，因此会造成有的组业务量大，阻塞率高；有的组业务量少，信道大部分时间空闲，而各组之间信道不能调剂，系统的信道利用率低。

② 动态信道分配。其是将服务区内的所有信道为所有用户共用，而不固定分给某个或某些用户。当某一用户发起呼叫时，由控制中心发出信道指配指令，为起呼的 MS 指配一空闲信道，此用户通话结束后信道即释放。这种分配方式中使用范围最广的是专用呼叫信道方式。

专用呼叫信道方式也叫专用控制信道方式，这种方式是在系统中设置专用的呼叫信道，专门用于处理移动用户的主呼、向移动用户发起选呼、指配通话用的语音信道等。所有移动用户只要不通话就停留在这个呼叫信道上守候。移动用户主呼时，主呼信号通过专用呼叫信道发往控制中心；控制中心通过专用呼叫信道给主叫和被叫用户指配通话用的空闲信道，MS 根据指令转入分配的空闲信道通话；通话结束后再返回到专用呼叫信道上守候。MS 被呼时，BS 在专用呼叫信道上发出选呼信号，被呼 MS 应答后按 BS 的指令转入分配的空闲信道通话。

专用呼叫信道方式用专门的信道处理呼叫，速度快，同抢率低，适于信道数较多、容量较大的移动通信系统，如公众蜂窝移动通信系统、大部分的集群通信系统。对一些小容量的专用移动通信系统，用户数和共用信道数不多，此时专用呼叫信道的信道利用率不高，因此一般不采用这种方式。但因为专用呼叫信道方式大都采用数字信令，可提供排队、多级用户权限、动态重组等功能所需的复杂信令，因此在容量不很大的集群系统中也有广泛的应用。

3．蜂窝移动通信的关键技术

蜂窝移动通信应用了多种重要的通信技术，其中最主要的是语音编码与信道编码、数字调制与分集接收、多址技术、交换与接续、功率控制等。

（1）语音编码与信道编码

① 语音编码

语音编码将模拟语音信号变为数字信号以便在信道中传输，语音编码方式直接影响到数字蜂窝移动通信系统的通信质量、频谱利用率和系统容量。

移动通信频率资源十分有限，而且移动信道的衰落会引起较高的信道误码率，因此语音编码应要求速率较低，编译码时延小，具有较好的抗误码性能，算法复杂程度较低，便于在手持设备中集成，功耗小。对于用户来说，应要求较好的语音质量和较短的时延。

语音编码技术经发展多年，已日趋成熟，形成的各种实用技术在各类通信网中得到了广泛应用。现有移动环境下使用的主要语音编码方案特性如表 7-1 所示。

表 7-1　　现有移动环境下使用的主要语音编码方案特性

编码方案	速率/（kbit/s）	时延/ms	主观评分（MOS）	复杂度	应　用
ADPCM	32		4.1	10	地面固定线路、数字无绳
CVSD	32		3.8	0.1	军用 VHF/UHF 电台
CVSD	16		3.0	0.1	军用 VHF/UHF 电台
SBC-ADPCM	16	7	2.92	12	CD900 数字蜂窝

续表

编码方案	速率/（kbit/s）	时延/ms	主观评分（MOS）	复杂度	应　用
RPE-LTP	13	30	3.54	10	GSM 数字蜂窝
VSELP	8	35	3.7	10	IS 95、PDC 数字蜂窝
VSELP	4.2	35	3.6-3.8	15	iDEN 数字集群
ACELP	4.567	30	3.6	20	TETRA 数字集群

注：主观评分采用 MOS 5 级主观评分制。复用度是以 PCM 为基准，按电路运算的复杂度而作的相对比较。

GSM 数字蜂窝移动通信系统采用规则脉冲激励长期预测（RPE-LTP）语音编码方案。所谓规则脉冲激励序列，就是一组在位置上固定、幅度上变化的脉冲序列。这种方案计算量小，语音质量好，编码原理如图 7-10 所示。其输入信号是经 8kHz 抽样的语音抽样信号。

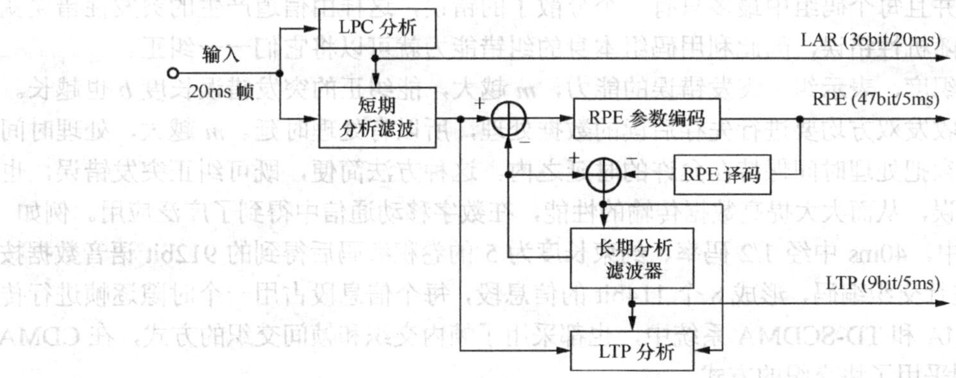

图 7-10　RPE-LTP 语音编码原理框图

由图可知，首先将输入的语音抽样信号按每 20ms 划分为一个语音帧，每个语音帧中共包含 160(8 000 × 0.02 = 160) 个样值；然后再将其划分为 4 个子帧，每个子帧占 5ms，含 40 个抽样值；再在每一子帧的 40 个样值中，按 3:1 等间隔进行抽取，即从每 3 个样值中抽取一个，可得 13 个样值；接着对这 13 个样值进行编码，通常每个子帧共编 47bit。这就是激励信号的规则脉冲编码方案。

在每一语音帧（20ms）中，除包含 RPE 外，还应包括线性预测编码（LPC）分析和长时预测（LTP）。通过 LPC 可获得声道滤波器参数，再将其转换为 LAR（对数面积比）信号。在 GSM 方案中，每 5ms 中共包含 9bit 的 LAR 信号。长时预测是反映时延和增益变化的参量，一般要求在每个子帧（5ms）中进行一次 LTP 参数计算，并且在每个子帧中有 9bit 用于 LTP。

这样每一子帧（5ms）中就包含了 47bit 的 RPE、9bit 的 LAR 和 9bit 的 LTP。又因每一个语音帧（20ms）包含了四个这样的子帧，因而在一帧中共传送 4×(47+9+9)bit = 260bit，即速率为 13kbit/s。

② 信道编码

- 突发错误。由第 2 章可知，为了提高通信系统的抗误码性能，需要采用纠错编码。纠错编码的设计不能一味地追求纠错能力而增加监督元的位数，必须根据信道特性在纠错能力、编码效率、实现复杂性等方面进行折中。无线信道中存在着严重的衰落及干扰，深度衰落和强干扰会造成连续性的码元错误，这就是所谓的突发错误。
- 交织编码。为对抗突发错误（当然也存在像有线信道一样的随机误码）对通信质量的影响，单靠单个码字本身的纠错能力是不够的，最为有效的办法是采用交织编码。

交织编码的方法如图 7-11 所示，首先将编码后形成的数字序列按行存入 m 行、n 列的存储器矩阵中，然后再按列的顺序读出，得到的序列为

$$C_{11}C_{21}\cdots C_{m1}C_{12}C_{22}\cdots C_{m2}C_{13}C_{23}\cdots C_{m3}\cdots C_{1n}C_{2n}\cdots C_{mn}$$

在接收时把上述过程逆向重复，即先按列存入存储器矩阵，再按行读出，这时就可恢复成原来的编码序列，这就是交织编码，因为原编码序列被交错编织起来了。若在传输的某一时刻发生突发错误，设有 b 个连续的错误（即突发错误长度为 b），经过上述的交织编码后，在传输时引入的突发错误被分散了。只要 $m>b$，那么 b 个突发错误就被分散到每一码组中去，并且每个码组中最多只有一个分散了的错误，这样由信道产生的突发性错误就能够被转换成随机性错误，因此利用码组本身的纠错能力就可以将它们一一纠正。

存入顺序 →；读出顺序 ↓

第 1 行	C_{11}	C_{12}	C_{13}	…	C_{1n}
第 2 行	C_{21}	C_{22}	C_{23}	…	C_{2n}
第 3 行	C_{31}	C_{32}	C_{33}	…	C_{3n}
⋮	⋮	⋮	⋮		⋮
第 m 行	C_{m1}	C_{m2}	C_{m3}	…	C_{mn}

图 7-11　交织编码

m 称为交织度，表示纠正突发错误的能力，m 越大，能纠正的突发错误长度 b 也越长。因为交织时，收发双方均要进行先存后读的数据处理，所以有处理时延。m 越大，处理时间也越长，故必须把处理时间保持在允许的时延之内。这种方法简便，既可纠正突发错误，也可纠正随机错误，从而大大提高数据传输的性能，在数字移动通信中得到了广泛应用。例如，在 GSM 系统中，40ms 中经 1/2 码率、约束长度为 5 的卷积编码后得到的 912bit 语音数据按 8×114 矩阵进行交织编码，形成 8 个 114bit 的信息段，每个信息段占用一个时隙逐帧进行传输。在 WCDMA 和 TD-SCDMA 系统中，也都采用了帧内交织和帧间交织的方式，在 CDMA 2000 系统中则采用了块交织的方式。

（2）数字调制与分集接收

① 数字调制

移动通信的应用环境及信道特性决定了其采用的调制技术与其他通信系统不同。数字调制技术应用于移动通信中需要考虑以下因素：① 在衰落条件下传输质量好；② 占用频带尽量窄，频谱特性好，带外辐射小；③ 频谱利用率高；④ 可实现性好。

在给定信道条件下，寻找性能优越的高效调制方式一直是移动通信重要的研究课题。用于数字移动通信系统的调制技术有两类：一是线性调制技术，如 PSK、16QAM；二是恒定包络数字调制技术，如最小频移键控（MSK）、高斯滤波最小频移键控（GMSK）等。

MSK 以及 GMSK 都属于频带调制，即在调制时，载波的频率随调制信号的变化而变化，并且在调制信号变化时已调信号的相位却是连续的，不存在相位突变现象，所以相对于不连续相位调制而言，其主瓣较窄、旁瓣较低，满足移动通信的要求。同时，它们均为恒包络调制，可使用高效率的 C 类功率放大器，大大降低了功率放大器的成本。

- MSK。对于以往的 FSK，在调制指数 $h=0.5$ 的特殊情况时，

$$h=\frac{\omega_1-\omega_2}{2\pi/T_b}=0.5 \tag{7.1-3}$$

即

$$|\omega_1-\omega_2|T_b=\pi \tag{7.1-4}$$

这表明，这时两个频率在一个码元 T_b 结束时，其相位正好相差 π，即差半个周期的正弦波，产生最大的相位差，并同时在码元交替点保持相位的连续性，如图 7-12（a）所示。从图中可见，当信号为“0”时，在一个 T_b 时间内，已调信号的载波频率较低，正好有 3 个半

波；而当信号为“1”时，则在此周期中载波频率较高，正好 4 个半波。它们的差正好是半个正弦波形，所以在码元交替点波形具有平滑连续的特征，并且其频谱的旁瓣最小。这种特殊情况（$h=0.5$）的 FSK 称为最小频移键控（MSK），其频谱特性如图 7-12（b）所示。

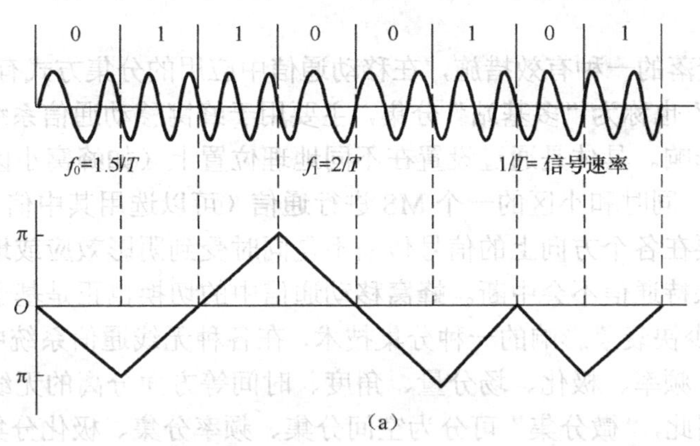

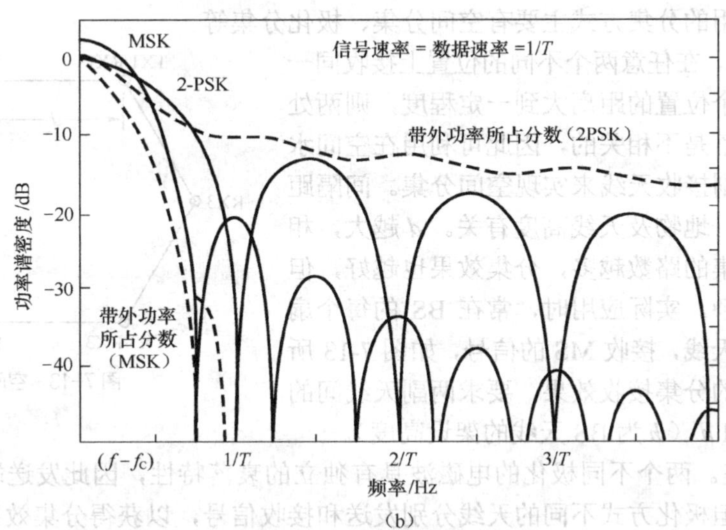

图 7-12　MSK 的波形、相位及频谱

在一个码元周期内，MSK 的传号波形与空号波形是正交的，它们的互相关系数为 0。从其特点来看，MSK 适用于恒定包络，且不滤波的场合。但在邻道间隔很小的场合，移动通信要求邻道干扰要小于 60～70 dB，因此简单的 MSK 不能满足要求，必须采用 GMSK。

- GMSK。GMSK 是在 MSK 调制之前加一个高斯滤波器，首先对输入数据进行滤波，经其滤波后输出的数据脉冲已没有陡峭的边沿，再经 MSK 调制后，其相位将进一步得到平滑，因此其频谱特性也得到进一步改善。

GMSK 的性能与滤波器性能有关，如果前置滤波器 3 dB 的带宽为 B，那么以 B 与码元速率 f_b 的比值作为低通滤波器的参数，即 $B/f_b=BT_b$，其值可大于 1，也可小于 1。当 $BT_b>1$ 时，表示滤波器的带宽大于数据信号的基带带宽，BT_b 值越大，滤波作用越弱。当 $BT_b\to\infty$ 时，等于未加滤波器，因而其性能与 MSK 相同。当 $BT_b<1$ 时，滤波器的作用越显著，旁瓣被滤除得也越多，但此时带内信号和主瓣频谱都会受到一定的影响。通常采用 BT_b 为 0.20～0.25 的滤波器，此时 GMSK 的旁瓣很小，同时对邻道的干扰小于−60 dB，但其误码性能则比

MSK 稍差，这也是为削弱旁瓣而付出的代价。GSM 数字移动通信系统中，采用 BT_b=0.3 的 GMSK 调制，在 200 kHz 频道间隔中实现了 270.8kbit/s 的数字传输。

GMSK 信号的解调可采用相干解调、差分解调等方式，从而恢复出原始信号。

② 分集接收

分集接收是抗衰落的一种有效措施，在移动通信中应用的分集方式有两类：“宏分集”和“微分集”。“宏分集”也称为“多基站”分集，主要用于蜂窝移动通信系统中，这种分集技术可以减少慢衰落的影响。具体是通过设置在不同地理位置上（如蜂窝小区的对角上）和在不同方向上的多个 BS，同时和小区的一个 MS 进行通信（可以选用其中信号最好的一个 BS 进行通信）。这样，只要在各个方向上的信号传播不是同时受到阴影效应或地形的影响而出现严重的慢衰落，就能保持通信不会中断。蜂窝移动通信中的切换也正是基于这个思路。

“微分集”是减少快衰落影响的一种分集技术，在各种无线通信系统中经常使用。理论和实践表明，在空间、频率、极化、场分量、角度、时间等方面分离的无线信号，都呈现相互独立的衰落特性。因此，“微分集”可分为空间分集、频率分集、极化分集、时间分集等。蜂窝移动通信中常用的分集方式主要有空间分集、极化分集等。

- 空间分集。在任意两个不同的位置上接收同一信号时，只要两个位置的距离大到一定程度，则两处所接收信号的衰落是不相关的，因此可利用在空间水平相距为 d 的多副接收天线来实现空间分集。间隔距离 d 与工作波长、地物及天线高度有关。d 越大，相关性就越弱，分集的路数越多，分集效果也越好，但是系统也就越复杂。实际应用时，常在 BS 的每个扇区设置两副接收天线，接收 MS 的信号，如图 7-13 所示。为获得较好的分集接收效果，要求两副天线间的水平距离 d ＞0.11 h（h 为 BS 天线的架设高度）。

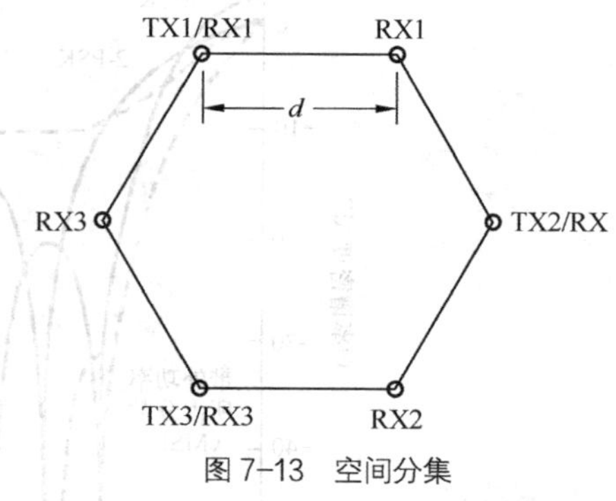

图 7-13　空间分集

- 极化分集。两个不同极化的电磁波具有独立的衰落特性，因此发送端和接收端可以用两个位置很近但极化方式不同的天线分别发送和接收信号，以获得分集效果。

极化分集对天线架设场地的要求不高，不需要分集接收天线间保持足够的空间距离。实际应用中常采用正交极化分集，将两个相互正交的天线振子阵列集成在同一天线体内构成双极化天线，其安装使用如同单根天线，十分方便。

- 分集信号的合并。分集信号合并仍采用第 5 章介绍的 3 种方法。比较起来，最大比值合并法效果最好，但电路最复杂；等增益合并法次之，在两路信号衰落都不太严重时此法对改善信噪比有利，但当某一路信号发生深度衰落时，合并效果不如选择式合并，极端情况下甚至还会带来信噪比恶化；选择式合并法再次之，在两路信号信噪比相当时此法就不能得到分集接收应有的效果。

（3）多址技术

无线电频谱是十分有限的资源，为了支持多个用户同时通信，移动通信系统中使用了多址的概念，即不同地点（常称为多址）的信号通过复用实现多点之间的通信，它也可以用来区分不同的信号，如常采用码分的方法区分不同的信号。最常用的多址技术有 FDMA、TDMA 和 CDMA，随着智能天线技术的发展成熟，空分多址（SDMA）技术开始在数字蜂窝移动通信系统中得到了更多的应用。下面主要介绍 SDMA 技术。

① 空分多址（SDMA）

SDMA 通过空间的分割来区别不同的用户。能实现空间分割的基本技术就是采用自适应阵列天线，在不同的用户方向上形成不同的波束，如图 7-14 所示。从图中可以看出，SDMA 使用定向波束天线来服务于不同的用户。不同的波束可采用相同的频率和相同的多址方式，也可采用不同的多址方式。

在极限情况下，自适应阵列天线具有极窄的波束和无限快的跟踪速度，它可以实现最佳的 SDMA。此时，在每个小区内，每个波束可提供一个无其他用户干扰的唯一信道。采用窄波束天线可以有效的克服多径干扰和同道干扰。上述理想情况需要无限多个天线阵元，是不可能实际实现的，但采用适当数目阵元也可以获得较大的系统增益。

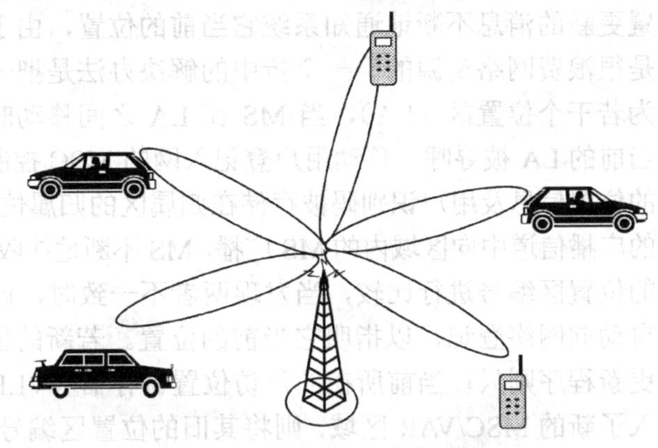

图 7-14　SDMA 技术的原理

SDMA 技术直接源于智能天线的概念。它可以用于所有常规的多址方式（FDMA，TDMA 和 CDMA），只需要调整基站，不涉及 MS。因此可方便地把 SDMA 引入现有的系统中。

智能天线系统由阵列天线和数字信号处理器（DSP）组成，DSP 能实时处理接收到的和要通过天线阵列发射出去的信号。从阵列的 N 个天线中得到的 N 个复数信号输入到 DSP 中，把每个天线的信号 $x_i(t)$ 与适当的加权值 W_i 相乘，再把所有项相加输出。输出信号的形式为

$$y(t)=\sum_{i=1}^{N}W_i x_i(t) \tag{7.1-5}$$

按照所需要的特性，适当选择加权矢量 $W=[W_1,W_2,\cdots W_N]$，就可以得到预定的天线辐射方向图。必须根据所接收到的数据，自适应周期性地更新加权值，才能保证系统工作的实时性能，且自适应速率能够补偿由于信号源的运动和存在多径而引起的变化。智能天线技术已在卫星通信系统中得到较好的应用。

在数字蜂窝移动通信系统中，天线阵元可以由 BS 用自适应的方法加以控制，使得波束始终指向 MS，跟踪它的运动。这种技术就是所谓的自适应 SDMA。

② 自适应SDMA 方法的优点

- 波束直接对准用户，多径和信道之间的干扰大大地减少。
- 由于波束对准用户减少了电磁污染，所需功率也减少。
- 直达波束提高了通信的保密性，除非在波束辐射的方向上，否则通信不可能被截获。

其最终结果是系统容量得到大大提高，通信质量得到明显改善，移动台辐射更小更省电，通信更保密。智能天线技术已成为我国提出并被国际电联（ITU）接纳的第三代移动通信系统（IMT-2000）标准 TD-SCDMA 的核心技术。

（4）交换与接续

由于移动用户位置的不确定性、无线信道的共用与频率的空间复用等特点，对移动交换控制提出了特殊的要求，特别是大容量公众移动通信网，不仅具有市话网的控制交换功能，还具有移动通信所特有的交换技术，如移动台位置登记、寻呼、通话中的信道转换、漫游等。

① 位置登记与寻呼

在移动通信系统中，用户可在系统覆盖范围内任意移动，必须有一个高效的位置管理系

统来跟踪用户的位置变化。在拥有众多无线小区、众多用户的大服务区域内，要寻呼某个移动台，一个极端的办法就是对每个呼叫寻呼网络的每个无线小区，这显然浪费无线电带宽。另一个极端的办法是把寻呼消息准确地送到MS所在的某个无线小区，这就要让MS借助位置更新的消息不断地通知系统它当前的位置，由于MS需要发送大量的位置更新消息，因此是很浪费网络资源的。一个折中的解决办法是把一个MSC控制区域所管辖的无线小区划分为若干个位置区（LA），当MS在LA之间移动时才需要发送位置更新消息，并且是在它们当前的LA被寻呼。移动用户登记入网的MSC控制区称为MS的归属区域“家区”。每个MS的位置信息及用户识别码被存储在归属区的归属位置寄存器（HLR）中。位置区的编号在BS的广播信道中向区域内的MS广播，MS不断地接收BS广播的位置区编号，将之与上一次保存的位置区编号进行比较，当发现两者不一致时，即表明MS进入了新的位置区，此时MS将自动向网络登记，以指明它当前的位置。若新的位置区仍属于当前服务的MSC/VAR，位置更新程序则只在当前所在的拜访位置寄存器（VLR）中进行，而不需要通知HLR；若MS进入了新的MSC/VAR区域，则将其旧的位置区编号及用户识别码送到被访的MSC/VLR，并由被访VLR将此MS新的位置信息送到用户归属的HLR中。这样，在移动用户被呼时，归属区MSC/HLR就能根据被呼移动用户的位置信息决定应该呼叫的被访MSC/VLR，这一过程就是“位置登记”或“位置更新”。

除以上情况外，其他事件也可以触发MS执行位置登记操作，如开/关机登记、基于定时器的周期性位置登记、基于距离登记、参数改变登记、指令登记等。通过位置登记，MSC可及时获取MS当前所属位置区，为MS的起呼与被呼做好准备。

当有用户呼叫某个MS时，系统不能也没有必要知道MS的具体位置，只需根据MS位置登记的结果，确定其所在的位置区，命令此位置区内所有的BS一齐发出被呼MS的识别码，被叫应答后就由接收应答的小区BS为其服务，这种功能称为“寻呼”。

位置登记和寻呼都要占用系统信道资源，并且这两者还是一对矛盾。位置区越大，位置更新的频率越低，其信道开销就越小，但每次呼叫寻呼时的BS数目就越多，用于寻呼的开销就越大；另一方面，如果位置区过小，MS每进入一个位置区就发送一次位置更新信息，则这时用户位置更新的开销就非常大，但寻呼的开销就很小。因此，实际系统中位置区的大小要有一个折中的值。

② 切换

切换是为了维持MS从一个小区移动到另一个小区时通话能继续进行的过程。MS将从当前通话小区无线信道上切换到目的小区无线信道上，真正切换时间只有上百毫秒左右，对通话质量没有影响。整个切换过程由MS、BTS、BSC和MSC共同完成。MS测量下行链路性能和从周围小区接收的信号强度；BTS监测被服务MS上行接收电平和质量、干扰电平；BTS把它和MS的测量结果送往BSC，由BSC分析并完成最初判决。对从其他BSS和MSC发来的信息，测量结果的分析、判决由MSC完成。切换参数包括上下行电平切换门限值、距离、质量（误码率）门限等，切换条件还有BSS负荷调整、来自OMC的请求等。

③ 漫游

在蜂窝移动通信系统中，归属区或称“家区”是移动用户登记注册和结算的移动交换区，移动用户在其中活动时称为本地用户。当MS从归属区（家区）移动到另一个移动交换（被访区）控制区后，入网通信服务功能称为漫游。漫游包括位置更新、跟踪交换两种主要功能，当归属区与被访区的无线覆盖区地域相连且又正在通信时，还应包括越局频道转换功能。

- 当MS漫游到被访移动交换区后，在下行控制信道上接收到位置区识别码（LAI）发生了变化，知道自己已漫游，MS 即自动向被访局发出位置登记信息。被访局收到位置登记信息后，通过移动局间的信令链路，将此 MS 目前实际的位置信息通知其归属移动交换局。如果允许此 MS 漫游，则归属局更新 MS 的位置信息，并向被访局回发此用户的有关信息。被访局收到后，向移动用户发位置登记认可信息，这样便完成了位置更新。经过位置更新，漫游 MS 便可在被访移动交换区中发出呼叫，并为被呼做好了准备。漫游 MS 在被访区发起或接收呼叫时，被访 VAR 将临时给此 MS 分配一个漫游号码。

- 跟踪交换。跟踪交换是指人们不需要知道移动用户是否漫游，以及漫游到什么地方，移动电话通信网能自动将一个给漫游用户的呼叫转移至用户实际所处的被访移动局。当有一个给 MS 的呼叫时，通过向 MS 的归属局查询，获得此用户目前的位置信息，根据此位置信息选择路由，直接将此呼叫接至被访移动交换局，即实现了跟踪交换。
- 越局切换发生在两个相邻移动交换区的相邻小区间，通过其局间的信令链路完成。

（5）功率控制

移动通信电波传播所经历的空间十分复杂，存在着严重的衰落现象、远近效应等，尤其是在 CDMA 系统中，由于所有用户均使用相同频段的无线信道，用户间仅靠地址扩频码的不同，即依靠它们之间的互相关特性来加以区分。若用户间的互相关不为零，则用户间就存在着干扰，这类干扰称为多址干扰。在下行链路中，当 MS 位于相邻小区的交界处时，收到所属 BS 的有用信号功率很低，同时还会受到相邻小区 BS 较强的干扰，这就是所谓的“角效应”。这一切都将会导致系统容量下降和实际通信服务范围缩小等。解决这些问题的一个最有效的方法是采用功率控制技术。

通常，从上、下行链路来考虑，功率控制可分为反向功率控制与前向功率控制；从功率控制环路的类型来划分，可分为开环功率控制与闭环功率控制。

① 反向功率控制与前向功率控制

- 反向功率控制

反向功率控制是指在上行链路中控制 MS 的发射功率，使 BS 接收到的所有 MS 发射到 BS 的信号功率或信干比基本相等，从而使各用户之间相互干扰最小，以克服“远近效应”，减小多址干扰，使 CDMA 系统的容量最大化，并能延长 MS 电池的使用寿命。

- 前向功率控制

前向功率控制是指在下行链路中控制基站对每个 MS 的发射功率，使所有 MS 接收到的信号功率或 SIR 基本相等，从而减小邻小区干扰，提高系统容量。

在数字蜂窝移动通信窝系统中，前向功率控制的作用远不如反向功控。如果 BS 采用同步 CDMA，且选用完全正交扩频码，在理想情况下 BS 发射给每个 MS 的扩频信号完全正交，则 MS 间的干扰就不存在。因此在单小区同步码分时，可不考虑前向功控。但是在实际的时变多径衰落信道中，理想同步是达不到的，特别是在多小区情况下，前向功率控制也是必要的。

② 开环功率控制与闭环功率控制

- 开环功率控制

开环功控完全由 MS（或基站）自主完成。MS（或 BS）根据下行（或上行）链路接收到的信号质量对信道衰落情况进行估计，当 MS（或 BS）接收到的信号很强时，表明 MS 与 BS 之间距离很近，或者是有一个很好的传播路径，这时 MS（或 BS）可以降低它的发射功率；相反，增加自身的发射功率以抵消信道衰落。

开环功控建立在上、下行链路具有一致的信道衰落情况之上，主要用来对付慢衰落。在实际的频分双工系统中，上、下行链路占用的频段要相差 45MHz 以上，它远远大于信号的相关带宽，因此，上、下行链路的信道快衰落是完全独立和不相关的。开环功率控制精度受到信道不对称影响，只能起到粗控的作用。

- 闭环功率控制

闭环功控由BS与MS协同完成，一般由BS根据在上行链路上接收到的MS信号的质量产生功率控制命令，再通过下行链路将此命令传送给各个MS，MS根据此命令在开环所选择的发射功率的基础上上升或下降一个固定量，以保持BS接收到的SIR基本相等。

闭环控制的控制精度高，可以起到精控作用，是实际系统中常采用的主要精控手段。由于从BS发出控制命令到MS执行命令改变发射功率，BS再检测接收的MS的信号质量，这期间有一段时延，因而为保证功率控制对抗快衰落的性能，必须采用快速功率控制技术。

4．移动数据服务

移动数据业务的相关技术包括短消息、电路型数据业务、无线应用协议、移动IP、通用分组无线业务、蓝牙、高速无线局域网等。这里仅简要介绍前4种，其他的见后续章节。

（1）短消息业务（SMS）

SMS包括点到点短消息和小区广播短消息业务（CBS）。点到点短消息是通过信令信道传送简短文字信息的业务，有线部分通过No.7信令网传送，无线部分是通过独立专用控制信道SDCCH（未通话时）或慢速辅助控制信道SACCH（通话中）信道传送，最大消息长度为160个字节；小区广播短消息（Cell Broadcast SMS）是在某一特定区域内广播短消息的业务，与点到点SMS不同，CBS在专用的小区广播信道（CBCH）中发送，其服务对象是所有位于此小区的移动用户，CBS的消息长度最多为93个字母或数字。

短消息传输速率低，适合于简短信息的传送；需要在短信中心存储转发，实时性较弱；短消息的传送占用了控制信道，在业务量较高时会受到无线信道的能力限制。利用短信还可以实现一些增值业务，如信息点播、交易服务（股票交易、手机银行等）、定位业务、话费催缴及查询业务、移动QQ等。

小区广播的特点是操作简单方便，接收信息迅速准确，可以通过一次操作使多个用户同时接收到信息。用户可以根据需要激活或去除此功能，从而有选择地免费接收信息，特别适宜提供公共信息，如新闻、业务公告、天气预报、企业广告、财经股票的综合指数、行业信息、交通信息等。接收信息除面向全网的广播外，也包括在特定小区、特定时间内的广播，使此业务兼具全面性与针对性。

（2）电路交换数据（CSD）与高速电路交换数据（HSCSD）

电路交换数据通过占用一条语音信道提供端到端的数据传输。该业务包括电信业务和承载业务。采用电路交换方式接入速度慢，资源利用率低，在无数据发送的间隙信道也仍被占用；数据传输速率低，目前GSM此类业务最高速率是9.6kbit/s；用户使用费高，不方便。

HSCSD业务在电路型数据业务的基础上采用了新的信道编码方式来提高接入速率，使每个时隙的传输速率提高到14.4kbit/s，同时它还能将多个时隙捆绑供一个用户使用，使传输速率最高可达到57.6kbit/s。因为实际数据业务中下传的数据量较大，因而系统采用了时隙动态分配技术，支持上传和下传非对称的资源分配。

（3）移动数据WAP技术

无线应用协议（WAP）是一种向数字移动电话、个人数字助理等移动终端提供互联网应用和先进增值服务的全球性开放协议标准。为适应移动终端传输带宽窄、存储和处理能力有限、显示屏幕小等特点，WAP在互联网业务实现机制上进行了简化、优化和扩展，采用客户/服务器方式，并且将一个相关的简易浏览器合并到移动电话中。由于 WAP 能够提供各种不同厂家设备之间的业务互通能力，支持用户间连接业务和信息的能力，甚至支持移动多媒体业务，因此，移动通信系统采用 WAP 可以更方便地接入互联网，并实现多种功能。

WAP 在很大程度上利用了 WWW 应用模型：客户机/服务器模型。WAP 和 WWW 使用一样的 URL（统一资源定位标识）来标志服务器上面的内容。和 WWW 不同的是，在内容表达格式和文件传输方式的标准方面，WAP 针对移动终端的特点进行了优化。WAP 的应用模型包括 WAP 网关、应用服务器和 WAP 移动终端 3 大模块。

① WAP 网关（或 WAP 代理服务器）是 WAP 系统中的关键设备，它位于无线网络和 Internet/Intranet 网络之间，主要完成 WAP（WML、WSP、WTP 和 WDP）与 WWW 协议（HTML、HTTP 和 TCP/IP）之间的转换。

② WAP 终端。无线终端要实现 WAP 业务，必须安装有支持 WAP 的微型浏览器作为用户接口，目前绝大部分手机都已支持 WAP 功能。

③ 应用服务器。可以是支持 WAP 的 WAP 服务器，也可以是普通的互联网上的 WWW 服务器。WAP 服务器支持计算机网关接口（CGI）标准和代理机制等互联网基本技术，保证移动终端能够浏览 Internet 上丰富的 WAP 内容，使用互联网上的业务。

④ 无线网络。WAP 可应用于 GSM、CDMA IS-95、PDC、PHS、CDPD、寻呼系统等，还包括 3G 系统。

WAP 利用了微浏览器技术，可以为移动用户提供安全、快速、灵活、在线和交互式的服务，如信息服务：新闻、天气、体育、交通、股票等；消息服务：E-mail、传真、语音信箱、短消息；电子商务：银行、股票交易、订票业务、博彩、广告、娱乐、移动办公等。WAP 还可以提供如查阅道路和火车时刻、客户服务、消息通知、呼叫管理、报文发送、绘图与定位、在线查址查号、企业网等业务。

（4）移动 IP 技术

移动 IP 就是在互联网或采用 TCP/IP 的局域网上实现 IP 终端漫游的网络协议，具有可扩展性、可靠性和安全性，并使节点在切换链路时仍可保持正在进行的通信。也就是说，移动 IP 提供了一种 IP 路由机制，使移动节点可以用一个永久的 IP 地址连接到任何链路上。移动 IP 作为网络层协议，与其运行的介质无关，采用移动 IP 的移动节点可以从一种介质移动到另一种介质上，而不会丢失现有的连接。

从计算机网络开放系统互连（OSI）的模型来看，其第 3 层——网络层，负责将数据包从源节点路由到达目的地，中间穿过由链路、交换设备和路由器等构成的各种网络拓扑。主机和路由器则通过手工配置、重定向和动态路由协议获得到达网络上各个目的节点的路径。

使用传统 IP 技术的主机使用固定的 IP 地址和 TCP 端口号进行相互通信，在通信期间，它们的 IP 地址和 TCP 端口号必须保持不变，否则主机之间的通信是无法继续的。但如果节点（主机）从一条链路切换到另一条链路而不改变它的 IP 地址，那么它就不可能在新链路上接收到数据包了。

如何保证在节点移动（即 IP 地址的变化）的情况下，网络连接不中断？移动 IP 技术的研究者在分析一些可能的解决方法及其存在的问题的基础上借鉴了蜂窝移动电话中的切换和漫游技术思路，以处理蜂窝移动电话呼叫相类似的方法来解决移动 IP 的相应问题。基本思路是也使用漫游、位置登记、隧道、鉴权等技术，以使移动节点使用固定不变的 IP 地址，一次登录即可实现在任意位置（包括移动节点从一个 IP（子）网漫游到另一个（子）网时）上保持与 IP 主机的单一链路层连接，使通信持续进行。

① 移动 IP 的功能实体

移动 IP 定义了 3 种实现移动协议必需的功能实体：移动节点、家乡代理（Home Agent）、外地代理（Foreign Agent），其相互关系如图 7-15 所示。

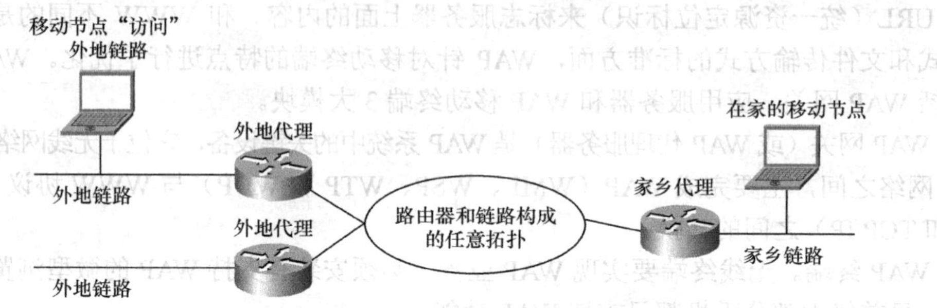

图 7–15 移动 IP 实体及相互关系

② 相关术语

在叙述移动 IP 的工作原理前，还要定义一些上面提到的术语。

- 隧道。当一个数据包被封在另一个数据包的净荷中原封不动地进行传送时，所经过的路径称为隧道，如图 7-16 所示。从图中的例子可以看到，家乡代理为了将数据包传送给移动节点，先把数据包通过隧道送给外地代理。隧道用记号⊂⊃表示。

- 家乡地址、家乡链路。移动节点的家乡地址是指“永久”地分配给该节点的地址，就像分配给固定的路由器或主机的地址一样。当移动节点切换链路时，家乡地址并不改变。与固定主机或路由器地址一样，移动节点的家乡地址仅当整个网络需重新编址时才会改变。

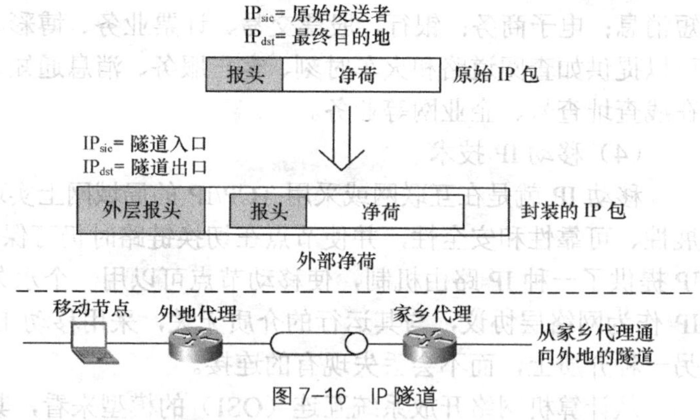

图 7–16 IP 隧道

移动节点的家乡地址与它的家乡代理、家乡链路密切相关，特别是移动节点家乡地址的网络前缀决定了它的家乡链路。也就是说，移动节点的家乡链路就是与它的家乡地址具有相同网络前缀的链路。

通常，移动节点只用家乡地址和别的节点通信，即移动节点发出的所有包的源 IP 地址都是它的家乡地址，它接收的所有包的目的 IP 地址也都是它的家乡地址。这就要求移动节点将家乡地址写入域名系统（DNS）中它的“IP 地址”域，其他节点在查找移动节点的主机名时就会发现它的家乡地址了。

- 转交地址、外地链路。转交地址是指移动节点连接在外地链路时的相关 IP 地址，也就是连接家乡代理和移动节点的隧道的出口地址。每次移动节点改换外地链路时，转交地址也随着改变。当移动节点与外地链路相连时，家乡代理利用这个地址向移动节点传送数据包。

从概念上讲，有两种转交地址。

a. 外地代理转交地址（Foreign Agent Care-of-Address）是外地代理的 IP 地址，有一个端口连接移动节点所在的外地链路。外地代理就是隧道的终点，它接收隧道数据包，解除数据包的隧道封装，然后将原始数据包转发到移动节点。多个移动节点可以同时共用一个外地代理转交地址。

b．配置转交地址（Collocated Care-of-Address）是暂时分配给移动节点的某个端口的 IP 地址，其网络前缀必须与移动节点当前所连的外地链路的网络前缀相同。当外地链路上没有外地代理时，移动节点可以采用这种转交地址。一个配置转交地址同时只能被一个移动节点使用。

③ 移动 IP 的工作原理

基于以上概念，移动 IP 的工作机制可描述如下。

- 通过周期性地组播或广播一个称为代理广播（Agent Advertisements）的消息，家乡代理和外地代理宣告它们与链路的连接关系。
- 移动节点收到这些代理广播消息后，检查其中的内容，以确定自己是连在家乡链路还是外地链路上。当它连在家乡链路上时，移动节点就可像固定节点一样的工作，即它不再利用移动 IP 的其他功能；当连在外地链路上时，此移动节点需要一个转交地址。它可以从外地代理广播的代理广播消息中找到外地代理转交地址，配置转交地址必须通过一个配置规程得到，比如用 DHCP、PPP 的 IPCP（IP Control Protocol）或手工配置。
- 移动节点向家乡代理注册上一步中得到的转交地址，这可以通过移动 IP 中定义的消息交换来完成。在注册过程中，如果链路上有一个外地代理，移动节点就向它请求服务。为阻止拒绝服务的攻击，注册消息要求进行认证。
- 家乡代理或者是在家乡链路上的其他一些路由器广播对移动节点家乡地址的网络前缀的可达性，可吸引发往移动节点家乡地址的数据包，家乡代理截取这个包，并根据移动节点在上一步中注册的转交地址，通过隧道将数据包传送给移动节点。
- 在转交地址处，原始数据包从隧道中被提取出来送给移动节点；相反，由移动节点发出的数据包被直接选路到目的节点上，无需隧道技术。对所有来访的移动节点发出的包来说，外地代理完成路由器的功能。

以上步骤可用图 7-17 来说明，其中的移动节点连到了外地链路上，并用了外地代理转交地址。

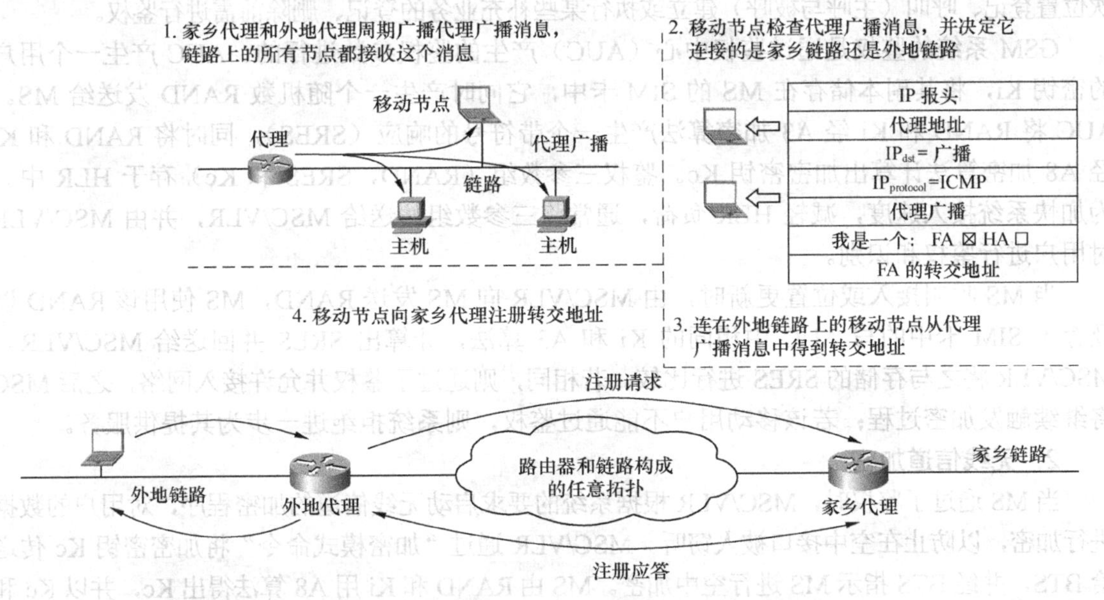

图 7-17　向在外地链路上的移动节点发送数据包

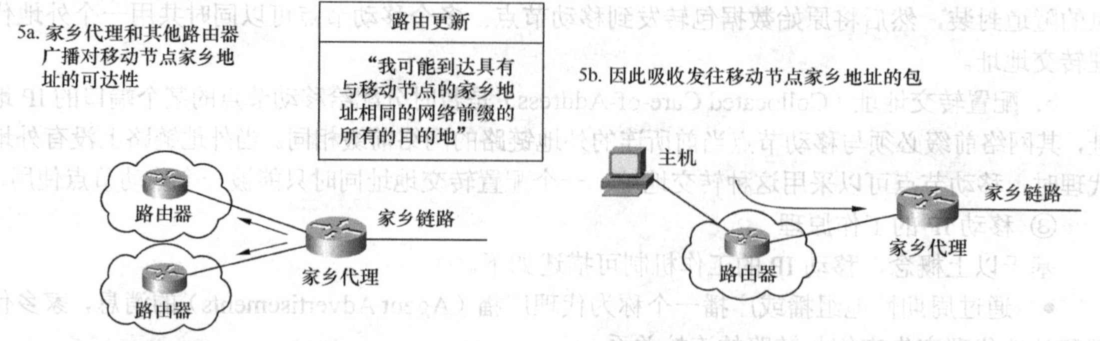

图 7-17 向在外地链路上的移动节点发送数据包（续）

7.1.4 移动通信的安全管理

由于移动通信网络传输介质的开放性、无线终端的移动性和网络拓扑结构的动态性，以及无线终端计算能力和存储能力的局限性，使得有线网络环境下的许多安全方案和技术不能直接应用于无线网络。为了保证移动通信中信息的安全，移动通信系统采取了一系列的安全管理措施，主要包括鉴权、无线信道加密、用户识别码保密管理、设备识别等。

1．鉴权

MSC/VLR 确认 MS 通过无线空间传送的身份识别码，判断其是否为签约 MS 的过程称为鉴权。鉴权实际上就是鉴别用户识别模块（SIM）卡的真实性，防止无权用户接入网络。MS 在每次位置登记、呼叫（主呼与被呼）建立或执行某些补充业务的登记、删除前需进行鉴权。

GSM 系统的鉴权是通过鉴权中心（AUC）产生的鉴权参数进行的。AUC 产生一个用户的密钥 Ki，将其副本储存在 MS 的 SIM 卡中，它同时产生一个随机数 RAND 发送给 MS。AUC 将 RAND 和 Ki 经 A3 加密算法产生一个带符号的响应（SRES），同时将 RAND 和 Ki 经 A8 加密算法计算出加密密钥 Kc。鉴权三参数组（RAND，SRES 和 Kc）存于 HLR 中。为加快系统接入速度，减轻 HLR 负荷，通常将三参数组传送给 MSC/VLR，并由 MSC/VLR 对用户进行鉴权和识别。

当 MS 呼叫接入或位置更新时，由 MSC/VLR 向 MS 发送 RAND，MS 使用该 RAND 以及存于 SIM 卡中的与 AUC 中相同的 Ki 和 A3 算法，计算出 SRES 并回送给 MSC/VLR。MSC/VLR 将之与存储的 SRES 进行比较。若相同，则通过了鉴权并允许接入网络，之后 MSC 将继续触发加密过程；若该移动用户不能通过鉴权，则系统拒绝进一步为其提供服务。

2．无线信道加密

当 MS 通过了鉴权时，MSC/VLR 根据系统的要求启动无线信道的加密程序，对用户的数据进行加密，以防止在空中接口被人窃听。MSC/VLR 通过“加密模式命令”将加密密钥 Kc 传送给 BTS，并经 BTS 指示 MS 进行空中加密。MS 由 RAND 和 Ki 用 A8 算法得出 Kc，并以 Kc 和 TDMA 帧号作为输入参数对用户的空中接口信息数据进行 A5 算法的加密运算，从而在空中接口产生加密数字信息码流。BS 则利用 MSC/VLR 传送来的 Kc 信息完成对加密信息的解密过程。

3．用户识别码保密管理

国际移动用户识别码 IMSI 是全球范围内唯一的识别一个移动用户的号码，它的长度为 15 个数字，永久地属于一个注册用户，在包括漫游区域在内的所有位置都是有效的。为了防止 IMSI 在无线路径上被截获，GSM 系统提供用户识别号的保密。当 MS 进行位置更新，发起呼叫或激活业务时，MSC/VLR 将分配给用户一个临时 MS 识别码 TMSI，并由 MS 存储于 SIM 卡中，此后 MSC/VLR 与 MS 间的信令联系就只使用 TMSI。在无线传输中，用 TMSI 代替 IMSI 起到了保护 IMSI 和保护用户安全的目的。TMSI 与 IMSI 的对应关系是变动的，且 TMSI 仅在一个 VLR 区域内有效。

4．设备识别

设备识别的目的是防止盗用或非法设备入网使用。在 GSM 系统中，由设备识别寄存器 EIR 对入网移动设备的合法性进行验证。EIR 中储存有网络的国际移动设备识别码 IMEI 清单，EIR 将该清单分为 3 类：白名单、黑名单和灰名单。其中，白名单包括已分配给各国所有可参与运营的 GSM 移动设备识别码序列号；黑名单包括所有被禁用的移动设备识别码；灰名单包括挂失及由运营商决定的移动设备识别码，如有故障的及未经型号认证的移动设备。

当 MS 请求接入或位置更新时，MSC/VLR 向 MS 请求其 IMEI，并将 IMEI 发送给 EIR。EIR 收到 IMEI 后将其与黑、白、灰 3 种名单进行比较，把结果回送给 MSC/VLR。若该 IMEI 在黑名单中，则 MSC/VLR 拒绝为持有该移动设备的用户提供进一步的服务。

7.2 GSM系统

GSM（Global System for Mobile Communications）即为全球移动通信系统，又称泛欧数字蜂窝系统，俗称“全球通”。GSM 系统应用了先进的语音压缩编码、数字信号处理、计算机及超大规模集成电路等技术，具有诸多的优点，真正实现了个人移动性和终端移动性，在全世界得到了迅速的推广。它是全球第一个数字蜂窝移动通信系统，也是应用最为广泛的第二代数字蜂窝移动通信系统。

7.2.1 GSM 系统概述

数字蜂窝移动通信的发展自 20 世纪 80 年代初期开始。为了建立一个全欧统一的数字蜂窝移动通信系统，欧洲邮电管理联合会（CEPT）在 1982 年成立了移动通信特别小组（Group Special Mobile）协调推动新一代数字蜂窝系统的研发；1988 年提出了主要建议和标准，1991 年中期开始投入商用。由于其拥有更大的容量和良好的服务质量，很快就遍布欧洲，取代了模拟制式的网络。在欧洲的成功运营，使得 GSM 迅速向全世界扩展，占据了蜂窝网络大部分的市场份额。同时，欧洲的爱立信、诺基亚等凭借 GSM 的优异表现而成为了新的移动通信巨人，与美国摩托罗拉并驾齐驱。目前，GSM 发展的趋势是通过 GPRS 技术向第三代移动通信演进。

GSM 系统具有以下特点。

（1）具有开放的通用接口标准

现有的 GSM 网络采用 No.7 信令作为互连标准，并采用与 ISDN 用户网络接口一致的三层分层协议，易于与 PSTN、ISDN 等公众电信网实现互通，同时便于功能扩展和引入各种 ISDN 业务。

（2）提供可靠的安全保护功能

GSM 系统采用了多种安全手段来进行用户识别、鉴权与传输信息的加密，保护用户的权利和隐私。GSM 系统中的每个用户都有一张唯一的用户识别模块（SIM）卡，它是一张带微处理器的智能卡，存储了用于认证的用户身份特征信息和与网络操作、安全管理以及保密相关的信息；MS 只有插入 SIM 卡后才能进行网络操作。

（3）支持各种电信承载业务和补充业务，增值业务丰富

电信业务是 GSM 的主要业务，它包括电话、传真、短消息、可视图文、紧急呼叫等业务。由于 GSM 中所传输的是数字信息，因此无需采用 Modem 就能提供数据承载业务，这些数据业务包括 300～9 600bit/s 的电路交换异步数据、1 200～9 600bit/s 的电路交换同步数据和 300～9 600bit/s 的分组交换异步数据。升级至 GPRS 后更支持高达 171.2kbit/s 的分组交换数据业务。

（4）具有跨系统、跨地区、跨国度的自动漫游能力

（5）容量大，频谱利用率高，抗衰落、抗干扰能力强

与模拟移动通信系统相比，在相同频带宽度下其通信容量增大了 3～5 倍。由于在系统中使用了窄带调制、语言压缩编码等技术，频率可多次重复使用，从而提高了频率利用率，便于灵活组网。又因在 GSM 系统中采用了分集、交织、差错控制、跳频扩频等技术，系统的抗衰落、抗干扰能力得到了加强。

（6）易于实现向第三代系统的平滑过渡

7.2.2 GSM 系统的组成

GSM 蜂窝移动通信系统具有典型的开放式系统结构，实现了开放性、标准化和互操作性，能与各种公众通信网互连互通。GSM 系统包括了多个功能实体以及实体间、子系统间与其他网络间规范的接口，拥有各种寄存器，广泛使用智能网概念，能提供各种各样的业务。

1．GSM 系统的组成

GSM 数系统的主要组成部分是网络子系统（NSS），基站子系统（BSS）和移动台（MS），如图 7-18 所示。其主要功能是实现无线传输、信息交换、网络控制及管理。

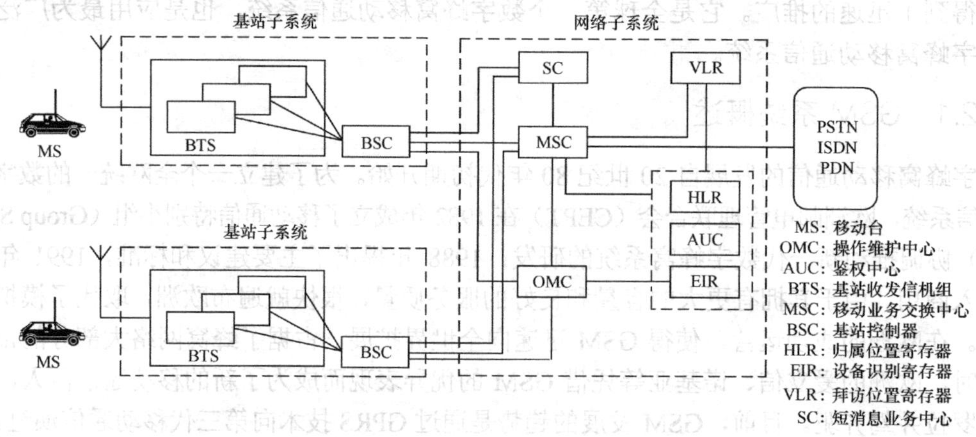

图 7-18　GSM 数字蜂窝移动通信系统结构图

（1）网络子系统（NSS）

NSS 由一系列功能实体构成，各功能实体之间通过 No.7 信令系统进行通信。

① 移动业务交中心（MSC）

MSC 是 GSM 网络的核心，其主要功能是对位于本 MSC 控制区域内的移动用户进行通

信控制和管理。MSC主要完成交换功能、计费功能、网络接口功能、无线资源管理、移动性能管理功能等，具体包括信道的管理和分配、呼叫的处理和控制、越区切换和漫游的控制、用户位置信息的登记与管理、用户号码和移动设备号码的登记和管理、服务类型的控制、对用户实施鉴权、保证用户在转移或漫游的过程中实现无间隙的服务等。

MSC提供面向BSS、NSS其他功能实体（HLR、VLR、AUC、EIR、OMC）和SC等的接口，同时也为本系统连接其他MSC和其他公用通信网络（如PSTN等）提供链路接口。

② 拜访位置寄存器（VLR）

VLR是一个动态数据库，存储着当前进入其服务区内已登记的移动用户的相关信息，如用户号码、所处位置区域信息等。VLR还负责为外来的漫游用户进行位置登记服务。一旦移动用户离开该VLR服务区而在另一个VLR中重新登记时，该移动用户的相关信息即被删除。

③ 归属位置寄存器（HLR）

HLR是GSM系统的一个数据库，存储着在该HLR控制区内登记注册的所有移动用户的管理信息，其中包括用户的注册信息和有关各用户当前所处位置的信息等。

④ 鉴权中心（AUC）

AUC存储着鉴权算法和加密密钥，在确定用户身份和对呼叫请求进行鉴权、加密处理时，提供所需的3个参数，以防止无权用户接入，保证移动用户通信安全。

⑤ 设备识别寄存器（EIR）

EIR也是一个数据库，用于存储移动台的有关设备参数，主要完成对移动设备的识别、监视、闭锁等功能，以防止非法移动台的使用。

⑥ 操作维护中心（OMC）

OMC用于对GSM系统进行集中操作、维护与管理，允许远程集中操作、维护与管理，并支持高层网络管理中心（NMC）的接口。OMC包括无线操作维护中心（OMC-R）和交换网络操作维护中心（OMC-S）。OMC通过X.25接口对BSS和NSS分别进行操作维护与管理，实现事件/告警管理、故障管理、性能管理、安全管理和配置管理功能。

⑦ 短消息业务中心SC

负责处理短消息业务，与其他网络的短消息业务中心进行互连互通。

（2）基站子系统（BSS）

基站子系统由MSC控制，通过无线信道完成与MS的通信，主要实现无线信号的收发以及无线资源管理等功能。

① 基站收发信台（BTS）

BTS包括无线传输所需要的各种硬件和软件，如多部收/发信机、支持各种小区结构（如全向、扇形）所需要的天线、连接BSC的接口电路以及收/发信机本身所需要的检测和控制装置等。它实现对服务区的无线覆盖，并在BSC控制下提供足够的与MS连接的无线信道。

② 基站控制器（BSC）

BSC是BTS和MSC之间的连接点，也为BTS和OMC之间交换信息提供接口。一个BSC通常控制多个BTS，完成无线网络资源管理、小区配置数据管理、功率控制、呼叫和通信链路的建立和拆除、本控制区内移动台的越区切换控制等功能。

（3）移动台（MS）

MS分便携台（手机）或车载台。每个MS包括移动终端（MT）和SIM卡两部分，其中MT可完成语音编码、信道编码、信息加密、信息调制和解调、信息发射/接收等功能，SIM

卡则存有确认用户身份所需的认证信息以及与网络和用户有关的管理数据。SIM卡上的数据存储器还可用作电话号码簿或支持手机银行、手机证券等增值业务。

SIM 卡不但提供了终端的移动性，还提供了个人的移动性。把它插入另一个 GSM 移动终端就可以用那个终端接/打电话，接收预定的业务。可以通过密码或个人识别号 PIN（Personal Identify Number）来对 SIM 卡进行保护，以防止 SIM 卡未经授权的使用。

2. GSM 网络结构

GSM 网从逻辑上可以分为话路网和信令网两个子网。其中，话路网完成话路的接续和传输，信令网完成 MAP 信令、TUP 信令等路由选择和传输。

（1）移动话路网结构

我国移动通信网是按大区设立一级汇接中心（TMSC1）、省内设立二级汇接中心（TMSC2）、移动业务本地网设立端局的三级网络结构，如图 7-19 所示。

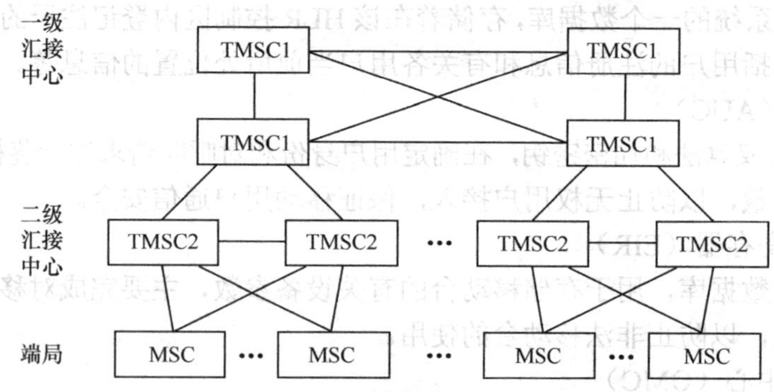

图 7-19 我国移动通信网的网络结构

由图可见，各一级汇接中心之间网状相连，实现省际话路的汇接，从而构成全国网。目前，我国各主要省份省会均设有 TMSC1。各省设两个或两个以上二级汇接中心，且网状相连，并与其归属的 TMSC1 连接，完成省内各地区移动业务本地网的话路汇接，构成省内网。

通常长途区号为二位或三位的地区设为一个移动业务本地网，每个移动业务本地网中可以设立一个或几个移动端局（MSC），并设立相应的 HLR，存储归属于该移动业务本地网的所有用户的有关数据。移动端局与其归属的二级汇接中心间星形相连，如果任意两个移动端局间的业务量较大，则可申请建立直达专线。移动本地网与其他固定网市话端局（LS）、汇接局（Tm）和长途局（TS）的互连互通是通过各自的关口局实现的。

（2）移动信令网结构

GSM 移动信令网是我国 No.7 信令网的一部分。信令网由信令链路（SL）、信令点（SP）和信令转接点（STP）组成。我国移动信令网也采用与话路网类似的三级结构，在各省或大区设有两个高级信令转接点（HSTP），同时省内至少还设有两个 LSTP，移动网中的其他功能实体（如 MSC、HLR 等）作为 SP。我国移动信令网的结构如图 7-20 所示。

为了提高传输的可靠性，MSC、VLR、HLR、AUC、EIR 等的每个 SP 至少应连到两个省内的 LSTP 上；省内 LSTP 之间以网状网方式相连，同时它们还与其归属的两个 HSTP 相连。根据省际话务量的大小，还可将本地网的信令点直接与相应的 HSTP 连接。HSTP 之间以网状网方式相连接。

（3）编号方式

GSM 系统中移动用户的编号与 ISDN 网一致，称为移动用户 ISDN（MSISDN），是用来拨打移动用户的电话号码。该号码具有全球唯一性，由国家码 CC、国内目的地码 NDC 和用户号码 SN 三部分组成，国内目的地码用网号表示，编号采用国家码+网号+用户号码的方式。号码组成格式如图 7-21 所示。

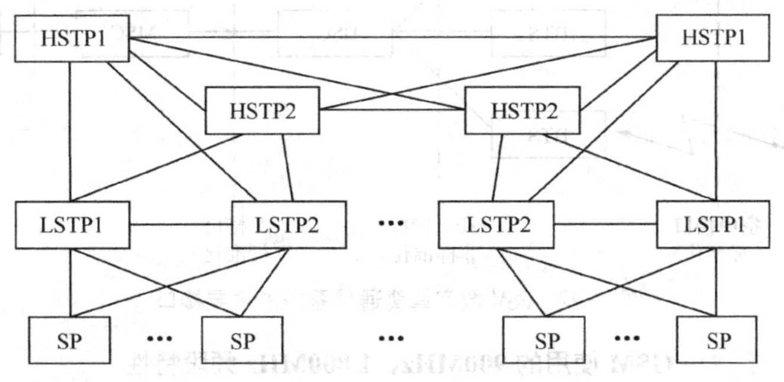

图 7-20 我国移动信令网结构

图 7-21 GSM 系统中移动用户的号码组成

通常，国家码的长度为 1～3 位，我国国家码为 86，芬兰的国家码为 358 等。国内移动用户 ISDN 号码为一个 11 位数字的等长号码，可表示为

$$N_1N_2N_3H_0H_1H_2H_3\times\times\times\times$$

其中，$N_1N_2N_3$ 为网号，如 139、138、130、131 等；$H_0H_1H_2H_3$ 为 HLR 识别号，表示用户归属的 HLR，用来区别不同的移动业务区；××××为四位用户号码。

相应的拨号顺序如下。

移动用户→固定用户：0+长途区号+固定用户电话号码。

移动用户→移动用户：移动用户电话号码，即 $N_1N_2N_3\ H_0H_1H_2H_3$ ××××。

固定用户→本地移动用户：移动用户电话号码，即 $N_1N_2N_3\ H_0H_1H_2H_3$ ××××。

固定用户→其他区移动用户：0+移动用户电话号码，即 0+ $N_1N_2N_3\ H_0H_1H_2H_3$ ××××。

7.2.3 GSM 空中接口

GSM 系统内部的主要接口有 4 个，分别是 MS 与 BTS 之间的无线空中接口（Um 接口）、BTS 与 BSC 之间的 Abis 接口、BSC 与 MSC 之间的 A 接口及 GSM 系统与 PSTN 之间的接口，如图 7-22 所示。除 Abis 接口外，其他接口都是标准化接口，这样有利于实现系统设备的标准化、模块化与通用化。空中接口规定了 MS 与 BTS 间的物理链路特性和接口协议，是系统最重要的开放接口。

1．GSM 系统无线传输特性

（1）工作频段

GSM 系统包括 GSM 900、DCS1800 及 GSM1900 三种类型，分别工作在 900MHz、1 800MHz 及 1 900MHz 频段，其中 GSM1900 用于北美。在许多地方早期使用的是 900MHz 频段，随着业务量的不断增长，1 800MHz 频段也已投入使用。目前，这两个频段的网络同时存在，构成“双频”网络。GSM 使用的 900MHz、1 800MHz 频段特性如表 7-2 所示。

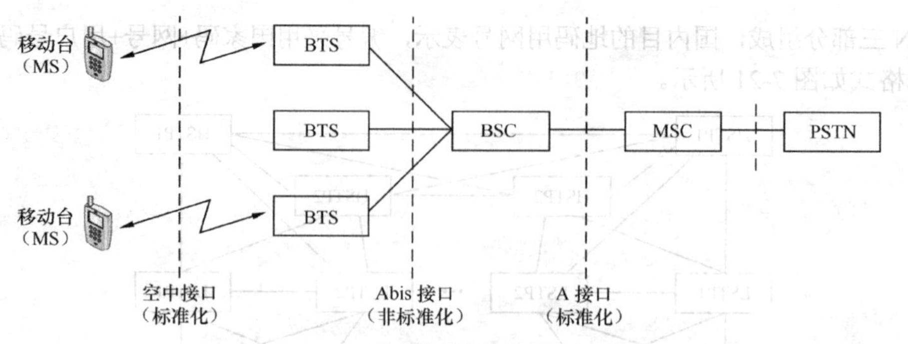

图 7-22　GSM 数字蜂窝通信系统的主要接口

表 7-2　**GSM 使用的 900MHz、1 800MHz 频段特性**

特　　性	900MHz 频段	1 800MHz 频段
频率范围	890～915 MHz（移动台发，基站收） 935～960MHz（移动台收，基站发）	1 710～1 785MHz（移动台发，基站收） 1 805～1 880MHz（移动台收，基站发）
频带宽度	25MHz	75MHz
信号带宽	200kHz	200kHz
频道序号	1～124	512～885
中心频率	$f_U = 890.2 + (N-1) \times 0.2\text{MHz}$ $f_D = f_U + 45\text{MHz}$ $N = 1 \sim 124$	$f_U = 1710.2 + (N-512) \times 0.2\text{MHz}$ $f_D = f_U + 95\text{MHz}$ $N = 512 \sim 885$

（2）多址方式

GSM 系统采用 TDMA/FDMA/FDD 制式。FDMA 用于不同小区之间分享频谱，频道间隔为 200kHz，每个频道采用 TDMA 接入方式，分为 8 个时隙，时隙宽度为 0.577ms。8 个时隙构成一个 TDMA 帧，帧长为 4.615ms。采用全速率语音编码时每个频道提供 8 个时分信道；若采用半速率语音编码，每个频道将能容纳 16 个半速率信道，从而使频率利用率提高，系统容量增大。收/发采用不同的频率，一对双工载波上下行链路各用一个时隙构成双向物理信道，根据需要分配给不同的用户使用。MS 在特定频率上和特定时隙内，以突发方式向 BS 传输信息，BS 在相应频率和相应时隙以时分复用的方式向各 MS 传输信息。

（3）频率配置

GSM 系统多采用 4 小区 3 扇区（4×3）的频率配置和频率复用方案，即把所有可用频率分成 4 大组 12 个小组分配给 4 个无线小区而形成一个单位无线区群，每个无线小区又分为 3 个扇区，然后再由单位无线区群彼此邻接排布，覆盖整个服务区域，如图 7-23 所示。当采用跳频技术时，多采用 3×3 频率复用方式。

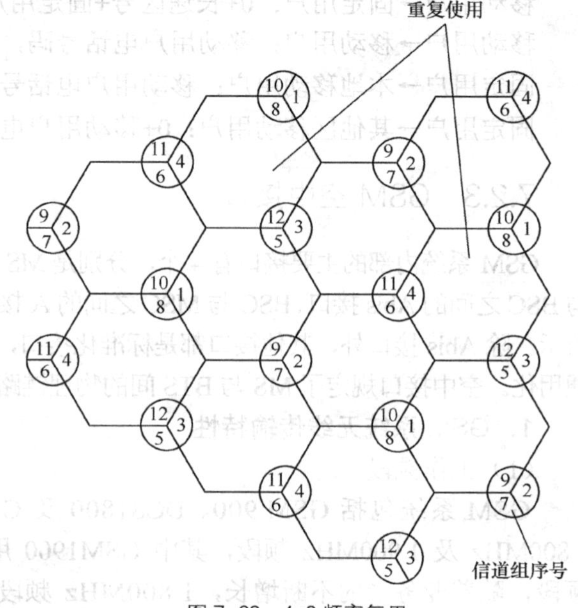

图 7-23　4×3 频率复用

2. 无线空中接口信道

（1）物理信道

GSM 系统一个载频上的 TDMA 帧的一个时隙称为一个物理信道，每个用户按指定载频和时隙的物理信道接入系统并周期性地发送和接收脉冲突发序列，完成无线接口上的信息交互。每个载频的 8 个物理信道记为信道 0～7（时隙 0～7），当需要更多的物理信道时，就需要增加新的载波，因而 GSM 实质上是一个 FDMA 与 TDMA 的混合接入系统。

（2）逻辑信道

根据无线接口上 MS 与网络间传送的信息内容，GSM 定义了多种逻辑信道传递这些信息。逻辑信道在传输过程中映射到某个物理信道上，最终实现信号的传输。通常将信息内容划分为业务信息和控制信息，因此逻辑信道分为业务信道（TCH）和控制信道（CCH）。

① 业务信道

业务信道主要传送用户语音或数据，在前向链路和反向链路上具有相同的功能和格式。GSM 业务信道又可分为全速率业务信道（TCH/F）和半速率业务信道（TCH/H）。当以全速率传送时，用户数据包含在每帧的一个时隙内；当以半速率传送时，两个半速率信道用户将共享相同的时隙，但是每隔一帧交替发送。目前使用的是全速率业务信道。

② 控制信道

控制信道用于传送信令和同步信号。某些类型的控制信道只定义给前向链路或反向链路。GSM 系统中有 3 种主要的控制信道：广播信道 BCH、公共控制信道 CCCH 和专用控制信道 DCCH，每个信道由几个逻辑信道组成，如图 7-24 所示。

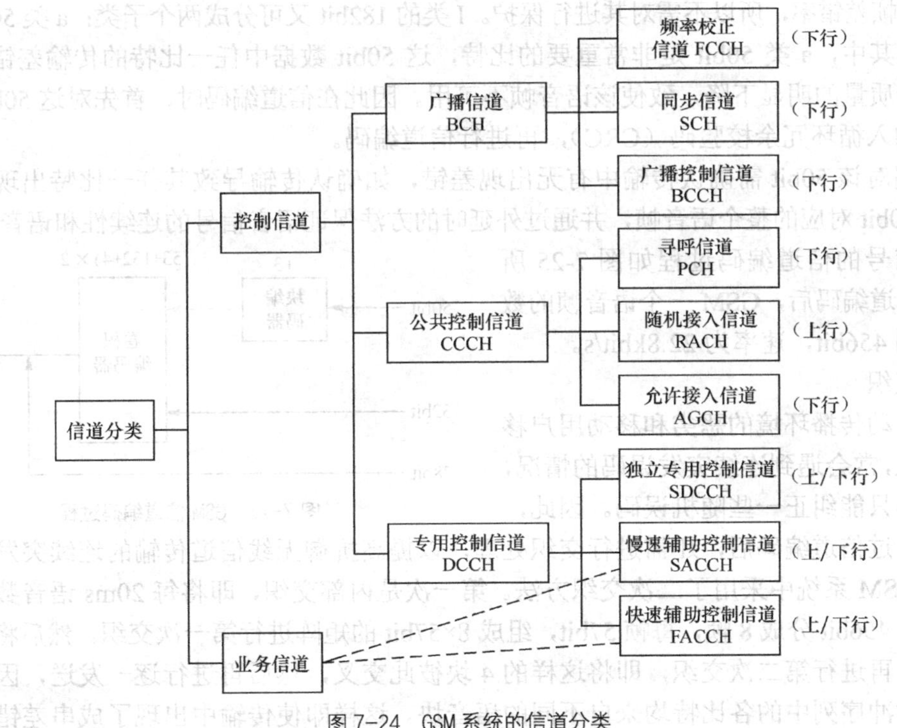

图 7-24 GSM 系统的信道分类

这些逻辑信道按时间分布提供 GSM 系统必要的控制功能，各个信道有不同的功能与任务，FCCH 给 MS 提供 BTS 频率基准；SCH 传送 BTS 的 BS 识别及同步信息（TDMA 帧号）；

BCCH 传送广播系统信息；PCH 发送寻呼消息，寻呼移动用户；AGCH 传送 SDCCH 信道指配信息；RACH 传送 MS 向 BTS 的通信接入请求；小区广播信道 CBCH（下行）发送小区广播消息；SDCCH 用于 TCH 尚未激活时在 MS 与 BTS 间交换信令消息；SACCH 在连接期间传输信令数据，包括功率控制、测量数据、时间提前量、系统消息等；FACCH 在连接期间传输信令数据（只在接入 TCH 或切换等需要时才使用）。

3．无线空中接口技术

（1）无线空中接口上的信息传输

GSM 系统无线接口上传输的信息需经多个处理单元处理才能安全可靠地送到空中无线信道上传输。例如，传输语音信号时，模拟语音通过 GSM 语音编码器编码变换成 13kbit/s 的信号后，经信道编码变为 22.8kbit/s 的信号，再经交织、加密和突发脉冲格式化后变为 33.8kbit/s 的码流。无线空中接口上每个载频 8 个时隙的码流经 GMSK 调制后发送出去，因而 GSM 无线接口上的数据传输速率达到 270.833kbit/s。无线空中接口接收端的处理过程与之相反。

（2）语音编码与信道编码

如前所述，GSM 语音编码器采用规则脉冲激励——长期预测（RPE-LTP）编码，语音速率为 13kbit/s。为提高空中接口数据传递的可靠性，接着进行信道编码，以便检测和纠正信息传输中引入的差错。信道编码采用带有差错校验的 1/2 码率卷积码，并跟随有交织处理。

根据语音帧的 260 比特对传输差错的敏感性可将其分成两类：I 类 182bit 和 II 类 78bit。GSM 信道编码器对这两类数据进行不同的冗余处理。其中，I 类数据比特对传输差错敏感性比较强，可考虑对其进行信道编码保护；对于 II 类数据比特，传输差错仅涉及误比特率的劣化，不影响帧差错率，所以不需对其进行保护。I 类的 182bit 又可分成两个子类：a 类 50bit 和 b 类 132bit。其中，a 类 50bit 是非常重要的比特，这 50bit 数据中任一比特的传输差错都会导致语音信号质量的明显下降，致使该语音帧不可用。因此在信道编码时，首先对这 50bit 进行块编码，加入循环冗余校验码（CRC），再进行信道编码。

接收端对该 50bit 需确认传输中有无出现差错，如确认传输导致其任一比特出现差错，则舍去该 50bit 对应的整个语音帧，并通过外延时的方法保证语音信号的连续性和语音质量。

语音信号的信道编码过程如图 7-25 所示。经过信道编码后，GSM 一个语音帧的数据比特达到 456bit，速率为 22.8kbit/s。

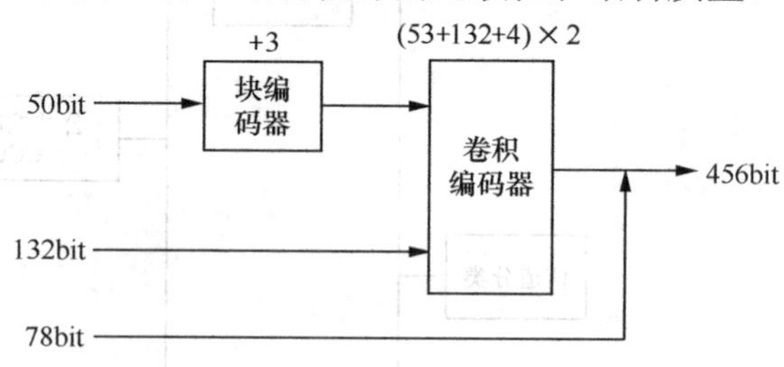

图 7-25 GSM 信道编码过程

（3）交织

由于移动传播环境的恶劣和移动用户移动的复杂性，常会遇到连续突发误码的情况，而信道编码只能纠正一些随机误码。因此，语音信号通过信道编码后，还需进行交织处理，以提高抗御无线信道传输的连续突发误码的影响。在 GSM 系统中采用了二次交织方法。第一次是内部交织，即将每 20ms 语音数字化编码所提供的 456bit 分成 8 帧，每帧 57bit，组成 8×57bit 的矩阵进行第一次交织。然后将此 8 帧视为一块，再进行第二次交织，即将这样的 4 块彼此交叉，然后再进行逐一发送，因而此时所发送的脉冲序列中的各比特均来自不同的语音块。这样即使传输中出现了成串差错，也能够通过信道编码加以纠正。

（4）不连续发射（DTX）

DTX（Discontinuous Transmission）是 GSM 系统采用的一种传输控制技术，其目的在于降低空中干扰，提高系统容量和质量，降低电源消耗，增加移动台电池的使用寿命。

GSM 利用语音激活检测技术（VAD）检测语音编码的每一帧是否包含语音信息。当检测出语音帧有信息时，开启发送机；当检测不到语音信息时，则关闭发送机，并每隔 480ms 时间向对方发送携带反映发送端背景噪声参数的噪声帧，以便接收端产生尽量与发送端背景噪声特征一致的舒适噪声，确保发送机关闭期间不致造成电路中断的错觉。此时，无线空中接口的数据速率从 270kbit/s 降到 500bit/s 左右。

（5）跳频

在 GSM 系统中，跳频是其特殊功能，无论在噪声受限条件还是干扰受限条件下，跳频都能改善 GSM 系统的无线性能。通过跳频，使通话期间的载波频率在多个频点上变化，从而避开深衰落点，减缓多径衰落的影响，达到改善误码性能的目的，并起到干扰分集的作用。当系统中采用了不相关跳频之后，便可以分离来自许多小区的强干扰，从而有效地抑制了远近效应的影响。

GSM 系统采用慢跳频方式，无线信道在某一时隙期间（0.577ms）用某一频率发射，到下一个时隙则跳到另一个不同的频率上发射，也就是每一 TDMA 帧（4.615ms）跳一次，因此跳频速率为 216.7 跳/秒。跳频序列在一个小区内是正交的，即同一小区内的通信不会发生冲突（各信道不会出现碰撞）。具有相同载频信道或相同配置的小区（同族小区）之间的跳频序列是相互独立的。在用户发起呼叫和切换时，MS 由 BCCH 广播信道系统消息中获取跳频序列表、跳频序列号和决定起跳频点的表，而且 BCCH 所在的载频通常不允许跳频。

7.2.4　GSM 呼叫接续过程

GSM 系统使用类似 OSI 协议模型的简化协议，包括物理层 L1、数据链路层 L2 和应用层 L3。GSM 系统的呼叫接续是在一些信号的控制下完成的。在 Um 接口，MS 每次呼叫时都有一个物理层和数据链路层的建立过程，在此基础上再与网络侧建立应用层上的通信。在网络侧 A 和 Abis 接口，其物理层和数据链路层（SCCP 除外）始终处于连接状态。应用层的通信消息按阶段和功能的不同，分为无线资源管理（RR）、移动性管理（MM）和呼叫控制（CC）3 部分。

移动用户在归属区处于空闲状态时，GSM 呼叫处理过程主要包括小区的选择与重选、立即指配、鉴权加密、位置更新、无线链路控制、切换及功率控制的过程。无线链路控制主要是对无线链路进行监测，及时通过功率控制或切换来处理干扰严重、接受电平低、信号质量差的问题，尽量减少掉话。切换是为了维持移动台从一个小区移动到另一个小区时通话能继续进行，以满足网络管理的需要；功率控制的目的是减少整个系统的干扰，提高频谱利用率，并可延长移动台的电池寿命。

1．MS 主叫的呼叫接续过程

考虑 MS 与一个 PSTN 用户通话的情况。当 MS 发起呼叫时，首先要在 MS 与 MSC 之间建立起一条信令链路，以便网络与 MS 间进行信令交互；同时，GSM 网络通过关口局（GMSC）与 PSTN 网络连接，进行信令交互，以达到建立通信连接、传送通信信息的目的。

（1）小区的选择与重选

在 MS 开机或从盲区进入覆盖区时，MS 将扫描 GSM 网络中允许的所有频点，调谐到最强的一个载频，并判断该载频是否有广播控制信道。如果有，则选取 BCCH，并判断是否可以锁定在此小区。如果该移动通信网属于自己的系统，且系统允许此小区给移动用户使用，则可以锁定在该小区。如果为不允许使用的小区，MS 则调谐到次强载频上再重复以上判断。

当 MS 选择了某个小区后，它将调谐到该小区的 BCCH 信道上接收寻呼消息和 BCCH 广播的系统消息。MS 同时继续监测该小区 BCCH 系统消息所指示的邻小区频点配置表中的所有 BCCH 载波。若发现参数更优的小区或下行链路故障等，则按一定规则进行小区重选。

（2）立即指配

为了发出呼叫，用户首先要拨号，并按 GSM 手机上的发射按钮，这时 MS 通过它锁定的小区的 RACH 信道向网络发送"信道申请"报文，向系统申请一条信令信道。BTS 收到后，通过 Abis 接口给 BSC 发"信道请求"报文，BSC 收到后，则向 BTS 发"信道激活"来查询相应的地面资源是否可用，该报文包括信道类型、工作模式、物理特性、时间提前量等。BTS 在准备好相应资源后返回"信道激活证实"报文给 BSC，BSC 收到后，将在接收"信道请求"的同一 CCCH 时隙以无证实方式向 BTS 发送"立即指配"消息来向 MS 分配 SDCCH。

BTS 在 AGCH 信道向 MS 发"立即指配"，同时启动定时器。MS 收到后则停止发"信道请求"，按规定接入到网络指配的 SDCCH 信道，并初始化最大发射功率开始传输信令，在该信道上向 BTS 发送一个 SABM 帧来建立证实模式下的信令消息链路层连接。BTS 用 SABM 帧带有的信令报文即"初始化报文"来确认 MS 接收的正确性，只有核对正确的 MS 留在该信道上。根据信道申请的原因，"初始化报文"可分为通信管理层（CM）的业务请求（呼叫建立、短信、附加业务管理等）、位置更新请求、IMSI 分离及寻呼响应 4 种。所有这些报文都包括 MS 的身份、更详细地说明接入原因及 MS 类别。

BTS 收到 SABM 帧，将向 BSC 发"建立指示"报文，通过 Abis 接口通知 LAPDm 连接已建立，BSC 收到后，就向 MSC 发出第一条"三层业务请求"消息。该消息中携带有 SCCP 连接请求、申请 CM 业务的原因（如移动主叫、位置更新及短信业务等）、密钥序列号、位置区识别码、该 MS 的一些物理消息（如发射功率、支持加密算法否等）及 MS 的识别码等。

对每个呼叫，在第二层上还要建立一个 SCCP 连接，该建立请求消息将在 A 接口上 SCCP 的请求建链消息中传递。如果请求被允许，A 接口的第一条下行消息将包含在 SCCP 层的连接证实帧中，若无法建立 SCCP 的连接，MSC 则发出"SCCP 拒绝"消息。至此，接入过程结束，MS 与 MSC 之间的信令链路已经建立，MSC 这时已能够控制无线资源管理（RR）的传输特性，且 BSS 处于监视传输质量和随时准备切换的运行状态。在接下来进入的移动性管理（MM）层的连接中，网络可根据需要来判断是否触发鉴权加密程序、TMSI 再分配程序及位置更新程序。具体过程见 7.1.4 小节及 7.1.3 小节。

（3）呼叫建立程序

在前面的一些过程完毕后，MS 进入呼叫建立过程。

① 呼叫建立过程

呼叫建立过程如图 7-26 所示，首先 MS 向网络发"建立"报文，内容包括本次呼叫请求的业务种类及 MS 能提供的承载能力，信息传输要求、发送方式、编码标准及可使用的无线信道类型，被叫号码及被叫号码类型和编码方案，对于补充业务还可以包含各种附加的信息。MSC 收到该消息后，向其 VLR 发送"出局呼叫消息"，VLR 收到后，根据它在该 MS 位置更新过程中从 HLR 获得的用户数据消息来分析被叫的号码和主叫用户本身的能力（如在拨打国际长途时则看是否受限）以及网络本身的资源能力等，以确认是否能接纳这种请求。若某些项目不能通过，则向 MS 发"释放完成"，呼叫建立就此失败，接着 MS 再将底层的信令连接释放掉，然后转入空闲状态；若可以通过，则 VLR 向 MSC 发回"完成呼叫能力查询"。若 MSC 认为可以建立起与对端的通信时，则向 MS 发出"呼叫进程"消息。

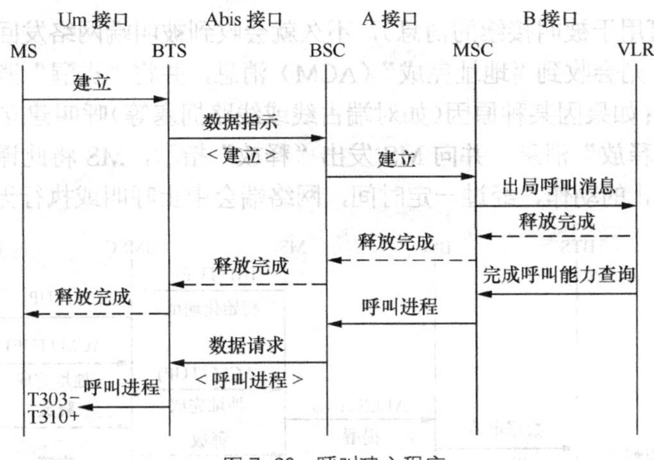

图 7-26 呼叫建立程序

② 语音信道指配过程

MSC 向 MS 发出“呼叫进程”消息后，将根据业务请求的需要向 BSC 发出“指配请求”消息，其中含有所请求信道的类型等内容，要求 BSC 给此次呼叫分配 TCH 语音信道，分配方式与立即指配过程类似，如图 7-27 所示。BSC 在收到“指配请求”后，如果发现有所需资源就向 BTS 发出“激活信道”消息（包括信道、频率、时隙和跳频等）。BTS 将电路等资源准备好后，向 BSC 发“信道激活证实”。若此时 BSC 无相应的资源则向 MSC 返回“无资源”，若系统允许排队，向 MSC 发出“排队指示”，并将指配请求消息放入队列，并打开 T11 定时器，如 T11 超时则向 MSC 发出“清除请求”。BSC 收到“信道激活证实”报文后，将它放在“指配命令”（包括新配置、启动时间等）消息中发给 MS。

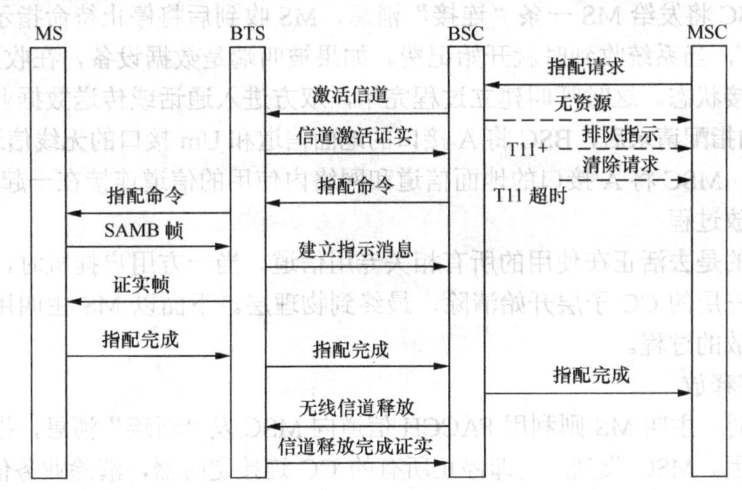

图 7-27 TCH 信道指配过程

MS 收到“指配命令”后，启动链路层连接的本端释放，并根据命令的要求切换到分配的信道。随即 MS 启动低层连接建立，将收发信配置调整到该 TCH 信道上，并通过 FACCH 信道向系统发出 SABM 消息。其余流程见图 7-27。BSC 收到“信道释放完成证实”后就认为该信道已返回空闲状态，本次通信所占用的信令信道资源可以分配给新的信道请求了。

③ 通话连接过程

如图 7-28 所示，当 MSC 收到 BSC 发回的“指配完成”消息后，向被叫端送出初始化地址 IAI 消息（含有可用于被叫接续的消息），不久就会收到被叫端网络发回的有关呼叫建立的报告。若成功，MSC 则会收到“地址完成”（ACM）消息，并将“提醒”消息发给该 MS，MS 将此消息译为回铃音；如果因某种原因（如对端占线或线路拥塞等）呼叫建立失败，主叫 MSC 会收到被叫端发出的“释放”消息，并向 MS 发出“释放”指示，MS 将此译为忙音。若被叫不应答而主叫也没有中止的动作，经过一定时间，网络端会中止呼叫或执行无应答转移。

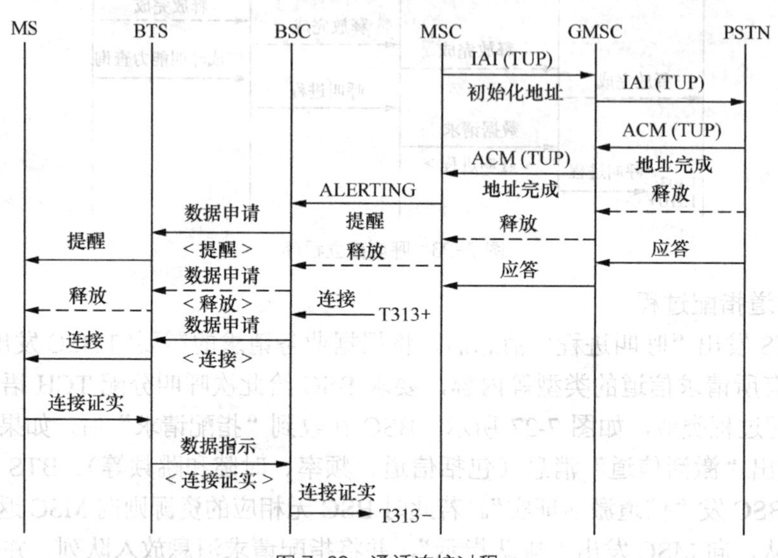

图 7-28　通话连接过程

如果此时被叫摘机，被叫端将会向主叫 MSC 发回“应答”消息，此时主叫与被叫之间的链路接通，MSC 将发给 MS 一条“连接”消息，MS 收到后将停止待命指示，接着向系统返回“连接证实”，当系统收到时就开始记费。如果被叫端是数据设备，在收到 SETUP 指示后可直接进入连接状态。这时呼叫建立过程完毕，双方进入通话或传送数据业务阶段。

收到 MSC 的指配请求后，BSC 将 A 接口的地面信道和 Um 接口的无线信道连接在一起。收到“连接”后，MSC 将 A 接口的地面信道和网络内使用的信道连接在一起。

（4）呼叫释放过程

此程序的目的是去活正在使用的所有相关专用信道。当一方用户挂机时，系统开始清除通信连接，从第三层的 CC 子层开始清除，最终到物理层。下面以 MS 主叫用户首先挂机为例来说明呼叫释放的过程。

① 呼叫连接释放

当主叫挂机时，主叫 MS 则利用 FACCH 信道向 MSC 发“断连”消息，指明呼叫清除的发起端及清除原因。MSC 收到后随即停止所有的 CC 连接定时器，清除业务信道在网络中的连接，并向被叫端发出“释放”消息，以通知对方通信中止。被叫端在收到该指示后，将向被叫用户发出“断连”指示，被叫 MS 将此消息译为忙音，端到端的连接到此结束。但至此呼叫并未完全结束，因为系统与 MS 之间仍需保持一定的任务，如送计费指示等，当系统认为与 MS 之间的连接已无必要时，则向主叫端 MS 发出“释放”消息，通知它网络正在释放 CC 层的连接。在 MS 收到该消息后将停止所有 CC 连接定时器，释放 MM 连接，并向系统发出“释放完成消息”，本身进入空闲状态，表示呼叫已结束。这时在 MS 侧，L3 的连接已经全都释放完毕，但 MS 不能自己拆除 L2 层的连接，要等待网络的释放命令。

在 MSC 收到 MS 的“释放完成”消息后，将释放 MM 连接，返回到空闲状态。CC 层和 MM 层的连接释放完毕后，网络将向 BSC 发出“清除命令”的消息来请求释放 SCCP 信令链路。在该消息中携带着此次呼叫清除的原因，例如“因切换完成”而清除还是“因位置更新完成”而清除等。若由于是无线接口消息失败、无线链路失败或因设备故障等原因而导致呼叫进程非正常性释放，则 BSC 向系统发出“清除请求”消息。

② RR 连接释放

BSC 收到“清除命令”后则释放 RR 连接，以去活正在使用的专用信道。RR 连接释放过程如图 7-29 所示。

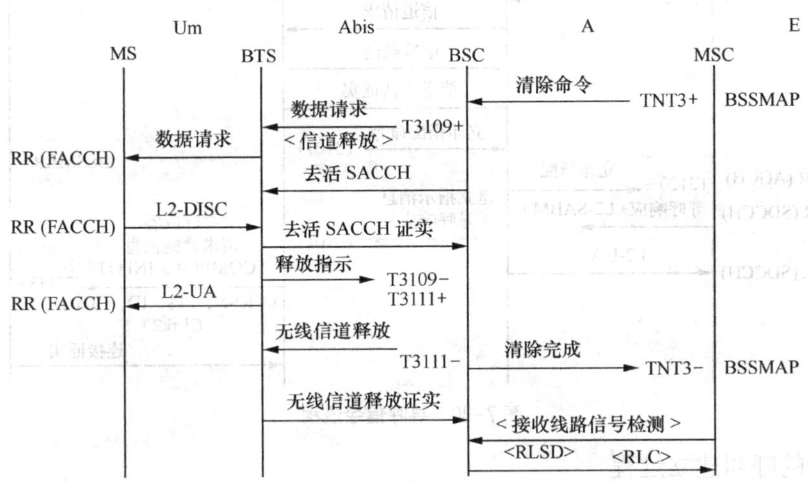

图 7-29 RR 连接释放过程

2. MS 被叫的呼叫接续过程

（1）查询过程

从 PSTN 发出呼叫时，主叫端信令链路建立起来后，将把“初始化地址消息”（IAI）发给 GMSC。GMSC 收到后，由被叫用户 MSISDN 分析出其归属的 HLR 的 No.7 信令识别号，并向该 HLR 发“发送路由消息”报文。HLR 收到后，根据记录内容采取不同步骤给 GMSC 相应的应答。若 MS 已漫游，HLR 向被访 VLR 发送“提供漫游号码”（含用户的 IMSI 等信息），被访 VLR 收到后，若不知道 MS 的 IMSI 则向 HLR 发“发参数消息”来请求用户参数；若知道，则从空闲号码中选出一个漫游号，将其同 IMSI 临时联系起来，并向 HLR 发“回送漫游号码结果”报文，内容包括分配给该次呼叫的 MSRN 以及该 MS 所在的位置区号码 LAC。HLR 收到后，将以“回送路由信息结果”的报文将消息转到发起呼叫的 GMSC。GMSC 根据此消息找到被访 MSC 并向其发 IAI 消息，当被访 MSC 收到该消息后可通过 MSRN 从其存储器记录中恢复该移动用户的 IMSI，并通过所获得的 LAC 来进行寻呼该 MS 的过程。当呼叫完全建立起来后，就可以释放该 MSRN 以供其他用户使用。

（2）寻呼过程

当被叫 MSC 收到 GMSC 发来的 IAI 消息后，将向其 VLR 发送“入局呼叫消息”，VLR 收到该消息后分析被叫号码和网络本身的资源能力等，以核对是否能接纳这种需求，若某些项目不能通过则将通知主叫端呼叫建立失败。在正常的情况下，VLR 将向 MSC 发送“寻呼”消息，该消息中含有该 MS 所在的 LAI 以及被寻呼用户的 TMSI 或 IMSI 的号码，以通知 MSC 开始执行寻呼该 MS 的过程。MSC 收到“寻呼”消息后，将向 MS 所在位置区中的所有 BSC

发出“寻呼”报文，寻呼的信令流程如图7-30所示。MSC接收到“寻呼响应”后，通过一系列的鉴权加密和TMSI再分配过程，就进入了被叫的呼叫建立过程。

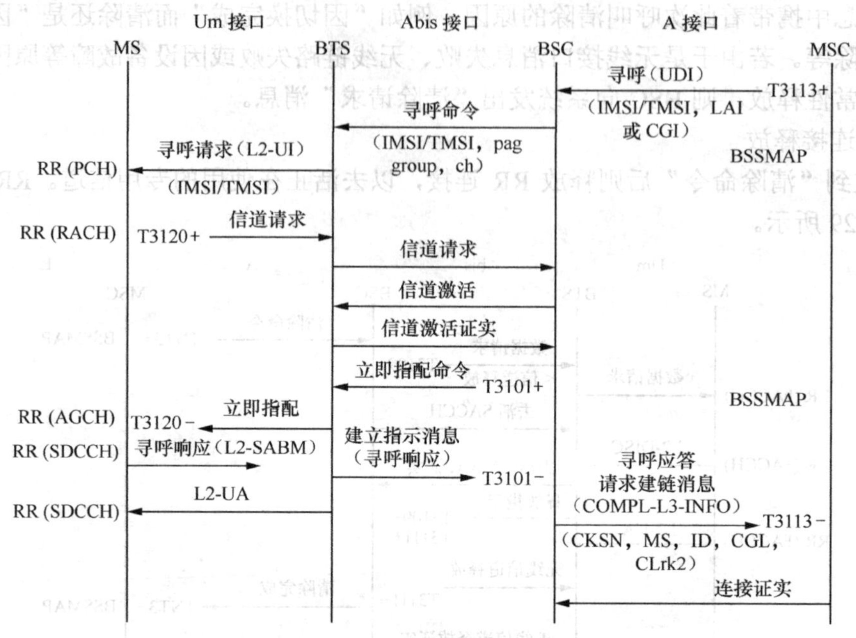

图7-30　寻呼信令流程

（3）被叫的呼叫建立过程

当MSC收到VLR发来的“完成呼叫能力查询”消息后，将向MS发“建立”消息，如果被叫MS能处理主叫请求的业务类别，就返回“呼叫确认”消息，内容包括移动台选定的参数（信道的速率、业务类别等）。

当MSC收到“呼叫确认”消息后，将向BSC发出“指配请求”来给该次通信分配语音信道。指配过程完成后，被叫MS则向被叫MSC发“提醒”消息，被测MSC收到后，则向主叫端发“地址完成”（ACM）。主叫端在收到该消息后也会将“提醒”发给主叫用户，被叫用户收到提示摘机后，即给MSC发“连接”消息，MSC收到后将“应答”发回主叫端，并向被叫返回“连接证实”。此后网络接通全部传输链路，用户端到端的传输正式建立。

3．切换

根据交换点的位置不同，可分为4种不同类型的切换。

（1）小区内切换。是指MS正在通信的载频或时隙遭受严重的同频道干扰而切换至其他干扰小的载频或时隙上进行通信的过程。这种切换由小区所属的BSC独立控制完成。

（2）BSC内不同小区间切换。MS从相同BSC控制范围内正在通话的服务小区移动到另一小区时，触发BSC内的小区间切换程序。这种切换也是由BSC独立控制完成，不涉及MSC，但在切换完成后BSC要通知MSC。

（3）MSC内切换。是指属于同一个MSC的不同BSC控制下的小区间切换。这种切换的完成需要这个MSC以及两个相关的BSC共同参与控制。通话过程中的MS在一个MSC范围内超出了原BSC控制区就会触发MSC内BSC间切换程序。BSC通过对测量报告的分析发现切换的目标小区不属于它，就向MSC发切换请求，并提供目的小区标识。MSC判断并向目标BSC发切换请求。目标BSC向其切换目标小区预定和激活切换所需的TCH，并通过

MSC经原BSC和BTS小区向待切换的MS发送包含切换载频、时隙及发射功率等参数的切换指令。然后，MS在新载频上通过FACCH向新BTS小区发送接入突发脉冲序列，新BTS回送时间提前量信息至MS。最后，MS通过新小区和新BSC向MSC发送切换成功消息，MSC指令原BSC释放原服务基站小区的TCH，完成BSC间的整个切换过程。

（4）MSC间切换。MSC间切换也就是越局切换，切换流程如图7-31所示。

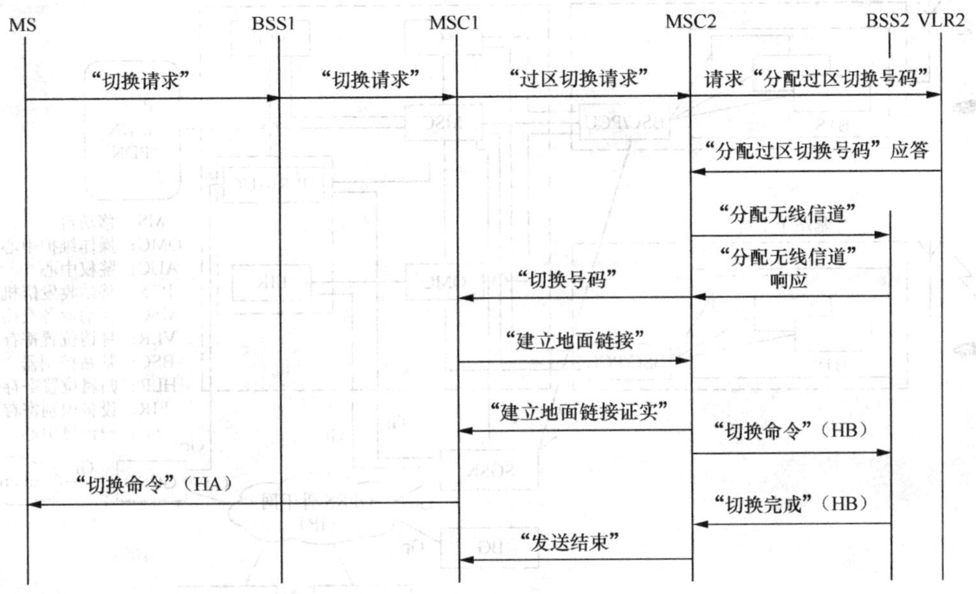

图7-31 MSC间切换流程图

7.2.5 通用分组无线业务

通用分组无线业务（GPRS）是基于GSM系统数据业务增强技术，它在GSM网络的基础上增加新的网络实体，并对原有的基站和网络子系统进行软件升级和更新，形成一个叠加在其上的新网络；把分组交换技术引入了现有GSM系统，提供端到端的、广域无线IP连接，增强了GSM系统的数据通信功能，加快了GSM系统向第三代移动通信系统的平滑过渡。

1．GPRS的特点

（1）永远在线。用户可随时与网络保持联系，在移动中收发E-mail、访问互联网等。

（2）可以为用户提供更高的传输速率。同时捆绑同一频率的8个时隙时，传输速率可达160kbit/s。支持CS-3、CS-4编码方式，理论速率可达171kbit/s左右。

（3）动态分配使用GSM原有时隙，无线资源利用率高。在无线接口上，GPRS采用与GSM相同的物理信道，可设置专用的分组数据信道，也可按需动态占用语音信道，实现数据业务与语音业务的动态调度，提高无线资源的利用率。

（4）GPRS按流量计费，而不是以使用网络的时间计费，对移动用户更为合理。

（5）GPRS核心网络层采用IP技术，底层则可使用多种传输技术，可以方便地实现与高速发展的IP网络的无缝连接。

（6）数据传输与语音传输可同时进行或切换，可实现电话、上网两不误。

（7）存在与语音业务争抢信道资源的问题。GPRS底层是通过多个语音业务信道的捆绑来实现高速数据通信的，这必然会使有限的无线资源更加紧张。如果GPRS的信道分配优先级较低的话，那么在某些热点地区，特别是语音业务话务量较大的地区，其接通率与传输速率会很低。

2. GPRS 的网络结构

GPRS 的网络结构如图 7-32 所示。与原 GSM 网络相比，为了实现分组数据业务的变换和传输，新增或升级的设备如下。

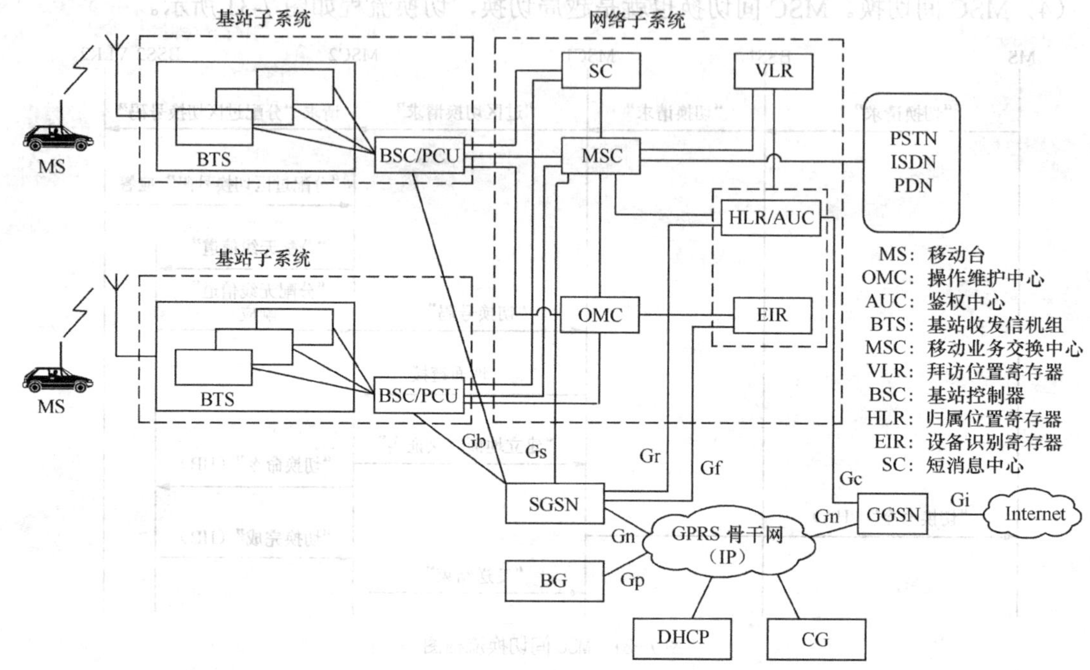

图 7-32 GPRS 的网络结构

（1）服务 GPRS 支持节点 SGSN。功能类似 GSM 系统中的 MSC/VLR，主要是对 MS 进行鉴权、移动性管理和路由选择，建立 MS 到 GGSN 的传输通道，接收 BSS 传送来的数据，进行协议转换后通过 GPRS 骨干网传送给 GGSN 或反向工作，并进行计费和业务统计。

（2）网关 GPRS 支持节点 GGSN。是 GPRS 网对外部数据网的网关或路由器，提供 GPRS 与外部 Internet 的互联。GGSN 接收 MS 发送的分组数据包，选择路由，并发送到远端相应的网络；或接收外部网络的数据，根据其地址选择 GPRS 网内的传输通道，发送给相应的 SGSN。GGSN 还具有地址分配和计费等功能。

（3）分组控制单元 PCU。通常位于 BSC 中，用于处理数据业务，它可将分组数据业务在 BSC 处从 GSM 语音业务中分离出来，在 BTS 和 SGSN 间传送。

（4）边缘网关 BG。

（5）动态主机配置 DHCP。

（6）计费网关 CG。

同时，GPRS 还需要增加新的移动性管理程序，需要对原有的 GSM 设备（如 BTS、BSC、MSC、VLR、HLR 等）进行软件升级或更新，以支持新的 MAP 信令与 GPRS 信令等，并且用户要采用新的 GPRS 终端。

3. GPRS 的典型应用

GPRS 支持承载业务、用户终端业务、补充业务 3 种业务类型。

（1）承载业务。支持在用户与网络接入点之间的数据传输，提供点到点、点到多点两种承载业务。

（2）用户终端业务。可以分为基于点到点（PTP）和基于点到多点（PTM）的两类用户终端业务。基于 PTP 的用户终端业务包括信息点播、E-mail、会话、远程操作业务；基于 PTM 的用户终端业务包括点到多点单向广播和集团内部的点到多点双向事务处理业务。

（3）补充业务。GPRS 支持的补充业务与 GSM 基本相同，如计费提示、来话限制、呼出限制等

7.3 CDMA 系统

码分多址（CDMA）基于扩频通信技术，通常也用扩频多址来表征，对所传信号频谱的扩展给予了 CDMA 以多址能力。CDMA 是用不同的地址码来标识不同的用户和信道的多址通信方式。由于扩频信号的宽带宽，使其非常难于干扰、检测和识别，因此 CDMA 系统具有很强的抗干扰和较好的保密性能，同时还具有系统容量大、语音质量好、掉话率低、频谱利用率高等优点，CDMA 技术在移动通信领域的应用备受青睐，已经发展成为第三代蜂窝移动通信的核心技术。

7.3.1 扩频通信

扩频通信系统中所传输的已调信号带宽远大于调制信息带宽（或信息比特速率）。通常，我们以扩频信号带宽 Bw 与调制信号带宽 Bs 之比作为参考，当 Bw/Bs>100 时称之为扩频通信，否则只能是宽带或窄带通信。扩频通信系统使用 100 倍以上的信息带宽来传输信息，最主要的目的是为了提高通信的抗干扰能力，即在强干扰条件下保证安全可靠地通信。

1. 扩频通信原理

由傅里叶变换理论知道，若信号持续时间有限长，则其频谱无限宽。因此如果用很窄的脉冲序列调制所传信息，则可产生很宽频带的信号。这种频带的扩展是通过一个独立的码序列完成的，是用编码及调制的方法来实现的，与所传信息无关，在接收端用同样的码序列进行相关接收、解扩，恢复出所传信息。

扩频通信系统的工作过程如图 7-33（a）所示。从图中可以看出，输入数字信号 $a_k(t)$ 首先经过调制（如 PSK 调制，速率 R_i）后获得窄带已调信号 $b_k(t)$，然后该信号再被高速的伪随机序列（PN 序列，速率 R_c， $R_c >> R_i$） $c_k(t)$ 进行调制。此时输出信号 $S_k(t)$ 的带宽将远大于传输信息的频谱宽度，因而称此过程为扩频。然后将 $S_k(t)$ 信号送到上变频（U/C）器中转换成射频信号进行发射。

在接收端，将接收到的射频信号送至下变频（D/C）器变频，输出中频信号 $S(t)$，此信号中含有干扰和噪声信号。这时将此中频信号用与发端 PN 码序列 $c_k(t)$ 相同的本地 PN 序列 $c_m(t)$ 进行解扩，还原出窄带信号 $b_m(t)$。 $b_m(t)$ 再经过信息解调，恢复出原数字信号 $a_m(t)$。通信过程中混入的干扰及无用信号经解扩后则被展宽为宽带信号，再经信息解调后的窄带滤波器，有用信号带外的干扰分量均被滤除，从而降低了干扰信号的强度，改善了输出信噪比。扩频、解扩过程中信号频谱变化情况如图 7-33（b）所示。

在扩频通信系统中，经过对信息信号带宽的扩展和解扩处理获得了处理增益。扩频特性与所使用的编码序列码型及速率有关。通常采用伪随机序列作为扩频系统的编码序列，这样可以获得近似于噪声的频谱特性。在发送端，原始信息被一个带宽比其带宽宽得多的伪随机码（PN 码）进行扩展调制；在接收端，接收到的扩展频谱信号与一个和发送端的 PN 码完全

相同的本地码进行相关解扩处理，当收到的信号与本地码相匹配时，所需要的有用数字信号才能恢复到其扩展前的原始带宽，还原成原始信号。而任何不匹配的输入信号则被本地码扩展为宽带信号，其功率谱密度大为减小。

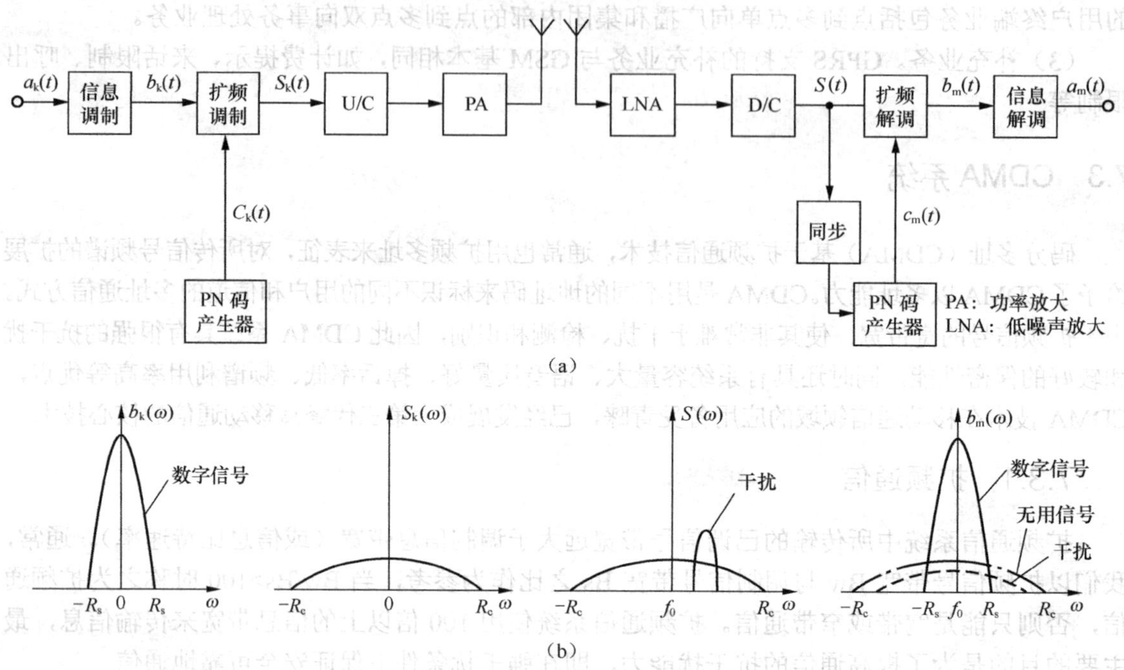

图 7-33 扩频通信的基本原理

总之，经过解扩后无用信号具有宽带谱，而有用信号则呈原始的窄带谱，这样利用窄带滤波器便可以滤除有用信号带外的干扰，使得带内信号电平高于干扰电平，从而使输出带内信噪比大大改善，这就提高了系统的抗干扰能力。从理论分析可知，各种扩频通信系统的抗干扰性能大体上与扩频信号带宽与所传送信息的带宽之比成正比，即扩频信号带宽与信息带宽之比越大，则系统的抗干扰能力越强。通常把扩频信号带宽 Bw 与信息信号带宽 Bs 之比（Bw/Bs）称为处理增益 Gp。

2．扩频通信技术的主要特点

（1）抗干扰能力强。扩频系统通过增大信号传输的带宽，降低了对信噪比的要求，从而具有良好的抗干扰能力。

（2）扩频信号具有隐蔽性。扩频信号的频谱被扩散到很宽的频带内，其功率谱密度也随之降低（可低于环境噪声和干扰电平），难以检测，因而扩频信号具有隐蔽性。

（3）保密性好。扩频信号受特定伪随机序列的控制，接收者若不能严格按此伪随机序列的规律（如码序列及其相位）进行解扩，得到的只能是噪声而不能恢复出传送的信息。

（4）系统容量大。在扩频系统中，由于使用多个伪随机序列作为不同用户的地址码，这样可以共用一个频率来实现码分多址通信。当码分多址技术运用于蜂窝移动通信网中时，便可获得比其他多址方式更大的通信容量。

（5）系统较复杂。由于扩频系统所占用的频带宽，因而增加了系统的复杂性和同步的难度。而同步是保障通信的前提，所以必须采用复杂的同步技术才能保证通信的畅通，这样便进一步增加了系统的复杂性，如 CDMA 网络中采用 GPS 作为精确的时钟基准。

7.3.2 CDMA系统结构

CDMA使用护频多址技术，为每一用户分配一个唯一的宽带伪随机序列（扩频码）作为地址码，并用它对承载信息的信号进行编码。接收机用与之相同的码序列对收到的信号进行解码，并恢复出原始数据。由于码序列的带宽远大于所承载信息信号的带宽，编码过程扩展了信号的频谱，所以也称为扩频调制，其所产生的信号也称为扩频信号。CDMA在提供多址接入的同时获得了频谱的扩展，从而获得了系统性能的提高。

1. CDMA系统结构

CDMA系统的网络结构与GSM系统相类似，主要由网络子系统（NSS）、基站子系统（BSS）和移动台（MS）3部分组成，如图7-34所示。

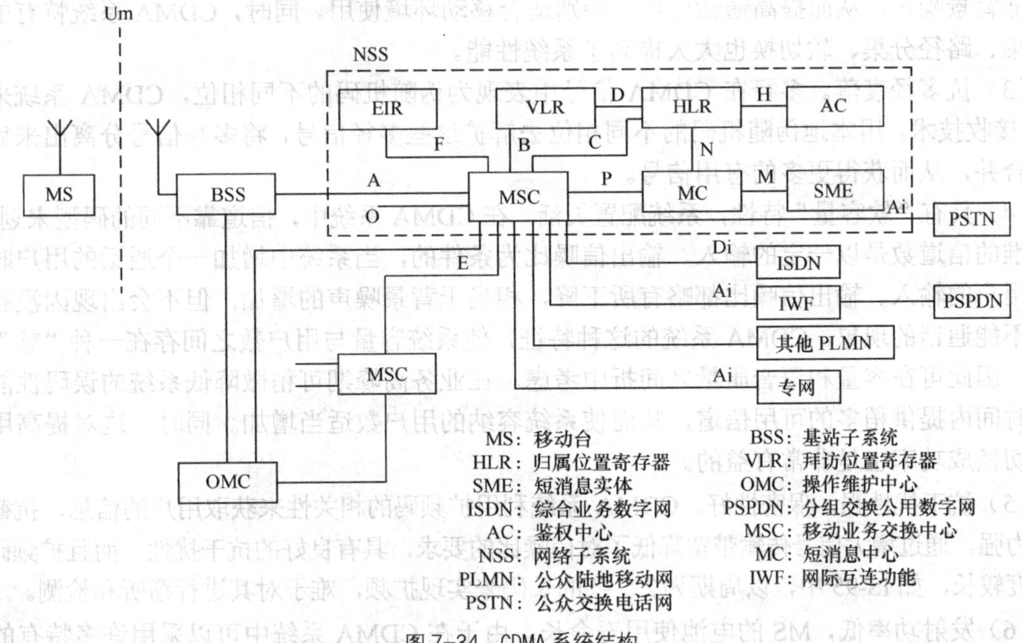

图7-34 CDMA系统结构

（1）网络子系统（NSS）

网络子系统主要包括MSC、HLR、VLR、OMC、鉴权中心AC、EIR以及短消息中心MC、短消息实体SME等功能实体。各个功能实体的功能与GSM的类同。其短消息中心是存储和转发短消息的功能实体；短消息实体是合成和分解短消息的实体。

（2）基站子系统（BSS）

BSS包括一个BSC和若干个BTS。每个BTS含有多部收/发信机，BSC又包含码型转换器（XC）和移动管理器（MM）。BSS还包括一个无线操作维护中心（OMC-R）。BSC完成无线网络资源管理、小区配置数据管理、接口管理、测量、呼叫控制、定位与切换等功能。

（3）移动台（MS）

MS包括车载台和手持机，由移动终端MT和用户识别模块UIM组成，通过Um接口接入网络。UIM卡的原理及构造与GSM网的SIM卡类似，用于移动用户身份认证、网络管理和加密等。UIM卡的使用实现了“机卡分离”。IS-95的双模式MS在原有模拟蜂窝移动台的基础上增加了数字信号处理部分，能与原有的 AMPS 系统兼用。

2．CDMA 数字蜂窝移动通信系统的特点

（1）频谱利用率高，系统容量较大。CDMA 系统所有小区和扇区可采用相同频谱，因而频谱利用率很高。其容量仅受干扰的限制，任何在干扰方面的减少将直接地、线性地转变为容量的增加，在 CDMA 系统中采用了语音激活、功率控制、扇区划分等技术来减少系统内的干扰，从而提高系统容量。实际上，在使用相同频率资源的情况下，CDMA 网络的容量比模拟网络大 10 倍，比 GSM 网络大 4～5 倍。

（2）通话质量好，近似有线电话的语音质量。Qualcomm CDMA 开发的蜂窝移动通信系统声码器采用码激励线性预测（CELP）编码算法，其基本速率是 8kbit/s，但可随输入语音的特征而动态地变为 8kbit/s、4kbit/s、2kbit/s 或 0.8kbit/s。改进的增强型可变速率声码器（EVRC），能降低背景噪声，从而提高通话质量，特别适合移动环境使用。同时，CDMA 系统特有的频率分集、路径分集、软切换也大大提高了系统性能。

（3）抗多径衰落。多径在 CDMA 信号中表现为伪随机码的不同相位，CDMA 系统采用 Rake 接收技术，用本地伪随机码的不同相位去解扩这些多径信号，将多径信号分离出来后再进行合并，从而获得更多的有用信号。

（4）具有“软容量”特性，系统配置灵活。在 CDMA 系统中，信道靠不同的码型来划分，其标准的信道数是以一定的输入、输出信噪比为条件的，当系统中增加一个通话的用户时，所有用户的输入、输出信噪比都略有所下降，相当于背景噪声的增加，但不会出现因没有信道而不能通话的现象。CDMA 系统的这种特征，使系统容量与用户数之间存在一种“软”的关系，因此可在容量和语音质量之间折中考虑。在业务高峰期可稍微降低系统的误码性能，使短时间内提供稍多的可用信道，从而使系统容纳的用户数适当增加。同时，这对提高用户越区切换成功率也是非常有益的。

（5）抗干扰性强，保密性好。CDMA 系统利用扩频码的相关性来获取用户的信息，抗截获的能力强。通过增大信号传输带宽降低了对信噪比的要求，具有良好的抗干扰性。而且扩频码一般长度较长，如 IS-95 中，以周期为 $2^{42}-1$ 的长码来实现扩频，难于对其进行窃听和检测。

（6）发射功率低，MS 的电池使用寿命长。由于在 CDMA 系统中可以采用许多特有的技术（如分集技术、功率控制技术等）来提高系统的性能，因而大大降低了所要求的发射功率，有利于减小电池的体积和增加其使用寿命。

3．CDMA 系统的关键技术

（1）功率控制

CDMA 系统是自干扰系统，所有用户占用相同的频率和带宽，因此“远近效应”尤为突出，如果不采取有力的措施，将使基站无法正常接收远距离移动台所发送来的信号。同时，从系统容量的角度考虑，如果每个 MS 的信号到达 BS 时都能达到最小所需的信噪比，系统内的多址干扰将降到最小，系统容量将达到最大。

CDMA 系统功率控制的目的就是既要维持每个用户的高质量通信，又不对占用同一信道的其他用户产生不应有的干扰。在 IS-95 系统中，反向链路采用了控制速率达 800 次/s、调整步长精确到 1dB 的快速闭环功率控制，而在 CDMA2000 系统中则同时采用了快速前向及反向闭环功率控制，以进一步提高系统容量和通信质量。

（2）伪随机码的选择

伪随机码的自相关性和互相关性会直接影响到系统容量、抗干扰能力、接入和切换速率等性能。CDMA 信道是以伪随机码来区分的，因此要求伪随机码自相关性要好、互相关性要弱，实现和编码简单等。

在所有的伪随机序列中，m 序列是一种最重要、最基本的伪随机序列，它有近似最佳的自相关特性，但同样长度的m序列个数有限，序列之间的互相关特性不好。为此，R.Gold 提出了基于m序列的码序列，称为Gold序列。它有较好的自相关和互相关特性，构造简单，序列数多，因而获得了广泛的应用。寻找具有良好相关特性的伪随机码一直是CDMA系统相关研究中的重点。

（3）软切换

在 FDMA 和 TDMA 系统中，越区切换时采用先断后通的硬切换方式，势必引起通信的短暂间断；同时，在两个小区的交叠区域内，MS 接收到的两个基站发来的信号的强度有时会出现大小交替变化的现象，从而导致越区切换的“乒乓”效应，用户会听到“咔嚓”声，对通信产生不利的影响，切换时间也较长。

在 CDMA 系统中，所有的小区（或扇区）都使用相同的频率，因此在切换时可采用先连接后断开的软切换方式。当移动用户从一个小区（或扇区）移动到另一个小区（或扇区）时，只需在码序列上作相应的调整，而不需切换 MS 的收/发频率。利用 Rake 接收机的多路径接收能力，在切换前先与新小区（或扇区）建立新的通话连接，之后再切断先前的连接。这种先通后断的软切换方式不会出现“乒乓”效应，并且切换时间也很短。另外，由于 CDMA 系统的“软容量”特点，越区切换的成功率远大于 FDMA 系统和 TDMA 系统。

（4）Rake 接收技术

发射机发出的扩频信号，在传输过程中受地形地物影响，经多条路径到达接收机。CDMA 系统采用特有的 Rake 接收技术，将这些不同时延的信号分离出来，分别经不同延时线对齐后再合并，从而把多径信号变成了增强有用信号的有利因素，有效地克服了多径效应的影响。

（5）语音激活技术

在 CDMA 系统中采用了语音激活技术，使用户发射机所发射的功率根据用户语音编码器的输出速率来做调整。CDMA 系统的语音编码采用了可变速率声码器速率（0.8～8kbit/s），当用户讲话时，声码器的输出速率高，发射机所发射的平均功率就大；当用户不讲话时，声码器输出速率很低，发射机所发射的平均功率就很小。这样可以使各用户之间的干扰平均减少约 65%。也就是说，当系统容量较大时，采用语音激活技术可以使系统容量增加约 3 倍，但当系统容量较小时系统容量的增加值要稍低。

（6）分集技术

在 CDMA 系统中，由于采用宽带传输，使它具有特有的频率分集特性，当信道具有频率选择性衰落时对系统的信息传输影响较小。同时，CDMA 系统有分离多径的能力，实现了路径分集形式。另外，CDMA 系统还采用了空间分集和极化分集技术来提高系统性能。

7.3.3 CDMA 系统的无线接口特性

CDMA 系统的无线接口是指 MS 和 BTS 之间的接口，又称为空中接口，简称 Um 接口。空中接口使用无线传输技术将 MS 接入到系统的固定网络部分。CDMA 系统的无线接口是开放接口，按需求利用系统定义的各种信道来传递不同的信息。

1．工作频段

我国 CDMA 系统采用 800MHz AMPS 工作频段，频率范围为：

825.030～834.990MHz（上行：MS 发，BS 收）

870.030～879.990MHz（下行：MS 收，BS 发）

频段宽度共 10MHz，CDMA 网络在此工作频段内设置了一个基本频道和一个或若干个辅助频道，IS-95 及 CDMA2001X 的频道间隔为 1.25MHz。当 MS 开机时，首先在预置的、用于接入 CDMA 系统的接入频道上寻找相应的控制信道（基本信道），随后则可直接进入呼叫发起和呼叫接收状态。当 MS 不能捕获基本信道时便扫描辅助信道，辅助信道的作用与基本信道相同。

2．频率分配

在 CDMA 系统中通常采用 1 小区频率复用模式，即相邻小区或扇区使用同一频道频率。理论上讲，其频率利用率和系统容量可达到很高的水平，但由于功率控制不够理想和多址干扰的影响，实际系统的通信容量仍是有限的。当 CDMA 系统容量要求较大时，通常在 1 个蜂窝小区或扇区中往往使用多个频道（载波），即采用 FDMA/CDMA 混合多址方式。

3．信道定义

CDMA 信道分为前向信道（BS 至 MS 方向）和反向信道（MS 至 BS 方向），它们采用不同的结构和码型。CDMA 系统中的逻辑信道为控制信道和业务信道，其中，控制信道包括导频信道、寻呼信道、同步信道和接入信道。

（1）前向信道

IS-95 系统前向 CDMA 信道包括 1 个导频信道、1 个同步信道、1～7 个寻呼信道和 55 个前向业务信道。业务最繁忙时，最多可有 63 个前向业务信道，此时同步信道与寻呼信道都作为业务信道。

① 导频信道。其用于传输由基站连续发送的导频信号。导频信号是一种无调制的直接序列扩频信号，所传递的是包含引导 PN 序列相位偏移量和频率基准信息的扩频信息。导频信道的作用有两个，一是 MS 通过此信道可以快速而精确地捕获信道的定时信息，以与之同步，并提取相干载波进行信号的解调；二是 MS 通过对周围 BS 的导频信号强度的检测和比较，决定在什么时候进行越区切换。导频信道上 PN 序列的参考相位与信号强度是通信中每个移动用户所需要的，因而导频信道不能用作业务信道。

② 同步信道。当 MS 通过导频信道与引导 PN 序列同步后，则认为 MS 与同步信道保持同步，此时 MS 便可以解调同步信道数据信息。同步信道数据信息包括系统的时间、导频偏置信息、MS 正接近哪个 BS 信息以及寻呼信道的状态信息等。

③ 寻呼信道。其主要用于在呼叫接续阶段传输寻呼 MS 的信息。MS 通常在建立同步后就选择一个寻呼信道来监听系统发出的寻呼信息、同步头、指令信息、信道分配信息等。在需要时，寻呼信道可以改作业务信道使用，直至全部用完。

④ 前向业务信道。其主要用于语音与用户数据的传输。传输速率有 9 600bit/s、4 800bit/s、2 400bit/s 和 1 200bit/s。业务速率可逐帧改变，以动态适应通信者的语音特征。将业务信道数据去调制用于保密的、周期为（$2^{42}-1$）的长码，以实现用户数据的保密。在业务信道中还要插入其他控制信息，如链路功率控制和越区切换指令等。

（2）反向信道

反向信道包括接入信道和反向业务信道。每个接入信道、反向业务信道都是由特定的用户长码（周期为$2^{42}-1$）来识别的。

① 接入信道。其主要用于 MS 没有使用业务信道时，提供 MS 到 BS 的传输通路，以便进行信令及其他有关信息的传输。接入信道是和正向传输中的寻呼信道相对应的，以相互传

送指令、应答和其他有关信息。它是一种分时隙的随机接入信道，允许多个用户同时抢占同一接入信道。每个寻呼信道所支持的接入信道数最多可达 32 个。

② 反向业务信道。其主要用于语音与用户数据的传输，与正向业务信道相对应。

7.3.4　CDMA2000 系统

CDMA2000 是美国向 ITU 提出的第三代移动通信空中接口标准的建议。其室内最高数据传输速率为 2Mbit/s 以上，步行环境时为 384kbit/s 以上，车载环境时为 144kbit/s 以上。按照标准的规定，CDMA2000 系统工作于 2 000MHz 频段，一个载波的带宽为 1.25MHz，分为 1X 系统和 3X 系统。在 CDMA2000 1X 基础上的增强型 3G 系统 CDMA2000 1X EV，能在 1.25MHz 内提供 2Mbit/s 以上的数据业务，是 CDMA2000 1X 的边缘技术。CDMA2000 1X EV 又分为 CDMA2000 1X EV/DO 和 CDMA2000 1X EV/DV。

1．概述

CDMA2000 是一种能向后兼容 IS-95 的宽带 CDMA 技术。它沿用了 IS-95 的主要技术和基本技术思路，采用 IS-95 的软切换和功率控制技术，需要 GPS 同步等，但也做了一些实质性的改进，主要有反向信道相干接收、前向发送分集，全部速率采用 CRC 方式，充分考虑了信号设计对 EMC 的影响等。CDMA2000 1X 是指 CDMA2000 的第一阶段（速率高于 IS-95，低于 2Mbit/s），可支持 307.2kbit/s 的数据传输，网络部分引入分组交换，支持移动 IP 业务。系统容量达到原有 IS-95 CDMA 的两倍，并能提供 64kbit/s 至 144kbit/s 的移动多媒体和 Internet 业务。

CDMA2000 3X 是采用扩频速率 SR3（记为 3X）的 CDMA2000 系统。它与 CDMA2000 1X 的主要区别是前向 CDMA 信道采用 3 载波的多载波（MC）调制方式，每个载波均采用 1.228 8 Mchip/s 直接序列扩频，而 CDMA2000 1X 则采用单载波方式。CDMA2000 3X 反向信道采用码片速率为 3.686 4 Mchip/s 的直接序列扩频，信道带宽为 3.75MHz，最大用户比特速率为 1.036 8Mbit/s。它能提供更高的数据速率，但占用频谱资源也较宽，不易推广。

2009 年 8 月 3GPP2 已完成 CDMA2000 1X EV 技术标准的制定与发布。1X 增强型使 3G CDMA 运营商能够充分利用多项干扰消除和无线链路增强技术，显著地提高 CDMA2000 1X 网络的容量。这些增强技术包括基站收发信台干扰消除、改进的功率控制等。

CDMA2000 1X EV/DO 只对数据功能进行优化，支持高速分组数据通信，它在 CDMA2000 1X 网中使用独立的载波，前向信道最高传输速率可以达到 2.4Mbit/s，反向链路上也可提供 153.6kbit/s 的数据业务。CDMA2000 1X EV/DV 对数据与语音功能同时优化，不仅实现高速的语音和分组数据，还能提供实时的多媒体业务。其语音容量将不低于 1X，最高数据传输速率可达 3.1Mbit/s，反向链路可达到 614.4kbit/s。

2．CDMA2000 的技术特点

所有基于 IS-95 标准的各种 CDMA 产品总称为 CDMA One。与 CDMA One 相比，CDMA2000 有下列技术特点。

（1）多种信道带宽。前向链路上支持多载波（MC）方式，射频带宽可为 $N \times 1.25$MHz，其中 N=1、3、5、9 或 12，目前技术仅支持前两种，即 1.25MHz（CDMA2000 1X）和 3.75MHz（CDMA2000 3X）。反向链路仅支持直接序列扩频方式。

（2）可以更加有效地使用无线资源。网络部分引入了分组交换，数据速率高，提高了无线资源的利用率。

（3）可在 CDMA One 的基础上实现向 CDMA2000 系统的平滑过渡。

（4）核心网协议可使用 IS-41、GSM-MAP 以及 IP 骨干网标准。

（5）采用了前向发送分集、快速前向功率控制、Turbo 码、辅助导频信道、灵活帧长、反向链路相干解调、可选择较长的交织器等技术，提高了系统容量，增强了系统性能。

3．CDMA 2000 1X 的网络结构

CDMA2000 1X 是在 IS-95 的基础上新增包括分组控制功能（PCF）、分组数据服务节点（PDSN）、归属地代理（HA）、AAA 服务器等节点，升级 MSC/VLR、BSC 和 BTS，更换支持 CDMA2000 1X 的手机等措施来实现的。CDMA 1X EV 已能在 1.25MHz 内提供 2Mbit/s 以上的数据传输速率。CDMA2000 1X 系统的网络结构如图 7-35 所示。

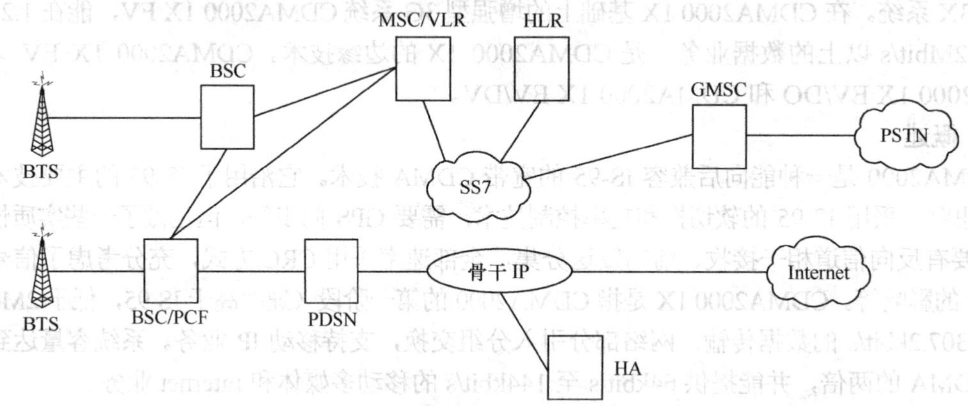

图 7-35 CDMA2000 1X 系统的网络结构

（1）分组控制功能（PCF）

PCF 类似于 GPRS 网络中的分组控制单元，通常与 BSC 合设，用于将分组数据业务在 BSC 处从语音业务中分离，在 BTS 和 PDSN 间传送。PCF 的主要功能是建立、保持和终止到 PDSN 的 Layer2 的连接；映射移动终端 ID 和连接参考到唯一的 Layer2 连接标识符，以便与 PDSN 通信；与无线资源控制器通信，请求和管理无线资源，以便传送来自和发送到 MS 的分组；保持无线资源状态信息（如激活、休眠等）；缓存、传送来自和发送到 PDSN 的分组；收集和发送与计费相关的空中链路信息到 PDSN；与 PDSN 进行互操作，支持休眠切换。

（2）分组数据服务节点（PDSN）

PDSN 的主要功能是为每一个用户终端建立、终止 PPP 连接，以向用户提供分组数据业务；与 Radius 服务器配合向分组数据用户提供认证功能，以确认用户的身份和权限；将来自 PCF 的计费信息及自身采集的计费信息合成用户数据记录，通过 Radius 协议送往 Radius 服务器；支持 PPP 及 IP 头压缩功能，以节约无线资源；从 AAA 服务器接收 MS 特性参数，从而区分不同业务和不同安全机制；PDSN 具备 RADIUS 客户端的功能，可完成用户授权、认证和计费；对于简单 IP 业务，PDSN 在 IPCP 阶段为用户终端分配一个动态 IP 地址；对于移动 IP 业务，PDSN 支持外地代理（FA）功能，支持与漫游前的 PDSN 互操作，支持非归属 IP 网不同 PDSN 之间的切换，PDSN 能够使用 IKE（Internet 密钥交换）程序，建立、保持和终结至 HA 的通信，并能在反向隧道的情况下，将来自终端用户的 IP 分组路由到 IP 网或者直接到 HA。

（3）归属地代理（HA）

使用移动 IP 业务时应建设 HA。HA 完成的主要功能有以下几点：能够提供公网访问和

穿过公网的专网访问；鉴别来自 MS 的移动 IP 注册；将来自网络的 IP 分组以隧道方式发送到拜访地代理（FA）；可以使用 IKE 程序，建立、保持和终结至 PDSN（作为移动 IP FA）的通信；接收 AAA 服务器向用户发送的规定的信息；可以分配动态归属地地址。

（4）AAA 服务器（Radius 服务器）

AAA 服务器为认证、授权、计费服务器的简称，主要功能有以下几点：接收来自 PDSN 的授权请求、认证、计费信息，并将其转发到代理 AAA 服务器或家乡 AAA 服务器，并向 PDSN 发送确认消息；根据从家乡网络接收到的相关信息，向 PDSN 发送有关用户特征及 QoS 的信息；对于简单的 IP 业务，可以为用户分配动态 IP 地址；对于移动 IP，作为选项与漫游前的 PDSN 互操作，支持非归属 IP 网不同 PDSN 之间的切换。

4. CDMA2000 1X 关键技术及特点

与 CDMA One 相比，CDMA2000 1X 采用的新技术主要有以下几种。

（1）前向快速功率控制技术。MS 测量收到的业务信道的 E_b/N_0，并与门限值比较，根据比较结果向 BS 发出调整 BS 发射功率的指令，功率控制速率可达到 800 次/秒。由于增加了前向快速功率控制，可减少 BS 发射功率及总干扰电平，从而可增大系统容量。

（2）前向快速寻呼信道技术。此技术有以下两个用途。

① 寻呼或睡眠状态的选择。因 BS 使用快速寻呼信道向 MS 发出指令，指定 MS 是处于监听寻呼信道还是处于低功耗的睡眠状态，这样 MS 便不必长时间连续监听前向寻呼信道，可减少 MS 激活时间和功耗。

② 配置改变。通过前向快速寻呼信道，BS 向 MS 发出最近几分钟内的系统参数消息，使 MS 迅速地根据此新消息作相应设置处理。

（3）前向链路发射分集技术。使用该技术可以减少发射功率，抵抗瑞利衰落，增大系统容量。该技术主要有以下两种方式。

① 正交发射分集方式。先分离数据流再用不同的正交 Walsh 码对两个数据流进行扩频，并用两副发射天线发射。

② 空时扩展分集方式。使用两副空间分集的天线发射已交织的数据，用相同原始 Walsh 码信道。

（4）反向相干解调。基站利用反向导频信道发出的扩频信号捕获 MS 的发射，再用 Rake 接收机实现相干解调。该技术与 IS-95 采用的非相干解调相比，提高了反向链路性能，降低了 MS 发射功率，提高了系统容量。

（5）连续的反向空中接口波形。在反向链路中，数据采用连续导频，使信道上数据波形连续。此措施可减少外界电磁干扰，改善搜索性能。

（6）Turbo 编码。在 CDMA2000 1X 中 Turbo 码用于前向补充信道和反向补充信道中。Turbo 码具有优异的纠错性能，适于高速率、对译码时延要求不高的数据传输业务，并可降低对发射功率的要求，增加系统容量。

（7）灵活的帧长。CDMA2000 1X 支持 5ms、10ms、20ms、40ms、80ms 和 160ms 多种帧长，不同类型信道分别支持不同帧长。前向基本信道、前向专用控制信道、反向基本信道、反向专用控制信道采用 5ms 或 20ms 帧；前向补充信道、反向补充信道采用 20ms、40ms 或 80ms 帧；语音信道采用 20ms 帧。较短的帧可以减少时延，但解调性能较低；较长的帧可降低对发射功率的要求。

（8）增强的媒体接入控制功能。媒体接入控制子层控制多种业务接入物理层，保证多媒体通信的实现。它实现语音、分组数据和电路数据业务，同时处理和提供发送、复用、QoS 控制及接入程序。与 IS-95 相比，它可以满足更宽带宽和更多业务的要求。

通过采用以上一些新技术，CDMA2000 1X 网络可获得近两倍于 IS-95 网络的容量，其他特性还包括同时对语音、视频和文本数据服务的支持，对提高网络效率的先进分组数据的支持等。客户访问移动数据服务的速率达 144kbit/s。

7.4 第三代移动通信系统

第三代（3G）移动通信系统是指 IMT-2000（国际移动通信 2000）系统。它工作于 2 000MHz 频段，支持速率高达 2Mbit/s 的业务，而且业务种类涉及语音、数据、图像、多媒体等业务。该系统包括地面蜂窝系统、无绳系统、无线接入系统和卫星系统。这样，其终端设备可以连接至地面网络，也可以与卫星网络实现互连，真正实现全球覆盖。

7.4.1 3G 概述

第二代移动通信系统的成熟满足了广大用户对通信的需求。然而在信息社会迅速发展的时代，它的几种技术体制已不能满足当前移动通信发展的要求，主要表现在系统容量偏低，不能适应移动用户密集的通信需求；速率较低，不能满足用户对宽带移动多媒体业务的需求。

因此，国际电联吸取了各大移动通信运营商、设备制造商以及相关标准化组织的意见，提出了第三代移动通信（IMT-2000）系统的主要目标是实现 IT 网络全球化、业务综合化和通信个人化。其主要特点如下。

（1）实现全球无缝覆盖和漫游。3G 系统可以与 PSTN、ISDN、无绳系统、地面移动通信系统、卫星通信系统实现互连互通，提供无缝隙的覆盖。用户可以在整个系统、甚至全球范围内漫游，且可以在不同速率、不同运动状态下获得有质量保证的服务。

（2）能提供多种业务。包括语音、可变速率的数据、移动视频会话等业务，特别是多媒体业务。

（3）能适应多种运行环境。最高速率在快速移动环境下至少达到 144kbit/s；在室外到室内或步行环境下至少达到 384kbit/s；在室内环境下至少达到 2Mbit/s。

（4）便于在第二代的基础上逐渐过渡、灵活演进。

（5）具有高频谱利用率和足够的系统容量。

（6）系统管理和配置灵活，业务组织灵活，高质量的服务，高保密性。

（7）移动终端轻便，成本低，可满足通信个人化的要求。

目前，3G 的大部分技术标准已经制定完成。从技术方面来看，它已经实现了对宽带多媒体移动通信的的要求。但是由于各个国家、地区和企业都希望在新的技术标准中体现出自己的特点，同时也必须考虑保护运营商对 2G 的的投资，使现有的 2G 系统能够顺利地向 3G 系统过渡，这就要求 IMT-2000 系统在结构组成上应考虑不同无线接口和不同网络，因此以一种标准统一 3G 时代的移动通信技术是非常困难的。于是 ITU-T 提出“IMT-2000 家族”的概念，允许各地区性标准化组织有一定的灵活性，使他们根据在市场、业务需求上的不同，提出各个国家和地区向第三代系统演进的策略。现在 3G系统已经在全球范围内部署。

7.4.2　3G 通信标准

国际电信联盟（ITU）在 2000 年 5 月的 ITU-R 全会上通过了正式文件，确认了以下 5 种地面第三代移动通信无线传输技术（RTT）。

两种 TDMA 标准，即 TDMA SC（美国的 UMC-136）和 TDMA MC（欧洲的 EP-DECT）。TDMA 标准承认和保持现有的技术，并在非常有限的场合下使用。

3 种 CDMA 标准，即 CDMA MC（即美国的 CDMA2000，包括 1X、3X 并可扩展至 6X、9X、12X）、CDMA DS（即欧洲、日本的 WCDMA）和 CDMA TDD（即中国的 TD-SCDMA 和欧洲的 UTRA TDD）。

其中 WCDMA、CDMA2000、TD-SCDMA 为 3 大主流无线接口标准，写入 3G 技术指导性文件《2000 年国际移动通讯计划》（简称 IMT-2000）。

2007 年 10 月 19 日 ITU-R 在日内瓦举行的全体会议上批准 WiMAX Ⅱ（802.16m）以 OFDMA WMAN TDD 名称进入 3G 标准，正式成为第 6 种 3G 空中接口技术方案，并成为继 WCDMA、CDMA2000 和 TD-SCDMA 之后的第 4 种全球主流 3G 标准。

1．WCDMA

WCDMA（Wideband CDMA）主要由欧洲 ETSI 和日本 ARIB 提出，经多方融合而形成。其支持者主要是以 GSM 系统为主的欧美厂商，日本公司也或多或少参与其中，包括爱立信、阿尔卡特、诺基亚、朗讯、北电以及日本的 NTT、富士通、夏普等。它是在 GSM 系统基础上发展的一种技术，采用 FDD 方式，并保持与 GSM/GPRS 网络的兼容性。其核心网基于 GSM-MAP，同时通过网络扩展方式提供在基于 ANSI-41 的核心网上运行的能力。

WCDMA 标准由 3GPP 制定，已有 4 个版本：R99、R4、R5 和 R6。其中 R99 版本已经稳定，主要特点是无线接入网采用 WCDMA 技术，核心网分为电路域和分组域，分别支持语音和数据业务，并提出了开放业务接入的概念。R4 版本是向全分组化演进的过渡版本，在电路域引入了软交换概念，将控制与承载分离，语音通过分组域传递。另外，R4 中也提出了信令的分组化方案，包括基于 ATM 和 IP 的两种可选形式。R5 和 R6 是全分组化网络，在 R5 中提出了高速下行分组接入（HSDPA）方案，可以使单用户最高下行速率达 10Mbit/s，R6 则进一步考虑了提供组播业务和基于位置的业务，并设计与 WLAN 的互通能力。

2．CDMA2000

CDMA2000 是由窄带 CDMA（IS-95）向上演进的技术，经融合而形成。由美国高通北美公司为主导提出，摩托罗拉、Lucent 和后来加入的韩国三星都有参与，韩国现在成为该标准的主导者。CDMA2000 的核心网基于 ANSI-41，同时通过网络扩展方式提供在基于 GSM-MAP 的核心网上运行的能力；采用 FDD 方式，可兼容现有的 IS-95CDMA 系统，并可以从原有的 CDMA One 结构直接升级到 3G，建设成本低廉。

CDMA2000 标准由 3GPP2 制定，版本包括 Release0、RleeaseA、EV-DO、EV-DV。Release0 在无线接入网和核心网增加支持分组业务的网络实体，单用户上下行速率最高可达 153.6kbit/s。RleeaseA 是 Release0 的加强，单用户最高速率可达 307.2kit/s，支持语音和分组业务并发。EV-DO、EV-DV 是 CDMA2000 1X 基础上的增强型 3G 系统。

3．TD-SCDMA

TD-SCDMA 是中国电信科学技术研究院提出的第三代移动通信标准，具有中国独立知识产权，是我国通信业发展的一个新的里程碑，由大唐电信和西门子公司共同对 TD-SCDMA

系统进行研究开发。采用 TDD 方式，核心网和无线接入网与 WCDMA 相同，空中接口采用 TD-SCDMA，码片速率为 1.28Mchip/s，信号带宽为 1.6MHz，基站间要求同步。可以提供最高达 384kbit/s 的各种速率的数据业务。

该标准将智能天线、同步 CDMA、软件无线电等先进技术融于其中，在频谱利用率、对业务支持的灵活性、频率灵活性及成本等方面具有独特优势。2002 年 10 月 30 日，由国家计委、科技部和信息产业部主持，华为、中兴、中国普天、联想、华立等 8 家通信厂商加入大唐电信 TD-SCDMA 的阵营，形成一个覆盖从系统到终端的 TD-SCDMA 产业联盟，加速 TD-SCDMA 的产业化。同时，由于中国庞大的市场，该标准受到各大主要电信设备厂商的重视，全球一半以上的设备厂商都宣布可以支持 TD-SCDMA 标准。

4. WiMAX

微波接入全球互通（WiMAX）又称为 802.16 无线城域网，是基于 IEEE 802.16 技术标准的最后一公里宽带无线接入技术，提供固定、移动、便携形式的无线宽带连接，并最终能够在不需要直接视距基站的情况下提供移动无线宽带连接。

WiMAX 采用 OFDMA-MIMO 技术，能有效对抗多径衰落；采用自适应编码调制技术可以实现覆盖范围和传输速率的折中；利用自适应功率控制可以根据信道状况动态调整发射功率，使得 WiMAX 具有更大的覆盖范围以及更高的接入速率。根据信道条件可以将调制方式调整为 64QAM、16QAM 或 QPSK 调制，同时采用相应编码效率的信道编码，提高传输的可靠性，增大覆盖范围。配合 3G、WLAN 支持低速漫游移动，工作频率选择在 3～11GHz，高速切换移动时小于 3GHz。WiMAX 规程工作组（RWG）建议采用 2.5GHz、3.5GHz、5.8GHz 频段。

WiMAX 作为 3G 及 3G 演进的一种无线城域网、多点 BS 互连的重要支持手段，主要提供具有一定移动特性的宽带数据业务，面向笔记本电脑和 802.16 终端用户。可以提供具有完善 QoS 保障的、广泛的移动多媒体通信服务，提供固定带宽的实时服务、可变带宽的实时服务、速率可变的非实时服务。WiMAX 系统安全性较好，其空中接口专门在 MAC 层增加了私密子层，不仅可以避免非法用户接入，保证合法用户顺利接入，而且提供加密功能，充分保护用户隐私，如提供 EAP-SIM 认证。同时，WiMAX 系统具有良好的互操作性。

WiMAX Ⅱ基于 IEEE 802.16m 标准，满足国际电信联盟“IMT-Advanced”要求，可显著扩大覆盖范围，提升性能，为下一个十年的 4G 技术奠定了基础。该标准提供极高的峰值（无路径损耗）传输速率，如在 20MHz 下行链路通道中速率高达 300Mbit/s，并具有较低的时延。通过支持多个射频载波的聚合，可实现高达 100MHz 的有效通道带宽。较宽通道和较高阶 MIMO 天线配置可使性能提升至数倍于目前最先进的无线系统。

正在开发的增强性能包括对更多基站 MIMO 天线的支持（4 根发射天线取代 2 根），对上下行链路波形的更高阶调制（64 QAM）和改善的部分频率复用（Fractional Frequency Reuse, FFR），以提升系统的性能，同时确保多厂商的互操作性。

7.4.3 3G 的关键技术

第三代移动通系统由于采用了多种先进的通信技术和数字信号处理技术，系统性能得到了很大的提升。前面已经介绍了 CDMA2000 的关键技术。WCDMA 和 TD-SCDMA 的关键技术，包括智能天线、联合检测技术、空时码、Turbo 码、HDR、软件无线电、接力切换、上行同步、动态信道分配等，下面就其中一些技术做简要的介绍。

1．智能天线（Smart Antenna）技术

智能天线技术基于自适应天线阵原理，利用天线阵列的波束赋形（汇成和指向），产生多个独立的波束，并自适应地调整其方向图以跟踪每个用户信号的变化，达到提高信号干扰噪声比 SINR，增加系统容量的目的。采用智能天线技术，实际上是通过数字信号处理，使天线阵为每个用户自适应地进行波束赋形，相当于为每个用户形成了一个可跟踪他的高增益天线。接收时，每个天线阵元的输入被自适应地加权调整，并与其他的信号相加，以从混合的接收信号中解调出期望得到的信号，并抑制干扰信号，同时对干扰方向调零，以减少甚至抵消干扰信号。发射时，根据从接收信号中获知的 UE 信号方位图自适应的调整每个辐射阵元输出的幅度和相位，使他们的输出在空间叠加，产生指向目标 UE 的赋形波束。

智能天线的特点是能以较低代价换得天线覆盖范围、系统容量、业务质量、抗阻塞、抗掉话等性能的提高。在干扰和噪声环境下，智能天线通过自身的反馈控制系统改变辐射单元的辐射方向图、频率响应及其他参数，使接收机输出端有最大的信噪比。

2．多用户检测及联合检测技术

在 CDMA 系统中，多个用户在同一时刻同一频段传输，接收到的用户信号可由各自不同的扩频序列来区分，但由于码间不正交，会引起多址干扰（MAI）。另外，多径传播导致了符号间干扰（ISI），在时延信道下尤其明显。

在接收端分离用户信号的方法大致分为单用户检测和多用户检测两种，CDMA 是一个多入多出（MIMO）系统，用传统的单入单出检测方式，准确性差。1986 年，Verdu 提出了多用户检测思想，认为多址干扰是具有一定结构的有效信息，理论上证明采用最大似然序列检测可以逼近单用户接收性能，并有效地克服了远近效应，大大地提高了系统容量，从此多用户检测被广泛研究。主要的检测方法有线性检测和多级干扰抵消检测，目前两种方法都已经有了 DSP 实现的算法。但总的来说，效果并不太好。

联合检测技术的核心就是利用均衡技术将来自其他用户的 ISI 也当作 MAI 而一起消除。联合检测的概念最早由德国 Kaiserslautern 大学的 A.Klein、B.Steiner 等人提出，他们在频率选择性信道的情况下，提出了迫零—分块线性均衡器、最小均方误差—分块线性均衡器、迫零—分块判决反馈均衡器、最小均方误差—分块判决反馈均衡器的算法，此后多种算法相继推出。另外，这些联合检测技术与天线分集及 Turbo 码结合起来，得到更佳结果。采用联合检测技术可以很好地对抗传播路径损耗、阴影效应和快衰落现象，从而显著提高接收机性能。

3．软件无线电

软件无线电技术将宽带 A/D 和 D/A 转换器尽可能地靠近天线，利用 DSP 的强大处理能力和软件的灵活性实现信道分离、调制解调、信道编码译码等工作，从而可为 2G 系统向 3G 系统的平滑过渡提供一个良好的无缝解决方案。

TD-SCDMA 系统定义的码片速率、帧结构和时隙都有利于使用 DSP 技术来实现硬件功能。软件无线电主要应用于 BS 收/发信机的校准，智能天线的实现（包括波束的赋形），同步检测、建立和保持，射频信道的参数估计，发射通道的数字预失真，载波恢复、频率校准和跟踪，接收增益控制、码道功率测量和发射功率控制，扩频调制/解调，脉冲成形滤波等。

软件无线电应用的效果在很大程度上与宽带天线、高速 A/D 和 D/A 转换器、数字信号处理技术及软件技术有密切的关系。

4．接力切换

接力切换是介于硬切换和软切换之间的一种切换方式，综合了软切换的高成功率和硬切

换的高信道利用率的优点。接力切换是指当用户终端从一个小区或扇区移动到另一个小区或扇区时，利用智能天线和上行同步等技术对用户终端设备的距离和方向进行测量和定位，将移动终端设备的距离和方位信息作为切换的辅助信道。如果移动终端设备进入切换区，则无线网络控制器通知另一基站做好切换准备，准备好后，终端上行链路先切换到目标小区，然后再切换下行链路。这种切换可靠性和高效性更好。

5. 上行同步

上行同步就是上行链路各终端的信号在 BS 解调器完全同步。在 TD-SCDMA 中用软件和帧结构设计来实现严格的上行同步。通过上行同步，可让使用正交扩频码的各码道在解扩时完全正交，相互间不会产生多址干扰，克服了异步 CDMA 多址技术由于每个移动终端发射的码道信号到达 BS 的时间不同而造成码道非正交所带来的干扰，从而大大提高了 CDMA 系统的容量和频谱利用率，还可简化硬件，降低成本。

7.4.4 第四代移动通信

随着信息社会的发展，目前投入商用的 2G、2.5G 系统和部分投入商用的 3G 系统已经不能满足日益增长的高速多媒体业务需求。3G 的不足之处主要在于缺乏全球统一标准；其所运用的语音交换架构仍承袭了 2G 的电路交换，不是完全 IP 形式；难以达到很高的通信速率，无法满足用户对高速业务的需求；难以提供动态范围多速率业务；难以实现不同频段的不同业务环境间的无缝漫游等。所有这些局限性使得全世界通信业的专家们在进行 3G 后续技术研究实施 3G 长期演进策略的同时，将目光更远地投向了第四代移动通信，以期通过第四代移动通信系统来解决 3G 无法解决的问题，最终实现商业无线网络、局域网、蓝牙、广播、电视卫星通信的无缝衔接并相互兼容，真正实现“任何人在任何时间任何地点以任何形式接入网络”的梦想。

1. 3G 的长期演进策略

从长远规划的角度来看，现有的 3G 和 3.5G 技术都不能够成为最终的解决方案。面对宽带无线接入技术的竞争，特别是 IEEE 802.20 技术（移动宽带无线接入 MBWA 技术—基于 IP 协议的“准 4G”技术）的发展，不同的 3G 技术发展演进而成的准 4G（俗称 3.9G）标准有很多，如 CDMA2000 演进为 AIE，WCDMA、TD-SCDMA 分别演进成为 LTE 等。

（1）LTE 的技术特征

作为 TD-SCDMA 长期演进及向 IMT-Advanced（4G）发展的重要路径，LTE 系统以通用陆地无线接入技术（UTRA）为基础，其主要技术特征是以分组域业务为主要目标，系统在整体架构上将基于分组交换；进一步强化上行链路传输能力，其目标为增加瞬间传输速率，达到下行链路在 20MHz 频宽范围内有 100Mbit/s 的瞬间峰值传输率，上行链路达到 50Mbit/s；提高频谱效率，达到下行链路 5bit/s/Hz（是 R6 HSDPA 的 3～4 倍），上行链路 2.5bit/s/Hz（是 HSUPA 的 2～3 倍）；通过系统设计和严格的 QoS 机制保证实时业务（如 VoIP）的服务质量；系统部署灵活，能够支持 1.25～20MHz 间的多种系统带宽，并支持“成对”和“非成对”的频谱分配；降低无线网络时延，子帧长度为 0.5ms 和 0.675ms，解决了向下兼容的问题，并降低了网络时延，时延可达 U-plan＜5ms、C-plan＜100ms；强调向下兼容，支持已有的 3G 系统和非 3GPP 规范系统的协同运作。

LTE 的显著特点，使其成为当今通信行业发展的热点之一。3GPP LTE 期望其演进系统可保持 10 年以上的竞争优势而不被淘汰。

（2）LTE 的关键技术

目前，3GPP LTE 中讨论的主要关键技术如下。

① 多载波技术。上行采用单载波频分多址接入技术，下行采用正交频分多址接入技术（OFDMA），两种方案都将频域作为系统中一个新的灵活资源来实现更高的频谱利用率。

② 多天线技术。把空间域作为另一个新资源，使用多天线。现有的 LTE 系统多采用下行 2 × 2 个天线，上行 1 × 2 个天线的配置，为了提高系统容量，也考虑更多天线配置（最多 4 × 4）的可行性。LTE 中的 MIMO 模式包括空间分集、空间复用和波束成形 3 个部分。

③ 小区搜索技术。在 LTE 中需要支持可变系统带宽的要求（1.25MHz、1.6MHz、2.5MHz、5MHz、10MHz、20MHz），因此其将小区搜索的中心频率锁定在系统带宽的中心 1.25MHz 频带位置，搜索并检测该频带内传输的小区基本配置信息，如小区标识、基本天线配置、系统带宽、循环前缀长度等信息。

④ 随机接入技术。是基于预留资源的用户申请——调度接入的机制。与传统的 3G UMTS 系统利用随机接入完成用户开机后的信息注册不同，LTE 中随机接入的目的在于完成用户上行定时同步校正、功率调整以及用户上行资源的请求。

⑤ 快速分组调度技术。是实现 LTE 系统频率分集和多用户分集增益的重要保证之一。它基于分组数据传输，动态地将最适合的时频资源分配给每个用户。系统根据用户待调度的数据量、当前信道质量信息（CQI）的反馈等因素决定资源分配，并通过控制信令通知用户。针对语音业务，目前讨论了 3 种调度方法：持续调度、半持续调度以及半动态调度。

为加快移动宽带化的步伐，迎接移动数据业务时代的到来，国际标准化组织正在推动无线传输技术从 2Mbit/s 到 100Mbit/s（E3G）和 1 000Mbit/s（B3G）的目标发展。可以预见，4G 将进一步延续 3G 标准之争的格局。

2. 第四代移动通信

（1）概述

早在 2000 年 11 月，来自英国电信部、日本的 NTT DoCoMo 公司、国际电联、欧洲电信政策委员会等世界著名的专家在伦敦就已对第四代移动通信问题进行了广泛的讨论和研究。对于 4G 的定义一开始就有多种观点。一种普遍认可的观点将 4G 称为广带（broadband）接入和分布网络，具有非对称的超过 2Mbit/s 的数据传输能力及不同速率间的自动切换能力，是多功能集成的宽带移动通信系统、宽带接入 IP 系统，包括广带无线固定接入、广带无线局域网、移动广带系统和互操作的广播网络，移动用户可以自由地从一个标准漫游到另一个标准。而有的学者将 4G 称为超高速无线网络，可使用户以无线形式实现全方位虚拟连接；还有人将 4G 称为“多媒体移动通信”；也有学者认为采用了 OFDM 和 MIMO 技术的 HSOPA（High Speed OFDM Packet Access）就可作为 4G 的标准；同时，也有部分专家认为 4G 就是超 3G，又称后 3G、B3G，这个超 3G 的概念涵盖了现有的 3G、3G 增强技术以及新的移动接入和游牧/本地接入系统。经过多年的研究和探讨，国际上对于 4G 的定义已基本清晰，OFDM/OFDMA、MIMO、智能天线等技术将成为 4G 的主流技术。

一直以来，欧洲、美国、中国、日本、韩国等许多国家都积极投入了 4G 技术标准的研究和制订中，并取得了很大进展。2010 年 10 月 20 日，ITU 无线通信部门第 5 研究组第 9 次会议在重庆落下帷幕，会议决定了 LTE-Advanced 和 802.16m 为新一代移动通信（4G）国际标准。会议讨论了 6 个 4G 标准提案，分别来自 3GPP 和 IEEE。这些提案涵盖了 LTE-Advanced 和 802.16m 两种技术。我国提交的标准为 TD-LTE-Advanced。支持 LTE-Advanced 的运营商有中国移动、美国 AT&T、日本 NTT、韩国 KT、德国电信、法国电信等以及华为、中兴、诺基亚、爱立信等通信公司。

（2）第四代移动通信的特点

① 高速率，高容量。对于大范围高速移动用户（250km/h），数据速率为 2Mbit/s；对于中速移动用户（60km/h），数据速率为 20Mbit/s；对于低速移动用户（室内或步行者），数据速率为 100Mbit/s；其容量至少应是 3G 系统容量的 10 倍以上，而比特成本更低。

② 网络频带更宽。每个 4G 通道将占有 100MHz 频谱，相当于 WCDMA 3G 的 20 倍。

③ 兼容性更好。接口开放，能跟多种网络互连互通，在不同系统间无缝切换，传送高速多媒体业务数据。并具备对 2G、3G 手机充分的兼容性，以完成对多种用户的融合。

④ 灵活性更强。采用智能技术，自适应地进行资源分配，采用无线 QoS 资源控制，以保证业务质量和支持各种级别的应用；既支持实时性应用，也支持非实时性应用；采用智能信号处理技术对信道条件不同的各种复杂环境进行信号的正常收发。

⑤ 用户共存性。能根据网络的状况和信道条件进行自适应处理，使低、高速用户和各种用户设备能够并存与互通，从而满足多类型用户的需求。

⑥ 大区域覆盖。基于 IP 技术的网络架构使得 4G 能与 2G、3G、WLAN 和固定网络之间无缝隙漫游，实现真正意义上的全球漫游，更接近于个人通信。

⑦ 在技术层面上比 3G 更高。无线技术上要突破蜂窝组网的概念，以达到更完美的覆盖；引入具有自适应波束的空分多址技术，从而使目标速率比当前的系统高出 2 个数量级；核心网采用分组交换，使网络能根据用户需要分配带宽；采用大范围的可变速率传输。

⑧ 业务的多样性。照顾用户的个性，提供各种标准的宽带通信业务，支持交互式多媒体业务。

⑨ 支持下一代互联网，包括 IPv6 和组播业务。

⑩ 高度自组织、自适应的网络。可以自动管理、动态改变结构，以满足系统变化和发展的要求。

（3）第四代移动通信系统的关键技术

① 新调制技术与信号传输。新的自适应编码调制技术根据信道状态确定最佳调制阶数，与信道编码组合，将提供很高的频谱效率，以保证频谱利用率和延长用户终端电池寿命；高性能正向纠错编码（如 Turbo 码、ARQ 和分集接收）是建立高速大容量网络的重要因素。

② 智能天线。能实现抑制信号干扰、自动跟踪以及数字波束调节等智能功能，能满足数据中心、移动 IP 网络的性能要求。

③ 交互干扰抑制和多用户识别。消除不必要的邻近和共信道用户的交互干扰，确保接收机高质量接收信号。

④ 智能无线电技术。在无线网络上应用智能处理器，能够处理节点故障或基站超载，实现网络的可重构性和自愈性。

⑤ 核心技术。采用 OFDM/FDMA 和 MIMO 技术。

⑥ 微微无线电收发器。采用嵌入式无线电技术，使智能和功耗方面都得到改善，采用这种技术，功耗比采用现有技术要低 10～100 倍。

⑦ 无线接入网。适合 4G 特点的新一代无线接入网。

⑧ 动态分组分配技术、IP 包交换的路由技术、网络与协议。

⑨ 软件无线电。在尽可能靠近天线的地方使用宽带 A/D 和 D/A 变换器，并尽可能多地用软件来实现无线功能及其他各种功能。其软件系统包括各类无线信令规则与处理软件、信号流变换软件、调制解调算法软件、信道纠错编码软件、信源编码软件等。

小　结

移动通信是指通信双方或一方处于移动状态中进行信息传输和交换的通信方式。移动通信系统种类繁多，新型系统不断涌现。各种移动通信系统在结构上主要是由移动业务交换中心（MSC）、基地站（BS）和移动台（MS）3 个部分组成的，这 3 个部分由不同的链路相连接。现代移动通信广泛使用 VHF（150MHz）和 UHF（450MHz、800MHz、900MHz、1 800MHz、2 000MHz、）频段。

移动通信电波传播环境复杂，受地形、地物的影响，实际电波传播是直射波、反射波、绕射波、散射波传播方式的合成，接收信号是经多条传播路径到达的幅度和相位均不相同的多个信号的合成。多径传播引起了多径时延，同时使移动信道具有多径衰落、阴影效应、多普勒频移、时延扩展等显著特征。移动通信系统中还存在远近效应，系统在强干扰情况下工作，信号特征非常不稳定。而且 MS 的移动性也带来了交换控制、网络管理的复杂性。移动通信可利用的频谱资源有限，因此有效利用有限的频谱资源、提高系统的通信容量始终是移动通信中研究的重点。

蜂窝移动电话系统设计时采用正六边形作为覆盖服务区的最小单元——小无线区，或称小区。由若干个小无线区彼此邻接排布构成单位无线区群，再由若干无线区群彼此邻接排布构成整个服务区。采用动态信道分配方式来提高频道的利用率，其中使用最广的是专用呼叫信道方式。由于移动用户位置的不确定性、无线信道的共用与频率的空间复用等特点，对移动交换控制提出了特殊的要求，特别是大容量公众移动通信网，不仅具有市话网的控制交换功能，还具有移动通信所特有的交换技术，如 MS 位置登记、寻呼、通话中的信道转换（越区切换）、漫游等。

移动通信的关键技术主要包括语音编码与信道编码、数字调制与分集接收、多址方式、功率控制等。为了保证移动通信中信息的安全，移动通信系统采取了一系列的安全管理措施，主要包括鉴权、无线信道加密、用户识别码保密管理、设备识别等。

GSM 系统和 CDMA 系统都是第二代数字蜂窝移动通信系统，其中 GSM 是世界上第一个数字蜂窝系统，也是应用最广泛的系统。两个系统都采用 FDD 工作方式，GSM 采用 FDMA/TDMA 多址方式，CDMA 采用码分多址方式，两个系统在组成方面、空中接口、空中接口技术及关键技术方面都有各自的特点。

在第三代数字蜂窝移动通信系统的 3 大主流标准中，WCDMA 是在 GSM 的基础上发展起来的，CDMA2000 是由窄带 CDMA（IS-95 CDMA）向上演进的技术。TD-SCDMA 是中国具有独立知识产权的新技术。还有一个 3G 的主流标准 WiMAX 是作为 3G 及 3G 演进的一种无线城域网技术标准。它们采用了多种先进的通信技术和数字信号处理技术来提升系统性能，以达到 ITU 的要求。

思考题与习题

7-1　什么是移动通信？

7-2　一个陆地移动通信系统由哪几部分组成？什么是无线区？

7-3　移动通信系统使用哪些频段？陆上移动通信无线电波以什么形式传播？

7-4 陆上移动通信电波的传播有何特点？受哪些因素的影响？

7-5 什么是多径衰落？在陆上移动通信中为什么会产生多径衰落？

7-6 什么是阴影衰落？它与多径衰落有何不同？

7-7 什么是多普勒效应？对通信质量有何影响？

7-8 简述移动通信的特点。

7-9 移动通信有哪几种工作方式？蜂窝移动通信系统采用的是什么工作方式？

7-10 与大区制移动通信系统相比，小区制有什么优点？

7-11 移动通信中为什么要划分位置区？什么是位置更新？

7-12 数字移动通信系统对语音编码的要求有哪些？

7-13 什么是交织编码？交织编码有什么作用？

7-14 移动通信中主要采用哪些分集技术？

7-15 蜂窝移动通信系统中为什么要进行功率控制？有哪几种功率控制的方法？

7-16 移动数据通信技术主要有哪些？

7-17 什么是多址？数字蜂窝移动通信系统主要采用哪几种多址方式？

7-18 移动通信系统是怎样进行安全管理的？什么是鉴权？简述 GSM 系统的鉴权过程。

7-19 GSM 系统主要由哪几部分构成？GSM 系统空中接口的信道是怎样分类的？

7-20 SIM 卡由哪几部分组成？主要功能是什么？

7-21 简述 MS 主叫的呼叫接续过程。

7-22 GSM 数字蜂窝移动通信系统中，有哪些类型的切换？MSC 间的切换须有哪些步骤？

7-23 什么是漫游？漫游通信要经过哪些步骤？

7-24 简述扩频通信的原理及主要特点。

7-25 简述 CDMA 系统的特点。

7-26 什么是软切换及软容量？

7-27 3G 的无线接口有哪几种主流技术标准？各有何特点？

7-28 3G 的关键技术有哪些？

第8章 数据通信

随着社会的不断进步，传统的电话、电报通信方式已不能满足人们对大信息量的需求，以数据作为信息载体的通信手段已成为人们的迫切要求。计算机技术与通信技术相结合产生了数据通信，数据通信是为了实现计算机与计算机、终端与终端或终端与计算机之间的交互而产生的一种通信技术，是计算机与通信相结合的产物。

本章首先介绍有关数据通信的一些基本概念，包括数据与数据通信、数据通信系统的构成、数据通信系统的主要技术指标和数据传输方式。然后具体介绍X.25网，数字数据网（DDN），帧中继网，ATM网，以太网，IP网的组成、结构、用途、用户入网方式等。

8.1 数据通信概述

数据通信发展比较晚，严格说来，最早的数据通信可以从1837年美国人的莫尔斯电码算起。但多数人认为，真正的数据通信开始于20世纪50年代的计算机通信，是随着计算机网络的发展而发展起来的一种新的通信方式。最早的计算机网都是一些面向终端的网络，以一台或是几台主机为中心，通过通信线路与多个远程终端相连构成一种集中式的网络，这是数据通信的最初形式。20世纪60年代末，出现了计算机和计算机之间的通信方式，以实现资源共享，开辟了计算机技术的新领域——网络化与分布处理技术。20世纪70年代开始，计算机网络与分布处理技术飞速发展推动了数据通信技术的快速的发展。20世纪70年代中后期，基于X.25建议的分组交换数据通信得到广泛应用，此后数据通信蓬勃发展起来。今天，数据通信应用范围已相当广泛，凡是计算机联网的地方都离不开数据通信，数据通信已经遍布各行各业，保险、教育科研乃至军事部门都在使用数据通信。

8.1.1 数据通信的概念

数据，人们几乎每天都要接触到；如各类统计报表、各种实验数据等。通常意义上的“数据”可以用离散的数字信号逐一准确地表达出来，并具有一定的含义，可代表文字、符号和数字等。数据的来源、内容非常广泛，几乎涉及到一切最终以数字信号表示的可被送到计算机中进行处理的各种信息，例如一份资料、一篇论文、一段语音、一幅图像等都包含在内。

数据通信中所说的“数据”可认为是预先约定的、具有某种含义的任何一个数字或一个字母（符号）以及它们的组合，并且是能被计算机接收和处理的一种信息编码（或消息）形式，如二进制编码的字母/数字符号、软件处理的操作代码、程序数据等。因此，数据是被处理、加工和存储的信息，也是消息的一种表达形式。

为传送数据信息，必须在传输之前把信息（数据）转换成电信号。信号按其变量的取值是否连续可分为模拟信号和数字信号。在信源和信宿中，数据是以数字形式存在的，但在传输期间，数据可以是数字形式也可以是模拟形式。例如电话网传送模拟信号，若要用电话网传送数字信号就必须进行转换。在传输时，由于信道不理想（传输失真和噪声干扰），可能使得数据信号发生差错，因此要进行差错控制。同时为了使整个数据的通信过程能按一定的规则有序地进行，通信双方必须建立一定的协议和约定，并具有执行协议的能力。

通俗地讲，数据通信是通过计算机与通信技术相结合来完成编码信息的传输、转接、存储和处理加工，及时、准确地向对方提供数据的通信技术。数据通信可以这样定义：依照通信协议，利用数据传输技术，在两个功能单元间传输数据信息，实现计算机—终端、终端—终端、计算机—计算机之间的数据信息传递。从数据通信定义可以理解，数据通信包括数据传输和传输前后的各种处理（数据集中、数据交换、差错控制和传输规程）。数据传输是数据通信的基础，数据处理的目的是为了有效、可靠地进行数据传输。

广义地讲，数据通信指数据终端（DTE）间的通信，计算机属于智能化程度高的数据终端，因此计算机通信归入数据通信范畴。数字通信指传输“0”和“1”组成的数字码流，这些码流既可以表示成数据信息，也可代表语音和图像信息。数字通信并不针对某种用户业务，不涉及用户终端。数据通信针对数据业务，数据可以通过调制在模拟通信系统上传输，也可以在数字通信系统上传输。数据通信使用的信道可以是模拟信道，也可以是数字信道。

1．数据通信的特点

数据通信作为一种通信业务方式，具有以下特点。

（1）需要建立通信控制规程。数据通信是计算机与计算机以及人与计算机之间的通信，通信的过程需要按照事先约定好的规程或通信协议来进行。

（2）数据传输的准确性和可靠性要求高，即误码率要低。数据传输过程，由于信道不理想和噪声影响，可能使数据信号产生差错，因此需要采取一些措施对差错进行纠正或控制。

（3）数据通信的业务量呈现突发性，即数据通信速率的平均值和高峰值差异很大。瞬时高峰速率可能是平均速率的上百倍。

（4）数据通信要求有灵活的接口能力。数据通信的用户是各种不同类型的计算机和终端设备，它们在通信速率、编码格式、同步方式和通信规程上有很大差异。为使它们之间能够相互通信，数据通信网必须提供足够灵活的接口能力。

（5）不同的数据业务对通信时延要求也不同，且时延要求的变化范围大。

（6）数据通信每次呼叫的平均持续时间短，因此要求接续和传输响应时间快。

2．数据通信的主要研究内容

数据通信通过计算机与通信技术相结合来完成编码信息的传输、转接、存储和处理加工，及时、准确地向对方提供数据的通信技术。数据通信研究的内容比较复杂，范围较广。可以把数据通信研究的内容归纳如下。

（1）数据传输

数据传输解决如何为信息提供通路，研究适合传输的信号形式以及相应的各种传输设备。

（2）通信接口

介绍接口的功能、过程、电气和机械四个方面的特性，其中涉及怎样把发送端的信号变换为适合于信道传输的形式、把传输到终点的信号变换为适合接收端终端设备接收的形式以及通信的建议和协议等。

（3）通信处理

通信处理包括检错、纠错、格式化、速度变换、编码变换和流控等方面的内容。

（4）交换

交换是数据通信的重要内容，主要包括数据交换的原理和概念。数据交换是为了解决传输资源共享，数据交换的方式主要有两种：电路交换和分组交换，其中分组交换在实际的数据通信网中较多采用。

（5）传输控制规程

传输控制规程也是数据通信协议，主要研究如何有效的实现数据通信，数据通信协议是双方为准确有效地进行通信所必须遵循的规则和约定。

8.1.2 数据通信系统

数据通信系统是通过数据电路将分布在远端的数据终端设备与计算机系统连接起来，实现数据传输、交换、存储和处理的系统。任何通信系统都有其质量指标，数据通信系统也不例外。数据通信系统的基本指标也是围绕有效性和可靠性衡量的，了解和掌握数据通信系统的主要性能指标对于数据通信系统的工程设计、系统维护和管理是十分必要的。数据通信系统的主要性能指标有传输速率、差错率、延迟、频带利用率。

1．数据通信系统模型

由于数据通信的需求、通信手段、通信技术以及使用条件等的多样化，数据通信系统的组成多种多样，典型的数据通信系统主要由中央计算机系统、数据终端设备（DTE）、数据电路三部分构成，如图 8-1 所示。

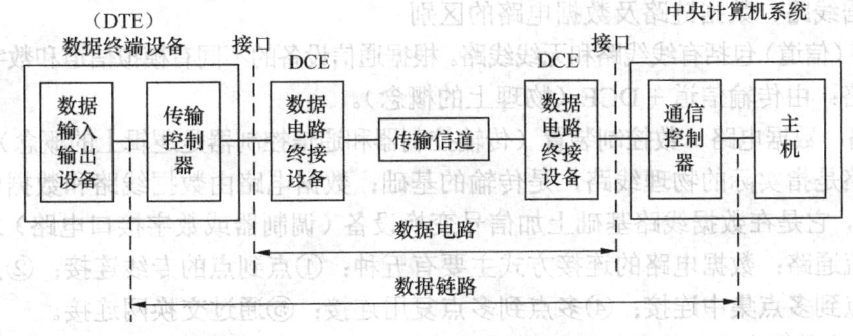

图 8-1 数据通信系统模型

（1）数据终端设备

数据终端设备（DTE）由数据输入设备（产生数据的数据源，最常见的输入设备是键盘、鼠标、扫描仪）、数据输出设备（接收数据的数据宿，如 CRT 显示器、打印机、绘图机、磁带或磁盘的写入部分、传真机等）和传输控制器组成。

传输控制器是通信控制部分，主要执行与通信网络之间的通信过程控制，包括收发方之间的同步、传输差错控制和通信协议实现等。

数据终端设备的种类很多，可以从多个方面进行分类。如按其使用场合可分为通用数据终端和专用数据终端；按其性能可分为简单终端和智能终端（如计算机）；按照同步方式可分为同步终端和异步终端；按照执行协议可分为分组终端和非分组终端；按照地理位置分为本地终端和远程终端。

(2) 数据电路

数据电路位于 DTE 和中央计算机系统之间，为数据通信提供数字传输信道。数据电路由传输信道及两端的数据电路终接设备（DCE）组成。

传输信道指信号的传输通道，由通信线路和通信设备组成。通信线路一般采用电缆、光缆、微波和卫星等线路。通信设备有模拟通信设备和数字通信设备之分，从而使传输信道有模拟信道和数字信道之分。从不同角度分类，传输信道还可有专用线路与交换网线路之分、有线信道与无线信道之分、频分信道与时分信道之分。

DCE 是 DTE 与传输信道之间的接口设备。它的主要作用是将数据终端设备输出的数据信号变换成适合在信道传输的信号。当传输信道是模拟信道时，DCE 的作用就是将 DTE 送来的数字信号进行调制（频谱搬移）变成模拟信号送往信道或进行相反的变换，这时 DCE 是调制解调器（Modem）。当传输信道是数字信道时，DCE 实际是数字接口适配器，作用是实现码型和电平转换，信道均衡，信号整形和环路检测等功能。

(3) 接口

接口是数据终端设备和数据电路之间的公共界面，接口标准由机械特性、电气特性、功能特性和规程特性等技术条件规定。

(4) 中央计算机系统

中央计算机系统由主机、通信控制器（又称前置处理机）及外围设备组成，具有处理从数据终端设备输入的数据信息，并将处理的结果向相应数据终端设备输出的功能。

主机又称中央处理机，由中央处理单元（CPU）主存储器、输入/输出设备及其他外围设备组成。其主要功能是进行数据处理。

通信控制器又称为前置处理机，用于管理与数据终端相连接的所有通信线路。

(5) 数据线路、数据链路及数据电路的区别

数据线路（信道）包括有线线路和无线线路。根据通信设备的不同有模拟信道和数字信道之分。

数据电路：由传输信道 + DCE（物理上的概念）。

数据链路：数据电路 + 数控制装置（传输控制器和通信控制器是逻辑上的概念）。控制装置

数据线路是指实际的物理线路，是传输的基础；数据电路由数据线路和数据电路终接设备 DCE 组成，它是在数据线路基础上加信号变换设备（调制器或数字接口电路）之后形成的二进制比特流通路；数据电路的连接方式主要有五种：①点到点的专线连接；②点到多点专线连接；③点到多点集中连接；④多点到多点复用连接；⑤通过交换网连接。

数据链路由数据电路和数据传输控制装置组成，它是在数据电路建立后，为了有效地进行数据通信，通过传输控制器和通信控制器按照事先约定的控制规程来对传输过程进行控制，使双方协调可靠工作。一般来说，只有建立起数据链路以后，通信双方才能真正有效地进行数据通信。

2. 数据信号传输的基本方法

目前数据通信系统中的信道主要有三种类型：物理实线传输媒质信道（如双绞线电缆、同轴电缆等）、电话网传输信道、数字数据传输信道。这三种信道可以独立应用，也可以以不同的方式串联应用。为适应前述三种类型传输信道，有三种数据信号传输的基本方法，即基带传输、频带传输及数字数据传输。

(1) 基带传输

所谓基带，就是指电信号所固有的基本频带，简称基带。数字信号的基本频带是从 0 至某一频率的低通型频带。当利用数据传输系统直接传送基带信号不经频谱搬移时，称之为基

带传输，这种数据传输系统就称之为基带传输系统。

（2）频带传输

所谓频带传输，就是把二进制信号（数字信号）进行调制，使之成为能在公用电话网中传输的音频信号（模拟信号），该音频信号通过传输介质传送到接收端后，再由解调器解调变换成原来的二进制电信号。这种把数据信号经过调制后再传送，到接收端又经过解调还原成原来信号的传输称为频带传输。这种频带传输不仅克服了目前许多长途电话线路不能直接传输基带信号的缺点，而且能够实现多路复用，从而提高了通信线路的利用率。但是频带传输在发送端和接收端都要设置调制解调器，将基带信号变换为通带信号再传输。

（3）数字数据传输

数字数据传输方式就是利用数字信道传输数据的方法。所谓数字信道就是通过对语音信号进行 PCM 处理后的数字化语音信号的多路复用的信道。采用数字信道，每一数字话路的数据传输速率为 64kbit/s，所以每一话路可复用 5 路 9 600bit/s 或 10 路 1 800bit/s 的数据，而并不需要采用调制解调器（Modem），误码率又较低，从而提高了传输的速率和质量。当传输距离较长时，由于数字信道中每隔一定距离插入了再生中继器，使信道中引入的噪声和信号失真不会积累，从而大大提高了传输质量。

3．数据传输基本方式

数据传输方式是指数据在信道上传送所采取的方式。如按数据代码传输的顺序可以分为并行传输和串行传输，按数据传输的同步方式可分为同步传输和异步传输，按数据传输的流向和时间关系可分为单工、半双工和全双工数据传输。

（1）并行传输与串行传输

串行传输指的是组成字符的若干位二进制码排列成数据流以串行的方式在一条信道上传输，一个字符传完再传下一个字符。

串行传输通信线路简单，成本低廉，易于实现。远距离传输时多采用串行传输方式，比如工控领域利用计算机串口进行的数据采集和系统控制。其缺点是传输速度较慢，需要采取同步措施解决收、发双方的码组或字符同步问题。

设有一数字信号 11000001，要在两个计算机设备中进行传递，则发送设备需将该序列按 1→1→0→0→0→0→0→1 的顺序逐个通过一条信道传到接收设备，如图 8-2（a）所示。

并行通信是指数据以成组的方式在多条并行的信道上同时传输。信源一次可以将 *n* 位数据（一个字节）传送到信宿。比如在传输数字信号 11000001 时，并行方式是将该序列的 8 位码用 8 条信道同时传输，如图 8-2（b）所示。

并行传输实现了收发双方的字符同步；但传输信道多，设备复杂，成本高，所以使用较少。一般适用于计算机内部和其他高速数字系统，特别是一些设备之间的距离较近时采用。

（2）异步传输与同步传输

在串行传输中，数据是逐位从信源传到信宿，一个字符通常由若干个数据位组成，位与位之间、字符与字符之间没有停顿（没有时间间隙），信宿收到数据后，不知一个字符有多少位或不能分辨哪几位是一个字符。因此，信源与信宿之间在通信时必须同步，即必须让信宿知道多少位数据是一个字符、哪几位码元是一个字符、一个字符何时开始何时结束，以便正确地恢复数据所携带的信息。解决字符的同步问题目前主要存在两种方式：异步传输和同步传输。

异步传输方式一般以字符为单位传输，不论字符所采用的代码为多少位，如电报码字符为 5 位，ASCII 码为 7 位，汉字码则为 8 位。在发送每一个字符代码的前面加上一个起始位，长度为一个码元长度，极性为“0”，表示一个字符的开始；后面加上一个终止位，长度为1，1.5或2个码元长度，极性为“1”，表示一个字符的结束。起始位、数据位和停止位三部分结合起来就构成一个数据帧。字符可以连续发送，也可以单独发送；当不发送字符时，保持“1”状态。

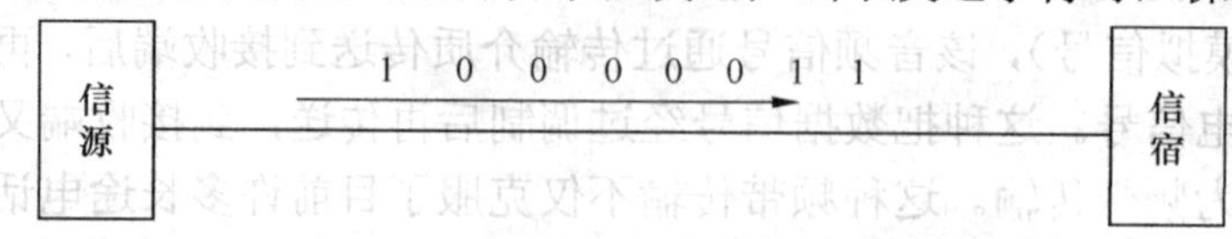

（a）数据信号的串行传输

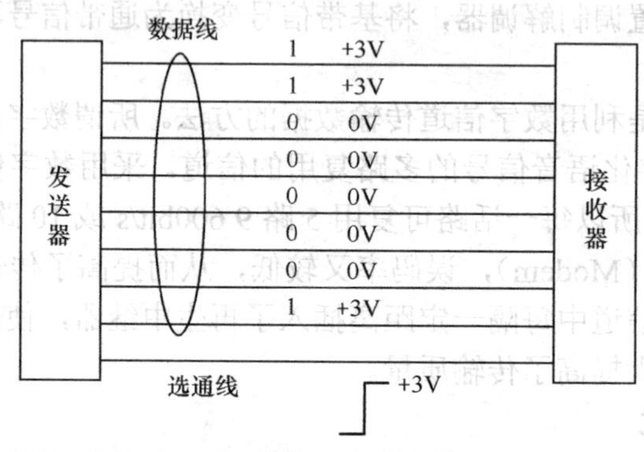

（b）数据信号的并行传输

图8-2 数据信号的串行与并行传输举例

每个字符的起始时刻可以是任意的，同一字符内部各码元长度是相同的。接收方可以根据字符之间从终止到起始的跳变即由“1”→“0”的下降沿来识别一个字符的开始，然后从下降沿以后 *T*/2s（*T* 为接收方本地时钟周期）开始每隔 *T*s 进行抽样直到取样完整个字符，从而正确地区分一个个字符，这种字符同步方法又称为起止式同步。图8-3（a）表示异步传输。异步传输方式是一种面向字符的传输方式，其优点是简单、可靠、经济，收发方的时钟信号不需要严格同步，例如计算机与终端之间的数据通信就是异步传输。异步传输的缺点是速率较低，但随着技术的发展，传输速率越来越高，其应用范围也日益广阔。

同步传输方式是以固定的时钟节拍来发送数据信号的，因此在一个串行数据流中，各信号码元之间的相对位置是固定的（即同步）。接收方为了从接收到的数据流中正确地区分一个个信号码元，必须建立准确的时钟信号，即位同步。另外，在同步传输中，数据的发送方一般以帧为单位，帧的开始和结束需加上预先规定的起始序列和结束序列作为标志。起始序列和结束序列的形式取决于采用的传输控制规程，同步传输可分为面向字符和面向位流两种传输方式，如图8-3（b）、（c）所示。在面向字符的方式中，用一个或多个SYN（码型为“0110111”）作为“同步字符”表示一帧的开始，用另一个字符EOT（码型为“0010000”）代表“传输结束字符”表示一帧的结束。在面向位流的传输方式中，每一帧的头部和尾部都用一个特殊的比特序列FLAG（码型为“01111110”）来标记帧的开始与结束。这个方法和PCM30/32基群的帧同步的原理是一样的。为了确定每帧的开始与结束，需要在帧的开始与结束都加上一个帧同步码，并周期性出现，而且帧同步必须建立在比特（时钟）同步的基础上。在计算机局域网的通信中都采用面向位流的同步传输方式。同步传输方式比异步传输方式技术复杂，但传输效率较高，适合于较高速率的数据传输。

（3）单工传输、半双工传输与全双工传输

与移动通信等系统的工作方式一样，数据传输也是根据实际需要采用单工、半双工和全双工数据传输，如图 8-4 所示，所谓的单工、双工指的是数据传输方向。

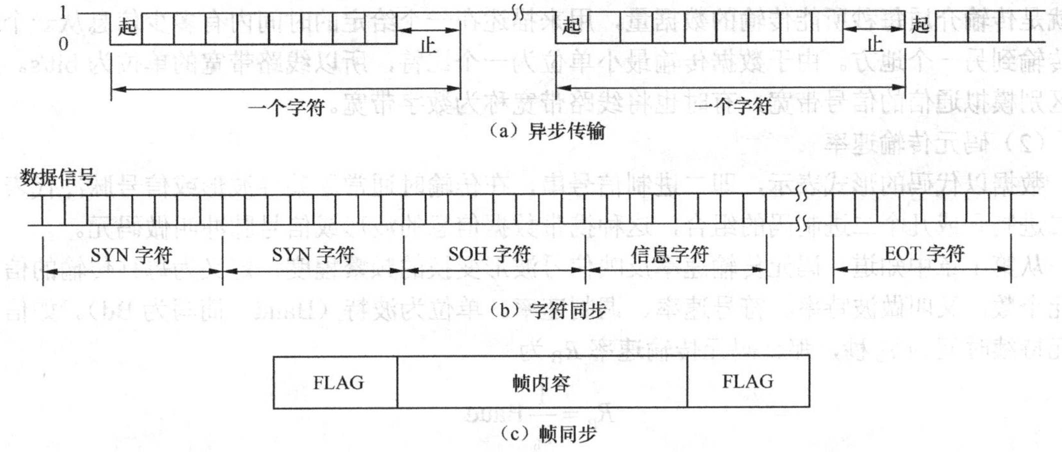

图 8-3 异步传输和同步传输示意图

单工传输是信息只能向一个方向传输的方式。一条链路的两个站点中只有一个可进行发送，另一个只能接收。如图 8-4（a）所示，数据只能由 A 传到 B，不能由 B 传到 A，但是允许由 B 向 A 传送一些简单的控制信号。由 A 到 B 的信道为正向信道，由 B 到 A 的信道为反向信道。一般正向信道传输速率较高，反向信道传输速率较低，为 5～75bit/s。实际应用中可以使用反向信道也可以不用，例如广播、电视即为单工传输模式。

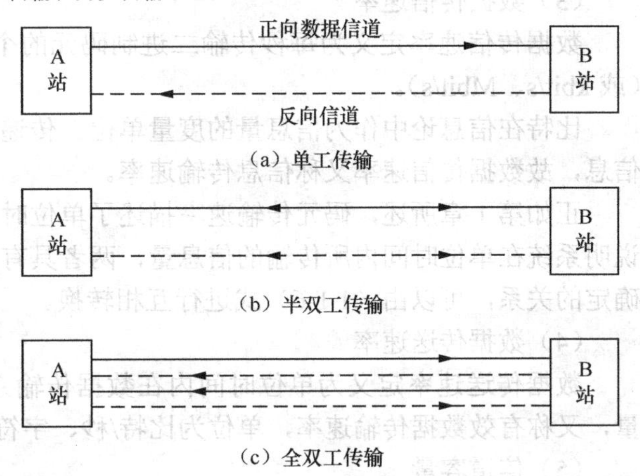

图 8-4 单工，半双工、全双工传输

半双工传输是两个站点都可发送和接收数据，但两个方向的传输不能同时进行，即同一时刻仅限于一个方向传输。无论哪一方开始传输都使用信道的整个带宽，如图 8-4（b）所示。例如计算机与终端之间的数据传输就是半双工传输。

全双工传输是两个站点能同时进行双向通信，双方可同时发送和接收数据。两个方向的信号使用两条独立的物理链路或共享一条链路进行传输，每个方向的信号平分信道的带宽，如图 8-4（c）所示。

通常在四线线路上实现全双工传输；在二线线路上实现单工或半双工传输，当采用频分复用、时间压缩法（TCM）或回波抵消（EC）时，在二线线路上也可实现全双工传输。

4．数据通信系统的主要技术性能指标

各种通信系统都有各自的技术指标，数据通信系统同模拟通信系统、数字通信系统一样也具有一些技术性能指标，下面对数据通信系统的主要技术性能指标给予描述。

（1）带宽

带宽有信道带宽和信号带宽之分，在模拟通信中，信号所占据的频率范围就是信号的带宽，它的大小等于最高频率与最低频率之差，单位为“赫兹（Hz）”。例如电话信号的频率范围为 300～3 400Hz，因此它的信号带宽为 3 100Hz。通常所占的带宽越大，越能传输高质量的信号。例如调幅（AM）无线电广播用来传送一个单声道的信号带宽为 5 000Hz，所以 AM

收音机所传送的声音质量比电话好。在数字通信中，线路带宽又指通信介质的线路传输速率，也就是传输介质每秒所能传输的数据量，用来描述在一个给定的时间内有多少信息从一个地方传输到另一个地方。由于数据传输最小单位为一个比特，所以线路带宽的单位为 bit/s。为了区别模拟通信的信号带宽，有时也将线路带宽称为数字带宽。

（2）码元传输速率

数据以代码的形式表示，即二进制信号串，在传输时通常用某种波形或信号脉冲代表一个二进制码或几个二进制码的组合，这种携带数据信息的波形或信号脉冲叫做码元。

从第 1 章中知道，码元传输速率反映信号波形变换的频繁程度，定义为每秒传输的信号码元个数，又叫做波特率、符号速率、调制速率。单位为波特（Baud，简写为 Bd）。如信号码元持续时间为 T_b 秒，那么码元传输速率 R_B 为

$$R_B = \frac{1}{T_b}\text{Baud}$$

（3）数据传信速率

数据传信速率定义为每秒传输二进制码元的个数，又称比特率，记为 Rb，单位为 bit/s（或 kbit/s、Mbit/s）。

比特在信息论中作为信息量的度量单位。传递一个二进制码元就相当于传递了 1 比特的信息，故数据传信速率又称信息传输速率。

正如第 1 章所述，码元传输速率描述了单位时间内系统所传输的码元数，数据传信速率说明系统在单位时间内所传输的信息量，两者具有不同的定义，不应混淆。但是它们之间有确定的关系，可以由（1.1-6）式进行互相转换。

（4）数据传送速率

数据传送速率定义为单位时间内在数据传输系统的相应设备之间实际传送的平均数据量，又称有效数据传输速率，单位为比特/秒、字符/秒或码组/秒。

（5）信道容量

信道容量又叫信道最大传输速率，即信道在单位时间内所能传送的信息量，是信道传输信息的最大能力的指标。理论分析证明，无噪声、离散数字信道的信道容量与信道带宽的关系为

$$C = 2B\log_2 N$$

式中，C 为信道容量；B 为信道带宽；N 为码元所能取的离散值个数，即指 N 进制。模拟信道的信道容量可以根据香农定理计算：

$$C = B\log_2(1 + S/N)$$

（6）吞吐量

吞吐量是信道在单位时间内成功传输的信息量，单位一般为 bit/s。例如某信道 10min 内成功传输了 6Mbit 的数据，那么它的吞吐量就是 6Mbit/600s = 10kbit/s。

（7）差错率

差错率是衡量通信信道可靠性的重要指标，常用的有误码率、误字符率、误码组率等。它们的定义如下。

误码率 = 接收出现差错的比特数/总的发送比特数

误字符率 = 接收出现差错的字符数/总的发送字符数

误码组率 = 接收出现差错的码组数/总的发送码组数

差错率是一个统计平均值，因此在测试或统计时总的发送比特（字符、码组）数应达到一定的数量，否则得出的结果不准确。

8.2　数据通信网

数据通信网传送和交换的主要是数据信息，其终端主要是机器而不是人，当终端是服务器和计算机时，人们常称为“计算机网”，其业务主要是数据、文字、图像、多媒体等。

本节首先介绍数据通信网的构成及分类，然后详细介绍 X.25 网、数字数据网（DDN）、帧中继网、ATM 网、以太网以及 IP 网的组成、结构、用途、用户入网方式等。

8.2.1　数据通信网的概念

数据通信最简单的方式是两个用户终端直接连接起来进行通信，当多个用户之间要进行数据通信时，如果任何两个用户之间都有直达的线路的话，N 个数据终端则需要有 $N(N-1)/2$ 条传输链路。显然数据终端增加时，传输链路将迅速增大，因此必须建立数据通信网。

1．数据通信网的构成

数据通信网是一个由分布在各地的数据终端设备、数据交换设备、数据传输链路所构成的网络，在网络协议（软件）的支持下实现数据终端间的数据传输和交换。数据通信网示意图如图 8-5 所示。

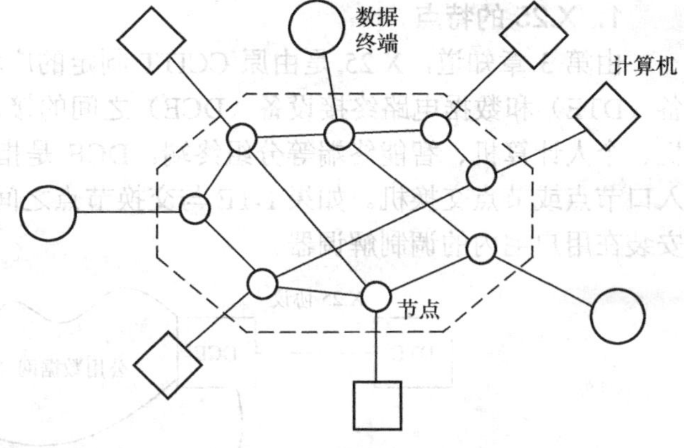

图 8-5　数据通信网示意图

（1）数据终端设备

数据终端设备主要功能是向网络（向传输链路）输出数据和从网中接收数据，并具有一定的数据处理和数据传输控制功能。数据终端设备可以是计算机，也可以是专用的数据终端。

（2）数据交换设备

数据交换设备是数据通信网的核心，它的基本功能是完成对接入交换节点的数据传输链路的汇集、转接接续和分配。

（3）数据传输链路

数据传输链路是数据信号的传输通道。包括用户终端的入网路段（即数据终端到交换机的链路）和交换机之间的传输链路。

2．数据通信网的分类

数据通信网可以进行数据交换和远程信息的处理，其交换方式普遍采用存储转发方式的数据分组交换或数据包交换。数据通信网可以从以下几个不同的角度分类。

（1）按网络拓扑结构分类

按网络拓扑结构分类，数据通信网可以分为网状型网与不完全网状型网（格型网）、星型网、树型网、环型网和总线网等。

（2）按传输技术分类

按传输技术分类，数据通信网可分为交换网和广播网。

交换网是指由交换节点和通信链路构成的网络，用户之间的通信要经过交换设备。根据采用不同的交换方式，交换网又可分为电路交换网、分组交换网和帧中继网，另外还有采用数字交叉连接设备的数字数据网（DDN）、以太网、ATM 网（B-ISDN）、IP 网等。广播网是指每个数据站的收发信机共享同一个传输媒质的网络。通过不同的媒体访问控制方式产生了各种类型的广播网。局域网中绝大多数属于广播网。

（3）按传输距离分类

按传输距离分类，数据通信网可分为局域网、城域网和广域网。

局域网是指传输距离一般在几千米以内，速率在 10Mbit/s 以上，数据传输采用共享介质的访问方式，协议标准采用 1EEE 802 协议标准的网络。城域网是指传输距离一般在 50～100km 之内，传输速率比局域网还高，能覆盖整个城区和城郊的网络。广域网（又称远程网）是指作用范围通常为几十到几千千米的网络。今天的 Internet 就是广域网。

8.2.2 X.25 网

使用 X.25 协议的公用分组交换网诞生于 20 世纪 70 年代，它是一个以数据通信为目标的公用数据网（PDN）。在 PDN 内，各节点由交换机组成，交换机间用存储转发的方式交换分组。为了使用户设备经 PDN 的连接标准化，原 CCITT 制定了 X.25 建议，X.25 建议是分组交换网中最重要协议之一，因此有时把分组交换数据网称为 X.25 网。

1. X.25 的特点

由第 3 章知道，X.25 是由原 CCITT 制定的广域网分组交换协议。它定义了数据终端设备（DTE）和数据电路终接设备（DCE）之间的接口，如图 8-6 所示。DTE 通常是指主计算机、个人计算机、智能终端等分组终端。DCE 是指与 DTE 相连的网络中的分组交换机，即入口节点或节点交换机。如果 DTE 与交换节点之间传输线路采用模拟线路，则 DCE 也包括安装在用户宅内的调制解调器。

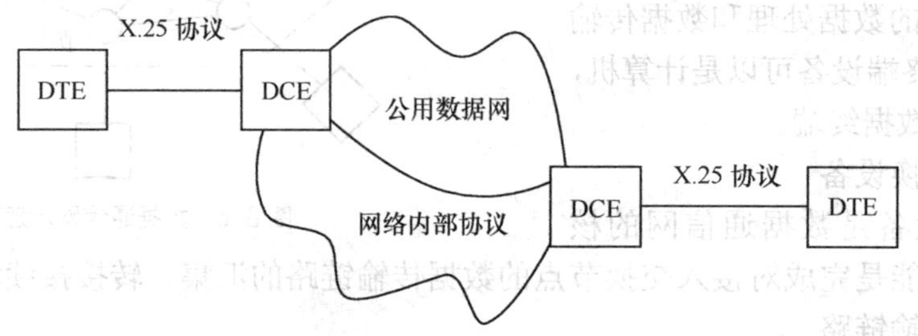

图 8-6 X.25 公用数据网接口

X.25 分组交换数据网的特点包括以下几个方面。

（1）可靠性高

X.25 是面向连接的，能够提供可靠的虚电路服务，保证服务质量；X.25 具有点到点的差错控制，可以逐段独立进行差错控制和流量控制；X.25 每个节点交换机至少与另外两个交换机相连，当一个中间交换机出现故障时能通过迂回路由维持通信。

（2）信道利用率高

X.25 利用统计时分复用及虚电路技术大大提高了信道利用率。

（3）复用功能

当用户设备以点到点方式接入 X.25 网时，能在单一物理链路上同时复用多条虚电路，使每个用户设备能同时与多个用户设备进行通信。

（4）流量控制和拥塞控制

X.25 具有流量控制和拥塞控制功能，X.25 采用滑动窗口技术来实现流量控制，并有拥塞控制机制防止信息丢失。

（5）便于不同类型用户设备的接入

X.25 网内各节点向用户设备提供了统一的接口，使得不同速率、码型和传输控制规程的用户设备都能接入 X.25 网，并能相互通信。

（6）传输时延大

X.25 建议规定了丰富的控制功能，这也增加了分组交换机处理的负担，使分组交换机的吞吐量和中继线速率的进一步提高受到了限制，而且分组的传输时延比较大。

2．X.25 网络组成

（1）X.25 网络结构

分组交换网通常采用两级结构，如图 8-7 所示。一级交换中心一般设在大、中城市，它们之间互连构成骨干网。骨干网一般采用全连通网状结构或不完全网状结构。一级交换中心到所属的二级交换中心一般采用星型结构，二级交换中心一般设在中、小城市。

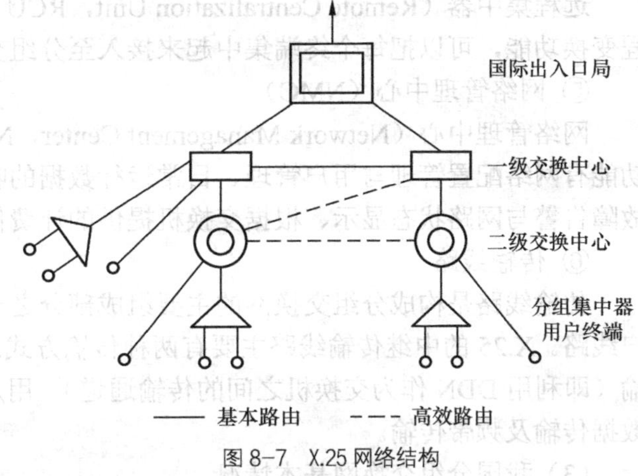

图 8-7 X.25 网络结构

（2）X.25 网的组成

X.25 分组交换网一般由分组交换机、用户接入设备、远程集中器、分组装拆设备、网络管理中心和传输线路等基本设备组成，如图 8-8 所示。

① 分组交换机（PS）

分组交换机是 X.25 的枢纽，其主要功能是为网络的基本业务和可选业务提供支持，进行路由选择和流量控制，实现多种协议的互连，完成局部维护、运行管理、故障报告、诊断、计费及网络统计等。

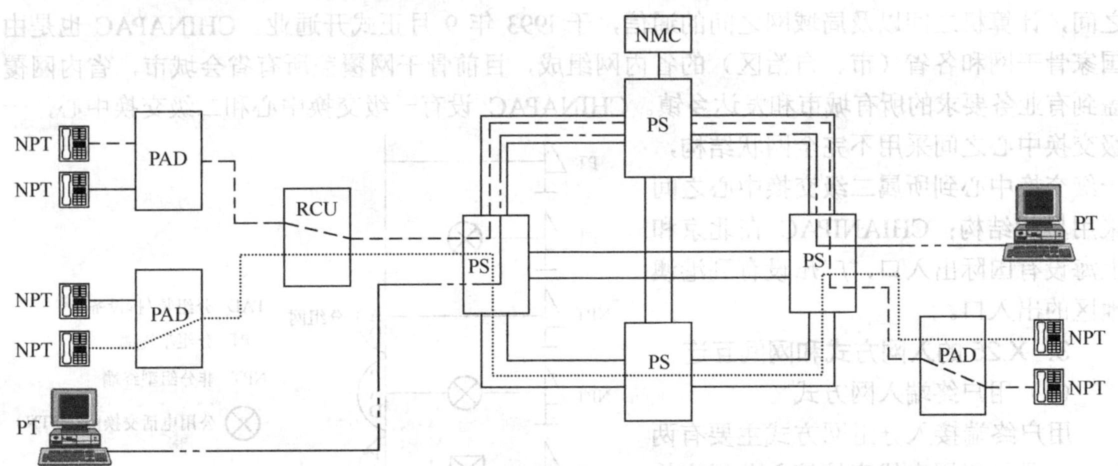

图 8-8 X.25 分组网络组成

② 用户接入设备

X.25 的用户接入设备主要是用户终端。用户终端分为分组型终端（PT）和非分组型终端（NPT）两种。分组型终端是符合 X.25 协议，具有分组形成能力，发送和接收的都是规格化的分组。能直接接入分组交换数据网的数据通信终端设备是计算机、智能终端等。非 X.25 协议的终端和无规程的终端称为非分组终端 NPT，如异步字符终端、G3 传真机和电话机等，非分组终端需经过分组装拆设备，才能连到交换机端口。X.25 根据不同的用户终端来划分用户业务类别，提供不同传输速率的数据通信服务。

③ 分组拆装设备（PAD）

分组装拆设备（Packet Assembler/Disassembler，PAD）将来自非分组终端（异步终端）的字符信息去掉起止比特后组装成分组送入分组交换网，在接收端再还原分组信息为字符，发送给用户终端。

④ 远程集中器（RCU）

远程集中器（Remote Centralization Unit，RCU）允许分组终端和非分组终端接入，有规程变换功能，可以把每个终端集中起来接入至分组交换机的中、高速线路上交织复用。

⑤ 网络管理中心（NMC）

网络管理中心（Network Management Center，NMC）负责分组交换网的管理工作，主要功能有网络配置管理与用户管理、日常运行数据的收集与统计、路由选择管理、网络监测、故障告警与网路状态显示、根据交换机提供的计费信息完成计费管理。

⑥ 传输线路

传输线路是构成分组交换网的主要组成部分之一，包括交换机之间的中继传输线路和用户线路。X.25 的中继传输线路主要有两种传输方式：一种是频带传输，另一种是数字数据传输（即利用 DDN 作为交换机之间的传输通道）；用户线路有 3 种传输方式：基带传输、数字数据传输及频带传输。

（3）我国分组交换网基本情况

中国公用分组交换数据网（CHINAPAC）是原邮电部建设和发展的最早的基础数据通信网络。它以 CCITT X.25 协议为基础，可满足不同速率、不同型号终端之间，终端与计算机之间，计算机之间以及局域网之间的通信，于 1993 年 9 月正式开通业。CHINAPAC 也是由国家骨干网和各省（市、自治区）的省内网组成，目前骨干网覆盖所有省会城市，省内网覆盖到有业务要求的所有城市和发达乡镇。CHINAPAC 设有一级交换中心和二级交换中心，一级交换中心之间采用不完全网状结构，一级交换中心到所属二级交换中心之间采用星状结构；CHIANIPAC 在北京和上海设有国际出入口，广州设有到港澳地区的出入口。

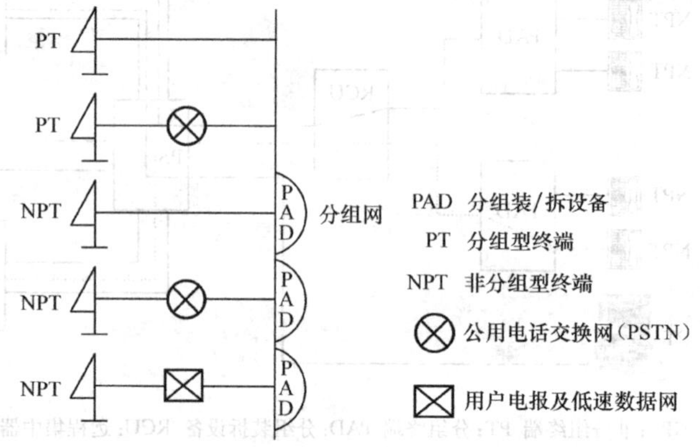

图 8-9 用户终端入网方式

3. X.25 的入网方式和网间互连

（1）用户终端入网方式

用户终端接入分组网方式主要有两种：一是经租用专线直接接入分组交换网；二是经电话网入网。图 8-9 给出了用户终端入网的几种方式。PT 可直接接入分组交换网或经电话网进入分组交换网；NPT不论经专线还是经电话网进入分组交换网必须先接PAD。另外，NPT也可经用户电报网进入分组交换网。

（2）网间互连

目前存在许多类型的通信网，如电话网、电报网、分组交换网、ISDN 以及局域网等。网络互连的目的正是使一个网络的数据终端设备不仅和本网上别的终端设备通信，还可以和另外一个网上的终端通信，从而实现跨网通信和资源共享。下面介绍几种网络互连的方法。

① 分组交换网与电话网的互连

目前，分组交换网的覆盖面没有电话网普及，考虑经济和安装方便，多数数据终端是经过电话网接入分组交换网的。NPT经电话网接入分组交换网如图8-10所示。NPT经过M拨号呼叫PSPDN的PAD，并向PAD提供"网络用户识别符"（NUI），即口令。网络验证NUI为合法身份后才进行连接，然后NPT再按照X.28协议的规定方式与PAD及分组交换网通信。

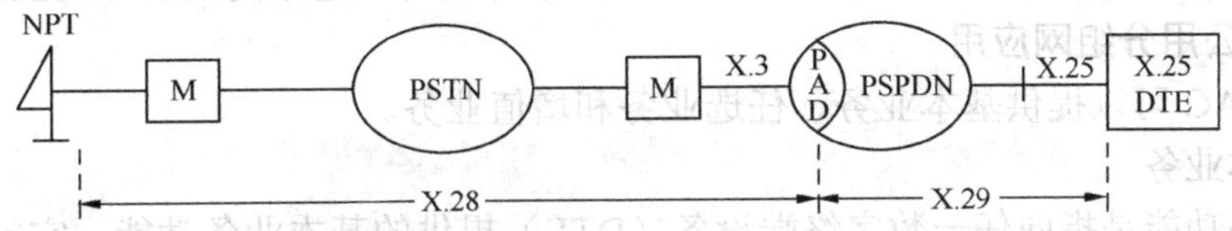

图8-10 非分组型终端经电话网接入分组交换

PT 经电话网接入分组交换网如图8-11所示，其过程与上述类似，但应按原CCITT的X.32建议标准进行操作。

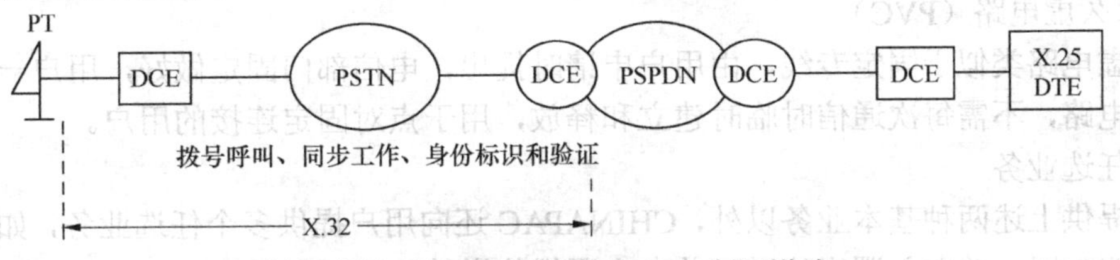

图8-11 分组型终端经电话网接入分组交换网

② 分组交换网与用户电报网的互连

分组交换网与用户电报网的互连如图8-12所示。两网间应按原CCITT的F.73协议的规定格式互通。

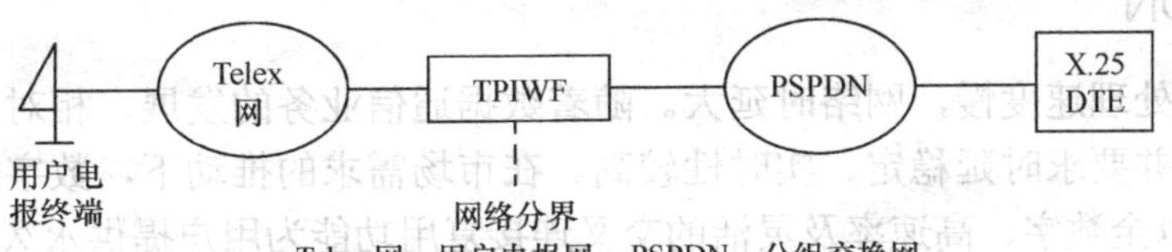

图8-12 分组交换网与用户电报网的连接

③ 分组交换网之间的互连

为使不同分组交换网上的用户之间能够互通，要求分组交换网之间能够互连。两个公用分组网的互连示意如图8-13所示。

（3）CHINAPAC接入方式

用户接入中国公用分组交换数据网（CHINAPAC）方式有以下几种。

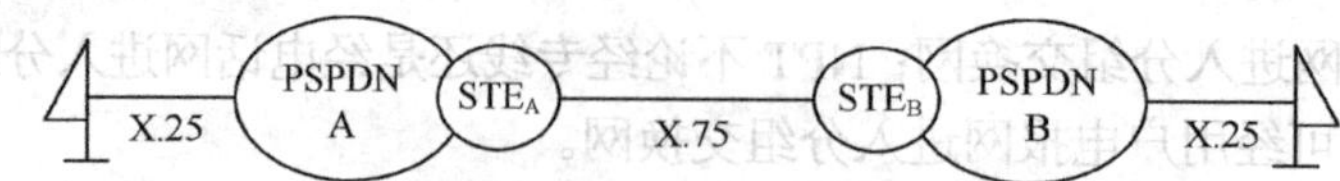

STE：信号终接设备 PSPDN：分组交换网

图 8-13 两个公用分组交换网的互连

① 电话拨号

在电话机上并接调制解调器（Modem）拨号入网，用户需申请一个入网身份识别码。电话拨号可分为X.28 异步拨号入网或X.32 同步拨号入网，拨号入网的速率为1 200～9 600bit/s 向下自适应。

② 专线进网

租用一对市话线路连接到局端分组交换设备，其通信速率为600bit/s～64kbit/s。可分 X.28 异步专线进网或 X.25/SDLC 同步专线进网。进网专线又可分为模拟专线和 DDN 数字专线。模拟专线时，速率为1 200～19 200bit/s，DDN 数字专线时，速率为1.2～256kbit/s。

4．中国公用分组网应用

CHINAPAC 可以提供基本业务、任选业务和增值业务。

（1）基本业务

基本业务功能是指向任一数字终端设备（DTE）提供的基本业务功能，它能满足用户对通信的基本要求。CHINAPAC 提供两类基本业务：交换虚电路（SVC）和永久虚电路（PVC）。

① 交换虚电路（SVC）

用户通信时通过呼叫建立虚电路，通信结束后释放虚电路。交换型虚电路使用灵活，每次均可以与不同的用户建立虚电路，通信费与通信量有关。CHINAPAC 可以为用户开放多条虚电路。

② 永久虚电路（PVC）

永久虚电路类似于固定专线，由用户申请时提出，电信部门固定做好，用户一开机即固定建立起电路，不需每次通信时临时建立和释放，用于点对固定连接的用户。

（2）任选业务

除了提供上述两种基本业务以外，CHINAPAC 还向用户提供多个任选业务，如入呼叫封阻、出呼叫封阻、单向入逻辑信道、单向出逻辑信道等。

（3）增值业务

CHINAPAC 还提供其他 ITU-T 建议的业务功能，如虚拟专用网（VPN）、TCP/IP、分组多址广播、呼叫改向等。

8.2.3 DDN

分组交换网处理速度慢，网络时延大。随着数据通信业务的发展，相对固定的用户之间业务量比较大，并要求时延稳定、实时性较高。在市场需求的推动下，数字数据网（DDN）产生了。DDN 以全数字、高速率及灵活的交叉连接复用功能为用户提供永久性或半永久性的数字电路专线（出租）业务，为用户构建了一个大容量的数据通信平台。

1．DDN 的概述

DDN 是把数据通信技术、数字通信技术、光纤通信技术、数字交叉连接技术和计算机技术有机结合在一起，使其应用范围从单纯提供端到端的数据通信，扩大到能提供和支持多种业务服务，成为具有很大吸引力和发展潜力的传输网络。

（1）DDN 的概念

数字数据网是利用数字信道传输数据信号的数据传输网。它的传输媒质有光缆、数字微波、卫星信道以及用户端可用的普通电缆和双绞线。它的主要作用是向用户提供永久性和半永久性连接的数字数据传输信道。所谓永久性连接的数字数据传输信道是指用户间建立固定连接，传输速率不变的独占带宽连接。半永久性连接的数字数据传输信道对用户是非交换的，但是用户可以提出申请，由网络管理人员对其提出的传输速率、传输数据的目的和路由进行修改。

（2）DDN 的特点

DDN 具有下列特点。

① DDN 是同步数据传输网

不具备交换功能，通过数字交叉连接设备可向用户提供固定的或半永久性信道，并提供多种速率的接入。

② 传输速率高，网络时延小

目前提供 $N\times$ 64kbit/s～2Mbit/s 的数据业务，网络时延小的原因在于 DDN 采用半永久性交叉连接。

③ 透明传输

DDN 是任何协议都可以支持，且不受约束的全透明网，从而可满足数据、图像、声音等多种业务的需要。

④ 传输质量好，传输距离长

DDN 采用数字信道传输，沿途每隔一段时间加一个再生中继器，避免了噪声积累，误码率较低。同时也延长了通信距离。另外，DDN 一般采用光纤传输，保证了较高的传输质量。

⑤ DDN 的网络运行管理简便

DDN 的检错纠错功能由智能化程度较高的数据终端设备完成，因此网络运行中间环节的管理、监督内容得以简化，操作方便。

（3）DDN 的基本功能

DDN 非常适用于数据信息流量大的数据通信场合，由于 DDN 的信道传输带宽可以按照 $N\times$ 64kbit/s（$N=1$～31）随意设定，当相对固定的两点间或多点间的数据通信业务量大、传输所需带宽大于 64kbit/s 时，可根据需要在相对固定的时间内设置专用数据数字通道和信道带宽。DDN 的具体功能有以下几个方面。

① 向用户提供专用的数字数据通道。利用数字交叉连接设备建立半固定连接的数字数据信道，用户可以通过 DDN 实现快速、高效的数据传输。

② DDN 作为一种传输网络，可为公用数据交换网提供交换节点间的数据传输通道，即两个交换机之间的传输手段采用 DDN。

③ DDN 可提供将用户接入公用数据交换网的接入信道。用户终端经过租用专线入网的方式有频带传输、基带传输和数字数据传输三种。

④ 利用 DDN 进行局域网的互联。DDN 可以为局域网之间提供高速、优质的数据传输通道。

2. DDN 的组成

（1）DDN 的网络结构

中国公用数字数据骨干网（CHINADDN）是由中国电信经营的、向社会各界提供服务的公共信息平台。1994 年，中国公用数字数据骨干网（CHINADDN）一级干线网开始组建。目前一级干线网已通达所有省会城市，各省、直辖市、自治区都在积极建设经营 DDN 网。

DDN 一般为分级网，CHINADDN 网络结构如图 8-14 所示。一级干线网即国家骨干网，其节点主要设在各省会城市和直辖市。一级干线网分为枢纽节点、国际出入口节点（也是枢纽节点，设在北京、上海及广州）和非枢纽节点。枢纽节点间采用网状连接，枢纽节点具有E1数字通道的汇接功能和E1公共备用数字通道功能。非枢纽节点应至少对两个方向节点连接，并至少与一个枢纽节点连接。一级干线网节点主要提供国际和省际长途DDN业务的转接。

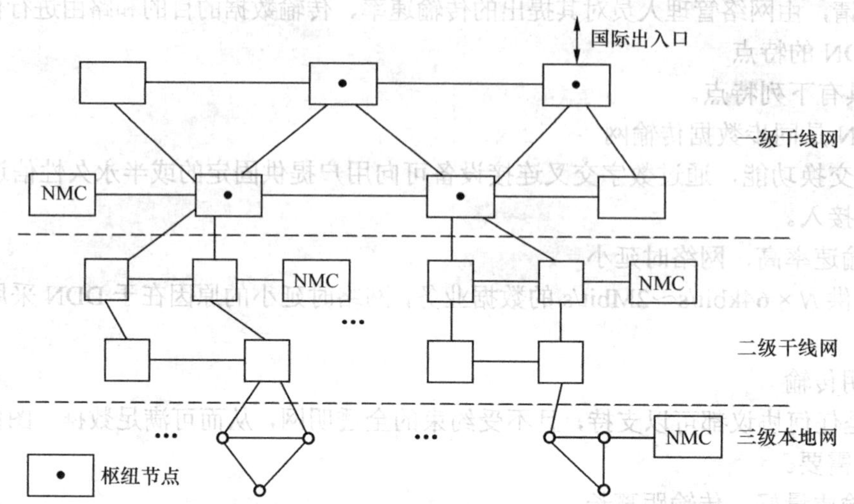

图8-14 DDN网络结构

二级干线网由设置在省内的节点组成，提供本省内长途和出入省的DDN业务。除西藏外，各省均已建成省内网。省内发达地、县级城市可组建本地网。二级干线网内节点之间采用不完全网状网连接，与一级干线网之间采用星型的连接方式。

本地网是城市（地区）范围的网络，主要是把各种低速率或高速率的用户复用起来进行业务的接入和接出，并建立彼此之间的逻辑路由。本地网节点之间采用不完全网状连接，与二级干线网之间采用星型连接。各级网管中心负责用户数据的生成，网络的监控、调整，告警处理等维护工作。

（2）DDN节点功能和分类

① DDN节点的功能

DDN节点主要包括复用和数字交叉连接设备等。DDN节点的主要功能是复用和解复用，交叉连接，提供各种数字通道接口和用户接口，接入各种业务，保持网络同步。

② DDN节点机分类

DDN节点机分为三类：骨干节点机、接入节点机和用户节点机。

骨干节点机是高层骨干网的节点机，它主要执行网络的转接功能，具体包括2 048kbit/s数字通道的接口和交叉连接、$N\times 64$kbit/s（$N=1\sim31$）数字通道的复用和交叉连接、帧中继业务的转接。

接入节点机主要为DDN各类业务提供接入功能，包括2 048kbit/s、$N\times 64$kbit/s（$N=1\sim31$）数字通道接口和复用，低于64kbit/s的子速率的复用和交叉连接，帧中继业务用户接入和本地帧中继功能。

用户节点机为DDN用户入网提供接口和必要的协议转换，包括小容量的时分复用设备，局域网通过帧中继互联的路由器等。

（3）DDN的组成

一个DDN一般由本地传输系统、复用及数字交叉连接系统（DDN节点）、局间传输系统及同步系统和网络管理系统组成，如图8-15所示。

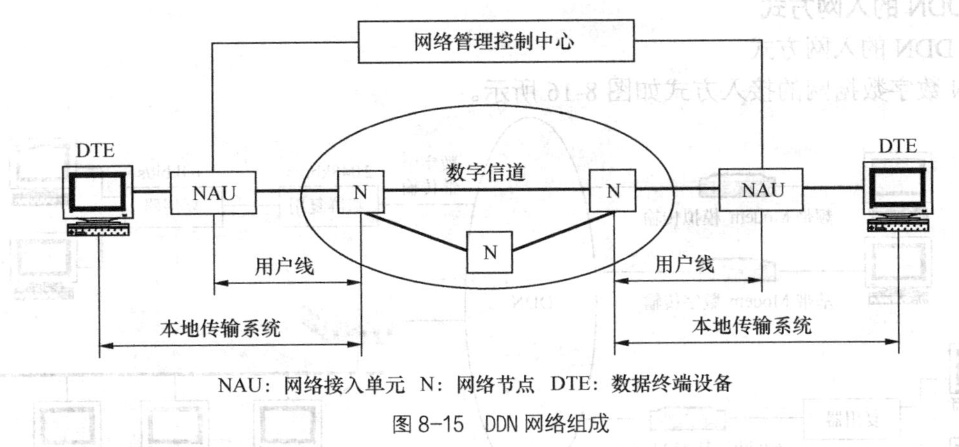

图 8-15 DDN 网络组成

① 本地传输系统

本地传输系统指从用户终端至本地局之间的数字传输系统，即本地用户环路传输系统，由用户设备、用户环路组成。用户终端设备一般是数据终端设备（DTE）、电话机、传真机、个人计算机以及用户自选的其他用户终端设备，也可以是计算机局域网。用户环路包括用户线和用户网络接入单元（NAU）。用户线是一般的市话用户电缆。用户网络接入单元设备的类型比较多，对于数据通信来说，通常是基带或频带 Modem、多路复用器等。

② 复用及数字交叉连接系统（DDN 节点）

DDN 节点的主要设备是复用和数字交叉连接系统。

在数字数据传输系统中，数据信道的时分复用器也是分级实现的。一级复用是子速率复用，比如 DTE 输出的速率为 0.6kbit/s、2.4kbit/s、4.8kbit/s 的低速数据信号，经交叉连接，按 CCITTX.50，X.51 建议，将多路子速率的信号复用成 64kbit/s 的零次群信号。二级复用即 PCM 帧复用，即将 64kbit/s 的零次群信号按 32 路 PCM 帧格式进行复用，成为 2.048Mbit/s 的数字信号（即 PCM 的一次群）。局间传输还可再往高次群复用。

数字交叉连接系统（DCS）也称为数字交叉连接设备（DXC），是指具有一个或多个 G.702（准同步）或 G.702（同步）标准的数字端口的设备，可对其任一端口信号（或其子速率信号）与其他端口信号（或其子速率信号）进行可控的连接或再连接的设备。

③ 局间传输及网同步系统

局间传输是指节点间的数字信道以及由各节点通过与数字信道的各种连接方式组成的网络拓扑。DDN 以终端局、汇接局/终端局形式进行组网，终端用户就近接入相应终端局。公用 DDN 节点一般与电话局合设，节点间的数字传输信道可以利用已有的数据中继线路来提供，DDN 中的局间传输通常采用数据传输系统中一次群（2Mbit/s）信道。根据需要也可是二次群信道（34Mbit/s）。市内节点机之间的连接可以利用 PCM 电缆、光缆；城市之间的节点机连接可以利用光缆、数字微波、卫星传输系统的 2Mbit/s 信道。

数字网的网同步就是使数字网中各数字设备内的时钟源相互同步，即使其时钟在频率上相同、相位上保持某种严格的特定关系。这样，各交换节点之间才能协调工作。

④ 网络管理系统

网络管理系统负责对全网电路的组织、调整和日常网络运行的监视、调度和控制，并对网络运行情况进行统计等，DDN 的网络管理采用分级管理方式。

3. DDN 的入网方式

(1) DDN 的入网方式

DDN 数字数据网的接入方式如图 8-16 所示。

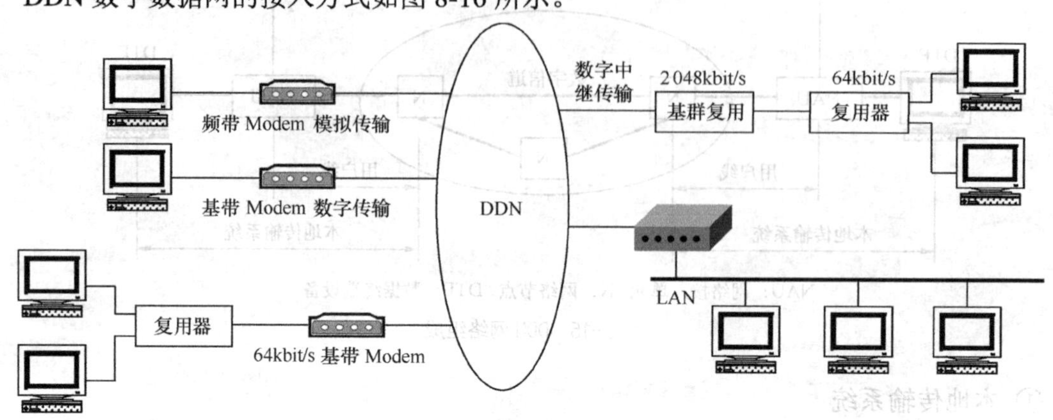

图 8-16 DDN 用户入网基本连接方式

① 调制解调器接入方式

根据数据传输方式，调制解调器分为频带调制解调器和基带调制解调器两类。频带调制解调器采用模拟线路传输方式，基带调制解调器采用数字线路传输方式。

② 复用器接入方式

低速用户通过复用器复用为 64kbit/s 的带宽，再经基带调制解调器接入 DDN 网。中速用户可以通过基群复用器复用，再经数字中继或模拟中继接入 DDN 网。

③ 局域网接入方式

局域网可通过路由器接入 DDN 网，实现 LAN 的互连。

(2) DDN 的网间互连

DDN 作为一种数据业务的承载网络，可以实现用户终端的接入，满足用户网络的互连，扩大信息的交换和应用范围。用户网络可以是局域网、专用的数字数据网、分组交换网以及其他用户网络。

① DDN 与 PSPDN 的互连

分组交换网可以提供不同速率、高质量的数据通信业务，适用于短报文和低密度的数据通信，而 DDN 传输速率高，适用于实时性要求高的数据通信。分组交换网和 DDN 可以在业务上进行互补，因此实现两网互连非常重要。

DDN 上的客户与分组交换网上的客户相互进行通信，两网均应采用 X.25 或 X.28 接口规程。DDN 的终端相当于分组交换网的一个远程客户，如图 8-17 所示。

图 8-17 远程用户通过 DDN 接入 PSPDN

DDN 不仅可以给分组交换网的远程客户提供数据传输通道，而且还可以为分组交换机间中继线提供传输通道，为分组交换机互连提供良好的条件。两网互连标准采用 G.703 或 V.35 建议，如图 8-18 所示。

② 公用 DDN 与专用 DDN 的互连

专用 DDN 与公用 DDN 在本质上没有什么不同，它是公用 DDN 的有益补充。专用 DDN 与公用 DDN 互连有不同的方式，可以采用 V.24，V.35 或 X.21 标准，也可以采用 G.703

2 048kbit/s 标准，如图 8-19 所示。

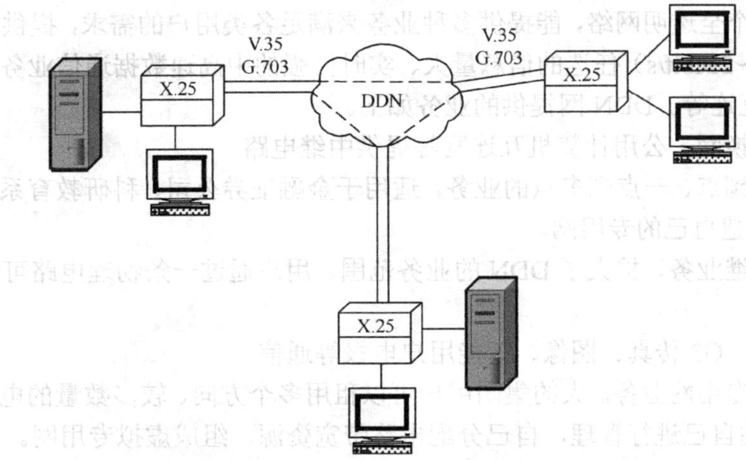

图 8-18 PSPDN 通过 DDN 互连

图 8-19 公用 DDN 与专用 DDN 的互连

③ 利用 DDN 互连局域网

局域网利用 DDN 互连可通过网桥或路由器等设备，其互连接口采用 ITU-T G.703 或 V.35，X.21 标准，这种连接本质上是局域网与局域网的互连，如图 8-20 所示。

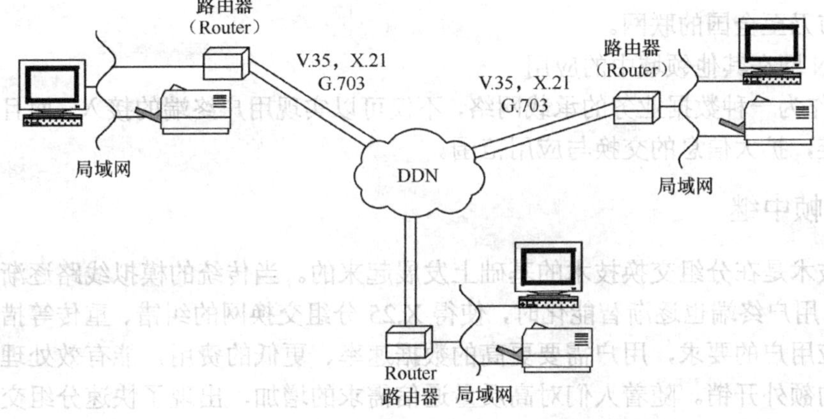

图 8-20 DDN 与 LAN 的互连

④ 用户交换机与 DDN 的互连

用户交换机与 DDN 的互连有两种连接方式。

a．利用 DDN 的语音功能，为用户交换机解决远程客户传输问题（如果采用传统模拟线路来传输就会超过传输衰减限制，影响通话质量），用户交换机与 DDN 的连接采用音频二线接口。

b．利用 DDN 本身的传输能力为用户交换机提供所需的局间中继线，此时，用户交换机与 DDN 互连采用 G.703 或音频二线/四线接口。

4．DDN 的应用

DDN 主要适用于业务量大，且业务持续、稳定或实时性强的中、高速点到点、点到多点的数据通信场合。

（1）DDN 网提供的业务

DDN 网是一个全透明网络，能提供多种业务来满足各类用户的需求，提供速率可在一定范围内（200bit/s～2Mbit/s）任选的信息量大、实时性强的中高速数据通信业务；如局域网互连、大中型主机互连等。DDN 网提供的业务如下。

① 为分组交换网、公用计算机互连网等提供中继电路。

② 可提供点到点、一点到多点的业务，适用于金融证券公司、科研教育系统、政府部门租用 DDN 专线组建自己的专用网。

③ 提供帧中继业务，扩大了 DDN 的业务范围。用户通过一条物理电路可同时配置多条虚连接。

④ 提供语音、G3 传真、图像、智能用户电报等通信。

⑤ 提供虚拟专用网业务。大的集团用户可以租用多个方向、较多数量的电路，通过自己的网络管理工作站自己进行管理，自己分配电路带宽资源，组成虚拟专用网。

（2）DDN 网络在计算机联网中的应用

DDN 作为计算机数据通信联网传输的基础，提供点到点、一点到多点的大容量信息传送通道。例如利用全国 DDN 组成的海关、外贸系统网络，各省海关、外贸中心经省级 DDN 网，通过长途中继到达国家 DDN 网骨干节点，网管中心按各地所需目的分配路由，建立灵活的全国性海关外贸数据信息传输网。

（3）DDN 网在金融业中的应用

DDN 网不仅适用于气象、公安、铁路、医疗等行业，也适用于证券业、银行、金卡工程等实时性较强的数据交换。例如银行租用 64kbit/s 的 DDN 线路把各个营业点的 ATM 自动取款机进行全市乃至全国的联网。

（4）DDN 网在其他领域中的应用

DDN 网作为一种数据业务的承载网络，不仅可以实现用户终端的接入，而且可以满足用户网络的互连，扩大信息的交换与应用范围。

8.2.4 帧中继

帧中继技术是在分组交换技术的基础上发展起来的。当传统的模拟线路逐渐被数字传输线路所代替，用户终端也逐渐智能化时，使得 X.25 分组交换网的纠错、重传等措施失去必要性，不再适应用户的要求，用户需要更高的数据速率、更低的费用，能有效处理突发性数据传输和更低的额外开销。随着人们对高质量通信需求的增加，出现了快速分组交换技术。帧中继就是其中一种快速分组交换技术。

1．帧中继的优点和应用场合

在第 3 章中已谈到，帧中继（FR）是在开放系统互连参考模型（OSI-RM）的第二层（数据链路层）上用简化的方法传送和交换数据单元的一种快速分组技术。它仅完成物理层和数据链路层的核心功能，将流量控制、纠错及重传等功能留给用户智能终端来完成。帧中继采用动态分配带宽和可变长的帧的技术，适用于处理突发性信息和可变长度帧的信息，具有诸多优点，是局域网互连、局域网与广域网连接的理想选择。

（1）帧中继的优点

① 高效性

帧中继的高效性可以从以下三个方面反映出来：一是有效的带宽利用率；二是传输速率

高；三是网络时延小。

② 经济性

帧中继技术可以有效地利用网络资源，可以经济地将网络空闲资源分配给用户使用。用户可以经济灵活地接入帧中继网，并在其他用户无突发性数据传送时共享资源。

③ 可靠性

虽然帧中继节点仅有 OSI 一层和二层核心功能，无纠错和流量控制，但由于光纤传输线路质量好、终端智能化程度高，前者保证了网络传输不易出错，即使有少量错误，也有后者去进行端到端的恢复。

④ 灵活性

帧中继的协议十分简单，利用现有数据网上的硬件设备稍加修改，同时进行软件升级就可以实现帧中继的组网，而且操作简便，实现起来灵活方便。另一方面，帧中继网络能为多种业务类型提供共用的网络传送能力，且对高层协议保持透明，用户可方便接入，不必担心协议的不兼容性。

（2）帧中继的使用场合

帧中继技术适用于以下三种情况。

① 当用户需要数据通信，其带宽要求为 64kbit/s～2Mbit/s，而参与通信的各方多于两个的时候。

② 通信距离较长时，应优先选择帧中继，帧中继的高效性使用户可以享有较好的经济性。

③ 当数据业务量为突发性时，帧中继是最经济有效的方案。

2．帧中继网络的构成

（1）网络结构

中国公用帧中继业务最初是在公用的数字数据网（CNINADDN）上配备模块来实现的。1996 年底，中国电信开始进行中国公用帧中继网（CNINAFRN）工程建设，主干网一期工程于 1997 年 6 月建成，覆盖 21 个省会城市，至 1998 年各省帧中继网也相继建成。目前，我国的帧中继网作为业务网已逐渐与宽带 ATM 网络组合在一起。网络组织根据网络的运营、管理和地理区域等因素分成三级：一级骨干网、二级骨干网和本地网，如图 8-21 所示。

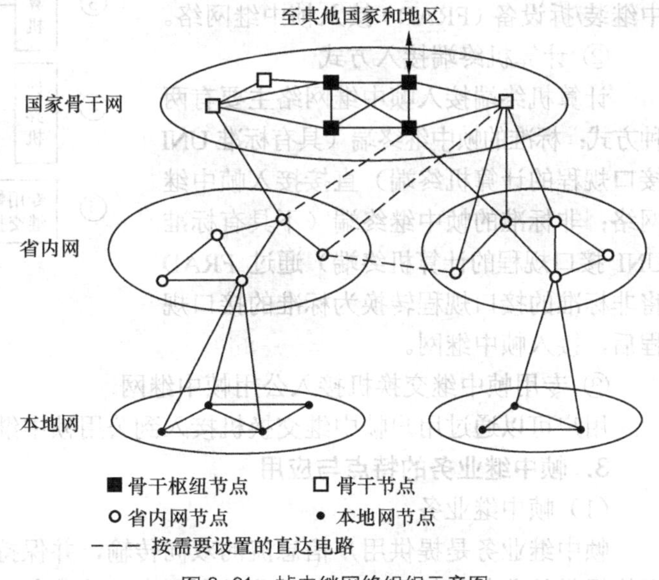

图 8-21 帧中继网络组织示意图

一级骨干网（国家骨干网）由设置在各省、自治区中心和直辖市的节点组成，全国划分为八大区，每个大区设置大区中心，分别在上海、北京、广州、沈阳、武汉、南京、成都、西安。大区中心节点作为国家骨干网的枢纽节点，所有节点均配备了 ATM 和帧中继模块，可以同时提供 ATM 信元方式的业务和帧中继业务。其余节点作为国家骨干网的普通节点。枢纽节点采用全网状连接，普通节点采用不完全网状结构。二级骨干网（省内网）由设置在省内各地、市的多个节点组成，采用不完全网状连接。本地网由本地的多个节点组成，主要负责提供用户接入业务。

（2）帧中继网络设备

由以上帧中继的网络构成可见，帧中继的网络设备主要包括帧中继交换机和局间中继线。

① 帧中继交换机

帧中继交换机主要有三类：改装型 X.25 分组交换机、帧中继交换机和具有帧中继接口的 ATM 交换机。

改装型 X.25 分组交换机，主要是通过 X.25 分组交换机的改装增加软件，使之具有帧中继节点的功能，这种类型的交换机用在帧中继发展初期。帧中继交换机是以全新的帧中继结构设计为基础的新型交换机，具备帧中继的必备功能。具有帧中继接口的 ATM 交换机是最新型的交换机，采用信元中继或 ATM 交换，具有帧中继接口和 ATM 接口，内部完成 FR 和 ATM 之间的互通。

② 局间中继线

帧中继网的局间中继传输利用数字传输信道，使用数字微波、光缆等传输媒质。

（3）帧中继的用户入网方式

帧中继提供给用户的基本入网速率有 9.6kbit/s、14.4kbit/s、19.2kbit/s 和 64kbit/s，2Mbit/s。不同的用户类型接入帧中继网的方式各不相同，帧中继的用户入网方式如图 8-22 所示。

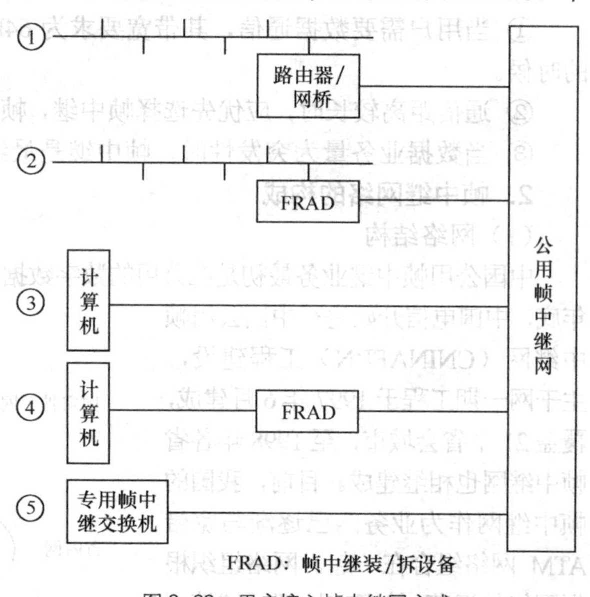

图 8-22 用户接入帧中继网方式

① 局域网接入方式

局域网用户接入帧中继网络主要有两种方式：局域网用户通过路由器或网桥接入帧中继网络，其路由器或网桥具有标准的 FR UNI 接口规程；局域网用户通过帧中继装/拆设备（FRAD）接入帧中继网络。

② 计算机终端接入方式

计算机终端接入帧中继网络主要有两种方式：标准的帧中继终端（具有标准 UNI 接口规程的计算机终端）直接接入帧中继网络；非标准的帧中继终端（不具有标准 UNI 接口规程的计算机终端）通过 FRAD 将非标准的接口规程转换为标准的接口规程后，接入帧中继网。

③ 专用帧中继交换机接入公用帧中继网

用户可以通过用户帧中继交换机接入到公用帧中继网中。

3．帧中继业务的特点与应用

（1）帧中继业务

帧中继业务是提供用户信息流的双向传输，并保持原顺序不变的一种承载业务。帧中继网络提供的业务包括两类：基本业务和用户可选业务。基本业务包括永久虚电路（PVC）和交换虚电路（SVC）。

永久虚电路（PVC）是在 FR 终端用户之间建立的固定的虚电路连接，其端点和业务类别由网络管理定义，用户不可自行更改。交换虚电路（SVC）业务是指两个 FR 终端用户之间通过虚呼叫建立虚电路连接传送服务，传送结束后清除连接。

（2）帧中继的应用

帧中继技术作为一种新的通信手段为用户提供了优良的数据传送性能，因而帧中继业务的应用十分广泛。下面介绍几种典型的应用。

① 局域网互连

局域网互连是帧中继业务的最典型应用，通过帧中继网，一个局域网只需一个物理端口和相应的线路就可以与多个远端的局域网互连，大大节省租用电路和端口的费用，目前已建成的帧中继网络中，局域网用户占 90%以上。

② 作为公用分组交换网的中继网

帧中继具有吞吐量大低延迟的特点，而 X.25 网具有很高纠错能力以及对各种通信规程、各种速率的终端、主机和网络的适应能力。帧中继网作为 X.25 网的中继网，可大大提高分组网的传输效率。

③ 组建虚拟专用网

利用帧中继网的部分网络资源构造相对独立的逻辑分区，分区内的节点共享分区的网络资源。分区内设置相对独立的网管机构，形成虚拟专用网。

8.2.5 ATM

传统的通信网络都与所传输业务特性有关，但通用性差，例如公用电话网主要是传送语音业务的，X.25 网是传输数据业务的。这些网络传输非特定业务时都存在问题。因此，实现网络的综合成为网络发展的方向。20 世纪 80 年代初，综合业务数字网（ISDN）的概念和技术技术被提出，实现了语音和数据业务的综合，但是没有收到人们预期的效果。人们从 20 世纪 80 年代中期开始寻找一种更新的网络体系结构，能够适应全部现在和将来可能的业务，B-ISDN 就是这样的一种网络。B-ISDN 是通信网发展方向，而 ATM 技术是 B-ISDN 的核心技术。目前世界各国都在搭建自己的 ATM 网，中国公用多媒体 ATM 宽带网（CHINAATM）就是中国电信投资建设并经营管理的以异步转移模式（ATM）技术为基础的，向社会提供超高速综合信息传送服务的全国性网络。

1. ATM 网络

如第 3 章所述，ATM 是一种采用固定长度分组、异步时分复用、传送任意速率的宽带信号和数字等级系列信息的交换技术，它可综合任意速率的语音、数据、图像和视频业务。ATM 是面向连接的，ATM 网络在快速数据交换和传输中发挥了重要作用。ATM 网络由 ATM 交换机和传输系统组成，采用光传输、电交换，以光纤为传输媒质，信道容量大，传输损失小。网络的传送功能由 ATM 层与物理层完成。

（1）ATM 网络结构

ATM 网络的概念性结构如图 8-23 所示，它包括公用 ATM 网络和专用 ATM 网络两部分。公用 ATM 网络属于电信公用网，可以连接各种专用 ATM 网及 ATM 用户终端，作为骨干网络使用。专用 ATM 网络有时称为用户室内网络（CPN），经常用于一栋大厦或校园范围内。

（2）ATM 接口

ATM 标准为各厂家设备互操作性提供了基本框架，它也包括 ATM 网和非 ATM 网，现行和未来的网络应用之间的互通性。ATM 标准根据不同类型接口，定义了 ATM 网各部分的互连接性和互操作性，ITU-T 和 ATM 论坛定义了各种 ATM 接口。

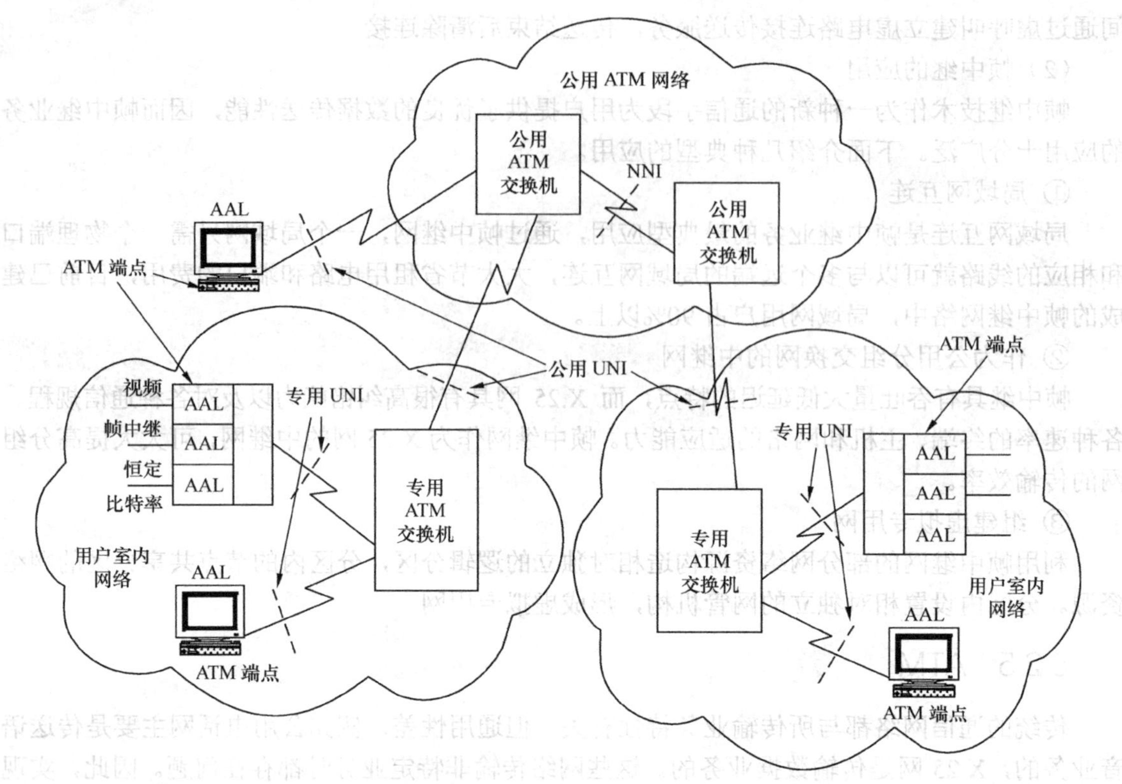

图 8-23　ATM 网络的概念性结构图

① 用户—网络接口（UNI）

用户网络接口是 ATM 终端设备和 ATM 通信网间的接口，UNI 接口定义了物理传输线路的接口标准，即用户可以通过怎样的物理线路和接口与 ATM 网相连，还定义了 ATM 层标准、UNI 信令、OAM 功能。

② 网络—节点接口（NNI）

网络节点接口含义较为广泛，它可以是两个公用网的接口，也可以是两个专用网的接口。NNI 接口也定义了物理层、ATM 层各层的规范以及信令等功能。

③ 数据交换接口（DXI）

ATM 数据交换接口允许利用路由器等数据终端设备和 ATM 网互连，不需要其他特殊的硬件设备。

④ 宽带互连接口（B-ICI）

包括信元中继业务接口、电路仿真业务接口、帧中继业务接口和交换多兆位数据业务（SMDS）接口等。

（3）ATM 接口设备与接口线路

目前，可以通过 ATM 路由器和 ATM 复接器等多种网络设备，实现现有各种用户终端（如电视、电话、计算机等）及各种网络（如电话网、DDN 网、以太网、FDDI 和帧中继等）的适配和接入。专用 UNI 与用户可以在近距离使用非屏蔽双绞线（UTP）或屏蔽双绞线（STP）连接，在较远距离使用同轴电缆或光纤连接。公用 UNI 使用光纤作为传输媒质。网络节点接口（NNI）与 UNI 不同，通常采用光纤形式接口。接口种类简单，传输速率高，具有很强网络维护和管理功能，采用 No.7 信令实现公用交换机之间的连接。

2. ATM 的应用领域

在实现 B-ISDN 之前，ATM 首先用于数据通信，用作 LAN 协议和互连各种 LAN，ATM 的速率比一般的令牌环、以太网和 FDDI 都高，能适应 LAN 速率快速提高的要求。它可以用作 WAN 技术互连各种 LAN 与 WAN，提供高速连接。随着宽带业务需求的增加和 ATM 技术本身的完善，将有实时的 ATM 交换机用于宽带业务中，并能与窄带网互通。

（1）ATM 网的优点

① 超高速的通信能力

由于采用定长的信元（53 个字节）作为交换单元，使得硬件高速交换得以实现，目前 ATM 技术提供给用户可选择的通信速率范围从数百 kbit/s 到高达 2.5Gbit/s。

② 高质量的通信网

ATM 网络是基于高质量的传输信道，误码率小于 10^{-9}。采用硬件交换、拥塞控制等机制，实现低时延、高吞吐量。

③ 高可靠性的网络

实现自动化的用户电路保护技术，实现故障情况下路由自动迂回，切换时间很短。

④ 全功能的传送平台

ATM 网作为宽带综合业务数字网（B-ISDN）的解决方案，它可以在同一网络平台同时传送语音、图像及数据等多种业务，实现宽带化的一网多能。

⑤ 服务质量的保障

ATM 网不同的服务具有不同的优先级。ATM 网络严格保障优先级的次序，保障低优先级业务不会影响高优先级业务。ATM 还采用了连接接纳控制 CAC、使用参数控制 UPC 等流量管理和一系列拥塞处理机制，能够有效避免网络塞车。

⑥ 灵活、高效、低成本

ATM 网本质上是分组交换，继承了分组网统计时分复用的特点，有效提高传输链路带宽的利用率，降低网络成本。同时，ATM 支持多种通信速率，支持一点到多点的组网方式，支持 PVC、SVC 等多种业务选择，具有多种计费方式等，用户可以根据需要灵活选择，最大限度地降低组网成本。

（2）ATM 技术的缺点

ATM 连接建立信令过于复杂，路由灵活性不高，在传输较短的一段数据时，其效率不高，例如在 Internet Web 连接中，用户每点击一个连接，就需要启动一个与远端服务器的连接，而每个 HTTP 传输的数据量平均为 10kB，若链路的传输速率为 155Mbit/s，则整个传输时间为 65μs，而最先进的 ATM 交换机建立链接的时间都以毫秒来计算，可见链路建立时间占了整个数据吞吐量的 95%，这就限制了数据传输的应用。

（3）ATM 的业务种类

ATM 可提供 ATM 信元中继业务、帧中继业务及 E1 电路仿真业务。

① ATM 信元中继业务

ATM 信元中继业务是基于信元的信息传输业务，ATM 信元中继业务可通过永久虚连接（PVC）或交换虚连接（SVC）来支持。

PVC 是指在两个用户（DTE）之间建立起来的永久性虚电路连接，PVC 是通过网管手工建立的，两端用户一开机即可使用。根据 PVC 的连结方式，PVC 业务可分为永久虚通路连接业务（ATM PVPC）、永久虚信道连接业务（ATM PVCC）；根据 PVC 上、下行速率是否相同，ATM PVC 业务又可分为对称 PVC、不对称 PVC。ATM PVC 支持的业务类型包括 CBR、rt-VBR、nrt-VBR、UBR。

SVC 是指按主叫要求在两个用户（DTE）之间通过呼叫建立起来的临时虚电路连接，任何一方可以发出拆线命令即可断开临时连接，具有主叫号码识别等安全选项。

② 帧中继业务

帧中继业务是一种面向连接的数据传输业务。在 UNI 之间提供用户信息流的双向传送，并保持原顺序不变，帧中继业务提供可变长度的分组数据传输。帧中继业务需要初始建立端到端的连接，目前要求支持基于 PVC 的帧中继业务，今后应能支持 SVC 的帧中继业务。

③ 电路仿真业务

使用 ATM 传输恒定比特率（CBR）信号的业务（或电路交换业务）称为电路仿真业务。目前仅要求支持 E1 电路仿真业务。

8.2.6 以太网

计算机网络按其覆盖范围大小分为广域网（WAN）、城域网（MAN）和局域网（LAN）。局域网是局部某一范围的计算机网络，覆盖有限范围，例如某一工业区、商业区、政府部门、大学校园等。局域网是一个数据通信系统，它允许在有限的地理范围内的许多独立设备相互之间直接进行通信，在局域网中有四种体系结构占主导地位：以太网、令牌总线、令牌环网和光纤分布式数据接口（FDDI）。

以太网是美国施乐（Xerox）公司和 STANFORD 大学于 1975 年合作推出的一种局域网。后来由于微机的快速发展，1980 年，施乐公司与数字装备公司以及英特尔公司共同合作，起草了一份 10Mbit/s 以太网标准，成为世界上第一个局域网产品的规范，并构成了 IEEE 802.3 的基础。以太网传输介质可以是同轴电缆、双绞线或光缆等，网络传输速度可以为 10Mbit/s、100Mbit/s 以至 1 000Mbit/s。以太网由于其组网简单、建设费用低廉、速率高等特点得到广泛应用，是目前使用最多、最具影响力的局域网。

1．以太网访问方式

以太网采用 CSMA/CD 介质访问控制方式，CSMA/CD 是从多路访问（MA）发展到载波侦听多路访问（CSMA），最后发展到带冲突检测的载波侦听多路访问 CSMA/CD。在 CSMA/CD 中，任何想发送数据的站点必须侦听，确保线路是空闲的，然后传送自己的数据。在传送数据之后，站点继续进行侦听。在整个数据传输过程中，站点检测线路上是否有指示冲突的极高的电压的存在。当检测到冲突时，站点放弃传输，并等待一段预先定义好的时间，在线路空闲后再重新发送数据。

2．以太网的实现

IEEE 802.3 定义了两个类别：基带和宽带。基的含义是数字信号（在以太网情况下是曼彻斯特编码）；宽的含义是模拟信号（以太网的情况下是 PSK 编码）。IEEE 将基带划分为 5 个不同的标准：10Base5、10Base2、10Base-T、1Base5、100Base-T。第一个数字指明了以 Mbit/s 为单位的数据传输速率；最后一个数字和字母（5，2 或 T）指明了最大电缆长度或电缆的类别。例如，10Base5 信号在电缆上的传输速率为 10Mbit/s，每一段电缆的最大长度为 500m。

802.3 标准中，IEEE 定义了在五种不同的以太网实现中所使用的电缆、连接以及信号的类型。

（1）粗缆以太网：10Base5

粗缆以太网是最早实现的一种以太网，又称标准以太网。粗缆以太网是一个总线型拓扑结构，构成如图 8-24 所示。其中网络设备（中继器）可以用来克服局域网大小的限制。主要用于连接两个以太网干线，消除信号经过电缆而造成的失真和衰减，增强信号的强度。10Base5 使用的物理连接器和电缆包括同轴电缆、网络接口卡、收发器及单元接口（AUI）电缆。

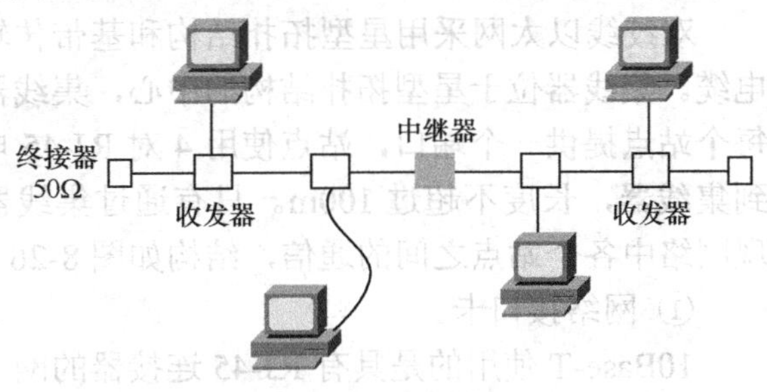

图 8-24 粗缆以太网（10Base5）

① 以太网卡（NIC）

网络接口卡（又称网络适配器）简称网卡，是构成网络的基本部件。网卡插在计算机的扩展槽中，将该计算机接入网络，使它成为局域网中的一个节点。

网卡主要由一些大规模集成电路芯片组成，主要功能是实现计算机与局域网传输介质之间的物理连接；相关电信号的匹配及基带数据传输的波形形成、发送和接收；接收并执行计算机发出的各种控制命令，完成物理层的功能；按照网络所使用的介质访问控制方式，实现共享网络的介质访问控制、信息帧的发送与接收、差错校验等数据链路层的功能；提供数据缓存能力，实现无盘工作站的复位和引导。

② 粗同轴电缆

粗缆以太网采用的传输介质是一种阻抗为 50Ω、直径为 0.4 英寸的同轴电缆。在以太网中，因为信号沿总线传输时会有衰减，若是总线太长，会影响到载波侦听和冲突检测的正常工作，所以粗缆以太网单段同轴电缆的最大长度被限制为 500m。

③ 收发器

收发器实现 CSMA/CD 的功能，检查线路上的电压和冲突，可能还具有一个较小的缓冲区。收发器同时可以作为连接器，通过分接头将站点连接到粗同轴电缆上。

（2）细缆以太网：10Base2

细缆以太网也采用总线型拓扑结构和基带传输，构成如图 8-25 所示。与粗缆以太网比较，细缆以太网在物理连接上更容易实现。10Base2 使用的物理连接器和电缆包括细同轴电缆、网络接口卡、BNC-T 连接器。

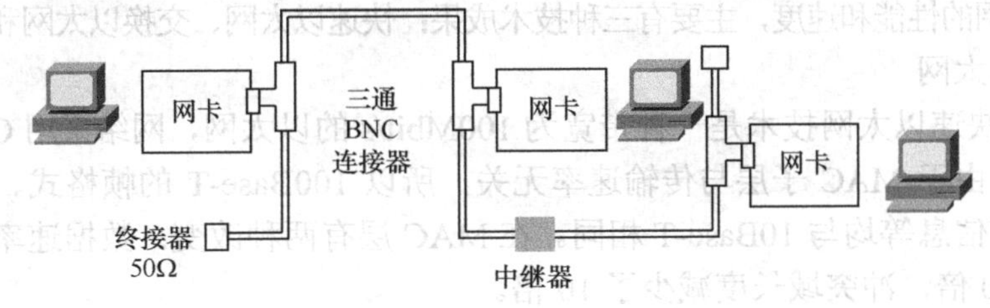

图 8-25 细缆以太网（10Base2）

① 以太网卡（NIC）

细缆以太网使用的网卡带有 BNC 插座，NIC 提供和粗缆以太网中相同的功能，同时还增加了接收器的功能。NIC 不仅给站点提供一个物理地址，同时还检测链路上的电压。

② 细同轴电缆

细缆以太网采用的传输介质是一种阻抗为 50Ω、直径为 0.2 英寸 RG-58 的同轴电缆。细缆以太网单段同轴电缆的最大长度被限制为 185m。

③ BNC-T

BNC-T 连接器是一个 T 型接口设备，具有三个端口：一个用于 NIC，剩下的两个分别用于电缆的输入和输出。

（3）双绞线以太网：10Base-T

双绞线以太网采用星型拓扑结构和基带传输，使用非屏蔽双绞线（UTP）电缆代替同轴电缆。集线器位于星型拓扑结构的中心，集线器为网内每个站点提供一个端口，站点使用 4 对 RJ-45 电缆连接到集线器，长度不超过 100m。只有通过集线器才能实现网络中各个站点之间的通信，结构如图 8-26 所示。

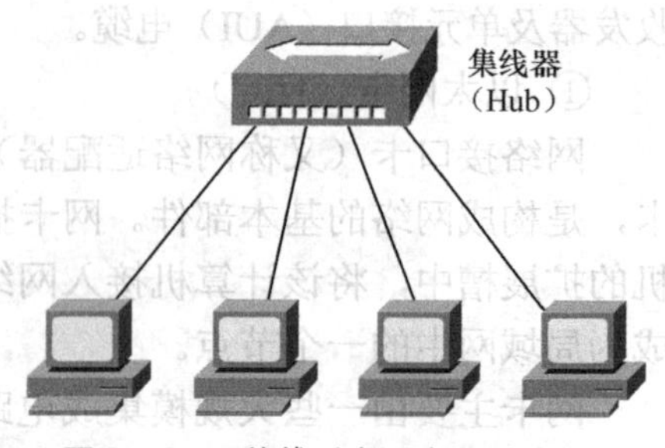

图 8-26　双绞线以太网（10Base-T）

① 网络接口卡

10Base-T 使用的是具有 RJ-45 连接器的网卡，网卡具有收发器的功能，实现计算机与局域网传输介质之间的物理连接；相关电信号的匹配及基带数据传输的波形形成、发送和接收；接收并执行计算机发出的各种控制命令，完成物理层的功能。

② 集线器

集线器是一个具有中继特性的有源接口转发器，主要功能是接收某一端口发送来的信号，进行重新整形后再转发给其他端口。集线器还具有故障隔离功能。

③ 双绞线电缆

10BASE-T 定义的传输介质是 3 类以上的 UTP 电线，要求具有 RJ-45 连接器，且长度不超过 100m。电缆的重量和灵活性以及 RJ-45 接口的方便性，使得 10Base-T 成为最容易安装和重装的 802.3 局域网。当一个站点需要被替换时，仅仅需要将新的站点插入即可。

（4）星型局域网：1Base5

星型局域网是 AT&T 公司的一个产品，目前由于它的数据传输速率很低，已经很少使用了。StarLAN 的数据传输速率只有 1Mbit/s。

3．其他以太网

随着多媒体信息技术的发展和广泛应用，对局域网的传输速率和传输质量有了更高的要求，以往 10Mbit/s 的网络越来越难以满足人们应用的需求。在过去的十年里，人们设计出了一些新的方案来提高以太网的性能和速度，主要有三种技术成果：快速以太网、交换以太网和千兆以太网。

（1）快速以太网

100Base-T 快速以太网技术是一种带宽为 100Mbit/s 的以太网，网络采用 CSMA/CD 介质访问控制方式。由于 MAC 子层与传输速率无关，所以 100Base-T 的帧格式、帧长度、差错控制及有关管理信息等均与 10Base-T 相同。在 MAC 层有两种改变：数据速率和冲突域。数据速率提高了 10 倍，冲突域长度减少了 10 倍。

100Base-T 技术主要定义的是物理层协议规范。在物理层，快速以太网规范采用了与 10Base-T 相似的星型拓扑结构。为适应不同的物理层资源，IEEE 设计了两类快速以太网：100Base-X 和 100Base-T4。100Base-X 又分为两类：100Base-TX 和 100Base-FX，前者使用两根电缆连接站点和集线器，后者使用四根。

① 100Base-TX

100Base-TX 介质接口在两对双绞线电缆上运行，支持两对 5 类以上非屏蔽双绞线电缆或两对 1 类屏蔽双绞线电缆。其中一对用于发送数据，另一对用于接收数据。利用 4B/5B 的编码格式进行 100Mbit/s 的数据传输。100Base-TX 规范允许两个 DTE 间或 DTE 与交换端口间的链路之间的链段最大长度为 100m。

② 100Base-FX

光缆是 100Base-FX 指定支持的一种介质，而且容易安装，重量轻，体积小，灵活性好，不受 EMI 干扰。100Base-FX 采用两条多状态光纤，一条用于发送数据，传输从站点到集线器的帧；另一条用于接收数据，传输从集线器到站点的帧，编码格式 4B/5B，信令是 NRZ-1。从站点到集线器的距离应该小于 2km，当工作站的 NIC 以全双工模式运行时能超过 2km。

光缆可分为两类：多模和单模。

使用多模光缆时，采用基于 LED 的收发器将波长为 820nm 的光信号发送到光纤上。支持的最大距离为 2km。

使用单模光缆时，采用基于激光的收发器将波长为 1 300nm 的光信号发送到光纤上。单模光缆损耗小，和多模光缆比能使光信号传输到更远的距离。

③ 100Base-T4

100Base-T4 是 100Base-T 标准中唯一全新的 PHY 标准。100Base-T4 链路与介质相关的接口是基于 3、4、5 类非屏蔽双绞线。100Base-T4 使用 4 对非屏蔽双绞线。四对线中两对是双向的，另外两对是单向的，每个方向都有 3 对用于一起发送数据，第 4 对用于冲突检测。语音级的非屏蔽双绞线不能提供 100Mbit/s 的数据传输率，100Base-T4 规范把 100Mbit/s 分割成三个 33.3Mbit/s 的数据流。为了降低传输的波特率，100Base-T4 采用的 8B/6T 编码方式，8B/6T 编码方式是指将字节的每位有效地映射到一个称为 6T 代码组的 6 位三进制符号内。6T 代码组散开到 3 个发送组上，有效的数据传输率为 100Mbit/s 的三分之一，即 33.3Mbit/s。

（2）吉比特以太网

20 世纪 80 年代后，10Mbit/s 以太网和 100Mbit/s 以太网主宰了局域网市场。今天，吉比特以太网已经广泛应用，千兆以太网能提供 1 000Mbit/s 的数据传输速率。

吉比特以太网采用星形拓扑结构，MAC 层的访问方式保持不变，仍采用 CSMA/CD 介质访问控制方式，但缩短冲突域。为维持适当的网络传输距离，重新定义了物理层标准，对传输介质和编码系统作了改变，吉比特以太网主要利用光纤进行传输，编码方式是 8B/10B。

吉比特以太网有四种实现方式：1000Base-Lx，1000Base-Sx，1000Base-Cx 和 1000Base-T。表 8-1 所示为这四种实现的特点。

表 8-1　　吉比特以太网实现方式比较

特　点	1000BAse-Lx	1000BAse-Sx	1000BAse-Cx	1000BAse-T
介质	光纤（单模或多模）	光纤（多模）	铜缆	非屏蔽双绞线
信号	长波激光	短波激光	电气	电气
编码方式	8B/10B	8B/10B	8B/10B	PAM-5
最大距离/m	5 000（单模） 550（多模）	300～500	25	100

（3）交换以太网

以上介绍的各种局域网均是共享介质局域网，即在任何时候介质上都只允许一帧的数据传输，每一次数据传送都会占用整个网络传输介质，各个站点对总线使用权的竞争及数据发送时产生冲突就无法避免。在任意一时刻只能一个站点发送数据，其他站点只可以接收信息，要想发送，只能退避等待。因此，介质的容量（数据传送能力）被网上各个用户共享。随机占用，网络中站点越多，每个站点平均可以使用的带宽就越窄。网络反映速度就越慢。图 8-27 显示了上述情况，站点 A 发送一帧给站点 E，数据帧被集线器接收并被发送给所有站点。这个帧占用了系统中所有缆线，即一次帧传送占用整个网络带宽。

交换式以太网建立在以太网基础上，利用以太交换机组网。以太交换机能够识别帧的目的地址，并把帧路由到连接目标站点端口。以太网交换机可以通过交换机端口之间多个并发连接，实现多个节点之间的数据传输。图 8-28 所示为一个交换以太网，当站点 A 发送一帧给站点 E 时，站点 B 能同时发送给站点 D 而不造成冲突。交换式以太网解决了共享式以太网存在的问题，提高了网络的使用效率，延长了传输距离。

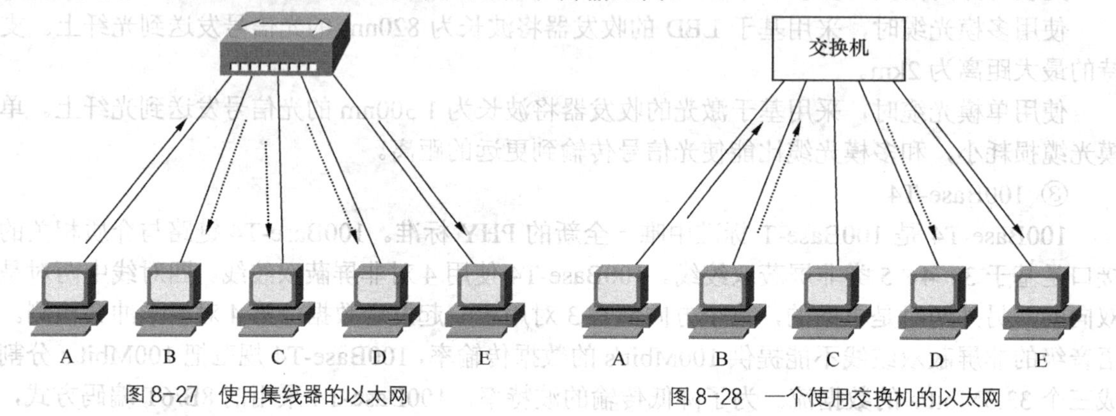

图 8-27 使用集线器的以太网　　图 8-28 一个使用交换机的以太网

8.2.7 IP 网络

随着全球经济的飞速发展，各种通信业务需求的日益增加，通信网络在全球范围内正经历着一场深刻的革命。电话网资源利用率低，带宽窄，线路质量不稳定；有线电视网缺乏通信领域的运营经验；数据网络则因为 Internet 网络技术的成功，进入到开放的、分布式的发展环境，并以飞快的速度在向前发展。IP 技术是未来数据网络中的核心技术，IP 网将成为未来承载各种应用业务的平台。

1. IP 网络的概念

（1）Internet 概述

因特网（Internet）是一个全球性的计算机互联网络，又名“国际互联网”、“网际网”或“信息高速公路”等，由分布在世界各地共享数据信息的计算机所共同组成。这些计算机通过电缆、光纤、卫星等连接在一起，包括了全球大多数已有的局域网（LAN）、城域网（MAN）和广域网（WAN）。实际的互联网如图 8-29（a）所示，从网络通信观点来看，同样的互联网如图 8-29（b）所示。Internet 是一个以 TCP/IP 协议将各个国家、各个地区、各个部门和各种机构的内部网连接起来的数据通信网，所有相互连接的物理网络看作一个大网络。它将所有的主机看做是连接到这个大的逻辑网络上，而不是连接到各自的网络上。

（2）因特网的发展简况

1969 年，美国高级研究计划局（ARPA）开始建立命名为 ARPANET 的实验计算机网络。其最初目的是为了将美国的几个军事及研究用计算机主机连接起来，形成一个经得起故障考验并能维持正常工作的计算机网络，这就是 Internet 的雏形。ARPA 制定了一些协议来规定单个计算机如何通过网络进行通信，这些协议后来就成为 TCP/IP。

美国国家科学基金会（NFS）在 1985 开始建立 NSFNET。NSF 规划建立了 15 个超级计算中心及国家教育科研网，用于支持科研和教育的全国性规模的计算机网络 NFSnet，并以此作为基础，实现同其他网络的连接。1988 年，在实验任务完成后，ARPA 网正式关闭。NSFNET

成为 Internet 上主要用于科研和教育的主干部分，代替了 ARPANET 的骨干地位。1989 年 MILNET（由 ARPANET 分离出来）实现和 NSFNET 连接后，就开始采用 Internet 这个名称。自此以后，其他部门的计算机网相继并入 Internet。

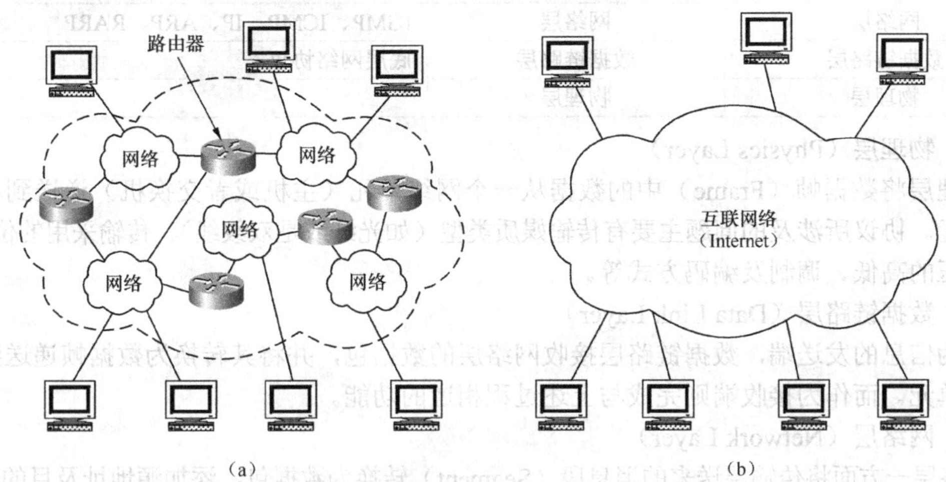

图 8-29 互联网

20 世纪 90 年代初，商业机构开始进入 Internet，使 Internet 开始了商业化的新进程。我国于 1994 年 4 月正式连入 Internet，中国的网络建设进入了大规模发展阶段，到 1996 年初，中国的 Internet 已形成了四大主流体系，如图 8-30 所示。四大互联网络为中国科技网（CSTNET）、中国教育科研网（CERNET）、中国公用计算机互联网（CHINANET）和中国金桥信息网（CHINAGBN）。前两个网络主要面向科研和教育机构，后两个网络是以经营为目的，是属于商业性的 Internet。

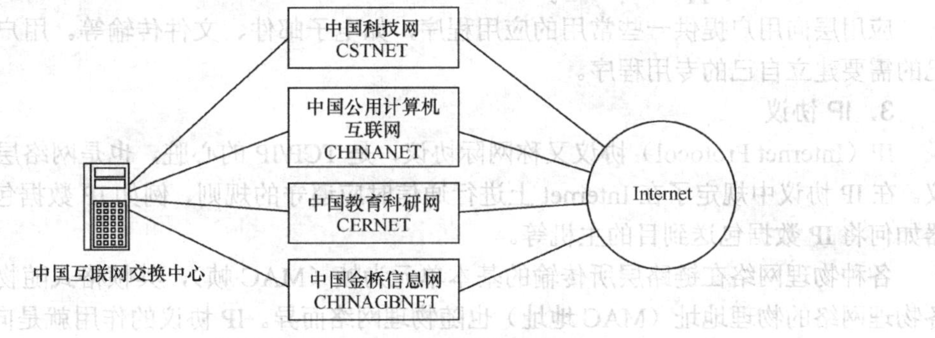

图 8-30 我国 Internet 的网络构成

2. TCP/IP 协议

TCP/IP 协议族大约有 100 多个协议，TCP/IP 协议族也包括了各种不同的应用程序。Internet 采用 TCP/IP 体系的分层模型，TCP/IP 分层模型与 OSI 模型的比较如表 8-2 所示。与 OSI 七层模型相比，TCP/IP 没有表示层和会话层，这两层的功能由最高层—应用层提供。TCP/IP 分层模型共分为 5 层，它们自上而下分别是应用层、传输层、网络层、数据链路层和物理层。各层功能如下。

表 8-2　TCP/IP 分层模型与 OSI 模型

OSI	TCP/IP	TCP/IP 主要协议
应用层 表示层 会话层	应用层	TELNET、DNS、SNMP FTP、TFTP

续表

OSI	TCP/IP	TCP/IP 主要协议
传输层	传输层	TCP、UDP
网络层	网络层	IGMP、ICMP、IP、ARP、RARP
数据链路层	数据链路层	底层网络协议
物理层	物理层	

（1）物理层（Physics Layer）

物理层将数据帧（Frame）中的数据从一个网络单元（主机或者交换机）递送到相邻的网络单元。协议所涉及的问题主要有传输媒质类型（如光纤或是双绞线）、传输采用的位速率、传输电压的高低、调制及编码方式等。

（2）数据链路层（Data Link Layer）

作为信息的发送端，数据链路层接收网络层的数据包，并将其转换为数据帧递送到相邻的网络单元。而作为接收端则完成与上述过程相逆的功能。

（3）网络层（Network Layer）

网络层一方面将传输层送来的消息段（Segment）转换为数据包，添加源地址及目的地址，选择数据包的传送路径（即通往数据主机的路由），通过数据链路层将数据发出；另一方面对来自相邻网络的数据包进行处理，若目的主机地址就是本机时，除去包头，将剩余的传输层消息段传送给传输层，否则转发该数据包。

（4）传输层（Transport Layer）

传输层为端到端的应用程序提供通信，把应用层消息递送给终端主机的应用层。

（5）应用层（Application Layer）

应用层向用户提供一些常用的应用程序，如电子邮件、文件传输等。用户还可以根据自己的需要建立自己的专用程序。

3．IP 协议

IP（Internet Protocol）协议又称网际协议，是 TCP/IP 的心脏，也是网络层中最重要的协议。在 IP 协议中规定了在 Internet 上进行通信时应遵守的规则，例如 IP 数据包的组成、路由器如何将 IP 数据包送到目的主机等。

各种物理网络在链路层所传输的基本单元为帧（MAC 帧），其帧格式随物理网络而异，各物理网络的物理地址（MAC 地址）也随物理网络而异。IP 协议的作用就是向传输层（TCP 层）提供统一的 IP 包，即将各种不同类型的 MAC 帧转换为统一的 IP 包，并将 MAC 帧的物理地址变换为全网统一的逻辑地址（IP 地址）。这样，这些不同物理网络 MAC 帧的差异对上层而言就不复存在了。正因为这一转换，才实现了不同类型物理网络的互连。

（1）IP 地址

① IP 地址的概念

除了标识各个设备的物理地址（包含在 NIC 中）之外，因特网还需要标识主机连接到所在网络的一个地址，这个地址称为 IP 地址。这个 IP 地址可以唯一地确定 Internet 上每台计算机及每个用户的位置。在 IPv4 中，IP 地址由 4 字节 32 位（bit）构成，包括网络号和主机号两部分。32 位的 IP 地址常写为 4 个十进制数，相互之间采用“.”隔开。

IP 地址分为 ABCDE 五类，如图 8-31 所示。最左侧字节的 8 位的高位用于区分网络的类型。

A 类地址：网络号为 1 字节，定义最高位为 0，余下 7 位为网络号，主机号则可有 24 位编址。表示的 IP 地址范围为 0.0.0.0～127.255.255.255。其中 10 和 127 为特殊地址，127 为本机测试保留，10 作为私有地址保留，因此共有 126 个 A 类地址可分配。每一个 A 类地址可容纳 16 777 214 台主机。

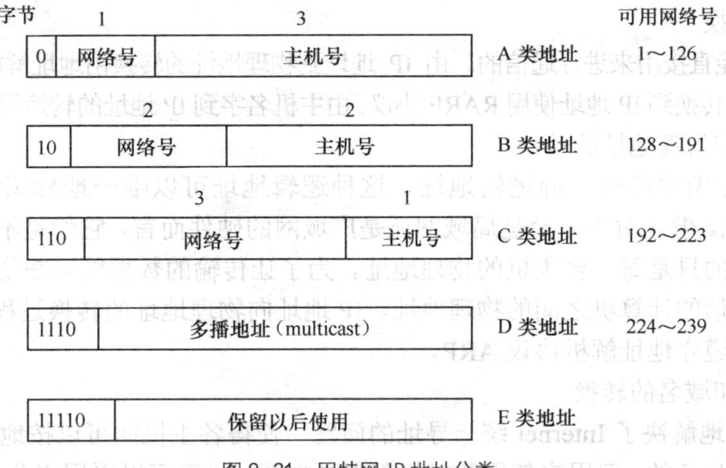

图 8-31 因特网 IP 地址分类

B 类地址：网络号为 2 字节，定义最高二位为 10，余下 14 位为网络地址，主机号则可有 16 位编址。共有 16 384 个不同的 B 类网络，范围为 128.0.0.0～191.255.255.255。每一 B 类网络可容纳 65 534 台主机。

C 类网：网络号为 3 字节，定义最高三位为 110，余下 21 位为网络号，主机号仅有 8 位编址，共有 2 097 151 个 C 类网络，范围为 192.0.0.0～223.255.255.255。每一 C 类网络可以容纳 254 台主机。

D 类网：不分网络号和主机号，定义最高的四位为 1110 为 D 类网址识别符，表示一个多播地址，即多目的地传输，可用来识别一组主机。范围为 224.0.0.0～238.255.255.255。

E 类地址：保留，范围为 240.0.0.0～247.255.255.255。

② 子网编址

IP 地址在概念上分为两个层次，一部分表示网络（网络识别号），另一部分表示网络上的主机（或路由器）（主机识别号）。为了到达因特网上的一台主机，必须利用网络识别号到达网络，利用主机识别号到达主机。在许多情况下，这种两层结构不够，解决方法就是将较大的分类地址（A/B 类）空间划分成多个小的子网。

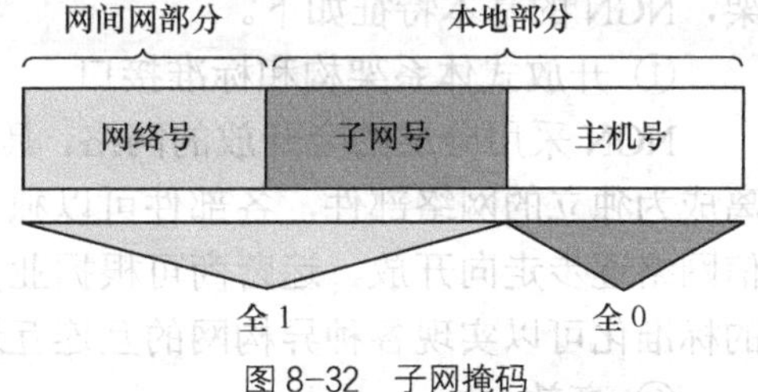

图 8-32 子网掩码

子网掩码（32 位）定义地址中网络前缀所占的位（比特）数，高位对应于网络号的比特为 1，对应于主机号的比特为 0，如图 8-32 所示。例如，IP 地址为“192.168.1.1”和子网掩码为“255.255.255.0”的二进制对照。其中，“1”有 24 个，代表与此相对应的 IP 地址左边 24 位是网络号；“0”有 8 个，代表与此相对应的 IP 地址右边 8 位是主机号。这样，子网掩码就确定了一个 IP 地址的 32 位二进制数字中哪些是网络号、哪些是主机号。这对于采用 TCP/IP 协议的网络来说非常重要，只有通过子网掩码才能表明一台主机所在的子网与其他子网的关系，使网络正常工作。

③ IP 地址与物理地址区别

物理地址又叫 MAC 地址，是指网卡的硬件地址，一般是固化在网卡上的。物理地址是每个网卡在出厂时就已经确定，它具有唯一性，在链路层以及以下使用物理地址。每个节点的 IP 地址是该节点的逻辑地址，是网络分配给网卡使用的软地址。IP 地址是可以改变的，在网络层及以上使用。打个比喻说，物理地址就是你的住宅地址，IP 地址好比你家电话号码，可以随便改。

（2）地址转换

IP 地址是不能直接用来进行通信的。由 IP 地址到物理地址的转换由地址解析协议（ARP）完成。而由物理地址转换到 IP 地址使用 RARP 协议。由主机名字到 IP 地址的转换用域名系统（DNS）。

① IP 地址和物理地址的转换

IP 地址是标识主机的一种逻辑地址。这种逻辑地址可以唯一地标识出任意一台连入 Internet 的计算机。但是对于无论是局域网还是广域网的硬件而言，它们是不认识这样的逻辑地址，它们认识的只是每一台主机的物理地址。为了让传输的数据能够在物理网络上传递，必须知道相互通信的计算机之间的物理地址。IP 地址向物理地址的转换过程就是地址解析，这种地址转换要遵守地址解析协议 ARP。

② IP 地址和域名的转换

IP 地址很好地解决了 Internet 统一寻址的问题，使得各主机间可以按地址通信。IP 地址对计算机来说十分有效，但用户使用和记忆都很不方便。尽管可以采用点分十进制表示 IP 地址，但用户仍很难看出主机的从属机构或地理位置信息。为此，Internet 引进了一套域名系统 DNS（Domain Name System），采用面向用户的字符形式的地址名字，即所谓“域名”。域名是面向用户使用的地址，但 TCP/IP 协议识别的是 IP 地址，所以实际使用时还必须将域名转换为 IP 地址才能利用 TCP/IP 协议通信。

4．下一代网络

下一代网络（NGN）的概念是由智能网和 IP 电话的发展演化而生的：智能网提出了业务虚拟网的概念，而 IP 电话则实现了语音业务分组化。二者的结合就是 NGN 的概念——分组化的多业务网。广义的 NGN 泛指大量采用新技术，不同于目前这一代的支持语音、数据和多媒体业务的融合网络。狭义的 NGN 特指以软交换为核心，以光传送网为基础，多网融合的开放体系结构。现阶段所述的 NGN 通常是指狭义的基于软交换的 NGN。目前我国通信行业所研究的下一代网络，一般是指狭义概念的 NGN。

（1）NGN 的基本特征

下一代网络是指可以提供包括语音、数据和多媒体等各种业务在内的综合开放的网络构架，NGN 的基本特征如下。

① 开放式体系架构和标准接口

NGN 采用分层的全开放的网络，具有独立的模块化结构，其将传统交换机的功能模块分离成为独立的网络部件，各部件可以独立发展，部件间采用标准的接口进行通信。原有的电信网络逐步走向开放，运营商可根据业务需要组合功能部件来组建网络。而部件间协议接口的标准化可以实现各种异构网的互连互通。

② 高效

NGN 网络能实现业务与呼叫控制的分离，为业务真正的从网络中独立出来，有效缩短新业务的开发周期提供了良好的条件。而且随着多网互通的实现，许多新兴业务也应运而生。

③ 多用户

NGN 综合了固定电话网、移动电话网和 IP 网络的优势，使得模拟用户、数字用户、移动用户、ADSL 用户、ISDN 用户、IP 窄带网络用户、IP 宽带网络用户甚至是通过卫星接入的用户都能作为下一代网络中的一员相互通信。

④ 多媒体

语音、视频以及其他多媒体流在下一代网络中的实时传输成为了 NGN 的又一亮点。

⑤ 资源共享

国际互联网的丰富信息资源一直是电信运营商面前的一块肥肉，由于采用了 IP 技术，NGN 的出现使得在呼叫过程中获取国际互联网的资源变得不再是难事。

（2）基于软交换的下一代网络系统结构

下一代网络（NGN）是采用 IP 协议及其相关技术，通信网的商业模式、运行模式，通信业务的设计理念集传统电信网和因特网之长，产生的新一代网络技术。在下一代网络中，软交换设备将是针对语音业务、数据业务和视频业务完成呼叫、控制、业务提供的核心设备，也是电路交换网向分组交换网演进的重要设备。基于软交换的下一代网络的系统结构如图 8-33 所示。

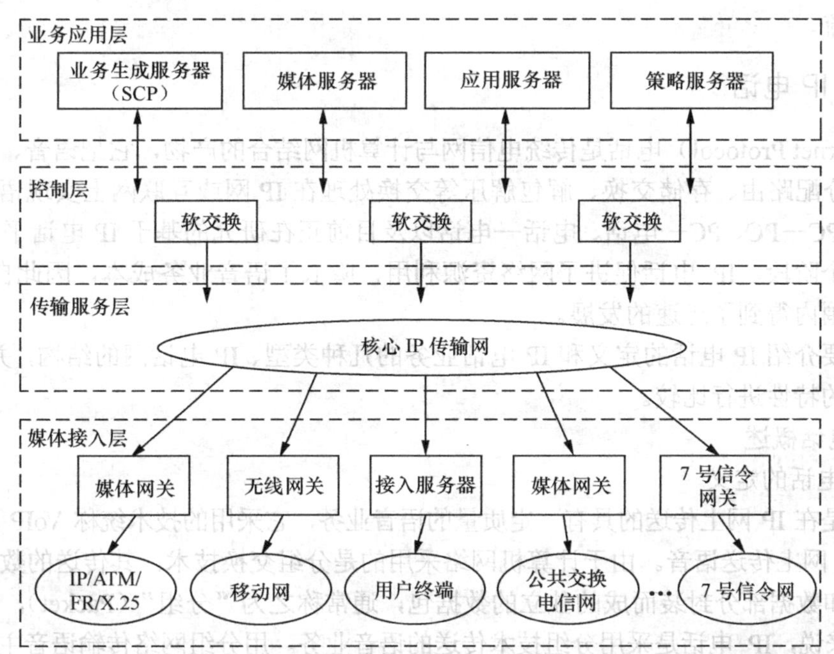

图 8-33 基于软交换的下一代网络系统结构

基于软交换技术的下一代网络采用分层、开放的通信结构，主要包括媒体接入层、传输服务层、控制层和业务应用层四个功能层面，使上层业务与底层的异构网络无关，体现了业务驱动的思想，为实现多网融合和灵活提供业务创造了条件。

（3）现有网络向下一代网络的演进

现有电信网络在语音业务方面已经相当成熟。中国电信拥有遍布全国的电路交换网络，在这几十年来，中国电信投入了相当大的资金。如何保护现有资金和保护现有电信业务的收益是电信网络演进至 NGN 需要解决的问题。在网络接入层，宽带接入建设为用户提供宽带的且面向分组的接入，可以为用户提供更加高速的接入方式，现在各地智能小区的建设已经全面展开，意味着面向 NGN 的演进的开始。在长途网络层面采用中继旁路的策略，利用集成的或独立的中继网关旁路部分语音到 IP 或 ATM 网络上，利用 Soft Switch 进行路由控制和业务的提供，利用这种方式可以减缓现在的电路交换网络的拥塞问题。在 Local 交换网络层面上的演进要考虑诸多因素，市话局是具有最大部分投资的点，拥有大量的用户机架以及许多 Local 的电话业务数据，改造将是最为困难的。可以利用综合的具有大容量的宽带接入设备取代现有的用户架，以独立的 Access Gateway 接入到 IP 网络或 ATM 网络，升级 Soft Switch 和应用服务器以支持 Local 的电话业务和 IP 业务。

有线电视网是和电信网、计算机网并行的国家三大信息网络之一。它有一张覆盖全国的光缆、电缆混合网，终端连接着一亿用户，而且还在以每年 500 万户的速度稳步发展中。因此它的改造效果必须和它的地位相适应，以便和其他网络在业务市场中开展竞争，促进信息技术发展，可采用高起点，直接建设下一代网络技术相融合的网络。有线电视网的双向改造是要建成连接千家万户的新型城域网，应当把网络的长远规划、长远目标放在首位，网络的改造目标要真正顺着宽带高速，支持综合业务这个网络发展方向，而且现在已具备这个条件。

国外多家运营商已经进行了 NGN 网络试运营，国内运营商也正在积极进行 NGN 网络实验。随着产品、技术、标准和网络运营的不断成熟，相信在不久的将来，NGN 必然会成为网络建设的主流。

8.2.8 IP 电话

IP（Internet Protocol）电话是传统电信网与计算机网结合的产物，它把语音、压缩编码、打包分组、分配路由、存储交换、解包解压等交换处理在 IP 网或互联网上实现语音通信。IP 电话经历了 PC—PC、PC—电话、电话—电话以及目前正在研究的基于 IP 电话平台的多种增值业务等几个阶段。IP 电话促进了网络资源利用，降低了语音业务成本，因此自 1995 年以来在全球范围内得到了迅速的发展。

本节主要介绍 IP 电话的定义和 IP 电话业务的几种类型、IP 电话网的结构，并对 IP 电话与传统电话的特性进行比较。

1．IP 电话概述

（1）IP 电话的定义

IP 电话是在 IP 网上传送的具有一定质量的语音业务，它采用的技术统称 VoIP（Voice over IP），即在 IP 网上传送语音。由于计算机网络采用的是分组交换技术，其传送的数据单元都是由控制部分和数据部分封装而成的独立的数据包，通常称之为“分组”（Packet），因此从更一般的意义上来说，IP 电话是采用分组技术传送的语音业务。用分组网络传输语音主要有三种方式：帧中继语音技术、ATM 语音技术和 IP 语音技术，其中 IP 语音技术应用得最为广泛。

（2）IP 电话的基本原理

IP 电话是建立在 IP 技术上的分组化、数字化传输技术。其基本原理是通过语音压缩算法对语音数据进行压缩编码处理，然后把这些语音数据按 IP 等相关协议进行打包，并经过 IP 网络把数据包传输到接收地，再把这些语音数据包串起来，经过解码解压处理后，恢复成原来的语音信号，从而达到由 IP 网络传送语音的目的。IP 电话系统把普通电话的模拟信号转换成计算机可联入因特网传送的 IP 数据包，同时也将收到的 IP 数据包转换成语音的模拟电信号。经过 IP 电话系统的转换及压缩处理，每个普通电话传输速率约占用 8～11kbit/s 带宽，因此在与普通电信网同样使用传输速率为 64kbit/s 的带宽时，IP 电话数是原来的 5～8 倍。

（3）IP 电话的基本分类

IP 电话始于在因特网上 PC 到 PC 的电话，随后发展到通过网关把因特网与传统电话网联系起来，实现从普通电话机到普通电话机的 IP 电话。IP 电话从形式上可分为四种：PC—

PC、电话—PC、PC—电话、电话—电话。

① PC 到 PC

PC 到 PC 是指利用 PC 机到 PC 机在 IP 网上通话，它是 IP 电话的最初模型。其实现方式是用户首先与 IP 网实现连接，打开 IP 电话客户端应用软件，然后按照提示选择被叫用户或被叫用户的 IP 地址，接通后，双方开始通话。语音信号在发话端的 PC 机上进行压缩打包后经 IP 网络传送到被叫方的 PC 机上，被叫方 PC 机对语音包进行解压缩，完成语音信号的恢复，如图 8-34 所示。这种方式和公用电话通信有很大的差异，且限定在因特网内，所以有很大的局限性。

图 8-34 PC 到 PC

② PC 到电话

PC 到电话实现的基本原理是用户首先打开客户端软件，输入被叫号码，客户端软件根据号码查找相应的网关，然后再由网关向被叫用户发起呼叫，被叫摘机后双方进入通话状态，如图 8-35 所示。

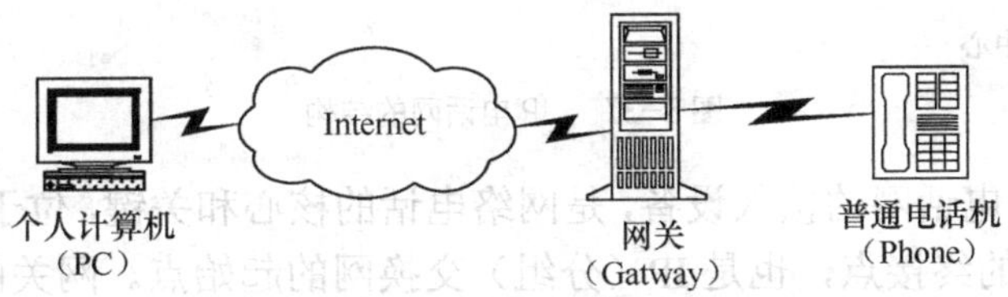

图 8-35 PC 到电话

③ 电话到电话

电话到电话是指电话网中的一台普通电话机经过 IP 网与电话网中另一台普通电话机通话。由于电话机是直接与电话网连接的，要将语音信号转移到 IP 网上进行传输，必须在两种机制的网络之间安装转换设备，这种设备即为 IP 电话网关，如图 8-36 所示。发送端网关鉴别主叫用户，翻译电话号码/网关 IP 地址，发起 IP 电话呼叫，连接到最靠近被叫的网关，并完成语音编码和打包；接收端网关实现拆包、解码和连接被叫。这种通过 Internet 网从普通电话到普通电话的通话方式就是人们通常讲的 IP 电话，也是目前发展得最快而且最有商用化前途的电话。

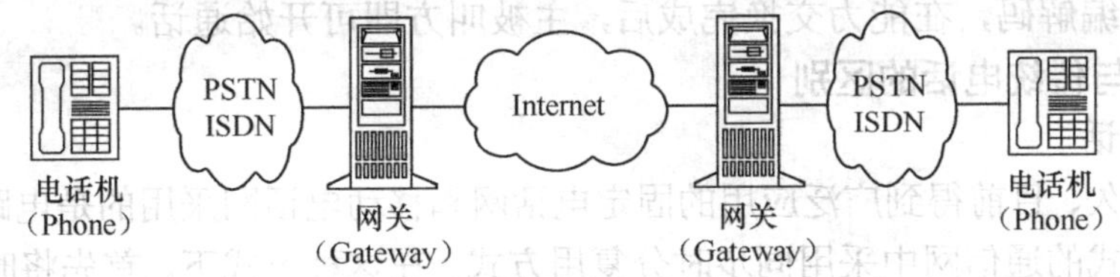

图 8-36 电话到电话

④ 电话到 PC

电话到 PC 是指电话用户拨网关的号码，接入到网关设备，经过网关接入被叫 PC，这时需要解决 PC 的 E.164 电话号码的分配。

从目前的使用情况看，电话到电话和 PC 到电话的应用比较多。

2. IP 电话网的结构

IP 电话网的基本组成框图如图 8-37 所示。由图可见，IP 电话网由网关、网守等设备组成。

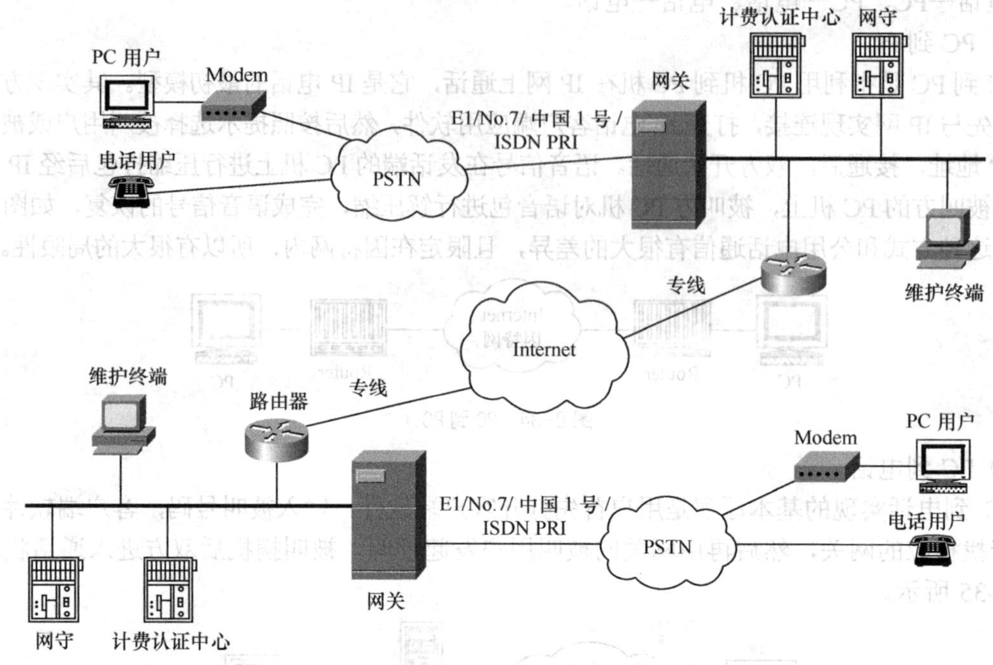

图 8-37　IP 电话网的结构

网关（Gateway）是 IP 电话网的接入设备，是网络电话的核心和关键，位于电话交换网与 IP 网之间，是电话交换网的终接点，也是 IP（分组）交换网的起始点。网关的主要功能是信令处理、H.323 协议处理、语音编解码和路由协议处理等。网守是 IP 电话网的管理设备。网守的主要功能是用户认证、地址解析、带宽管理、路由管理、安全管理和区域管理。

一个 IP 电话的典型呼叫过程如下。呼叫由 PSTN 语音交换机发起，通过中继接口接入到网关，网关获得用户希望呼叫的被叫号码后，向网守发出查询信息，网守查找被叫网守的 IP 地址，并根据网络资源情况来判断是否应该建立连接。如果可以建立连接，则将被叫网守的 IP 地址通知给主叫网关，主叫网关在得到被叫网关的 IP 地址后，通过 IP 网络与对方网关建立起呼叫连接，被叫侧网关向 PSTN 网络发起呼叫并由交换机向被叫用户振铃，被叫摘机后，被叫侧网关和交换机之间的语音通道被连通，网关之间则开始利用 H.245 协议进行能力交换，确定通话使用的编解码，在能力交换完成后，主被叫方即可开始通话。

3. IP 电话与传统电话的区别

（1）传统电话

历史最为悠久、目前得到广泛应用的固定电话网和移动电话网采用的是电路交换技术。在基于电路交换方式的通信网中采用同步时分复用方式。在这种方式下，首先将时间划分为等长的基本时间单位，一般称之为帧。每个帧再细分为时隙，时隙一般是等长的。时隙可以依其在帧中的不同位置予以编号。例如，在 PCM 一次群中，每 125μs 为一帧，每帧划分为 32 个时隙，记为时隙 0，时隙 1，…，时隙 31。对于一条高速数字信道，采用上述的时间分割方法后，每个编号相同的时隙可以被看成具有恒定速率的低速数字子信道。这些数字子信道是靠其在时间轴上的时间位置来识别的。图 8-38 示意性地表示了同步时分复用中的帧和隙。

在传统的电话通信中，一次通信包括三个过程：建立电路、通话和释放电路，其中电路的建立和释放需要信令的支持。它的基本特点是为通话双方固定地分配一条具有固定带宽的通信子信道，在数字电话网中通信子信道的带宽为 64kbit/s。在采用电路交换方式时，一旦建立连接，在整个通信期间，该连接始终占用某一时隙。即使用户没有信息要传递，该时隙也不能用于其他的通信。

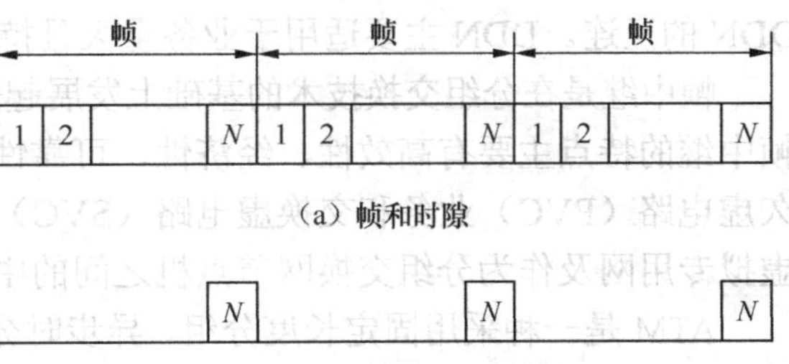

图 8-38 同步时分复中的帧和时隙

（2）IP 电话

IP 电话与传统电话具有明显区别。首先，传统电话使用公众电话网作为语音传输的媒质，而 IP 电话是在因特网上采用以 IP 包（分组）为单位的包交换方式传送的语音业务，采用分组交换技术。IP 技术允许多个用户共用同一带宽资源，改变了传统电话由单个用户独占一个信道的方式，节省了用户使用单独信道的费用。其次，将语音转化成 IP 包的技术已变得更为实用、便宜。同时，IP 电话的核心元件之一数字信号处理器的价格在下降，从而使电话费用大大降低。

小 结

数据是预先约定的具有某种含义的任何一个数字或一个字母（符号）以及它们的组合。数据通信是遵照通信协议，利用数据传输技术，在两个功能单元间传输数据信息，实现计算机与终端、终端与终端、计算机与计算机之间的数据信息传递。

数据通信系统主要由中央计算机系统、数据终端设备（DTE）、数据电路三部分构成，数据终端设备（DTE）由数据输入设备、数据输出设备和传输控制器组成。数据电路由传输信道及两端的数据电路终接设备（DCE）组成。中央计算机系统由主机、通信控制器（又称前置处理机）及外围设备组成。

数据在信道上可以采用不同的传输方式：并行传输和串行传输；同步传输和异步传输；单工、半双工和全双工数据传输。

数据通信网是一个由分布在各地的数据终端设备、数据交换设备数据传输链路所构成的网络，在网络协议的支持下实现数据终端间的数据传输和交换。按网络拓扑结构分类，数据通信网可以分为网状型网与不完全网状型网（格型网）、星型网、树型网、环型网和总线网等。按传输技术分类，数据通信网可分为交换网和广播网。按传输距离分类，数据通信网可分为局域网、城域网和广域网。

分组交换网由分组交换机、用户终端设备、远程集中器、网络管理中心及传输线路等组成。分组交换网结构采用两级，分设一级和二级交换中心。用户终端接入分组网的方式主要有两种：经租用专线接入分组网和经电话线接入分组网。为了实现跨网通信及资源共享，需要进行网络互连。分组网主要考虑与电话网、用户电报网、ISDN 的互连以及分组网之间的互联。分组交换网主要适用于数据传输速率在 64kbit/s 以下且时延要求不高的交互式通信场合，也可作为业务网用来传输和交换数据信息等。

数字数据网（DDN）是利用数字信道传输数据信号的数据传输网。DDN 主要向用户提供专用的数字数据信道，为公用数据交换网提供交换节点间的数据传输信道等。DDN 主要由四部分组成：本地传输系统、复用及数字交叉连接系统（DDN 节点）局间传输网及同步系统和网络管理系统。DDN 的网间互连主要考虑 DDN 与 PSPDN、局域网的互连以及公用与专用

DDN 的互连。DDN 主要适用于业务量大且持续稳定、实时性强的数据通信场合。

帧中继是在分组交换技术的基础上发展起来的一种升级技术，是一种快速分组交换技术。帧中继的特点主要有高效性、经济性、可靠性、灵活性及长远性。帧中继的基本业务包括永久虚电路（PVC）业务和交换虚电路（SVC）业务。帧中继的典型应用是进行局域网互连、虚拟专用网及作为分组交换网节点机之间的中继传输等。

ATM 是一种采用固定长度分组、异步时分复用、传送任意速率的宽带信号和数字等级系列信息的交换技术。ATM 既有电路交换的优点，又有分组交换的特点，它代表了交换技术的最高水平。

以太网是目前使用最多、最具影响力的局域网。以太网采用 CSMA/CD 介质访问控制方式，802.3 标准中，IEEE 定义了在五种不同的以太网实现中所使用的电缆、连接以及信号的类型。随着多媒体信息技术的发展及广泛应用，对局域网的传输速率和传输质量有了更高的要求，在过去的十年里，设计出了一些新的方案来提高以太网的性能和速度。主要技术成果有快速以太网、交换以太网、吉比特以太网和 10G 以太网。

Internet 是一个以 TCP/IP 协议将各个国家、各个地区、各个部门和各种机构的内部网连接起来的数据通信网。Internet 采用 TCP/IP 体系的分层模型，TCP/IP 网络层协议的核心是 IP 协议。下一代网络（NGN）的概念是由智能网和 IP 电话的发展演化而生的，智能网提出了业务虚拟网的概念，IP 电话则实现了语音业务分组化。二者的结合就是 NGN 的概念——分组化的多业务网。

IP 电话是传统电信网与计算机网结合的产物，它把语音、压缩编码、打包分组、分配路由、存储交换、解包解压等交换处理在 IP 网或互联网上实现语音通信。IP 电话业务的 4 种类型：PC—PC、电话—PC、PC—电话、电话—电话。IP 电话与传统电话具有明显区别。

思考题与习题

8-1　什么是数据通信？它与电话通信的区别是什么？

8-2　说明数据通信系统的基本构成及各部分的功能。

8-3　什么是数据电路？它的主要功能是什么？

8-4　数据信号码元长度为 8×10^{-6}s，如果采用 8 电平传输，试求数据传信速率和调制速率？

8-5　什么是单工、半双工、全双工传输？

8-6　数据通信网是如何构成的，目前有哪些类型的数据通信网？

8-7　分组交换网的设备组成有哪些？

8-8　用户终端接入分组网的方式有哪些？

8-9　DDN 的特点有哪些？DDN 主要由几部分组成？

8-10　帧中继的特点有哪些？帧中继网络是如何构成的？

8-11　ATM 有哪些应用？

8-12　常见的局域网有哪些？各有什么特点？

8-13　什么是 TCP/IP？在 TCP/IP 各层又包含了哪些协议？

8-14　什么是 IP 电话？试简述 IP 电话网络建立语音呼叫的基本过程。

第9章 宽带接入网

9.1 接入网概述

随着社会信息化程度的不断提高，人们不仅需要基本的语音通信业务，而且希望提供多媒体通信业务。为适应人们的需求，电信网正朝着数字化、宽带化、智能化和综合化的方向发展。数字通信技术和光纤通信技术的进步使传输和交换发生了根本变革，程控交换、光缆、卫星、数字微波、SDH、ATM、IP、DWDM等新技术的采用，已使得电信网的核心部分（核心网）逐步形成了以光纤线路为基础的高速通道，从而推动作为本地交换机与用户之间连接系统的接入网的不断演进与根本变革，以快速、准确、及时地为广大用户提供宽带化、视像化、交互化、多媒体化的业务。本章介绍接入网的基本概念、功能结构及主要的接入技术。

9.1.1 接入网的定义与分类

接入网的概念是伴随着电话网用户环路的数字化由英国电信（BT）在1975年首次提出的。接入网（Access Network，AN）也称为用户接入网，是电信网的重要组成部分，位于电信网的末端，是信息高速公路的“最后一公里”，也是电信网向用户提供业务服务的窗口。为了适应AN范围内多种传输媒质、多种接入配置和业务，ITU-T于20世纪80年代后期开始着手制定标准化程度较高的V5.X新型数字接口规范，并对接入网做了较为科学的界定，且制定了一系列标准，大大促进了接入网技术的发展和应用，现在宽带综合信息接入网的开发和建设已成为电信业界关注的重点。

1．接入网在电信网中的位置

电信网是由在不同区域之间提供电信业务的所有实体组成，如设备、设施、装置等。整个电信网包括传送网，交换网，接入网三部分，其关系如图9-1所示。

现在更倾向于将交换网和传送网放在一起，称为核心网，将余下部分称为接入网。接入网主要用来完成将用户接入核心网的任务。

2．接入网的定义

接入网是由用户环路发展起来的，覆盖从本地交换机的交换端口至用户终端之间的所有设备和传输媒质，通常包括用户线传输系统，复用设备，还包括数字交叉连接设备，远端交换模块和用户/网络接口设备。

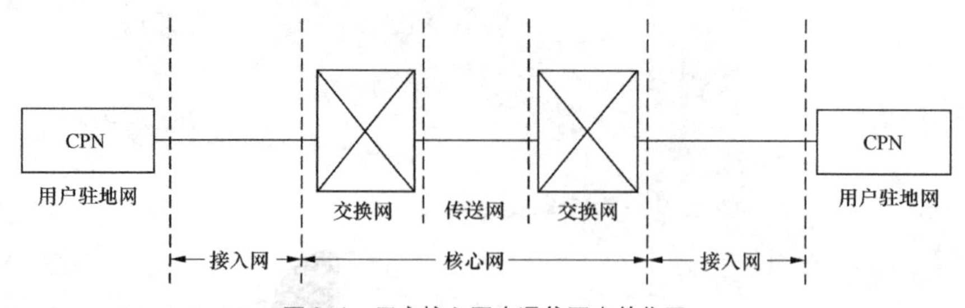

图 9-1　用户接入网在通信网中的位置

（1）接入网的定义和定界

① 接入网的定义

国际电信联盟电信标准部门（ITU-T）1995 年 7 月关于接入网框架结构方面的建议 G.902，对接入网的结构、功能、接入类型、原理进行了规范。其中对用户接入网的定义如下。

接入网（AN）是由业务节点接口（SNI，Service Node Interface）和用户网络接口（User Network Interface，UNI）之间的一系列传送实体（如线路设备和传输设备）组成，为供给电信业务而提供所需传送承载能力的实施系统，可通过管理接口（Q_3）实现接入网的配置和管理。原则上对接入网可以实现的 UNI 和 SNI 的类型和数量没有限制。接入网不解释信令。

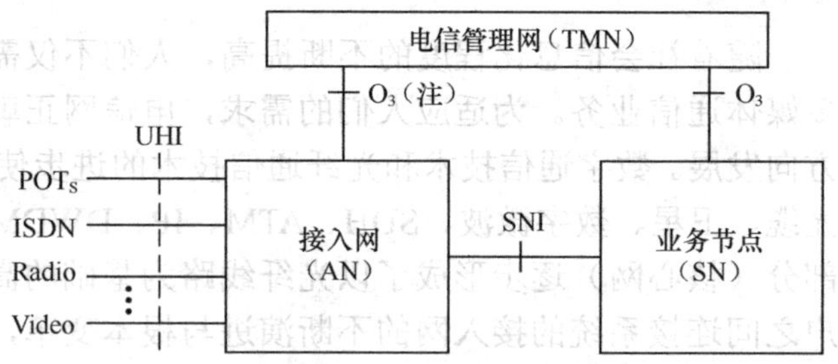

注：接入网可经外接协调设备（ME），再通过 Q_3 接口与 TMN 相连。

图 9-2　接入网的界定

② 接入网的界定

由接入网的定义可知，接入网由 UNI、SNI 和 Q_3 接口界定。如图 9-2 所示，接入网通过用户网络接口（UNI）与用户终端相连，通过业务节点接口连接到业务节点（Service Node，SN），通过 Q_3 接口连接到电信管理网（Telecommunications Management Network，TMN）。

（2）接入网的接口

① 用户网络接口 UNI

UNI 位于接入网的用户侧，是用户终端设备与接入网之间的接口，支持各种业务的接入。对不同的业务采用不同的接入方式，对应不同的接口类型。UNI 分为独立式和共享式。共享式 UNI 能支持多个逻辑用户端口功能。例如在使用 ATM 的情况下，一个 UNI 可以支持多个逻辑接入，每个逻辑接入通过不同的 SNI 接到不同的业务节点。UNI 主要包括模拟二线音频接口、N-ISDN 接口、B-ISDN 接口、各种数据接口和宽带业务接口。

② 业务节点接口 SNI

SNI 位于接入网的业务侧，是 AN 与 SN 之间的接口，对于不同的用户业务提供相对应的业务节点接口，使其能与交换机连接。如果 AN 的 SNI 侧与 SN 的 SNI 侧不在同一位置，应该通过透明传送通道实现 AN 与 SN 的远端连接。

SNI 有对交换机的模拟接口（Z 接口）及数字接口（V 接口）、对节点机的各种数据接口和针对宽带业务的各种接口。V 接口经历了从 V1 接口到 V5 接口的发展，V1～V4 接口的标准化程度不高，通用性差，其应用受到了限制。V5 接口是本地交换机和接入网之间适应范围广、标准化程度高的新型数字接口，是一个完全开放式的接口。它能同时支持多种用户接入业务，使不同厂商的设备可在接口上互通，已得到广泛应用。V5 接口包括支持窄带接入类型的 V5.1 和 V5.2 接口及可支持现有的所有窄带和宽带接入类型的 VB5 接口。

V5.1 接口由一个 2 048kbit/s 链路组成，用户端口与 V5.1 接口内承载通路有固定的对应关系，对应的 AN 无集线功能，它支持 PSTN 接入及 ISDN 基本接入；V5.2 接口按需要可以由 1 到 16 个 2 048kbit/s 链路组成，对应的 AN 具有集线功能，除支持 V5.1 接口所支持的接入类型外，还可以支持 ISDN 一次群速率接入。

在 AN 和 LE 之间可以有一个或多个 V5 接口。AN 的所有 V5 接口可以全部连接到一个或连接到多个 LE。AN 中的一个用户端口仅由一个 V5 接口提供服务。

VB5 接口是 ATM 业务节点的标准化接口，它作为宽带接入网的一种业务节点接口，按照 ITU-T 的 B-ISDN 体系，采用以 ATM 为基础的信元方式传递信息并实现相应的业务接入。VB5 接口包括 VB5.1 和 VB5.2 两种。VB5.1 基于具有指配连接的 ATM 交叉连接，是 VB5.2 的子集；VB5.2 在 VB5.1 基础上增加了宽带承载通路控制部分，能提供 VC 链路的按需连接，包括带宽和业务类型的按需分配。VB5 接口支持 B-ISDN 及窄带和非 B-ISDN 的接入类型。

③ 管理接口 Q_3

AN 经过 Q_3 接口与电信管理网（TMN）相连，把接入网的管理纳入整个电信管理网的管理范畴中，使 TMN 通过 Q_3 接口可实施对 AN 的操作维护管理功能，在不同网元之间相互协调，形成用户所需要的接入和接入承载能力。

3．接入网技术分类

根据传输方式的不同，可将接入网分为有线接入网和无线接入网两大类。有线接入网包括铜缆接入网，光（纤）接入网和混合光纤/同轴电缆接入网；无线接入网包括固定无线接入网和移动无线接入网。也可采用无线+有线的综合接入方式。各种接入方式的具体实现技术是多种多样且各具特色的。就接入网技术来看，接入网又可做进一步的划分，如图 9-3 所示。

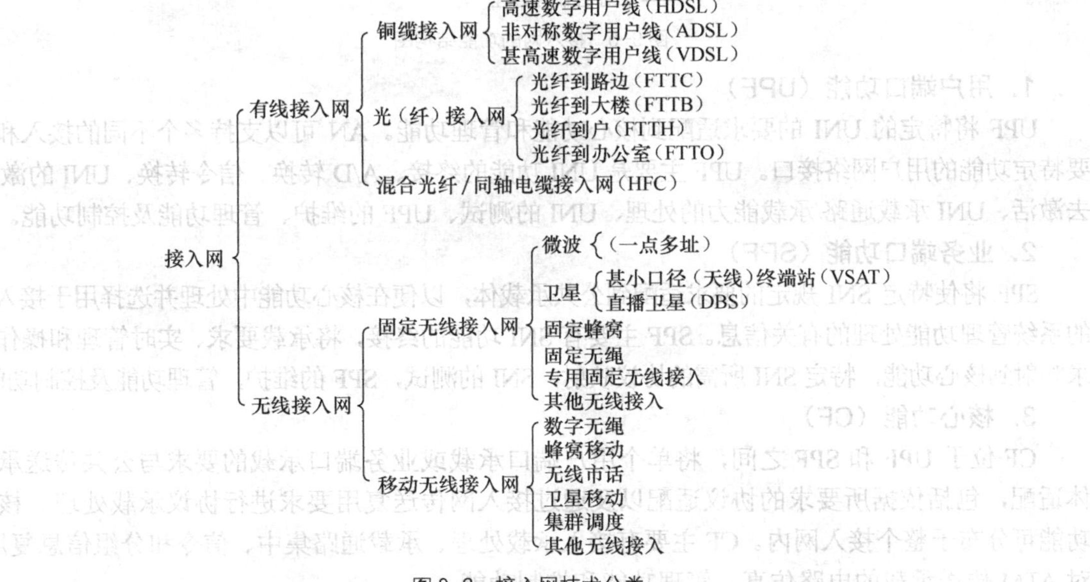

图 9-3　接入网技术分类

4．接入网的物理参考模型

一个完整的接入网的物理参考模型可以用图 9-4 的有线接入网的形式来表示。其中灵活点和分配点是两个重要的信号分路点，分别对应于传统铜缆用户线的交接箱和分线盒。

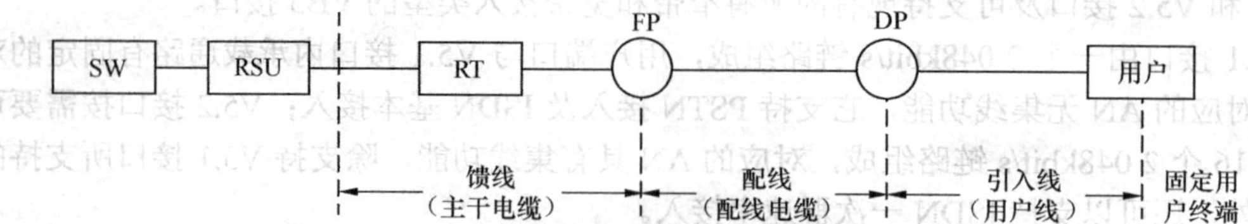

注：SW—交换机；RT—远端（数字环路的远端复用器或集中器）；
FP—灵活点；RSU—远端交换模块；DP—分配点。

图 9-4 接入网的物理参考模型

9.1.2 接入网的功能模型

接入网功能模型如图 9-5 所示。接入网可分为五个基本的功能组：用户端口功能（UPF）、业务端口功能（SPF）、核心功能（CF）、传送功能（TF）和接入网系统管理功能（AN-SMF）。

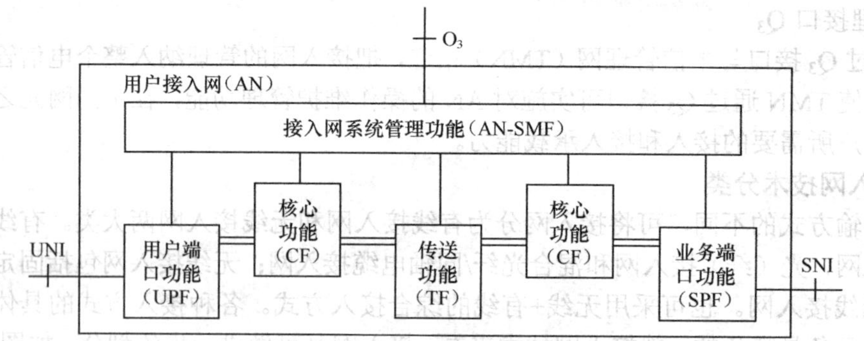

注：═ 表示用户承载和用户信令信息
— 表示控制和管理

图 9-5 接入网的功能结构图

1．用户端口功能（UPF）

UPF 将特定的 UNI 的要求适配到核心功能和管理功能。AN 可以支持多个不同的接入和需要特定功能的用户网络接口。UPF 主要是 UNI 功能的终接、A/D 转换、信令转换、UNI 的激活/去激活、UNI 承载通路/承载能力的处理、UNI 的测试、UPF 的维护、管理功能及控制功能。

2．业务端口功能（SPF）

SPF 将使特定 SNI 规定的要求适配到公共承载体，以便在核心功能中处理并选择用于接入网的系统管理功能处理的有关信息。SPF 主要有 SNI 功能的终接，将承载要求、实时管理和操作要求映射到核心功能，特定 SNI 所需的协议映射，SNI 的测试，SPF 的维护，管理功能及控制功能。

3．核心功能（CF）

CF 位于 UPF 和 SPF 之间，将单个用户端口承载或业务端口承载的要求与公共传送承载体适配，包括依据所要求的协议适配以及通过接入网传送复用要求进行协议承载处理。核心功能可分布于整个接入网内。CF 主要有接入承载处理、承载通路集中、信令和分组信息复用、对 ATM 传送承载的电路仿真、管理功能和控制功能。

4．传送功能（TF）

TF 为接入网中不同位置的公共承载体的传送提供通道，并对所用相关传输媒质适配。TF 主要有复用功能、业务疏导和配置的交叉连接功能、管理功能和物理媒质功能。

5. AN系统管理功能（AN-SMF）

AN-SMF协调接入网中的UPF、SPF、CF和TF的指配、操作和管理，还负责协调用户终端（经UNI）和业务节点（经SNI）的操作功能。AN-SMF主要有配置和控制、指配协调、故障检测和指示、使用信息和性能数据收集、安全控制、对UPF及经SNI的SN的实时管理及操作要求的协调、资源管理功能。AN-SMF通过Q_3接口与TMN通信，以便接收监视和/或接收控制信息。

9.1.3 接入网的通用协议参考模型

接入网的功能结构是基于ITU-T G.803建议中定义的分层模型。该模型用来定义接入网中同等实体间的相互配合。接入网的通用协议分层模型如图9-6所示。

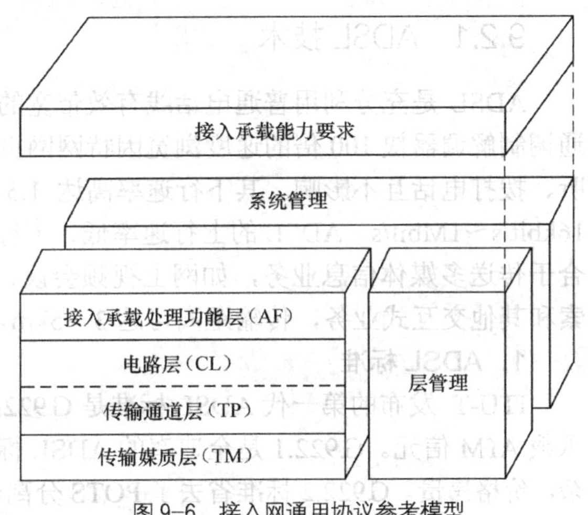

图9-6 接入网通用协议参考模型

由图9-6可知，接入网的传递网分为接入承载处理功能层（AF）、电路层（CL）、传输通道层（TP）、传输媒质层（TM）。再加上层管理和系统管理，形成了一个立体模型。接入网相邻层之间符合客户/服务器的关系。每一层为相邻的上层提供服务，同时又使用相邻下层提供的服务。下面对构成传送层模型的电路层、传输媒质层分别进行描述。

1. 电路层

电路层是关于在电路层接入点之间进行的信息传送的功能层。它独立于传输通道层，直接向用户提供通信业务，如电路交换业务、分组交换业务及租用线业务等。可根据提供的业务来识别不同的电路层。

2. 传输通道层

传输通道层是关于在传输通道层接入点之间进行信息传送的功能层，可以支持一个或多个电路层，为其提供传送服务。它独立于传输媒质层。

3. 传输媒质层

传输媒质层可进一步分为段层和物理媒质层。段层是关于在段层接入点之间进行信息传送的功能层，能支持一个或多个传输通道层，如SDH和PDH通道等。物理媒质层是关于实际传输媒质的功能层，如光纤、金属线对、同轴电缆或无线电等，以支持段层网络。

以上各层中的每一层均可分解为三个基本功能：适配、终接和交叉连接。

9.2 铜缆接入技术

在通信网的长期持续发展过程中，敷设了大量的铜缆连接到用户。接入网中以铜质双绞线对占主导地位的状况，直接影响了通信网所提供业务的容量、质量、速率、成本及网络资源的开发利用，从而成为制约通信网发展的“瓶颈”。为了充分利用现有的用户线资源，20世纪80年代开始研究铜线上高速调制与解调技术，各种数字用户线技术应运而生。

数字用户线（DSL）技术是在一对铜线上分别传送话音和数据信号，而数据信号并不通过电话交换机设备，减轻了电话交换机的负荷，并且不需要拨号，一直在线，属于专线上网方式。数字用户线按其上行和下行的速率是否相同，可分为速率对称型和速率不对称型两类，其中速率对称的数字用户线有HDSL、单线对数字用户线（SDSL）和ISDN数字用户线（IDSL）；速率不对称的数字用户线有 ADSL、简易型 ADSL（G.lite）、VDSL、基于以太网技术的EoVDSL、以太网数字用户线（EDSL）和速率自适应ADSL（RADSL）等。在Internet宽带接入方面，广泛应用 ADSL 和 G.lite。所有这些数字用户线通常称为xDSL，其中的“x”用标识性字母代替，表示各种不同的数字用户线技术。

目前，对xDSL的研究主要集中在ADSL和VDSL技术及宽带接入应用上，一般认为这种接入技术可作为光纤接入的补充，能够在FTTC的基础上向用户提供宽带业务。

9.2.1 ADSL 技术

ADSL是充分利用普通电话线有效带宽的宽带接入技术，通过一条电话线路便可以比普通调制解调器快100倍的速度浏览因特网网页，享受其他多媒体信息服务，实现了上网与接听、拨打电话互不影响。其下行速率高达 1.5～8Mbit/s，远高于 ISDN 速率，而上行速率为16kbit/s～1Mbit/s。ADSL的上行速率低、下行速率高，大大减少了近端串音的影响，特别适合于传送多媒体信息业务，如网上视频会议、视频点播（VOD）、远程教育、多媒体信息检索和其他交互式业务，传输距离可达3～5km。

1．ADSL 标准

ITU-T 发布的第一代ADSL标准是G.922.1（G.dmt）和G.922.2（G.lite）两种，其链路层承载ATM信元。G.922.1是全速率的ADSL标准，要求用户端安装POTS分离器，其结构复杂，价格昂贵。G.922.2标准省去了POTS分离器，速率较低，下行速率为64kbit/s～1.5Mbit/s，上行速率为32～512kbit/s，成本较低且易于安装。这种不带POTS分离器的简易型ADSL称为ADSL.lite或G.lite。后来，ITU-T又发布了两个新一代的ADSL标准版本——ADSL2（G.922.3（G.dmt.bis）和G.922.4（G.lite.bis））及ADSL2+（G.922.5），支持对分组业务的承载。ADSL2与第一代 ADSL 频带宽度都是 1.104MHz，最大下行速率可达到 12Mbit/s；规定上行频带可以从138kHz扩展到276kHz，使得ADSL2的上行速率可达到3Mbit/s。ADSL2+拥有ADSL2所具有的一切特性。其频带宽度从 1.104MHz 增加到 2.208MHz，从而使最大下行速率达到25Mbit/s，若将ADSL2+的频带再扩展到3.75MHz，则其最高下行速率可以达到大约50Mbit/s，其上行速率同样可以达到3Mbit/s。ADSL2+和 ADSL2 与 ADSL 兼容，且它们的接入距离都可达到5km。由于ADSL技术的不断发展，其已成为主流的铜缆接入技术。

2．ADSL 的频谱安排

为了在同一双绞线对上传输两个方向的信号，ADSL系统通常采用频分复用（FDM）方式分隔两个方向的数据信号及话音信号，ADSL和G.lite 使用的频谱如图9-7所示。

ADSL2+可以屏蔽掉1.104MHz以下的下行频率而只使用1.104MHz～2.208MHz的频率，利用此特性可以在同一束铜缆中的一部分线缆使用 ADSL2（采用 1.104MHz 以下的频率），而在其余线缆使用ADSL2+，这样可以减少串音，提高铜缆的出线率。

3．ADSL 的调制与解调

ADSL采用离散多音（Discrete Multi-Tone，DMT）调制，又称多载波调制，是一种正交的频分复用方式，在可用带宽内，整个信道被分成大量彼此独立的离散子信道，每个子信道对应不同频率的载波，在不同载波上分别进行 QAM 调制。各个载波应是正交的，以防止相互干扰，保证信号被正确接收。G.lite 采用无载波幅度相位调制（CAP），是类似于正交幅度调制（QAM）的调制方式，属于带通传输技术，所占频段为 10～250kHz。由于频率较低，其传输距离较长，未被占用的 10kHz 以下频段可以用来传输 POTS 业务。

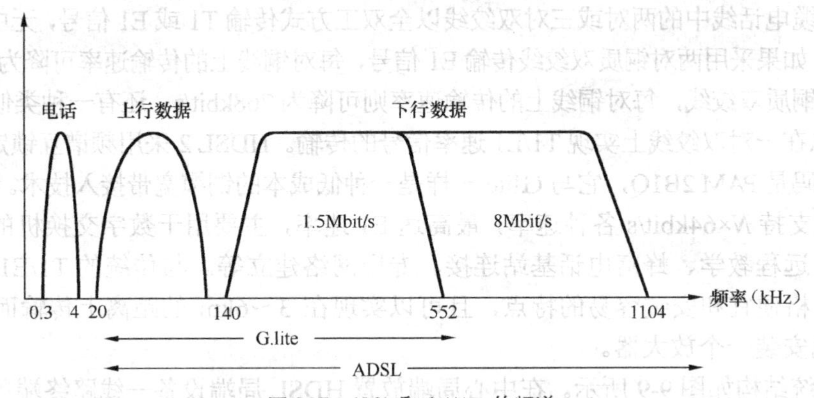

图 9-7　ADSL 和 G.lite 的频谱

4．ADSL 的系统结构

ADSL 系统由局端设备、通信线路和用户端设备组成，一个基于 ADSL 和 G.lite 的典型网络结构如图 9-8 所示。其中，局端设备包括语音分离器和 DSLAM（DSL Access Multiplexer），DSLAM 由局端的 ADSL 传输单元 C（ADSL Transmission Unit-Central，ATU-C）与接入复用器集成在一起构成。用户端设备包括在用户端的 ADSL 传输单元 R（ADSL Transmission Unit-Remote，ATU-R）和语音分离器（G.lite 时无）。ATU-C 和 ATU-R 是一对 ADSL 或 G.lite Modem，主要完成复用和解复用、纠错控制、D/A 转换、A/D 转换和信道分离的功能。

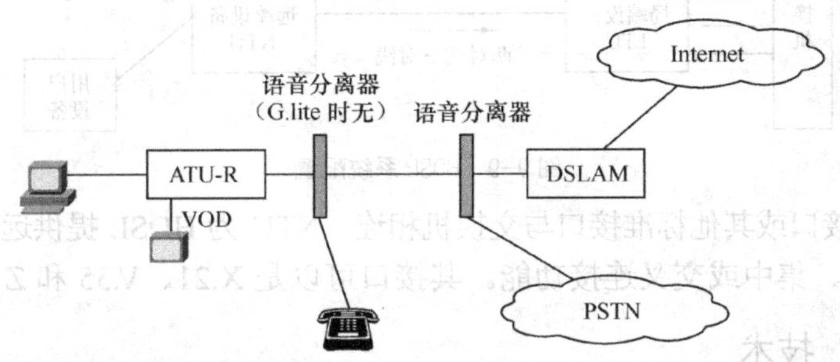

图 9-8　ADSL 和 G.lite 的典型网络结构

DSLAM 在下行方向执行路由选择和解复用的功能，在上行方向执行复用、汇接功能和更高层的功能。DSLAM 通常位于局端机房内，但也不限于局端机房内，原则上是应尽可能地靠近用户，使用户电话线到 DSLAM 的距离尽可能短，以保障用户上网速度。

语音分离器用于分开环路来的以及到环路的 ADSL 数据信号和语音及电话的控制信号。低频语音信号由分离器接电话机，高频数字信号则接入 ATU-R，传送上网信息及下载视频或流媒体节目。

在图 9-8 中，用户计算机通过以太网卡将数据请求送到 ATU-R，再经语音分离器将用户请求送到电话线中的 ADSL 上行信道，发送到局端的语音分离器，再通过 DSLAM 送入 Internet；网络返回的数据则由 DSLAM 经语音分离器通过电话线中的 ADSL 高速下行信道送到用户端语音分离器，经 ATU-R 进入用户计算机。

9.2.2　HDSL 技术

HDSL 是 xDSL 技术中最成熟的一种，其上行和下行速率相同，已经得到了较为广泛的应用。

HDSL 采用 2B1Q 编码技术（CAP 可选），并利用数字信号处理自适应均衡技术和回波抵消技术来消除传输线路中的各种干扰，如近端串音、脉冲噪声及因线路阻抗不匹配而产生的回波等。它通过现有的铜缆电话线中的两对或三对双绞线以全双工方式传输 T1 或 E1 信号，无中继传输距离可达 3～6km。如果采用两对铜质双绞线传输 E1 信号，每对铜线上的传输速率可降为 1.168Mbit/s；如果采用三对铜质双绞线，每对铜线上的传输速率则可降为 768kbit/s。还有一种类似于 HDSL 的 HDSL 2，可以在一对双绞线上实现 T1/E1 速率信号的传输。HDSL 2 采用频谱互锁定重叠脉码调制技术，线路码是 PAM 2B1Q，它与 G.lite 一样是一种低成本的铜缆宽带接入技术。

HDSL 可支持 N×64kbit/s 各种速率，最高达 E1 速率，主要用于数字交换机的连接、高带宽视频会议、远程教学、蜂窝电话基站连接、专用网络建立等。与传统的 T1/E1 技术相比，HDSL 具有价格便宜和安装容易的特点，且可以实现在 3～6km 的距离上传输而不需要每隔 0.9～1.8km 就安装一个放大器。

HDSL 系统结构如图 9-9 所示。在中心局端放置 HDSL 局端设备—线路终端单元（LTU），在远端用户侧放置 HDSL 远端设备—网络终端单元（NTU），两端的设备都含有发送和接收两部分。在发送端，将符合 ITU-T G.703 建议规定的 2Mbit/s 的信号分成两部分或三部分，将每部分转换为相应的线路码后在两对或三对双绞线上无中继传输。在接收端，将接收到的每对线上的 HDSL 码流合并为一路符合 ITU-T G.703 建议规定的 2Mbit/s 信号送出，从而在局端和用户端之间形成 2Mbit/s 码流的透明传输。

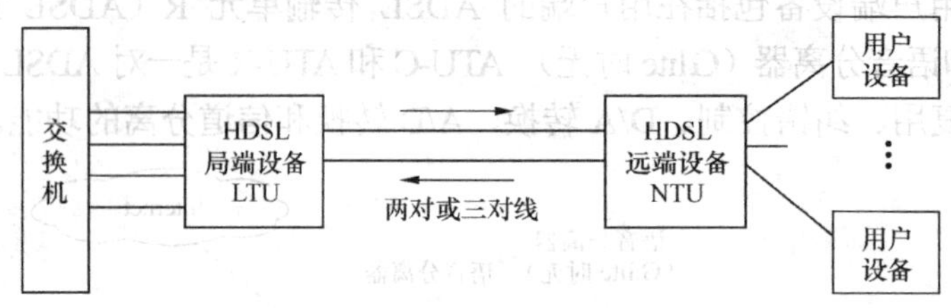

图 9-9 HDSL 系统配置

LTU 可经 V5 接口或其他标准接口与交换机相连。NTU 为 HDSL 提供远端的用户侧接口，并可提供分接复用、集中或交叉连接功能。其接口可以是 X.21、V.35 和 Z 接口等。

9.2.3 VDSL 技术

由于 ADSL 技术在提供图像业务方面的带宽十分有限，且其成本偏高，人们进一步开发出了甚高速数字用户线（VDSL）系统。VDSL 是 xDSL 技术中速率最快的一种，其传输速率的大小取决于传输线的长度，能在较短距离的双绞线上提供极高的传输速率。VDSL 传输系统的建立可分为对称和不对称两类，对称系统在双绞线上可以双向传输 26Mbit/s 速率的信号，传输距离不超过 500m，主要适用于企事业用户；在非对称系统中，在双绞线上，下行速率分为 13Mbit/s、26Mbit/s 和 52Mbit/s 三种，对应的上行速率分为 2Mbit/s、2Mbit/s 和 6.4Mbit/s，其传输距离则分别为 1 500m、1 000m 和 300m，主要适用于居民用户。目前可选的线路编码有 QAM 和 DMT。VDSL 可以支持一点到多点的配置，可作为光纤到路边网络结构的一部分。然而，由于早期的 VDSL 主要是基于 ATM 的，成本以及伴随 ATM 而来的复杂性导致这种 VDSL 没有发展起来。

9.3 光纤接入技术

随着高速上网、远程医疗、会议电视、视频点播、IPTV 及高清晰度电视（HDTV）等新业务的出现，人们对带宽的需求和追求不断增加，传统接入网中铜缆的缺点也日渐明显。ADSL、Cable Modem 技术虽然在世界上许多国家都是主体的宽带接入技术，但他们显然都不能满足对带宽要求更高的业务的需求。光纤传输因具有容量大、损耗小、防电磁干扰能力强、成本逐步下降等优点，不仅适用于骨干网，也适用于接入网。在接入网采用光纤作为传输媒质，无疑是提高带宽的最有效手段。

9.3.1 概述

光接入网（OAN）是以光纤作为主要传输媒质的接入网，泛指本地交换机或远端模块与用户之间采用光纤通信或部分采用光纤通信的系统。光纤接入技术即是指在接入网中采用光纤传输技术，它与铜缆接入技术相比有着许多无可比拟的优点和广阔的应用前景。

1．光接入网的参考配置

一般来说，OAN 是一个点到多点的光传输系统，从系统配置上可分为无源光网络（PON）和有源光网络（AON）。ITU-T 建议 G.982 提出的 PON 及 AON 的参考配置如图 9-10 所示。

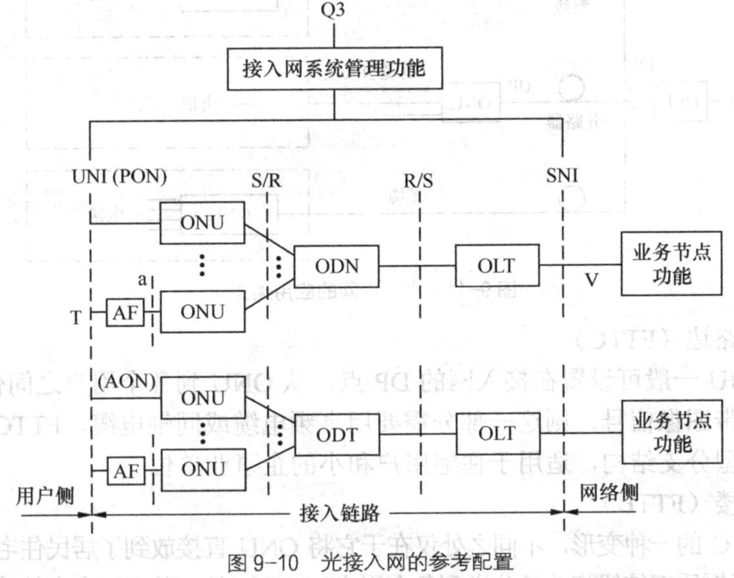

图 9-10 光接入网的参考配置

由图 9-10 可知，PON 包括四种基本功能块，即光线路终端（OLT）、光分配网（ODN）、光网络单元（ONU）和适配功能块（AF）。主要参考点包括光发送参考点 S、光接收参考点 R、与业务节点间的参考点 V、与用户终端间的参考点 T 以及 AF 与 ONU 间的参考点 a。AON 中，用有源设备或网络系统的 ODT 代替了 PON 中的 ODN，其余参考配置与 PON 相同。

（1）光线路终端（Optical Line Terminal，OLT）提供 OAN 网络侧接口，并连接一个或多个 ODN。OLT 可以设置在本地交换机接口处，也可设置在远端；它在物理上可以是独立设备，也可以与其他功能集成在一个设备内。OLT 的内部由核心部分、业务部分和公共部分组成。核心部分功能主要包括数字交叉连接、传输复用及 ODN 接口功能；业务部分功能主要是指业务端口功能；公共部分功能主要包括供电功能和 OAM 功能。

（2）光分配网（ODN）位于 OLT 和 ONU 之间，通常由无源光器件（光分支器件、光连接器等）和光纤构成，一般采用点到多点的结构。其主要功能是完成光信号的功率分配。

（3）光网络单元（ONU）在 ODN 和用户间提供 OAN 用户侧接口，并连接一个 ODN。

其网络侧是光接口，用户侧是电接口，因此必须具有光/电和电/光转换功能，并能实现对各种电信号的处理和维护管理功能。ONU 内部由核心部分、业务部分和公共部分组成，其中核心部分功能包括 ODN 接口功能、传输复用功能及用户和业务复用功能；业务部分功能是指用户端口功能，包括速率适配、信令转换等；公共部分功能包括供电功能和 OAM 功能。

（4）光远程终端（ODT）由光有源设备组成，用 ODT 代替无源光网络的 ODN，即用电复用设备代替无源光分支器进行分路与合路。ODT 的主要功能同 OLT。

（5）适配功能（AF）为 ONU 和用户设备提供适配功能。在物理实现时可以包含在 ONU 之内，也可以完全独立。

2. 光接入网的应用类型

根据 ONU 的位置不同，光接入网可以分为光纤到路边（FTTC）、光纤到楼（FTTB）、光纤到办公室（FTTO）和光纤到户（FTTH）几种基本的应用类型，如图 9-11 所示。

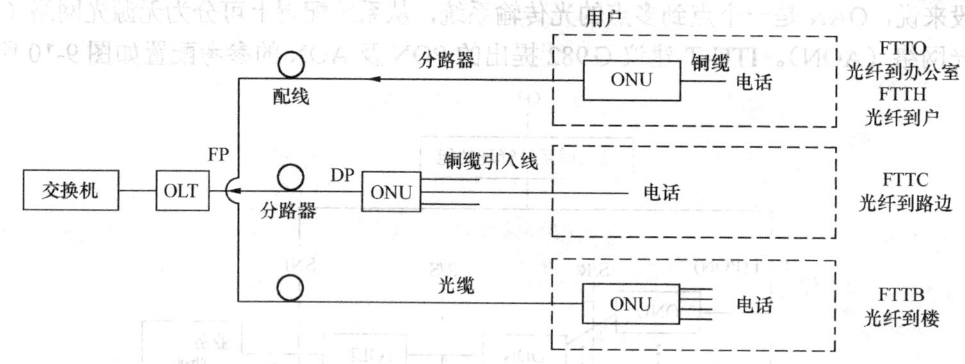

图 9-11 光接入网的应用类型

（1）光纤到路边（FTTC）

FTTC 的 ONU 一般可设置在接入网的 DP 点。从 ONU 到各个用户之间仍采用铜质双绞线，若要传送宽带图像信号，则这一部分需要用高频电缆或同轴电缆。FTTC 主要是点到点或点到多点的树型分支结构，适用于住宅用户和小的企事业单位。

（2）光纤到楼（FTTB）

FTTB 是 FTTC 的一种变形，不同之处仅在于它将 ONU 直接放到了居民住宅楼或小企事业单位办公楼内，再经铜质双绞线将业务分送到各个用户。FTTB 是一种点到多点的结构，光纤化程度比 FTTC 更进了一步。由于光纤已敷设到楼，因而更适于高密度用户区，也更接近于长远发展目标。

（3）光纤到户（FTTH）和光纤到办公室（FTTO）

在 FTTC 结构中，如果将设置在路边的 ONU 换成无源光分支器，并将 ONU 移到用户家中，即为 FTTH 方式；如果将 ONU 放在大企业事业用户（公司、大学、研究所、政府机关等）终端设备处，即为 FTTO 方式。FTTH 又称光纤到家，用于居民住宅用户，业务量需求较小，适合采用点到多点的结构；而 FTTO 用于大企事业用户，业务量需求大，一般采用点到点或环形结构。FTTH 和 FTTO 都是全光纤连接网络，因此可以归为一类。这种类型的接入网是全透明光网络，对传输制式、带宽、波长等没有任何限制，适于引入新业务。光纤直接连到用户处，使每个用户真正有了宽带网络，是用户接入网的长期发展目标。

9.3.2 有源光接入

由图 9-10 可知，有源光网络（AON）由 OLT、ODT、ONU 和光纤传输线路构成。ODT

可以是一个有源复用设备，远端集中器（HUB），也可以是一个环网。有源设备和网络系统（如 SDH 环网）的使用可以延长传输距离，扩大 ONU 的数量，较大地增加容量，易于扩展带宽，增大网络规划和运行的灵活性。不足之处是有源设备需要机房、供电、维护等。

一般有源光网络属点到多点光通信系统，而点到点的光通信系统只是特例。按其信息传递方式可分为同步传递模式和异步传递模式，它决定整个网络的传输、复用和交换技术。

在 AON 中采用 ATM 技术，就形成基于 ATM 的宽带有源光网络（ATM-AON），具有最宽的业务范围。其远端设备靠近用户，具有交换、复用和广播功能，这些功能是用 ATM 技术来实现的。该系统对每个用户提供 155Mbit/s 的传输链路。因此能提供可视电话、远程教育、视频点播、高速 Internet 接入、高清晰度电视和局域网（LAN）互连等宽带多媒体业务。

在 AON 中，SDH 技术应用较为普遍，通常将干线上使用的机架式大容量 SDH 设备进行简化而用于接入网，使其小型化、成本低、传输效率高、易于安装和维护。在接入网中应用 SDH 技术，可以将 SDH 在核心网中的巨大带宽优势和技术优势带入接入网，充分利用 SDH 在灵活性、可靠性及网络运行管理和维护方面的独特优势。目前，SDH 技术在接入网中主要是用于 FTTC、FTTB 和 FTTZ（光纤到小区），在到用户的引入线部分，仍需结合采用其他宽带接入技术，如采用 FTTC/B/Z +ADSL、FTTC/B/Z + Cable Modem、FTTC/B/Z + LAN 接入等方式为用户提供宽带业务。在接入网中采用 SDH 可支持 IP 接入，新型的 SDH 设备配备了 LAN 接口，将 SDH 技术与 LAN 技术相结合，提供灵活带宽，主要面向商业用户和公司，提供透明 LAN 互连和 ISP 接入，适合数据业务高速发展的需求。

9.3.3　无源光接入

为满足用户需求，寻求能提供灵活的、经济有效的光纤环路系统，英国电信（BT）于 1987 年首次提出了 PON 的概念。在 ODN 中不含任何有源设备，从而避免了电磁干扰和雷电影响，减少了线路和外部设备的故障率，提高了系统的可靠性，并降低了运维成本，且造价低，不需另设机房。在 PON 系统中采用 ATM 技术及以太网等技术，形成各种类型的 PON，以支持高速宽带业务的接入。

1．传输复用技术

由图 9-10 可知，PON 系统主要由 OLT、ONU 和 ODN 组成，PON 中的传输复用技术主要完成 OLT 和 ONU 连接的功能，其连接可以是点到多点，也可以是点到点的方式。

在 PON 中，OLT 与 ONU 之间的传输通常采用时分复用/时分多址（TDM/TDMA）方式，从 OLT 到 ONU 的下行信号的传输过程较为简单，采用时分复用（TDM）方式将送往各 ONU 的信号复用后送至馈线光纤，通过光分路器以广播方式送给各个相连的 ONU，各 ONU 收到信号后分别在预先分配的时隙内接入并取出属于自己的信息。但 ONU 至 OLT 的上行信号的传输过程就较为复杂。在 OLT 与 ONU 之间采用点到多点的连接方式时，多点用户的上行接入都采用时分多址接入（但不排除其他接入方式，如副载波多址接入等），在上行传输时，每个用户在不同的时段发送信息，即是将时间分成若干个时隙，每个 ONU 的信息以分组方式在预定的时间插入预先分配的时隙内传给 OLT。

适合 PON 的双向传输复用技术有以下几种。

（1）空分复用（SDM）。采用两根光纤分别传送上行信号和下行信号。这种方式两个方向的信号互不影响，传输性能佳，系统设计简单，但安装和维护复杂，成本高。

（2）时间压缩复用（TCM）。又称“光乒乓传输”，是在一根光纤上以脉冲串形式的时分复用技术。每个方向传送的信息首先放在发送缓冲存储器中，然后每个方向分别在不同的时间间隔内发送到单根光纤上，使两个方向的信号轮流地在一根光纤上传输。接收端在接收缓冲存储器中对收到的时间上压缩的信息解压缩。因为在任意时刻只有一个方向的信号在光纤上传输，所以TCM不受近端串扰的影响。

（3）波分复用（WDM）。在一根光纤上的上行和下行信号用不同的波长，如1 310nm/1 550nm波长，每个方向的信号传输由波分复用器件分开。

（4）副载波复用（SCM）。采用不同副载波分别对两个方向的信号进行调制，然后将调制后的信号各自组合成电信号群去驱动高速光源，从而实现单纤双向传输。在SCM系统中，业务是通过副载波来独立承载的，因此不需要同步，时延小。

2．基于ATM的无源光网络（APON）

在PON系统中采用ATM技术就成为ATM-PON，简称APON。它把ATM多业务、多比特率支持能力和PON透明宽带传输能力及业务接入的灵活性结合在一起，可以为本地用户提供一个经济有效的多媒体业务传送平台，并有效地利用网络资源，让用户经济灵活地获得宽带多媒体服务。

（1）APON的系统结构

APON采用的是点到多点的结构，如图9-12所示。其中，OLT上的每个APON接口可以连接多达数十个ONU，从局端OLT到ONU传送下行信号采用TDM技术，从ONU到OLT传送上行信号采用TDMA技术。上行和下行的ATM信元都是被组装在APON包中传输的。系统采用的双向传输方式主要有双纤空分复用方式和单纤粗波分复用方式。前者采用两根光纤分别传输上、下行信号，工作波长限定在1 310nm区；后者在一根光纤用不同波长分别传输上下行信号，其上下行波长分别在1 310nm区和1 550nm区。APON的标称线路速率有两种，对称速率为155.52Mbit/s；非对称速率为下行622.08Mbit/s，上行155.52Mbit/s。

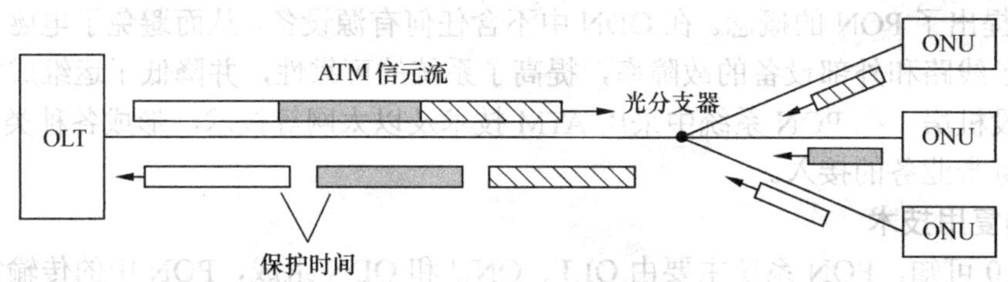

图9-12 APON系统结构

（2）APON的工作原理

APON在下行方向采用点到多点的广播方式，由ATM交换机来的ATM信元先送给OLT，OLT将要传给各个ONU的下行业务组装成帧，以广播方式发送到下行信道上，各个ONU收到所有的下行信元后，根据信元头信息VPI/VCI从连续的信元流中取出属于自己的信元，然后再转换成原数据格式送给用户。在上行方向，来自各个网络终端的用户数据由相应的ATM适配层（AAL）适配成ATM格式，再由ONU将ATM信元装配成APON格式，并采用突发模式发送数据。由OLT控制APON带宽共享，规定哪个ONU在给定的时隙中可以发送信元。首先OLT轮询各个ONU，得到ONU的上行带宽要求，OLT合理分配带宽后，以上行授权的形式允许ONU发送上行信元，即只有收到有效上行授权的ONU才有权在指定的时隙发送上行信元，从而保证了同一时刻只有一个ONU发出上行信号。

（3）APON的关键技术

实现APON的关键技术有多址和接入控制技术（在使用TDMA上行接入时，包括测距、带宽分配等）、突发信号的发送和接收技术、快速比特同步技术及安全保密技术等。这里仅简要地介绍测距技术和快速比特同步技术。

① 测距技术。由于在实际组网时，各个ONU与OLT之间的距离并不相同，OLT需要采用测距技术，以测量每一个ONU与OLT之间的传输时延，据此调整每个ONU的上行信号发送时间，确保不同ONU发出的信号能够在光分路器处不发生冲突。测距首先是在新的ONU安装调测时进行静态粗测，以补偿各ONU与OLT之间由光纤长度和器件特性的差异而引起的时延差异，然后是在系统运行过程中实时进行动态精测，以校正由环境温度变化和器件老化引起的时延漂移。测距方法有扩频法测距、带外法测距和带内开窗测距，APON一般采用带内开窗测距技术。

② 快速比特同步技术。由于测距精度有限，各ONU的上行信号到达OLT时的相位并不一致，因此OLT必须采用快速比特同步技术，以便在每个ONU按规定时隙发送上行数据信号的开始几个比特时间内就能迅速建立比特同步，这样才能恢复ONU的信号。快速比特同步主要有关键字检测法、门控振荡器法和模拟方式实现快速比特同步的方法。APON一般采用关键字检测法，其基本原理是用多相时钟分别对上行突发时隙的前置码进行抽样判决，然后对各路数据与关键字进行相关比较，选择相关性最好的时钟作为同步的比特时钟。

APON的缺点是标准不适合本地环路，缺少视频传输功能，带宽有限，结构复杂，造价昂贵等，还有一个致命的缺陷是在WAN/LAN的连接中，ATM和IP之间需要进行协议转换，这些都阻碍了APON的发展应用，而促使EPON的出现。

3．无源光以太网（EPON）

随着Internet的飞速发展和人们高速上网需求的不断增加，IP/Ethernet越来越受到人们的青睐。以太网的传输速率从10Mbit/s、100Mbit/s发展到1 000Mbit/s以至10Gbit/s，而APON的发展却因实际产品的业务供给能力有限、成本过高等而受阻。为更好地适应IP业务，Alloptic等公司提出了用以太网取代ATM的EPON概念和实施方案。2004年6月，IEEE 802.3EFM工作组发布了EPON标准——IEEE 802.3ah（2005年并入IEEE 802.3-2005标准）。在该标准中将以太网和PON技术相结合，在无源光网络体系架构的基础上，定义了一种新的、应用于EPON系统的物理层（主要是光接口）规范和扩展的以太网数据链路层协议，以实现在点到多点的PON中以太网帧的TDM接入。

EPON最大的硬件成本优势在于它放弃复杂昂贵的ATM和SONET器件，从而使网络大为简化，成本大大降低。EPON可以支持1.25Gbit/s对称速率，能升级到支持10Gbit/s，最大传输距离20km。G比特EPON具有高带宽、高效、高可扩展性、低维护费用、业务能力强等优点，且与现有以太网兼容，并能提供多层安全机制（如VLAN等），支持高速Internet接入、语音、IPTV、TDM专线、CATV等多种业务综合接入。下一代EPON（10G EPON）标准IEEE 802.3av已于2009年9月获得正式批准，它提供非对称（10G下行/1G上行）及对称（10G下行/10G上行）两种应用模式，且与1G EPON兼容，具有良好的发展前景。

（1）EPON的系统结构

EPON采用点到多点结构，它综合了以太网和PON技术的优点，利用PON的拓扑结构实现以太网的接入。一个典型的EPON系统由OLT、ODN、ONU/ONT（光网络终端）和EMS（网元管理系统）组成，结构与APON类似。

OLT放在中心局机房，它是EPON的核心，可以是一个二层交换机或三层路由器，同时又是一个多业务提供平台。在下行方向，它提供面向光分配网（ODN）的接口。在上行方向，根据以太网向城域和广域发展的趋势，OLT上将提供多个1Gbit/s和10Gbit/s的以太接口。

OLT 可以支持 WDM 传输，还支持 ATM、FR 以及 OC3/12/48/192 等速率的 SDH/SONET 的连接。OLT 通过支持 E1/T1 接口来实现传统的 TDM 语音和其他类型的 TDM 通信的接入。OLT 除了提供网络集中和接入的功能外，还能实现以广播形式向 ONU 发送以太网数据；发起、控制测距过程，并记录测距信息；发起并控制 ONU 功率控制；为 ONU 分配带宽，即控制 ONU 发送数据的起始时间和发送窗口大小；其他相关的以太网功能。

ODN 由无源光分支器（POS）和光纤组成，POS 连接 OLT 和 ONU，其功能是分发下行数据，集中上行数据。一般一个 POS 的分光比为 8、16、32、64、128，并可以多级连接。

ONU/ONT 放在用户一端，两者区别在于 ONT 直接位于用户端，而 ONU 与用户之间还可有其他网络，如以太网。ONU/ONT 能选择性地接收 OLT 发送的广播数据；响应 OLT 发出的测距及功率控制命令，并作相应调整；对用户的以太网数据进行缓存，并在 OLT 分配的发送窗口中向上行方向发送；还能实现其他相关的以太网功能。

ONU 提供用户的数据、视频及电话网络与 PON 之间的接口，它不仅能接收光信号并将其转换为用户需要的形式，如以太网、IP 多播、POTS 等，还实现了成本低廉的以太网第二层和第三层交换功能，允许在 ONU 上实现企业数据流的内部路由。这种类型的 ONU 能通过堆叠来为多个最终用户提供非常高的共享带宽。在通信的过程中，不再需要协议转换，实现了 ONU 对用户数据的透明传送。

EMS 管理 EPON 的不同元素，提供进入业务提供商的核心运营网络的接口，其管理功能包括配置、计费、性能、故障和安全管理功能。

（2）EPON 的传输原理

EPON 与 APON 最大的区别是 EPON 遵从 IEEE 802.3 以太网协议，用可变长度的数据包传送数据，包长最长达 1 518 字节；而 APON 遵从 ATM 协议，用固定长度（53 字节）的数据包（信元）传送数据，其中信头为 5 字节，净荷（用户信息）为 48 个字节。这种差别意味着 APON 传送 IP 数据包效率低且难度大。因为 IP 数据包是变长的，其平均包长为 500～1 200 字节，最大长度可达 65 535 字节，用 APON 传送 IP 业务，必须将 IP 数据包分割成 48 字节的段，然后在每段前面附加上 5 字节的信头，目的端再将 ATM 信元合成 IP 数据包。这个过程既耗时又复杂，也给 OLT 和 ONU 增加了额外的负担，而且每个 48 字节的数据段就要消耗 5 字节信头开销，造成严重浪费。而以太网则是专为 IP 业务开发的，最适合于传送变长的 IP 数据包。用 EPON 传送 IP 业务，起止都是 IP/Ethernet 包的形式，不需要协议转换，相对于 APON，开销和时延急剧下降。

在 EPON 中，下行数据流由 OLT 采用广播方式，通过 ODN 中的光分支器发送给 PON 上的多个 ONU 单元，这些数据包是不定长的，最长为 1 518 字节，每个包携带的信头唯一地标识了数据所要到达的特定 ONU。数据包分为广播包和多播包，广播包发给所有的 ONU，而多播包发给一组 ONU。EPON 上、下行数据流的传输如图 9-13 所示。从图中可以看到，EPON 下行数据流通过光分支器后分为几路独立的信号，分别发向各 ONU，每路信号都含有发给所有特定 ONU 的数据包。当 ONU 接收到数据流时，只提取发给自己的数据包，而将发给其他 ONU 的数据包丢弃。在 EPON 的上行方向，利用 TDMA 技术将来自各个 ONU 的上行信息，互不干扰地组织成一个 TDM 信息流传送到 OLT。每个 ONU 都分配一个发送时隙，并利用测距功能使各 ONU 的信号经不同长度的光纤传输后进入光分支器的共用光纤，正好占据分配给它的一个指定时隙，以防止不同 ONU 的数据包之间发生碰撞。TDM 时隙可动态地改变，以满足用户可变带宽的要求，并确保上行链路本质上是统计复用的。

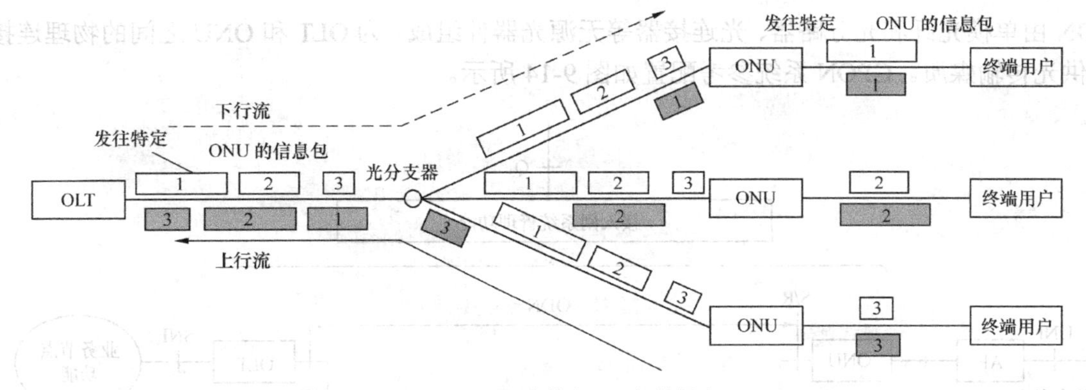

图 9-13 EPON 中的上、下行数据流

4. 吉比特无源光网络（GPON）

吉比特无源光网络技术是 ITU-T/FSAN 组织于 2002 年 9 月在 BPON（即是 APON）的基础上推出的具有高速率、高效率，支持多业务透明传输，能够提供明确的服务质量保证和服务级别，具有电信级的网络监测和业务管理能力的光接入网解决方案。ITU-T 于 2003 年批准了 GPON 标准 G.984.1 和 G.984.2，2004 年又相继批准了 G.984.3 和 G.984.4，从而形成了 G.984.x 系列通用的 GPON 标准。下一代 GPON 标准 NG-PON（分为 NG-PON1 和 NG-PON2）也正在研究之中，2009 年 4 月完成了 NG-PON1 的技术白皮书。GPON 和 EPON 两种技术均被公认为是当前 FTTH 的主要实现技术。

（1）GPON 概述

GPON 是一种下行速率高达 2.5Gbit/s、上行速率也高达 1.25Gbit/s、能以原有格式和极高的效率（90%以上）传送包括语音、以太网、ATM、租用线等多种业务的技术。GPON 的主要技术特点是采用全新的传输汇聚层协议“通用成帧协议（GFP）”，实现多种业务码流的通用成帧规程封装，为高层用户信号业务流和传输网络提供一种通用的适配机制；同时又保持了 G.983 中与 PON 协议没有直接关系的许多功能特性，如 OAM、DBA（动态带宽分配）等。这里，传输网络可以是多种类型，如 SONET/SDH 和 ITU-T G.709（OTN）；用户信号可以是基于分组的（如 IP/PPP 或 Ethernet MAC），或是持续的比特速率，或是其他类型的信号；而 GFP 则对不同业务提供通用、高效、简单的方法进行原有格式封装后，经由 PON 传输；因为使用标准的 8kHz（125μs）帧，从而能够直接支持 TDM 业务。

GPON 的传输距离最大可以达到 60km，是 EPON 最大传输距离 20km 的 3 倍；GPON 系统中可以接的 ONU 数量也远多于 EPON 系统中可接的 ONU 数量。GPON 与各种 PON 的最大差别就是 APON、EPON 是进行各种协议的“转换”，而 GPON 则是进行各种协议的“透明传输”，所以 GPON 的开销少，带宽利用率/效率自然就比 APON 和 EPON 的高；GPON 以 E1 的原有格式支持语音业务，而 EPON 受限于 802.3MAC 协议，不易兼容语音以及除以太网之外的任何业务；另外，在成本方面，各种 PON 系统的成本是相似或相近的，只是 EPON 要作 E1 接口、APON 要作 E1、IP 接口时，除了光接口的成本以外，还要增加相应的附加成本，而 GPON 的业务透传，使它的外加适配少，此成本相对略低一些。综合比较，GPON 技术要比 EPON 技术更为先进。

（2）GPON 系统参考配置

GPON 系统采用点到多点的网络结构，通常由局侧的 OLT、用户侧的 ODN 和 ONU 组成。

ODN 由单模光纤和光分路器、光连接器等无源光器件组成，为 OLT 和 ONU 之间的物理连接提供光传输媒质。GPON 系统参考配置如图 9-14 所示。

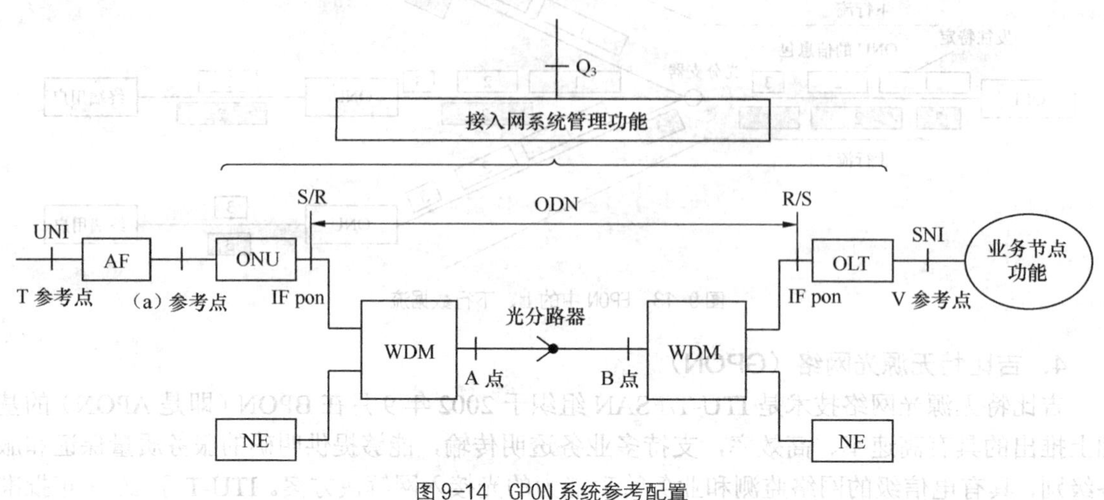

图 9-14 GPON 系统参考配置

由图 9-14 可知，GPON 包括四种基本功能块，即 OLT、ODN、ONU 和适配功能块（AF），以及可供选择的波分复用（WDM）模块、OLT 和 ONU 处使用不同波长的网络单元 NE。如果 GPON 不使用 WDM，则不需要该功能模块及相应的 NE。

9.3.4 混合光纤/同轴电缆接入

混合光纤/同轴电缆（Hybrid Fiber Coax，HFC）宽带接入网是在传统的单向广播式有线电视网基础上发展起来的。将 CATV 干线部分的同轴电缆用光纤代替，而配线部分仍然保留原来的同轴电缆分配网，并且通过双向化和数字化改造即构成 HFC 宽带接入网。

HFC 概念最初由 Bellcore 提出，试验结果表明，到用户距离为 1.6km（1 英里）用同轴电缆，在主干线是光缆的前提下，可以取得与使用光缆同等的效果，HFC 接入网就选择了这种方案，可用于解决 CATV、电话、数据、交互式视频、点播电视等业务的综合接入。

1. HFC 的系统结构

HFC 系统主要由模拟前端、数字前端（Head Digital Terminal，HDT）、光线路终端（OLT）、光纤传输网络、光节点、同轴电缆分配网络、综合服务单元（ISU）及用户终端设备等组成，其基本网络结构如图 9-15 所示。

模拟前端的主要功能是将模拟电视信号调制在 HFC 所规定的 50～550MHz 频段。数字前端主要包括数字图像调制器、数字电话调制器和路由/集线器。数字图像调制器先将数字图像进行压缩编码，再将若干路数字图像信号复用，然后用 QPSK 或 QAM 方式调制在规定的频段。路由器/集线器与数据网相连，将各种子速率数据信号接入到 HFC 网中，并提供数据用户路由选择；数字电话调制器与电话网相连，将语音、传真信号接入到 HFC 网中。OLT 采用副载波复用技术将接入到 HFC 系统的各种业务信息复用成一个信息流，并将其变换成光信号后送入光纤网络传送至各个光节点，然后通过同轴电缆分配网传送至用户驻地综合服务单元，再由 ISU 将各种业务分送到各种用户终端设备，电视信号送到电视机，语音信号送到电话机，数据信号经 ISU 内的 Cable Modem（CM）解调后送到相应的数据终端或计算机。光节点（即 ONU）主要是完成光/电和电/光转换，在有上行业务时需设置通信控制器。同轴电缆分配网络主要是由同轴电缆、电缆放大器（双向传输时要使用双向放大器）和电缆无源分配器等组成。ISU 的 Cable Modem 是 HFC 提供高速数据通信（如 Internet 接入、在线娱乐、VOD、电视会议等）的关键设备，它将接收的下行数据解调，并将用户终端发出的信号调制复接送入上行回传信道，再由前端设备解调后送往主干网络。如果是多个用户共享一台 CM，则需在本地的 CM 中添加一个以太网集线器；如果是通过一个局域网与 CM 相连，则在 CM 和局域网之间需要接一个路由器。

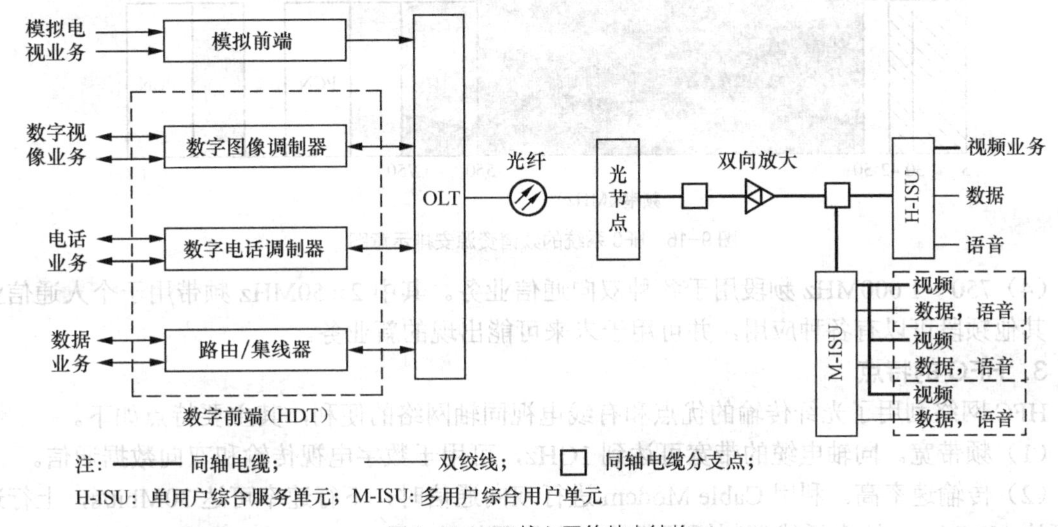

图 9-15　HFC 接入网的基本结构

光纤传输网络技术主要包括光纤光缆的基本技术、光放大技术、光分路技术、光纤网络拓扑设计等技术。

2．HFC 系统的频谱分配

HFC 系统采用副载波复用的传输方式。副载波是一种射频波（超短波到微波的频率），将多个要传输的基带信号先分别去调制不同频率的副载波，再将调制后的各路变频信号组合成电信号群去调制光源，然后送入光纤进行传输。在 HFC 系统中，各种图像、数据和语音信号通过相应的调制器形成相互分开的频段，再经电/光转换变为光信号送入光纤传输，在光节点处经光/电转换又变为电信号，经同轴电缆分配网送往相应的解调器还原成各原始信号。HFC 系统的上行回传信号在光纤段可采用波分复用技术，通常采用 1 310nm 和 1 550nm 两个波长，在同轴电缆段要选择与下行频段分开的频段，实行频分复用。

同轴电缆的带宽在 1 000MHz 以上，将各种业务信息以及上行和下行信息划分到不同的频段。HFC 系统的频谱安排如图 9-16 所示。

（1）5～42MHz 频段为上行通道即回传通道，用来回传电话、CATV 及非广播业务的上行信号。这一频段采用 QPSK 调制及 TDMA 实现复用。

（2）50～550MHz 频段用于下行通道，传送现有的模拟 CATV 信号，每一通道的带宽为 6～8MHz（PAL 制式，一个通道的带宽为 8MHz），可以传送 60～80 路模拟电视信号。采用 AM/VSB 调制。

（3）550～750MHz 频段为下行数字通道，传送数字电视和 VOD 等业务中的高速下行数字信号，至少可以传送 200 路 VOD 信号。也可以用其中的一部分来传送数字电视，另一部分用来传送下行电话和数据信号。这一频段都采用 64QAM 调制及时分复用技术。

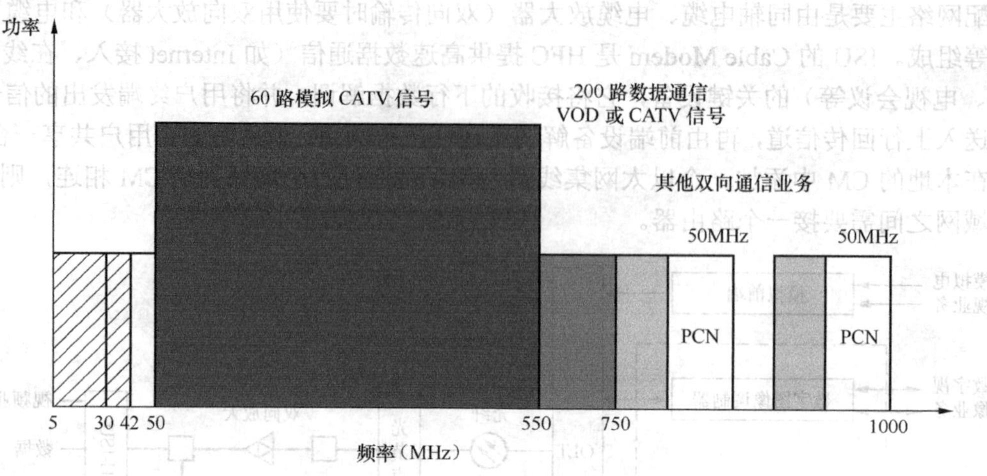

图 9-16 HFC 系统的频谱资源安排示意图

（4）750～1 000MHz 频段用于各种双向通信业务。其中 2×50MHz 频带用于个人通信业务，其他频段可以有各种应用，并可用于未来可能出现的新业务。

3．HFC 的特点

HFC 网络利用了光纤传输的优点和有线电视同轴网络的便利，其主要特点如下。

（1）频带宽。同轴电缆的带宽可达到 1GHz，可用于数字电视传输和双向数据通信。

（2）传输速率高。利用 Cable Modem 进行双向通信时，下行速率可达 30Mbit/s，上行速率可达 10Mbit/s，比电话线调制解调器的高出几百倍。

（3）灵活性和扩展性。HFC 网络能兼容现阶段的业务，同时支持 Internet 接入，数字电视、VOD 及其他未来的交互式业务。HFC 结构可以平滑地向 FTTH 过渡或延伸。

4．HFC 接入系统存在的问题

在 HFC 网络上实现双向通信还存在一些需要解决的问题。

（1）HFC 网络采用模拟频分复用技术，而主干网络和交换机都是采用数字技术，中间需要数模转换，增加了同步、网管和信令的技术难度。

（2）双向 HFC 网络上行通道的频段在 50MHz 以下，极易受到各种干扰，而且其同轴电缆网采用树型结构，上行信号容易产生噪声积累，形成“漏斗效应”，影响通信质量。

（3）HFC 系统可用于双向数据通信的带宽相当有限，而且由服务区内的所有用户共享，因此不利于发展交互式宽带业务。而且随着用户传输容量的增加，系统指标会逐渐下降。

（4）双向传输时，低频段（上行）和高频段（下行和上行）存在频率干扰，使滤波技术难度加大。

（5）同轴电缆分配网络在进行交互式数据通信时安全性和可靠性不够好。

（6）HFC 网络上传送的数据来自不同的数据源，给系统的同步增加了一定难度。

9.4 以太网接入

随着千兆位以太网的成熟和万兆位以太网的出现，以太网已经进入城域网和广域网领域，如果接入网也采用以太网，将形成从局域网、接入网、城域网到广域网都是以太网的结构。采用与 IP 一致统一的以太网帧结构，各网之间可无缝连接，不需要任何格式转换，这将可以大大提高运行效率，方便管理、降低成本。这种结构可以提供端到端的连接，使网络能够提供服务质量（QoS）保证。因此以太网接入网是宽带接入网的一种重要的选择方案。

1．以太网接入概述

传统的以太网是一种局域网，而基于以太网技术的宽带接入网与传统的以太网已经大不一样。虽然它也采用 TCP/IP 协议，也利用以太网的帧结构和接口，并保留了以太网的简单性，但其余基本特征已有根本性变化，网络的结构和工作原理完全不一样，在 LAN 交换、星型布线、大容量 MAC 地址存储以及用户管理、安全管理、故障管理和计费管理等方面都有很大不同。它具有高度的信息安全性、电信级的网络可靠性、强大的网管功能，并且能保证用户的接入带宽。

以太网接入网给用户提供标准的以太网接口，能兼容所有带有标准以太网接口的终端，因此用户不需另配任何新的接口卡或协议软件，就可获得 10Mbit/s、100Mbit/s 或更高的接入速率。目前大部分的商业大楼和新建住宅楼都进行了综合布线，布放了 5 类 UTP（非屏蔽双绞线），将以太网插口布到了桌边。住宅小区建立起光纤到大楼，5 类线入户的或直接利用电信网中现有双绞线入户的以太接入网，提供高性价比的宽带业务。不少城域网的接入部分也都选用了以太网，全球企事业用户、校园网用户广泛采用以太网接入，以太网已成为广大用户的主导接入方式。

2．以太接入网方案

基于以太网技术的宽带接入网完全可以为用户提供稳定可靠的宽带接入服务。根据使用的传输媒质的不同，已有的以太接入网方案包括以下几种：①基于电话线的以太接入网；②基于 DSL 的以太网 Ethernet over DSL 和 Etherloop，速率最高为 10Mbit/s；③FTTH 的无源光以太网（EPON）；④ 光纤到大楼，5 类线入户的以太接入网；⑤空中激光和无线电以太接入网。

3．以太网接入的基本结构

基于以太网技术的宽带接入网的基本网络结构如图 9-17 所示。由图可见，以太接入网由局侧设备和用户侧设备组成。一般局侧设备位于小区内或商业大楼内，用户侧设备位于居民楼内或楼层内。局侧设备提供与 IP 骨干网的接口，用户侧设备提供与用户终端计算机相接的 10/100BASE-T 接口。

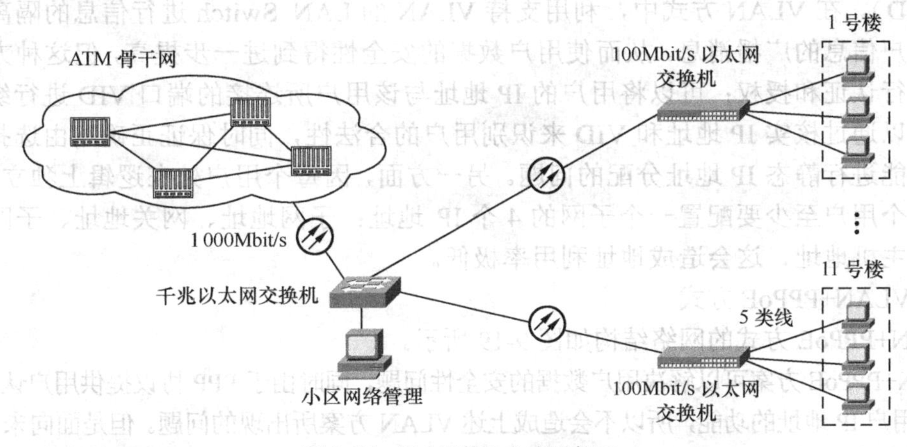

图 9-17 以太网接入方式示意图

局侧设备具有汇聚用户侧设备网管信息的功能，还支持对用户的认证、授权和计费以及用户 IP 地址的动态分配。为了保证设备的安全性，局侧设备与用户侧设备之间采用逻辑上独立的内部管理通道。局侧设备负责维护端口-主机地址映射表；对于组播业务，由局侧设备控制各多播组状态和组内成员的情况。

用户侧设备只有链路层功能，工作在MUX（复用器）方式下，各用户之间在物理层和链路层相互隔离，从而保证用户数据的安全性。另外用户侧设备可以在局侧设备的控制下动态改变其端口速率，从而保证用户最低接入速率、限制用户最高接入速率，支持对业务的QoS保证。用户侧设备只执行受控的多播复制，不需要多播组管理功能。用户侧设备负责以太网帧的复用和解复用。

4．以太网接入的主要解决方案

将以太网技术应用到接入网中，主要的解决方案有VLAN、VLAN+PPPoE及三网融合下的接入方式。

（1）VLAN方式

VLAN即虚拟局域网，其组网时所依据的不是站点的物理位置，而是逻辑位置（MAC地址、IP地址或其他），即所谓"逻辑上相关而物理上分散"的网络。VLAN（Virtual LAN）技术在广播抑制、动态组网、网络安全等方面具有其他网络无法比拟的优越性。它具有的重要特征是：同一虚拟网的所有成员组成一个"独立于物理位置而具有相同逻辑的广播域"，共享一个VLAN标识（VLAN ID）；VLAN的所有成员都能收到由同一VLAN的其他成员发送来的每一个广播包；同一VLAN的成员之间的通信不需要路由的支持，而不同VLAN的成员之间的通信则需要。VLAN方案的网络结构如图9-18所示。

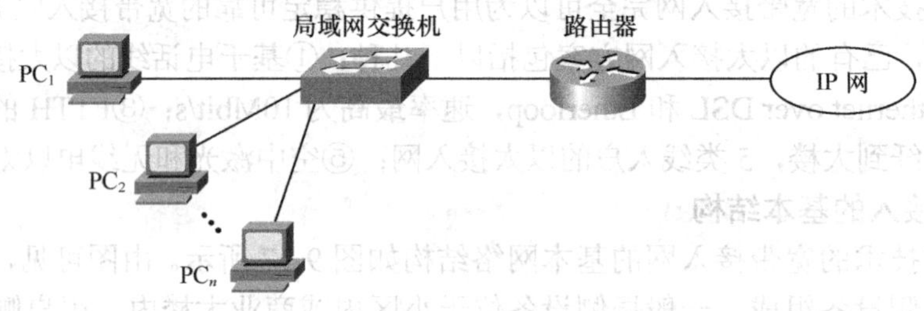

图9-18　VLAN方案的网络结构图

其中，局域网交换机（LAN Switch）按端口配置成独立的VLAN，享有独立的VID（VLAN ID）。在VLAN方式中，利用支持VLAN的LAN Switch进行信息的隔离，如隔离携带用户信息的广播消息，从而使用户数据的安全性得到进一步提高，但这种方案不能对用户进行认证和授权；可以将用户的IP地址与该用户所连接的端口VID进行绑定，这样设备可以通过核实IP地址和VID来识别用户的合法性，同时保证正确路由选择，但这将导致只能进行静态IP地址分配的问题。另一方面，因每个用户处在逻辑上独立的网内，所以对每个用户至少要配置一个子网的4个IP地址：子网地址、网关地址、子网广播地址和用户主机地址，这会造成地址利用率极低。

（2）VLAN+PPPoE方式

VLAN+PPPoE方式的网络结构如图9-19所示。

VLAN+PPPoE方案可以解决用户数据的安全性问题，同时由于PPP协议提供用户认证、授权以及分配用户IP地址的功能，所以不会造成上述VLAN方案所出现的问题。但是面向未来网络的发展，PPP不能支持组播业务，因为它是一个点到点的技术，所以还不是一个很好的解决方案。

（3）三网融合下的接入方式

从原则上讲，可以采用单一的IPoE方式提供三网融合业务的综合接入。由于目前上网业务已经普遍采用PPPoE方式，而这种方式的最大局限性在于IPTV等组播业务的提供上。因此，在三网融合的业务接入架构中，可以考虑上网业务保留PPPoE的接入方式，而其他业务采用 IPoE 的混合接入方式。由于 IPoE 方式不再使用用户名/口令来识别用户及业务类型，而是用 MAC 地址，所以要做好用户接入的 VLAN 规划。同时为 DHCP 接入方式引入 RADIUS 认证、计费过程，通过 DHCP 获取 IP 地址，通过以太网直接传送 IP 报文。

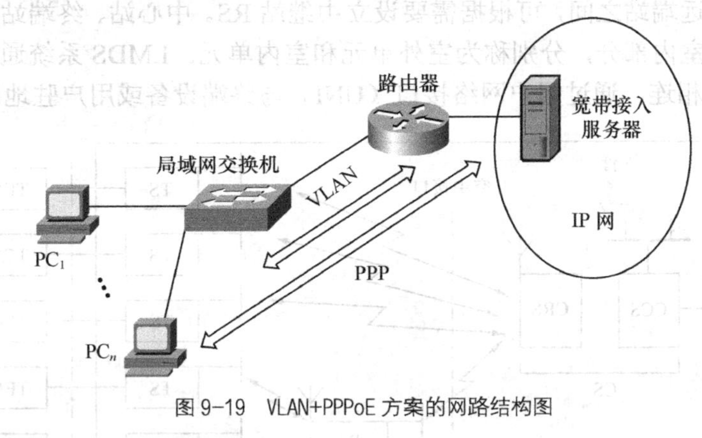

图 9-19　VLAN+PPPoE 方案的网路结构图

9.5　本地多点分配业务

本地多点分配业务（Local Multi-point Distribution Service，LMDS）是一种微波宽带无线接入技术，LMDS 系统几乎可以承载任何种类的业务，包括语音、数据和图像等，能够实现从 N×64kbit/s 到 2Mbit/s，甚至高达 155Mbit/s 的用户接入速率，且具有很高的可靠性，可与光纤接入系统相比拟。LMDS 也被称为“无线光纤”接入技术，同时它又兼具无线通信的经济和易于实施等特点，在某些场合（如城市等人口稠密地区）是替代 FTTH 的理想选择。

1．LMDS 的概念

LMDS 技术起源于 20 世纪 80 年代末美国 Cellular Vision 公司 Bernard Bossard 用于模拟电视分配的蜂窝系统，相应的系统由基于点到多点的微波视像分配系统逐渐演变成为一个以数字式双向业务为主的接入系统。LMDS 系统工作在 24～38GHz 频段，一般在毫米波波段附近，可用频谱常达 1GHz 以上，通过采用多扇区、先进的调制方式和正交极化等途径，可以进一步增加频谱利用率，提高网络容量。

所谓“本地”（Local）是指单个基站（中心站）所能够覆盖的范围，受工作频率和电波传播特性的限制，单个基站在城市环境中所覆盖的半径通常小于 5km；“多点”（Multipoint）是指信号由基站到用户端是以点到多点的广播方式传送的，而信号由用户端到基站则是以点到点的方式传送；“分配”（Distribution）是指基站将发出的信号（可能同时包括语音、数据及 Internet、视频业务）分别分配至各个用户；“业务”（Service）是指系统运营商与用户之间的业务提供与使用关系，即用户从 LMDS 网络所能得到的业务完全取决于运营商对业务的选择。

LMDS 采用一种类似蜂窝的服务区结构，将一个需要提供业务的地区划分为若干服务区，即蜂窝小区，每个服务区内设基站，基站设备通过点到多点的无线链路与服务区内的用户端设备通信。LMDS 的覆盖区可相互重叠，每一个服务区又可划分为多个扇区，根据用户需要在该扇区内提供相应业务。每个小区的覆盖半径为 2～5km 左右，最大不超过 10km。与蜂窝电话不同的是，LMDS 系统的终端用户是固定的，不需要支持用户的移动性，因此不需要考虑复杂的越区切换问题。

2. LMDS的系统结构

LMDS系统的网络结构有多种不同的配置，这取决于不同的系统设计。一个典型的LMDS系统由中心站（基站）、终端站（远端站）和网络管理系统（NMS）组成，如图9-20所示。在中心站与较远的远端站之间，可根据需要设立中继站RS。中心站、终端站和中继站设备各自包括室外部分及室内部分，分别称为室外单元和室内单元。LMDS系统通过业务节点接口（SNI）与骨干网络相连，通过用户网络接口（UNI）与终端设备或用户驻地网相连。

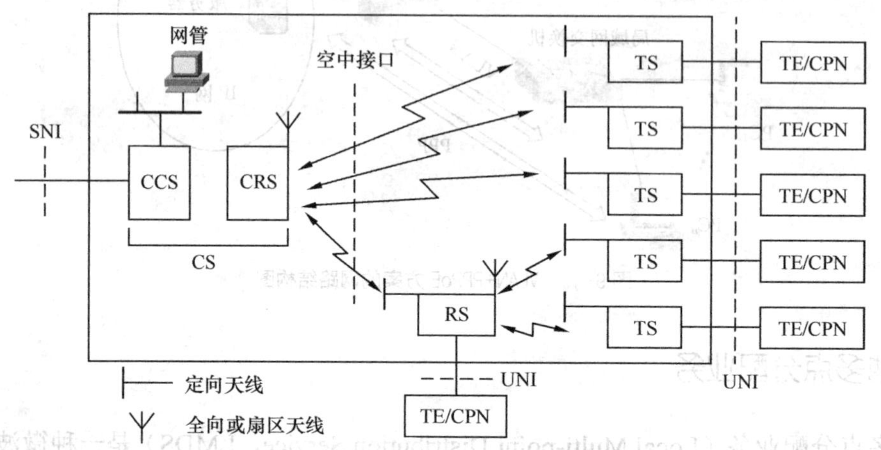

图9-20 固定无线接入系统的参考模型

注：CS–中心站；TS–终端站；RS–中继站；CCS–中心控制站；CRS–中心射频站；TE–终端设备

（1）中心站（基站）

中心站常通过多扇区覆盖的方式向所辖地区提供服务。负责无线资源的管理，提供LMDS系统至骨干网络的接口，以完成所需的语音交换、ATM交换和IP交换等处理。

中心站设备包括室内与骨干网络相连的接口模块，调制与解调模块及室外置于楼顶的射频天线、射频（微波）收发模块。在逻辑上，中心站可分为中心控制站和中心射频站两部分。中心控制站包括调制解调设备、MAC卡及网络接口板等。其中MAC卡主要用于收/发终端站的相关业务请求。中心控制站可通过中频电缆连接中心射频站。中心射频站可采用全向天线进行覆盖，也可采用定向天线进行扇区化覆盖，以增加系统容量。目前大多数为4个90°扇区的覆盖，部分可达到24个15°扇区的覆盖。

中心站的容量取决于可用频谱的带宽、扇区数、频率复用方式、调制技术、多址方式及系统可靠性指标等，系统支持的用户数则取决于系统的容量和每个用户所要求的业务。

中心站覆盖半径的大小与系统可靠性指标、微波收发信机性能、信号调制方式、电波传播路径及当地降雨情况等多种因素有关。中心站采用1+1备份配置，以保证系统稳定可靠地工作。

（2）终端站（远端站）

终端站负责以无线方式将用户连接至中心站。可以提供E1、POTS，10/100Base-T、FR、ATM、ISDN、N×64kbit/s等多种业务接口，支持多种应用。可连接用户交换机、路由器等用户驻地网设备，为用户终端提供PSTN、电路仿真和高速IP等业务。终端站包括室外的定向天线、微波收发设备和室内的调制解调模块、接口模块等。室外单元可以支持多个室内单元工作。室内单元对来自用户驻地网的业务进行适配和汇聚，通过中频电缆传送到室外单元，再通过无线链路传送到中心站；在相反方向则从下行业务流中提取本地业务，分送给用户。

（3）网管系统

网管系统完成故障管理、配置管理、计费管理、性能管理及安全管理等基本功能，并要求有标准互连接口。

3．LMDS 的工作原理

LMDS 无线收发方式多为频分双工（FDD）方式，上、下行信号工作在不同的载频上。其优点是信号时延小，并且由于采用了保护带宽作为隔离，因此频间干扰小。

由中心站到终端站的下行链路主要采用 TDM 方式将信号向相应扇区广播，每个用户终端在特定的频段内接收属于自己的信号；而在上行链路，多个终端站可通过 TDMA、FDMA 等方式与中心站通信。如果采用 TDMA 方式，若干终端站可在相同频段的不同“时间片”向中心站发送信号，这种方式适合于支持多个突发性（如 Internet 接入）及低速数据用户的接入，可实现灵活的带宽分配和统计复用。如果采用 FDMA 方式，在相同的服务区中，不同终端站在不同的频段上向中心站发送信号，彼此互不干扰。这种方式需长期占用频率资源，适合于租用线业务。LMDS 运营商可根据其业务状况及业务发展策略来选择适合的多址方式。

中心站的射频收发模块对来自室内调制解调模块的中频信号进行上变频，调制到射频频带，再通过射频天线发射出去，同时对接收到的射频信号进行下变频，然后传送到室内单元，从而在中心站与终端站之间建立起双向通信信道。中心站室外单元与终端站室外单元之间的空中接口常采用 26GHz 以上频段，其间只能采用视距通信。

LMDS 的中心站使用在一定角度范围内聚焦的喇叭天线，并以多扇区方式覆盖终端站设备。多扇区中心站可以对射频进行重用，从而增加用户的可用带宽，提高频谱的利用率。

LMDS 的射频调制方式主要有 QPSK、16QAM 和 64QAM。采用 16QAM 或 64QAM 等高阶调制方式可获得更大的系统容量和更高的频谱利用率。采用 16QAM，相同频段支持的容量是 QPSK 的 2.3 倍；若采用 64QAM 则为 3.5 倍。一般情况下，对于距离远的用户，采用低阶的调制方式以保证通信质量，而距离近的用户则采用高阶调制方式以获得高的带宽。

4．LMDS 系统的优点

与传统的有线接入和低频段无线接入相比，LMDS 具有以下优点。

（1）工作频带宽，可提供宽带固定无线接入。其可用频带为 1GHz 以上，数据传输速率高达 155Mbit/s，理论上可提供所有业务。

（2）前期投资比例较小，后期扩容能力强，投资回收快。前期只需少量投资建立一个配置简单的中心站开始运营。随着用户数的增加提高中心站配置，增加用户端设备，逐步扩容，逐步追加投资。

（3）项目启动快，工程完成快，业务提供速度快。避免了有线工程开挖路面等的高额费用，设备安装调试也容易，大大缩短了建设周期。

（4）系统具有良好的可扩展性，便于扩充容量和提供新业务。LMDS 系统的中心站、扇区覆盖体制，用户端设备的模块化结构，使容量扩充和新业务提供都很容易，可以随时根据用户需求添加所需设备，提供新的服务。

（5）频率复用度高，系统容量大。在 LMDS 中心站，容量可超过覆盖区内用户业务总量。因此，LMDS 系统很可能是“范围”受限系统，而不是“容量”受限系统，特别适合于高密度用户地区使用。

（6）具有完善的网管系统支持，网络运行、维护费用比较低。发展较成熟的 LMDS 设备具有自动功率控制、本地和远端软件下载，自动性能测试、故障诊断和远程管理等功能，降低了系统的运行和维护费用，也方便用户对网络的本地和远程监控。

5．LMDS 的局限性

（1）服务区覆盖范围较小，需视距传输，一般不适合远程用户使用。

（2）LMDS 工作频率高，通信质量受雨、雪等天气影响较大。"降雨衰减"呈非选择性能和缓慢的时变特性，是导致信号恶劣、影响系统可用性的主要因素。

（3）基站设备相对比较复杂，价格较贵，更适合于人口比较稠密的地区。

9.6 无线接入

无线接入是指从交换节点到用户终端，部分或全部采用无线传输手段的接入技术。蜂窝移动、卫星移动通信等技术已纷纷被开发，用于无线接入网中。随着信息社会的不断发展和人们对通信需求的不断增加，通信正向个人通信发展，实现在任何时候、在任何地方能够以任何通信方式与任何人通信。无线接入作为未来个人通信的关键技术之一，已成为业界备受关注的热点。

9.6.1 无线接入概述

无线接入具有应用灵活、安装快、建网费用低、建设周期短、扩容可按需而定、运行成本低、抗灾能力强、可提供一定程度的移动性等诸多优点，受到人们的青睐。无线接入技术从早期支持单一模拟电话，到支持传真、低速数据业务，再到今天支持高速无线接入和移动多媒体业务，经历了从模拟到数字、低速到高速、窄带到宽带的不断发展过程。

1．无线接入技术的分类

无线接入采用的技术很多，对各种无线接入的定义也很多，根据终端入网方式的不同，无线接入可分为移动无线接入和固定无线接入两大类。

（1）移动无线接入

用户终端可在较大范围内移动（用户只有在特殊情况下才会在小范围内移动）的通信系统的接入技术称为移动无线接入技术。这类通信系统主要包括蜂窝移动通信系统、集群移动通信系统、卫星移动通信系统、无线市话等。

① 蜂窝移动通信系统

蜂窝移动通信系统分为模拟蜂窝移动通信系统和数字蜂窝移动通信系统。前者的主要特征是用无线信道传输模拟信号，属于第一代蜂窝移动通信系统；后者的主要特征是用无线信道传输和处理数字信号，它具有一切数字系统的优点。自 1990 年 GSM 第一阶段的标准发布，并于 1991 年投入商用以后，基于 IS-95 标准的 CDMA 蜂窝移动通信系统也很快投入商用。第二代蜂窝移动通信系统实现了个人移动性和终端移动性，受到人们的普遍欢迎，在世界上许多国家和地区得到了广泛的应用，其相关技术也在不断地发展和进步。现在，第三代蜂窝移动通信系统已经得到了广泛的部署，第四代蜂窝移动通信系统也已被开发出来。

② 集群移动通信系统

集群通信是一种智能化的频率管理技术，集群移动通信系统是一种专门用于日常生产和运营管理以及处理一些紧急或突发事件的最有效的先进指挥、调度通信系统。它从一对一的对讲机发展而来，从单一信道一呼百应的群呼系统，到后来具有选呼功能的系统，现在已是多信道基站多用户自动拨号系统，它可以与公众交换电话网（PSTN）相连，从而能与该系统外的 PSTN 用户通信。集群系统的优点是投资费用低、手机月租费也低；缺点是系统属于区域性的，同一服务区内用户数受基站信道数的影响，一次总用户数不能太大。

③ 卫星移动通信系统

利用卫星中继，在海上、空中和地形复杂而人口稀疏的地区中实现移动通信，具有独特的优越性，是覆盖全球实现个人通信的重要途径。至20世纪90年代，已建成并投入应用的中、低轨道卫星移动通信系统主要有铱（Iridium）系统、全球星（Globalstar）系统、轨道通信（Orbcomm）系统等，通过这些系统，地面用户只借助手机就可以实现卫星移动通信。

全球星（Globalstar）系统设计简单，既没有星际电路，也没有星上处理和星上交换功能，不单独组网，成本低。其作用只是作为陆地蜂窝移动通信系统的延伸。“全球星”系统由48颗低轨卫星、8颗在轨备用卫星、卫星运行控制中心、地面运行控制中心、关口站和用户终端组成。可以与GSM网以及CDMA网络之间实现相互漫游，在全球范围内（不包括南北极）向用户提供“无缝”覆盖的卫星移动通信业务。

轨道通信（Orbcomm）系统是只能实现数据业务全球通信的小卫星移动通信系统，具有投资小、周期短、兼备通信和定位能力、卫星质量轻、用户终端为手机、系统运行自动化水平高和自主功能强等优点。该系统由36颗小卫星和地面部分（包括地面关口站、网络控制中心及地面终端设施）组成。

④ 无线市话

我国的无线市话系统简称为“小灵通”。主要有3种数字无线市话系统，即PHS、DECT和PACS系统。“小灵通”将市话传输交换与无线接入技术有机结合在一起，利用市话的交换传输资源，采用微蜂窝技术，以无线方式提供在一定范围内具备移动漫游性能的个人通信终端的接入。其发射功率低，提供的各类业务在信号质量、安全性、功耗和可靠性等方面，在无线数据速率、频率利用率、终端待机时间、对人体辐射以及话音质量等指标方面都表现出很强的技术优势；终端互通已解决，异地互通在技术上也不存在任何问题；增值业务的开发和应用已取得成功。但小灵通在技术上有着与生俱来的缺陷，如在移动性方面无法与蜂窝移动通信系统相比，网络上覆盖的盲区、越区切换时易掉话等。随着3G的推广应用和成本的下降，其最终会被取代。

（2）固定无线接入

固定无线接入（FWA）是指能把有线方式传来的信息（包括语音、数据、图像等所有业务）用无线方式传送到固定用户终端或实现相反传送的一种接入技术。传统地，在本地环路或用户环路上是由有线系统为终端用户提供话音和数据等通信业务的，因此，与有线本地环路相对应，固定无线接入系统又称为无线本地环路（WLL）。从广义上说，在用户环路段采用无线技术提供通信业务的无线传输系统均属无线本地环路。这类通信系统主要包括一点多址微波系统、基于蜂窝通信技术的系统、基于无绳通信技术的系统和专用固定无线接入系统。

① 固定无线接入的特点

与移动无线接入方式相比，FWA系统的用户终端是固定的，或者是在固定用户区域的极小范围内移动（如家中、办公室中等），因此不需要移动控制和越区切换的功能，从而节省了设备投资。这种系统在经济性、运用的灵活性、建设周期、系统维护等方面都优于有线接入方式。

固定无线接入的工作频段可以为450MHz、800/900MHz、1.5GHz、1.8/1.9GHz、3GHz及以上。LMDS宽带固定无线接入的工作频带在24～38GHz范围内。在固定无线接入中所采用的无线技术几乎是所有的无线技术，主要包括传统的微波技术、卫星通信技术、蜂窝通信、无绳通信技术以及专用固定无线接入技术。

② 固定无线接入系统的配置

固定无线接入的终端没有移动性或仅有有限的移动性。所谓有限的移动性是指终端可以在单基站范围内移动，而不具有切换功能。一种典型的固定无线接入系统（即 WLL）的配置如图 9-21 所示。

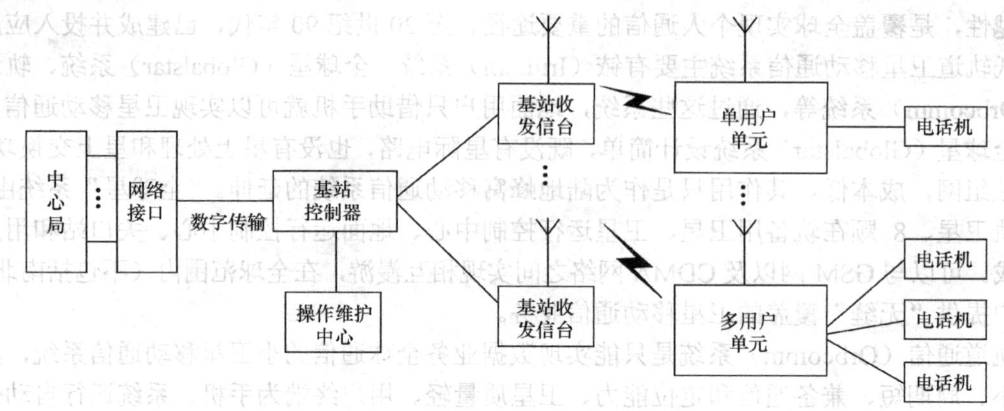

图 9-21 固定无线接入系统配置图

由图 9-21 可见，这种固定无线接入系统由用户单元、基站收发信台、基站控制器、操作维护中心等功能单元组成。

a. 用户单元为用户提供电话、传真、数据、图像等终端的标准接口。它有收发信机，与基站收发信台通过无线接口相连，并向终端用户透明的传送中心局所提供的业务和功能。

b. 基站收发信台是受基站控制器控制，为服务区服务的无线收发信设备，通过无线接口提供与用户单元之间的无线信道。一个基站收发信台可以带多个用户单元。

c. 基站控制器提供与基站收发信台、网络侧和维护管理的接口。具有无线信道控制和基站监测等功能，并完成与交换机的转接。

d. 操作维护中心负责整个固定无线接入系统设备的操作与维护，管理网络日常操作，并为网络管理和规划提供数据和统计。

2. 无线接入系统的结构

通常，按照无线接入系统在接入网物理参考模型（见图 9-4）中的不同位置，可将其归纳为三种结构。

（1）全无线结构。从本地交换机或远端模块到用户终端全部采用无线传输方式，即无线替代了馈线、配线和引入线。

（2）用户线段无线结构。从本地交换机或远端模块到灵活点或分配点采用有线方式，而无线替代了引入线，或替代了配线和引入线。

（3）主干线/主一配线段无线结构。从本地交换机或远端模块到 FP 或 DP 采用无线方式，而用户线部分采用有线方式，即无线替代了馈缆，而配线和用户线仍用电缆；或无线替代馈线和配线，用户线仍用电线。

9.6.2 无线局域网 WLAN

无线局域网（Wireless Local Area Network，WLAN）是计算机网络与无线通信技术相结合的产物。它使用无线技术通过空中发送和接收数据，尽可能减少对有线连接的需求，从而把数据连接与用户的移动性结合起来，使得用户可以在移动的状态下不中断进行中的数据通信。WLAN 能够满足机动、重定位和特殊联网的需求，而且能覆盖到难于布线的地区，它是对有线联网方式的一种补充和扩展，并被用作 Internet 的高速无线接入技术。

1．无线局域网概述

无线局域网是一种利用无线传输媒质的局域网，虽不采用线缆，也能实现传统有线局域网的所有功能。早期的无线局域网是夏威夷大学的研究员在 1971 年创造的基于封包式技术的无线电通信网络。其技术得到了不断的发展，到 20 世纪末，随着 WLAN 技术的成熟、标准的统一以及应用成本的下降，它被定位用作在全球快速发展的 Internet 的高速无线接入技术之后，出现了广泛应用的趋势。主要应用于会议中心、办公室、机场、酒店、商场、咖啡屋等公共热点场所，为通信的移动化、个人化和多媒体应用提供了潜在的手段。

与有线局域网相比，WLAN 具有一定的移动性，且具有灵活性高、建网迅速、管理方便、使用简易、网络造价低、扩展能力强等特点，对于难以布线的环境和需要频繁变动的动态环境，其优点就更为突出。WLAN 还有一个好处是，它使用不需许可证的 2.4GHz 频段，其运营者不用申请频段许可证，随时可以建网使用。

近年来，随着适用于无线局域网的产品价格的逐渐下降、相应软件的逐渐成熟，无线局域网已能够通过与广域网相结合的形式提供移动互联网的多媒体业务。无线局域网的覆盖半径取决于实际的系统使用环境，范围从混凝土建筑物内的 100m 到室外直接视距的几千米，以至 20 千米以上。其传输速率范围通常为 1～11Mbit/s，目前最高已达到 54Mbit/s，这些速率都是由 IEEE 为无线局域网制定的标准所支持的。IEEE 建立了无线局域网标准 802.11 系列和无线以太网兼容联盟（WECA），确保各厂商生产的无线局域网产品的良好互操作性。任何局域网应用、网络操作系统和协议（包括 TCP/IP）运行在一个 802.11 系列兼容的无线局域网中就像在以太网中一样容易。此外欧洲电信标准化协会 ETSI 也已推出 HiperLAN1（对应于 IEEE 802.11b）和 HiperLAN2（对应于 IEEE802.11a 具有相同的物理层）标准。

WLAN 的一种典型应用实例如图 9-22 所示。

2．无线局域网的拓扑结构

无线局域网中主要有 4 种网络拓扑结构：独立基本服务集（Independent Basic Service Set，IBSS）网络、基本服务集（Basic Service Set，BSS）网络、扩展服务集（Extend Service Set，ESS）网络和 ESS 无线网络。

（1）IBSS 网络

IBSS 网络结构即是无中心拓扑结构，如图 9-23 所示。它是一个独立的 BSS，无法接入有线网络中，只能独立使用。网中任意两个站点均可直接通信。这类网络也称对等网络或 Ad hoc 网络，采用这种拓扑结构的网络一般使用公共广播信道，每个站点都可竞争公共信道，

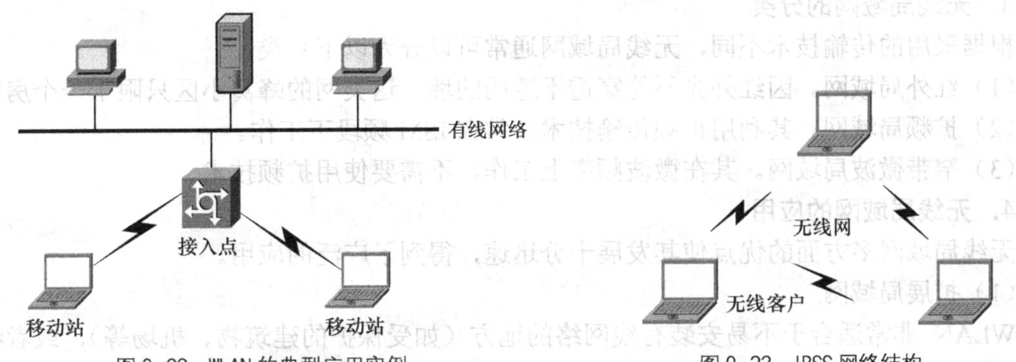

图 9-22 WLAN 的典型应用实例　　图 9-23 IBSS 网络结构

而媒体访问控制（MAC）协议大多采用 CSMA（载波侦听多路访问）类型的多路访问协议。如果某个 Ad hoc 网络中的节点都位于对方的无线覆盖范围内，或是中间某个节点具有转发功能，那么这些节点就可以互相通信。这种结构的优点是网络抗毁性好，组网灵活且费用较低。这种拓扑结构适用于用户数相对较少的工作群。

（2）BSS 网络

BSS 网络结构是一种有中心拓扑结构，见图 9-22。网络中必须有一个无线接入点（AP）来当中心站，由其对所有其他站点进行控制（类似于 Hub），以管理它们对网络的访问。它的优点是当网络业务量增大时，网络吞吐性能及网络时延性能的恶化并不剧烈。由于每个站点只需在中心站覆盖范围内就可与其他站点通信，故中心站布局受环境限制亦较小。此外，中心站为接入有线主干网提供了一个逻辑接入点。这种拓扑结构应用较为广泛。BSS 网络拓扑结构的弱点是抗毁性差，当中心站点发生故障时，容易导致整个网络瘫痪。

当采用移动蜂窝通信网接入方式组建无线局域网时，各站点之间的通信是通过基站接入、数据交换方式来实现互联的。各移动站不仅可以通过交换中心自行组网，还可以通过广域网与远地站点组建自己的工作网络。

（3）ESS 网络

将多个基本服务集（BSS）串连起来就形成了 ESS 网络，如图 9-24 所示。这实际上就是形成一个延伸服务群，使整个网络的涵盖范围变得更大。该网络中所有 AP 共享同一个 ESS ID，从而实现了跨 BSS 网络。扩展服务区只包含物理层和数据链路层，网络结构不包含网络层及其以上各层。因此，对于高层协议来说，一个 ESS 就是一个 IP 子网，而可将 BSS 看作蜂窝移动通信中的小区。

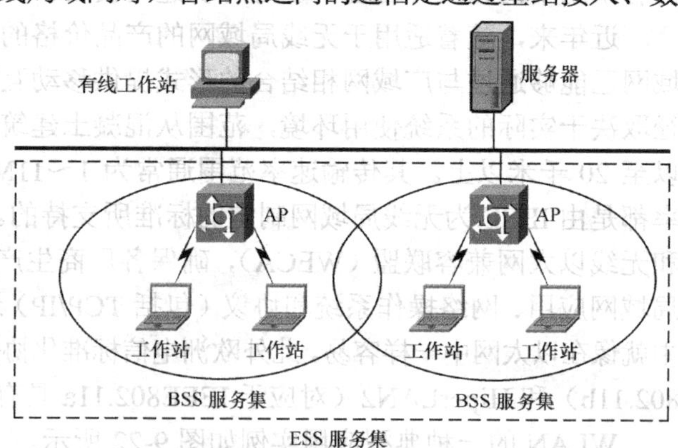

图 9-24 ESS 网络结构

在 ESS 网络中，无线网络有多个与有线网络连接的无线接入点，还包括许多无线终端站。这样方便无线网络的使用者访问有线网络上的资源。

（4）ESS 无线网络

这种网络与 ESS 网络类似，也是由多个 BSS 网络组成。但有些 BSS 服务集的 AP 并不直接与有线网络连接，而是通过其他与有线网络相连的 AP 通信，从而连接到有线网络上。

3．无线局域网的分类

根据采用的传输技术不同，无线局域网通常可以分为以下几类。

（1）红外局域网。因红外光不能穿透不透明的墙，这类网的蜂窝小区只限于一个房间。

（2）扩频局域网。其利用扩频传输技术。常在 ISM 频段下工作。

（3）窄带微波局域网。其在微波频率上工作，不需要使用扩频技术。

4．无线局域网的应用

无线局域网多方面的优点使其发展十分迅速，得到了广泛的应用。

（1）扩展局域网

WLAN 非常适合于不易安装有线网络的地方（如受保护的建筑物、机场等），或者经常需要变动布线结构的地方（如展览馆等），以及需要跨建筑物互连的场合，以替代或扩展企事业单位、大型超市的有线局域网，提供数据应用（如互联网接入、企业网接入等）。

（2）“热点”地区的移动接入

WLAN 支持的便携性使它也非常适于在宾馆、写字楼、候机厅、会议中心、展览馆、体育场、商场、咖啡店等移动办公者密集的“热点”地区向携带笔记本电脑或 PDA 等便携设备的用户提供方便快速的数据业务。WLAN 具有比 GPRS、3G 更高的接入带宽，适于面向带宽要求高的移动商务办公用户。3GPP 也已经把无线局域网作为热点地区的一种 3G 接入技术与 WCDMA 接入互补。

（3）可建立特定网络

为了满足某种应急需要，可以临时建立一个特定（Ad hoc）网络，适用于临时会议和没有基础设施的情况。

9.6.3 本地多点分配业务

LMDS 网络通常工作在 24～38GHz 频段，是一个快速、有弹性的、新的宽带无线本地环路（WLL）。其数据速率高，典型的商用 LMDS 系统能够提供的下行速率高达 51.84～155.52Mbit/s，上行速率为 1.544Mbit/s，而成本比布线电缆低得多。LMDS 为“最后一公里”宽带接入和交互式多媒体应用提供经济和简便的解决方案，它的宽带属性使其可以提供大量的下一代通信业务和应用。LMDS 主要提供以下几个方面的业务。

（1）语音业务。采用 V5.2 接口或其他标准接口，为语音和 ISDN 通信提供接入服务。

（2）租用线业务。可为用户提供 E1 和帧中继连接、用户自动交换机（PABX）连接和基于专线的广域网连接应用，还可为基站之间提供互连。

（3）突发数据业务。这类业务的应用有高速接入 Internet、高速 LAN 互连、基于 IP 的 VPN 等，主要面向企事业、SOHO 以及居民用户，可支持 1.2kbit/s～155Mbit/s 的数据速率，并支持多种协议，包括帧中继、TCP/IP 和 ATM 等。随着电信新业务的不断开发，LMDS 系统还可提供远程医疗、远程办公、远程教学、视频会议、远程图像监控、网上购物及网上交互式游戏等多种增值业务。

（4）数字视像业务。这类业务的应用包括 VOD、模拟和数字图像业务、高清晰度电视广播等。LMDS 可提供的图像信道包括 150 条远程节目、10 条本地节目信道，还可提供至少 10 条 PPV（Pay Per View）节目信道。在网络上，考虑到业务的不对称性，采用有 QoS 保障的突发数据方式支持这类业务。

9.6.4 蓝牙技术

蓝牙（Bluetooth）是由瑞典爱立信、芬兰诺基亚、日本东芝、美国 IBM 和 Intel 公司等五家著名厂商，于 1998 年 5 月联合开展一项旨在实现网络中各类数据及语音设备互连的计划而提出的。1999 年下半年，著名的 IT 业界巨头微软、摩托罗拉、3Com、朗讯与蓝牙特别小组的五家公司共同发起成立了“蓝牙”技术推广组织，从而在全球范围内掀起了一股“蓝牙”热。“蓝牙”技术在短短的时间内，以迅雷不及掩耳之势席卷了世界各个角落。

1．蓝牙的基本概念

蓝牙技术是一种短距离无线通信技术，利用蓝牙技术能有效地简化移动电话手机、笔记本电脑和掌上电脑等移动通信终端设备之间及其与因特网之间的通信，从而使这些设备之间及其与英特网之间的数据传输变得更加方便高效，为无线通信拓宽道路。蓝牙技术持续发展的最终形态是在已有的有线网络基础上，完成网络无线化的建构，使网络最终不再受到地域与线路的限制，从而实现真正的随身上网与资料互换。

2．蓝牙技术的特点

蓝牙技术的主要特点如下。

（1）蓝牙是一种短程无线通信技术，通信距离是10～30m，在加入额外的功率放大器后，可以扩展到100m（或者20dBm）。可以保证较高的数据传输速率，同时降低与其他电子产品和无线电系统的干扰，此外还有利于保证安全性。

（2）支持64kbit/s的实时语音传输和各种速率的数据传输，可单独或同时传输。语音编码采用对数PCM或连续可变斜率增量调制（CVSD）。当仅传输语音时，蓝牙设备最多可同时支持3路全双工的语音通信，辅助的基带硬件可以支持4个或者更多的语音信道；当语音和数据同时传输或仅传数据时，支持433.9kbit/s的对称全双工通信或723.2kbit/s、57.6kbit/s的非对称双工通信，后者特别适合于无线访问Internet。

（3）工作在2.4GHz的ISM频段，传输速率为1Mbit/s，使用扩频和快速跳频（1 600跳/秒）技术。与其他工作在相同频段的系统相比，蓝牙系统跳频更快，数据包更短，从而更加稳定，即使在噪声环境中也可以正常无误地工作。另外，蓝牙还采用CRC、FEC及ARQ技术，以确保通信的可靠性。

（4）根据需要可支持点到点和点到多点的无线连接。可采用无线方式将若干蓝牙设备连成一个主从网（Piconet），多个主从网又可互连成特殊分散网（Ad hoc Scatternet），形成灵活的多重主从网的拓扑结构，从而实现各类设备之间的快速通信。

（5）每个收发机配置了符合IEEE 802标准的48位地址，任一蓝牙设备都可根据IEEE 802标准得到一个唯一的48bit的公开地址码BD_ADDR。在BD_ADDR基础上，使用一些性能良好的算法可获得各种保密和安全码，从而保证了设备识别码（ID）在全球的唯一性，以及通信过程中的安全性和保密性。

（6）采用TDMA技术，TDD工作方式。其一个基带帧包括两个分组：一个发送分组，一个接收分组。蓝牙系统既支持电路交换和分组交换，又支持实时的同步定向连接（在规定时隙传送话音等）和非实时的异步不定向连接（可在任意时隙传送数据）。

3．蓝牙设备的组网

蓝牙根据网路的概念提供点到点和点到多点的无线连接。在任意一个有效通信范围内，所有设备的地位都是平等的。首先提出通信要求的设备称为主设备（Master），被动进行通信的设备称为从设备（Slave）。

利用TDMA，一个Master最多可同时与7个Slave通信并和多个Slave（最多可超过200个）保持同步但不通信。一个Master和一个以上的Slave构成的网络称为蓝牙的主从网络（Piconet）。若两个以上的Piconet之间存在着设备间的通信，则构成了蓝牙的分散网络。主从网络和分散网络的示意图如图9-25所示。

基于TDMA原理和蓝牙设备的平等性，任一蓝牙设备在蓝牙网络中既可作Master，又可作Slave，还可同时既是Master又是Slave。因此，在蓝牙中没有基站的概念。并且，所有设备都是可移动的。

4．蓝牙的应用

蓝牙主要应用于三个领域，即取代线缆功能、个人随意网络、数据/语音接入。

取代线缆功能是要取代所有移动设备现有的连线功能，改用无线电波传输，如使用语音传输的免提式耳机、数据传输的周边设备或是指令传输的控制设备等。个人随意网络则是随时随地提供一个立即可用的网络通信传输环境，以分享网络内其他电脑上的资源。数据/语音接入功能则是提供更广泛的网络传输应用，通过使用对外部有线网络和互联网的接入服务，使用者可以实现无线上网。

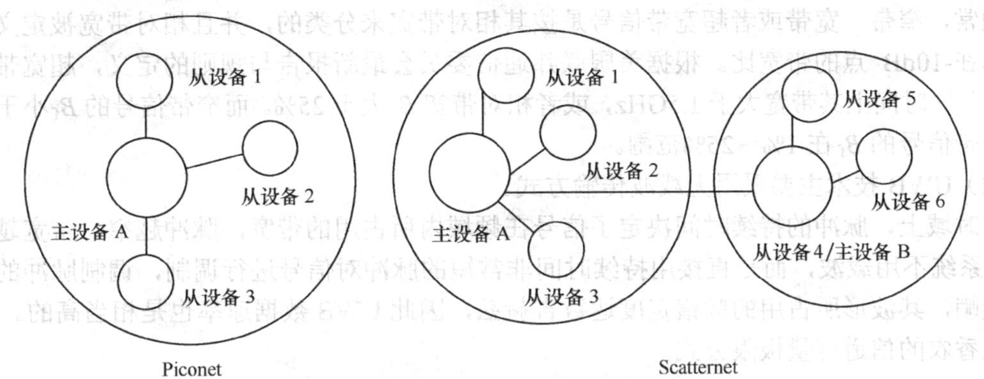

图 9-25 主从网络和分散网络的示意图

蓝牙的应用范围相当广泛，可以广泛应用于局域网络中各类数据及语音设备，涉及家庭和办公室自动化、家庭娱乐、电子商务、工业控制、智能化建筑物等场合，如 PC 机、HPC（掌上型计算机）、拨号网络、笔记本电脑、打印机、传真机、数码相机、移动电话和高品质耳机等。下面几个例子可供参考。

（1）桌上电脑的周边设备传输，如无线打印机、无线键盘、无线鼠标、无线喇叭等。

（2）笔记本电脑、个人数字助理、移动电话上的通信录等信息的自动同步更新功能。

（3）笔记本电脑通过移动电话以无线方式上网。

（4）无线语音传输功能可省略移动电话与头戴式免提耳机之间的连线。

（5）数码相机可通过移动电话做实时资料传输。

9.6.5 超宽带无线电技术

超宽带（Ultra-Wideband，UWB）无线通信能够提供高速率、低功耗及低成本的短距离无线链路，并且由于 UWB 是对现在已被占用的频率资源的重用，因而可以缓解目前日趋紧张的频率资源需求。UWB 也非常适合室内密集多径传播环境下的高速无线传输。

1．超宽带的基本概念

传统的窄带无线通信系统采用射频载波来发射和接收信息，在较窄频带内的信号能量有明确的定义，使得其很容易被检测和截获而易于受到攻击。UWB 无线通信技术的基础就是脉冲无线电（Impulse Radio）。UWB 系统不使用载波，而在发射机和接收机之间采用微弱的且非常窄的射频脉冲进行通信，即是用持续时间非常短（皮秒或纳秒）的脉冲波形来代替传统传输系统的连续波形，因此其频谱非常宽，吞吐量很大。

UWB 系统持续时间非常短的脉冲的占空比很低（小于 0.5%），因此发射功率很低，一般在微瓦数量级，比蜂窝电话的小了近千倍，仅相当于一些背景噪声，不会对其他窄带信号产生任何干扰，但其传输距离也较短，一般在 10m 以内。短时超宽带脉冲的能量在很宽的频率范围上分布，从接近于直流到几个吉赫兹（GHz），使系统的发射功率谱密度非常低，因而具有非常高的抗干扰能力，并且被截获的概率很小，被检测概率也很低，与窄带系统相比有较好的电磁兼容和频谱利用率。

2. UWB 的技术要点

UWB 与传统的“窄带”和“宽带”系统相比，技术上有两点主要区别。

（1）UWB 的带宽远远大于目前各类系统的带宽。

通常，窄带、宽带或者超宽带信号是按其相对带宽来分类的，并且相对带宽被定义为中心频率在-10dB 点的带宽比。根据美国联邦通信委员会最新报告与规则的定义，超宽带信号在所有传输时间上其带宽大于 1.5GHz，或者相对带宽 B_f 大于 25%。而窄带信号的 B_f 小于 1%，一般宽带信号的 B_f 在 1%～25%范围。

（2）UWB 技术主要采用无载波传输方式。

在时域上，脉冲的持续时间决定了信号在频域内所占用的带宽，脉冲越窄，带宽越宽。UWB 系统不用载波，而是直接用持续时间非常短的脉冲对信号进行调制，调制脉冲的形状非常陡峭，其波形所占用的频谱宽度达数吉赫兹，因此 UWB 数据速率也是相当高的。

从香农的信道容量极限公式

$$C = B\log_2(1+SNR)$$

式中，C 表示信道容量；B 表示信道带宽；SNR 为信噪比。

可以看出，超宽带系统具有大信道容量。

UWB 以基带方式传输，通过发送脉冲无线电信号来传送声音和图像数据，每秒可发送多达 10 亿个代表“0”和“1”的脉冲信号。这些脉冲信号的时域极窄（0.1～1.5ns），频域极宽（数赫兹到数吉赫兹，可超过 10GHz），其中的低频部分可以实现穿墙通信，因此 UWB 信号具有很强的穿透能力。

传统的无线通信系统在通信时需要连续发射载波，消耗较多电能，而 UWB 是发出脉冲电波，即直接按照“0”或“1”发送出去。由于只在需要时发送脉冲电波，因此大大减少了耗电量（仅为传统无线技术的 1/100），因而手持设备的电池有较长的持续工作时间。

3. UWB 的特点

超宽带系统相对于窄带通信系统有许多明显的优势，其特点如下。

（1）带宽极宽，传输速率高

UWB 工作频率在 3.1～10.6GHz，使用的带宽在 1GHz 以上，高达几个吉赫兹，系统容量大，其数据速率一般可以达到几十兆比特每秒到几百兆比特每秒，有望高于蓝牙 100 倍，也可高于 IEEE 802.11a 和 IEEE 802.11b。

（2）抗干扰性能好

UWB 系统采用跳时扩频信号，使系统具有较大的处理增益，在发射时将微弱的无线电脉冲信号分散在极宽的频带中，输出功率甚至低于普通设备产生的噪声。接收时将信号能量还原出来，在解扩过程中产生扩频增益。在同等码速条件下，UWB 系统比 IEEE 802.11a、802.11b 和蓝牙具有更强的抗干扰特性。

另一方面，UWB 系统采用跳时序列，能够抗多径衰落。其每次的脉冲发射时间很短，在反射波到达之前，直射波的发射和接收已经完成，因此，反射波与直射波重叠并导致信号衰落的几率非常小。

（3）消耗能量小，设备成本低

因 UWB 不使用载波，只是发出瞬时脉冲电波，也就是直接按照“0”或“1”发送出去，并且在需要时才发送脉冲电波，它也不需要混频器和本地振荡器、功率放大器等，所以耗电少，设备成本低。

（4）保密性好

UWB 采用跳时扩频，接收机只有在已知发送端扩频码时才能解出发射数据，而且系统的发射功率谱密度极低，用传统的接收机无法接收，所以 UWB 的保密性相当好。

（5）发射功率非常小

UWB 设备可以用小于 1mW 的发射功率就能实现通信。低发射功率大大延长了电池的持续工作时间。而且由于发射功率小，其电磁波辐射对人体的影响和对其他无线系统的干扰都很小。

UWB 存在的主要问题是系统占用的带宽很大，可能会干扰现有的其他无线通信系统。另外，虽然 UWB 系统的平均发射功率很低，但由于它的脉冲持续时间很短，其瞬时峰值功率可能会很大，这甚至可能影响到民航等系统的正常工作。

4. UWB 的应用

目前，基于 UWB 的技术主要是应用于高速短距离通信、雷达和精确定位等领域。在通信领域，UWB 可以提供高速的无线通信。在雷达方面，UWB 雷达具有高分辨率，当前的隐身技术采用的是隐身涂料和隐身特殊结构，但都只能在一个不大的频带内有效，在超宽频带内，目标就会原形毕露。另外，UWB 信号具有很强的穿透能力，能穿透树叶、土地、混泥土、水体等介质。在定位方面，UWB 可以提供很高的定位精度，使用极微弱的同步脉冲可以辨别出隐藏的物体或墙体后运动着的物体，定位的误差只有一两厘米。

同一个 UWB 设备可以实现通信、雷达和定位三大功能，因此 UWB 技术会有很多应用。目前与 UWB 相关的潜在的应用领域包括以下几个方面。

（1）短距离（10m 以内）高速无线多媒体智能家域网/个域网。在家庭和办公室中采用 UWB 技术，将各种计算机、外设、打印机、数码相机、便携式摄像机、DVD 数码音乐播放器等在小范围内根据需要动态地组成分布式自组织（Ad hoc）网络，相互无线连接，协同工作，传送高速多媒体数据，并可通过宽带网关，接入高速互联网或其他宽带网络。UWB 技术将计算机、用户通信终端和消费电子产品之间无线化的互连，被视为具有超过移动电话的最大市场发展潜力。

（2）雷达系统。利用 UWB 技术可以构成穿墙、穿地成像系统，这对于抗震救灾非常重要，还可以用于汽车的防撞感应器和无人驾驶飞机等方面。

（3）智能交通系统。UWB 系统具有的无线通信和定位功能，可方便地用于智能交通系统，为汽车防撞、电子牌照、电子驾照、智能收费、车内智能网络、测速、监视、分布式信息站等提供高性能、低成本的解决方案。

（4）精确定位和跟踪系统。利用多个 UWB 节点，通过电波到达时差（TDOA）等技术，可以构成移动节点的精确定位和跟踪系统。

（5）无线以太网接口。在短距离内，以 UWB 技术构成的以太网接入点的数据速率可达到 2.5Gbit/s。

（6）传感器网络和智能环境。主要用于对各种对象（人和动物）进行检测、识别、控制和通信。

基于 UWB 技术的潜在应用很多，可以相信，随着对 UWB 技术的深入研究，UWB 的应用潜力会得以不断的开拓。

小 结

电信网可分为核心网和接入网两个部分，接入网主要完成将用户接入核心网的任务。接入网由 SNI、UNI 和 Q_3 接口界定，用户终端通过 UNI 连接到接入网，接入网通过 SNI 连接到业务节点，接入网和业务节点通过 Q_3 接口连接到电信管理网（TMN）。

接入网可分为五个基本的功能组，接入网的功能结构是基于 G.803 定义的分层模型。该模型用来定义接入网中同等实体间的相互配合。

接入网根据传输方式的不同可分为有线接入网和无线接入网两大类。随着电信核心网向数字化、宽带化、智能化和综合化方向的发展，接入网也正在朝着这个方向大步前进，各种宽带接入技术不断涌现。有线宽带接入网包括铜缆接入网、光（纤）接入网和 HFC 接入网。

铜缆接入网的 xDSL 技术是一种充分利用现有铜缆用户线有效带宽的接入技术，支持对称的和不对称的传输模式，以实现宽带接入。

光接入网（OAN）根据其 ONU 的位置不同，可以分为 FTTC、FTTB、FTTO 和 FTTH 几种基本的应用类型。FTTH 和 FTTO 都是全光纤连接的全透明光网络，可归为 FTTH 一类，它是用户接入网的长期发展目标。OAN 分为 AON 和 PON 两类，在 PON 系统中采用 ATM、以太网等技术，形成 APON、EPON 和 GPON，以支持各种宽带业务的接入。EPON 遵从 IEEE 802.3 以太网协议，传输 IP 包不需要协议转换，相对于 APON 开销和时延急剧下降，其上、下行速率均为 1.25Gbit/s。GPON 是在 APON 的基础上推出的光接入网解决方案，其下行速率为 2.5Gbit/s、上行速率为 1.25Gbit/s。GPON 和 EPON 两种技术均被公认为是当前 FTTH 的主要实现技术。目前的实际应用中，常采用 FTTx+ADSL/Cable/LAN 等多种组网方式。

HFC 宽带接入网是将 CATV 干线（馈线）部分的同轴电缆用光纤代替，而配线部分仍保留原来的同轴电缆分配网，并且通过双向化和数字化改造构成的网络。它通过用户端的电缆调制解调器实现用户上、下行数据的传输，主要提供有线电视及 Internet 高速接入。以太接入网可实现宽带 LAN 接入，给每个用户提供 10Mbit/s、100Mbit/s 或更高的接入速率，随着以太网向城域网和广域网扩展，如果接入网也采用以太网，将形成从局域网、接入网、城域网到广域网都是以太网的结构。采用与 IP 一致统一的以太网帧结构，各网之间可无缝连接，中间不需要任何格式转换，这将可以大大提高运行效率，方便管理，降低成本。以太网接入主要的解决方案有 VLAN、VLAN+PPPoE 及三网融合下的接入方式。

无线接入是指从交换节点到用户终端，部分或全部采用无线传输手段的接入技术。根据终端入网方式的不同，无线接入可分为移动无线接入和固定无线接入两大类。移动无线接入系统主要包括蜂窝移动通信系统、集群移动通信系统、卫星移动通信系统、无线市话等。采用中、低轨道卫星移动通信系统是实现个人通信的重要途径之一。固定无线接入系统又称为 WLL，这类接入系统主要包括一点多址微波系统、基于蜂窝通信技术的系统、基于无绳通信技术的系统和专用固定无线接入系统。LMDS 宽带固定无线接入系统工作在 24～38GHz 频段，可用频谱达 1GHz 以上，几乎可以双向传送任何种类的业务。LMDS 采用一种类似蜂窝的服务区结构，每个服务区内设基站，单个基站在城市环境中覆盖的半径为 2～5km（视距）。

WLAN、蓝牙和 UWB 都是短距离无线通信技术。WLAN 通过空中发送和接收数据，网上的计算机具有可移动性，它使用不需许可证的 2.4GHz 频段，随时可以建网使用。数据传输速率为 11Mbit/s（802.11b）～54Mbit/s（802.11a），传输距离可达 20km 以上（802.11b）。WLAN 是对有线联网方式的一种补充和扩展，并被用作 Internet 的高速无线接入技术。WLAN 主要有 IBSS、BSS、ESS 和 ESS 无线网络 4 种网络拓扑结构。按传输技术的不同，WLAN 通常可以分为红外局域网、基于 RF 的局域网及窄带微波局域网三类。WLAN 因其具有安装便捷、使用灵活、经济节约、易于扩展等优点，获得了广泛的应用。

蓝牙设备工作在 2.4GHz 的 ISM 频段，采用 TDD 工作方式，传输速率为 1Mbit/s，设备间有效通信距离大约为 10～30m，支持 64kbit/s 的实时语音传输和各种速率的数据传输。利用蓝牙技术能有效地简化移动电话手机、笔记本电脑和掌上电脑等移动通信终端设备之间及其与因特网之间的通信，从而使其间的数据传输变得更加方便高效。蓝牙技术持续发展的最终形态是在已有的有线网络基础上，完成网络无线化的建构，使网络最终不再受到地域与线路的限制，从而实现真正的随身上网与资料互换。蓝牙提供点到点和点到多点的无线连接。在任意一个有效通信范围内，所有设备的地位都是平等的。Master 和 Slave 按不同的组合可构成蓝牙的主从网络和分散网络。蓝牙的应用范围相当广泛，主要应用于三个领域，即取代线缆功能、个人随意网络、数据/语音接入。

UWB 信号的带宽远远大于目前各类系统的带宽。UWB 技术主要采用无载波传输方式，在发射机和接收机之间采用微弱的且非常窄的射频脉冲进行通信。UWB 系统工作在 3.1～10.6GHz 频段，使用的带宽在 1GHz 以上，可高达几个 GHz，相对带宽大于 25%，UWB 系统的平均发射功率很低，UWB 系统的数据速率可以达到几十兆比特每秒到几百兆比特每秒，且抗干扰性能好，保密性好，消耗能量小，特别适合于在 10m 左右距离的高速移动环境下使用，主要应用于高速短距离通信、雷达和精确定位等领域。

思考题与习题

9-1　接入网是怎样定义的？它由哪些接口来界定？

9-2　简述 V5 接口、VB5 接口的功能和特点。

9-3　接入网有哪些类型？

9-4　接入网有哪些功能？

9-5　画出接入网的物理参考模型。

9-6　xDSL 代表什么意思？ADSL 的频谱是怎样分配的？分别对应哪三种信息通道？

9-7　简述 HDSL 接入的系统结构及特点。

9-8　简述光接入网的概念，其参考配置中各个功能块的作用。

9-9　光接入网有哪些应用类型？未来的发展目标是什么？

9-10　EPON 和 GPON 各有什么特点？

9-11　简述 HFC 系统的特点和存在的问题。

9-12　以太网接入有何优势？与传统的以太网技术有何不同？

9-13　LMDS 有哪些特点？简述 LMDS 的工作原理。

9-14　简述无线接入的概念。无线接入的方式有哪几种？

9-15　简述无线局域网的拓扑结构、分类及应用情况。

9-16　简述蓝牙技术和 UWB 技术的特点及发展应用状况。

附录 中英文名词对照

A

ASK	Amplitude Shift Keying	幅移键控
ATM	Asynchronous Transfer Mode	异步转移模式
AMI	Alternate Mark Inversion code	传号交替反转码
ADSL	Asymmetrical Digital Subscriber Line	非对称数字用户线
APK	Amplitude-phase keying	幅相键控
ARQ	Automatic Repeat Request	自动重发请求
ATD	Asynchrous Time Division	异步时分
AAL	ATM Adaptation Layer	ATM 适配层
ARIS	Aggregate Routed Based IP Switching	基于 IP 交换的路由聚合
ADM	Add/Drop Multiplexer	分插复用器
AFC	Automatic Frequency Control	自动频率控制
AGC	Automatic Gain Control	自动增益控制
ASE	Amplified Spontaneous Emission	放大的自发辐射
ALC	Automatic Level Control	自动电平控制
AMPS	Advance Mobile Phone Service	先进移动电话服务系统
AUC	Authentication Center	鉴权中心
AGCH	Access Grant Channel	接入许可信道
AAA	Authentication，Authorization and Accounting server	认证、授权和计费服务器
ANSI	American National Standards Institute	美国国家标准协会
AIE	All-IP Evolution	全 IP 演进
AM	Amplitude Modulation	调幅
AUI	Attachment unit Interface	连接单元接口
ARPA	Advanced Research Project Agency	美国高级研究计划局
ARP	Address Resolution Protocol	地址解析协议
AN	Access Network	接入网
AF	Adaptation Function	适配功能
APON	ATM Passive Optical Network	ATM 无源光网络

AP	Access Point	接入点
AON	Active Optical Network	有源光网络

B

B-ISDN	Broadband Integrated Service Digital Network	宽带综合业务数字网
BECN	Backward Explicit Congestion Notification	后向显式拥塞通知
BS	Base Station	基站，基地站
BTS	Base Transceiver Station	基站收发信台
BSC	Base Station Controller	基站控制器
BSS	Base Station Subsystem	基站子系统
BCH	Broadcast Channel	广播信道
BG	Border Gateway	边缘网关
BCCH	Broadcast Control Channel	广播控制信道
B-ICI	Broadband-Interconnected Interface	宽带互连接口
BNC-T	BNC T Connector	同轴电缆接插 T 连接器

C

CELP	Code Excited Linear Prediction	码激励线性预测
CDM	Code Division Multiplexing	码分复用
CMI	Coded Mark Inversion code	传号反转码
CM	Control Memory	控制存储器
CLP	Cell Loss Priority	信元丢弃优先权
CIPOA	Classic IP Over ATM	（IETF 推荐的）ATM 上的传统 IP 技术
CWDM	Coarse Wavelength Division Multiplexing	粗波分复用
CSPDN	Circuit Switched Public Data Network	电路交换公用数据网
CPFSK	Continuous Phase Frequency Shift Keying	连续相位频移键控
CDMA	Code Division Multiple Access	码分多址
CSD	Circuit Switched Data	电路交换数据
CM	Communication Management layer	通信管理层
CDPD	Cellular digital packet Data	蜂窝数字分组数据
CCITT	Consultative Committee for International Telegraph and Telephony	国际电报电话咨询委员会
CBCH	Cell Broadcast Channel	小区广播信道
CRC	Cyclic Redundancy Check	循环冗余校验
CCCH	Common Control Channel	公共控制信道
CG	Charging Gateway	计费网关
CC	Call Control	呼叫控制
CBS	Cell Broadcast SMS	小区广播短消息
CCH	Control Channel	控制信道
CRT	Crystal Ray Tube	显示器
CPU	Central Processing Unit	中央处理单元

CHINAPAC	China Public Packet switched network	中国公用分组交换网
CHINADDN	China Digital Data Network	中国公用数字数据网
CNINAFRN	China Frame Relay network	中国（公用）帧中继网
CHINAATM	China multimedia ATM network	中国（公用）多媒体 ATM 网
CSTNET	China Science and Technique Network	中国科技网
CERNET	China Education and Research Network	中国教育科研网
CHINANET	China Network	中国公用计算机互联网
CHINAGBN	CHINA Gold Bridge Network	中国金桥信息网
CBR	Constant Bit Rate	恒定比特率
CAC	Connection Admission Control	连接接纳控制
CSMA/CD	Carrier Sense Multi-Access/Collision Detection	载波侦听多路访问/冲突检测
CPN	Customer Premises Network	用户驻地网
CF	Core Function	核心功能
CAP	Carrierless Amplitude Phase modulation	无载波幅度相位调制
CATV	Cable Television	有线电视
CM	Cable Modem	电缆调制解调器
CVSD	Continuous Variable Slope Delta Modulation	连续可变斜率增量调制

D

DPCM	Differential pulse code modulation	差分脉冲编码调制
DCT	Discrete Cosine Transform	离散余弦变换
DPSK	Differential phase shift keying	相对（或差分）相移键控
DSP	Digital Signal Processing	数字信号处理
DAB	Digital Audio Broadcasting	数字音频广播
DP	Dial Pulse	拨号脉冲
DTMF	Dual-Tone Multi-Frequency	双音多频
DUP	Data User Part	数据用户部分
DTE	Data Terminal Equipment	数据终端设备
DLCI	Data Link Connection Identifier	数据链路连接标识符
DE	Display Equipment	显示设备
DWDM	Dense Wavelength Division Multiplexing	密集波分复用
DPPM	Differential Pulse Position Modulation	差分脉位调制
DSB	Double Side Band	双边带
DSP	Digital Signal Processor	数字信号处理器
DDC	Digital Down frequency Converter	数字下变频器
DHCP	Dynamic Host Configuration Protocol	动态主机配置协议
DCCH	Dedicated Control channel	专用控制信道
DCE	Data Circuit-terminating Equipment	数据电路终接设备
DDN	Digital Data network	数字数据网
DCS	Digital Cross-connection System	数字交叉连接系统
DXC	Digital Cross Connect equipment	数字交叉连接设备
DTU	Data Terminal Unit	数据终端单元

DXI	Data eXchange Interface	数据交换接口
DNS	Domain Name System	域名系统
DiffServ	Different Service	区分服务
DP	Distribution Point	分配点
DSL	Digital Subscriber Line	数字用户线
DMT	Discrete Multi-Tone	离散多音频
DECT	Digital Enhanced Cordless Telecommunications	数字增强型无绳电话
DBS	Direct Broadcast Satellite	直播卫星

E

EHF	Extremely High Frequency	极高频
EIA	Electronic Industries Association	（美国）电子工业协会
EA	Extended Address	地址扩展比特
EDFA	Erbium-Doped Fiber Amplifier	掺铒光纤放大器
EIR	Equipment Identity Register	设备识别寄存器
EVRC	Enhanced Variable Rate voCoder	增强型可变速率声码器
EAP-SIM	Extensible Authentication Protocol-Subscriber Identification Module	用户识别模块扩展认证协议
EMC	Electromagnetic Compatibility	电磁兼容性
EC	Echo Cancel	回波抵消
EPON	Ethernet Passive Optical Network	无源光以太网
ETSI	European Telecommunications Standards Institute	欧洲电信标准协会
ESS	Extend Service Set	扩展服务集

F

FSK	Frequency Shift Keying	频移键控
FDM	Frequency Division Multiplexing	频分复用
FFSK	Fast Frequency Shift Keying	快速移频键控
FEC	Forward Error-Correction	前向纠错
FPS	Fast Packet Switching	快速分组交换
FISU	Fill-in Signal Unit	填充信令单元
FCS	Frame Check Sequence	帧检验序列
FR	Frame Relay	帧中继
FECN	Forward Explicit Congestion Notification	前向显式拥塞通知比特
FIFO	First-In-First-Out	先进先出
FDDI	Fiber Distributed Data Interface	光纤分布式数据接口
FSO	Free Space Optical Communication	自由空间光通信
FHSS	Frequency Hopping Spread Spectrum	跳频扩频
FDD	Frequency Division Duplex	频分双工
FDMA	Frequency Division Multiple Address	频分多址
FCCH	Frequency Correction Channel	频率校正信道

FACCH	Fast Associated Control Channel	快速辅助控制信道
FA	Foreign Agent	外地代理
FFR	Fractional Frequency Reuse	部分频率复用
FRAD	Frame Relay Assembly/Disassembly	帧中继装/拆设备
FTP	File Transfer Protocol	文件传输协议
FTTB	Fiber To The Building	光纤到大楼
FTTC	Fiber To The Curb	光纤到路边
FTTD	Fiber To The Desk	光纤到桌面
FTTH	Fiber To The Home	光纤到户（家）
FTTO	Fiber To The Office	光纤到办公室
FTTZ	Fiber To The Zone	光纤到小区
FP	Flexible Point	灵活点
FWA	Fixed Wireless Access	固定无线接入
FSAN	Full Service Access Network	全业务接入网

G

GMSK	Gaussian MSK	高斯最小移频键控
GSM	Global System for Mobile Communication	全球移动通信系统
GEO	Geostationary（Geosynchronous）Earth Orbit	对地静止（同步）轨道（高地球轨道）（卫星）
GPS	Global Position System	全球定位系统
GFI	Generic Format Identifier	通用格式识别符
GFC	General Flow Control	通用（基本）流量控制
GSMP	Generic Switch Management Protocol	通用交换机管理协议
GPRS	General Packet Radio Service	通用分组无线业务
GGSN	Gateway GPRS Support Node	网关 GPRS 支持节点
GPON	Gigabit-capable Passive Optical Networks	吉比特无源光网络
GFP	Generic Framing Protocol	通用成帧协议

H

HF	High Frequency	高频
HDB_3	High Density Bipolar 3	3 阶高密度双极性
HDSL	High–speed（bit rate）Digital Subscriber Line	高速（比特率）数字用户线
HEC	Header Error Control	信头差错控制
HEC	Hybrid Error-Correction	混合纠错
HDLC	High Level Data Link Control	高级数据链路控制（规程）
HLR	Home Location Register	归属位置寄存器
HSCSD	High Speed Circuit Switched Data	高速电路交换数据
HA	Home Agent	家乡代理
HSTP	Higher Signaling Transfer Point	高级信令转接点
HDR	High Data Rate	高数据速率
HSDPA	High Speed Down Packet Access	高速下行分组接入

HSOPA	High Speed OFDM Packet Access	高速 OFDM 分组接入
HTML	Hyper Text Markup Language	超文本标记语言
HTTP	HyperText Transfer Protocol	超文本传输协议
HDTV	High Definition TeleVision	高清晰度电视
HFC	Hybrid Fiber Coax	混合光纤同轴电缆
HPC	Handheld PC	掌上型计算机

I

IN	Intelligent Network	智能网
ITU	International Telecommunication Union	国际电信联盟
ITU-T	ITU-Telecommunication Standardization sector	国际电信联盟电信标准化部
ISUP	ISDN User Part	综合业务数字网用户部分
ISP	Intermediate Service Part	中间服务部分
ICP	Internet Content Provider	因特网内容提供商
ISP	Internet Service Provider	因特网服务提供商
INAP	Intelligent Network Application Part	智能网应用部分
ISO	International Organization for Standardization	国际标准化组织
IPOA	IP Over ATM	ATM 上的 IP 技术
IFMP	Ipsilon Flow Management Protocol	Ipsilon 流管理协议
IMS	IP Multimedia Subsystem	IP 多媒体子系统
IETF	Internet Engineering Task Force	因特网工程任务组
ISDN	Integrated Service Digital Network	综合业务数字网
IAD	Integrated Access Device	综合接入设备
IM/DD	Intensity Modulation/Direct Detection	强度调制/直接检测
ISB	Independent SideBand	独立边带
INMARSAT	International Maritime Satellite	国际海事卫星
IMSI	International Mobile Subscriber Identity	国际移动用户识别码
IMEI	International Mobile Equipment Identity	国际移动设备识别码
IAI	Initial Address Message with Information	初始化地址消息
IEEE	Institute of Electrical and Electronics Engineer	（美国）电气与电子工程师学会
IPv6	Internet Protocol Version 6	IP 协议第 6 版
IPCP	IP Control Protocol	IP 控制协议
IKE	Internet Key Exchange	因特网密钥交换
ISI	Inter Symbol Interference	符号间干扰
IGMP	Internet Group Management Protocol	因特网组管理协议
IP	Internet Protocol suite	Internet 协议集
ICMP	Internet Control Message Protocol	因特网控制报文协议
ISU	Integrated Service Unit	综合服务单元
ISM	Industrial，Scientific，Medical band	工业，科学，医疗频段
IBSS	Independent Basic Service Set	独立基本服务集

K

KLT	K-L Transform	卡南—洛伊夫变换

L

LF	Low Frequency	低频
LD-CELP	Low Delay-Code Excited Linear Prediction	短延时码激励线性预测码
LSSU	Link Status Signal Unit	链路状态信令单元
LAPB	Link Access Procedure Balanced	平衡型链路访问规程
LC	Logical Channel	逻辑信道
LCN	Logical Channel Number	逻辑信道号
LCGN+LCN	Logical Channel Group Number & Logical Channel Number	逻辑信道组号和逻辑信道号
LANE	LAN Emulation	局域网仿真
LED	Light Emitting Diode	发光二极管
LD	Laser Diode	激光二极管,激光器
LSB	Lower Side Band	下边带
LQA	Link Quality Analysis	链路质量分析
LEO	Low Earth Orbit	低地球轨道（卫星）
LMDS	Local Multipoint Distribution Service	本地多点分配业务
LA	Location Area	位置区
LPC	Linear Predictive Coding	线性预测编码
LAPDm	Link Access Procedure on the Dm channel	Dm 信道的链路接入规程
LAI	Location Area Identity	位置区识别码
LAC	Location Area Code	位置区编号
LSTP	Lower Signaling Transfer Point	低级信令转接点
LTU	Line Termination Unit	线路终端单元
LAN	Local Area Network	局域网
LM	Link Management	链路管理
LMP	Link Management Protocol	链路管理协议

M

MF	Medium Frequency	中频
MP-LPC	Multi-pulse Linear Predict Code	多脉冲线性预测编码
MPSK & MDPSK	Multi-PSK & Multi-DPSK	多进制相移键控和多进制差分相移键控
MQAM	Multi-QAM	多进制正交幅度调制
MSK	Minimum Shift Keying	最小移频键控
MPLS	Multiple Protocol Label Switch	多协议标记交换
MTP	Message Transfer Part	消息传递部分
MAP	Mobile Application Part	移动应用部分
MSU	Message Signal Unit	消息信令单元
MPOA	Multi-protocol Over ATM	ATM 上的多协议规范
MAC	Media Access Control	媒体接入(访问)控制

MG	Media Gateway	媒体网关
MGC	Media Gateway Controller	媒体网关控制器
MGCP	Media Gateway Control Protocol	媒体网关控制协议
MTBF	Media Time Between Faults	平均无故障时间
MSTP	Multiple services transmission platform	基于 SDH 的多业务传输平台
MUF	Maximum Usable Frequency	最高可用频率
MEO	Medium Earth Orbit	中地球轨道（卫星）
MDS	Multipoint Distribution Service	多点分配业务
MMDS	Multichannel Multipoint Distribution Service	多信道多点分配业务
MSC	Mobile Service Switching Centre	移动业务交换中心
MS	Mobile Station	移动台
MT	Mobile Terminal	移动终端
MSRN	Mobile Station Roaming Number	移动台漫游号
MC	short Message Center	短消息中心
SME	Short Message Entity	短消息实体
MC	Multiple Carrier	多载波
MIMO	Multiple Input Multiple Output	多输入多输出
MM	Mobility Management	移功性管理
MAI	Multiple Address Interference	多址干扰
MA	Multiple Access	多路访问
MAN	Metropolitan Area Network	城域网

N

NRZ	Non-Return-to-Zero	不归零
NII	National Information Infrastructure	国家信息基础设施
NGN	Next Generation Network	下一代网络
N-ISDN	Narrowband Integrated Service Digital Network	窄带综合业务数字网
NA	Numerical Aperture	数值孔径
NNI	Network Node Interface	网络节点接口
NASA	National Aeronautic and Space Administration	（美国）国家宇航局
NSS	Network Subsystem	网络子系统
nrt-VBR	non real time-Variable Bit Rate	非实时可变比特率
NPT	Non-Packet Terminal	非分组型终端
NMC	Network Management Center	网络管理中心
NUI	Network User Identifier	网络用户识别符
NAU	Network Access Unit	网络接入单元
NSF	National Science Foundation	（美国）国家科学基金会
NTU	Network Terminating Unit	网络终端单元
NAT	Network Address Translation	网络地址解析
NIC	Network Interface Cart	网络接口卡
NCC	Network Control Center	网络控制中心

O

OOK	On-Off Keying	通—断键控
OFDM	Orthogonal Frequency Division Multiplexing	正交频分复用
OSI	Open System Interconnection	开放系统互连
OMAP	Operation and Maintenance and Administration Part	运行维护管理部分
OAM	Operation Administration and Maintenance	运行管理和维护
OCS	Optical Circuit Switch	光电路交换
OPS	Optical Packet Switching	光分组交换
OCDMA	Optical Code Division Multiple Access	光码分多址
OBS	Optical Burst Switching	光突发交换
OTDM	Optical Time Division Multiplexing	光时分复用
OMC	Operation and Maintenance Centre	操作维护中心
OSI-RM	Open System Interconnection – Reference Model	开放系统互连参考模型
OAN	Optical Access Network	光接入网
ODN	Optical Distribution Network	光分配网
ONU	Optical Network Unit	光网络单元
ODT	Optical remote Distribution Terminal	光远程终端
ONU/ONT	Optical Network Unit/ Optical Network Terminal	光网络单元/光网络终端
OC	Optical Carrier	光载波
OLT	Optical Line Terminal	光线路终端

P

PSK	Phase Shift Keying	相移键控
PCM	Pulse Code Modulation	脉冲编码调制
PDH	Plesiochronous Digital Hierarchy	准同步数字体系
POH	Path Overhead	通道开销
PPM	Pulse Position Modulating	脉冲位置调制
PAD	Packet Assembler/Disassembler	分组装/拆设备
PVC	Permanent Virtual Circuit	永久虚电路
PTI	Packet Type Identifier	分组类型标识符
PTI	Payload Type Identifier	净荷类型标识符
PMD	Physical Media Dependent	物理媒质相关
PSTN	Public Switched Telephone Network	公众交换电话网
POS	Packet over SDH	基于 SDH 的分组
PLL/AFC	Phase Locked Loop/Automatic Frequency Control	锁相环/自动频率控制
PDA	Personal digital Assistant	个人数字助理
PHS	Personal Handy-phone System	个人手提电话系统
PIN	Personal Identify Number	个人识别号
PCH	Paging Channel	寻呼信道

PCU	Packet Control Unit	分组控制单元
PN	Pseudorandom Noise sequence	伪随机噪声序列
PCF	Packet Control function	分组控制功能
PDSN	Packet Data Service Node	分组数据服务节点
PLMN	Public Land Mobile Network	公众陆地移动网络
PPP	Point-to-Point Protocol	点到点协议
PVCC	Permanent Virtual Channel Connection	永久虚信道连接
PVPC	Permanent Virtual Path Connection	永久虚通路连接
PDN	Public Data Network	公用数据网
PS	Packet Switch	分组交换机
PT	Packet Terminal	分组型终端
PSPDN	Packet Switched Public Data Network	分组交换公用数据网
POTS	Plain Old Telephone Service	普通电话业务
PAM	Pulse Amplitude Modulation	脉冲幅度调制
PON	Passive Optical Network	无源光网络
POS	Passive Optical Splitter	无源光分支器
PACS	Personal Access Communication System	个人接入通信系统

Q

QPSK	Quadrature Phase Shift Keying	四相移相键控，正交移相键控
QAM	Quadrature Amplitude Modulation	正交幅度调制
QoS	Quality of Service	服务质量

R

RPE-LTP	Regular Pulse Excited-Linear Predictive Coder with a Long Term Predictor	长延时码激励线性预测码
RZ	Return-to-Zero	归零
RSVP	ReSource reserVation Protocol	资源预留协议
REG	REGenerator	再生中继器
RTCE	Real Time Channel Estimation	实时信道估值
RTT	Radio Transmission Technology	无线传输技术
RACH	Random Access Channel	随机接入信道
RR	Radio Resource	无线资源（管理）
rt-VBR	real time Variable Bit Rate	实时可变比特率
RARP	Reverse Address Resolution Protocol	反向地址解析协议
RTP	Realtime Transport Protocol	实时传输协议
RSU	Remote Switch Unit	远端交换模块
RT	Remote Terminal	远端
RF	Radio Frequency	射频
RCU	Remote Centralization Unit	远程集中器

S

SHF Super High Frequency 超高频
SDH Synchronous Digital Hierarchy 同步数字系列
STM Synchronous Transmission module 同步传输模块
SOH Segmentation Over head 段开销
SPC Stored Program Control 存储程序控制
SCCP Signaling Connection Control Part 信令连接控制部分
STD Synchronous Time Diuislou 同步时分
SM Speech Memory 语音存储器
SVC Switching Virtual Circuit 交换虚电路
SMDS Switched Multimegabit Data Service 交换式多兆比特数据业务
SIP Session Initiation Protocol 会话发起协议
SDP Session Description Protocol 会话描述协议
SG Signaling Gateway 信令网关
SCP Service Control Point 业务控制点
SDXC Synchronous Digital Cross Connection 同步数字交叉连接设备
SSB Single Side Band 单边带
SDMA Space Division Multiple Access 空分多址
SDM Space Division Multiplexing 空分复用
SMS Short Message Service 短消息业务
SIM Subscriber Identity Module 用户识别模块
SDCCH Stand-alone Dedicated Control Channel 独立专用控制信道
SACCH Slow Associated Control Channel 慢速辅助控制信道
SCH Synchronization Channel 同步信道
SGSN Serving GPRS Support Node 服务 GPRS 支持节点
SINR Signal to Interference and Noise Ratio 信号干扰噪声比
SNMP Simple Network Management Protocol 简单网络管理协议
STP Shielded Twisted Pair 屏蔽双绞线
SNR Signal to Noise ratio 信噪比
SNI Service Node Interface 业务节点接口
SN Service Node 业务节点
SPF Service Port Function 业务端口功能
SCM Sub-Carrier Multiplexing 副载波复用

T

TDM Time Division Multiplexing 时分复用
TCP/IP Transmission Control Protocol/Internet Protocol 传输控制协议/因特网协议
TUP Telephone User Part 电话用户部分
TCAP Transaction Capabilities Application Part 事务处理能力应用部分
TC Transaction Capabilities 事务处理能力

TC	Transmission Convergence	传输会聚
TS	Time Slot	时隙
TM	Terminal Multiplexer	终端复用器
TMN	Telecommunication Management Network	电信管理网
TSK	Time Shift Keying	时移键控
TCM	Trellis Coded Modulation	网格编码调制
TDD	Time Division Duplex	时分双工
TDMA	Time Division Multiple Access	时分多址
TACS	Total Access Communication System	全接入通信系统
TMSI	Temporary Mobile Identification	临时移动台识别码
TCH	Traffic Channel	业务信道
TD-SCDMA	Time Division - Synchronous CDMA	时分一同步 CDMA
TCM	Time Compression Multiplexing	时间压缩复用
TELNET	Telecommunications Network	远程登录
TFTP	Trivial File Transfer Protocol	简化文件传输协议
TF	Transport Function	传送功能
TPC	Transmit Power Control	发送功率控制
TDOA	Time Difference of Arrival	（电波）到达时差

U

UHF	Ultra High Frequency	特高频
UP	User Part	用户部分
UNI	User Network Interface	用户网络接口
UDP	User Datagram Protocol	用户数据报协议
USB	Upper Side Band	上边带
UE	User Equipment	用户设备
UTRA	Universal Terrestrial Radio Access	通用陆地无线接入
UBR	Unspecified Bit Rate	非确定比特率
UPC	Usage Parameter Control	使用参数控制
UTP	Unshielded Twisted Pair	非屏蔽双绞线
UPF	User Port Function	用户端口功能
UWB	Ultra-wideband	超宽带

V

VLF	Very Low Frequency	甚低频
VHF	Very High Frequency	甚高频
VSELP	Vector Sum Excited Linear Prediction	矢量和激励线性预测
VLSI	Very Large Scale Integration Circuit	超大规模集成电路
VC	Virtual Container	虚容器
VPI	Virtual Path Identifier	虚通路标识符
VCI	Virtual Channel Identifier	虚信道标识符
VC	Virtual Channel	虚信道

VCL	Virtual Channel Link	虚信道链路
VCC	Virtual Channel Connection	虚信道连接
VP	Virtual Path	虚通路
VPL	Virtual Path Link	虚通路链路
VPC	Virtual Path Connection	虚通路连接
VOD	Video On Demand	视频点播
VHF	Very High Frequency	甚高频
VLR	Visitor Location Register	拜访位置寄存器
VAD	Voice Activity Detection	语音激活检测
VoIP	Voice over IP	IP 电话
VSB	Vestigial Sideband	残留边带
VSAT	Very Small Aperture Terminal	甚小口径（天线卫星）终端站
VPN	Virtual Private Network	虚拟专网
VLAN	Virtual Local Area Network	虚拟局域网
VDSL	Very high bit rate Digital Subscriber Line	甚高比特率（速）数字用户线

W

WLAN	Wireless Local Area Network	无线局域网
WDM	Wavelength Division Multiplexing	波分复用
WARC	World Administrative Radio Conference	世界无线电行政会议
WAP	Wireless Application Protocol	无线应用协议
WML	Wireless Marker Language	无线标记语言
WSP	Wireless Session Protocol	无线会话协议
WTP	Wireless Transaction Protocol	无线事务处理协议
WDP	Wireless Datagram Protocol	无线数据报协议
WCDMA	Wideband CDMA	宽带 CDMA
WiMAX	Worldwide Interoperability for Microwave Access	微波接入全球互通
WMAN	Wireless Metropolitan Area Network	无线城域网
WAN	Wide Area Network	广域网
WLL	Wireless Local Loop	无线本地环路

参考文献

1．樊昌信，詹道庸，徐炳湘，等．通信原理（第 5 版）．北京：国防工业出版社，2001.
2．王福昌，等．通信原理．北京：清华大学出版社，2006.
3．[美]John G．Proakis．数字通信．张力军，张宗橙，郑宝玉等译．北京：电子工业出版社，2003.
4．[美]Vijay K Garg．第三代移动通信系统原理与工程设计．于鹏 白春霞 刘睿，等译．北京：电子工业出版社，2001.
5．蒋青，吕翊，李强．现代通信技术基础．北京：高等教育出版社，2008.
6．赵宏波，卜益民，陈凤娟．现代通信技术概论．北京：北京邮电大学出版社，2003.
7．魏更宇，孙岩，张冬梅．通信导论．北京：北京邮电大学出版社，2005.
8．王兴亮，等．数字通信原理与技术．西安：西安电子科技大学出版社，2003.
9．卞佳丽，等．现代交换原理与通信网技术．北京：北京邮电大学出版社，2005.
10．张毅，胡庆，等．电信交换原理．北京：电子工业出版社，2007.
11．郑少仁，等．现代交换原理与技术．北京：电子工业出版社，2006.
12．陈建亚，余浩，王振凯．现代交换原理．北京：北京邮电大学出版社，2006.
13．吴德本，李慧敏．现代电信技术概论．北京：中国人民大学出版社，1999.
14．穆维新．现代通信网技术．北京：人民邮电出版社，2006.
15．鲜继清，张德民，蒋青．现代通信系统与信息网．北京：高等教育出版社，2005.
16．苏斌，谢玉珍，苏超．光纤通信技术及应用．武汉：湖北科学技术出版社，1996.
17．李玲．光纤通信．北京：人民邮电出版社，1995.
18．胡庆，张德民，等．通信光缆与电缆工程．北京：人民邮电出版社，2005.
19．沈琪琪，朱德立．短波通信．西安：西安电子科技大学出版社，1989.
20．毛钧然，等．微波技术与天线．北京：科学出版社，2006.
21．张宝富，张曙光，田华．现代通信技术与网络．西安：西安电子科技大学出版社，2004.
22．韩斌杰．GSM 原理及其网络优化．北京：机械工业出版社，2002.
23．张平，王卫东，陶小峰，等．WCDMA 移动通信系统．北京：人民邮电出版社，2001.
24．李小文，李贵勇，陈贤亮，等．第三代移动通信系统、信令及实现．北京：人民邮电出版社，2003.
25．乔桂红，庞瑞霞．数据通信．北京：人民邮电出版社，2005.
26．毛京丽，常永宇，张丽，李文海．数据通信原理．北京：北京邮电大学出版社，2000.
27．李斯伟，雷新生．数据通信技术．北京：人民邮电出版社，2004.
28．张德民．数据通信．北京：科学技术文献出版社，1997.
29．Behrouz，Forouzan 数据通信与网络．吴时霖，等．北京：机械工业出版社，2002.
30．桂海源．IP 电话技术与软交换．北京：北京邮电大学出版社，2010.
31．王国祥，等．用户接入网技术．重庆：重庆大学出版社，2000.
32．朱洪波，傅海洋，等．无线接入网．北京：人民邮电出版社，2000.

33．吴承治，徐敏毅．光接入网工程．北京：人民邮电出版社，1998.
34．[美]KazimierzSiwiak，DebraMckeown．超宽带无线电技术．张中兆，沙学军，等译．北京：电子工业出版社，2005.
35．[美]法拉纳克・尼库加（Faranak Nekoogar）・超宽带通信原理及应用．任品毅，廖学文，梁中华译．西安：西安交通大学出版社，2007.
36．赵保经．无线电电子学史话．北京：科学出版社，1986.
37．宋东生，等．无线电爱好者读本．北京：人民邮电出版社，1992.
38．陈山枝．宽带接入网技术及其应用．通讯世界．2000.No.4:35-39.
39．吴豪，杨贞斌．xDSL：充分利用铜线的用户环路接入技术．通讯世界．1998.No.3:49-51.
40．梁弋．Ethernet PON 技术概述．通讯世界．2001.No.9:26-27.
41．钟七一．宽带无线接入技术的发展与建议．通讯世界．2000.No.1-2:47-49.
42．陈文召，毛培法，沈梁．无源光接入网方案比较．通讯世界．2002.No.11:44-45.
43．晋军．UWB 通信系统简介．通讯世界．2003.No.6:58-59.
44．郑伟，江凌云，马武．10G 以太网技术简介．通讯世界．2001.No.7:33-35.
45．李秉钧．下一代 PON 标准与技术的进展．通讯世界，2009.No.5:68-69.